高等院校教材

绿色化工环境保护导论

施问超　杨思卫　张劲松　周　涛　编著

环境保护是化工企业的生命线

绿色是化学的本意，也是化学的默认价值

绿色化工是化工环境与发展“双赢”的根本出路

中国环境出版社・北京

图书在版编目（CIP）数据

绿色化工环境保护导论/施问超等编著. —北京：中国环境出版社，2015.7

ISBN 978-7-5111-2453-1

Ⅰ. ①绿… Ⅱ. ①施… Ⅲ. ①化学工业—环境保护—无污染技术 Ⅳ. ①X78

中国版本图书馆 CIP 数据核字（2015）第 149482 号

出 版 人　王新程
责任编辑　殷玉婷　赵楠婕
责任校对　尹　芳
封面设计　金　喆

出版发行　中国环境出版社
（100062　北京市东城区广渠门内大街 16 号）
网　　址：http：//www.cesp.com.cn
电子邮箱：bjgl@cesp.com.cn
联系电话：010-67112765（编辑管理部）
010-67187041（学术著作图书出版中心）
发行热线：010-67125803，010-67113405（传真）

印　　刷　北京中科印刷有限公司
经　　销　各地新华书店
版　　次　2015 年 10 月第 1 版
印　　次　2015 年 10 月第 1 次印刷
开　　本　787×960　1/16
印　　张　34.5
字　　数　666 千字
定　　价　50.00 元

《绿色化工环境保护导论》

顾　问　窦贻俭　刘建琳　杨春生　邵　荣

主　编　施问超

副主编　杨思卫　张劲松　周　涛

内容简介

本书共分3篇14章，第一篇为基础篇，包括第1章至第4章；第二篇为制度篇，包括第5章至第10章；第三篇为技术篇，包括第11章至第14章。本书主要以我国化工环境与发展的实践为基础，以对立统一规律为指导，以务实的手法阐述绿色化工的基础理论、与化工企业直接相关的环境管理制度和化工企业环境保护的基本途径，从宏观与微观的结合上回答化工企业环境保护的要务，帮助读者了解国家环境保护法律政策和规范性文件。

本书可作为高等院校化工、环保类专业本科和研究生的基础教材，化工企业管理人员、环境保护管理和技术人员的培训教材，亦可供广大环境保护工作者和关心环境保护事业的人士阅读参考。

施问超简介

施问超，江苏滨海人，1945年生，汉族，中共党员，1968年南京大学化学系毕业，研究员级高级工程师。中国生态经济学会第四、五、六届理事会理事。先后两次在江苏省环境保护局工作。在职时任江苏省盐城市环境保护局副局长、党组成员。2001年退二线后先后被聘为江苏省环境保护厅特聘调研员、中国科学院生态中心客座研究员、盐城工学院兼职教授。发表论文60多篇。20世纪80年代主编《盐城地区环境科学学会首届年会论文集》和《农业环境保护讲义》，均被中文科技资料收录，主编《生态农业实例与环境效益研究》，获江苏省科技进步四等奖。2011年主编出版《环境保护通论》（北京大学出版社）。研究方向为环境政策、环境哲学。

序

现代化学工业是国民经济的支柱产业和现代文明社会的基础产业。现代社会的生产生活须臾离不开化工产品,但我国的化工在迅速发展中也产生了一些问题，污染严重，事故频发。搞好化工环境保护意义重大，任重道远。

20 世纪 90 年代初，以节约资源、从源头消除污染及安全健康隐患为核心的“绿色化学”由美国化学协会（ACS）提出，并被美国国家环保局（EPA）大力提倡,得到了世界范围的积极响应。绿色化学的主体思想是采用无毒无害的原料、助剂，采用原子经济性和高选择性的反应，充分利用资源和能源，生成环境友好的产品，生产和使用过程中强调“3R”（减量化，再利用，再循环）原则。绿色化工摒弃工业发展先污染后治理的传统做法,强调从源头上消除污染及经济与环境协调发展。

绿色化工是从生产实践和科研实践中孕育、萌发和发展而来的。清洁生产和循环经济正是绿色化工的核心理念。从长期看，开展节能减排、提升能源资源利用效率和环境管理水平将成为企业“新常态”下的重要竞争优势。从短期看，有效的节能减排也能为企业减少因“外部不经济性”而带来的损失。国内先进钢铁、水泥、化工企业的实践证明，从生产工艺入手实施节能技术改造，以清洁生产、循环经济为重点的全过程治理，将带来经济效益和社会效益、环境效益的多赢。

《绿色化工环境保护导论》由几位长期在一线从事环境管理、清洁生产、化工环保的专家，在总结国际国内先进经验基础上结合大量实际案例分析编撰而成，该书全面阐述了绿色化学和绿色化工的理论基础和发展趋势，从唯物辩证的视角，提出“环境保护是化工企业的生命线”的论断，以及化工企业环境与发展的基本关系；提出末端治理不应成为主角，以末端治理为主的环保模式是“先污染后治理”的铺路石的观点，确立了清洁生产和循环经济的引领地位；阐述了与绿色化工紧密相关的环境法律、政策、制度以及化工企业环境保护的基本途径，从宏观与微观的结合上回答化工企业环境保护的任务和问题。由于有企业的同志参与编撰，提出的技术方法、管理方式接地气、可操作，是我国化工企业环境保护理论与实践成果很好的总结。

本书理念先进，观点鲜明，立足实践，突出法治，倡导创新，资料充实，具有实用性和可读性；引用了国内外环境保护领域最新的理论和实践成果与相关资料，具有较好的前瞻性和科学性，是一本好教材，值得研读和使用。

段宁

2015年9月

前　言

从 20 世纪 70 年代“全面规划，合理布局，综合利用，化害为利，依靠群众，大家动手，保护环境，造福人民”到现在的“保护优先、预防为主、综合治理、公众参与”，从化工“三废”资源综合利用到清洁生产、循环经济，绿色化工的理念在化工发展中孕育萌发。化工是环境与发展关系敏感的行业，绿色化工可以将化工环境与发展统一起来，实现“双赢”。

1968 年我毕业于南京大学化学系，毕业后在南京化工厂工作 10 年。1979 年我被调入江苏省环境保护局工作，从此融入环保系统。多年来与化工企业没少打交道，可以说我与化工有缘。我是共和国从小学一年级直到大学毕业全程培养的第一批大学生，有责任将我在环境保护领域 30 多年的感悟，尤其是对化工环境与发展关系的感悟写出来，回报国家。这就是我编著《绿色化工环境保护导论》(下称《导论》）的初衷。

《导论》从化工环境与发展的视角，提出“环境保护是化工企业的生命线”的论断，确立了化工企业环境与发展的基本关系。

《导论》从法律、政策、标准和理念出发，揭示我国保护环境基本国策与化工企业的内在联系。我国的环境保护法律张弛有度、奖罚分明，严格执法的唯一目的在于激发管理相对人保护环境的内在动因和动力。与传统行政手段的“外部约束”相比，适应市场经济发展的环境经济政策是一种“内在约束”力量，可以调动市场主体保护环境的内生动因，其发展方向是进一步适应市场经济的需要。环境保护理念在实践中不断升华，其核心内涵是建设生态文明。

《导论》从实际需要出发，系统剖析与化工企业息息相通的环境管理制度。将制度分为预防类、监督类、问责类、救济类及自律类等五大类。法律通过制度与企业发生频繁而紧密的联系，制度是依法治企的一项主要工具。

《导论》全面阐述绿色化学和绿色化工的发展历程和发展趋势。绿色化工不是天上掉下来的，不是凭空产生的，“因为化学本身就一直这样做的。绿色是化学的本意，也是化学的默认价值”（绿色化学创始人阿纳斯塔斯如是说）。

本书在编写过程中，引用了国内外环境保护领域最新的理论和实践成果与相关资料，具有前瞻性、科学性和实用性。

《导论》第1章由施问超、周涛撰写，第2、第3、第11、第12章由张劲松、杨思卫、施问超联合撰写，第14章由张劲松撰写，其余8章均由施问超撰写，全书由施问超统稿、修改、定稿。在我们的团队中，杨思卫（高级经济师）系浙江东港工贸集团有限公司副总裁、浙江海翔药业股份有限公司（海翔药业，002099）法人代表兼总经理；张劲松（高级工程师）长期在化工企业工作，取得许多重大化工工艺改进的成果，曾任中国化工学会染料专业委员会委员；周涛是生态学博士，从事产业生态学研究工作。本书的各位顾问都是我敬重的专家、学者。《导论》出版得到了（东港集团）盐城市瓯华化学工业有限公司的资助，在此谨表示衷心感谢。

中国工程院院士段宁先生是我国著名环保学者、清洁生产领军专家，在百忙中对本书编撰工作给予指导，并为本书作序，让我及编写人员倍受鼓舞，在此谨表诚挚的谢意。

《导论》疏漏不当之处，恳请广大读者批评指正。

施问超

2015年9月于盐城

目　录

第一篇　基础篇

第二篇　制度篇

第三篇 技术篇

第一篇　基础篇

保护环境是我国的一项基本国策，环境保护是化工企业的生命线，环境与发展是化工永恒的主题。绿色化工是化工实现科学发展的根本出路，是化工实现环境与发展“双赢”的主导方向。化工不等于污染，走绿色化工之路，化工同样很美丽。

第1章 绪 论

环境与发展永远都是一个对立统一关系。实践表明，环境问题是在发展中产生的，但不能在发展中自然化解，以粗放型的发展方式为主导，发展越快，环境问题越严重，越容易成为发展的瓶颈，环境问题只有在科学发展中才能解决，解决的动力源自全面深化改革。绿色化工是化工实现科学发展的一条根本出路，是化工实现环境与发展“双赢”的正确方向。

1.1 环境与发展问题

环境保护是环境问题逼出来的。环境问题是在发展中产生的，但是不能在发展中自然化解，必须在科学发展中解决。解决环境问题的动力在于全面深化改革。

我国作为世界上最大的发展中国家，在经济快速发展的同时，也面临着前所未有的资源环境问题挑战。发达国家一两百年工业化过程中分阶段出现的环境问题，在我国30多年的快速发展中集中显现，呈现明显的结构型、压缩型、复合型的特点。老的环境问题尚未得到解决，新的环境问题日益凸显，环境质量改善与公众期待仍有较大差距。国际环境保护历程表明，以污染物排放控制、环境质量控制、风险防控为核心的3个环境管理阶段是依次出现、逐步提升的。我国压缩型、复合型的污染特征，又决定了这3个阶段在推进过程中出现相互交叉重合的现象。资源相对不足、环境容量有限，已成为我国国情的基本特征。越来越突出的流域水污染问题和区域雾霾污染就是最典型的写照。环境总体恶化的趋势尚未根本改变，压力还在加大。具体表现为“三个高峰”同时到来：一是环境污染最为严重的时期已经到来，并在未来15年将持续；二是突发性环境事件进入高发时期，特别是污染严重时期与生产事故高发时期叠加，国家环境安全受到挑战；三是群体性环境事件呈迅速上升趋势，污染问题成为影响社会稳定的一个“导火索”。近些年，从厦门、大连、四川什邡、江苏启东、浙江宁波到广东茂名，先后爆发的“涉环保群体性事件”告诉我们，环境问题已经成为中国最大的民生问题。在各种复杂的因素的推动之下，我国经济进入绿色转型的重要时期，与之相适应的是，我国环境保护可望进入经济社会发展与环境保护相协调、保护优先的新阶段。当前的环境保护工作处于重要的战略抉择期。党中央、国务院高度重视环境保护工作，把生态文明建设纳入中国特色社会主义事业五位一体的总体布局。从环境质量来看，虽然一些主要污染物控制指标开始呈下降趋势，总量却仍保持高位。老百姓对环境质量改善期望值越来越高，环境保护工作面临机遇和挑战并存的新常态，形势依然严峻，任务仍很艰巨。我国环境与发展仍处于“两难”状态，犹如两只刺猬取暖，近了会刺痛对方，远了又不能温暖对方。化工更是如此。我们的目标是创造条件，促使环境与发展由“两难”向“双赢”转化。

随着市场经济的深入发展，合乎市场经济规律的环境经济政策应运而生。环境保护部门适应市场经济发展的需要，既倒逼又引导，实施特别排放限值是倒逼的一个硬招，向国家 13 个综合经济管理部门提出《环境保护综合名录》，为之决策服务，即为“引导”的突出范例。环境保护部门主导的初始排污权有偿获取和排污权交易试点等政策合乎市场法则，对我国环境与发展关系的调整将发生重大而深远的影响。

1.2 化工环境与发展

石化工业是我国重要的基础产业和支柱产业，在国民经济中占有举足轻重的地位。2012 年，石油和化工行业规模以上企业 27 208 家（主营收入 2 000 万元以上企业），全年累计完成现价总产值 12.24 万亿元，比上年增长 12.2%，占全国规模工业总产值的 13.3%。石化工业从关乎穿衣吃饭问题的化肥、农药、化纤皮革，到生活居住的塑钢门窗、建筑涂料、材料等，再到交通运输所用的燃料，人们生活的方方面面都离不开石化工业。航空航天、军事工业的进步也与石化工业息息相关。即使是生态文明建设包括新能源、节能环保产业的发展，对石化工业的需求也十分迫切。但化工同时又是一个安全和环境风险较大、能源和资源消耗较高的行业。据环境保护部发布的“2014 年 1—6 月‘12369’环保举报热线受理群众举报案件举报情况”，被举报最多的行业是化工行业，占受理总数（696 件）的 28.4%。与 2013 年同期相比，化工的举报比例增长了 5.7%。

化工的环境与发展问题，根子主要在于粗放型的发展方式以及滋生于粗放型发展方式的以末端治理为主的治污模式。其表现形式有：结构不合理，产能落后与过剩；布局不合理，与水源尤其是饮用水源的冲突，与脆弱的生态环境的冲突；超标准排污和违法排污普遍存在等。部分企业社会责任缺失，以各种隐蔽手段逃避环境监管，偷排偷放恶意排污行为时有发生。一些部门人情执法、协商执法，甚至执法犯法严重存在。

化工环境问题来自化工生产和再生产的全过程。生产的全过程，从设计、施工到投产，包括生产运行中产供销和储运的全过程，要害是生产工艺。再生产的全过程，包括生产—流通—消费—再生产。涵盖生产者责任延伸和循环经济，涵盖整个供应链。化工环境问题还应包括“后生产”过程，即企业永久性不再生产，包括退二进三，关停并转迁和破产倒闭后留下的场地环境问题。出路在于推行清洁生产、循环经济，践行绿色化工。

从20世纪80年代起，化工部出台了一系列与当时国家环境保护法律法规和标准相配套的部门规章。化工部撤销后，除环保部门外，国家发展和改革委员会、住房和城乡建设部、工业和信息化部等综合经济管理部门也分管化工环境保护，对加强化工环境保护起到了积极推动作用。“十一五”期间，我国化学工业经受了国际金融危机的严峻考验，化工企业通过改进工艺技术，加大安全环保生产投入，采用先进的安全环保生产专用设备，企业安全管理和环境治理水平不断提高，安全和环境风险得到有效控制。流域治理推动化工调整环境与发展的关系，如淮河流域、太湖流域（率先实施污染物特别排放限值）等。化工在产业转移中升级，在转移中改造，在转移中集结，形成了若干化工园区，化工环境与发展迎来新的机遇和挑战。

1.3 化工企业环境保护之辩证思维

“环境保护是化工企业的生命线”。这不是一般的宣传口号，它反映了企业生存和发展的本质要求。环境保护贯穿企业生产和再生产的全过程，贯穿企业管理的方方面面，决定企业的生存和发展。践行绿色化工，就是增强企业的核心竞争力，增强企业生存和发展的能力。

1.3.1 金山银山与绿水青山

牢固树立环境保护是化工的生命线的理念，树立生态保护红线的理念，树立保护优先的理念，既要金山银山，也要绿水青山。绿水青山就是金山银山。要把生态环境保护放在更加突出位置，像保护眼睛一样保护生态环境，像对待生命一样对待生态环境，在生态环境保护上一定要算大账、算长远账、算整体账、算综合账，不能因小失大、顾此失彼、寅吃卯粮、急功近利。要顺应大势，反映先进生产力的发展要求，勇立深化改革的潮头，引领发展潮流，争做节能减排的领跑者。

1.3.2 内因与外因

搞好环境保护是化工企业不可推卸的社会责任。实践表明，化工企业环境保护应实行外部约束与内在约束相结合，重在激发内在动因，方可持续。坚持环保优先、预防为主、综合治理、公众参与、损害担责的原则，实现在发展中保护，在保护中发展，对化工企业具有强烈的现实意义，实现环境与发展“双赢”是化工企业生存和发展的必由之路。

市场经济首先应是法治经济，没有规矩不成方圆。在严峻的环境形势下更需要严格执法。但严格执法的宗旨，全在于激发企业的内生动因和内在动力，让更多的人守法，实现环境与发展“双赢”。世界很多地方的发展经验已经表明，化工企业可以与百姓和谐相处。

2014 年全面修订的《中华人民共和国环境保护法》（简称《环境保护法》）的亮点纷呈。在理念、制度、保障措施等方面都有重大突破和创新。在创新理念方面，将“推进生态文明建设，促进经济社会可持续发展”列入立法目的，提出了促进人与自然和谐的理念和保护优先的基本原则，明确要求经济社会发展与环境保护相协调。在完善制度方面，要求建立资源环境承载能力监测预警机制，实行环保目标责任制和考核评价制度，制定经济政策充分考虑对环境的影响，建立跨区联合防治协调机制，划定生态保护红线，建立环境与健康风险评估制度，实行总量控制和排污许可管理制度，建立环境污染公共监测预警机制。注重运用市场手段和经济政策，明确提出了财政、税收、价格、生态补偿、环境保护税、环境污染责任保险、重污染企业退出激励机制，以及作为绿色信贷基础的企业环保诚信制度。在多元共治方面，不仅强化了政府环境责任，还新增专章规定信息公开和公众参与，赋予公民环境知情权、参与权和监督权，并明确提出环境公益诉讼的社会组织范围。在强化执法方面，首次明确了“环境监察机构”的法律地位，授予环保部门许多新的监管权力。

《环境保护法》有张有弛，有严厉控制的一面，也有奖励支持的一面。在法治社会，违法要付出沉重的代价，制约企业的发展，守法将有助于拓展自己的发展空间，道路越走越宽广。

1.3.3 他律与自律

环境管理制度发展是一个历史过程。环境保护行政措施可以上升为国家政策，政策可以上升为法律制度（如区域限批由行政措施上升为法律制度等）。但制度又是一个历史过程，排污收费作为一项经济手段，是计划经济条件下产生的老制度，由于适应市场经济发展的需要，焕发青春，在环境保护中发挥了很重要的作用。但随着改革的深化，费改税成为必然趋势，终将被环境保护税所取代，而淡出历史舞台。

环境管理制度是一个体系。环境管理制度可分为五大类：预防类、监督类、考核问责类、救济类和自律类。从预防到救济，从他律到自律，是一个有机的既相互衔接，又相互制约的体系。其中环境保护目标责任制与问责制、重要污染物排放总量控制制度、环境影响评价制度是新时期三项重要制度，因为它们既能直接参与宏观调控，又能适应市场经济发展的需要。排污许可、排污权交易、环境信用评价等合乎市场法则的制度将会后来居上，可谓“各领风骚五百年”。

环境管理制度重视他律与自律相结合。内因是变化的根据，外因是变化的条件，内因通过外因起作用，起作用的外因可以转化为内因。他律固然重要，因为市场经济本身就是法治经济，只有市场这只“看不见的手”、没有政府这只“看得见的手”是不行的，而且永远是不行的。而自律恰恰是最不能忽视、最不能小看的。因为自律是他律的基础和保障，没有自律，看是看不住的，哪怕环境保护执法监督力量再大也不行。要把对立化为统一，把企业化为保护环境的主力军，使其真正成为保护环境的主体，最终靠的是自律，靠的是把外部的压力化为内在的动力。合乎市场经济法则的制度，最能激发企业内生动力，而末端治理为主的模式违背市场经济规律，不可持续。不考虑企业的眼前利益和局部利益的思维和措施都是片面的。末端治理永远需要，因为人们对客观规律的认识永远受到实践的限制，永远有局限性。但末端治理永远不能成为污染防治的主角，永远不能以末端治理为主，因为它是先污染后治理道路的铺路石。所以不彻底摆脱以末端治理为主的模式，环境保护就不会有真正的出路。

1.4　化工环境保护的基本途径

1.4.1　全员、全面、全过程保护环境

化工企业的所有人员必须重视环保、参与环保，把环境保护工作作为自己的基本责任；把环境保护的措施和责任全面落实到所有班组、所有岗位；在化工产品的整个生产过程和销售、使用的过程都要加强环境保护。实践表明，化工企业从事环境保护的人员要懂化工，尤其是要懂化工工艺，否则把污染消化在生产过程中就是一句空话。

环境保护是一个道德问题，是一个价值观问题。社会主义核心价值观的基本内容与环境保护息息相通。要把环境意识作为企业开展社会主义核心价值观教育的重要内容，因为良好的生态环境是最重要的公共产品和民生福祉，是维护人的生存权和发展权不可或缺的部分。要强化自律，持续改进，把环境保护变为全员的自觉行动。

1.4.2　推行清洁生产和循环经济

研究表明，从长期看，企业开展节能减排、提升能源资源利用效率和环境管理水平

将成为企业差别化竞争优势的一个重要来源。从短期看，有效的节能减排也能为企业减少因“外部不经济性”而带来的开支。国内先进钢铁、水泥、化工企业的实践证明，从生产工艺入手实施节能技术改造，以清洁生产、循环经济为重点的全过程治理，将产生经济效益和社会效益、环境效益的多赢。

国家鼓励企业通过清洁生产实现环境与经济“双赢”。清洁生产是企业解决环境问题的一条根本出路，也是一条必由之路。清洁生产是对生产过程与产品采取整体预防性的环境策略，以减少其对人类及环境可能的危害；对生产过程而言，清洁生产包括节约原材料与能源，尽可能不用有毒原材料并在全部排放物和废物离开生产过程之前就减少它们的数量和毒性；对产品而言，则是借助生命周期分析，使得从原材料取得至产品最终处置过程中，尽可能对环境的影响减至最小；为实现清洁生产则必须借助专门技术，改进工艺流程或改变企业文化。实践表明，化工推行清洁生产的潜力最大。

要按照“减量化、资源化、再利用”的原则，根据生态环境的要求，进行产品和工业区的设计与改造，促进循环经济的发展。深化循环经济示范试点，加快资源再生利用产业化，推进生产、流通、消费各环节循环经济发展，构建覆盖全社会的资源循环利用体系。

鼓励产业集聚发展，实施园区循环化改造，推进能源梯级利用、水资源循环利用、废物交换利用、土地节约集约利用，促进企业循环式生产、园区循环式发展、产业循环式组合，构建循环型工业体系。

1.4.3 打造绿色供应链

打造绿色供应链旨在从产品设计、原料选取、生产、仓储、运输、销售到报废回收（回用）实现全程绿化。绿色供应链是一种在整个供应链中综合考虑环境影响和资源效率的现代管理模式，它以绿色制造理论和供应链管理技术为基础，涉及供应商、生产厂、销售商和用户，其目的是使得产品从物料获取、加工、包装、仓储、运输、使用到报废处理的整个过程中，对环境的影响（副作用）最小，资源效率最高。作为高污染、高能耗、资金和技术密集型的化工行业，推行绿色供应链管理尤为需要。打造绿色供应链与《中国制造 2025》（国发〔2015〕28 号）强调“全面推行绿色制造”的战略要求一脉相承。

1.4.4 坚持科技创新

化工行业是技术密集型和资金密集型的行业，化工企业的竞争归根到底是技术的竞争。化工企业现有产品的工艺技术改进，包括节能减排、循环经济、清洁生产、绿色化工、工艺安全的研发是个长期的任务。我国国家发展和改革委员会（以下简称国家发改委）、科学技术部（以下简称科技部）、工业和信息化部（以下简称工信部）、财政部、环境保护部（以下简称环保部）等部门都将此列为“优先发展的高新技术产业化重点领域”或“高新技术领域”。环境问题的最终解决要靠科技创新。企业既要做责任关怀的模范，又要做行业能效环保的领跑者。要勇于参与国家和地方环境保护标准的制定，如清洁生产标准、环境保护标志产品标准、环境保护产品标准制定，要积极参与环境保护产业发展。

1.4.5 践行责任关怀

责任关怀旨在营造化工企业与周围社区公众之间的一种和谐的合作关系。在回应社区和公众提出的意见或建议方面，企业要由原来的被动行为变成主动行为，或者完全是自愿的行为。

企业发展的最终目标是社会化。企业应积极履行社会关怀，主动公开企业信息，加强沟通，融入社区。企业的情况要尽可能让社会了解，让公众了解，了解了才能理解，了解了才能互谅、互助、互惠，才能拓宽企业生存和发展的时间和空间。

1.5 绿色化学

近 20 多年来，从源头上消除污染和安全隐患、节省资源为核心的绿色化学引起国内外的普遍关注。绿色化学的主体思想是采用无毒无害的原料、助剂，采用原子经济性和高选择性的反应，生成环境友好的产品，并且经济合理。绿色化学的基础是化学，并涵盖了化工的内容。从科学的观点看，绿色化学是对传统化学思维方式的更新和发展，需要化学家重新考虑重要的化学问题；从环境观点看，与先污染后治理的传统做法截然不同，它是从源头上消除污染、与生态环境协调发展的更高层次的化学；从经济观点看，它要求合理利用资源和能源、降低生产成本，符合经济可持续发展的要求。简单地讲，绿色化学可概括地描述为在反应过程和化工生产中，不使用有害物质，并尽量减少或不生产有害物质和废弃物。绿色化学的目的是将现有化工生产的技术路线从“先污染后治理”改变为“从源头上消除污染”。在解决环境与发展、环境与经济矛盾的过程中，绿色化学的作用和地位日益显著。近年来，绿色化学也被称为“绿色与可持续化学”，充分显示了绿色化学与可持续发展之间的密切关系。绿色化学与环境化学、清洁生产、循环经济等有密切关系，但不是等同的概念。

绿色化学要求在综合考虑环境因素与社会可持续发展的前提下，重新审视传统的化学问题。随着全球性环境污染问题的日益加剧和能源、资源急剧减少，环境问题日益严峻，绿色化学已成为21世纪的主题，是化学学科发展的必然趋势。对于化学工业而言，绿色化学是化学工业可持续发展的科学和技术基础，是提高效益、节约资源和能源、保护环境的有效手段和方法。绿色化学的发展将带来化学及相关学科的重大进步和生产方式的变革。

世上万事万物都无法违背规律运行。一个人如同一门学问一样，越是走向成熟，就会离哲学越近，因为我们每一个人都是哲学理论的实践者和哲学发展的推动者。对立统一规律是一切事物发展变化的根本规律，这是不以人的主观意志为转移的。企业家要学点哲学，学点唯物辩证法的方法论，增强认识客观规律和遵循客观规律，发挥人的主观能动作用的能力，提高在复杂形势下分析问题解决问题的能力。

促进矛盾转化要把握好一个度，有时是很难做到的，再难也要努力去做，因为我们要实现化工的可持续发展。但对待沉痼，要用猛药，不能因为怕过正就不能矫枉。要把生态环境保护与产业结构调整、创新驱动发展、淘汰落后产能、化解过剩产能紧密结合起来，坚持问题导向，统筹兼顾、抓住重点、远近结合、综合施策，不断提高环境保护工作的科学化水平。

坚持一切从实际出发，持续改进，形成特色。有特色才能提升核心竞争力，占领更多的市场份额；有特色才能独树一帜，引领潮流，争做节能减排的领跑者。

实践无止境，认识无止境，创新无止境，淘汰无止境，发展无止境。

本章小结

环境与发展是一对永恒的矛盾。环境问题是在发展过程中产生的，但不能在发展中自然化解，必须在科学发展中不断化解，解决的动力源于改革。化工的环境与发展问题更为敏感、更为尖锐、更难解决。我国化工企业在实践中积累了较为丰富的保护环境的经验。解决化工环境与发展问题的原动力在于内因，严格环境执法是外因，其唯一宗旨在于激发化工企业保护环境的内在动因和内在动力。实践表明，绿色化工是化工企业实现环境与发展“双赢”的一条根本出路。

思考题

1. 如何正确认识化工环境与发展的关系，如何力争“双赢”？
2. 如何认识化工环境保护理念中的环境与发展、内因与外因，自律与他律？
3. 化工企业环境保护的基本途径是什么？
4. 绿色化工的内涵是什么？它与绿色化学是什么关系？

第2章　环境保护是化工企业的生命线

作为公认的高污染、高风险的化工行业，处理好环境保护与发展的关系特别重要，实践表明，环境保护是化工企业的生命线。

2.1　环境风险倒逼产业转型升级

由于我国追赶型经济发展模式与结构型、压缩型、累积型、耦合型的环境污染相互交织，环境问题集中显现，环境损害呈上升态势，倒逼产业转型升级。

2.1.1　化工行业环境与发展压力加大

化学工业是重要的基础产业和支柱产业，但同时又是一个安全和环境风险较大、能源和资源消耗较高的行业。改革开放以来，我国的化学工业虽然在工艺技术和装备上取得了长足的进步，许多产品或产业的产量规模已名列世界第一。

时至今日，可持续发展已经成为我国化工发展的最大挑战。据环保部 2012 年统计公告，目前化学原料及化学制品制造业排放的废水、危险废物总量分别居全国工业行业第 2 位、第 3 位，化学需氧量（COD）、氨氮、二氧化硫、氮氧化物等主要污染物均位居全国工业前列。

2.1.1.1　部分产能过剩

尚普咨询《2013—2017 年中国化工行业分析调查研究报告》指出：在盲目投资的情况下，部分细分领域相继出现了严重的产能过剩问题，化工行业就是其中之一。

我国石化和化工行业约有 60%～70%的产品领域存在着产能过剩问题，这些过剩产品领域的过剩程度从 30%～50%不等。其中，尿素产能过剩约 1 800 万 t，磷肥（折纯）产能超过国内需求 1 000 多万 t；氯碱行业全年装置利用率约 70%，聚氯乙烯装置利用率约 60%，甲醇装置开工率约 50%，电石行业新增产能约 400 万 t，远超过全年淘汰的 127 万 t 产能，装置利用率约 76%。

2010 年，合成氨、甲醇和电石产能分别占全球产能的 35%、50%和 97%。部分地区未充分考虑资源环境等制约因素，盲目规划、发展煤化工项目。轮胎、纯碱、烧碱和电石法聚氯乙烯等过剩态势十分严峻。

2.1.1.2 产业布局不合理

随着我国经济社会不断发展，城镇化快速推进，众多老化工企业逐渐被城镇包围，安全防护距离不足等问题凸显，部分处于城镇人口稠密区、江河湖泊上游、重要水源地，主要湿地、主要生态保护区的危险化学品生产企业已成为重大环保安全隐患。据 2010 年环境保护部组织开展的全国石油加工与炼焦业、化学原料与化学制品制造业、医药制造业三大重点行业环境风险及化学品检查工作结果显示：下游 5 km 范围内（含 5 km）分布有水环境保护目标的企业占调查企业数量的 23%；周边 1 km 范围内分布有大气环境保护目标的企业占 51.7%，1.5 万家企业周边分布有居民点，对人体健康和安全构成危险。图 2.1 为企业向长江违法排污。

图 2.1 沿江企业向长江违法排污①

2.1.1.3 危险化学品环境风险突出

近年来，由危险化学品生产事故、交通运输事故以及非法排污引起的突发环境事件频发。2008—2011 年环境保护部共接报突发环境事件 568 起，其中涉及危险化学品 287

① 图 2.1 来源：《长江废污水年排放超 300 亿 t 黄金水源岌岌可危》，2013-10-02，16：17，来源：经济参考报.

起，占突发环境事件的 51%，每年与化学品相关的突发环境事件比例分别为 57%、58%、47%、46%。因环境污染损害群众财产和健康而引发的群体性事件越来越成为影响社会稳定的突出问题，1996 年以来，环境群体性事件数量以年均 29%的速度递增，重特大环境事件高发频发，特别是重金属和危险化学品突发环境事件。2005 年以来，环境保护部直接接报处置的事件共 927 起，重特大事件 72 起，其中 2011 年重大事件比上年同期增长 120%。特别是重金属和危险化学品突发环境事件呈高发态势。

2.1.1.4 危险废物管理成为重点和难点

危险废物非法转移和倾倒事件频发，成为突发环境事件的重要诱因。非法利用处置危险废物活动猖獗，产生单位自行简易利用处置危险废物现象普遍。历史遗留危险废物长期大量堆存，严重影响土壤和水环境质量。回收处理体系不健全，污染问题逐步凸显。2010 年化学原料及化学制品制造业产生的危险废物占全部危险废物的 24.58%，危害性大，因此需要特别关注。所涉及的有毒有害物质成分复杂多样，危险废物的污染防治与管理仍然是我国固体废物管理工作的重点和难点。

2.1.1.5 化工场地污染问题凸显

21 世纪初，长三角、珠三角以及东北等老工业基地，有大批污染型企业外迁。各地采取鼓励转产、关闭、搬迁等多种措施，进一步淘汰高污染化工企业，污染场地大面积暴露。仅江苏，连续三年时间内即陆续搬迁 4 000 余家污染严重的化工企业，留下了大量污染情况不明的场地，成为化解环境风险的新课题：化工场地废弃或改变土地使用方向之后，可能严重威胁环境安全。据环境保护部和国土资源部发布的《全国土壤污染状况调查公报》（2014 年 4 月 17 日），“在调查的 81 块工业废弃地的 775 个土壤点位中，超标点位占 34.9%，主要污染物为锌、汞、铅、铬、砷和多环芳烃，主要涉及化学工业、矿业、冶金业等行业。”“在调查的 146 家工业园区的 2 523 个土壤点位中，超标点位占 29.4%。其中，金属冶炼类工业园区及其周边土壤主要污染物为镉、铅、铜、砷和锌，化工类园区及周边土壤的主要污染物为多环芳烃。”

近年来，随着我国城市化进程加速，城市不断向周边扩张，不少原本处于城市边缘的老化工工业区已经被城市包围，化工灾害隐患已经成为危及城市安全的突出问题。

南京“7·28”爆炸事故就是一起化工场地改变用途过程中发生的安全事故。随着南京城市规模的不断扩大，迈皋桥地区的化工厂被政府陆续外迁，兴建起了大量的居民小区与商铺。正是这样的历史变迁，使得由化学原料输送管道因盲目施工引发的南京“7·28”爆炸发生在人口密集的市区。

发生“7·28”爆炸的原南京塑料四厂，位于栖霞区所辖的迈皋桥地区。在原塑料四厂周边，早在十多年前就集聚着多家化工厂、液化气厂、加油站等。而这些工厂都是二十多年前陆续兴建的，那时迈皋桥地区还是一片农村景象。但是随着南京城区规模扩大，迈皋桥地区建起了大量的居民小区和商铺。

2010 年 7 月 28 日上午 10 时许，南京市迈皋桥附近原南京塑料四厂拆迁工地发生爆炸，事故造成一百多人伤亡。7 月 30 日，国家安全生产监督管理总局对外通报了事故的原因，初步认定主要原因是，施工安全管理缺失，施工队伍盲目施工，挖穿地下丙烯管道，造成管道内存有的液态丙烯泄漏。泄漏的丙烯蒸发扩散后，遇到明火引发大范围空间爆炸，同时在管道泄漏点引发大火。“7 • 28”事故暴露了南京地下管网在安全管理上的突出问题，也凸显出改变用途的化工场地的环境安全隐患不容忽视。笔者认为，事故责任首先应该是：南京塑料四厂未及时清除管道中的丙烯即交付拆迁施工。图 2.2 为“7 • 28”事故爆炸现场。

图 2.2　南京迈皋桥地区原南京塑料四厂拆迁工地爆炸现场

2.1.1.6　国际上对化学品统一管理越来越严

国际上对化学品统一管理越来越重视，相继出台国际公约或准则，如全球化学品统一分类和标签制度（GHS），欧盟化学品注册、评估、许可和限制（REACH）法规等，工业发达国家有将一些资源消耗大、污染排放多的危险化学品项目向我国转移的趋势。

部分国家和地区贸易保护主义抬头，设置较高的安全、环保、职业卫生等技术壁垒，围绕市场、能源、资源等方面的竞争更趋激烈。国际社会推行的“责任关怀”，对企业更加注重员工、社会和环境的安全健康等的关注度提出了更高的要求。

2.1.2 环境风险倒逼企业转型升级

我国环境问题的成因是复杂的、综合的、多方面的，包括经济增长方式粗放、体制机制尚不顺畅、公民环境意识不高、科技水平整体落后、经济水平处于国际产业分工的低端等，其中粗放型发展方式位于首位。

实践表明，产业结构调整和环境风险控制是互动共进关系。首先，调整产业布局、优化结构、发展清洁生产技术能够从源头上减少环境隐患，降低环境风险；其次，建立健全环境风险管理体系，严格执行环境质量标准，严格控制高环境风险企业发展，严格限制、严格管理直至依法淘汰“高污染、高环境风险”产品，可倒逼产业结构调整、升级和布局优化。最后，可充分考虑区域环境容量、生态环境承载能力和环境风险承受水平等，合理布局工业发展，防止由于生产力布局和资源配置不合理造成环境隐患。

环境保护制约的是粗放型的经济发展模式，而不是阻碍经济发展，这在发达国家的发展历程中已得到了印证。欧洲、美国、日本等都经历过用严格的环境法律、政策促使经济转型的历史阶段。那些经历了严格环境法律、政策“洗礼”后生存和发展的企业，很多已发展为先进生产力的典型，成为具有强大竞争力的跨国公司。环境保护的法律、法规要求改变了市场准入条件，使那些落后的技术和产业被淘汰出局，从而使先进生产力得到更大的发展机会。

2.2 违法排污危及企业生存

2.2.1 企业违法排污的含义

企业违法排污是指企业违反国家规定，排放、倾倒、处置含有毒害性、放射性、传染病病原体等物质的污染物的行为。污染物（污染要素）包括废气、废水、废渣、医疗废物、粉尘、恶臭气体、放射性物质以及噪声、振动、光辐射、电磁辐射等。其中固体废物包括危险废物，其排放形式与管理方式更具复杂性。这里所说的国家规定，主要是指环境保护法律体系的相关规定，包括立法解释和司法解释。

我国处于经济升级转型的关键时期，势必要不断加强环境保护力度。化工企业违法排污不仅危害环境和公众健康，也引发企业自身的生存危机。

2.2.2 企业违法排污的几种表现形式

2.2.2.1 违反禁令排放污染物

企业违反法律规定，排放或处置污染物即为违法排污。我国环境保护法律对违法排污作出明确界定。诸如：

《中华人民共和国环境保护法》（2014 年修订）规定："生产、储存、运输、销售、使用、处置化学物品和含有放射性物质的物品，应当遵守国家有关规定，防止污染环境。""禁止将不符合农用标准和环境保护标准的固体废物、废水施入农田。施用农药、化肥等农业投入品及进行灌溉，应当采取措施，防止重金属和其他有毒有害物质污染环境。""严禁通过暗管、渗井、渗坑、灌注或者篡改、伪造监测数据，或者不正常运行防治污染设施等逃避监管的方式违法排放污染物。"该法还规定："向海洋排放污染物、倾倒废弃物，进行海岸工程和海洋工程建设，应当符合法律法规规定和有关标准，防止和减少对海洋环境的污染损害。"

《中华人民共和国水污染防治法》（2008 年修订）规定"6 个禁止"。详见本书"11.4.2 化工污水治理的一般规定。"

《中华人民共和国放射性污染防治法》（2003 年修订）规定："禁止利用渗井、渗坑、天然裂隙、溶洞或者国家禁止的其他方式排放放射性废液。""禁止在内河水域和海洋上处置放射性固体废物。""禁止未经许可或者不按照许可的有关规定从事贮存和处置放射性固体废物的活动。禁止将放射性固体废物提供或者委托给无许可证的单位贮存和处置。"

《中华人民共和国固体废物污染环境防治法》（2015 年修正）规定："对暂时不利用或者不能利用的工业固体废物未建设贮存的设施、场所安全分类存放，或者未采取无害化处置措施的"；"在自然保护区、风景名胜区、饮用水水源保护区、基本农田保护区和其他需要特别保护的区域内，建设工业固体废物集中贮存、处置的设施、场所和生活垃圾填埋场的"；"擅自转移固体废物出省、自治区、直辖市行政区域贮存、处置的"；"未采取相应防范措施，造成工业固体废物扬散、流失、渗漏或者造成其他环境污染的"；"在运输过程中沿途丢弃、遗撒工业固体废物的"，均属违法行为，将被追究法律责任。

该法还规定："不按照国家规定填写危险废物转移联单或者未经批准擅自转移危险废物的"；"将危险废物混入非危险废物中贮存的"；"未采取相应防范措施，造成危险废物扬散、流失、渗漏或者造成其他环境污染的"；"在运输过程中沿途丢弃、遗撒危险废物的"，均属违法行为，将被追究法律责任。

《中华人民共和国大气污染防治法》（2015 年修订）（以下简称《大气污染防治法》）共有 18 条就工业、农业、服务业、矿业、机动车、城市管理、应急管理等方面作出禁止性规定。如："企业事业单位和其他生产经营者向大气排放污染物的，应当依照法律法规和国务院环境保护主管部门的规定设置大气污染物排放口。禁止通过偷排、篡改或者伪造监测数据、以逃避现场检查为目的的临时停产、非紧急情况下开启应急排放通道、不正常运行大气污染防治设施等逃避监管的方式排放大气污染物。""禁止侵占、损毁或者擅自移动、改变大气环境质量监测设施和大气污染物排放自动监测设备。""禁止开采含放射性和砷等有毒有害物质超过规定标准的煤炭。""禁止进口、销售和燃用不符合质量标准的石油焦。""机动车船、非道路移动机械不得超过标准排放大气污染物。禁止生产、进口或者销售大气污染物排放超过标准的机动车船、非道路移动机械。""省、自治区、直辖市人民政府应当划定区域，禁止露天焚烧秸秆、落叶等产生烟尘污染的物质。""禁止在人口集中地区和其他依法需要特殊保护的区域内焚烧沥青、油毡、橡胶、塑料、皮革、垃圾以及其他产生有毒有害烟尘和恶臭气体的物质。"等等。

《中华人民共和国环境噪声污染防治法》（1996）规定："建设项目在投入生产或者使用之前，其环境噪声污染防治设施必须经原审批环境影响报告书的环境保护行政主管部门验收；达不到国家规定要求的，该建设项目不得投入生产或者使用。""在城市范围内向周围生活环境排放工业噪声的，应当符合国家规定的工业企业厂界环境噪声排放标准。"

2.2.2.2　企业超标排放污染物

超标即违法。"超标"包括：①超过污染物排放（控制）标准，优先执行地方污染物排放标准；②超过重点污染物排放总量控制指标。

限期治理期间，确需排放超标污水的，须经环境保护部门批准并制定突发环境事件应急预案。

下述情况不但不适用限期治理，而且要受到法律法规的处罚：①建设项目的水污染防治设施未建成、未经验收或者验收不合格，主体工程即投入生产或者使用的；②建设项目投入试生产，其配套建设的水污染防治设施未与主体工程同时投入试运行的；③不正常使用水污染物处理设施，或者未经环境保护行政主管部门批准拆除、闲置水污染物处理设施的；④违法采用国家强制淘汰的造成严重水污染的设备或者工艺，情节严重的。

2.2.2.3　无证或超证排放

《中华人民共和国水污染防治法》（以下简称《水污染防治法》）（2008）规定："直接或者间接向水体排放工业废水和医疗污水以及其他按照规定应当取得排污许可证方可排放的废水、污水的企业事业单位，应当取得排污许可证；城镇污水集中处理设施的运营单位，也应当取得排污许可证。排污许可的具体办法和实施步骤由国务院规定。”《中华人民共和国环境保护法》（以下简称《环境保护法》）（2014）规定：“国家依照法律规定实行排污许可管理制度。”“实行排污许可管理的企业事业单位和其他生产经营者应当按照排污许可证的要求排放污染物；未取得排污许可证的，不得排放污染物。”无证或超证排放行为、持过期许可证排污的行为属违法排污。《大气污染防治法》（2015年修订）规定：“排放工业废气或者本法第七十八条规定名录中所列有毒有害大气污染物的企业事业单位、集中供热设施的燃煤热源生产运营单位以及其他依法实行排污许可管理的单位，应当取得排污许可证。”（第七十八条规定：“国务院环境保护主管部门应当会同国务院卫生行政部门，根据大气污染物对公众健康和生态环境的危害和影响程度，公布有毒有害大气污染物名录，实行风险管理。”）

2.2.2.4 违法设置排污口和私设暗管偷排

《环境保护法》（2014）第四十二条第四款规定：“严禁通过暗管、渗井、渗坑、灌注或者篡改、伪造监测数据，或者不正常运行防治污染设施等逃避监管的方式违法排放污染物。”图2.3为向沙漠违法排放污水的场景。近年来腾格里沙漠建起工业园区将污水排进腾格里沙漠。一些足球场大小的排污池，有的注满墨汁样的液体，有的是暗色的泥浆，上空还飘着白色烟雾。专家透露，沙漠地下水一旦被污染后，修复几乎是不可能的。

图2.3 腾格里沙漠巨型排污池（摄影：陈杰/新京报）

《中华人民共和国海洋环境保护法》（以下简称《海洋环境保护法》）（2013 年修正）第三十条第三款规定：“在海洋自然保护区、重要渔业水域、海滨风景名胜区和其他需要特别保护的区域，不得新建排污口。”

《大气污染防治法》（2015 年修订）第二十条规定：“企业事业单位和其他生产经营者向大气排放污染物的，应当依照法律法规和国务院环境保护主管部门的规定设置大气污染物排放口。”

“禁止通过偷排、篡改或者伪造监测数据、以逃避现场检查为目的的临时停产、非紧急情况下开启应急排放通道、不正常运行大气污染防治设施等逃避监管的方式排放大气污染物。”

企业违反法律、法规和国务院环境保护主管部门的规定，在饮用水水源保护区设置排污口、违法违规设置排污口、私设暗管的及未经水行政主管部门或者流域管理机构同意在江河、湖泊新改扩建排污口的，属于应被追究法律责任的排污行为。

2.2.2.5 事故排放

事故排放包括一般性事故和突发性事故排放。一般性事故如处置得当，未造成超标排放，不属违法排污。突发事故排放导致环境污染，属违法排污行为。

2.2.2.6 违反淘汰制度

使用国家规定强制淘汰的落后生产工艺和装备，生产被淘汰的、落后的产品的，排污即违法。被淘汰的设备，不得转让给他人使用。

2.2.3 公安机关破获的环境重大案件特点

2013 年上半年（至 2013 年 6 月 18 日），公安部认真贯彻中央关于推进生态文明、建设美丽中国的战略部署，积极回应人民群众的呼声和期盼，紧密结合公安机关自身职能，集中部署各地重拳打击污染环境犯罪活动，迅速侦破了一批发生在辽宁、山东、湖南、云南等地的污染环境重大案件，共抓获犯罪嫌疑人 118 人，其中已公诉待审判 24 人，已批准逮捕 10 人，刑事拘留 48 人。

公安机关侦破的污染环境重大案件主要有三个特点：一是部分正规的化工、矿产企业，直接违法排放有害物质；二是部分化工企业为降低治污成本，将大量含有有毒有害物质的化工废液及固体废物等，通过不法中间商，低价售给无处置资质的公司或个人，再非法倾倒；三是部分中小化工企业利用暗管、渗井、渗坑等，非法排放有毒有害物质。在这些案件中，有的非法排污的化工、采矿等企业系当地招商或扶持的高利税重点项目。

污染环境犯罪严重危害生态环境，严重威胁人民群众身心健康。公安机关将全力加大打击污染环境犯罪活动的工作力度，保持严打高压态势，并切实加强与环保行政执法部门的衔接配合，建立健全信息通报、重大行动联合查处等协作机制，形成打击污染环境犯罪的整体合力。对重大污染环境案件，公安部将挂牌督办，坚决一查到底，依法严惩。

2.2.4 最高人民法院公布的四起环境污染典型案例

最高人民法院研究室于2013年6月18日通报了紫金矿业集团股份有限公司紫金山金铜矿重大环境污染事故案等四起环境污染的典型案例。

案例1 紫金矿业集团股份有限公司紫金山金铜矿重大环境污染事故案

（1）基本案情

自2006年10月份以来，被告单位紫金矿业集团股份有限公司紫金山金铜矿（以下简称“紫金山金铜矿”）所属的铜矿湿法厂清污分流涵洞存在严重的渗漏问题，虽采取了有关措施，但随着生产规模的扩大，该涵洞渗漏问题日益严重。紫金山金铜矿于2008年3月在未进行调研认证的情况下，违反规定擅自将6号观测井与排洪涵洞打通。在2009年9月福建省环保厅明确指出问题并要求彻底整改后，仍然没有引起足够重视，整改措施不到位、不彻底，隐患仍然存在。2010年6月中下旬，上杭县降水量达349.7 mm。2010年7月3日，紫金山金铜矿所属铜矿湿法厂污水池HDPE防渗膜破裂造成含铜酸性废水渗漏并流入6号观测井，再经6号观测井通过人为擅自打通的与排洪涵洞相连的通道进入排洪涵洞，并溢出涵洞内挡水墙后流入汀江，泄漏含铜酸性废水9 176 m^3，造成下游水体污染和养殖鱼类大量死亡的重大环境污染事故，上杭县城区部分自来水厂停止供水1天。2010年7月16日，用于抢险的3号应急中转污水池又发生泄漏，泄漏含铜酸性废水500 m^3，再次对汀江水质造成污染。致使汀江河局部水域受到铜、锌、铁、镉、铅、砷等的污染，造成养殖鱼类死亡达370.1万斤，经鉴定鱼类损失价值人民币2 220.6万元；同时，为了网箱养殖鱼类的安全，当地政府部门采取破网措施，放生鱼类3 084.44万斤（1斤=0.5 kg）。

（2）裁判结果

福建省龙岩市新罗区人民法院一审判决、龙岩市中级人民法院二审裁定认为：被告单位紫金山金铜矿违反国家规定，未采取有效措施解决存在的环保隐患，继而发生了危险废物泄漏至汀江，致使汀江河水域水质受到污染，后果特别严重。被告人陈家洪（2006年9月至2009年12月任紫金山金铜矿矿长）、黄福才（紫金山金铜矿环保安全处处长）

是应对该事故直接负责的主管人员，被告人林文贤（紫金山铜矿湿法厂厂长）、王勇（紫金山铜矿湿法厂分管环保的副厂长）、刘生源（紫金山铜矿湿法厂环保车间主任）是该事故的直接责任人员，对该事故均负有直接责任，其行为均已构成重大环境污染事故罪。据此，综合考虑被告单位自首、积极赔偿受害渔民损失等情节，以重大环境污染事故罪判处被告单位紫金山金铜矿罚金人民币三千万元；被告人林文贤有期徒刑三年，并处罚金人民币三十万元；被告人王勇有期徒刑三年，并处罚金人民币三十万元；被告人刘生源有期徒刑三年六个月，并处罚金人民币三十万元。对被告人陈家洪、黄福才宣告缓刑。

案例2　云南澄江锦业工贸有限责任公司重大环境污染事故案

（1）基本案情

2005—2008年，云南澄江锦业工贸有限责任公司（以下简称“锦业公司”）在生产经营过程中，长期将含砷生产废水通过明沟、暗管直接排放到厂区最低凹处没有经过防渗处理的天然水池内，并抽取该池内的含砷废水进行洗矿作业；将含砷固体废物磷石膏倾倒于厂区外未采取防渗漏、防流失措施的堆场露天堆放；雨季降水量大时直接将天然水池内的含砷废水抽排至厂外东北侧邻近阳宗海的磷石膏渣场放任自流。致使含砷废水通过地表径流和渗透随地下水进入阳宗海，造成阳宗海水体受砷污染，水质从Ⅱ类下降到劣Ⅴ类，饮用、水产品养殖等功能丧失，县级以上城镇水源地取水中断，公私财产遭受百万元以上损失的特别严重后果。

（2）裁判结果

云南省澄江县人民法院一审判决、玉溪市中级人民法院二审裁定认为：被告单位锦业公司未建设完善配套环保设施，经多次行政处罚仍未整改，致使生产区内外环境中大量富含砷的生产废水通过地下渗透随地下水以及地表径流进入阳宗海，导致该重要湖泊被砷污染，构成重大环境污染事故罪，且应当认定为“后果特别严重”。被告人李大宏作为锦业公司的董事长，被告人李耀鸿作为锦业公司的总经理（负责公司的全面工作），二人未按规范要求采取防渗措施，最终导致阳宗海被砷污染的危害后果，应当作为单位犯罪的主管人员承担相应刑事责任。被告人金大东作为锦业公司生产部部长，具体负责安全生产、环境保护和生产调度等工作，安排他人抽排含砷废水到厂区外，应作为单位犯罪的直接责任人承担相应刑事责任。案发后，锦业公司及被告人积极配合相关部门截污治污，可对其酌情从轻处罚。据此，以重大环境污染事故罪判处被告单位云南澄江锦业工贸有限责任公司罚金人民币1 600万元；被告人李大宏有期徒刑四年，并处罚金人民币30万元；被告人李耀鸿有期徒刑三年，并处罚金人民币15万元；被告人金大东有期徒刑三年，并处罚金人民币15万元。

案例3 重庆云光化工有限公司等污染环境案

（1）基本案情

重庆长风化学工业有限公司（以下简称“长风公司”）委托被告重庆云光化工有限公司（以下简称“云光公司”）处置其生产过程中产生的危险废物（次级苯系物有机产品）。之后，被告人蒋云川（云光公司法定代表人）将危险废物处置工作交由公司员工被告人夏勇负责。夏勇在未审查被告人张必宾是否具备危险废物处置能力的情况下，将长风公司委托处置的危险废物直接转交给张必宾处置。张必宾随后与被告人胡学辉和周刚取得联系并经实地察看，决定将危险废物运往四川省兴文县共乐镇境内的黄水沱倾倒。2011年6月12日，张必宾联系一辆罐车在长风公司装载28吨多工业废水，准备运往兴文县共乐镇境内的黄水沱倾倒。后因车辆太大而道路窄小，不能驶入黄水沱，周刚、胡学辉、张必宾等人临时决定将工业废水倾倒在大坳口公路边的荒坡处，致使当地环境受到严重污染。2011年6月14日，张必宾在长风公司装载三车铁桶装半固体状危险废物约75余吨，倾倒在黄水沱振兴硫铁矿的荒坡处，致使当地环境受到严重污染，并对当地居民的身体健康和企业的生产作业产生影响。经鉴定，黄水沱和大坳口两处危险废物的处置费、现场清理费、运输费等为918 315元。

（2）裁判结果

四川省兴文县人民法院认为，被告重庆云光化工有限公司作为专业的化工危险废物处置企业，违反国家关于化工危险废物的处置规定，将工业污泥和工业废水交给不具有化工危险废物处置资质的被告人张必宾处置，导致环境严重污染，构成污染环境罪。被告人张必宾违反国家规定，向土地倾倒危险废物，造成环境严重污染，且后果严重，构成污染环境罪。被告人周刚、胡学辉帮助被告人张必宾实施上述行为，构成污染环境罪。被告人张必宾投案自首，依法可以从轻或者减轻处罚。据此，以污染环境罪分别判处被告重庆云光化工有限公司罚金50万元；被告人夏勇有期徒刑二年，并处罚金2万元；张必宾有期徒刑1年6个月，并处罚金2万元。对蒋云川、周刚、胡学辉宣告缓刑。判决宣告后，被告单位、各被告人均未上诉，检察机关亦未抗诉。

案例4 胡文标、丁月生投放危险物质案

（1）基本案情

盐城市标新化工有限公司（以下简称“标新化工公司”）系环保部门规定的“废水

不外排”企业。被告人胡文标系标新化工公司法定代表人，曾因犯虚开增值税专用发票罪于2005年6月27日被盐城市盐都区人民法院判处有期徒刑二年，缓刑三年。被告人丁月生系标新化工公司生产负责人。2007年11月底至2009年2月16日期间，被告人胡文标、丁月生在明知该公司生产过程中所产生的废水含有苯、酚类有毒物质的情况下，仍将大量废水排放至该公司北侧的五支河内，任其流经蟒蛇河污染盐城市区城西、越河自来水厂取水口，致盐城市区20多万居民饮用水停水长达66小时40分钟，造成直接经济损失人民币543.21万元。

（2）裁判结果

盐城市盐都区人民法院一审判决、盐城市中级人民法院二审裁定认为：胡文标、丁月生明知其公司在生产过程中所产生的废水含有毒害性物质，仍然直接或间接地向其公司周边的河道大量排放，放任危害不特定多数人的生命、健康和公私财产安全结果的发生，使公私财产遭受重大损失，构成投放危险物质罪，且属共同犯罪。胡文标在共同犯罪中起主要作用，是主犯；丁月生在共同犯罪中起次要作用，是从犯。胡文标系在缓刑考验期限内犯新罪，依法应当撤销缓刑，予以数罪并罚。据此，撤销对被告人胡文标的缓刑宣告；被告人胡文标犯投放危险物质罪，判处有期徒刑十年，与其前罪所判处的刑罚并罚，决定执行有期徒刑十一年；被告人丁月生犯投放危险物质罪，判处有期徒刑六年。

从案例不难看出，企业违法排污不仅危害环境和公众健康，也导致自身的生存危机，突现环境保护是化工企业的生命线。

2.3 环境违法的刑事责任

1973年，我国环境保护起步，经过40多年的实践，我国法律关于企业违法刑事责任的规定从无到有，而且越来越明确，越来越严厉。随着“新四化”（工业化、城镇化、信息化、农业现代化）建设的深入发展，我国对环境违法刑事责任的追究从实践到认识都发生了质的飞跃。化工企业必须认真学习宣传、贯彻执行刑法，使自己在法律的框架内不断发展壮大。化工企业要保住生命线，就必须遵守刑法关于环境保护的规定，这是一条不可逾越的底线。

2.3.1 《刑法修正案（八）》（2011）有关规定

第一百一十四条 放火、决水、爆炸以及投放毒害性、放射性、传染病病原体等物质或者以其他危险方法危害公共安全，尚未造成严重后果的，处三年以上十年以下有期徒刑。

第一百五十二条 第二款 逃避海关监管将境外固体废物、液态废物和气态废物运输进境，情节严重的，处五年以下有期徒刑，并处或者单处罚金；情节特别严重的，处五年以上有期徒刑，并处罚金。

第一百五十二条 第三款 单位犯前两款罪的，对单位判处罚金，并对其直接负责的主管人员和其他直接责任人员，依照前两款的规定处罚。

第三百三十八条 违反国家规定，排放、倾倒或者处置有放射性的废物、含传染病病原体的废物、有毒物质或者其他有害物质，严重污染环境的，处三年以下有期徒刑或者拘役，并处或者单处罚金；后果特别严重的，处三年以上七年以下有期徒刑，并处罚金。

第三百三十九条 违反国家规定，将境外的固体废物进境倾倒、堆放、处置的，处五年以下有期徒刑或者拘役，并处罚金；造成重大环境污染事故，致使公私财产遭受重大损失或者严重危害人体健康的，处五年以上十年以下有期徒刑，并处罚金；后果特别严重的，处十年以上有期徒刑，并处罚金。

未经国务院有关主管部门许可，擅自进口固体废物用作原料，造成重大环境污染事故，致使公私财产遭受重大损失或者严重危害人体健康的，处五年以下有期徒刑或者拘役，并处罚金；后果特别严重的，处五年以上十年以下有期徒刑，并处罚金。

以原料利用为名，进口不能用作原料的固体废物的，依照本法第一百五十五条的规定定罪处罚。

第四百零八条 第一款 负有环境保护监督管理职责的国家机关工作人员严重不负责任，导致发生重大环境污染事故，致使公私财产遭受重大损失或者造成人身伤亡的严重后果的，处三年以下有期徒刑或者拘役。

2.3.2 两高《解释》与解读

2.3.2.1 《关于办理环境污染刑事案件适用法律若干问题的解释》(法释〔2013〕15号）的有关规定

为依法惩治有关环境污染犯罪，根据我国《刑法》和《刑事诉讼法》的有关规定，最高人民法院、最高人民检察院联合发布了《关于办理环境污染刑事案件适用法律若干问题的解释》(简称《解释》)（法释〔2013〕15 号），2013 年 6 月 19 日起实施。《解释》的有关规定如下：

第一条 实施刑法第三百三十八条规定的行为，具有下列情形之一的，应当认定为

“严重污染环境”：

（一）在饮用水水源一级保护区、自然保护区核心区排放、倾倒、处置有放射性的废物、含传染病病原体的废物、有毒物质的；

（二）非法排放、倾倒、处置危险废物三吨以上的；

（三）非法排放含重金属、持久性有机污染物等严重危害环境、损害人体健康的污染物超过国家污染物排放标准或者省、自治区、直辖市人民政府根据法律授权制定的污染物排放标准三倍以上的；

（四）私设暗管或者利用渗井、渗坑、裂隙、溶洞等排放、倾倒、处置有放射性的废物、含传染病病原体的废物、有毒物质的；

（五）两年内曾因违反国家规定，排放、倾倒、处置有放射性的废物、含传染病病原体的废物、有毒物质受过两次以上行政处罚，又实施前列行为的；

（六）致使乡镇以上集中式饮用水水源取水中断十二小时以上的；

（七）致使基本农田、防护林地、特种用途林地五亩以上，其他农用地十亩以上，其他土地二十亩以上基本功能丧失或者遭受永久性破坏的；

（八）致使森林或者其他林木死亡五十立方米以上，或者幼树死亡二千五百株以上的；

（九）致使公私财产损失三十万元以上的；

（十）致使疏散、转移群众五千人以上的；

（十一）致使三十人以上中毒的；

（十二）致使三人以上轻伤、轻度残疾或者器官组织损伤导致一般功能障碍的；

（十三）致使一人以上重伤、中度残疾或者器官组织损伤导致严重功能障碍的；

（十四）其他严重污染环境的情形。

第二条　实施刑法第三百三十九条、第四百零八条规定的行为，具有本解释第一条第六项至第十三项规定情形之一的，应当认定为“致使公私财产遭受重大损失或者严重危害人体健康”或者“致使公私财产遭受重大损失或者造成人身伤亡的严重后果”。

第三条　实施刑法第三百三十八条、第三百三十九条规定的行为，具有下列情形之一的，应当认定为“后果特别严重”：

（一）致使县级以上城区集中式饮用水水源取水中断十二个小时以上的；

（二）致使基本农田、防护林地、特种用途林地十五亩以上，其他农用地三十亩以上，其他土地六十亩以上基本功能丧失或者遭受永久性破坏的；

（三）致使森林或者其他林木死亡一百五十立方米以上，或者幼树死亡七千五百株以上的；

（四）致使公私财产损失一百万元以上的；

（五）致使疏散、转移群众一万五千人以上的；

（六）致使一百人以上中毒的；

（七）致使十人以上轻伤、轻度残疾或者器官组织损伤导致一般功能障碍的；

（八）致使三人以上重伤、中度残疾或者器官组织损伤导致严重功能障碍的；

（九）致使一人以上重伤、中度残疾或者器官组织损伤导致严重功能障碍，并致使五人以上轻伤、轻度残疾或者器官组织损伤导致一般功能障碍的；

（十）致使一人以上死亡或者重度残疾的；

（十一）其他后果特别严重的情形。

第四条 实施刑法第三百三十八条、第三百三十九条规定的犯罪行为，具有下列情形之一的，应当酌情从重处罚：

（一）阻挠环境监督检查或者突发环境事件调查的；

（二）闲置、拆除污染防治设施或者使污染防治设施不正常运行的；

（三）在医院、学校、居民区等人口集中地区及其附近，违反国家规定排放、倾倒、处置有放射性的废物、含传染病病原体的废物、有毒物质或者其他有害物质的；

（四）在限期整改期间，违反国家规定排放、倾倒、处置有放射性的废物、含传染病病原体的废物、有毒物质或者其他有害物质的。

实施前款第一项规定的行为，构成妨害公务罪的，以污染环境罪与妨害公务罪数罪并罚。

第五条 实施刑法第三百三十八条、第三百三十九条规定的犯罪行为，但及时采取措施，防止损失扩大、消除污染，积极赔偿损失的，可以酌情从宽处罚。

第六条 单位犯刑法第三百三十八条、第三百三十九条规定之罪的，依照本解释规定的相应个人犯罪的定罪量刑标准，对直接负责的主管人员和其他直接责任人员定罪处罚，并对单位判处罚金。

第七条 行为人明知他人无经营许可证或者超出经营许可范围，向其提供或者委托其收集、贮存、利用、处置危险废物，严重污染环境的，以污染环境罪的共同犯罪论处。

第八条 违反国家规定，排放、倾倒、处置含有毒害性、放射性、传染病病原体等物质的污染物，同时构成污染环境罪、非法处置进口的固体废物罪、投放危险物质罪等犯罪的，依照处罚较重的犯罪定罪处罚。

2.3.2.2 解读《解释》（法释〔2013〕15号）

《解释》规定，实施污染环境、非法处置进口的固体废物、擅自进口固体废物等犯罪，具有下列四种情形之一的，应当酌情从重处罚：（一）阻挠环境监督检查或者突发环境事件调查的；（二）闲置、拆除污染防治设施或者使污染防治设施不正常运行的；（三）在医院、学校、居民区等人口集中地区及其附近，违反国家规定排放、倾倒、处置有放射性的废物、含传染病病原体的废物、有毒物质或者其他有害物质的；（四）在限期整改期间，违反国家规定排放、倾倒、处置有放射性的废物、含传染病病原体的废物、有毒物质或者其他有害物质的。对于具有这 4 种情形之一的，要酌情从重处罚。

《解释》要求，从严惩处单位犯罪。实践中，不少环境污染犯罪是由单位实施的，《解释》明确规定，对于单位实施环境污染犯罪的，不单独规定定罪量刑标准，而是适用与个人犯罪相同的定罪量刑标准，对直接负责的主管人员和其他直接责任人员定罪处罚，并对单位判处罚金。

《解释》加大对环境污染共同犯罪的打击力度。实践中，不少企业为降低危险废物的处置费用，在明知他人未取得经营许可证或者超出经营许可范围的情况下，向他人提供或者委托他人收集、贮存、利用、处置危险废物的现象十分普遍。他人接收危险废物后，由于实际不具备相应的处置能力，往往将危险废物直接倾倒在土壤、河流中，严重污染环境。为有针对性地加强对此类犯罪行为的打击，《解释》专门规定，对此种情形应当以污染环境罪的共同犯罪追究有关单位、个人的刑事责任。

《解释》加大对环境污染共同犯罪的打击力度。实践中，不少企业为降低危险废物的处置费用，在明知他人未取得经营许可证或者超出经营许可范围的情况下，向他人提供或者委托他人收集、贮存、利用、处置危险废物的现象十分普遍。他人接收危险废物后，由于实际不具备相应的处置能力，往往将危险废物直接倾倒在土壤、河流中，严重污染环境。为有针对性地加强对此类犯罪行为的打击，《解释》专门规定，对此种情形应当以污染环境罪的共同犯罪追究有关单位、个人的刑事责任。

《解释》规定，对于触犯多个罪名的从一重罪处断。为了进一步加大对环境污染犯罪的打击力度，《解释》明确规定了“从一重罪处断原则”，即违反国家规定，排放、倾倒、处置含有毒害性、放射性、传染病病原体等物质的污染物，同时构成污染环境罪、非法处置进口的固体废物罪、投放危险物质罪等犯罪的，依照处罚较重的犯罪定罪处罚。

2.4　化工企业应积极履行责任关怀

“责任关怀”是于 20 世纪 80 年代国际上开始推行的一种企业理念，1985 年由加拿大政府首先提出，1992 年被国际化工协会联合会（简称 ICCA）接纳并形成在全球推广的计划。是全球化工界针对自身的发展情况，提出的一整套自律性的持续改进环保、健康及安全绩效的管理体系。20 多年来，责任关怀在全球 50 多个国家和地区得到推广，几乎所有跻身世界 500 强的化工企业都践行了这一理念。

事实也充分证明，“责任关怀”的实施，不但为企业带来了巨大的经济利益，而且为企业带来了不可估量的无形利益。更为重要的是，通过每一个企业在责任关怀方面的努力，也为树立全球化学工业在社会、社区和公众心目中的形象和推动全球化学工业可持续发展做出了巨大贡献。

2.4.1 责任关怀的主要原则

（1）不断提高化工企业在技术、生产工艺和产品中对环境、健康和安全的认知度和行动意识，从而避免产品周期中对人类和环境造成损害；

（2）充分地使用能源，并使废物达到最小化；

（3）公开报告有关的行动、成绩和缺陷；

（4）倾听、鼓励并与大众共同努力达到他们关注和期望的内容；

（5）与政府和相关组织在相关规则和标准的发展和实施中进行合作，来更好地制定和协助实现这些规则和标准；

（6）责任关怀是自律的、自发的行为，但在企业内部是制度化、强制性的行为；

（7）与供应商、承包商共享责任关怀的经验和声誉，并提供帮助以促进责任关怀的推广。

2.4.2 责任关怀的六项实施准则

责任关怀在实践中有六个方面的行动准则，详细的标准都是围绕这六方面制订的。它们也反映了化学工业企业管理的几个重要方面。六项准则的目标和内容是：

2.4.2.1 社区认知和紧急情况应变准则（Community Aware-nessand Emergency Response，CAER）

其目的是让化工企业的紧急应变计划与当地社区或其他企业的紧急应变计划相呼应，进而达到相互支持与帮助的功能，以确保员工及社区民众的安全。透过化学品制造商与当地社区人员的对话交流，拟订合作紧急应变计划。该计划每年至少演练 1 次，其范围涵盖危险物与有害物的制造、使用、配销、储存及处置所发生的一切事故。

2.4.2.2 配送准则（Distribution）

此项准则是为了使化学品各种形式的运输、搬运和配送更为安全而订立的。其中包括对与产品和其原料的配送相关的危险进行评价并设法减少这些危险。对搬运工作需要有一个规范化过程，着重行为安全和遵守法规。

2.4.2.3 污染预防准则（Pollution Prevention）

本项准则目的是为了减少向所有的环境空间，即空气、水和陆地的排放。当排放不能减少时，则要求以负责的态度对排放物进行处理。其范围涵盖污染物的分类、储存、清除、处理及最终处置等过程。

2.4.2.4 生产过程安全准则（Process Safety）

其目的是预防火灾、爆炸及化学物质的意外泄漏等。它要求工艺设施应依据工程实务规范妥善的设计、建造、操作、维修和训练并实施定期检查，以达到安全的过程管理。此项准则适用于制造场所及生产过程，其中包括配方和包装作业、防火、防爆、防止化学品的误排放，对象包括所有厂内员工和外包商。

2.4.2.5 雇员健康和安全准则（Employee Health & Safety）

其目的是改善人员作业时的工作环境和防护设备，使工作人员能安全地在工厂内工作，进而确保工作人员的安全与健康。此项准则要求企业不断改善对雇员、访客和合同工作人员的保护，内容包括加强人员的训练并分享相关健康及安全的信息报道、研究调查潜在危害因子并降低其危害、定期追踪员工的健康情况并加以改善。

2.4.2.6 产品监管准则（Product Stewardship）

此项准则适用于企业产品的所有方面，包括从开发经制造、配送、销售到最终的废弃，以减少源自化工产品对健康、安全和环境构成的危险。其范围涵盖了所有产品从最初的研究、制造、储运与配送、销售到废弃物处理整个过程的管理。

2.4.3 我国化工企业积极探索与践行责任关怀

仔细研读责任关怀的七原则和六准则的具体条款，不难看出责任关怀理念和绿色化工关于“生产出有利于环境保护、社区安全和人体健康的环境友好产品”的核心内涵是完全一致的。

化工企业与周围社区公众之间是一种和谐的合作关系。在回应社区和公众提出的意见或建议方面，企业要由原来的被动行为变成主动行为，或者完全是自愿的行为。

责任关怀是由上至下、全公司整体性地推行的制度，是持续改善的自主活动。从道德准则来讲，所有承诺责任关怀的公司都有一个宗旨，就是员工的安全和健康是第一位的，并且要积极主动做好环境管理。从管理方面讲，“责任关怀”理念也贯穿其中，确保化学工业能够达到最低的风险水平。我国国有资产监督管理委员会于 2007 年年底印发《关于中央企业履行社会责任的指导意见》（国资发研究〔2008〕1 号）。指出中央企业履行社会责任的总体要求是:“增强社会责任意识，积极履行社会责任，成为依法经营、诚实守信的表率，节约资源、保护环境的表率，以人为本、构建和谐企业的表率，努力成为国家经济的栋梁和全社会企业的榜样。”履行社会责任的主要内容之一是“加强资源节约和环境保护。认真落实节能减排责任，带头完成节能减排任务。发展节能产业，开发节能产品，发展循环经济，提高资源综合利用效率。增加环保投入，改进工艺流程，降低污染物排放，实施清洁生产，坚持走低投入、低消耗、低排放和高效率的发展道路”。要求企业“建立社会责任报告制度。有条件的企业要定期发布社会责任报告或可持续发展报告，公布企业履行社会责任的现状、规划和措施，完善社会责任沟通方式和对话机制，及时了解和回应利益相关者的意见建议，主动接受利益相关者和社会的监督。”这一指导意见在尔后的实践发挥了重要的导向作用。

2011 年 7 月 10 日，“第四届中国绿色化工特别行动——2011 责任关怀中国行启程仪式”在内蒙古鄂尔多斯博源生态化工园隆重举行，中国石油和化学工业联合会会长李勇武亲临现场，向全行业下达了“行动”出发令，预示着中国化学工业以绿色环保为主题的新的时代的来临。启动仪式见图 2.4。

图 2.4　中国石油和化学工业联合会会长李勇武宣布第四届中国绿色化工特别行动在博源集团启动

2013 年 5 月 26 日，中国工业经济联合会（以下简称中国工经联）在京举行 2013 中国工业经济行业企业社会责任报告发布会暨社会责任评价指标体系发布仪式，首次向全社会正式发布了我国首个《中国工业企业社会责任评价指标体系》（以下简称《评价指标体系》）。《评价指标体系》由社会责任价值观和战略、社会责任推进管理、经济影响、社会影响、环境影响 5 个一级指标、22 个二级指标、98 个三级指标构成。发布会上，中国工经联还发布了过去 5 年中国工业行业企业社会责任发展的回顾与趋势展望，来自 20 个省市自治区的 87 家行业企业集中发布了本企业的社会责任报告。中国工业经济行业企业社会责任报告发布由中国工经联举办，国家发改委、工信部、质检总局等八部委指导，中国煤炭、机械等十家全国性行业协会（联合会）协办，自 2008 年开始一年发布一次。

2014 年 6 月 17 日，由中国企业评价协会联合清华大学社会科学学院创新起草的《中国企业社会责任评价准则》在北京钓鱼台国宾馆隆重发布。该评价准则包含“法律道德”等 10 个一级评价指标、“遵守法律法规”等 63 个二级和三级评价指标，是主办方借鉴国内外已有的研究和实践经验，经过近两年的反复讨论、研究和试测最终起草发布的。改革开放 30 多年来，我国经济飞速发展，成就举世瞩目。在经济的高速发展背后，各类发展后遗问题逐渐凸显，如经济粗放、创新力不足、能源消耗巨大、环境破坏严重、质量和生产安全事故时有发生、市场信用遭遇挑战、劳动者和消费者权益保护问题日益凸显等。这些问题正迫使我国调整经济发展政策和方向，转变经济发展方式。作为经济社会最具活力和实力的组织，企业履行社会责任，实现经济、社会、环境和自身的可持续发展，已成为当前我国社会的普遍共识。为了达到扬善抑恶的目的，《中国企业社会责任评价准则》在评分标准上还特别创新了“特别弘扬原则”、“缺失波及原则”、“零分捆绑原则”，在履行准则过程中，主办方将深入企业，开展个案研究，并通过对网络大数据的挖掘和文本分析等手段，对企业履行社会责任进行动态的追踪研究。希望通过准则的发布和实施，来推动企业全面落实科学发展观，提升管理和经营模式，将企业在社会责任方面的表现转化为竞争力，实现经营绩效、生态环境、社会效益的和谐统一。

本章小结

环境保护是由环境问题逼出来的，又在不断解决环境问题的过程中得到发展。我国化工行业环境与发展的压力不断加大，环境风险倒逼企业转型升级。我国刑法关于环境违法的刑事责任的规定越来越明确，越来越严厉。很多案例表明，企业违法排污将危及企业的生存。实践表明，环境保护是化工企业的生命线。严格依法治理企业和积极履行社会责任关怀是企业生存和发展的重要保障，它们相辅相成，缺一不可。

思考题

1. 化工企业面临哪些环境与发展的压力？如何理解环境风险倒逼企业转型升级？
2. 化工企业违法排污有哪几种表现形式？
3. 环境重大案件的特点是什么？四起典型环境污染案例说明了什么？
4. 说说你对环境违法的刑事责任的理解。
5. 化工企业社会责任关怀的主要原则和实施准则是什么？

第 3 章　保护环境是我国的一项基本国策

保护环境是我国的基本国策，事关人民群众根本利益。基本国策就是立国之策，治国之策。我国 1982 年《宪法》及其后修正的宪法总纲均明确规定：“国家保护和改善生活环境和生态环境，防治污染和其他公害。”这是保护环境作为基本国策的法律根据。1983 年全国环境保护会议宣布环境保护是我国的一项基本国策。2014 年“保护环境是国家的基本国策”被写入《环境保护法》。

3.1　保护环境基本国策确立过程

我国 1982 年《宪法》及其后修正的宪法总纲均明确规定：“国家保护和改善生活环境和生态环境，防治污染和其他公害。”这是保护环境作为基本国策的法律根据。

1983 年国务院召开的第二次全国环境保护会议宣布保护环境是我国必须长期坚持的一项基本国策。

1997 年全国人大常委会将可持续发展提升为国家发展战略。

2002 年党的十六大把实施可持续发展，实现经济发展与人口、资源、环境相协调写入了建设中国特色社会主义必须坚持的基本经验。

2007 年生态文明建设被写入党的十七大报告；建设资源节约型、环境友好型社会被写入新党章。

2012 年党的十八大把生态文明建设纳入中国特色社会主义事业五位一体（经济建设、政治建设、文化建设、社会建设、生态文明建设）的总体布局，提出大力推进生态文明建设，努力建设美丽中国，实现中华民族永续发展。

2014 年十二届全国人大常委会第八次会议全面修订《环境保护法》，将“保护环境是国家的基本国策”写入《环境保护法》，进一步突出了保护环境作为基本国策的法律地位。

3.2　环境保护法律体系

多年来，我们国家涉及环境保护方面的法律有 30 部左右，行政法规有 90 部左右，还有大量的环保标准。表明我国的环境保护法律体系基本形成。这些法律、法规和标准的实施对控制环境污染和生态破坏，合理开发利用资源与能源都起到了积极的作用。

3.2.1 我国环境保护法律体系的基本构成

我国环境保护法律体系的基本构成如图 3.1 所示。《宪法》总纲关于保护环境的规定，是制定环境保护基本法的法律根据。全国人民代表大会常务委员会针对特定的保护对象或特定的人类活动，根据宪法和环境保护基本法制定环境保护单行法。国务院根据环境保护法和环境保护单行法或按法律授权制定了一系列行政法规，省、自治区、直辖市以及较大市的地方人民代表大会及其常委会根据本地实际需要，在不与宪法、法律、行政法规相抵触的前提下制定颁布地方性环境保护法规。

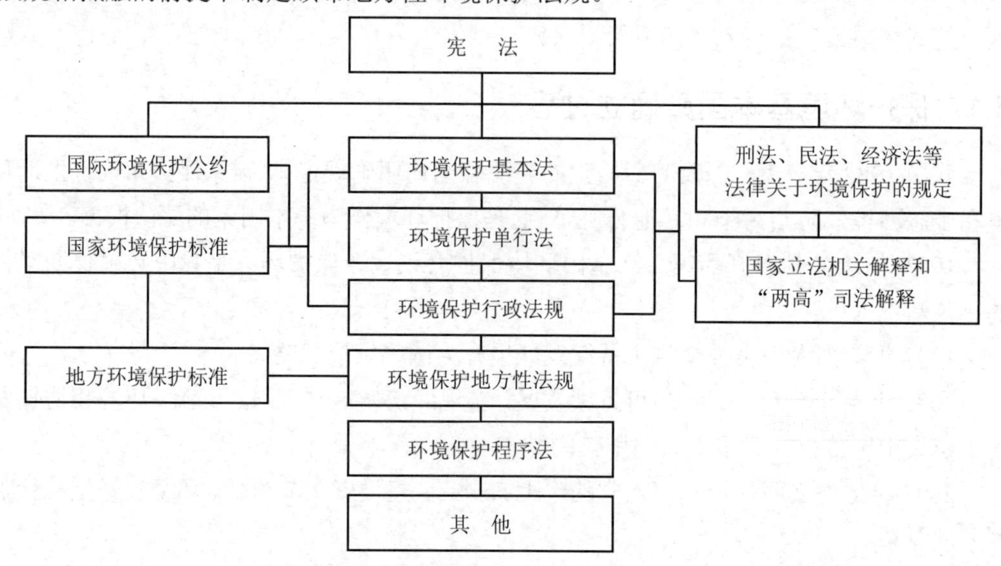

图 3.1　我国环境保护法律体系基本构成示意图（施问超绘制）

在我国环境保护法律体系中，还包括：①其他法律如刑法、民法、经济法等法律作出的环境保护规定；②国家立法机关和司法机关对法律作出的立法和司法解释；③国家环境保护标准和地方环境保护标准；④环境保护纠纷解决程序；⑤我国加入的国际环境保护公约等。环境保护规章是法律法规的细化和延伸。我国的环境保护法律体系为适应新时期经济社会发展和全面深化改革的需要，它始终处在适时适度地修订、修正、完善之中，是一个动态的发展过程。要把公正、公平、公开原则贯穿立法全过程，完善立法体制机制，坚持立改废释并举，增强法律法规的及时性、系统性、针对性、有效性。

在我国环境保护法律体系中环境保护法律及密切相关的法律见表3.1。

表3.1　我国环境保护法律及相关法律名称、文号和实施日期

法律名称	发布文号	实施日期
中华人民共和国宪法①	1982年12月4日第五届全国人民代表大会第五次会议表决通过，同日全国人民代表大会公告公布施行	1982-12-04
中华人民共和国环境保护法（试行）	1979年9月13日全国人民代表大会常务委员会令第2号公布试行	1979-09-13
中华人民共和国环境保护法②	国家主席令1989年第22号公布	1989-12-26
	国家主席令2014年第9号修订	2015-01-01
中华人民共和国海洋环境保护法	第五届全国人民代表大会常务委员会令（第9号，1982年）公布	1983-03-01
	国家主席令1999年第26号修订	2000-04-01
	国家主席令2013年第8号修正	2013-12-28
中华人民共和国固体废物污染环境防治法	国家主席令1995年第58号公布	1996-04-01
	国家主席令2004年第32号修订	2005-04-01
	国家主席令2013年第5号修正	2013-06-29
	国家主席令2015年第23号修正	2015-04-24
中华人民共和国水污染防治法	国家主席令1984年第12号发布	1984-11-01
	国家主席令1996年第66号修正	1996-05-15
	国家主席令2008年第87号修订	2008-06-01
中华人民共和国放射性污染防治法	国家主席令第6号公布	2003-10-01
中华人民共和国环境影响评价法	国家主席令第77号公布	2003-09-01
中华人民共和国大气污染防治法	国家主席令1987年第57号公布	1988-06-01
	国家主席令1995年第54号修正	1995-08-29
	国家主席令2000年第32号修订	2000-09-01
	国家主席令2015年第31号修订	2016-01-01

① 《中华人民共和国宪法》是中华人民共和国的根本大法，拥有最高法律效力。中华人民共和国成立后，曾于1954年9月20日、1975年1月17日、1978年3月5日和1982年12月4日通过四个宪法，现行宪法为1982年宪法，并历经1988年、1993年、1999年、2004年四次修正。宪法总纲第二十六条规定："国家保护和改善生活环境和生态环境，防治污染和其他公害。"2014年11月1日，第十二届全国人大常委会第十一次会议通过了关于设立国家宪法日的决定。国家宪法日为12月4日。

② 《中华人民共和国环境保护法》。《中华人民共和国环境保护法（试行）》于1979年9月13日第五届全国人民代表大会常务委员会第十一次会议原则通过并公布（全国人民代表大会常务委员令，五届第2号，委员长叶剑英）1989年12月26日第七届全国人民代表大会常务委员会第十一次会议通过（《中华人民共和国环境保护法（试行）》废止）2014年4月24日第十二届全国人民代表大会常务委员会第八次会议修订。

法律名称	发布文号	实施日期
中华人民共和国环境噪声污染防治法	国家主席令第 77 号公布	1997-03-01
中华人民共和国海岛保护法	国家主席令第 22 号公布	2010-03-01
中华人民共和国野生动物保护法	国家主席令 1988 年第 9 号公布	1989-03-01
	国家主席令 2004 年第 24 号修正	2004-08-28
	国家主席令 2009 年第 18 号修正	2009-08-27
中华人民共和国清洁生产促进法	国家主席令 2002 年第 72 号发布	2003-01-01
	国家主席令 2012 年第 54 号修正	2012-07-01
中华人民共和国循环经济促进法	国家主席令 2008 年第 4 号公布	2009-01-01
中华人民共和国渔业法	国家主席令 1986 年第 38 号公布	1986-07-01
	国家主席令 2013 年第 8 号修正	2013-12-28
中华人民共和国草原法	国家主席令 1985 年第 26 号公布	1985-10-01
	国家主席令 2002 年第 82 号修订	2003-03-01
	国家主席令 2013 年第 5 号修正	2013-06-29
中华人民共和国煤炭法	国家主席令 1996 年第 75 号公布	1996-12-01
	国家主席令 2011 年第 45 号修正	2011-07-01
	国家主席令 2013 年第 5 号修正	2013-06-29
中华人民共和国农业法	国家主席令 1993 年第 6 号公布	1993-07-02
	国家主席令 2002 年第 81 号修订	2003-03-01
	国家主席令 2009 年第 18 号修正	2009-08-27
	国家主席令 2012 年第 74 号修正	2013-01-01
中华人民共和国气象法	国家主席令 1999 年第 23 号公布	2000-01-01
	国家主席令 2009 年第 18 号修正	2009-08-27
中华人民共和国水法	国家主席令 1988 年第 61 号公布	1988-07-01
	国家主席令 2002 年第 74 号修订	2002-10-01
	国家主席令 2009 年第 18 号修正	2009-08-27
中华人民共和国水土保持法	国家主席令 1991 年第 49 号公布	1991-06-29
	国家主席令 2010 年第 39 号修订	2011-03-01
	国家主席令 2009 年第 18 号修正	2009-08-27
中华人民共和国森林法	国家主席令 1984 年第 17 号公布	1985-01-01
	国家主席令 1998 年第 3 号修正	1998-07-01
	国家主席令 2009 年第 18 号修正	2009-08-27
中华人民共和国节约能源法	国家主席令 1997 年第 90 号公布	1998-01-01
	国家主席令 2007 年第 77 号修订	2008-04-01
中华人民共和国城乡规划法（《中华人民共和国城市规划法》废止）	国家主席令 2007 年第 74 号公布	2008-01-01

法律名称	发布文号	实施日期
中华人民共和国可再生能源法	国家主席令 2005 年第 33 号公布	2006-01-01
中华人民共和国海域使用管理法	国家主席令 2001 年第 61 号公布	2002-01-01
中华人民共和国防沙治沙法	国家主席令 2001 年第 55 号公布	2002-01-01
中华人民共和国刑法（1979）	委员长令第五号公布	1980-01-01
中华人民共和国刑法（1997）（修订）	国家主席令 1997 年第 83 号公布	1997-10-01
中华人民共和国刑法修正案（八）	国家主席令 2011 年第 41 号公布	2011-05-01
中华人民共和国刑法修正案（九）[①]	国家主席令 2015 年第 30 号公布	2015-11-01
中华人民共和国民事诉讼法	国家主席令 1991 年第 44 号公布	1991-04-09
	国家主席令 2007 年第 75 号公布	2008-04-01
	国家主席令 2012 年第 59 号公布	2013-01-01
中华人民共和国侵权责任法	国家主席令 2009 年第 21 号公布	2010-07-01
中华人民共和国行政强制法	国家主席令 2011 年第 49 号公布	2012-01-01
中华人民共和国行政许可法	国家主席令 2003 年第 7 号公布	2004-07-01
中华人民共和国突发事件应对法	国家主席令 2007 年第 69 号公布	2007-11-01
中华人民共和国国家安全法	国家主席令 2015 年第 29 号公布	2015-07-01
中华人民共和国标准化法	国家主席令 1998 年第 11 号公布	1989-04-01
其他		

（施问超制表）

表 3.1 收录法律 35 部，按环境法律体系构成的层次排序，依次为《宪法》、环境保护基本法、环境保护单行法、资源法和其他法律 5 类。将海岛保护法、野生动物保护法和清洁生产促进法、循环经济促进法作为环境保护单行法看待。因为海岛保护法重在保护海岛生态环境，并与海洋环境保护法相呼应；野生动物保护是一个重要的环境要素保护；清洁生产和循环经济揭示的是解决环境问题的根本出路，可以淡化末端治理为主的

① 《中华人民共和国刑法》。1979 年 7 月 1 日第五届全国人民代表大会第二次会议通过，1997 年 3 月 14 日第八届全国人民代表大会第五次会议修订，已先后被《中华人民共和国刑法修正案》（发布日期：1999 年 12 月 25 日 实施日期：1999 年 12 月 25 日）、《中华人民共和国刑法修正案（二）》（发布日期：2001 年 8 月 31 日 实施日期：2001 年 8 月 31 日）、《中华人民共和国刑法修正案（三）》（发布日期：2001 年 12 月 29 日 实施日期：2001 年 12 月 29 日）、《中华人民共和国刑法修正案（四）》（发布日期：2002 年 12 月 28 日 实施日期：2002 年 12 月 28 日）、《中华人民共和国刑法修正案（五）》（发布日期：2005 年 2 月 28 日 实施日期：2005 年 2 月 28 日）、《中华人民共和国刑法修正案（六）》（发布日期：2006 年 6 月 29 日 实施日期：2006 年 6 月 29 日）、《中华人民共和国刑法修正案（七）》（发布日期：2009 年 2 月 28 日 实施日期：2009 年 2 月 28 日）、《全国人民代表大会常务委员会关于修改部分法律的决定》（发布日期：2009 年 8 月 27 日 实施日期：2009 年 8 月 27 日）、《中华人民共和国刑法修正案（八）》（发布日期：2011 年 2 月 25 日 实施日期：2011 年 5 月 1 日）、《中华人民共和国刑法修正案（九）》（发布日期：2015 年 8 月 29 日 实施日期：2015 年 11 月 1 日）修正或修改（《刑法修正案（九）》对环境保护方面的条款未作修改）。

治污模式的影响，所以紧列环境保护单行法之后，亦可视为环境保护单行法。资源法属广义的环保法，重在资源合理利用和生态环境保护"双赢"。在其他法律中将刑法放在首位，因为如果没有刑法的重视和支持，环境保护法将永远是"软法"。在"文号"一栏中列出该法律的发展节点，从中可以透视该项法律的产生和发展过程，对任何法律来说，与时俱进都是永恒的话题。为方便阅读理解，在注释中着重介绍了宪法、刑法和环境保护法的发展脉络。

3.2.1.1 宪法是建立环境保护法律体系的法律依据

从构成要件上看，作为一个法律部门，必须以《宪法》为根据制定基本法——《环境保护法》，以《宪法》和基本法为根据制定单行法。我国《宪法》以法律的形式规定了国家的根本制度和根本任务，是国家的根本大法，具有最高的法律效力。我国将环境保护写入《宪法》"总纲"，从而确立了保护环境作为基本国策的法律地位。我国 1978 年《宪法》"总纲"第十一条第三款规定："国家保护环境和自然资源，防治污染和其他公害。"1982 年修订的《宪法》"总纲"第二十六条规定："国家保护和改善生活环境和生态环境，防治污染和其他公害。"这一规定是我国环境立法的基础和根据。《宪法》"总纲"第九条、第十条、第二十二条对"保障自然资源的合理利用，保护珍贵的动物和植物"，"合理地利用土地"，"保护名胜古迹、珍贵文物和其他重要历史文化遗产"作出了规定。这些规定进一步丰富了我国环境保护法律体系的内涵。

3.2.1.2 环境保护基本法

《中华人民共和国环境保护法》是我国环境领域的基础性、综合性法律，即基本法律，它对环境保护的基本问题，如适用范围、组织机构、法律原则与制度等作出了原则规定，是制定环境保护单行法的依据。1979 年我国颁布《环境保护法（试行）》，经过 10 年的实践，1989 年正式颁布《环境保护法》，《环境保护法（试行）》废止。时隔 25 年，2014 年我国全面修订《环境保护法》。《环境保护法》（2014）（又称新环保法）号称"史上最严"的环保法律，对政府、公众和企业都有新的规定（图 3.2）。其中，对污染超标企业提出了按日连续处罚、查封扣押、限产停产等处罚措施以及规定信息公开。

法立，有犯而必施；令出，唯行而不返。2015 年上半年，环保部门充分运用《环境保护法》（2014 年修订）赋予的按日连续处罚、查封扣押、限产停产以及移送行政拘留等手段，积极探索新常态下的环境监管执法。2015 年上半年《环境保护法》（2014）及配套办法执行情况见图 3.3。伴随环境监管执法趋严、趋实，地方政府的责任意识、污染企业的底线意识、环保部门的创新意识、社会公众的参与意识都有了不同程度的提升。

图 3.2　《环境保护法》（2014 年修订）的新规定[①]（中国经营报资料室/图）

① 图 3.2 引自《环保部公安部拟细则　环境违法企业负责人或被拘留》. 2014-10-25 10：21：03，中国经营报.

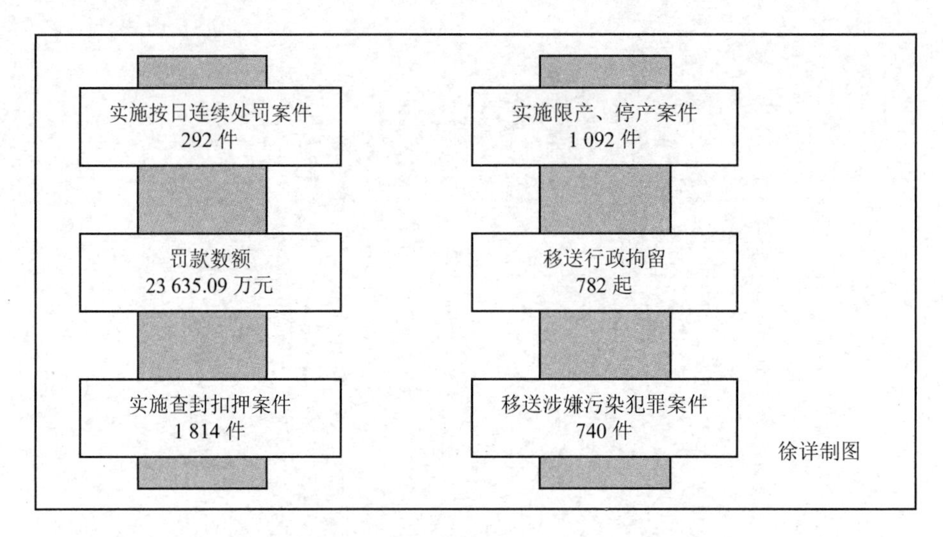

图 3.3　2015 年上半年环境保护法（2014 年修订）及配套办法执行情况

（来源：中国环境报 2015-08-04 第一版）

3.2.1.3　环境保护单行法

环境保护单行法是针对特定的保护对象或特定的人类活动而制定的专项性法律。这些专项法律通常以宪法和环境保护基本法为依据，是宪法和环境保护基本法的具体化，也是对环境保护基本法的丰富和发展。因此，环境保护单行法的有关规定一般都比较具体，是进行环境监督管理、处理环境纠纷和突发事件的直接依据。我国环境保护单行法主要由环境要素保护法律和区域（流域）环境保护法律、生态环境保护法律、自然资源保护法律、环境管理法律和经济法中保护环境的法律组成。它们相互呼应，相互支持，形成一个不可分割的有机整体。

3.2.1.4　刑法、经济法等关于环境保护的规定

环境保护法是在传统的刑法、民法、行政法、经济法等部门法的基础上发展起来的，反过来又对这些法律部门的发展产生很大的影响。这就决定了上述部门法中必然含有大量的环境保护规范，它们是环境保护法律体系不可或缺的重要组成部分。这里主要以刑法和经济法为例。

（1）刑法

刑法是最富有权威的法律，是环境保护法的坚强后盾。没有刑法的支持，环境保护法就永远是一个软法。1997 年修订的《刑法》第三百三十八条规定了重大环境污染事故罪，第三百三十九条规定了非法处置进口的固体废物罪、擅自进口固体废物罪，第四百

零八条规定了环境监管失职罪。2011 年 5 月 1 日起施行的《刑法修正案（八）》第四十六条对 1997 年《刑法》第三百三十八条规定的“重大环境污染事故罪”作了三处修改完善：一是作了文字修改，删除了原条文中规定的排放、倾倒、处置行为的对象，即“土地、水体、大气”；二是扩大了污染物的范围，将原来规定的“其他危险废物”修改为“其他有害物质”；三是降低了入罪门槛，将“造成重大环境污染事故，致使公私财产遭受重大损失或者人身伤亡的严重后果”修改为“严重污染环境”。修改后，罪名由原来的“重大环境污染事故罪”相应调整为“污染环境罪”。刑法关于环境保护的规定，详见“2.3　环境违法的刑事责任”。

（2）经济法

经济法中关于保护环境的规范可以分为三种情况：一是保护环境的法律，如《清洁生产促进法》《循环经济促进法》等；二是有利于环境保护的法律，如《可再生能源法》《节约能源法》等；三是比较普遍的在法律条文中作出的关于环境保护规定。环境与经济的矛盾是环境与发展的主要矛盾，经济又是矛盾的主要方面，决定事物的性质。所以，为进一步调整环境与经济的关系，经济法关于环境保护的规范会越来越多，越来越严。

（3）其他法律

《中华人民共和国海岛保护法》（2009）。该法是为了保护海岛及其周边海域生态系统，合理开发利用海岛自然资源，维护国家海洋权益，促进经济社会可持续发展而制定的。第四十六条规定：“违反本法规定，采挖、破坏珊瑚、珊瑚礁，或者砍伐海岛周边海域红树林的，依照《中华人民共和国海洋环境保护法》的规定处罚。”第四十九条规定：“在海岛及其周边海域违法排放污染物的，依照有关环境保护法律的规定处罚。”第五十五条规定：“违反本法规定，构成犯罪的，依法追究刑事责任。”“造成海岛及其周边海域生态系统破坏的，依法承担民事责任。”

《中华人民共和国侵权责任法》（2009）。这是 2014 年全面修订的《环境保护法》提及的一部法律。《环境保护法》第六十四条规定：“因污染环境和破坏生态造成损害的，应当依照《中华人民共和国侵权责任法》的有关规定承担侵权责任。”第六十五条规定：“环境影响评价机构、环境监测机构以及从事环境监测设备和防治污染设施维护、运营的机构，在有关环境服务活动中弄虚作假，对造成的环境污染和生态破坏负有责任的，除依照有关法律法规规定予以处罚外，还应当与造成环境污染和生态破坏的其他责任者承担连带责任。”第六十六条规定：“提起环境损害赔偿诉讼的时效期间为三年，从当事人知道或者应当知道其受到损害时起计算。”

《中华人民共和国突发事件应对法》（2007）。该法是为了预防和减少突发事件的发生，控制、减轻和消除突发事件引起的严重社会危害，规范突发事件应对活动，保护人民生命财产安全，维护国家安全、公共安全、环境安全和社会秩序而制定的。环境污染和生态破坏事件属于“事故灾难”类突发事件。

《中华人民共和国民事诉讼法》(2012)。2012 年 8 月 31 日，《民事诉讼法》修正案在十一届全国人大常委会第 28 次会议上获得通过。修正案增加了关于环境公益诉讼的规定：对污染环境等损害公共利益的行为，法律规定的机关和有关组织可以向人民法院提起诉讼。

《中华人民共和国国家安全法》(2015)。2015 年 7 月 1 日第十二届全国人民代表大会常务委员会第十五次会议通过。该法不仅对核安全作出严格规定，而且对生态安全作出明确规定。该法第三十条规定：“国家完善生态环境保护制度体系，加大生态建设和环境保护力度，划定生态保护红线，强化生态风险的预警和防控，妥善处置突发环境事件，保障人民赖以生存发展的大气、水、土壤等自然环境和条件不受威胁和破坏，促进人与自然和谐发展。”这一规定深化了《环境保护法》(2014 年修订）的内涵，为生态环境保护提供法律保障，表明我国环境保护全面纳入国家立法的顶层设计。

“其他法律”关于环境保护的规定还有很多，这里就不一一列举了。

3.2.1.5 法律解释

立法机关和司法机关的法律解释是我国环境保护法律体系的一个重要组成部分，它使得环境保护法律规定更富有可操作性和权威性，也是对法律的丰富和发展。国家环境保护立法解释和司法解释及“两高”（最高人民法院、最高人民检察院）有关文件见表 3.2。

表 3.2 立法解释与司法解释及“两高”有关规范性文件

文件名称	文号	实施日期
• 最高人民法院关于审理环境污染刑事案件具体应用法律若干问题的解释	最高人民法院审判委员会第1391次会议通过 法释〔2006〕4 号（2013-06-18 废止）	2006-07-28
• 关于环境保护行政主管部门移送涉嫌环境犯罪案件的若干规定	国家环境保护总局 公安部 最高人民检察院 联合发文 环发〔2007〕78 号	2007-05-17
• 对违法排污行为适用行政拘留处罚问题的意见	全国人大常委会法制工作委员会 法工委复〔2008〕5 号 环境保护部环发〔2008〕62 号文转发	2008-07-04
• 最高人民法院关于为加快经济发展方式转变提供司法保障和服务的若干意见	最高人民法院，法发〔2010〕18 号	2010-06-29
• 最高人民法院、最高人民检察院关于办理环境污染刑事案件适用法律若干问题的解释	最高人民法院审判委员会第 1581 次会议、最高人民检察院第十二届检察委员会第7次会议通过 法释〔2013〕15 号（法释〔2006〕4 号废止）	2013-06-18

文件名称	文号	实施日期
· 最高人民法院关于全面加强环境资源审判工作为推进生态文明建设提供有力司法保障的意见	最高人民法院 法发〔2014〕11号	2014-06-23
· 最高人民法院、民政部、环境保护部关于贯彻实施环境民事公益诉讼制度的通知	最高人民法院 民政部 环境保护部 法释〔2014〕352号	2014-12-26
· 最高人民法院关于审理环境民事公益诉讼案件适用法律若干问题的解释	最高人民法院 法释〔2015〕1号	2015-01-06
· 最高人民法院关于审理环境侵权责任纠纷案件适用法律若干问题的解释	最高人民法院 法释〔2015〕12号	2015-06-03

（施问超制表）

（1）立法解释

国家立法机关关于适用环境法律的解释属于立法解释，其效力等同于法律。20世纪80年代以来，全国人大常委会以及有关的专门委员会分别就环境法律的适用问题作出了多方面的解释。例如，2008年8月，全国人大法工委印发《对违法排污行为适用行政拘留处罚问题的意见》，是对2008年修订的《水污染防治法》第九十条关于“依法给予治安管理处罚”的规定作出的立法解释。明确规定违法向水体排放、倾倒毒害性、放射性、腐蚀性物质等危险物质的，可对主管人员给予行政拘留处罚。

（2）“两高”司法解释（详见“2.3　环境违法的刑事责任”）

最高人民法院和最高人民检察院作出的刑事司法解释具有法律效力，是环境保护法律体系的一个托底的具有威慑力、强制力的不可或缺的要害部分，而且越来越严格。1979年，在刑法没有设定“破坏环境资源保护罪”的情况下，以“危险物品管理规定肇事罪”追究刑事责任。1997年，按刑法设定的“破坏环境资源保护罪”中的“重大环境事故污染罪”追究刑事责任。2006年7月，最高人民法院专门制定了《关于审理环境污染刑事案件具体应用法律若干问题的解释》（法释〔2006〕4号），明确了1997年《刑法》规定的重大环境污染事故罪、非法处置进口的固体废物罪、擅自进口固体废物罪和环境监管失职罪的定罪量刑标准。2007年，国家环境保护总局、公安部、最高人民检察院联合颁布《关于环境保护行政主管部门移送涉嫌环境犯罪案件的若干规定》（环发〔2007〕78号）。2009年，我国法院开始以新的罪名“投放毒害性物质罪”来追究污染环境者的刑事责任，其罪名更重，求处刑期也更长，彰显了我国政府保护环境的坚强决心。2013年6月18日，最高人民法院、最高人民检察院联合发布司法解释《关于办理环境污染刑事案件适用法律若干问题的解释》（法释〔2013〕15号），法释〔2006〕4号废止，进一步降低环境污染犯罪的入罪门槛，严密环境保护刑事法网。同日最高人民法院还通报了紫金矿业集团股份有限公司紫金山金铜矿重大环境污染事故案等四起环境污染的典型案例。2013 年 7 月 8 日，公安部公布当年四起环境污染重大案件，并宣布各地公安机关当年已侦破环境污染刑事案件 112 起。公安部表示将充分运用最高人民法院、最高人民检察院《解释》（法释〔2013〕15 号），严格依法履行职责，始终保持对环境污染犯罪的严打高压态势。

2010 年 6 月 29 日，最高人民法院印发《关于为加快经济发展方式转变提供司法保障和服务的若干意见》的通知（法发〔2010〕18 号），首次明确环保部门可代表国家起诉索赔，标志着环保部门作为环境公益诉讼原告主体地位的确立。2014 年 7 月 3 日，最高人民法院召开加强环境资源审判工作发布会，通报最高法成立环境资源审判庭的有关情况，发布《最高人民法院关于全面加强环境资源审判工作为推进生态文明建设提供有力司法保障的意见》（法发〔2014〕11 号，2014-06-23）。这也是落实司法解释的一大举措，将推进环境公益诉讼作为全面加强环境资源审判工作的突破口和着力点，并对大力推进环境民事公益诉讼作出专门规定，包括充分保障法律规定的机关和有关组织的环境民事公益诉权、探索完善环境民事公益诉讼的审判程序、依法确定环境民事公益诉讼的责任方式和赔偿范围、探索构建合理的诉讼成本负担机制等。

最高人民法院法释〔2015〕1 号、法释〔2015〕12 号的有关内容见“9.6.3　最高人民法院关于环境公益诉讼的两个司法解释”。

3.2.1.6　行政法规

行政法规是指国务院为领导和管理国家各项行政工作，根据宪法和法律，按照法定程序制定的各类法规的总称。行政法规是对法律内容具体化的一种主要形式。国务院根据环境保护法和环境保护单行法或按法律授权制定了一系列行政法规，既是国家制定法律的前奏和基础，也是对国家法律的细化和深化。国务院颁布的环境行政法规（涉及工业污染防治部分）见表 3.3。

表 3.3　部分环境保护行政法规和国务院决定

行政法规名称	发布文号	实施日期
· 企业信息公示暂行条例	国务院令第 654 号	2014-10-01
· 国务院关于修改部分行政法规的决定	国务院令第 653 号	2014-07-29
· 城镇排水与污水处理条例	国务院令第 641 号	2014-01-01
· 国务院关于修改部分行政法规的决定	国务院令第 645 号	2013-12-07
· 国务院关于废止和修改部分行政法规的决定	国务院令第 638 号	2013-09-06
· 放射性废物安全管理条例	国务院令第 612 号	2012-03-01

行政法规名称	发布文号	实施日期
• 太湖流域管理条例	国务院令第 604 号	2011-11-01
• 危险化学品安全管理条例	国务院令第 344 号 国务院令第 591 号修订 国务院令第 645 号修改	2002-03-15 2011-12-01 2013-12-07
• 国务院关于废止和修改部分行政法规的决定	国务院令第 588 号	2011-01-08
• 消耗臭氧层物质管理条例	国务院令第 573 号	2010-06-01
• 放射性物品运输安全管理条例	国务院令第 562 号（2009）	2010-01-01
• 规划环境影响评价条例	国务院令第 559 号	2009-10-01
• 防治船舶污染海洋环境管理条例[①]	国务院令第 561 号 国务院令第 638 号修改 国务院令第 653 号修改	2009-09-09 2013-07-18 2014-07-29
• 中华人民共和国政府信息公开条例	国务院令第 492 号（2007）	2008-05-01
• 放射性同位素与射线装置安全和防护条例	国务院令第 449 号 国务院令第 653 号修改	2005-12-01 2014-07-29
• 易制毒化学品管理条例	国务院令第 445 号 国务院令第 653 号修改	2005-08-26 2014-07-29
• 危险废物经营许可证管理办法[②]	国务院令第 408 号 国务院令第 645 号修改	2004-07-01 2013-12-07
• 排污费征收使用管理条例[③]	国务院令第 369 号	2003-07-01
• 建设项目环境保护管理条例	国务院令第 253 号	1998-11-29
• 国务院关于环境保护若干问题的决定	国发〔1996〕31 号	1996-08-03
• 中华人民共和国监控化学品管理条例	国务院令第 190 号 国务院令第 588 号修改	1995-12-27 2011-01-08
• 淮河流域水污染防治暂行条例	国务院令第 183 号 国务院令第 588 号修订	1995-08-08 2011-01-08
• 中华人民共和国资源税暂行条例	国务院令〔1993〕139 号	1993-12-25
• 中华人民共和国防治陆源污染物污染损害海洋环境管理条例	国务院令第 61 号	1990-08-01
• 中华人民共和国海洋倾废管理条例[④]	国务院发布 国务院令第 588 号修改	1985-04-01 2011-01-08

（施问超制表）

① 《防治船舶污染海洋环境管理条例》自 2010 年 3 月 1 日起施行。1983 年 12 月 29 日国务院发布的《中华人民共和国防止船舶污染海域管理条例》同时废止。

② 《危险废物经营许可证管理办法》。2004 年 5 月 30 日中华人民共和国国务院令第 408 号公布。根据 2013 年 12 月 7 日《国务院关于修改部分行政法规的决定》（国务院令第 645 号）修订。

③ 《排污费征收使用管理条例》自 2003 年 7 月 1 日起施行。1982 年 2 月 5 日国务院发布的《征收排污费暂行办法》和 1988 年 7 月 28 日国务院发布的《污染源治理专项基金有偿使用暂行办法》同时废止。

④ 《中华人民共和国海洋倾废管理条例》。1985 年 3 月 6 日国务院发布。根据 2011 年 1 月 8 日《国务院关于废止和修改部分行政法规的决定》（国务院令 2011 年第 588 号）修订。

3.2.1.7 地方性法规

地方性法规是指省、自治区、直辖市以及较大市的地方人民代表大会及其常委会根据本地实际需要，在不与宪法、法律、行政法规相抵触的前提下制定颁布的规范性文件，在所辖行政区域内有效。民族自治地区可依法制定地方性法规。全国省级人民代表大会及其常务委员会根据宪法和环境保护法及单行法和行政法规陆续颁布实施一大批地方环境保护法规和地方环境标准，是对国家法律的细化、深化和发展。其中地方环境保护标准可以严于国家标准，并优先执行。

3.2.1.8 环境保护标准

环境保护标准是我国环境保护法律体系的重要组成部分。详见本书“3.3 环境保护标准”。

3.2.1.9 环境保护纠纷解决程序和环境执法与司法程序

（1）环境保护纠纷解决程序

环境保护纠纷解决程序法律法规是指有关追究破坏和污染环境者的行政责任、民事责任和刑事责任的程序法。我国环境保护纠纷沿用《行政诉讼法》、《民事诉讼法》、《刑事诉讼法》、《行政复议条例》、《监察机关处理不服行政处分的申诉办法》和环境保护法中的有关规定。在海洋污染损害民事纠纷方面，还可以根据《中国海事仲裁委员会仲裁规则》由中国海事仲裁委员会解决。《环境保护行政处罚办法》（国家环境保护总局令〔1999〕第7号，国家环境保护总局令 2003年第19号修正，自2010年3月1日起废止）、《报告环境污染与破坏事故的暂行办法》（环办字〔1987〕317号，2006年3月31日废止）、《环境保护行政主管部门突发事件信息报告办法（试行）》（环发〔2006〕50号，代替环办字〔1987〕317号，2011年5月1日起废止）、《环境行政处罚办法》（环境保护部令2010年第8号，代替《环境保护行政处罚办法》）、《突发环境事件信息报告办法》（环境保护部令第17号，2011年5月1日起施行，代替环发〔2006〕50号）等是我国环境保护领域的行政处罚程序。我国的环境程序法律尚处于起步阶段，将继续在实践中不断创新，不断发展。

（2）环境执法与司法程序

为规范环境保护行政主管部门及时向公安机关和人民检察院移送涉嫌环境犯罪案件，依法惩罚污染环境的犯罪行为，防止以罚代刑，2007年5月17日，国家环保总局、公安部、最高人民检察院联合下发《关于环境保护行政主管部门移送涉嫌环境犯罪案件的若干规定》（环发〔2007〕78号）。明确规定县级以上环境保护行政主管部门发现违法事实涉嫌构成犯罪，依法需要追究刑事责任的，应当依法向公安机关移送；发现国家机关工作人员涉嫌有关环境保护渎职等职务犯罪线索的，应当将有关材料移送相应的人民检察院。该规定所涉及的环境犯罪案件涉及八类犯罪，包括走私废物罪、重大环境污染事故罪、非法处置进口固体废物罪、擅自进口固体废物罪、滥用职权罪、玩忽职守罪、环境监管失职罪、其他涉及环境的犯罪。这是我国第一个关于环境刑事责任诉讼程序的规范性文件。2014 年 12 月 24 日，为全面做好《环境保护法》(2014 年修订，2015 年 1 月 1 日施行）贯彻执行工作，依法查处环境污染违法犯罪行为，公安部、环境保护部、农业部、工信部、国家质检总局等 5 部门联合制定出台了《行政主管部门移送适用行政拘留环境违法案件暂行办法》(公治〔2014〕853 号)。《办法》明确，案件移送部门应当在作出移送决定后 3 日内将案件移送书和案件相关材料移送至同级公安机关；公安机关应当按照《公安机关办理行政案件程序规定》的要求受理。

2014 年 6 月 23 日，最高人民法院发布《关于全面加强环境资源审判工作为推进生态文明建设提供有力司法保障的意见》(法发〔2014〕11 号)，对大力推进环境民事公益诉讼作出了专门规定，包括充分保障法律规定的机关和有关组织的环境民事公益诉权、探索完善环境民事公益诉讼的审判程序、依法确定环境民事公益诉讼的责任方式和赔偿范围、探索构建合理的诉讼成本负担机制等。

2014 年 6 月 23 日，《国务院办公厅关于加强环境监管执法的通知》要求：“全面实施行政执法与刑事司法联动。各级环境保护部门和公安机关要建立联动执法联席会议、常设联络员和重大案件会商督办等制度，完善案件移送、联合调查、信息共享和奖惩机制，坚决克服有案不移、有案难移、以罚代刑现象，实现行政处罚和刑事处罚无缝衔接。移送和立案工作要接受人民检察院法律监督。发生重大环境污染事件等紧急情况时，要迅速启动联合调查程序，防止证据灭失。公安机关要明确机构和人员负责查处环境犯罪，对涉嫌构成环境犯罪的，要及时依法立案侦查。人民法院在审理环境资源案件中，需要环境保护技术协助的，各级环境保护部门应给予必要支持。”

在《环境保护法》(2014 年修订，2015 年 1 月 1 日施行）施行之际发布的《最高人民法院关于审理环境民事公益诉讼案件适用法律若干问题的解释》(法释〔2015〕1 号）和《最高人民法院　民政部　环境保护部关于贯彻实施环境民事公益诉讼制度的通知》(法〔2014〕352 号)，以及 2015 年 6 月 1 日颁布的《最高人民法院关于审理环境侵权责任纠纷案件适用法律若干问题的解释》(法释〔2015〕12 号）对环境民事公益诉讼案件的诉讼程序作了明确规定。标志着我国环境保护法律的程序法建设取得新的突破。

3.2.1.10　我国缔结和参加的国际环境保护公约

国际环境法是指调整国家或地区之间，在开发、利用、保护和改善环境过程中，所产生的各种关系的有约束力的原则、规则、规章和制度的总称，是保护全人类环境的法律，是在国际法中自成体系的一个分支，它与国内环境保护法有着密切的联系，是我国国内环境保护法的组成部分。按照我国现行法律规定，除我国声明保留的条款之外，国际法的效力优于国内法。

截至 2010 年，国际上有关环境问题的多边协议已达 240 多个。涉及臭氧层保护、化学品管理、生物多样性保护、气候变化、海洋资源保护、渔业等多个领域。我国已经签订的涉及环境问题的国际公约、议定书、协定、协议等约 50 项，其中有 13 项重要的环境公约。我国签署或加入的国际环境保护公约是我国在环境领域对外做出的庄严承诺，体现了我国需要承担和履行的国家环境责任。我国参加的与化工行业有关的主要国际环境保护公约见表 3.4。其中，危险化学品的国际贸易管理已有序开展。1994 年，我国颁布了《化学品首次进口及有毒化学品进出口环境管理规定》，同时发布了《中国禁止或严格限制的有毒化学品名录》。在《鹿特丹公约》生效前将公约涉及的化学品和部分农药列入此名录。自 2009 年起，我国进一步规范了有毒化学品进出口环境管理登记审批，强化对进出口有毒化学品流向的监督管理。将管理范围扩展至进出口上下游的相关生产、使用企业，旨在全面防控有毒化学品在生产、使用、储运、处置过程中的环境风险。

表 3.4　我国参加的与化工行业有关的主要国际环境保护公约

国际环境保护公约名称	负责部门	批准日期
关于保护臭氧层的维也纳公约	环保总局	1989-09-11
关于控制危险废物越境转移及其处置的巴塞尔公约	环保总局	1991-09-04
《关于消耗臭氧层物质的蒙特利尔议定书》伦敦修正案	环保总局	1991-06-24
《关于控制危险废物越境转移及其处置的巴塞尔公约》修正案	环保总局	2001-05-01
《关于消耗臭氧层物质的蒙特利尔议定书》哥本哈根修正案	环保总局	2003-04-22
关于持久性有机污染物的斯德哥尔摩公约	环保总局	2004-06-25
关于在国际贸易中对某些危险化学品和农药采用事先知情同意程序的鹿特丹公约	环保总局	2004-12-29
《防止倾倒废物和其他物质污染海洋的公约》1996 年议定书	海洋局	2006-06-29

我国危险废物管理和越境转移监管工作取得积极进展。危险废物管理方面，修订了《固体废物污染环境防治法》，出台了《危险废物经营许可证管理办法》。《国家危险废物名录》和危险废物鉴别相关标准得到进一步修订完善，编制出台了《危险废物经营单位编制应急预案指南》等一系列技术指南文件。危险废物申报登记、管理计划、台账管理

等制度得到积极推行。越境转移监管方面，《危险废物出口核准管理办法》和《固体废物进口管理办法》陆续发布施行，预防和打击废物非法越境转移力度进一步加强。

我国严格遵守已经签署并经国家最高权力机构批准的环境国际公约和协议条款，采取积极措施兑现对外承诺。我国作为最大的发展中国家，丰富的环境资源、庞大的人口以及巨大的环境影响力已经使我国的态度和行为成为实施许多环境国际公约成败的关键因素。在具有严格减排、限排目标和时限要求的环境国际公约中，我国所占全球需要减排总量中的比例较大；在没有时限要求的公约中，我国的履约效果对全球也有较大影响。为增强遵约能力，需加强对环境国际公约遵约机制的研究和参与，加快环境国际公约向国内法转化，全面加强履约能力建设，加强对外宣传，彰显我国应对全球环境问题的决心和态度。

3.2.2　与化工有关的国家环境保护规章

与化工有关的国家环境保护规章见表 3.5。

表 3.5　与化工企业相关的国家环境保护部门规章

部门规章名称	发文单位和文号	实施时间
突发环境事件调查处理办法	环境保护部令 2014 年 第 32 号	2015-03-01
企业事业单位环境信息公开办法	环境保护部令 2014 年 第 31 号	2015-01-01
环境保护主管部门实施限制生产、停产整治办法	环境保护部令 2014 年 第 30 号	2015-01-01
环境保护主管部门实施查封、扣押办法	环境保护部令 2014 年 第 29 号	2015-01-01
环境保护主管部门实施按日连续处罚办法	环境保护部令 2014 年 第 28 号	2015-01-01
关于印发《行政主管部门移送适用行政拘留环境违法案件暂行办法》的通知	公安部 工业和信息化部 环境保护部 农业部 国家质量监督检验检疫总局 公治〔2014〕853 号	2015-01-01
关于废止《环境污染治理设施运营资质许可管理办法》的决定	环境保护部令第 27 号	2014-07-04
放射性固体废物贮存和处置许可管理办法	环境保护部令第 25 号	2014-03-01
环境监察执法证件管理办法	环境保护部令第 23 号	2014-03-01
企业环境信用评价办法（试行）	环保部 发展改革委 人民银行 银监会文件 环发〔2013〕150 号	2013-12-18
关于加强环境保护与公安部门执法衔接配合工作的意见	环境保护部 公安部文件 环发〔2013〕126 号	2013-11-04
关于印发《国家重点监控企业自行监测及信息公开办法（试行）》和《国家重点监控企业污染源监督性监测及信息公开办法（试行）》的通知	环境保护部 环发〔2013〕81 号	2013-07-30

部门规章名称	发文单位和文号	实施时间
环境污染治理设施运营资质许可管理办法[①]（被环境保护部2014年第27号令废止）	环境保护部令第20号	2012-08-01
环境监察办法	环境保护部令第21号	2012-07-25
污染源自动监控设施现场监督检查办法	环境保护部令第19号	2012-04-01
固体废物进口管理办法	环境保护部 商务部 国家发展改革委 海关总署 质检总局令 环境保护部令第12号	2011-08-01
突发环境事件信息报告办法	环境保护部令第17号	2011-05-01
环保举报热线工作管理办法	环境保护部令第15号	2011-03-01
关于废止、修改部分环保部门规章和规范性文件的决定	环境保护部令第16号	2010-12-22
饮用水水源保护区污染防治管理规定	国家环保局 卫生部 建设部 水利部 地质部（89）环管字第201号 环境保护部令第16号修改	1989-07-10 2010-12-22
突发环境事件应急预案管理暂行办法	环境保护部，环发〔2010〕113号	2010-09-28
进出口环保用微生物菌剂环境安全管理办法	环境保护部 国家质量监督检验检疫总局 令第10号	2010-05-01
环境行政处罚办法	环境保护部令2010年第8号	2010-03-01
限期治理管理办法（试行）	环境保护部令第6号	2009-09-01
建设项目环境影响评价文件分级审批规定（原国家环境保护总局令2002年第15号废止）	环境保护部令第5号	2009-03-01
环境行政复议办法（2006年12月27日原国家环境保护总局发布的《环境行政复议与行政应诉办法》同时废止）	环境保护部令第4号	2008-12-30
建设项目环境影响评价分类管理名录（国家环境保护总局令第14号废止）	环境保护部令第2号	2008-10-01
关于印发污染源自动监控设施运行管理办法的通知	环境保护部 环发〔2008〕6号	2008-05-01
关于印发《节能发电调度信息发布办法（试行）》的通知	国家电监会 国家发改委 环境保护部	2008-04-03
关于废止、修改部分规章和规范性文件的决定	国家环境保护总局令2007年第41号	2007-10-08
环境监测管理办法	国家环境保护总局令第39号	2007-09-01
关于环境保护行政主管部门移送涉嫌环境犯罪案件的若干规定	国家环保总局 公安部 最高人民检察院 联合发文 环发〔2007〕78号	2007-05-17
环境信息公开办法（试行）	国家环保总局令2007年第35号	2008-05-01

① 《环境污染治理设施运营资质许可管理办法》。代替原国家环境保护总局2004年11月8日公布的《环境污染治理设施运营资质许可管理办法》（国家环境保护总局令第23号）；被环境保护部2014年第27号令废止。

部门规章名称	发文单位和文号	实施时间
环境统计管理办法（1995 年 6 月 15 日国家环境保护局发布的《环境统计管理暂行办法》废止）	国家环保总局令 2006 年第 37 号	2006-12-01
环境信访办法	国家环保总局令 2006 年第 34 号	2006-07-01
环境保护违法违纪行为处分暂行规定	国家监察部 国家环保总局 令第 10 号	2006-02-20
污染源自动监控管理办法	国家环保总局令 2005 年第 28 号	2005-11-01
建设项目环境影响评价资质管理办法（《建设项目环境影响评价资格证书管理办法》废止）	国家环保总局令 2005 年第 26 号	2005-08-15
清洁生产审核暂行办法	国家发改委 环保总局 令第 16 号	2004-10-01
建设项目环境保护分类管理目录（国家环境保护总局令 2007 年第 41 号修改）	国家环护总局令 2002 年第 14 号	2002-10-14
建设项目竣工环境保护验收管理办法（被环境保护部令 2010 年第 16 号修改）	国家环境保护总局令第 13 号	2001-12-27
消耗臭氧层物质进出口管理办法	环境保护总局 环发〔1999〕278 号	1999-12-03
国家重点环境保护实用技术推广管理办法（被环境保护部令 2010 年第 16 号废止）	国家环境保护总局令第 4 号	1999-06-21
排放污染物申报登记管理规定（被环境保护部令 2010 年第 16 号废止）	国家环境保护局令第 10 号	1992-08-14
建设项目环境保护管理程序（被环境保护部令 2010 年第 16 号废止）	国家环境保护局	1990-06
全国环境监测管理条例（原《全国环境监测报告制度（试行）》废止）	城乡建设环境保护部颁发	1983-07-21

注：危险废物管理的环境保护部门规章，请见《7.7.2　危险废物管理制度的由来和法律规定》。　（施问超制表）

表 3.5 收录与化工企业相关的国家环境保护部门规章。环境保护部门规章是法律法规的延伸。既是对环境保护法律法规的细化，是实施法律法规的重要措施；也是为制（修）定环境保护法律法规作不可或缺的探索，其中经过实践检验在全国或全行业带有普遍指导意义的精华可以融入新制（修）定的行政法规之中。规章与政策没有严格的界限，相对成熟的具体政策可以上升为规章，具有较强的稳定性和约束力。

原化工部为行业环境保护制定了一系列的规范性文件和行业环境保护标准，为调整化工环境与发展的关系奠定了基础。有的规范至今仍有一定的现实意义，其中有的标准已更新。

3.2.3 环境法治制度基本评估

我们这里所说的环境法治制度主要是指环境保护法律的立法和实施。从总体上看，我国环境法治制度的实施取得了很好的效果，对于控制环境污染、改善生态环境起到了重要作用，但也存在诸多问题，包括环境违法成本低的问题并未得到有效解决，环境立法缺位、处罚偏轻。环境保护的体制、职能和部分管理制度在环境法律中并没有得到明确和细化，一些重要的环保领域立法缺失，行政处罚普遍偏轻；运用司法手段解决环境问题的制度尚未建立，环境民事赔偿法律制度不健全，司法诉讼渠道不畅，生态环境损害难获赔偿，生态环境破坏者并未得到应有处罚；基层行政执法缺乏强制手段，现行法律规定执行不到位，缺乏有效性。要建立最严格的环保制度，必须注重长远，坚持整体、系统和全面改造当前制度体系的长期方向。要使环境法治成为统领和指导环境保护全局的根本性制度和最高意志。用严格的法律制度保护生态环境，加快建立有效约束开发行为和促进绿色发展、循环发展、低碳发展的生态文明法律制度，强化生产者环境保护的法律责任，大幅度提高违法成本。建立健全自然资源产权法律制度，完善国土空间开发保护方面的法律制度，制定完善生态补偿和土壤、水、大气污染防治及海洋生态环境保护等法律法规，促进生态文明建设。

3.3 环境保护标准

国家环境保护标准是在环境保护实践中产生和发展的，有时候一个重要的环境保护标准又能成为环境保护发展的标志。国际环境保护历程表明，以污染物排放控制、环境质量控制、风险防控为核心的 3 个环境管理阶段是依次出现、逐步提升的。我国压缩型、复合型的污染特征，又决定了这 3 个阶段（在推进过程中可能出现）相互交叉重合。2012 年 3 月 5 日新修订的《环境空气质量标准》（GB 3095—2012）就是一个重要标志，它标志着中国环保道路开始进入污染控制与质量管理兼顾的新阶段。环境保护工作的重点开始从污染物排放控制管理阶段向环境质量管理阶段、从控制局地污染向区域联防联控、从控制一次污染物向控制二次污染物、从单独控制个别污染物向多污染物协同控制转变，这些转变都将对我国环保工作提出更高的要求，对我国环境管理的思想和理念都将带来深刻的影响。

3.3.1 环境保护标准是一个科学的体系

环境保护标准是为了改善环境质量，保护人群健康，促进技术进步和经济发展，依据环境保护法律法规，从国情和省情出发，对环境保护工作中需要统一的各项技术规范和技术要求而制定的标准的总称。环境保护标准是我国环境保护法律体系的重要组成部分。

我国通过环境保护立法确立了国家环境保护标准制度，《环境保护法》、《大气污染防治法》、《水污染防治法》、《固体废物污染环境防治法》、《环境噪声污染防法》、《海洋环境保护法》和《放射性污染防治法》等环境保护单行法对制定环境保护标准均作出了规定。我国的环境保护标准包括国家标准和地方（省级）标准。国家环境保护标准包括国家环境质量标准、国家污染物排放（控制）标准、国家环境监测规范和国家环境标准样品、国家环境基础标准和环境保护标准制修订规范及其他用于各方面环境保护执法和管理工作的国家环境保护标准——环境管理技术规范。环境保护标准体系是各个具体的环境标准按其内在联系组成的科学的整体系统。中国环境保护标准体系见图 3.4。

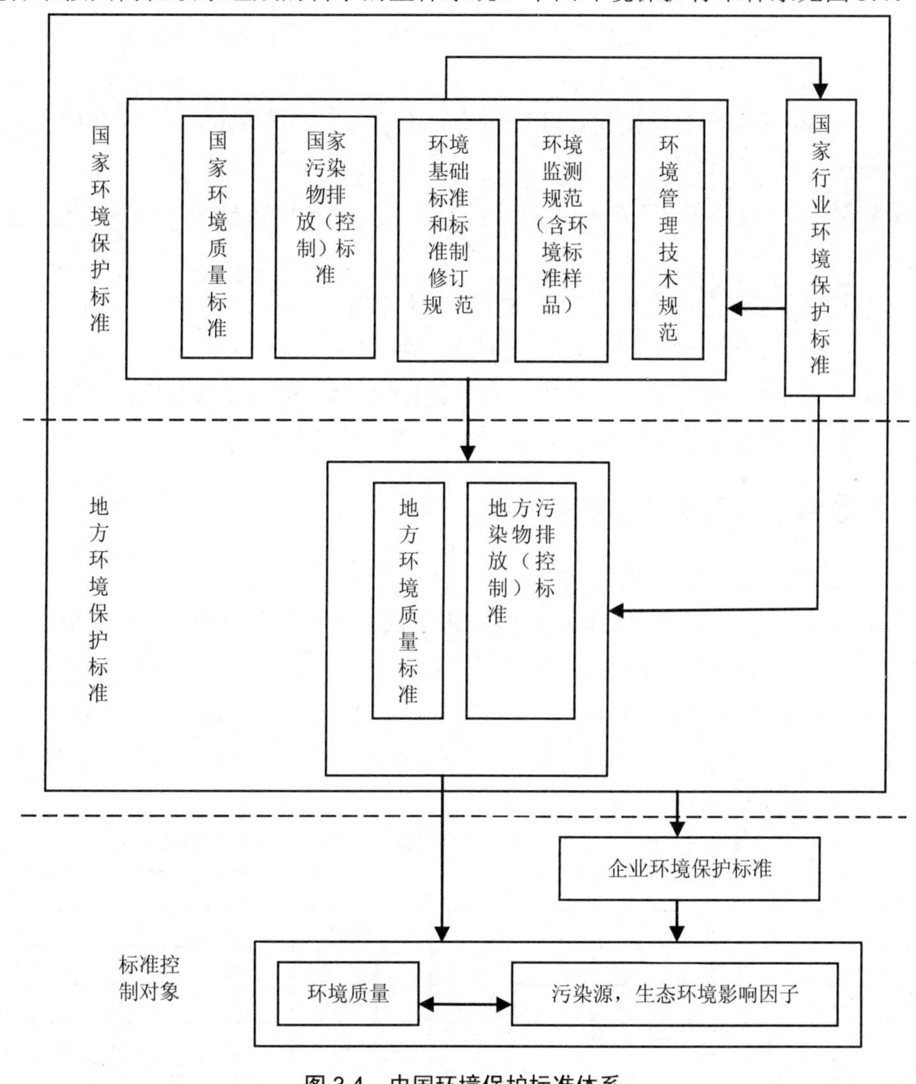

图 3.4 中国环境保护标准体系

图 3.4 中“国家行业环境保护标准”是指环境保护部之外的国务院有关部门如国家发展和改革委员会、住房和城乡建设部、工业和信息化部等部门批准、发布的环境保护行业标准。例如：

HG/T 20667—2005《化工建设项目环境保护设计规定》（国家发展和改革委员会公告 2005 年第 35 号批准公布）

HG/T 20504—2013《化工危险废物填埋场设计规定》（工业和信息化部公告 2013 年第 52 号发布）

HG 20706—2013《化工建设项目废物焚烧处置工程设计规范》（工业和信息化部公告 2013 年第 52 号发布）

HG/T 20501—2013《化工建设项目环境保护监测站设计规定》（工业和信息化部公告 2013 年第 52 号发布）

环境保护部制订的国家环境保护行业标准多包含在环境管理技术规范、环境监测规范之中。

环境保护部门之外的国务院有关部门亦批准、发布环境保护国家标准，如 GB 50483 —2009《化工建设项目环境保护设计规范》（住房和城乡建设部批准、发布）、GB 50684 —2011《化学工业污水处理与回用设计规范》（住房和城乡建设部批准，住房和城乡建设部和国家质量监督检验检疫总局联合发布）等。

3.3.2 环境保护标准现状与分类

3.3.2.1 我国国家环境保护标准现状

目前，我国的国家环境保护标准体系基本形成。据不完全统计，1973—2013 年，我国累计发布国家环境保护标准 1 899 项，其中现行（至 2015 年 6 月）有效标准 1 484 项。1973—2014 年我国累计发布国家环境保护标准 2 039 项，其中现行（至 2015 年 6 月）有效标准 1 624 项。1973—2014 年国家环境保护标准年度发布数量见表 3.6，图 3.5。

表 3.6 1973—2014 年国家环境保护标准年度发布数量统计表 单位：项

年份	发布数	失效数	有效数	年份	发布数	失效数	有效数
1973	1	1	0	1997	25	15	10
1979	3	3	0	1998	45	41	4
1982	3	3	0	1999	122	60	62
1983	21	18	3	2000	141	18	123
1984	14	12	2	2001	97	23	74

年份	发布数	失效数	有效数	年份	发布数	失效数	有效数
1985	19	15	4	2002	30	11	19
1986	12	6	6	2003	97	10	87
1987	45	13	32	2004	42	16	26
1988	24	11	13	2005	109	6	103
1989	51	12	39	2006	119	11	108
1990	16	5	11	2007	104	0	104
1991	29	9	20	2008	71	0	71
1992	34	10	24	2009	117	1	116
1993	62	28	34	2010	91	0	93
1994	29	9	20	2011	77	0	77
1995	43	10	33	2012	65	0	65
1996	65	38	27	2013	76	0	76
				2014	140	0	140
合计					2039	415	1624

注：施问超制表，吕士秀统计、复核、校正。

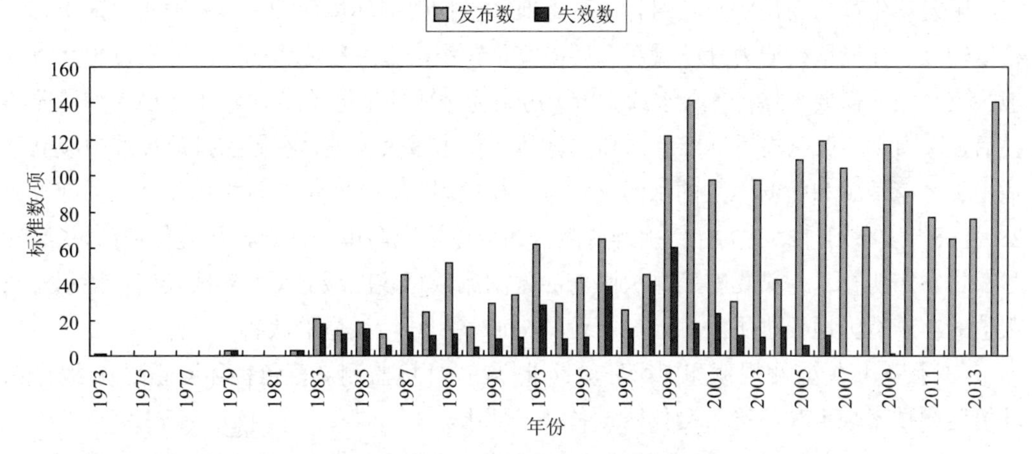

图 3.5　1973—2014 年国家环境保护标准年度发布数量直方图（施问超绘制）

3.3.2.2　国家环境保护标准分类

现行国家环境保护标准体系可分为五类，其中环境质量标准和环境污染物排放（控制）标准属强制性标准。

（1）国家环境质量标准。环境质量标准在适应经济发展阶段的同时引导经济可持续发展，促进经济结构调整和经济增长方式转变。

（2）国家污染物排放（控制）标准。污染物排放和控制标准牵动环境与经济最敏感的神经，尤其是特别排放限值与主体功能区规划相呼应，倒逼和引导生态环境敏感和脆弱地区转变发展方式。为促进区域经济与环境协调发展，推动经济结构调整和经济增长的转变，引导工业生产工艺和污染治理技术的发展方向，国家将建立更加严格的污染物排放标准体系。提高污染物排放控制水平（收紧限值，尤其是设置特别排放限值）和完善控制指标体系（增加污染物控制项目和调整指标体系）是排放标准制修订工作的主要内容，标准的重点控制对象是总量控制污染物、重金属、POPs 和其他有毒有机物等。通过排放标准的制定和修订，支持建立更加严密的污染物监控体系，提高环境安全保障水平。

在污染物排放和控制标准中，排放限值无论在时间上还是空间上都表现得非常活跃。时间上可分为现有企业排放限值和新建企业排放限值，后者严于前者，现有企业经过规定过渡期必须与新建企业排放限值并轨。空间上，有排放方式的直接排放和间接排放，地域上更有一般地区和重点地区之分，在重点地区执行污染物特别排放限值，与《国务院关于编制全国主体功能区规划的意见》和《全国主体功能区规划》直接对接，也是与我国宏观生产力布局的直接对接。重点地区是指根据环境保护工作的要求，国土开发密度较高、环境承载能力开始减弱，环境容量较小、生态环境脆弱，或容易发生严重环境污染问题而需要严格控制（水或大气）污染物排放的地区。2007 年年初夏太湖蓝藻事件后，原国家环保总局对标准体系和实施体系作出重大调整，在国家排放标准中设立了适用于环境敏感和脆弱地区的水污染物特别排放限值。2008 年 7 月 2 日环境保护部以第 28 号公告发布了 12 项执行特别排放限值的排放标准名单，次日，环境保护部以第 30 号公告发布执行水污染物特别排放限值的太湖流域行政区域名单。实践表明，特别排放限值的实施有力地促进了太湖流域产业结构调整和环境质量的改善。

（3）国家环境监测规范和国家环境标准样品，环境监测规范包括环境监测方法标准、环境监测技术规范和环境监测仪器设备技术要求。

（4）国家环境基础标准和标准制修订规范。

（5）国家环境管理技术规范。环境管理技术规范与企业经营管理更加贴近，其中相当一部分标准可直接促进生产力的发展尤其是环境保护产业的发展。促进生产力发展的环境管理技术规范包括：生态工业与循环经济标准，清洁生产标准，环境标志产品技术要求，环境保护产品技术要求，末端治理工程技术规范，回收利用和污染防治技术政策。另外，环境监测规范中的“环境监测仪器设备技术要求”亦属促进生产力发展的环境保护标准。当环境监测仪器和设备上升为“环境保护产品”时，它便进入环境管理技术规范。

5 大类标准是一个有机的体系，关系紧密。环境质量标准是龙头，因为环境保护的出发点和归宿惟有保护和改善环境质量。其他标准都是为实现环境质量标准服务的。环境管理技术规范与其他标准有着广泛的联系。环境监测规范中的环境监测技术规范同样具有管理属性，未划入环境管理技术规范，是因为它们与环境监测关系更直接，更紧密。

据不完全统计，1973—2014 年我国发布的国家五大类环境保护标准中，现行标准（至 2015 年 6 月）合计 1 624 项，其中：国家环境质量标准 23 项，国家污染物排放（控制）标准 158 项，国家环境基础标准 35 项，环境保护标准制修订规范 14 项，国家环境监测规范 502 项（包括环境监测方法、环境监测技术规范和环境监测仪器设备技术要求），国家环境标准样品 377 项，环境管理技术规范 515 项。现行国家环境保护标准构成见表 3.7，图 3.6。

表 3.7 现行五类国家环境保护标准的构成

分类名称	标准数/项	比重/%	备注
国家环境质量标准	23	1	
国家污染物排放（控制）标准	158	10	
国家环境基础标准和标准制修订规范	49	3	
国家环境监测规范和国家环境标准样品	879	54	
国家环境管理技术规范	515	32	
合计	1624	100	

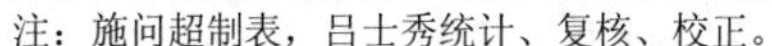
注：施问超制表，吕士秀统计、复核、校正。

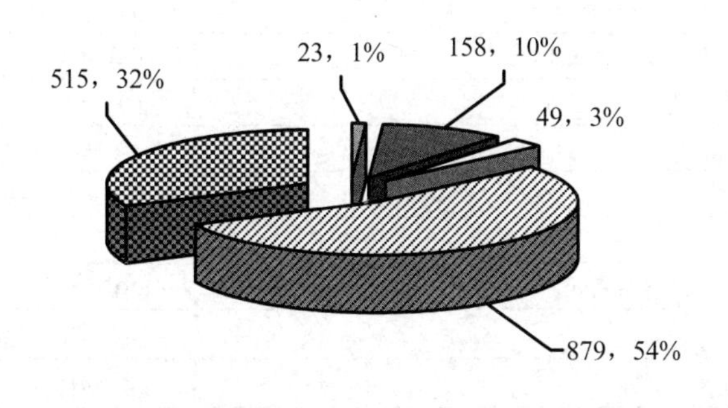

图 3.6 现行国家环境保护标准构成图（施问超绘制）

3.3.3 环境保护标准的特征

环境保护标准中的环境质量标准和污染物排放（控制）标准依法具有强制执行的效力，不符合标准的行为要承担法律责任。

鉴于环境和环境保护的区域性特点，我国法律规定优先执行地方环境保护标准——地方环境质量标准和地方污染物排放标准。基于行业污染物排放特点，我国法律规定在标准适用范围上明确综合型排放标准与行业型排放标准不交叉执行的原则，即优先执行现行行业型污染物排放标准，不再执行综合型排放标准。这里的“行业型污染物排放标准”不是“行标”，它们和综合型排放标准都是“国标”。

3.3.4 与化工有关的环境保护标准

有关化工行业的环境保护标准有：GB（国标）、HJ（国家环境保护标准）、HG（化工行业标准）等。除环保部制定的环境保护行业标准外，按照行业归口管理原则，国家发改委、住建部、工信部等亦依法批准、公告有关环境保护方面的标准。

与化工行业有关的主要国家环境保护标准和相关标准见表3.8。

表3.8 与化工有关的主要国家环境保护标准和相关标准

标准种类	类别	标准名称	标准号
（一）国家环境质量标准	水环境质量	地表水环境质量标准（第二次修订）	GB 3838—2002
		地下水质量标准（由土质矿产部提出，国家技术监督局批准）	GB/T 14848—93
		海水水质标准（第一次修订）	GB 3097—1997
		农田灌溉水质标准（第一次修订）	GB 5084—2005
		渔业水质标准（第一次修订）	GB 11607—89
	环境空气质量	环境空气质量标准（第二次修订）	GB 3095—2012
	声环境质量	声环境质量标准（第一次修订）	GB 3096—2008
	土壤环境质量	土壤环境质量标准	GB 15618—1995
	电磁环境质量	电磁环境控制限值	GB 8702—2014
	其他		
（二）国家污染物排放（控制）标准	行业型污染物排放标准（包括水和大气污染物排放标准）	炼焦化学工业污染物排放标准	GB 16171—2012
		硝酸工业污染物排放标准	GB 26131—2010
		硫酸工业污染物排放标准	GB 26132—2010
		合成革与人造革工业污染物排放标准	GB 21902—2008

标准种类	类　别	标准名称	标准号
（二）国家污染物排放（控制）标准	水污染物排放标准	污水综合排放标准	GB 8978—1996
		合成氨工业水污染物排放标准	GB 13458—2013
		磷肥工业水污染物排放标准	GB 15580—2011
		油墨工业水污染物排放标准	GB 25463—2010
		杂环类农药工业水污染物排放标准	GB 21523—2008
		化学合成类制药工业水污染物排放标准	GB 21904—2008
		皂素工业水污染物排放标准	GB 20425—2006
		烧碱、聚氯乙烯工业水污染物排放标准	GB 15581—1995
		污水海洋处置工程污染控制标准	GB 18486—2001
		城镇污水处理厂污染物排放标准	GB 18918—2002
	大气污染物排放标准	恶臭污染物排放标准	GB 14554—93
		大气污染物综合排放标准	GB 16297—1996
		工业炉窑大气污染物排放标准	GB 9078—1996
		锅炉大气污染物排放标准	GB 13271—2014
	环境噪声排放标准	建筑施工场界环境噪声排放标准	GB 12523—2011
		工业企业厂界环境噪声排放标准	GB 12348—2008
	固体废物污染控制标准	危险废物储存污染控制标准（环境保护部公告 2013 第 36 号修改）	GB 18597—2001
		危险废物填埋污染控制标准（同上）	GB 18598—2001
		危险废物焚烧污染控制标准（同上）	GB 18484—2001
		含多氯联苯废物污染控制标准	GB 13015—91
		一般工业固体废物储存、处置场污染控制标准（环境保护部公告 2013 第 36 号修改）	GB 18599—2001
	核和电磁辐射安全标准	辐射防护规定	GB 8703—88
		核辐射环境质量评价一般规定	GB 11215—89
	其他		
（三）环境监测规范	水质监测	水质检测方法	
		水质采样、水污染监测技术规范	
		水污染源在线监测技术规范、技术要求	
		水质自动分析仪器技术要求	
	环境空气和废气监测	空气和废气检测方法	
		空气和废气采样、监测技术规范	
	固体废物监测	工业固体废物采样制样技术规范	HJ/T 20—1998
		危险废物鉴别标准	GB 5085—2007
		危险废物鉴别技术规范	HJ/T 298—2007
		危险（固体）废物监测方法	
	其他		

标准种类	类　别		标准名称	标准号
（四）环境基础标准和标准制修订规范	环境基础标准		环境保护标准编制出版技术指南	HJ 565—2010
			污染场地术语	HJ 682—2014
			环境保护图形标志——固体废物储存（处置）场	GB 15562.2—1995
	标准制修订规范		环境工程技术规范制订技术导则	HJ 526—2010
			清洁生产标准制订技术导则	HJ/T 425—2008
			清洁生产评价指标体系编制通则（试行稿）（国家发展改革委公告 2013 年 第 33 号）	
			环境保护产品技术要求制订技术导则	HJ 2521—2012
			环境标志产品技术要求编制技术导则	HJ 454—2009
	其他			
（五）环境管理技术规范	环境保护信息管理		环境信息化标准指南	HJ 511—2009
			环境信息网络建设规范	HJ 460—2009
			环境污染源自动监控信息传输、交换技术规范（试行）	HJ/T 352—2007
			环境档案管理类	
	建设项目环境评价和竣工验收		建设项目环境影响技术评估导则	HJ 616—2011
			开发区区域环境影响评价技术导则	HJ/T 131—2003
			规划环境影响评价技术导则（试行）	HJ/T 130—2003
			建设项目竣工验收技术规范 生态影响类	HJ/T 374—2007
		环境影响评价技术导则	总纲	HJ 2.1—2011
			大气环境	HJ 2.2—2008
			地面水环境	HJ 2.3—93
			声环境	HJ 2.4—2009
			地下水环境	HJ 610—2011
			生态影响	HJ 19—2011
			石油化工建设项目	HJ 89—2003
			农药建设项目	HJ 582—2010
			制药建设项目	HJ 611—2011
	饮用水水源与生态保护		饮用水水源保护区划分技术规范	HJ/T 338—2007
			饮用水水源保护区标志技术要求	HJ/T 443—2008
			自然保护区类型及级别划分原则	GB/T 14529—93
			生态环境状况评价技术规范（试行）	HJ/T 192—2006
		生态工业园区	综合类生态工业园区标准（2012 年修改）	HJ 274—2009
			生态工业园区建设规划编制指南	HJ/T 409—2007
			静脉产业类生态工业园区标准（试行）	HJ/T 275—2006
			行业类生态工业园区标准（试行）	HJ/T 273—2006

标准种类	类　别	标准名称	标准号
（五）环境管理技术规范	化学品环境管理技术规范	危险化学品重大危险源辨识（由国家安全生产监督管理总局提出，代替 GB 18218—2000《重大危险源辨识》）	GB 18218—2009
		危险废物集中焚烧处理设施运行监督管理技术规范（试行）	HJ 515—2009
		化肥使用环境安全技术导则	HJ 555—2010
		农药使用环境安全技术导则	HJ 556—2010
		染料工业废水治理技术规范	HJ 2036—2013
		含多氯联苯废物焚烧处置工程技术规范	HJ 2037—2013
		化工危险废物填埋场设计规定（工业和信息化部公告 2013 年第 52 号发布）	HG/T 20504—2013
		化工建设项目废物焚烧处置工程设计规范（工业和信息化部公告 2013 年第 52 号发布）	HG 20706—2013
		危险废物处置工程技术导则	HJ 2042—2014
	环境应急与风险防范	突发环境事件应急监测技术规范	HJ 589—2010
		建设项目环境风险评价技术导则	HJ/T 169—2004
	清洁生产标准	纯碱行业	HJ/T 474—2009
		氯碱工业（烧碱）	HJ/T 475—2009
		氯碱工业（聚氯乙烯）	HJ/T 476—2009
		电石行业	HJ/T 430—2008
		合成革工业	HJ/T 449—2008
		氮肥制造业	HJ/T 188—2006
		基本化学原料制造业（环氧乙烷/乙二醇）	HJ/T 190—2006
	环境保护工程技术规范	城镇污水处理厂运行监管技术规范	HJ 2038—2014
		火电厂除尘工程技术规范	HJ 2039—2014
		火电厂烟气处理设施运行管理技术规范	HJ 2040—2014
		采油废水治理工程技术规范	HJ 2041—2014
		电除尘工程通用技术规范	HJ 2028—2013
		袋式除尘工程通用技术规范	HJ 2020—2012
		完全混合式厌氧反应池废水处理过程技术规范	HJ 2024—2012
		厌氧颗粒污泥膨胀床反应器废水处理工程技术规范	HJ 2023—2012
		内循环好氧生物流化床污水处理工程技术规范	HJ 2021—2012
		生物滤池法污水处理工程技术规范	HJ 2014—2012
		升流式厌氧污泥床（UASB）反应器污水处理工程技术规范	HJ 2013—2012
		膜生物法污水处理工程技术规范	HJ 2010—2012
		生物接触氧化法污水处理工程技术规范	HJ 2009—2012
		污水过滤处理工程技术规范	HJ 2008—2010
		污水气浮处理工程技术规范	HJ 2007—2010
		人工湿地污水处理工程技术规范	HJ 2005—2010

标准种类	类　别	标准名称	标准号
（五）环境管理技术规范	环境保护工程技术规范	含油污水处理工程技术规范	HJ 580—2010
		膜分离法污水处理工程技术规范	HJ 579—2010
		氧化沟活性污泥法污水处理工程技术规范	HJ 578—2010
		序批式活性污泥法污水处理工程技术规范	HJ 577—2010
		厌氧—缺氧—好氧活性污泥法污水处理工程技术规范	HJ 576—2010
		城镇污水处理厂污泥处理处置污染防治最佳可行技术指南（试行）	环境保护部公告2010年第26号
		城镇污水处理厂污泥处理处置及污染防治技术政策（试行）	建城〔2009〕23号
		污水再生利用工程技术规范（建设部2003年公告第104号）	GB 50335—2002
		工业污染源现场检查技术规范	HJ 606—2011
		场地环境调查技术导则	HJ 25.1—2014
		场地环境监测技术导则	HJ 25.2—2014
		污染场地风险评估技术导则	HJ 25.3—2014
		污染场地土壤修复技术导则	HJ 25.4—2014
	环境标志产品	涉及油漆、涂料、油墨、合成革、日化用品等	
	环境保护产品	涉及污水处理、废气处理、除尘设备和测量仪器等	
	其他	企业环境报告书编写导则	HJ 617—2011
		工业企业设计卫生标准（国家职业卫生标准，卫生部发布）	GBZ 1—2010
		化工建设项目环境保护设计规范（住房和城乡建设部2009年公告第257号）	GB 50483—2009
		化工建设项目环境保护设计规定（国家发展和改革委员会公告2005年第35号）	HG/T 20667—2005
		其他	

注：化工环保设计规范和污染防治工程技术规范、技术政策，见本书“11.1.2　主要化工污染防治技术规范”。
张劲松制表，施问超提供资料。

我国环境保护标准的走势随着经济社会发展会越来越严格，更多地与国际接轨。就化工而言，国家和地方污染物排放（控制）标准会进一步收紧，“特别排放限值”的时空约束力会越来越大，污染场地的风险评估和土壤修复的压力亦会日益加大，环境保护标准倒逼和引导化工产业转型的作用会越来越明显。

3.4　环境经济政策

见“第4章　绿色新政——环境经济政策”。

3.5　环境保护的现代理念

一部世界环境保护史，就是一部正确处理环境保护与经济发展关系的历史；每一次重大环境事件的发生，也都是两者关系重新调整的契机。

洛杉矶光化学烟雾事件后，美国制定了国家环境政策法，明确提出以环境保护优化经济增长的战略指导思想，从此开始实现历史性转变；

20 世纪 70 年代，德国开始把国家战略从经济发展优先调整为经济发展与环境保护相协调。20 年以后环境质量大为改善，河流变清了，空气污染减少了一半；

中国的环保理念也在不断深化。从 20 世纪 80 年代提出“经济发展、社会发展和环境发展同步进行”，到接受和倡导“可持续发展理念”，到确立“科学发展观”，直到如今“生态文明”成为定位发展的重要维度……中国环保工作一路探索前行。

随着环境保护国策地位的确立和提升，环境保护理念在实践中不断更新。实践表明，我国要实现新型工业化、城镇化、信息化、农业现代化，就要正确处理好经济发展同生态环境保护的关系，牢固树立保护生态环境就是保护生产力、改善生态环境就是发展生产力的理念，更加自觉地推动绿色发展、循环发展、低碳发展。既要绿水青山，也要金山银山，绿水青山就是金山银山。绝不能以牺牲生态环境为代价换取经济的一时发展。我们要建设生态文明、建设美丽中国，给子孙留下天蓝、地绿、水净的美好家园。下面介绍几个与化工企业密切相关的现代环境保护理念。

3.5.1　自然资源也有产权

传统的自然资源概念是自然环境中与人类社会发展有关的，能被利用来产生使用价值并影响劳动生产率的自然诸要素，包括有形的土地、水体、动植物、矿产和无形的光、热等。现代的自然资源概念是不仅将传统意义上投入经济活动的自然资源部分纳入进来，如矿藏、森林、草原等，也包括作为生态系统和聚居环境的环境资源，如空气、水体、湿地等。这就使得保护对象更加丰富和合理，进而为综合运用市场、法律、行政、技术等多种手段保护和修复生态环境增加空间。

根据我国宪法规定，自然资源产权主要有全民所有和集体所有两种形式。根据自然资源特性，第一种类型是对进入社会生产过程并能带来经济效益的纯自然、非人工的自然资源，可以规定一定的占有权、使用权和处置权；第二种类型是对生态系统和聚居环境的自然资源，可以把所有权、占有权、使用权和处置权都赋予保护者和生产者。一般来说，对于像水资源、清洁空气资源、污染物排放权、碳配额等自然资源产权比较难以清晰界定。对于这种情况，不应过分关注环境资源的所有权问题，主要从占有权、使用权角度去确定，如把水资源、排污权按照配额方式有偿分配给需求者，然后实现配额之间的市场交易。

2015 年 4 月 25 日，中共中央、国务院印发《关于加快推进生态文明建设的意见》（中发〔2015〕12 号），要求“健全自然资源资产产权制度和用途管制制度。对水流、森林、山岭、草原、荒地、滩涂等自然生态空间进行统一确权登记，明确国土空间的自然资源资产所有者、监管者及其责任。完善自然资源资产用途管制制度，明确各类国土空间开发、利用、保护边界，实现能源、水资源、矿产资源按质量分级、梯级利用。严格节能评估审查、水资源论证和取水许可制度。坚持并完善最严格的耕地保护和节约用地制度，强化土地利用总体规划和年度计划管控，加强土地用途转用许可管理。完善矿产资源规划制度，强化矿产开发准入管理。有序推进国家自然资源资产管理体制改革”。在产权制度上，要求对自然生态空间进行统一确权登记；在用途管制上，确定各类国土空间开发、利用、保护边界，实现能源、水资源、矿产资源按质量分级、梯级利用。

3.5.2 环境保护优先

我国《环境保护法》（2014）明确规定：“国家采取有利于节约和循环利用资源、保护和改善环境、促进人与自然和谐的经济、技术政策和措施，使经济社会发展与环境保护相协调”。“环境保护坚持保护优先、预防为主、综合治理、公众参与、损害担责的原则”。“ 国务院有关部门和省、自治区、直辖市人民政府组织制定经济、技术政策，应当充分考虑对环境的影响，听取有关方面和专家的意见。”首次将“保护优先”写进我国环境保护基本法，确立了保护优先的原则，由原来规定环境保护工作要同经济建设和社会发展相协调，到现在的坚持经济发展要和环境保护相协调。第一次将环境保护置于优先位置，同时亦是立法理念的重大转变。

目前，我国 GDP 总量已经名列世界第二，在此情况下，经济增长的规模和速度继续扩大的空间已经不断在缩小，基于资源和环境投入的粗放式经济增长模式也已经走到了尽头，为了使国家发展水平得到更大的提升，有必要尽快转变经济增长模式，向集约型的方向过渡。为此，如何从生产和消费的过程出发，提高资源环境利用效率成为下一步的改革和转型重点，这不仅是生态环境保护的需要，也是经济转型和发展的自身需求。

保护优先，就要加快转变经济发展方式，摒弃“高耗能、高污染”粗放型发展模式，自觉推动绿色发展、保护优先，就要牢固树立生态红线的观念，形成节约资源和保护环境的空间格局，保障国家和区域生态安全；保护优先，就要大力节约集约利用资源，推动资源利用方式根本转变，健全和落实资源有偿使用制度；保护优先，就要完善社会经济发展考核评价体系，建立体现生态文明要求的目标体系、考核办法、奖惩机制，进一步扭转以 GDP 论英雄的观念。要看 GDP，但不能“唯 GDP”。环境就是生产力，良好的生态环境就是 GDP。我国已从制度层面着手纠正单纯以经济增长速度评定政绩的偏向，树立起不简单以 GDP 论英雄的导向，正式提出对限制开发区域和生态脆弱的国家扶贫开发工作重点县取消地区生产总值考核。这意味着全国将有一半左右的县和县级市取消生产总值（GDP）考核。此前，自 2005 年开始，青海省确定，三江源地区的发展思路以保护生态为主，并决定地处三江源核心区的果洛、玉树两州不再考核 GDP，取而代之是对其生态保护建设及社会事业发展方面的具体指标的考核。有媒体称，全国已经有 70 多个县市明确取消了 GDP 考核，中国正在告别“唯 GDP 时代”。

生态文明源于对发展的反思，也是对发展的提升，事关当代人的民生福祉和后代人的发展空间。中国把生态文明建设放在国家现代化建设更加突出的位置，坚持在发展中保护、在保护中发展，健全生态文明体制机制，下大力气防治空气雾霾和水、土壤污染，推进能源资源生产和消费方式变革，继续实施重大生态工程，把良好生态环境作为公共产品向全民提供，努力建设一个生态文明的现代化中国。

3.5.3 生态保护红线

红线就是底线，是最后一条防线，没有退路，也不允许逾越。习近平总书记多次强调，要坚持底线思维，不回避矛盾，不掩盖问题，凡事从坏处准备，努力争取最好的结果，做到有备无患、遇事不慌，牢牢把握主动权。生态保护红线，实质上就是生态环境保护底线、经济发展的环境承载底线和国家安全的重要底线之一，如果突破了这道底线，不但我国生态环境的根基会瓦解，经济发展的基础会坍塌，国家安全也会受到威胁。

3.5.3.1 生态保护红线的由来

生态保护红线和绿色化工都是被“逼”出来的，都是人类在实践中得出关于生态保护的新认识。绿色化工可以帮助人类坚守生态保护红线。

《国务院关于加强环境保护重点工作的意见》（国发〔2011〕35 号）首次提出“划定生态红线”的要求，因为国家编制环境功能区划，在重要生态功能区、陆地和海洋生态环境敏感区、脆弱区等区域划定生态红线，对各类主体功能区分别制定相应的环境标准和环境政策。在经济快速发展的势头下，不采取严格的保护措施，生态系统面临的严峻局势很难扭转。而一旦生态系统被破坏后再进行恢复，即使投入大量的人力、物力、财力，也往往难以恢复原状。国家在重点生态功能区、生态环境敏感区和脆弱区等区域划定生态保护红线，实行严格保护。《意见》首次以规范性文件的形式提出了“生态红线”的概念。这对保护重要生态功能区、恢复生态系统服务功能具有重大意义。“生态红线”是一个信号，体现了国家以强制性手段强化生态保护的政策导向。

2004 年的《珠江三角洲环境保护规划纲要（2004—2020）》提出了红线调控、绿线提升、蓝线建设三大战略任务，红线调控是指为构筑区域生态安全体系而严格控制污染的区域。这是全国第一个区域性环保规划。

2008 年 7 月，环境保护部和中国科学院发布了《全国生态功能区划》，以水源涵养、土壤保持、防风固沙、生物多样性保护和洪水调蓄为基础，初步确定了 50 个重要生态服务功能区域。

2010 年 12 月，国务院印发了《全国主体功能区规划》，确定了25 个重点生态服务功能区（属限制开发区）；列出了国家禁止开发区域共 1 443 处，总面积约 120 万 km^2，占全国陆地国土面积的 12.5%。

2014 年全面修订的《环境保护法》将划定生态保护红线上升到法律高度，第二十九条第一款规定：“国家在重点生态功能区、生态环境敏感区和脆弱区等区域划定生态保护红线，实行严格保护。”第二款规定：“各级人民政府对具有代表性的各种类型的自然生态系统区域，珍稀、濒危的野生动植物自然分布区域，重要的水源涵养区域，具有重大科学文化价值的地质构造、著名溶洞和化石分布区、冰川、火山、温泉等自然遗迹，以及人文遗迹、古树名木，应当采取措施予以保护，严禁破坏。”第二款划定了生态保护红线的空间指向。《环境保护法》（2014）体现了强烈的底线思维，生态保护红线被首次写进法律之中，这是我国环境保护法制建设进程中的一个重大突破。不但从法律制度上确保了生态保护红线在具体实践中的落地，也使得这条生态保护“高压线”变得更有威慑力。

划定生态红线，就是为了严格禁止大规模、高强度的工业化和城镇化开发，遏制生态系统不断退化的趋势，保持并提高生态产品供给能力。江苏省率先在全国制定出台省级生态红线区域保护规划，划出 15 种类型生态红线区域，出台补偿政策和管控制度，把生态红线作为制定发展规划、调整产业布局、审批建设项目的硬杠杆。天津市出台《生态用地保护红线划定方案》，明确红线区内禁止一切与保护无关建设活动，黄线区内从事各项建设活动必须经市政府审查同意。

3.5.3.2 划定生态红线的重大意义

我国生态资源丰富，森林、湿地、草地的面积约占国土面积的 63.8%，在保障国家生态安全和社会经济可持续发展中起着关键作用。但是，自 20 世纪 50 年代以来，由于长期得不到合理开发，我国生态系统面临着严峻挑战。

我国森林面积近年来持续增加，但这种增加主要来自疏林、灌木林和人工林，天然林却呈现逐年下降的趋势，成熟林平均每年减少 61 万 hm^2；我国共有近 0.2 亿 hm^2 优质草地被开垦，现有草地的产草量比 20 世纪 50 年代下降了 30%～50%；天然湿地大面积萎缩、消亡，湖泊洪水调蓄能力下降，有研究表明，若尔盖高原地区的湿地生态系统服务价值在 1975—2006 年期间减少了 37%。

划定生态红线，就是为了严格禁止大规模、高强度的工业化和城镇化开发，遏制生态系统不断退化的趋势，保持并提高生态产品供给能力。

3.5.3.3 生态保护红线的作用

从立法的角度划定并严守生态保护红线，不但有利于提升环境承载力，提升和发挥生态系统的自我修复能力，也为子孙后代发展预留下更多的资源和空间，从根本上保证了经济社会的可持续发展。生态保护红线体现了国家和民族发展的安全底线思维。在国家安全涉及的诸多领域中，生态安全的地位至关重要，它是国家安全的重要保障，从根本上关系到国家、民族安全和可持续发展。一旦生态环境出了大问题，生态安全得不到保障，人们的生存和发展也会受到威胁，严重时甚至会造成一个社会的瓦解和消失。《环境保护法》（2014）把生态保护红线确立下来，有利于从法律制度上保障生态安全，也为保障国家安全奠定了坚实的基础。

红线的意义就在于止步，其最大的作用是警示。在耕地保护上，有 18 亿亩[①]耕地红线的划定，这是死保的底线。对生态系统设置红线的意义也在于此，在红线面前，开发建设活动必须止步，没有商量的余地。这是保证国家生态安全的底线，也是为子孙后代保留生态资源、实现厚积薄发的基本储备。

3.5.3.4 科学划定生态保护红线

从技术角度来讲，生态保护红线在划定的过程中既要考虑生态系统本身的敏感性和服务功能在空间分布上的差异性，也应将自然环境给产业发展带来的风险作为重要因素加以引入。具体来说，生态保护红线的划定应综合考虑区域内的自然保护区、水源保护区、土地覆被类型、坡度、地质灾害、水土流失、海水入侵、风暴潮、暴雨山洪、近岸海域脆弱性等多重因子。

对于陆地和海洋生态环境敏感区、脆弱区等区域，脆弱的地区一定是敏感的，但敏感的地区不一定脆弱，在具体划分过程中要开展生态环境的敏感性和脆弱性评价，《全

---

① 1 亩=666.67 m^2。

国主体功能区规划》中划分的禁止开发区域基本应属于这个范畴。

3.5.3.5 严守生态保护红线

从国家层面，要坚定不移实施主体功能区制度，建立国土空间开发保护制度，严格按照主体功能区定位推动发展，建立国家公园体制。建立资源环境承载能力监测预警机制，对水土资源、环境容量和海洋资源超载区域实行限制性措施。对限制开发区域和生态脆弱的国家扶贫开发工作重点县取消地区生产总值考核。探索编制自然资源资产负债表，对领导干部实行自然资源资产离任审计。建立生态环境损害责任终身追究制。

要让生态保护红线真正发挥作用，还需要配套考核机制、经济政策等制度保障，这就需要处理好几个关系。实施生态红线区控制，必须协调好经济发展规划和生态功能区划的关系。生态功能区划一定要先行，这是实施生态红线的应有之义和基本需求。为此，也需要建立健全符合科学发展观以利于推进生态保护的绩效考核评价体系，从中央到地方都要认识到生态保护也是政绩。

对于生态保护红线的划定，还需要协调好中央和地方的关系。中央确定的国家生态保护红线是底线，各地可对辖区内的生态系统进行再评估，增加更多的地方生态红线区。聪明的地方政府应该将生态保护红线区域多划点，留下的资源越多，发展的后劲越足。

要真正落实好生态红线区域内的保护工作，区域间协调也相当重要，生态补偿机制应该是主要抓手。从 2005 年 3 月提出“国家要建立生态环境保护和建设补偿机制”到现在，我国生态补偿的法规、政策以及实践 3 方面都在同步推进，在生态红线区内开展生态补偿既有必要，也有现实可行性。

要加强宣传教育，树立生态安全意识。广泛宣传要牢固树立红线就是底线、红线就是高压线、红线就是生命线的意识，以守住底线，增强环境保护对社会建设的支撑力、对经济发展的优化力、对国家安全的保障力。

要严格按照红线要求进行管理。加大污染防治力度，加大生态修复和保护力度，切实保护好现有森林、湿地、野生动植物及其生物多样性，尽快扭转生态系统退化、生态状况恶化的趋势，为实现中华民族伟大复兴的中国梦奠定更牢固的生态环境基础。

3.5.4 环境经营——环境保护是一种重要的经营资源

环境经营是指企业将环境视为企业经营战略的新要素，将环境保护活动作为企业经营活动和运营管理的重要方面，在采购、开发、设计、制造、废弃物处理等方面将与环境问题相对应的战略逐渐具体化，以减少在经营活动中投入的水、能源、原材料、化学物质等所带来的环境负荷并力求使其最小化。而 ISO 14001 环境管理体系（Environmental

Management System，EMS）重在技术层面上的环境管理，环境管理体系是一项内部管理工具，旨在帮助组织实现自身设定的环境表现水平，并不断地改进环境行为，不断达到更新更佳的高度。

21 世纪的环境经营是以社会和企业的可持续发展为目标，将对广义的环境问题的应对，作为企业的重要战略要素，将环境友好理念和技术渗透在组织生产经营活动和社会活动中的各个方面，谋求全面而彻底地减少环境负荷；通过以环境友好为中心的各种创新活动，促进组织能力增长、强化企业的竞争力、实现企业价值创造，以此贡献于社会生活品质的提高和承担企业社会责任。

环境经营的实施是企业经济活动与环境的关系，从相互对立走向相互融合的过程；环境经营的目的是获得经济利益和环境保护的双重价值，是基于循环经济和可持续发展理念的新的企业经营模式，它体现了企业与自然、企业与社会的共同依存关系。

对现代化工企业而言，环境保护已经成为企业发展的一种重要的经营资源。例如，日本大金集团制定了环保的行动准则：在产品开发、生产、销售、流通、服务以及回收利用等所有业务环节中，广泛开展环保活动，特别是开发能保护并改善地球环境的新产品及新技术，通过环保经营成为环境保护的先行者。大金集团自主自觉地进行减排行动，大金在海内外各子公司积极开展废弃物归零化运动，在减少废弃物产生量的同时，通过采用新材料和对热敏原件的再生处理回收利用等措施实现废弃物排放控制在 1%以内的目标。

3.5.5 化工不等于“污染”

在欧美国家，化工也是重要的支柱产业。其化工产业结构和化工技术处在不断调整和发展之中，目标就是要实现在为社会提供必需的化工产品的同时，不对人类健康和环境造成损害。其本质与绿色化工是相通相融的。我国不少化工园区也在努力践行“化工不等于污染”这一理念，例如南京化工园区自 2001 年建区以来，先后制定了《化工园区入园项目“绿色化工”评价制度》《化工园区清洁生产促进管理办法和实施细则》《化工园区关于推行“责任关怀”的实施意见》等 3 项政策，要求所有入园企业将“责任关怀”制度化并加以监督，优化园区发展环境；建立了项目“绿评”制度，把好项目入园关，打造了“碳—化工（CO、CH_3）”和“环氧乙烷”两个产业链；强化企业清洁生产工作，积极引进环保型、内循环型企业的入驻，而不一味用投资额大小来加以限制。对“三高两低”企业进行整治，淘汰了一批产能落后、污染超标的企业，园内南京制药厂、红太阳化工生产基地、白敬宇制药厂 3 家具有较高知名度的企业，因排放异味被关闭。

化工园区对产业进行重新布局，已集聚了亚什兰、巴斯夫、纳尔科等 22 家国内外知名企业，并成为国内最大的水处理剂生产基地，绿色、低碳、循环始终是园区转型提升的最终目标。同时，重金投入绿化生态林和生态湿地建设，构建起园区内企业与企业之间，园区内与园区外的生态微环境和生态大环境，塑造花园式工厂和园林式园区，保证园区和谐有序和可持续发展，创建循环经济和生态示范园区，以事实证明化工也很美丽，“化工不等于污染”。

本章小结

保护环境是我国的一项基本国策，已载入 2014 年全面修订的《环境保护法》。本章从环境保护法律体系、环境经济政策和现代环境保护理念等方面进行阐述保护环境基本国策的要义。环境保护标准是我国环境保护法律体系的一个重要组成部分，所以单独进行阐述，并着重介绍与化工有关的环境保护标准。在环境保护法律体系中强调刑法等法律关于环境保护的规定，在理念中强调环境价值观和生态保护红线等核心内容，走绿色化工之路，化工同样很美丽。

思考题

1. 请讲述保护环境基本国策确立的过程。
2. 与化工企业有关的环境保护法律法规是什么？
3. 什么是生态保护红线？其作用是什么？
4. 如何理解自然资源也有产权？如何经营环境？
5. 化工如何才能美丽？

第 4 章　绿色新政——环境经济政策

脱离保护环境搞经济发展是“竭泽而渔”，离开经济发展抓环境保护是“缘木求鱼”。从一定意义上说，正确的经济政策就是正确的环境政策，正确的环境政策也是正确的经济政策。绿色新政——环境经济政策处于环境政策与经济政策的结合部，它是指按照市场经济规律的要求，运用价格、税收、财政、信贷、收费、保险等经济手段，调节或影响市场主体的行为，以实现经济建设与环境保护协调发展的政策手段。与传统行政手段的“外部约束”相比，环境经济政策是一种“内在约束”力量，可以调动市场主体保护环境的内生动因，具有促进技术创新、产品优化升级，增强市场竞争力、降低环境治理成本与行政监控成本等优点。环境经济政策与法律法规相辅相成。从发达国家环境立法的实践看，环境保护基本法说到底是一个国家环境政策法。我国《环境保护法》(2014)大大加强了政府的环境责任，开始向国家环境政策法转变。例如它规定：“地方各级人民政府，应当对本辖区的环境质量负责，采取措施改善环境质量。”“国家采取财政、税收、价格、政府采购等方面的政策和措施，鼓励和支持环境保护技术装备、资源综合利用和环境服务等环境保护产业的发展。”“企业事业单位和其他生产经营者，在污染物排放符合法定要求的基础上，进一步减少污染物排放的，人民政府应当依法采取财政、税收、价格、政府采购等方面的政策和措施予以鼓励和支持。”“企业事业单位和其他生产经营者，为改善环境，依照有关规定转产、搬迁、关闭的，人民政府应当予以支持”等，这些规定为环境经济政策的制定和实施提供了强有力的法律支持。

4.1　新常态下的环境与经济关系

4.1.1　经济新常态

当前，我国经济社会发展进入新常态。所谓新常态，就是按科学发展理念，注重经济发展方式转变、结构调整和可持续性。而不是一味追求超高速增长。这是在深刻认识我国经济发展呈现增长速度换挡期、结构调整阵痛期、前期刺激政策消化期“三期叠加”的阶段性特征后作出的总体判断。我国经济新常态的主要特点是：①从高速增长转为中高速增长；②经济结构不断优化升级，第三产业消费需求逐步成为主体，城乡区域差距逐步缩小，居民收入占比上升，发展成果惠及更广大民众；③从要素驱动、投资驱动转向创新驱动。在新常态下，关键是实现企业可盈利、财政可增收、就业可充分、风险可控制、民生可改善、资源环境可持续的“六可”目标。

我国经济发展进入新常态，没有改变我国发展仍处于可以大有作为的重要战略机遇期的判断，没有改变我国经济发展总体向好的基本面。新常态将给中国带来新的发展机遇。第一，新常态下，中国经济增速虽然放缓，实际增量依然可观。第二，新常态下，中国经济增长更趋平稳，增长动力更为多元。第三，新常态下，中国经济结构优化升级，发展前景更加稳定。第四，新常态下，中国政府大力简政放权，市场活力进一步释放。新常态也伴随着新问题、新矛盾，一些潜在风险渐渐浮出水面。能不能适应新常态，关键在于全面深化改革的力度。从资源环境约束看，过去能源资源和生态环境空间相对较大，现在环境承载能力已经达到或接近上限，必须顺应人民群众对良好生态环境的期待，推动形成绿色低碳循环发展新方式。要坚持不懈推进节能减排和保护生态环境，既要有立竿见影的措施，更要有可持续的制度安排，坚持源头严防、过程严管、后果严惩，治标治本多管齐下，朝着蓝天净水的目标不断前进。

4.1.2 生态文明建设和环境保护新常态

在经济新常态下，生态文明建设和环境保护也进入新常态。

一是党中央、国务院领导同志对生态文明建设和环境保护提出了一系列新思想、新论断、新要求，用生态文明理念统筹谋划解决环境与发展问题，推动形成人与自然和谐发展现代化建设新格局，正在成为新常态。

二是“先污染后治理”的老路在我国走不通也走不起，从宏观战略层面切入，从生产、流通、分配、消费的再生产全过程入手，制定和完善环境经济政策，形成激励与约束并举的环境保护长效机制，探索环境保护新路，正在成为新常态。

三是保护生态环境就是保护生产力、改善生态环境就是发展生产力，正确处理好经济发展与环境保护的关系，把调整优化结构、强化创新驱动和保护生态环境结合起来，更加自觉地推动绿色发展、循环发展、低碳发展，正在成为新常态。

四是生态红线的观念一定要牢固树立起来，从制度上保障生态红线，让被透支的资源环境逐步休养生息，扩大森林、湖泊、湿地等绿色生态空间，增强水源涵养能力和环境容量，正在成为新常态。

五是良好的生态环境成为人民群众的新期待，加大环境治理和生态保护工作力度、投资力度、政策力度，以解决损害群众健康突出环境问题为重点，打好大气、水、土壤等污染防治的攻坚战和持久战，逐步改善环境质量，正在成为新常态。

六是保护生态环境必须依靠制度、依靠法治，深化生态文明体制改革，加快建立生态文明制度，健全国土空间开发、资源节约利用、生态环境保护的体制机制，用制度保护生态环境，正在成为新常态。

4.1.3　新常态引发“三驾马车”内涵转变有助于根治我国环境问题

过去10多年，中国经济增长高速度依赖需求边的“三驾马车”(投资、出口、消费)，而“三驾马车”又主要依靠政府的财税货币政策来拉动，容易产生后遗症和副作用，具有不可持续性。今后，则要更多地从经济增长供给边的“三大发动机”（制度变革、结构优化和要素升级）上寻找新出路。具体来说，要全面推进改革，释放改革红利；加快推进产业转型升级，积极稳妥推动新型城镇化和区域经济一体化；实施创新驱动，培育可持续的竞争力。

归根结底，在新常态下，中国经济将从要素驱动、投资驱动转向创新驱动。另一方面，从需求边的“三驾马车”内部结构来看，也要发生新变化，即由过去的主要依靠外需拉动变为主要依靠内需拉动，由主要依靠投资拉动变为主要依靠消费拉动，由主要依靠政府投资拉动变为主要依靠社会投资（民间投资）拉动，这是经济增长的动力结构在新常态下的表现。

制度变革主要是要推进政府的职能转型和机构精简，要加快推进要素市场改革，如加快推进资源能源价格改革。此外，要加快企业改革，比如加快国有企业改革，继续深入推进国有经济的战略性改组，大力发展民营企业和中小企业，鼓励大众创业，万众创新，创造良好的营商环境。总之，要加快主体转型，提高各种主体对经济增长速度下降的承受力，政府要加快从经济增长主导型政府向公共服务主导型政府转型，企业要加快从速度效益型企业向质量效益型企业转型，社会要加快由哑铃型社会向中产主导型社会转型。

要素升级就是要实实在在地通过科教兴国战略、人才兴国战略，加快技术进步，大大提升国家的人力资本，为发展高附加值产业、战略性新兴产业或者推进经济结构的战略性调整提供良好的基础，通过要素的升级提高我国的整体竞争力。

结构优化就是要继续推进工业化、城镇化和区域经济一体化。推进工业化最重要的是推进品牌型工业化，一定要发展品牌产业、品牌企业、品牌产品，通过品牌来提高附加值，通过品牌来提高竞争力。同时要推进新型城镇化，最重要的是解决农民进城的问题。还要继续推进区域经济一体化，深化不同地区之间的分工协作，提升区域的整体竞争力。

正是通过以上制度变革、结构优化和要素升级的转型，才能解决一系列的遗留问题。

为适应“三驾马车”内涵转变，环境保护将发生相应的转变，旨在实现在新常态下环境与发展“双赢”：一是目标导向从主要管好污染物排放总量，向以改善环境质量为主转变，严格锁定总量，着力提升质量；二是工作重点从主要控制污染物增量，向优先削减存量、有序引导增量协同转变，大幅减少存量，消化递减增量；三是管理途径从主要依靠环境容量，向主要依靠环境流量、环境容量的动静协调、统筹综合支撑转变，按照环境容量科学开发，开展流量调控与增效利用。流量管理涵盖了对时间和空间的双控制，即单位时间单位体积内的总量控制，同时也涵盖了时间和空间的动态控制，实现了环境管理方式的精细化升级和从静态管理向动态管理的管理模式转型升级，这种动态化、空间化的环境管理有利于充分利用自然环境容量，进而释放新的发展空间，促进环境质量目标下的经济发展。

4.2 发达国家环境经济政策的共性

从发达国家的实践历程可以看出，建立和实施一套全方位、多领域的宏观环境经济政策，能以较低的成本达到有效控制污染的目的。综合起来看，发达国家的环境经济政策具有以下几个共性：

（1）普遍体现为一种政府对经济间接的宏观调控。通过确定和改变市场游戏规则来影响污染者的经济利益，调动污染者治污的积极性，让污染者也来承担改善环境的责任。

（2）污染者付费。根据“污染者付费”原则，利用税收、价格、信贷等经济手段来引导企业将污染成本内部化，从而达到事前不得不自愿减少污染的目的，而不是事后。

（3）混合管理制度。政府部门之间在环境问题上的政策协调越来越紧密，都倾向一种混合的管理制度。随着环境政策纳入到能源、交通、工业、农业部门的政策中，环境政策与部门宏观发展政策一体化的趋势越来越明显，客观上把经济手段与行政监管更有效地结合起来。

（4）全程监控。逐步从“秋后算账”向“源头控制”、“全程监控”转变。这种转变使得某些类型的经济手段，如产品收费、注册管理费、清洁技术开发的补贴和押金制度等能够发挥更大的作用。

4.3　构建合乎市场法则的环境经济政策体系

4.3.1　环境经济政策体系架构

环境经济政策是一个体系，中央、部门、地方和企业都可以制定相应的政策。环境经济政策与环境管理制度与环境保护法律法规标准规章是相通的，都来源于实践，都在实践检验中发展。具体政策措施可以上升为管理制度，行政管理制度可以上升为法律制度。我国环境经济政策体系在改革开放的实践中，政府、企业、公众 3 个环境保护责任主体相互交织，相互影响，逐步有了一个雏形。进一步构建适应市场法则的环境经济政策体系是深化经济体制改革需要，因为经济体制改革是全面深化改革的重点，核心问题是处理好政府与市场的关系，而环境经济政策恰恰可以在政府与市场关系调节中发挥不可替代的作用。我国环境经济政策体系架构见图 4.1。

实践表明，节能减排最有效的办法是转换动力机制，完善节能减排的市场制度。我国环境保护工作 40 多年来，前期主要运用“命令—控制型”的环境管制措施，对遏制环境污染起到了重要作用。但是，只靠这种措施是远远不够的，并且这些措施也有许多缺陷，突出表现在：惩罚性手段多，激励性手段少；行政管制性手段多，经济刺激性手段少；执行法规代价高，守法成本高，违法成本低。

从国际、国内经验看，合乎市场法则的经济手段在降低环境保护成本、提高行政效率、减少政府补贴和扩大财政收入诸多方面，具有行政命令手段无法取代的显著优点。我国在 2002 年之后，一些财税、金融、价格等方面的环境经济政策也陆续开展试点。如在城市污水、垃圾处置、排水供水等方面推行特许证经营政策，在发电行业推行有利于减排的价格政策，推行有利于环保的税收政策，以及国家实行对环境的投资及融资政策等，都显示出了很大的优越性。我国正在加快自然资源及其产品价格改革，全面反映市场供求、资源稀缺程度、生态环境损害成本和修复效益。按照谁开发谁保护、谁受益谁补偿的原则，完善对重点生态功能区的生态补偿机制，推动开发与保护地区之间、上下游地区之间、生态受益与生态保护地区之间实行横向生态补偿。2014 年全面修订的《环境保护法》明确规定：“国家建立、健全生态保护补偿制度。”“国家鼓励投保环境污染责任保险。”“依照法律规定征收环境保护税的，不再征收排污费。”预示我国环境经济政策将进入新的发展阶段。

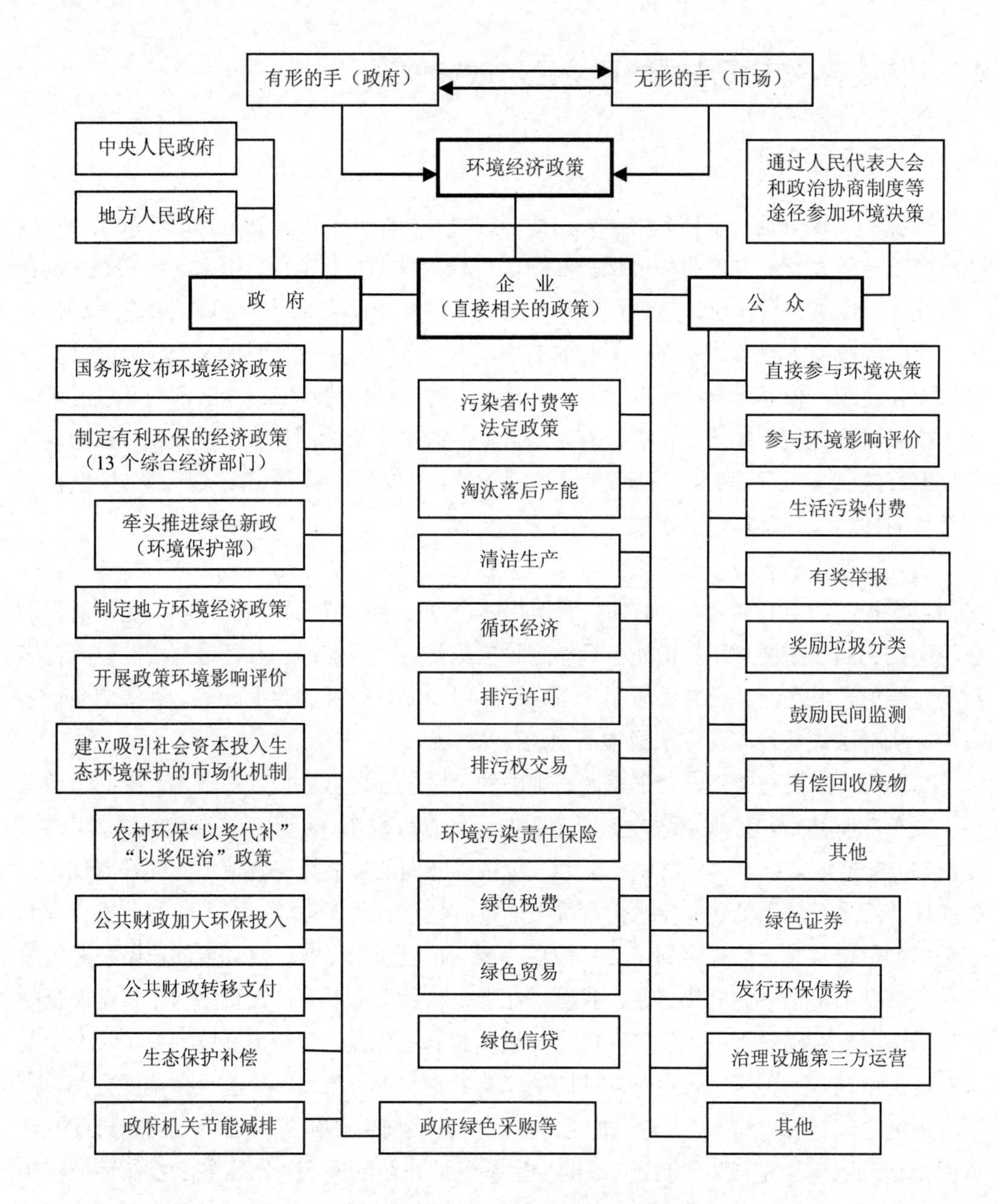

图 4.1 环境经济政策体系架构示意图（施问超绘制）

4.3.2 国家发布的与化工相关的主要环境保护经济政策

4.3.2.1 国家部门发布的环境保护经济政策

国家部门发布的环境保护经济政策见表 4.1。

表 4.1 国家发布的与化工相关的主要环境保护经济政策（1996—2015）

文件名称	发文单位	文号	文件落款时间	备注
• 国家发展改革委关于印发《2015年循环经济推进计划》的通知	国家发展和改革委员会	发改环资〔2015〕769 号	2015-04-14	
• 财政部 环境保护部关于推进水污染防治领域政府和社会资本合作的实施意见	财政部 环境保护部	财建〔2015〕90 号	2015-04-09	
• 外商投资产业指导目录（2015年修订）	国家发展和改革委员会 商务部	2 部委令 25 号	2005-03-01	《外商投资产业指导目录（2011年修订）》同时废止
• 关于推进环境监测服务社会化的指导意见[①]	环境保护部	环发〔2015〕20 号	2015-02-05	
• 关于执行调整排污费征收标准政策有关具体问题的通知[②]	环境保护部办公厅	环办〔2015〕10 号	2015-01-30	
• 关于印发《突发环境事件应急处置阶段环境损害评估推荐方法》的通知	环境保护部办公厅	环办〔2014〕118 号	2014-12-31	
• 关于印发《污水处理费征收使用管理办法》的通知	财政部、国家发展和改革委员会、住房和城乡建设部	财税〔2014〕151 号	2014-12-31	
• 关于发布《进口废物管理目录》（2015 年）的公告 附：1.禁止进口固体废物目录，2.限制进口类可用作原料的固体废物目，3.自动许可进口类可用作的固体废物目录	环境保护部、商务部、国家发展和改革委员会、海关总署、国家质量监督检验检疫总局	5 部门公告 2014 年第 80 号	2014-12-30	

① 《关于推进环境监测服务社会化的指导意见》（环发〔2015〕20 号）根据《环境保护法》和国务院办公厅《关于政府向社会力量购买服务的指导意见》（国办发〔2013〕96 号）提出。

②《关于执行调整排污费征收标准政策有关具体问题的通知（环办〔2015〕10 号）》系环境保护部就执行国家发改委、财政部和环境保护部《关于调整排污费征收标准等有关问题的通知（发改价格〔2014〕2008 号）》的有关具体问题发出的通知。

文件名称	发文单位	文号	文件落款时间	备注
· 企业绿色采购指南（试行）	商务部、环境保护部、工业和信息化部	3部门通知	2014-12-22	
· 国务院关于创新重点领域投融资机制鼓励社会投资的指导意见	国务院	国发〔2014〕60号	2014-11-26	
· 关于提供环境保护综合名录（2014年版）的函	环境保护部办公厅	环办函〔2014〕1561号	2014-11-19	
· 关于发布2014年污染场地修复技术目录（第一批）的公告	环境保护部	部公告 2014年第75号	2014-10-30	
· 关于发布2014年国家鼓励发展的环境保护技术目录（工业烟气治理领域）的公告	环境保护部	部公告2014年第71号	2014-10-30	
· 关于废止原国家环境保护总局2007年第84号公告和环境保护部2009年第28号公告①	环境保护部	部公告2014年第68号	2014-10-27	
· 环境保护部办公厅关于印发《环境损害鉴定评估推荐方法（第Ⅱ版）》的通知	环境保护部办公厅	环办〔2014〕90号	2014-10-24	
· 关于转移环境保护产品技术要求类标准制修订工作职能的通知	环境保护部办公厅	环办函〔2014〕1201号	2014-09-19	
· 关于改革调整上市环保核查工作制度的通知	环境保护部	环发〔2014〕149号	2014-10-19	环境保护部有关上市核查文件废止
· 关于调整排污费征收标准等有关问题的通知	国家发展和改革委员会、财政部、环境保护部	发改价格〔2014〕2008号	2014-09-01	
·《党政主要领导干部和国有企业领导人员经济责任审计规定实施细则》	中央纪委机关、中央组织部、中央编办、监察部、人力资源和社会保障部、审计署、国务院国资委	联合印发。中央纪委机关、中央组织部、中央编办（代章）	2014-07-27	审办发〔2000〕121号废止

① 原国家环境保护总局2007年第84号公告为《关于公布环保总局管理的建设项目竣工环境保护验收调查推荐单位名单的公告》；环境保护部2009年第28号公告为《关于公布环境保护部审批的建设项目竣工环境保护验收调查推荐单位名单（2009年）的公告》。

文件名称	发文单位	文号	文件落款时间	备注
• 6部委关于印发《大气污染防治行动计划实施情况考核办法（试行）实施细则》的通知	环境保护部、国家发展和改革委员会、工业和信息化部、财政部、住房和城乡建设部和能源局	环发〔2014〕107号	2014-07-18	
• 关于废止《环境污染治理设施运营资质分类分级标准（第1版）》等8项标准规范的公告[①]	环境保护部	环境保护部公告2014年第32号	2014-05-12	环发〔2012〕92号(2012-07-27)废止
• 关于发布《重点环境管理危险化学品目录》的通知	环境保护部办公厅	环办〔2014〕33号	2014-04-03	
• 环境保护部公布行政审批事项目录	环境保护部		2014-02-17	
• 工业和信息化部发布《电石行业准入条件（2014年修订）》公告	工业和信息化部	公告2014年第8号	2014-02-11	代替《电石行业准入条件》2007年修订
• 关于提供环境保护综合名录（2013年版）的函	环境保护部办公厅	环办函〔2013〕1568号	2013-12-27	
• 工业和信息化部关于石化和化学工业节能减排的指导意见	工业和信息化部	工信部联节〔2013〕514号	2013-12-23	
• 关于开展环境污染责任保险试点信息报送工作的通知	环境保护部办公厅	环办函〔2013〕1435号	2013-12-06	
• 国家发展改革委关于油品质量升级价格政策有关意见的通知	国家发展和改革委员会	发改价格〔2013〕1845号	2013-09-16	
• 关于印发《突发环境事件应急处置阶段污染损害评估工作程序规定》的通知	环境保护部	环发〔2013〕85号	2013-08-02	
• 产业结构调整指导目录（2011年修订本）	国家发展和改革委员会	第21号令	2013-05-01	
• 关于执行大气污染物特别排放限值的公告	环境保护部	公告2013年第14号	2013-02-27	

① 8项标准规范是指：《环境污染治理设施运营资质分类分级标准（第1版）》、《环境污染治理设施运营人员培训考核规范（第1版）》、《环境污染治理设施运营资质证书申请表格式（第1版）》、《环境污染治理设施运营人员考试合格证书格式（第1版）》、《环境污染治理设施运营资质证书格式（第1版）》、《环境污染治理设施运营情况年度报告表格式（第1版）》、《环境污染治理设施运营项目备案表格式（第1版）》和《环境污染治理设施运营资质证书变更申请表格式（第1版）》。

文件名称	发文单位	文号	文件落款时间	备注
• 商务部 环境保护部关于印发《对外投资合作环境保护指南》的通知	商务部、环境保护部文件	商合函〔2013〕74 号	2013-02-18	
• 关于绿色信贷工作的意见	中国银监会	银监办发〔2013〕40 号	2013-02-07	
• 工业和信息化部 发展改革委 环境保护部关于开展工业产品生态设计的指导意见	工业和信息化部、国家发展和改革委员会、环境保护部	工信部联节〔2013〕58 号	2013-01-30	
• 关于开展环境污染强制责任保险试点工作的指导意见	环境保护部、中国保险监督管理委员会	环发〔2013〕10 号	2013-01-21	
• 关于提供环境保护综合名录（2012 年版）的函	环境保护部办公厅	环办函〔2012〕1299 号	2012-11	
• 环境保护部关于废止环函〔2008〕50 号文件的公告[①]		部公告 2012 年第 60 号	2012-10-09	
• 工业和信息化部发布《轮胎翻新行业准入条件》和《废轮胎综合利用行业准入条件》	工业和信息化部	公告 2012 年第 32 号	2012-07-31	
• 关于加强化工园区环境保护工作的意见	环境保护部	环发〔2012〕54 号	2012-07-02	
• 关于印发“十二五”国家政务信息化工程建设规划的通知	国家发展和改革委员会	发改高技〔2012〕1202 号	2012-05-05	
• 绿色信贷指引	中国银行业监督管理委员会	银监发〔2012〕4 号	2012-02-24	
• 石化和化学工业“十二五”发展规划	工业和信息化部		2011-12-13	
• 关于提供环境经济政策配套综合名录（2011 年版）及相关政策建议的函	环境保护部办公厅	环办函〔2011〕1234 号	2011-10-24	
• 关于印发《环境风险评估技术指南—硫酸企业环境风险等级划分方法（试行）》的通知	环境保护部、中国保险监督管理委员会文件	环发〔2011〕106 号	2011-09-13	

① 《中华人民共和国政府信息公开条例》于 2008 年 5 月 1 日起实施。此前由原国家环境保护总局于 2008 年 1 月 30 日印发的《关于公众申请公开建设项目环评文件有关问题的复函》（环函〔2008〕50 号）有关内容与该条例的规定不相符合，现决定予以废止。

文件名称	发文单位	文号	文件落款时间	备注
• 5 部委公告《当前优先发展的高技术产业化重点领域指南（2011 年度）》	国家发展和改革委员会、科学技术部、工业和信息化部、商务部、知识产权局	5 部委公告 2011 年第 10 号	2011-06-23	
• 5 部门发布进一步禁限用高毒农药管理措施的公告	农业部、工业和信息化部、环境保护部、国家工商行政管理总局、国家质量监督检验检疫总局	5 部门公告第 1586 号	2011-06-15	
• 关于开展环境污染损害鉴定评估工作的若干意见 附：环境污染损害数额计算推荐方法（第 I 版）	环境保护部	环发〔2011〕60 号	2011-05-25	
• 关于印发《淘汰落后产能中央财政奖励资金管理办法》的通知	财政部、工业和信息化部、国家能源局	财建〔2011〕180 号	2011-04-20	财建〔2007〕873 号废止
• 关于环保系统进一步推动环保产业发展的指导意见	环境保护部	环发〔2011〕36 号	2011-04-05	
• 国家发展改革委关于规范煤化工产业有序发展的通知	国家发展和改革委员会	发改产业〔2011〕635 号	2011-03-23	
• 建立生态补偿机制，深化资源性产品价格和环保收费改革等（“十二五”规划纲要之内容摘要）			2011-03-14	
• 关于发布《国家鼓励发展的重大环保技术装备目录（2011 年版）》的通告	工业和信息化部、科学技术部	工信部联节〔2011〕54 号	2011-01-24	
• 氟化氢行业准入条件	工业和信息化部	公告 2011 年第 6 号	2011-02-14	
• 关于废止、修改部分环保部门规章和规范性文件的决定	环境保护部	部令第 16 号	2010-12-22	
• 环境保护部办公厅提供环境经济政策配套综合名录及相关政策建议的函	环境保护部办公厅	环办函〔2010〕698 号	2010-09-25 银监办发〔2010〕292 号转发	
• 关于印发《党政主要领导干部和国有企业领导人员经济责任审计规定》的通知	中共中央办公厅、国务院办公厅	中办发〔2010〕32 号	2010-10-12	中办发〔1999〕20 号废止
• 工业和信息化部印发《轮胎产业政策》的公告	工业和信息化部	工产业政策〔2010〕第 2 号	2010-09-15	

文件名称	发文单位	文号	文件落款时间	备注
· 关于加强二噁英污染防治的指导意见	环保部、外交部、发改委、科技部、工信部、财政部、住建部、商务部、质检总局	环发〔2010〕123 号	2010-10-19	
· 中国人民银行 中国银行业监督管理委员会关于进一步做好支持节能减排和淘汰落后产能金融服务工作的意见	中国人民银行、中国银行业监督管理委员会	银发〔2010〕170 号	2010-06-01	
· 关于支持循环经济发展的投融资政策措施意见的通知	国家发展改革委、人民银行、银监会、证监会	发改环资〔2010〕801 号	2010-04-19	
· 当前国家鼓励发展的环保产业设备（产品）（2010 版）	国家发展和改革委员会、环境保护部	发改委公告 2010 年第 6 号	2010-04-16	代替 2007 年修订版
· 关于印发《环境风险评估技术指南——氯碱企业环境风险等级划分方法》的通知	环境保护部、中国保险监督管理委员会	环发〔2010〕8 号	2010-01-06	
· 审计署出台《关于加强资源环境审计工作的意见》	审计署		2009-09-04	
· 国家安全监管总局办公厅关于转发《“高污染、高环境风险”产品名录（2009 年）》的通知	国家安全监管总局办公厅	安监总厅管三函〔2009〕140 号	2009-05-31	
· 关于中国清洁发展机制基金及清洁发展机制项目实施企业有关企业所得税政策问题的通知	财政部、国家税务总局	财税〔2009〕30 号	2009-03-23	
· 黄磷行业准入条件	工业和信息化部	产业〔2008〕第 17 号	2008-12-11	
· 焦化行业准入条件（2008 年修订）	工业和信息化部	产业〔2008〕第 15 号	2008-12-19	国家发展改革委 2004 年第 76 号公告同时废止
· 关于公布节能节水专用设备企业所得税优惠目录（2008 年版）和环境保护专用设备企业所得税优惠目录（2008 年版）的通知	财政部、国家税务总局、国家发展和改革委员会	财税〔2008〕115 号	2008-08-20	
· 财政部 国家税务总局关于调整纺织品服装等部分商品出口退税率的通知	财政部、国家税务总局	财税〔2008〕111 号	2008-07-30	

文件名称	发文单位	文号	文件落款时间	备注
· 关于印发《节能发电调度信息发布办法（试行）》的通知	国家电力监督管理委员会、国家发展和改革委员会、环境保护部	电监市场〔2008〕13号	2008-04-03	
· 商务部、海关总署公布《2008年加工贸易禁止类商品目录》的公告	商务部、海关总署	商务部、海关总署公告2008年第22号	2008-04-05	
· 发展改革委发布《乳制品加工行业准入条件》公告	国家发展和改革委员会	国家发展和改革委员会公告2008年第26号	2008-03-18	
·国家环保总局发布2008年第一批“高污染、高环境风险”产品名录 建议取消39种产品的出口退税	国家环境保护总局	国家环境保护总局向新闻界通报	2008-02-26	
·关于重污染行业生产经营公司IPO申请申报文件的通知	中国证券监督管理委员会	发行监管函〔2008〕6号	2008-01-09	
· 关于印发《关于中央企业履行社会责任的指导意见》的通知	国务院国有资产监督管理委员会	国资发研究〔2008〕1号	2007-12-29	
· 关于环境污染责任保险工作的指导意见①	国家环境保护总局、中国保险监督管理委员会	环发〔2007〕189号	2007-12-04	
·2部门批复太湖流域开展排污权有偿使用交易试点	财政部、国家环保总局		2007-12-27	
· 中国银监会关于印发《节能减排授信工作指导意见》的通知	中国银行业监督管理委员会	银监发〔2007〕83号	2007-11-23	
· 国家发改委发布《氯碱（烧碱、聚氯乙烯）行业准入条件》的公告	国家发展和改革委员会	发改委公告2007年第74号	2007-11-02	
· 发展改革委修订《电石行业准入条件》并公告实施	国家发展和改革委员会	发改委公告2007年第70号	2007-10-12	被2014年修订版代替
· 关于加强出口企业环境监管的通知	商务部、国家环保总局	商综发〔2007〕392号	2007-07-08	
· 关于进一步贯彻落实差别电价政策有关问题的通知	国家发展和改革委员会、财政部、国家电力监督管理委员会	发改价格〔2007〕2655号	2007-09-30	

① 《关于环境污染责任保险工作的指导意见》的发布，标志我国第二项环境经济政策出台，第一项是2006年12月启动的绿色信贷。

文件名称	发文单位	文号	文件落款时间	备注
· 关于开展生态补偿试点工作的指导意见	国家环境保护总局	环发〔2007〕130号	2007-08-24	
· 关于印发《关于开展环境污染责任保险调研报告》的通知	国家环境保护总局办公厅、中国保险监督管理委员会办公厅	环办〔2007〕100号	2007-07-26	
· 关于落实环保政策法规防范信贷风险的意见	国家环境保护总局、中国人民银行、中国银行业监督管理委员会	环发〔2007〕108号	2007-07-12	
· 中国人民银行关于改进和加强节能环保领域金融服务工作的指导意见	中国人民银行	银发〔2007〕215号	2007-06-29	
· 商务部办公厅、海关总署办公厅、环保总局办公厅、质检总局办公厅关2007年第17号公告有关事项的补充通知	商务部办公厅、海关总署办公厅、环保总局办公厅、质检总局办公厅	商产字〔2007〕65号	2007-07-04	
· 财政部、国家税务总局关于调低部分商品出口退税率的通知	财政部、国家税务总局	财税〔2007〕90号	2007-06-19	
·关于印发《燃煤发电机组脱硫电价及脱硫设施运行管理办法》（试行）的通知	国家发展和改革委员会、国家环境保护总局	发改价格〔2007〕1176号	2007-05-29	
· 当前国家鼓励发展的环保产业设备（产品）目录（2007年修订）①	国家发展和改革委员会	发改委公告 2007年第27号	2007-04-30	被2010年版代替
· 关于印发《中央财政主要污染物减排专项资金管理暂行办法》的通知	财政部、环境保护总局	财建〔2007〕112号	2007-04-17	
· 商务部、海关总署、环保总局公布《2007年加工贸易禁止类商品目录》的公告	商务部、海关总署、国家环境保护总局公告	商务部公告 2007年第17号	2007-04-05	
· 中国人民银行国家环境保护总局关于共享企业环保信息有关问题的通知	中国人民银行、国家环境保护总局	银发〔2006〕450号	2006-12-19	

① 当前国家鼓励发展的环保产业设备（产品）目录（2007年修订）。代替《当前国家鼓励发展的环保产业设备（产品）目录》（第一批、第二批），被《当前国家鼓励发展的环保产业设备（产品）目录（2010年版）》代替。

文件名称	发文单位	文号	文件落款时间	备注
· 商务部海关总署国家环保总局公布《加工贸易禁止类商品目录》附：加工贸易禁止类商品目录	商务部、海关总署、国家环保总局	商务部公告 2006 年第 82 号[①]	2006-11-01	3 部门公告（2005 年 105 号）部分终止执行
· 关于征收污水排污费有关问题的复函	国家环境保护总局	环函〔2006〕256 号	2006-06-27	
· 调整和完善经济政策（《国民经济和社会发展第十一个五年发展规划纲要》内容摘要）			2006-04-11	
· 商务部、海关总署、环境保护总局公布《禁止进口货物目录》（第六批）和《禁止出口货物目录》（第三批）的公告	商务部、海关总署、环境保护总局	3 部门公告 2005 年第 116 号	2005-12-31	
· 关于控制部分高耗能、高污染、资源性产品出口有关措施的通知	国家发展改革委、财政部、商务部、国土资源部、海关总署、国家税务总局、国家环保总局	发改经贸〔2005〕2595 号	2005-12-09	
· 财政部关于印发《中央预算内固定资产投资贴息资金财政财务管理暂行办法》的通知	财政部	财建〔2005〕354 号	2005-07-26	
· 国家发展改革委发布《电石行业准入条件》《铁合金行业准入条件》《焦化行业准入条件》的公告	国家发展和改革委员会	2004 年第 76 号公告	2004-12-16	《电石行业准入条件》废止
· 关于排污费收缴有关问题的通知	财政部、中国人民银行、国家环境保护总局	财建〔2003〕284 号	2003-07-01	
· 关于减免及缓缴排污费有关问题的通知	财政部、国家发展和改革委员会、国家环境保护总局	财综〔2003〕38 号	2003-06-03	
· 关于印发《关于环保部门实行收支两条线管理后经费安排的实施办法》的通知	财政部、国家环境保护总局	财建〔2003〕64 号	2003-04-08	
· 排污费资金收缴使用管理办法	财政部、国家环境保护总局	第 17 号令	2003-03-20	

① 关于加工贸易禁止类商品公告（2006 年第 82 号）。《商务部、海关总署和环保总局公告（2005 年 105 号）》关于禁止农药、煤炭加工贸易的相关规定终止执行，以本公告为准。105 号公告其他内容继续有效。

文件名称	发文单位	文号	文件落款时间	备注
· 排污费征收标准管理办法	国家发展计划委员会财政部、国家环境保护总局、国家经济贸易委员会	第31号令	2003-02-28	
· 排污费征收使用管理条例①	国务院	国务院令2003年第369号	2003-01-02	有关文件废止
· 国家经贸委、国家税务总局公布《当前国家鼓励发展的环保产业设备（产品）目录》（第二批）的公告	国家经济贸易委员会、国家税务总局	国经贸公告〔2002〕23号	2002-05-08	被发改委公告2007年第27号修订
· 淮河和太湖流域排放重点水污染物许可证管理办法（试行）	国家环保总局	总局令2001年第11号	2001-10-01	
· 当前国家鼓励发展的环保产业设备（产品）目录（第一批）	国家经济贸易委员会、国家税务总局	国经贸资源〔2000〕159号	2000-02-23	被发改委公告2007年第27号修订
· 关于在气雾剂行业禁止使用氯氟化碳类物质的通告	国家环保局、轻工总会、国家计委、国家经贸委、公安部、化工部、农业部、国家工商行政管理局、国家技术监督局	环控〔1997〕366号	1997-06-05	
· 国务院关于环境保护若干问题的决定（摘录）（完善环境经济政策，切实增加环境保护投入）	国务院	国发〔1996〕31号	1996-08-03	

注：清洁生产和循环经济政策见本书表13.1、表13.6。 （施问超制表）

表4.1以时间为序收录1993—2015年发布的部分环境保护经济政策，大多是与化工行业直接相关的。展现各项政策的文件名称、发文单位、文号和文件落款时间。备注栏主要是说明以往文件废止情况，以便了解其发展过程。

表4.1之所以命名为环境保护经济政策，而不叫环境经济政策，是因为既有环境保护部门出台的环境保护政策，但更多的是国家综合经济管理部门出台与环境保护相关的政策。

环境保护经济政策（下称政策）尤其是顺应市场经济发展需要的绿色新政是经济发

① 1982年2月5日国务院发布的《征收排污费暂行办法》和1988年7月28日国务院发布的《污染源治理专项基金有偿使用暂行办法》同时废止。

展形势的晴雨表、风向标，是对经济发展态势的预测、先导和引领，具有开拓和创新价值。其特征有：

（1）政策是动态的，既相对稳定，又与时俱进，始终处于有条件的发展之中，包括更新、调整、废止。

（2）政策始终与宏观经济形势息息相关，在很多情况下，都是环境保护部门与国家发改委等经济综合管理部门一体行动，出台与国家调结构、转方式等宏观决策相呼应的环境保护政策。环境保护部根据国务院有关环保重点工作的部署，自 2007 年以来牵头组织有关工业行业协会和有关研究机构，开展环境保护综合名录编制工作。《环境保护综合目录》在面向国家经济综合管理部门的同时，向社会全文公开，将环境保护的要求有机融入经济发展过程。国家经济综合管理部门是指国家发展改革委、工业和信息化部、财政部、商务部、人民银行、海关总署、税务总局、工商总局、质检总局、安全监管总局、银监会、证监会、保监会等部门。国家环境保护经济政策大多来自这些部门。

（3）政策越来越多地体现经济角度抓环保的态势，环境与经济的矛盾是环境与发展诸多矛盾中的主要矛盾，经济又是矛盾的主要方面，决定着事物的性质。所以只有从经济角度发力抓环保，才能抓到点子上，抓到要害上，这是解决我国环境问题的正道、大道。

（4）政策走势是合乎市场法则的得到强化，反映末端治理为主的正在淡化，因为以末端治理为主违背市场经济规律。末端治理永远需要，但永远不应成为主角。增大产生量与排放量的比例，应该是越来越多地强调通过清洁生产和循环经济，通过绿色化工减少污染物产生量，即使是排放，也应该是采用先进、高效的净化技术。

从表中不难看出，“目录”是一种常见的政策表达形式，因为它一目了然，可操作性特别强。各种目录都处在动态的发展之中，表明我国节能减排技术和生态保护技术在实践中不断发展。

政策的灵活性较强，实践性更鲜明，其中经过实践反复检验是正确的，可以上升为规章，进而上升法规和法律。这是政策发展的必然。

政策与规章没有严格的界限，表 4.1 没有收录部门规章如各种“办法”，学习时应把政策与规章结合起来研读，有助于理解政策走向。

4.3.2.2 国务院环境保护规范性文件

部门环境保护政策在经过实践检验之后，可以上升为国务院规范性文件，以提升部门政策的权威和效力，在宏观经济调控和经济体制改革中可以发挥更大的作用。国务院规范性文件既源自各部门，也是各部门制定政策的依据。国务院发布的规范性文件见表 4.2。

表 4.2 国务院发布的主要环境保护政策规范性文件

文件名称	文号	实施日期
国务院关于做好建设节约型社会近期重点工作的通知	国发〔2005〕21 号	2005-06-27
国务院关于加快发展循环经济的若干意见	国发〔2005〕22 号	2005-07-02
国家突发环境事件应急预案（被国办函〔2014〕119 号废止）	国务院批准，国务院办公厅印发	2006-01-24
国务院批转发展改革委等部门关于抑制部分行业产能过剩和重复建设引导产业健康发展若干意见的通知	国发〔2009〕38 号	2009-09-26
全国主体功能区规划	国发〔2010〕46 号	2010-12-21
“十二五”节能减排综合性工作方案	国发〔2011〕26 号	2011-08-31
国务院关于加强环境保护重点工作的意见	国发〔2011〕35 号	2011-10-17
国家环境保护“十二五”规划	国发〔2011〕42 号	2011-12-15
节能减排“十二五”规划	国发〔2012〕40 号	2012-08-06
国务院关于印发循环经济发展战略及近期行动计划的通知	国发〔2013〕5 号	2013-01-23
国务院关于加快发展节能环保产业的意见	国发〔2013〕30 号	2013-08-01
国务院《大气污染防治行动计划》《大气十条》	国发〔2013〕37 号	2013-09-10
国务院办公厅关于政府向社会力量购买服务的指导意见	国办发〔2013〕96 号	2013-09-26
国务院关于化解产能严重过剩矛盾的指导意见	国发 〔2013〕41 号	2013-10-06
大气污染防治行动计划实施情况考核办法（试行）[①]	国办发〔2014〕21 号	2014-04-30
国务院办公厅关于进一步推进排污权有偿使用和交易试点工作的指导意见	国办发〔2014〕38 号	2014-08-06
国务院办公厅关于加强环境监管执法的通知	国办发〔2014〕56 号	2014-11-12
国务院关于创新重点领域投融资机制鼓励社会投资的指导意见	国发〔2014〕60 号	2014-11-26
国务院办公厅关于印发精简审批事项规范中介服务实行企业投资项目网上并联核准制度工作方案的通知	国办发〔2014〕59 号	2014-12-10
国务院办公厅关于推行环境污染第三方治理的意见	国办发〔2014〕69 号	2014-12-27
国务院办公厅关于印发国家突发环境事件应急预案的通知	国办函〔2014〕119 号	2015-02-03
国务院关于印发水污染防治行动计划的通知《水十条》	国发〔2015〕17 号	2015-04-02

（施问超制表）

4.3.3 环境经济政策的理论基础

环境价值观是环境经济政策的最基本、最核心的理论基础，没有环境价值观就谈不上运用市场法则解决环境问题。

环境价值观是人们对自然认识的一次重大的飞跃。从本质上看，环境价值观仍以劳

① 2014 年 7 月 18 日，环境保护部、国家发展和改革委员会、工业和信息化部、财政部、住房和城乡建设部和能源局等 6 部委联合印发《大气污染防治行动计划实施情况考核办法（试行）实施细则》（环发〔2014〕107 号）。

动价值观的理论为基础。环境有没有价值？这是一个重大的理论问题。在长期的实践中人们对它有了新的认识。

当环境遭到污染和破坏，危害人体健康，制约经济发展，造成社会损失时，特别是成为经济发展“瓶颈”之后，此时环境价值通过治理污染的直接成本和恢复环境质量的巨额投入便逐步显现出来。这也是计算环境价值的最基本的依据，使得环境价值变得可计量、可操作。所以说，环境价值观实质上是通过劳动价值来表现的，说到底是排污企业的外部不经济性显示了环境的价值。这种外部不经济性表现为环境受到损害，环境失去使用价值，影响人的生存和发展，进而表现为社会直接受到损害，包括人体健康、农业、渔业甚至是其他工业企业受到损害。

传统经济体制下形成了廉价或无偿的资源和环境使用制度。在传统的以行政主导为主要特点的资源和环境使用制度下，资源和环境的廉价或无偿使用普遍存在，这就造成企业缺乏珍惜资源和保护环境的压力与动力。同时污染物总量控制的法律基础薄弱，总量控制执行没有到位，环境或环境容量变成了一种可以无限索取的非稀缺性资源。企业不会像珍惜其他生产要素一样去珍惜环境，环境的真实成本被湮没，环境的价值得不到体现。

以环境价值观为理论指导，遵循社会主义市场经济规律的环境经济政策能够优化环境资源（环境容量）的配置，使总体治理环境的成本降低，不仅合乎经济规律，代表先进生产力的发展要求，而且能够保护和改善环境质量，合乎自然规律的要求，为遵循自然规律的行为保驾护航。所以环境价值观是社会主义市场经济规律与自然规律的结合部和契合点，是社会主义核心价值观的题中之意。

中国的现实一再说明，行政力量是不能单独解决环境问题的，建立一套完整成熟的环境经济政策体系迫在眉睫。然而，制度建设是一个漫长艰难的过程，因为牵涉利益格局的调整，必然遭遇曲折和反复。所以，每出台一项新政策，并不意味着就会一帆风顺，反而可能遭遇更多的困难。但现实不容许我们等到问题解决后再开始行动，而是必须在全面深化改革的行动中解决问题，为节能减排，为落实科学发展观提供强有力的制度支撑。

4.4 几项与时俱进的环境经济政策

4.4.1 绿色信贷

绿色信贷就是在金融信贷领域建立环境准入门槛，对限制和淘汰类新建项目，不得提供信贷支持；对于淘汰类项目，停止各类形式的新增授信支持，并采取措施收回已发放的贷款，从源头上切断高耗能、高污染行业无序发展和盲目扩张的经济命脉，有效地切断严重违法者的资金链条，遏制其投资冲动，解决环境问题，并通过信贷发放进行产业结构调整。

实施绿色信贷政策，任何企业的环保违法行为信息都会由环保部门以电子档案的形式转发给银行，最终进入银行征信系统，供银行向企业提供贷款时参考。银行在调查确定企业是否有违法排污事实之前将不予发放贷款，部分企业如确实进行了污染治理设施整改，并经环保部门验收通过，银行才会向其发放贷款。但鉴于企业有违法排污行为记录，银行也会为了预防未来还可能发生的环境风险，在企业归还贷款后的一定期限内，不再提供任何贷款。

2007 年，绿色信贷率先出台，是全新的环境经济政策体系建设的“信号弹”。

2006 年 12 月 19 日，中国人民银行和国家环境保护总局联合发出《关于共享企业环保信息有关问题的通知》（银发〔2006〕450 号），明确要求“商业银行等金融机构在办理、管理信贷业务时，应审查企业信用报告中的企业环保信息，并把企业环保守法情况作为审办信贷业务的重要依据。”标志着我国绿色信贷政策开始启动。

中国人民银行和原国家环保总局于 2007 年 1 月 9 日联合举行新闻发布会宣布，两部门决定将企业环保信息纳入全国统一的企业信用信息基础数据库，并要求商业银行把企业环保守法情况作为审办信贷业务的重要依据。中国人民银行旗帜鲜明地表示：此举增强了对企业环境违法行为的社会监督和制约，提高了企业环保违法代价；同时防范商业银行等金融机构对环境违法企业提供信贷支持而带来的信贷风险，促进企业环境诚信意识的提高。

自 2007 年 4 月 1 日起，企业的环保信息被纳入到企业信用信息基础数据库。2007 年 6 月底，中国人民银行发布《关于改进和加强节能环保领域金融服务工作的指导意见》，要求中国银行业充分认识改进和加强节能环保领域金融服务工作的重要性和紧迫性，改进和加强对节能环保领域的金融服务，合理控制信贷增量，着力优化信贷结构，加强信贷风险管理，促进经济、金融的协调可持续发展。2007 年 7 月 30 日，央行、银监会（中国银行业监督管理委员会）和原国家环保总局联手构筑绿色信贷机制，出台《关于落实环保政策法规防范信贷风险的意见》，对不符合产业政策和环境违法的企业和项目进行信贷控制，以绿色信贷机制遏制高耗能高污染产业的盲目扩张。银监会的加盟，把商业银行落实环保政策法规、控制污染企业信贷风险的情况纳入监督检查范围，对商业银行违规向环境违法项目贷款的行为实行责任追究和处罚。2007 年年底，为配合国家节能减排战略的顺利实施，督促银行业金融机构把调整和优化信贷结构与国家经济结构紧密结合，有效防范信贷风险，中国银监会制定了《节能减排授信工作指导意见》。该《意见》提出，要充分发挥银行业在节能减排工作中的重要作用，积极调整和优化信贷结构，鼓励银行开展节能减排授信创新，加强节能减排授信工作的信息披露。

2009 年，绿色信贷继续深化。环境保护部联合人民银行印发了《关于全面落实绿色信贷政策进一步完善信息共享工作的通知》。进一步规范了信息交流范围和报送方式。环境保护部向银监会提供 2009 年更新信息。至此，已有 4 万多条环保信息进入人民银行征信管理系统。商业银行根据这些信息对环境违法企业采取限贷、停贷、收回贷款等措施，促进企业治理污染、保护环境。

2010 年 5 月 28 日，中国人民银行、银监会发出《关于进一步做好支持节能减排和淘汰落后产能金融服务工作的意见》（银发〔2010〕170 号）。

2012 年，为贯彻落实《国务院"十二五"节能减排综合性工作方案》（国发〔2011〕26 号）、《国务院关于加强环境保护重点工作的意见》（国发〔2011〕35 号）等宏观调控政策，以及监管政策与产业政策相结合的要求，推动银行业金融机构以绿色信贷为抓手，积极调整信贷结构，有效防范环境与社会风险，更好地服务实体经济，促进经济发展方式转变和经济结构调整，银监会制定了《绿色信贷指引》（《中国银监会关于印发绿色信贷指引的通知》，银监发〔2012〕4 号）。银监会将加强对银行业金融机构推进绿色信贷，防范环境、社会风险的监测、引导和检查落实，并将银行业金融机构开展绿色信贷情况作为监管评级、机构准入、业务准入、高管人员履职评价的重要依据。在实践的基础上，次年银监会再次发出《关于绿色信贷工作的意见》，进一步规范绿色信贷。

2013 年 12 月 18 日，为贯彻落实《国务院关于加强环境保护重点工作的意见》（国发〔2011〕35 号）关于"建立企业环境行为信用评价制度"的规定以及《国务院办公厅关于社会信用体系建设的若干意见》（国办发〔2007〕17 号）有关要求，在总结地方企业环境信用评价工作经验的基础上，环境保护部会同发展改革委、人民银行、银监会，联合制定并印发《企业环境信用评价办法（试行）》，旨在积极推进企业环境信用评价工作，督促企业自觉履行环境保护法定义务和社会责任，并引导公众参与环境监督，促进有关部门协同配合，加快建立环境保护"守信激励、失信惩戒"的机制，推动社会信用体系建设。标志着绿色信贷政策进入可考核、可量化、可操作、制度化、常态化的新阶段。

4.4.2　绿色保险——环境污染责任保险

环境污染责任保险是以市场手段应对环境污染风险、保障污染受害者合法权益的主要方式，也是强化高环境风险企业投产之后的事中监管的重要机制。环境污染责任保险又称绿色保险，是基于环境污染赔偿责任，以企业发生事故对第三者造成的损害依法应承担的赔偿责任为目标的一种商业保险。

4.4.2.1 我国环境污染责任保险制度发展历程

2006年6月，国务院发布《关于保险业改革发展的若干意见》。提出大力发展责任保险，健全安全生产保障和突发事件应急机制，发展包括环境污染责任保险在内的7类责任保险业务。

2007年11月，《国务院关于印发国家环境保护“十一五”规划的通知》。提出探索建立环境责任保险和环境风险投资。

2007年12月，原国家环保总局、中国保险监督管理委员会（以下简称“保监会”）发布《关于环境污染责任保险工作的指导意见》。提出按照政府推动、市场运作、突出重点、先易后难、严格监管、稳健经营、互惠互利、双赢发展的原则发展环境污染责任保险。该《意见》出台，标志着我国正式确立建立环境污染责任保险制度的路线图。这是继“绿色信贷”后推出的第二项环境经济政策。

为规范生产、经营、储存、运输、使用危险化学品企业，易发生污染事故的石油化工企业和危险废物处置企业环境风险评估工作，推进企业环境污染责任保险政策的实施，环境保护部会同中国保监会制定企业《环境风险评估技术指南》。2010年1月，经中国保监会会签，环境保护部印发《环境风险评估技术指南——氯碱企业环境风险等级划分方法》，2011年9月，环境保护部、中国保监会联合印发《环境风险评估技术指南——硫酸企业环境风险等级划分方法（试行）》，2011年5月，环境保护部提出《关于开展环境污染损害鉴定评估工作的若干意见》（环发〔2011〕60号），推出“环境污染损害数额计算推荐方法（第Ⅰ版）”。在借鉴国内外环境损害鉴定评估方法并总结国内外环境损害鉴定评估实践经验的基础上，环境保护部组织修订《环境污染损害数额计算推荐方法（第Ⅰ版）》，2014年5月，环境保护部办公厅印发《环境损害鉴定评估推荐方法（第Ⅱ版）》（环办〔2014〕90号），为环境污染责任保险试点工作的推广提供技术支撑。

2013年1月，环境保护部、中国保监会联合发布《关于开展环境污染强制责任保险试点工作的指导意见》。明确环境污染强制责任保险的试点企业范围，包括涉重金属企业、按地方有关规定已被纳入投保范围的企业和其他高环境风险企业。同年12月，为全面掌握环境污染责任保险试点工作进展，总结、分析试点经验和存在的问题，为国家决策提供可靠的信息支撑，根据环境保护部、中国保监会在总结前期6年试点经验基础上，联合印发的《关于环境污染责任保险工作的指导意见》（环发〔2007〕189号）、《关于开展环境污染强制责任保险试点工作的指导意见》（环发〔2013〕10号）要求，环境保护部印发《关于开展环境污染责任保险试点信息报送工作的通知》，明确开展环境污染责任保险试点信息报送工作有关事项。

2014 年 4 月，全面修订的《环境保护法》第五十二条规定："国家鼓励投保环境污染责任保险。"2014 年 12 月 4 日环境保护部公布了一批投保环境污染责任保险（以下简称"环责险"）企业名单，包括 22 个省区市的近 5 000 家企业，涉及重金属、石化、危险化学品、危险废物处置、电力、医药、印染等行业。及时公开投保企业等相关信息，保障公众的知情权和监督权，以借助各方面力量形成监管"合力"。

4.4.2.2 实践与反思

作为重要的市场手段之一，环境污染责任保险从 2007 年试点至今，已经 7 年多。截至 2014 年 11 月，我国环境污染责任保险的试点省、市、自治区已经达到 28 个，投保环责险的企业累计达 2.5 万家次，保险公司提供的风险保障金累计超过 600 亿元。涉及重金属、石油化工、危险化学品、危险废物处置、电力、医药、印染等多个行业，对解决环境污染纠纷、减轻企业负担、缓解社会矛盾起到了积极作用。

但是，由于违法成本低等原因，企业投保动力不足，加之理赔案例不多，各地在推广过程中仍面临不少阻力。而保险责任范围窄、保险产品单一、服务不到位等问题也需要保险公司深入思考。

实践中，人保财险的"无锡模式"取得了很大成功。在这一模式中，人保财险和外部专家一起给企业进行体检，之后还会督促企业"看病治疗"，是一个全流程的监督。除了到企业进行现场勘查，保险公司还请专家对企业的安全环保员工进行培训。

2009—2013 年，人保财险在无锡出具企业体检报告 2 000 多份，汇总问题 14 大类、118 小类，排查环境污染安全隐患 1 318 个，发现问题 7 285 个，提供相关建议 6.5 万条，给企业安保人员培训 3 000 多人次。

实践表明，环责险作为市场机制，其发展除了环境法治的直接推动外，更重要的是必须依靠市场的内生动力，发挥市场配置资源的决定性作用。环保部门应及时公开投保企业等相关信息，保障公众的知情权和监督权，借助各方面力量形成监管"合力"。特别是对环境风险高的企业，通过政府监管、公众监督等方式，推动企业在环境风险管理和应对上投入合理的成本，切实降低对环境和公众健康的隐患，激励企业引入保险机制、借助市场力量来发现和降低自身环境风险。同时，必须加快建立最严格的环境损害赔偿制度，破解因污染损害赔偿范围过窄、环境损害成本过低，导致的企业环境风险防范意识薄弱的不合理现象。

4.4.2.3 理赔案例

湖南株洲：氯化氢泄漏污染农田

2008 年 9 月 28 日，湖南省株洲市昊华公司在清洗停产设备时，由于工作人员操作失当，使设备内的氯化氢（盐酸）气体过量外冒，导致周边村庄的大量农作物受到污染。

这家企业于当年 7 月投保了由中国平安集团旗下平安产险承保的环境污染责任险。接到报案后，平安产险立即派出查勘人员赶赴现场。经过实地查勘，查证了氯化氢气体泄漏引起的污染损害事实，确定了企业对污染事件负有责任以及保险公司应当承担的相应保险责任。

根据保单相关条款规定，平安产险与村民们达成赔偿协议，在不到 10 天时间内就将 1.1 万元赔款给付到村民手中。这是国内首个环境污染责任保险理赔案例。

四川广汉：硫酸泄漏损毁农作物

2009 年 7 月，四川省广汉市万福磷肥厂因工人操作不当发生硫酸泄漏，导致附近部分农作物损毁、减产。受损农民情绪激动，纷纷聚集到厂内要求赔偿。

保险公司在接案后及时抵达现场进行查勘定损，认定责任后向受损农户支付了 8 000 元赔款。

山西长治：苯胺泄漏污染浊漳河

2012 年 12 月 31 日，山西长治潞安集团天脊煤化工集团有限公司发生苯胺泄漏事故，经调查测算，苯胺泄漏总量为 319.87 t，其中 8.76 t 流入浊漳河，造成浊漳河苯胺超标。

得知消息后，人保财险山西分公司第一时间派人赶往企业调查情况，核实事故原因和经过，同时做好事故专家鉴定、保险资金赔付等准备。考虑到企业停产、资金紧张会影响到清污工作，人保财险向企业预付了环境污染责任险事故赔款 100 万元。最终，企业共获得 405 万元赔款。这是目前我国数额最大的环境污染责任保险理赔案例。

4.4.3 绿色证券

绿色证券是继绿色信贷、绿色保险之后的第三项环境经济政策。该项政策在实践中探索、调整、发展。自 2001 年以来，原国家环保总局开展了重污染行业上市公司的环保核查工作。在环保部门对重污染行业上市公司开展核查的基础上，2008 年 1 月 9 日，中国证券监督管理委员会（以下简称“证监会”）发行监管部发出《关于重污染行业生产经营公司 IPO 申请申报文件的通知》。至此，对上市企业进行环保核查受到证监会正式认同。2008 年 2 月 25 日，国家环保总局正式发布《关于加强上市公司环保监管工作的指导意见》（环发〔2008〕24 号），确立了上市公司环保核查制度和环境信息披露制度。

为贯彻落实《国务院关于加强环境保护重点工作的意见》和《国务院办公厅关于印发 2012 年政府信息公开重点工作安排的通知》有关部署，进一步调整优化上市环保核查制度，2012 年 10 月 8 日，环境保护部印发了《关于进一步优化调整上市环保核查制度的通知》（环发〔2012〕118 号）。旨在进一步完善环保核查制度，精简工作环节，缩短工作时限，突出环保核查重点，强化上市公司环保主体责任，全面推进环境保护信息公开。环境保护部此前发布的《关于对申请上市的企业和申请再融资的上市企业进行环境保护核查的通知》（环发〔2003〕101 号）、《关于进一步规范重污染行业生产经营公司申请上市或再融资环境保护核查工作的通知》（环办〔2007〕105 号）、《关于加强上市公司环境保护监督管理工作的指导意见》（环发〔2008〕24 号）、《关于印发〈上市公司环保核查行业分类管理名录〉的通知》（环办函〔2008〕373 号）、《关于进一步严格上市环保核查管理制度 加强上市公司环保核查后督查工作的通知》（环发〔2010〕78 号）、《关于进一步规范监督管理严格开展上市公司环保核查工作的通知》（环办〔2011〕14 号）等文件中，与本通知规定不一致的，按本通知执行。

上市环保核查工作开展十余年来，各级环保部门督促上市公司完善环境管理制度、建立环保持续改进机制，解决了一大批复杂环境问题，提升了企业自身环保水平，得到社会各方面肯定。为深入贯彻党的十八届三中全会精神，认真落实国务院关于简政放权、转变政府职能要求，加快推进环境治理体系建设和治理能力现代化，充分利用市场手段和信息公开途径，进一步强化上市公司和企业的环境保护主体责任，环境保护部决定改革调整上市环保核查工作制度。2014 年 10 月 19 日，环境保护部发出《关于改革调整上市环保核查工作制度的通知》（环发〔2014〕149 号）。通知要求：①自通知发布之日起，环境保护部停止受理及开展上市环保核查，已印发的关于上市环保核查的相关文件予以废止，其他文件中关于上市环保核查的要求不再执行。对本通知印发前已经受理的核查申请，环境保护部将函复申请核查公司，提出环保持续改进要求。②地方各级环保部门也应自本通知发布之日起，停止受理及开展上市环保核查工作，并尽快调整本行政区内上市环保核查相关规定，做好制度调整前后相关工作衔接，尽量减少对企业上市、融资的影响。③各级环保部门应加强对上市公司的日常环保监管，加大监察力度，发现上市公司存在环境违法问题的，应依法处理并督促整改。同时，各地应清理不符合环保法律、法规的地方规定，避免干扰环保部门对上市公司的正常环保监管，指导和监督上市公司遵守环保法律法规。④督促上市公司切实承担环境保护社会责任。上市公司作为公众公司，应当严格遵守各项环保法律法规，建立环境管理体系，完善环境管理制度，实施清洁生产，持续改进环境表现。上市公司应按照有关法律要求及时、完整、真实、准确地公开环境信息，并按《企业环境报告书编制导则》（HJ 617—2011）定期发布企业环境报告书。⑤加大对企业环境监管信息公开力度。各级环保部门应参照国控重点污染源环境监管信息公开要求，加大对上市公司环境信息公开力度，方便公众查询和监督。根据减少行政干预、市场主体负责原则，各级环保部门不应再对各类企业开展任何形式的环保核查，不得再为各类企业出具环保守法证明等任何形式的类似文件。保荐机构和投资人可以依据政府、企业公开的环境信息以及第三方评估等信息，对上市企业环境表现进行评估。

4.4.4 绿色税收

1992 年里约热内卢联合国环境与发展高峰会议上，中国政府第一次明确表示，开展环境税的研究和试点工作，二十几年来，中国环境税征收之路走得崎岖而艰难。

绿色税收也称环境税收，是以保护环境、合理开发利用自然资源，推进绿色生产和消费为目的，建立开征以保护环境为目标的生态税收，从而保持人类的可持续发展。环境保护税有广义和狭义两种说法。广义的环境保护税范围很宽，只要是与环境和资源有关的一般性税种和有关环保的具体税收政策都算在内，如资源税、消费税、车船税等。狭义的环境保护税就是以环境保护为目的，针对污染和生态破坏等行为特征的特别或独立税种。“绿色税收”一词的广泛使用大约在 1988 年以后，《国际税收辞汇》第二版中对“绿色税收”是这样定义的：绿色税收又称环境税收，指对投资于防治污染或环境保护的纳税人给予的税收减免，或对污染行业和污染物的使用所征收的税。从绿色税收的内容看，不仅包括为环保而特定征收的各种税，还包括为环境保护而采取的各种税收措施。实践证明，绿色税收能起到促进资源节约、节能减排、保护生态环境、筹集环保资金等多重功效。

从广义角度看，绿色税收在我国并不陌生。早在 1994 年税制改革后，我国 23 个税种中的消费税、资源税、车船使用税、城市建设维护税等税种就与生态环境有关；2005 年，我国对不可再生资源、稀有资源出台了取消出口退税、下调出口退税率、提高资源税税额等相关政策；“十一五”期间，我国在进行税制改革时，更是将贯彻可持续发展战略、研究制订完善促进循环经济发展的税收政策作为重要内容之一。

2006 年，我国对 3 类、14 个征税品目的消费税政策进行调整时，3 类分别为奢侈品类消费品、影响生态环境和消耗资源的消费品和危害人们身体健康的消费品。汽车、摩托车、成品油、木制一次性筷子、实木地板等被列为影响生态环境和消耗资源的消费品。其中，对乘用车（包括越野车）按排量大小分别设置高低不同的税率，排量小于 1.5 L（含）的，税率为 3%；4.0 L 以上的，税率为 20%。2008 年，国家再次提高大排量乘用车的消费税税率。

2008 年原国家环境保护总局提出取消农药、涂料、电池及有机砷类 39 种产品出口退税和禁止其加工贸易的建议，不仅是对我国自己的环境和公众健康负责，也是履行环保国际义务，树立负责任大国形象的必要行动。

2009 年年初开始实施的成品油税费改革，是一项典型的绿色税收新政策。2009 年 1 月 1 日，财政部、国家税务总局等有关部门在提高成品油消费税税率的同时，取消了公路养路费等 6 项收费。实施以来，成品油税费改革不仅在短期增加了税收收入，还促进了经济发展模式的转型，也是中国应对全球气候变化的积极举措。可以说，成品油税费改革建立了以税收调控能源消费的新机制，有力地促进了节能减排工作。

2009 年对车辆购置税的调整。1.6L 及以下排量的乘用车型享受购置税减半的优惠政策，即按 5%征收。这让不少在 1.6L 和 1.8L 之间徘徊的人，选择了排量更小的车型。其作用超出了乘用车消费税税率的调整。

发展新能源汽车是我国交通能源战略转型、推进生态文明建设的重要举措。2014 年 8 月 1 日，财政部、国家税务总局、工信部下发《关于免征新能源汽车车辆购置税的公告》自 2014 年 9 月 1 日至 2017 年 12 月 31 日，对购置的新能源汽车免征车辆购置税。这里的新能源汽车是指对获得许可在中国境内销售（包括进口）的纯电动以及符合条件的插电式（含增程式）混合动力、燃料电池三类新能源汽车。

税收的“绿化”也有助于加快经济技术结构的“绿化”进程。保护环境的技术创新和经济创新将得到税收的鼓励，破坏环境的经济活动会受到税收的压制。

国外经验表明，绿色税收是促进减排和技术创新的有效工具。如瑞典在 1992 年制定了针对氮氧化物污染的税收制度，仅两年的时间，其排放量就减少了 1/3。同时，各种节省成本的技术得到推广，瑞典企业形成了大量专利，在随后的商业和国际竞争中处于领先地位。

此外，绿色税收还能激励公众进行绿色消费的选择。可见，绿色税收是比直接财政补贴更有效的技术创新激励措施，是提升经济增长质量的一个强有力抓手。

但是，与经济发展的速度相比，我国的税制严重滞后环境保护的需要，存在明显的不足。主要表现在：一是未形成绿色税收制度。现行税制没有就环境污染行为和导致环境污染的产品征收特定的污染税。目前国家治理环境污染，主要是采取对水污染征费，对超过国家标准排放污染物的生产单位征收标准排污费和生态环境恢复费，这种方式缺乏税收的强制性和稳定性，环保成果难以巩固和扩大。二是各税种自成体系，相对独立。现行税制中对土地课征的税种有城镇土地使用税、土地增值税、耕地占用税等，各税种自成体系，相对独立。一方面税种多，计算复杂，给征纳双方带来许多麻烦；另一方面税制内外有别，不利于经济主体在市场经济条件下公平竞争。三是税收优惠形式单一。我国税制中对绿色产业的税收优惠项目较少，且不成体系。主要是涉及增值税、消费税和所得税中减免项目。且受益面比较窄，缺乏针对性和灵活性，难以激励企业最大限度地减少污染，也难以起到引导公众进行绿色选择的作用。据统计，我国目前与环境资源有关的绿色税收收入仅占国家税收收入的 8%左右。它们虽然起到了一定的调节作用，但仍存在调节面过窄、调节力度不够、调节手段单一等问题，而缺少针对污染、破坏环境行为或产品课征的专门税种这一问题更是亟待解决。

《国务院关于加强环境保护重点工作的意见》(国发〔2011〕35 号，2011-10-17) 提出积极推进环境税费改革，研究开征环境保护税。该《意见》关于积极推进税收“绿化”的表述，是要将环境保护、可持续发展的理念更深地融入到税收制度中，是国家发出的要以强有力的经济手段实现环保与经济融合的政策指向。同年，“推进环境税费改革，完善排污收费制度”被纳入国务院印发的《国家“十二五”环境保护规划》。几年来，财政部、国家税务总局和环境保护部就征收环境保护税开展了大量的调查研究，使征收环境保护税摆上更加重要的议事日程。实施了 30 多年的排污收费制度无疑从理论与实践的结合上为征收环境保护税提供了强有力的支撑，融入环境保护税亦将成为排污费的最终归宿。2014 年全面修订的《环境保护法》第四十三条第二款规定：“依照法律规定征收环境保护税的，不再征收排污费。”在环境立法中首次确立征收环境保护税的法律地位，传递了我国开征环境保护税的决心和信心。

2015 年 6 月 10 日，国务院法制办将财政部、税务总局、环境保护部起草的《中华人民共和国环境保护税法（征求意见稿）》及说明全文公布，征求社会各界意见。《征求意见稿》规定，对超标、超总量排放污染物的，加倍征收环保税；对依照环境保护税法规定征收环保税的，则不再征收排污费。环保税不向机动车飞机等征收。可以说，我国环境保护税法出台已经为时不远。

4.4.5 绿色贸易

在西方国家开始普遍设立绿色贸易壁垒对中国贸易进行挤压的态势下，我国的贸易政策亦做出相应调整，建立绿色贸易政策，改变单纯追求数量增长，忽视资源约束和环境容量的发展模式，以平衡进出口贸易与国内外环保的利益关系。

国务院于2006年12月底，明确要求环保总局会同有关部门制定高污染、高环境风险产品的名录（“双高”名录），建立控制双高产品出口的政策体系。第一批 “双高”产品名录，于2008年2月26日公布。“双高”名录是绿色贸易政策的基础，将为绿色贸易、绿色税收等一系列环境经济政策的实施提供具体的可操作对象。

“双高”产品名录作为绿色贸易政策的一个基础内容，不仅是限制“双高”产业和保护公众健康的迫切需求，也是我国履行国际环保义务的实际行动。

我国已相继批准履行《关于在国际贸易中对某些危险化学品和农药采用事先知情同意程序的鹿特丹公约》《关于持久性有机污染物的斯德哥尔摩公约》等关于化学品环境监管的国际公约。国家质检总局、发改委和认监委（国家认证认可监督管理委员会）联合发文，规定自2009年3月1日起，在中国生产、销售和进口的计算机显示器等6类产品必须加贴能效标识，低于五级能效的产品不得在中国生产、销售、进口。不仅是各个地区在经济发展的过程中更加注重引进项目的质量，整个国家也开始从被动变为主动，把高能耗、高污染的企业拒之门外。

4.4.6 建立健全生态保护补偿制度

从资源开发利用角度看，我国生态补偿制度由来已久。早在1996年《矿产资源法》即设置了生态补偿制度，之后修订的《森林法》《草原法》也沿用了此项制度。中央财政2008年设立国家重点生态功能区转移支付资金以来，转移支付范围不断扩大，转移支付资金不断增加，但实践中还存在补偿不规范、补偿形式单一、补偿主体对象不明确等问题，需要加以认真研究探索，建立和完善生态补偿制度，为加快推进生态文明建设提供坚实有效的制度保障。

《国民经济和社会发展第十二个五年规划纲要》指出，按照谁开发谁保护、谁受益谁补偿的原则，加快建立生态补偿机制。加大对重点生态功能区的均衡性转移支付力度，研究设立国家生态补偿专项资金。推行资源型企业可持续发展准备金制度。鼓励、引导和探索实施下游地区对上游地区、开发地区对保护地区、生态受益地区对生态保护地区的生态补偿。积极探索市场化生态补偿机制。加快制定实施生态补偿条例。

《国务院关于加强环境保护重点工作的意见》（国发〔2011〕35号，2011-10-17）提出“完善中央财政转移支付制度，加大对中西部地区、民族自治地方和重点生态功能区环境保护的转移支付力度。加快建立生态补偿机制和国家生态补偿专项资金，扩大生态补偿范围”。国务院印发的《国家“十二五”环境保护规划》强调：“探索建立国家生态补偿专项资金。研究制定实施生态补偿条例。建立流域、重点生态功能区等生态补偿机制”。中共中央、国务院《关于全面深化农村改革加快推进农业现代化的若干意见》（中发〔2014〕1号）要求：“完善森林、草原、湿地、水土保持等生态补偿制度，继续执行公益林补偿、草原生态保护补助奖励政策，建立江河源头区、重要水源地、重要水生态修复治理区和蓄滞洪区生态补偿机制。支持地方开展耕地保护补偿。”2014年4月全面修订的《环境保护法》规定：“国家建立、健全生态保护补偿制度。”“国家加大对生态保护地区的财政转移支付力度。有关地方人民政府应当落实生态保护补偿资金，确保其用于生态保护补偿。”“国家指导受益地区和生态保护地区人民政府通过协商或者按照市场规则进行生态保护补偿。”为建立健全生态保护补偿制度提供了法律支持。就在《环境保护法》修订的当月，江苏省苏州市将多年来生态补偿工作的实践和经验，上升为地方性法规，出台《苏州市生态补偿条例》，填补了国内生态补偿立法方面的空白，在生态补偿机制的法律化、规范化、制度化建设方面起到示范、引领、推动作用。

随着社会的发展，生态安全已与国防安全、经济安全、政治安全等成为国家安全的重要组成部分。生态补偿是平衡不同地区发展权和生态环境保护责任，保证国家生态安全的客观需要和重要手段。建立生态补偿机制是保护生态环境的大势所趋。

建立生态补偿机制，就是要以保护生态环境为根本出发点，根据生态功能价值、生态保护成本、发展机会成本等多种因素进行核算，综合运用行政和市场手段，按照谁开发、谁保护，谁破坏、谁恢复，谁受益、谁补偿，谁污染、谁付费的原则，调整各区域相关各方的利益关系。科学的生态补偿制度一定是动态化的，反映生态修复成本的不断提高，反映生态环境损害叠加累积的效应及逐渐恶化的趋势，反映人们对生态文明建设成果的更高需求，以可持续的生态补偿保障经济社会可持续发展，实现人与自然和谐发展。

在实践中生态补偿制度的动态化还表现在河流上下游的双向补偿，能适时反映生态保护与受益的动态成果。江苏省河流上下游的补偿原则是“谁达标、谁受益，谁超标、谁补偿”，即对（上游）水质未达标的市、县予以处罚，对水质受上游影响的市县予以补偿，对（上游）水质达标的市县予以奖补。在太湖流域、通榆河流域进行生态补偿机制试点的基础上，江苏省规定：如果上游市、县出境的监测水质没有达标，由上游市、县计算低于水质目标值部分，按照江苏省规定的补偿标准，向省财政缴纳补偿资金，再通过省财政对下游市、县进行补偿。如果上游水质好于断面水质目标的，则由下游市、县按照好于水质目标值部分和省规定的补偿标准向省财政缴纳补偿资金，通过省财政对上游市、县进行补偿。在收到缴款通知 10 日内，完成支付，否则将取消省级环保专项资金，直接代扣。

建立生态补偿机制，有利于理顺生态环境这一重要资源的配置机制，尤其是能够体现出“使市场在资源配置中起决定性作用和更好发挥政府作用”的这一基本原则。通过基于价格的生态补偿来还原生态环境的内在价值，提高市场各方、各地区在生态环境资源利用上的成本导向及意识，将外部成本内部化，从而发挥中央政府在提高跨流域、跨地区生态环境资源利用效率上的积极作用。

2015 年 4 月 25 日，中共中央、国务院印发《关于加快推进生态文明建设的意见》，要求“健全生态保护补偿机制。科学界定生态保护者与受益者权利义务，加快形成生态损害者赔偿、受益者付费、保护者得到合理补偿的运行机制。结合深化财税体制改革，完善转移支付制度，归并和规范现有生态保护补偿渠道，加大对重点生态功能区的转移支付力度，逐步提高其基本公共服务水平。建立地区间横向生态保护补偿机制，引导生态受益地区与保护地区之间、流域上游与下游之间，通过资金补助、产业转移、人才培训、共建园区等方式实施补偿。建立独立公正的生态环境损害评估制度”。加快建立让生态损害者赔偿、受益者付费、保护者得到合理补偿的机制，具体有纵向和横向补偿两个维度。纵向，就是要加大对重点生态功能区的转移支付力度，逐步提高其基本公共服务水平；横向，就是引导生态受益地区与保护地区之间、流域上游与下游之间，通过多种方式实施补偿，规范补偿运行机制。通过完善生态补偿制度，使生态保护者肯出力、愿意干、守得住“绿水青山”。

4.4.7　三大责任主体共同关注排污权交易（tradable permit）

排污权是指排污单位经核定、允许其排放污染物的种类和数量。从权利源头来看，排污权实际上是由行使公权力的政府部门在满足一定条件下，给予企业对环境容量资源或者是总量排放指标的使用权，是对环境容量资源的排他性使用权利而非所有权利，可以由国家环保行政主管部门颁发的排污许可证所确认的排污权利排污许可证等载体体现。建立排污权有偿使用和交易制度，是我国环境资源领域一项重大的、基础性的机制创新和制度改革，是生态文明制度建设的重要内容。

实践表明，政府奉行直接行政干预和控制为基础的环保政策，并不能有效地解决环境问题。相反，过多强制性的环保措施不但加剧了政府机构的膨胀和政府公职人员的“权力寻租”，而且由于政府对经济领域的不适当干预，在一定程度上反而束缚了经济的发展，必须充分发挥市场在资源配置中的决定性作用。

1960年英国经济学家、诺贝尔经济学奖获得者科斯（Ronald Harry Coase）提出排污权交易理论。1968年，美国人戴尔斯（J.H. Dales）在《污染、财富和价格》中对排污权交易进行了详细阐述。随后美国在《空气清洁法案》对此作出立法性规定并将其应用于实践中，取得了很好的效果。

排污权交易是对污染物排放进行管理和控制的一种经济手段，是一种以市场为基础的控制策略，其实质是通过建立合法的污染物排放权利，并允许这种权利像商品那样买入和卖出来进行排放控制。在排污权市场上，排污者从其利益出发，自主决定买入或卖出排污权及其数量。因为总的权利是以满足环境要求为限度的，从理论上说，不会影响环境质量。

由于排污权交易最能体现市场经济规律，最具生命活力和发展前途，处于环境经济政策的特殊位置，受到环境保护三大责任主体——政府、企业和公众的一致关注和支持，排污权交易的“动力”见图4.2。

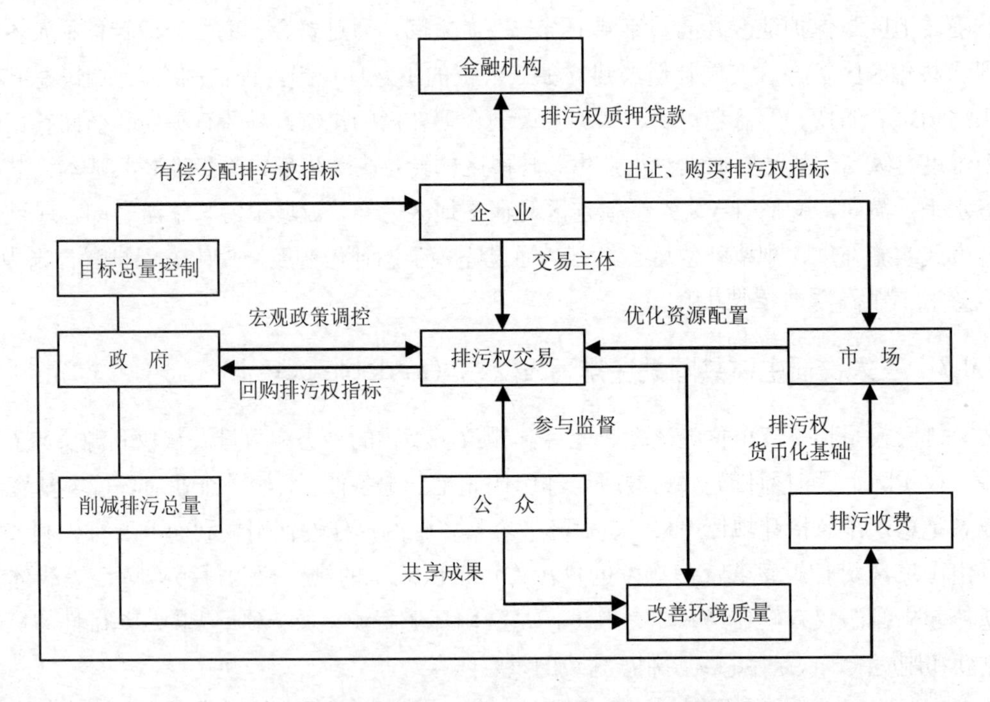

图4.2 排污权交易“动力”示意图（施问超绘制）

20世纪90年代，为了控制酸雨，我国引入排污权交易制度。21世纪初期SO_2排污权交易试点获得成功。2007年江苏省太湖地区推行主要水污染物排放指标初始有偿分配和交易制度，2008 年浙江省全面推行排污权交易制度。自 2007 年起，财政部会同环境保护部、国家发展改革委先后批复了天津、江苏、浙江、陕西、河北、内蒙古等 11 个省（区、市）作为国家级试点单位，积极探索实行排污权有偿使用和交易制度，一些省份也自行选择部分市（县）开展了试点。各地相继出台的有关排污权有偿使用和交易的政策措施，尝试通过排污许可，逐渐从排污指标无偿分配转向有偿分配和通过二级市场转让，污染物也逐渐从化学需氧量、二氧化硫增加到氨氮、总磷和氮氧化物等。

截至 2013 年底，全国试点省（区、市）已累计出台 72 个文件，排污权有偿使用和交易总额达 39 亿元，其中有偿使用金额 20 亿元，全部用于污染物治理投入。排污权有偿使用和交易制度创新了污染物治理筹资新机制。如浙江、湖南、山西等研究出台了排污权抵押贷款办法，仅浙江就有 170 多家企业通过排污权抵押贷款，获得污染物治理资金十多亿元。2012 年和 2013 年，陕西、河北等省尝试排污权抵押融资。

2014 年 7 月 25 日，青海首次主要污染物排污权拍卖总成交额 513 万元，标志着青海排污权交易和有偿使用制度改革试点工作迈出新步伐。

随着排污权交易试点工作不断深入，其实际成效受到国家的高度重视。《国务院关于印发“十二五”节能减排综合性工作方案的通知》（国发〔2011〕26 号）、《国务院关于加强环境保护重点工作的意见》（国发〔2011〕35 号）、《国务院关于印发国家环境保护“十二五”规划的通知》（国发〔2011〕42 号）和《国务院关于印发节能减排“十二五”规划的通知》（国发〔2012〕40 号）要求“深化排污权有偿使用和交易制度改革，建立完善排污权有偿使用和交易政策体系，研究制定排污权交易初始价格和交易价格政策”。“完善主要污染物排污权有偿使用和交易试点，建立健全排污权交易市场，研究制定排污权有偿使用和交易试点的指导意见。开展碳排放交易试点，建立自立自愿减排机制，推进碳排放权交易市场建设”。

2014 年 4 月修订的《环境保护法》明确规定了重点污染物排放总量控制制度和排污许可管理制度的法律地位，它们是排污权交易的基本法律保障。同年 8 月，国务院办公厅发布《关于进一步推进排污权有偿使用和交易试点工作的指导意见》（国办发〔2014〕38 号），明确在充分发挥市场在资源配置中的决定性作用，积极探索建立环境成本合理负担机制和污染减排激励约束机制，提出到 2015 年年底前试点地区全面完成现有排污单位排污权核定，到 2017 年年底基本建立排污权有偿使用和交易制度，为全面推行排污权有偿使用和交易制度奠定基础。该《意见》指出，核定排污权不得超过污染排放总量控制指标，新改扩建项目依据环境影响评价结果核定；有偿取得排污权后，仍需缴纳排污费；环境质量未达标的不得进行增加总量的排污权交易；试点省份要及时公开各类信息。

2015 年 8 月第二次修订的《大气污染防治法》明确规定："国家逐步推行重点大气污染物排污权交易。"

4.5 编制《环境保护综合名录》，全面影响绿色新政发展

4.5.1 环境保护综合名录的由来与发展

环境保护综合名录原名为环境经济政策配套综合名录，2012 年起将《环境经济政策配套综合名录》改称为《环境保护综合名录》。

2007 年以来，根据国务院有关工作部署要求，环境保护部组织有关工业行业协会和有关研究机构，开展环境保护综合名录编制工作，按年发布。综合名录为国家有关部门制定和调整相关产业、税收、贸易、信贷等政策，提供了环保依据。这里所说的国家有关部门都是国家管理经济的重要部门，它们是国家发展和改革委员会、工业和信息化部、财政部、商务部、中国人民银行、海关总署、税务总局、工商行政管理总局、质量监督检验检疫总局、安全生产监督管理总局、中国银行业监督管理委员会（银监会）、中国证券监督管理委员会（证监会）、中国保险监督管理委员会（保监会）。历年环境保护综合名录基本情况见表 4.3，2008—2014 年"双高"产品名录数量变化见图 4.3。"高污染"产品是指在生产过程中污染严重、难以治理的产品；"高环境风险"产品是指在生产、运贮过程中易发生污染事故、危害环境和人体健康的产品。

表 4.3 历年环境保护综合名录"双高"产品数和主要内容

年份	文件名称	文号	"双高"产品数	综合名录的构成	其中涉及化工的产品数
2008	向新闻界通报"双高"名录		141	2008 年第一批"高污染、高环境风险"产品名录，建议取消 39 种产品的出口退税，同时向商务、海关等部门提出了禁止其加工贸易的建议	农药类涉及 DDT 等 24 种产品、无机盐类涉及氰化钠等 25 种产品、涂料类涉及氧化铅等 21 种产品、染料类涉及酸性红等 43 种产品、有机砷类涉及苯胂酸等 20 种产品
2009	"高污染、高环境风险"产品名录（2009 年）		288	名录详细公布了产品名称、别名、CAS 号、商品编码、受限工艺等。涂料产品中 15 种工艺受到限制。农药产品中 5 种工艺受限。染料产品中重氮化偶合工艺受限。无机盐产品中 7 种工艺受限。化工其他产品中 6 种工艺受限	名录所列的十大类产品中，包括七大类石化产品，涉及涂料产品 38 种、农药产品 27 种、染料产品 78 种、无机盐产品 77 种、化工其他产品 40 种、化学制药产品 6 种、炼焦产品 3 种。石化类产品达 95%
2010	环境保护部办公厅提供环境经济政策配套综合名录及相关政策建议的函	环办函〔2010〕698 号	349	（一）《环境经济政策配套综合名录》（2010 年版）含有 349 种"双高"产品、29 种环境友好工艺、15 种污染减排重点环保设备。（二）相关政策建议	（未作统计）

年份	文件名称	文号	“双高”产品数	综合名录的构成	其中涉及化工的产品数
2011	关于提供环境经济政策配套综合名录（2011 年版）及相关政策建议的函	环办函〔2011〕1234 号	514	（一）《环境经济政策配套综合名录》（2011 年版）。含《重污染工艺和环境友好工艺名录》（2011 年版）《“高污染、高环境风险”产品名录》（2011 年版）和《环境保护专用设备名录》（2011 年版）。（二）《针对名录建议采取的相关政策措施》	（未作统计）
2012	关于提供环境保护综合名录（2012 年版）的函	环办函〔2012〕1299 号	596	（一）《环境保护综合名录》（2012 年版）共包含“高污染、高环境风险”产品 596 项、重污染工艺 68 项、环境友好工艺 64 项、环境保护专用设备 28 项。（二）提出七个方面的政策措施建议	（未作统计）
2013	关于提供环境保护综合名录（2013 年版）的函	环办函〔2013〕1568 号	722	（一）“高污染、高环境风险”产品名录（2013 年版）；（二）重污染工艺与环境友好工艺名录（2013 年版）；（三）环境保护重点设备名录（2013 年版）	30 余种含有大气中挥发性有机污染物（VOCs）的产品，180 余种涉重金属污染的产品
2014	关于提供环境保护综合名录（2014 年版）的函	环办函〔2014〕1561 号	777	（一）“高污染、高环境风险”产品名录及其附录中“除外工艺”即清洁生产工艺。（二）环境保护重点设备名录，包括 40 项设备	化工类产品达 717 种，占比高达近 93%

（施问超制表）

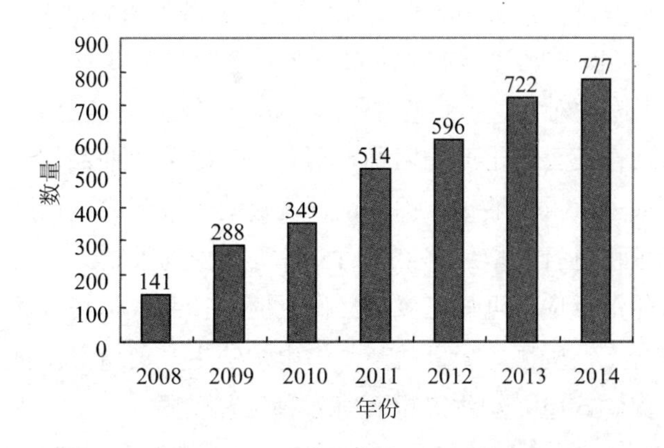

图 4.3 2008—2014 年“高污染、高环境风险”产品名录数量变化图（施问超制表）

4.5.1.1 2006—2010年

2006年10月，在国家发展和改革委员会、财政部、国土资源部、海关总署、税务总局、原环保总局等6部门联合上报国务院并经国务院领导批示同意的《关于进一步控制高耗能、高污染、资源性产品出口有关措施的请示》（发改经贸〔2006〕2309号）中，明确由国家环保总局会同有关部门制定高污染、高环境风险产品名录，建立控制高耗能、高污染、资源性产品出口的政策体系。为落实国务院领导批示精神，2007—2010年。环境保护部先后组织制定了4批高污染、高环境风险产品名录（简称“双高”产品名录），并提供国家有关部门，作为制定和调整产业政策、出口退税和加工贸易、安全监管、信贷监管、环境污染责任险等方面政策的环保依据。

2008年2月26日，国家环境保护总局向新闻界通报2008年第一批“双高”产品名录，共涉及6个行业的141种“双高”产品。针对名录中目前还享有出口退税的农药、涂料、电池及有机砷类39种产品，环保总局向财政部、税务总局提出了取消其出口退税的建议，同时还向商务、海关等部门提出了禁止其加工贸易的建议。作为绿色贸易政策的基础内容之一，制定“双高”产品名录，不仅是限制“双高”产业和保护公众健康的迫切需求，也是我国履行国际环保义务的实际行动。列入此次名录的141种产品中，“高污染”产品16种，“高环境风险”产品63种，既是“高污染”又是“高环境风险”的产品62种。在141种产品中，农药类涉及DDT等24种产品、无机盐类涉及氰化钠等25种产品、电池类涉及镉镍电池等8种产品、涂料类涉及氧化铅等21种产品、染料类涉及酸性红等43种产品、有机砷类涉及苯肿酸等20种产品。

2009年公布的288项“高污染、高环境风险”产品名录所列的十大类产品中，包括七大类石化产品，涉及涂料产品38种、农药产品27种、染料产品78种、无机盐产品77种、化工其他产品40种、化学制药产品6种、炼焦产品3种。名录中石化类产品达95%，成为国家重点监管对象。

据介绍，该名录详细公布了产品名称、别名、CAS号、商品编码、受限工艺等。其中涂料产品中将硝酸铅、重铬酸钠、钼酸钠、硫酸钠等按配比进行反应，再将水溶液在反应设备中沉淀等过程进行制取钼铬红等15种工艺受到限制。农药产品中以二甲胺与二硫化碳先与氢氧化钠反应，再与三氧化二砷反应进行制取福美胂等5种工艺受限。染料产品中重氮化偶合工艺受限。无机盐产品中电炉法生产黄磷等7种工艺受限。化工其他产品中开放式、内燃式电石炉生产电石等6种工艺受限。

2009年6月5日，国务院领导同志明确指示：“修订高污染、高环境风险产品名录”。

2010 年，《环境经济政策配套综合名录》（2010 年版）含有 349 种“双高”产品、29 种环境友好工艺、15 种污染减排重点环保设备，在国家制定和调整出口退税、贸易、信贷和保险等经济政策，以及完善产业政策、安全监管政策等方面发挥了重要的作用。

4.5.1.2 2011 年

2010 年至 2011 年，环境保护部相继组织有关行业协会，研究提出了新的一批“双高”产品名录、重污染工艺和环境友好工艺名录。为便于名录的使用，环境保护部对此前公布的 4 批名录和 2011 年提出的新的一批名录，形成了迄今为止相对完整的《重污染工艺和环境友好工艺名录（2011 年版）》《“高污染、高环境风险”产品名录》（2011 年版）和《环境保护专用设备名录》（2011 年版）。三个名录统称《环境经济政策配套综合名录》（2011 年版）。同时，环境保护部提出了《针对名录建议采取的相关政策措施》，建议将《环境经济政策配套综合名录》（2011 年版）作为制定和调整产业、税收、贸易、信贷和保险等经济政策，以及行业准入、安全生产和产品质量等监管政策的环保依据。

2011 年，国务院印发的《关于加强环境保护重点工作的意见》（国发〔2011〕35 号）和《国家环境保护“十二五”规划》（国发〔2011〕42 号）都明确要求“制定和完善环境保护综合名录”。

4.5.1.3 2012 年

2012 年起将《环境经济政策配套综合名录》改称为《环境保护综合名录》。《环境保护综合名录》（2012 年版）共包含“高污染、高环境风险”产品 596 项、重污染工艺 68 项、环境友好工艺 64 项、环境保护专用设备 28 项。同时，环保部还针对综合名录提出了 7 个方面的政策措施建议，特别是针对仍享受出口退税优惠政策的 53 种“双高”产品、仍在开展加工贸易的 64 种“双高”产品，分别向有关部门提出了取消出口退税、禁止加工贸易的建议。

2012 年综合名录中包含了与“十二五”期间四项总量控制污染物关系密切、排放量较大、减排潜力也较大的“双高”产品近 20 个；包含与重金属相关的“双高”产品 150 余种；包含大量有毒有害、直接危害人体健康的产品，如含有持久性有机污染物的农药产品，含致癌芳氨的染料，危害海洋生态的有机锡系列、防污涂料等；包含具有高环境风险特性的产品接近 400 种。

2012 年编制环境保护综合名录，旨在通过对产品、工艺、设备进行深入分析、科学论证，来反映其对环境的影响，通过有差别化的政策，将资源稀缺程度和生态价值内化为企业内部成本，强化企业的生态环境责任。同时，通过建议国家有关部门采取差别化的经济政策和市场监管政策，遏制“双高”产品的生产、消费和出口，鼓励企业采用环境友好工艺，逐步降低重污染工艺的权重，并加大环境保护专用设备投资，达到以环境保护倒逼技术升级、优化经济结构的目的。

4.5.1.4 2013年

（1）《环境保护综合名录》（2013年版）的构成

2013年，环境保护部根据国务院要求，继续组织研究提出了新的一批名录，并在汇总先前已经制定综合名录的基础上，形成了《环境保护综合名录》（2013年版）。综合名录包括三部分：（一）《“高污染、高环境风险”产品名录》（2013年版）；（二）《重污染工艺与环境友好工艺名录》（2013 年版）；（三）《环境保护重点设备名录》（2013年版）。

2013年发布的环境保护综合名录是由历年制定的综合名录，以及2013年制定的新一批综合名录汇总而成的。包含“双高”产品722项，重污染工艺92项、环境友好工艺83项，环境保护重点设备35项。

（2）《环境保护综合名录》（2013年版）的应用

2013年环境保护综合名录的主要作用体现在三个方面：

一是为国家相关经济政策制定提供环保依据。目前，综合名录已经在国家有关部门制定和调整相关产业、税收、贸易、金融等经济政策，以及安全生产监管政策中得到了广泛运用。截至目前，综合名录所列产品中，已有300余种“双高”产品被财税和贸易主管部门取消出口退税，并被禁止加工贸易，有效遏制了“双高”产品大量生产和出口造成的国内环境损害。

二是为企业“绿色转型”提供市场导向。环保部门一直把环境影响较大的产品、工艺作为制定综合名录的关注重点，通过 “双高”产品、重污染工艺等方面的“负面清单”，形成明确的基于环保要求的市场导向，推动企业主动减少“双高”产品生产、出口，淘汰以重污染工艺为主体的落后产能；同时，兼顾现阶段应适当激励发展的部分环境友好工艺、环境保护重点设备，通过奖优惩劣，促进企业转型升级，实现企业的绿色发展。

三是为削减高风险污染物工作提供制度“抓手”。综合名录始终紧密围绕污染减排、大气和重金属污染防治等环保重点任务。目前，“双高”产品中，含有30余种二氧化硫、氮氧化物、化学需氧量、氨氮产排污量大、减排潜力也较大的产品，30余种含有大气中挥发性有机污染物（VOCs）的产品，180余种涉重金属污染的产品，近500种具有高环境风险特征的产品。通过国家相关经济政策的实施，引导企业减少这些产品的生产，有力地保障环保重点工作，促进环境质量的逐步改善。环保部门将以推动“双高”产品生产、出口及消费过程中隐性的、外部的环境成本“显性化”、“内部化”为突破点，努力构建相关产品、工艺、设备的环境、经济成本与效益的综合研究体系，更有效、更全面地发挥综合名录的作用。

4.5.1.5　2014 年

环境保护部发布《环境保护综合名录》（2014 年版），推动建立环境成本合理负担机制，引导绿色投资、生产、消费。详见下文。

4.5.2　《环境保护综合名录》（2014 年版）

4.5.2.1　2014 年版的构成

2014 年发布的《环境保护综合名录》（环境保护部办公厅函 环办函〔2014〕1561 号，2014-11-19）是在对历年制定的综合名录进行修订、完善的基础上，汇总 2014 年制定的新一批综合名录形成的。综合名录共包含两部分：

一是“高污染、高环境风险”产品名录，包括 777 项产品，其中化工类产品达 717 种，占比高达近 93%，其余部分主要分布在印染、冶金等行业。在化工类产品目录中包括三唑磷、敌百虫、对二氯苯等 52 种农药产品或工艺。“双高”产品包含了 40 余种二氧化硫、氮氧化物、化学需氧量、氨氮产污量大的产品，30 余种产生大量挥发性有机污染物（VOCs）的产品，200 余种涉重金属污染的产品，近 500 种高环境风险产品。

《高污染、高环境风险产品名录》（2014 年版）附录——“《高污染、高环境风险产品名录》（2014 年版）中部分产品的‘除外工艺’说明”中的“除外工艺”即为减少污染物产生量、排放量的清洁生产工艺，与以往《名录》中所说的环境友好工艺性质相同。

二是环境保护重点设备名录，计 40 项。其中，一是环境监测设备 14 项，二是大气污染防治设备 17 项，三是固体废物污染防治设备 9 项。

2014 年版《环境保护综合名录》中的 777 项《高污染、高环境风险产品名录》（2014 年版）见表 4.4、环境保护重点设备名录见表 4.5。“双高”名录的附录“《高污染、高环境风险产品名录（2014 年版）》中部分产品的‘除外工艺’说明”见表 13.5。

表 4.4　777 项高污染、高环境风险产品名录（2014 年版）

序号	特性	产品名称	所属行业代码	所属产品代码
1	GHW[1]	瓦斯天然气（富瓦斯矿井瓦斯抽采工艺除外）	0720[2]	0704000000[3]
2	GHW/GHF	离子型稀土精矿	0932	0903990000
3	GHW	石棉（闪石类石棉）	1091	1007990000
4	GHW	鳞片状天然石墨	1092	1009010100
5	GHW	淀粉糖（双酶法工艺除外）	1391	131204
6～13	GHW	小品种氨基酸（发酵法工艺除外）（注 1）	1441	1407020500、1407020700、1407029900
14	GHW	柠檬酸（枸橼酸）（发酵法加色谱分离法工艺除外）	1443	1407030100
15	GHW	味精（浓缩等电工艺除外）	1461	1406010000
16	GHW	糖精及其盐（邻-苯甲酰磺酰亚胺）	1495	1411030301
17	GHW	年产 3 万 t 以下的发酵酒精	1511	150101
18	GHW	禁用的直接染料染色织物	1713、1723、1733、1743	17010602
19	GHW	禁用的冰染色基（C.I.冰染色基 11）染色织物	1713	17010602
20	GHW	禁用的冰染色基（C.I.冰染色基 48）染色织物	1713	17010602
21	GHW	禁用的冰染色基（C.I.冰染色基 112）染色织物	1713	17010602
22	GHW	禁用的冰染色基（C.I.冰染色基 113）染色织物	1713	17010602
23	GHW	非供零售用其他绢纺纱线（含丝及绢丝 85%及以上纱线）	1741	1704010301
24	GHW	非供零售用其他绢纺纱线（含丝及绢丝 85%以下纱线）	1741	1704010301
25	GHW	零售用丝纱线，绢纺纱线；蚕胶丝（含丝及绢丝 85%及以上纱线）	1741	1704010301
26	GHW	零售用丝纱线，绢纺纱线；蚕胶丝（含丝及绢丝 85%以下纱线）	1741	1704010301
27	GHW	非供零售用细丝纱线（细丝为主，含丝及绢丝 85%及以上纱线）	1741	1704010302
28	GHW	非供零售用细丝纱线（细丝为主，含丝及绢丝 85%及以下纱线）	1741	1704010302
29	GHW	仿真处理的色织的聚酯变形长丝机织物	1751	1704040102
30	GHW	涤纶仿真丝绸	1752	1701060303
31	GHW	仿真处理的染色的聚酯变形长丝机织物	1752	1704040102

① 特性中，GHW 代表高污染产品、GHF 代表高环境风险产品。

② 参照《国民经济行业分类与代码》（GB 4754—2011）。

③ 参照《统计用产品分类目录》（国家统计局令，2010 年第 13 号）。

序号	特性	产品名称	所属行业代码	所属产品代码
32	GHW	仿真处理的印花的聚酯变形长丝机织物	1752	1704040102
33	GHW	游戏装，不带防寒衬里的棉制男式长裤、马裤	1810	1812090102
34	GHW	带防寒衬里的工业及职业用棉制男式长裤、马裤	1810	1812090102
35	GHW	不带防寒衬里的工业及职业用棉制男式成人长裤、马裤	1810	1812090102
36	GHW	非游戏装，不带防寒衬里的棉制男式长裤、马裤	1810	1812090102
37	GHW	游戏装，不带防寒衬里的棉制其他男童长裤、马裤	1810	1812140101
38	GHW/GHF	成品皮革（环保型固定皮革涂饰层工艺除外；非致害性染料染色工艺除外）	1910	190201
39	GHW/GHF	胶合板	2013	200301
40	GHW/GHF	纤维板（无胶纤维板制造工艺除外）	2013	200302
41	GHW/GHF	刨花板	2013	200303
42	GHW	半化学纸浆	2211、2212	22010102、22010201
43	GHW	兰炭	2520	250401
44	GHW	焦炭	2520	250401
45	GHW	沥青（焦油蒸馏采用常压、减压或常减压连续蒸馏工艺除外）	2520	25021302
46	GHF	氯磺酸	2611	2601010400
47	GHF	氢氰酸	2611	2601010800
48	GHW/GHF	砷酸	2611	2601011700
49	GHW/GHF	偏砷酸	2611	2601011700
50	GHW/GHF	焦砷酸	2611	2601011700
51	GHF	溴	2613	2601
52	GHF	三氟化硼	2613	26010201
53	GHF	硒化铅	2613	26010204
54	GHF	硒化镉	2613	26010204
55	GHF	二氧化硒	2613	2601020401
56	GHW/GHF	砷化锌	2613	26010206
57	GHW	三氧化二砷	2613	2601020601
58	GHW	五氧化二砷	2613	2601020602
59	GHF	三氯化磷	1913	2601040103
60	GHF	四氯化硅	2613	2601040108
61	GHF	三氟化砷	2613	2601040199
62	GHF	三溴化砷	2613	2601040199
63	GHF	三碘化砷	2613	2601040199
64	GHF	氧氯化磷	2613	2601040202

序号	特性	产品名称	所属行业代码	所属产品代码
65	GHW/GHF	二硫化碳（天然气加压非催化法工艺除外；焦炭流化床连续法工艺除外）	2613	2601040301
66	GHF	五硫化二磷	2613	2601040308
67	GHF	硫化氢	2613	2601040309
68	GHW	氢氧化钡（硫化钡氧化法（锰钡结合工艺）除外）	2613	2601070500
69	GHW	氧化锌（氨浸法直接法工艺除外）	2613	2601080100
70	GHF	三氧化铬	2613	2601080401
71	GHW/GHF	一氧化铅	2613	2601081001
72	GHF	四氧化（三）铅	2613	2601081099
73	GHW	五氧化二钒	2613	2601081201
74	GHF	硫化钠（硫化碱）（转炉焙烧—热化塔溶浸—列管或薄膜蒸发工艺除外）	2613	2601100101
75	GHF	多硫化钠	2613	2601100203
76	GHW	硫酸钡（沉淀硫酸钡资源化综合利用工艺除外）	2613	2601100311
77	GHF	硫酸铅	2613	2601100314
78	GHW/GHF	硫酸锰（新型立窑碳还原焙烧连续法工艺除外）	2613	2601100399
79	GHF	硝酸钴	2613	2601110102
80	GHF	硝酸钡	2613	2601110103
81	GHW/GHF	硝酸铬	2613	2601110105
82	GHF	硝酸铅	2613	2601110108
83	GHF	硝酸镍	2613	2601110113
84	GHW/GHF	硝酸汞	2613	2601110199
85	GHW/GHF	铬酸铅	2613	2601120202
86	GHW/GHF	铬酸钠	2613	2601120203
87	GHW/GHF	重铬酸钠	2613	2601120204
88	GHW/GHF	铬酸钾	2613	2601120205
89	GHW/GHF	重铬酸钾	2613	2601120206
90	GHW/GHF	铬酸铵	2613	2601120207
91	GHW/GHF	重铬酸铵	2613	2601120208
92	GHW/GHF	铬酸锶	2613	2601120212
93	GHW/GHF	高锰酸钾（气动流化塔氧化法工艺除外）	2613	2601120304
94	GHW	钼酸铵	2613	2601120401
95	GHF	砷化氢	2613	2601129900
96	GHF	砷酸铵	2613	2601129900
97	GHF	砷酸氢二铵	2613	2601129900
98	GHF	砷酸钠	2613	2601129900

序号	特性	产品名称	所属行业代码	所属产品代码
99	GHF	砷酸氢二钠	2613	2601129900
100	GHF	砷酸二氢钠	2613	2601129900
101	GHF	砷酸钾	2613	2601129900
102	GHF	砷酸二氢钾	2613	2601129900
103	GHF	砷酸镁	2613	2601129900
104	GHF	砷酸钙	2613	2601129900
105	GHF	砷酸钡	2613	2601129900
106	GHF	砷酸铁	2613	2601129900
107	GHF	砷酸亚铁	2613	2601129900
108	GHF	砷酸铜	2613	2601129900
109	GHF	砷酸锌	2613	2601129900
110	GHF	砷酸铅	2613	2601129900
111	GHF	砷酸锑	2613	2601129900
112	GHW/GHF	砷酸银	2613	2601129900
113	GHF	亚砷酸钠	2613	2601129900
114	GHF	亚砷酸钾	2613	2601129900
115	GHF	亚砷酸钙	2613	2601129900
116	GHF	亚砷酸锶	2613	2601129900
117	GHF	亚砷酸钡	2613	2601129900
118	GHF	亚砷酸铁	2613	2601129900
119	GHF	亚砷酸铜	2613	2601129900
120	GHF	亚砷酸锌	2613	2601129900
121	GHF	亚砷酸铅	2613	2601129900
122	GHF	亚砷酸锑	2613	2601129900
123	GHF	亚砷酸银	2613	2601129900
124	GHF	偏砷酸钠	2613	2601129900
125	GHW/GHF	氟化铝（无水工艺除外）	2613	2601140103
126	GHF	氟化铅	2613	2601140199
127	GHF	四氟化铅	2613	2601140199
128	GHF	氟化镉	2613	2601140199
129	GHW	人造冰晶石（六氟铝酸钠）（利用磷肥副产氟硅酸钠或电解铝电解质块生产高分子比冰晶石工艺除外）	2613	2601140301
130	GHW/GHF	氯化钡（毒重石-盐酸法工艺除外）	2613	2601150105
131	GHF	氯化铜	2613	2601150114
132	GHF	氯化氰	2613	2601150199
133	GHF	氯酸钠	2613	2601150201

序号	特性	产品名称	所属行业代码	所属产品代码
134	GHF	氯酸钾	2613	2601150202
135	GHF	高氯酸钾	2613	2601150301
136	GHF	高氯酸铵	2613	2601150302
137	GHF	高氯酸锶	2613	2601150399
138	GHF	溴化汞	2613	2601170199
139	GHF	二碘化汞	2613	2601180105
140	GHF	氰化钠	2613	2601190101
141	GHF	氰化钾	2613	2601190103
142	GHF	氰化锌	2613	2601190104
143	GHF	氰化亚铜	2613	2601190105
144	GHF	氰氨化钙	2613	2601190106
145	GHF	氰化钙	2613	2601190107
146	GHF	氰化镍	2613	2601190108
147	GHF	氰化亚金（Ⅰ）钾	2613	2601190109
148	GHF	氰化亚金（Ⅲ）钾	2613	2601190109
149	GHF	铁氰化钾	2613	2601190111
150	GHF	氰化铜	2613	2601190199
151	GHF	氰化钡	2613	2601190199
152	GHF	氰化镉	2613	2601190199
153	GHF	氰化铅	2613	2601190199
154	GHF	氰化钴	2613	2601190199
155	GHF	氰化镍钾	2613	2601190199
156	GHF	氰化钠铜锌	2613	2601190199
157	GHF	氰化亚铜（三）钠	2613	2601190199
158	GHF	氰化亚铜（三）钾	2613	2601190199
159	GHF	氰化银	2613	2601190199
160	GHF	氰化银钾	2613	2601190199
161	GHF	氰化金	2613	2601190199
162	GHF	氰化金钾	2613	2601190199
163	GHF	氰化铈	2613	2601190199
164	GHF	氰化溴	2613	2601190199
165	GHF	氰化碘	2613	2601190199
166	GHF	氰化物的混合物	2613	2601190199
167	GHF	氰酸钠	2613	2601190301
168	GHF	硫氰酸钠	2613	2601190304
169	GHF	硫氰酸铵	2613	2601190305

序号	特性	产品名称	所属行业代码	所属产品代码
170	GHF	硫氰酸钾	2613	2601190306
171	GHW	硅酸钠（纯碱法工艺除外）	2613	2601200201
172	GHF	硅酸铅	2613	2601200205
173	GHW/GHF	氟硼酸镉	2613	2601210399
174	GHW/GHF	氟硼酸铅	2613	2601210399
175	GHW/GHF	电石	2613	2601220101
176	GHW/GHF	碳酸钡	2613	2601220204
177	GHW	碳酸锶	2613	2601220206
178	GHW/GHF	黄磷	2613	2603010301
179	GHF	砷	2613	26030204
180	GHF	硝酸铵（含可燃物小于 0.2%）	2613	2604110400
181	GHW	硅胶（强制循环水洗硅胶生产工艺除外）	2613	2613012001
182	GHW/GHF	保险粉（连二亚硫酸钠）（新甲酸钠法工艺除外）	2613	2614060112
183	GHW/GHF	砷化镓	2613	2618090700、2618090800
184	GHF	碲化镉	2613	
185	GHF	氰	2613	
186	GHF	光气	2614	2601040203
187	GHW/GHF	环烷酸铅	2614	2601081099
188	GHW/GHF	辛酸铅	2614	2601081099
189	GHW/GHF	异辛酸铅	2614	2601081099
190	GHW/GHF	硬脂酸铅	2614	2601081099
191	GHW	醋酸铅	2614	2601081099
192	GHW/GHF	二丁基二月桂酸锡	2614	26011210
193	GHW/GHF	月桂酸三丁基锡	2614	26011210
194	GHW/GHF	醋酸三丁基锡	2614	26011210
195	GHW/GHF	三环锡	2614	26011210
196	GHW/GHF	硫酸三乙基锡	2614	26011210
197	GHW/GHF	乙酸三乙基锡	2614	26011210
198	GHW/GHF	二丁基氧化锡	2614	26011210
199	GHW/GHF	四乙基锡	2614	26011210
200	GHW/GHF	乙酸三甲基锡	2614	26011210
201	GHW/GHF	毒菌锡	2614	26011210
202	GHW/GHF	三丁基氟化锡	2614	26011210
203	GHW/GHF	三丁基氯化锡	2614	26011210
204	GHW/GHF	三丁基氧化锡	2614	26011210

序号	特性	产品名称	所属行业代码	所属产品代码
205	GHF	丙烯	2614	2602010202
206	GHF	2,3,4-三氯-1-丁烯	2614	2602010299
207	GHF	六氯-1,3-丁二烯	2614	2602010299
208	GHF	环氧乙烷	2614	2602020101
209	GHW	环氧丙烷（甲基环氧乙烷、PO）（直接氧化法工艺除外）	2614	2602020103
210	GHW/GHF	环氧氯丙烷（1-氯-2,3-环氧丙烷）（甘油法工艺除外）	2614	2602020103
211	GHW/GHF	六溴环十二烷	2614	2602020199
212	GHW/GHF	1,2,3,4,5,6-六氯环己烷（ISO）	2614	2602020199
213	GHW/GHF	煤焦化纯苯	2614	2602020201
214	GHW/GHF	煤焦化甲苯	2614	2602020204
215	GHW/GHF	煤焦化二甲苯	2614	2602020205
216	GHF	苯乙烯	2614	2602020210
217	GHF	乙苯	2614	2602020211
218	GHW/GHF	含多氯联苯（PCBs）、多氯三联苯（PCTs）或多溴联苯（PBBs）的混合物	2614	2602020213
219	GHW/GHF	多氯三联苯	2614	2602020213
220	GHF	萘	2614	2602020224
221	GHF	粗蒽	2614	2602020226
222	GHF	荧蒽	2614	2602020227
223	GHF	萤蒽	2614	2602020299
224	GHF	二氯甲烷	2614	2602030200
225	GHF	三氯甲烷	2614	2602030300
226	GHW	四氯化碳	2614	2602030400
227	GHF	1,2-二氯乙烷	2614	2602030600
228	GHF	六氯乙烷	2614	2602030900
229	GHF	三氯乙烯	2614	2602040200
230	GHF	四氯乙烯	2614	2602040300
231	GHW/GHF	1,1-二氯乙烯	2614	2602040400
232	GHF	CFC-11（一氟一氯甲烷）	2614	2602060100
233	GHF	CFC-12（二氟一氯甲烷）	2614	2602060200
234	GHF	CFC-113（三氟三氯乙烷）	2614	2602060300
235	GHF	CFC-114（四氟二氯乙烷）	2614	2602060400
236	GHF	CFC-115（五氟一氯乙烷）	2614	2602060500
237	GHW/GHF	氯化苯（干法脱氯化氢法工艺除外）	2614	2602070100
238	GHW/GHF	对二氯苯（干法脱氯化氢法工艺除外）	2614	2602070300

序号	特性	产品名称	所属行业代码	所属产品代码
239	GHW/GHF	间二氯苯（苯定向氯化-吸附分离法工艺除外）	2614	2602079900
240	GHF	3,4-二氯甲苯	2614	2602079900
241	GHW/GHF	1,2,3-三氯苯（干法脱氯化氢法工艺除外）	2614	2602079900
242	GHW/GHF	1,2,4-三氯苯（干法脱氯化氢法工艺除外）	2614	2602079900
243	GHF	1,2,4,5-四氯代苯	2614	2602079900
244	GHF	硝基苯	2614	2602080900
245	GHF	1,2-二硝基苯	2614	2602080900
246	GHW/GHF	间二硝基苯	2614	2602080900
247	GHF	五氯硝基苯	2614	2602080900
248	GHF	1-氯-2,4-二硝基苯	2614	2602081000
249	GHF	4-硝基甲苯	2614	2602081000
250	GHW/GHF	DNT（2,4-二硝基甲苯）	2614	2602081100
251	GHW/GHF	TNT（2,4,6-三硝基甲苯、梯恩梯）	2614	2602081200
252	GHF	2,5-二氯硝基苯	2614	2602081300
253	GHW/GHF	4-硝基联苯	2614	2602089900
254	GHF	5-叔丁基-2,4,6-三硝基间二甲苯	2614	2602089900
255	GHW	DSD 酸	2614	2602089900
256	GHW/GHF	全氟辛烷磺酸及其盐类和全氟辛基磺酰氟（PFOS/PFOSF）	2614	2602089900
257	GHW/GHF	甲醇（天然气制甲醇工艺、焦炉煤气制甲醇工艺与联醇法工艺除外）	2614	2602090101
258	GHW	丁醇	2614	2602090104
259	GHW/GHF	甲基丙烯醇（叔丁醇/异丁烯氧化加氢（氧化）法工艺除外）	2614	2602090199
260	GHF	季戊四醇	2614	2602090302
261	GHF	苯酚	2614	2602110101
262	GHF	壬基酚	2614	2602110108
263	GHF	支链-4-壬基酚	2614	2602110108
264	GHW/GHF	间苯二酚（间苯二胺水解法工艺除外）	2614	2602110201
265	GHF	1,4-苯二酚	2614	2602110202
266	GHW	对氨基苯酚	2614	2602120203
267	GHF	4-硝基苯酚	2614	2602120301
268	GHW	醋酸仲丁酯（烯烃合成工艺除外）	2614	2602130499
269	GHF	氯乙酸（醋酐连续法工艺除外）	2614	2602130501
270	GHF	三氯乙酸	2614	2602130503
271	GHW	丙酸（微生物发酵法工艺除外）	2614	2602130601

序号	特性	产品名称	所属行业代码	所属产品代码
272	GHW/GHF	三丁基锡甲基丙烯酸	2614	26021311
273	GHF	丙烯酸正丁酯	2614	2602131103
274	GHW/GHF	甲基丙烯酸甲酯（异丁烯法工艺除外）	2614	2602131203
275	GHW	甲基丙烯酸丁酯（连续化酯交换工艺除外）	2614	2602131203
276	GHW/GHF	三丁基锡亚油酸	2614	26021314
277	GHW/GHF	苯甲酸（熔融结晶法工艺除外）	2614	2602131601
278	GHW/GHF	三丁基锡苯甲酸	2614	2602131699
279	GHW/GHF	三丁基锡环烷酸	2614	2602133099
280	GHW/GHF	4-氨基联苯	2614	260214
281	GHW/GHF	2,4-二氨基甲苯	2614	260214
282	GHF	甲胺	2614	2602140101
283	GHF	二甲胺	2614	2602140102
284	GHF	三甲胺	2614	2602140103
285	GHW/GHF	环三次甲基三硝铵	2614	2602140399
286	GHW/GHF	环四亚甲基四硝胺	2614	2602140399
287	GHF	二环已胺	2614	2602140399
288	GHF	苯胺	2614	2602140401
289	GHF	2-氯苯胺	2614	2602140403
290	GHF	4-氯苯胺	2614	2602140403
291	GHF	3,4-二氯苯胺	2614	2602140403
292	GHF	4,4′-亚甲基双苯胺	2614	2602140408
293	GHW/GHF	对氨基二苯胺（硝基苯法工艺除外）	2614	2602140408
294	GHW/GHF	2-萘胺	2614	2602140411
295	GHW/GHF	*N*-苯基-*β*-萘胺	2614	2602140413
296	GHW	3,3′-二氯联苯胺（加氢还原法工艺除外）	2614	2602140422
297	GHW	3,3′-二氯联苯胺盐酸盐（DCB）（加氢还原法工艺除外）	2614	2602140499
298	GHW	乙酰乙酰类芳胺（以乙醇替代水做反应介质工艺除外）	2614	2602140499
299	GHF	2-甲基苯胺	2614	2602140499
300	GHF	3-甲基苯胺	2614	2602140499
301	GHF	4-甲基苯胺	2614	2602140499
302	GHF	2-硝基苯胺	2614	2602140499
303	GHF	3-硝基苯胺	2614	2602140499
304	GHF	4-硝基苯胺	2614	2602140499
305	GHF	1,2-苯二胺	2614	2602140501
306	GHW	间苯二胺（催化加氢还原法工艺除外）	2614	2602140502
307	GHW	对苯二胺（乌尔丝 D）（对硝基苯胺催化加氢还原法工艺除外）	2614	2602140503

序号	特性	产品名称	所属行业代码	所属产品代码
308	GHW	2-氨基-4-乙酰氨基苯甲醚（催化加氢还原法工艺除外）	2614	2602140599
309	GHF	丙酮氰醇	2614	2602140799
310	GHF	丙二腈	2614	2602140799
311	GHW	水合肼	2614	2602140999
312	GHF	甲基肼	2614	2602140999
313	GHW/GHF	烷（壬）基酚聚氧乙烯醚（APEO）	2614	2602169900
314	GHW/GHF	苯甲醚	2614	2602169900
315	GHF	甲醛	2614	2602200100
316	GHW/GHF	乙醛	2614	2602200200
317	GHW/GHF	丙烯醛	2614	2602201100
318	GHW	糠醛（两步法工艺除外）	2614	2602209900
319	GHW	2,4-二氯苯乙酮（苯定向氯化-吸附分离法工艺除外）	2614	2602252600
320	GHF	一氯丙酮	2614	2602259900
321	GHF	对苯醌	2614	2602270200
322	GHW/GHF	硝酸甘油	2614	260228
323	GHW/GHF	三乙基砷酸酯	2614	260228
324	GHW/GHF	内吸磷	2614	2602280299
325	GHF	硫酸二甲酯	2614	2602280302
326	GHW/GHF	4-二甲氨基偶氮苯-4′-胂酸	2614	260307
327	GHW/GHF	二甲胂酸	2614	260307
328	GHW/GHF	二甲基胂酸钠	2614	260307
329	GHW/GHF	4-氨基苯胂酸钠	2614	260307
330	GHW/GHF	二氯化苯胂	2614	260307
331	GHW/GHF	蒽醌-1-胂酸	2614	260307
332	GHW/GHF	乙酰亚砷酸铜	2614	260307
333	GHW/GHF	二苯（基）胺氯胂	2614	260307
334	GHW/GHF	3-硝基-4-羟基苯胂酸	2614	260307
335	GHW/GHF	乙基二氯胂	2614	260307
336	GHW/GHF	二苯（基）氯胂	2614	260307
337	GHW/GHF	甲（基）胂酸	2614	260307
338	GHW/GHF	丙（基）胂酸	2614	260307
339	GHW/GHF	二碘化苯胂	2614	260307
340	GHW/GHF	苯胂酸	2614	260307
341	GHW/GHF	2-硝基苯胂酸	2614	260307
342	GHW/GHF	3-硝基苯胂酸	2614	260307
343	GHW/GHF	4-硝基苯胂酸	2614	260307

序号	特性	产品名称	所属行业代码	所属产品代码
344	GHW/GHF	2-氨基苯胂酸	2614	260307
345	GHW/GHF	3-氨基苯胂酸	2614	260307
346	GHW/GHF	4-氨基苯胂酸	2614	260307
347	GHF	甲硫醇	2614	2603070107
348	GHW/GHF	2-氯乙烯基二氯胂	2614	2606010201
349	GHW/GHF	二（2-氯乙烯基）氯胂	2614	2606010201
350	GHW/GHF	三（2-氯乙烯基）胂	2614	2606010201
351	GHW	顺酐（马来酸酐）（正丁烷氧化法工艺除外）	2614	2614020506
352	GHW	脂肪叔胺（脂肪醇法工艺除外）	2614	261510
353	GHF	丙烯酰胺	2614	2619020201
354	GHW/GHF	聚氨基甲酸乙酯（无汞催化剂生产工艺除外）	2614	2701060206
355	GHW/GHF	甘氨酸（天然气羟基乙腈工艺除外）	2614	2701180212
356	GHW/GHF	四甲基铅	2614	
357	GHW/GHF	四乙基铅	2614	
358	GHW/GHF	四溴双酚 A	2614	
359	GHW/GHF	噻吩（萃取精馏法工艺除外）	2614	
360	GHW/GHF	三氯吡啶酚钠（三氯吡啶醇钠）（吡啶双定向氯化合成法工艺除外）	2614	
361	GHF	甲基硫环磷	2631	2606010101
362	GHW/GHF	甲拌磷	2631	2606010101
363	GHW/GHF	水胺硫磷	2631	2606010101
364	GHW/GHF	甲基异柳磷	2631	2606010101
365	GHW/GHF	特丁磷	2631	2606010101
366	GHW/GHF	甲胺磷	2631	2606010101
367	GHW/GHF	甲基对硫磷	2631	2606010101
368	GHW/GHF	对硫磷	2631	2606010101
369	GHW/GHF	久效磷	2631	2606010101
370	GHF	磷胺	2631	2606010101
371	GHW/GHF	喹硫磷	2631	2606010101
372	GHW/GHF	治螟磷	2631	2606010101
373	GHF	敌敌畏	2631	2606010101
374	GHF	蝇毒磷	2631	2606010101
375	GHF	苯线磷	2631	2606010101
376	GHW/GHF	毒死蜱（四氯吡啶法工艺除外）	2631	2606010101
377	GHF	氧乐果（氧化乐果）	2631	2606010101
378	GHF	硫线磷（克线丹）	2631	2606010101

序号	特性	产品名称	所属行业代码	所属产品代码
379	GHW/GHF	三唑磷	2631	2606010101
380	GHW/GHF	敌百虫	2631	2606010101
381	GHF	杀扑磷	2631	2606010101
382	GHF	混灭威	2631	2606010102
383	GHW/GHF	涕灭威	2631	2606010102
384	GHW/GHF	灭多威	2631	2606010102
385	GHW/GHF	林丹	2631	2606010104
386	GHW/GHF	滴滴涕	2631	2606010104
387	GHW/GHF	硫丹	2631	2606010104
388	GHF	溴甲烷	2631	2606010105
389	GHF	灭蚁灵	2631	2606010199
390	GHW	阿维菌素	2631	2606010199
391	GHW/GHF	吡虫啉（吗啉-正丙醛工艺除外）	2631	2606010199
392	GHW/GHF	福美胂	2631	2606010201
393	GHW	多硫化钡	2631	2606010206
394	GHW/GHF	甲草胺（甲叉法工艺除外）	2631	2606010302
395	GHW	乙草胺（甲叉法工艺除外）	2631	2606010302
396	GHW/GHF	丁草胺（甲叉法工艺除外）	2631	2606010302
397	GHW/GHF	莠去津	2631	2606010307
398	GHF	西玛津	2631	2606010307
399	GHW/GHF	苄嘧磺隆	2631	2606010309
400	GHF	丁酰肼	2631	2606010400
401	GHF	磷化钙	2631	2606010500
402	GHW/GHF	磷化锌	2631	2606010500
403	GHF	灭鼠灵	2631	2606010500
404	GHW/GHF	杀鼠醚	2631	2606010500
405	GHF	溴敌隆	2631	2606010500
406	GHW/GHF	溴鼠灵	2631	2606010500
407	GHW/GHF	敌鼠（钠）	2631	2606010500
408	GHW/GHF	五氯酚（钠）	2631	2606019900
409	GHW/GHF	含汞农药	2631	2606019900
410	GHF	10%草甘膦水剂	2631	2606020000
411	GHW	18%杀虫双水剂	2631	2606020000
412	GHW/GHF	聚乙烯醇缩甲醛树脂的腻子与涂料	2641	2608
413	GHW/GHF	酸催化高含量三聚氰胺-甲醛树脂的木材涂料	2641	2608
414	GHW/GHF	含乙二醇醚及醚酯的聚酯树脂涂料	2641	2608

序号	特性	产品名称	所属行业代码	所属产品代码
415	GHW/GHF	含乙二醇醚及醚酯的丙烯酸酯树脂涂料	2641	2608
416	GHW/GHF	含乙二醇醚及醚酯的聚氨酯树脂涂料	2641	2608
417	GHW/GHF	含乙二醇醚及醚酯的环氧树脂涂料	2641	2608
418	GHW/GHF	含有机锡防污涂料	2641	2608
419	GHW/GHF	含氧化亚铜防污涂料	2641	2608
420	GHW/GHF	VOC 含量超 75%的硝基纤维素涂料	2641	2608
421	GHW/GHF	VOC 含量超 75%的热塑性丙烯酸涂料	2641	2608
422	GHW/GHF	VOC 含量超 75%的氯化树脂涂料	2641	2608
423	GHW/GHF	不粘锅氟树脂涂料	2641	2608
424	GHW/GHF	厨具用防粘氟树脂涂料	2641	2608
425	GHW/GHF	食品机械防粘氟树脂涂料	2641	2608
426	GHW/GHF	挥发性过氯乙烯涂料	2641	2608
427	GHW/GHF	含邻苯二甲酸酯的玩具涂料	2641	2608
428	GHW/GHF	含铅、铬的阴极电泳涂料	2641	2608
429	GHW/GHF	高含量高羟甲基三聚氰胺-甲醛树脂交联的涂料	2641	2608
430	GHW/GHF	含十溴二苯醚的防火涂料	2641	2608
431	GHW/GHF	含八溴醚的防火涂料	2641	2608
432	GHW/GHF	含四溴二苯酚 A 的防火涂料	2641	2608
433	GHW/GHF	含六溴环十二烷的防火涂料	2641	2608
434	GHW/GHF	水包油型多彩内墙涂料	2641	2608
435	GHW/GHF	含放射性物质的荧光涂料	2641	2608
436	GHF	含异氰脲酸三缩水甘油酯的粉末涂料	2641	2608
437	GHW/GHF	高 VOC 塑料制品用的热塑性涂料	2641	2608
438	GHW/GHF	含 DDT 的船底防污涂料	2641	2608
439	GHW/GHF	含汞油漆	2641	2608
440	GHW/GHF	高 VOC 氯磺化聚乙烯防腐涂料（CSPE）	2641	2608
441	GHW/GHF	含高 VOC 皮革、织物等用的硝基涂料	2641	2608
442	GHW/GHF	用于食品包装、饮用水贮罐的含邻苯二甲酸酯增塑剂的涂料	2641	2608
443	GHW/GHF	高 VOC 低固含 UV 固化涂料	2641	2608
444	GHW/GHF	含沥青的船底防污涂料	2641	2608
445	GHW/GHF	含苯乙烯的不饱和聚酯涂料	2641	2608
446	GHW/GHF	含高毒性 VOC、超低固体分的硝基木器涂料	2641	2608020204
447	GHW	松香铅皂	2641	2608040100
448	GHF	脱漆剂	2641	2608040400
449	GHF	油墨（水性液体油墨除外）	2642	2609010205

序号	特性	产品名称	所属行业代码	所属产品代码
450	GHW	钛白粉（氯化法和联产法硫酸法工艺除外）	2643	2610010100
451	GHW/GHF	立德粉	2643	2610010600
452	GHW/GHF	铅铬黄	2643	2610010900
453	GHW/GHF	铁蓝	2643	2610011300
454	GHW	碱式碳酸铅白	2643	2610019900
455	GHW	镉黄（CdS）	2643	2610019900
456	GHW/GHF	钼铬红	2643	2610019900
457	GHW	镉红（nCdS、CdSe）	2643	2610019900
458	GHF	朱砂	2643	26100302
459	GHW/GHF	C.I.分散黄 7	2644	26110102
460	GHW/GHF	C.I.分散黄 23	2644	26110102
461	GHW/GHF	C.I.分散黄 56	2644	26110102
462	GHW/GHF	C.I.分散橙 76	2644	26110102
463	GHW/GHF	C.I.酸性橙 45	2644	26110103
464	GHW/GHF	C.I.酸性红 4	2644	26110103
465	GHW/GHF	C.I.酸性红 5	2644	26110103
466	GHW/GHF	C.I.酸性红 24	2644	26110103
467	GHW/GHF	C.I.酸性红 26	2644	26110103
468	GHW/GHF	C.I.酸性红 26：1	2644	26110103
469	GHW/GHF	C.I.酸性红 73	2644	26110103
470	GHW/GHF	C.I.酸性红 85	2644	26110103
471	GHW/GHF	C.I.酸性红 114	2644	26110103
472	GHW/GHF	C.I.酸性红 115	2644	26110103
473	GHW/GHF	C.I.酸性红 116	2644	26110103
474	GHW/GHF	C.I.酸性红 128	2644	26110103
475	GHW/GHF	C.I.酸性红 148	2644	26110103
476	GHW/GHF	C.I.酸性红 150	2644	26110103
477	GHW/GHF	C.I.酸性红 158	2644	26110103
478	GHW/GHF	C.I.酸性红 264	2644	26110103
479	GHW/GHF	C.I.酸性红 265	2644	26110103
480	GHW/GHF	C.I.酸性紫 12	2644	26110103
481	GHW/GHF	C.I.酸性紫 49	2644	26110103
482	GHW/GHF	C.I.酸性黑 29	2644	26110103
483	GHW/GHF	C.I.酸性黑 94	2644	26110103
484	GHW/GHF	C.I.酸性黑 132	2644	26110103
485	GHW/GHF	C.I.酸性黑 232	2644	26110103

序号	特性	产品名称	所属行业代码	所属产品代码
486-508	GHW	C.I.酸性黄 42 等 23 种偶氮型酸性染料 3（原浆喷雾干燥工艺除外）（注 2）	2644 26110103	
509-544	GHW	C.I.酸性黄 220 等 36 种金属络合型酸性染料 4（原浆喷雾干燥工艺除外）（注 3）	2644	26110103
545-564	GHW	C.I.酸性蓝 324 等 20 种蒽醌型酸性染料 5（原浆喷雾干燥工艺除外）（注 4）	2644	26110103
565	GHW/GHF	C.I.直接黄 24	2644	26110105
566	GHW/GHF	C.I.直接黄 48	2644	26110105
567	GHW/GHF	C.I.直接红 1	2644	26110105
568	GHW/GHF	C.I.直接红 2	2644	26110105
569	GHW/GHF	C.I.直接红 13	2644	26110105
570	GHW/GHF	C.I.直接红 26	2644	26110105
571	GHW/GHF	C.I.直接红 28	2644	26110105
572	GHW/GHF	C.I.直接红 44	2644	26110105
573	GHW/GHF	C.I 直接红 46	2644	26110105
574	GHW/GHF	C.I.直接紫 1	2644	26110105
575	GHW/GHF	C.I.直接紫 12	2644	26110105
576	GHW/GHF	C.I.直接绿 1	2644	26110105
577	GHW/GHF	C.I.直接绿 6	2644	26110105
578	GHW/GHF	C.I.直接绿 85	2644	26110105
579	GHW/GHF	C.I.直接蓝 1	2644	26110105
580	GHW/GHF	C.I.直接蓝 2	2644	26110105
581	GHW/GHF	C.I.直接蓝 6	2644	26110105
582	GHW/GHF	C.I 直接蓝 8	2644	26110105
583	GHW/GHF	C.I.直接蓝 9	2644	26110105
584	GHW/GHF	C.I.直接蓝 14	2644	26110105
585	GHW/GHF	C.I.直接蓝 15	2644	26110105
586	GHW/GHF	C.I.直接蓝 22	2644	26110105
587	GHW/GHF	C.I.直接蓝 76	2644	26110105
588	GHW/GHF	C.I.直接蓝 151	2644	26110105
589	GHW/GHF	C.I.直接蓝 201	2644	26110105
590	GHW/GHF	C.I.直接棕 1	2644	26110105
591	GHW/GHF	C.I.直接棕 2	2644	26110105
592	GHW/GHF	C.I.直接棕 12	2644	26110105
593	GHW/GHF	C.I.直接棕 6	2644	26110105
594	GHW/GHF	C.I.直接棕 25	2644	26110105

序号	特性	产品名称	所属行业代码	所属产品代码
595	GHW/GHF	C.I.直接棕 27	2644	26110105
596	GHW/GHF	C.I 直接棕 31	2644	26110105
597	GHW/GHF	C.I 直接棕 33	2644	26110105
598	GHW/GHF	C.I 直接棕 51	2644	26110105
599	GHW/GHF	C.I 直接棕 59	2644	26110105
600	GHW/GHF	C.I.直接棕 74	2644	26110105
601	GHW/GHF	C.I.直接棕 79	2644	26110105
602	GHW/GHF	C.I.直接棕 95	2644	26110105
603	GHW/GHF	C.I.直接棕 101	2644	26110105
604	GHW/GHF	C.I.直接棕 154	2644	26110105
605	GHW/GHF	C.I.直接棕 222	2644	26110105
606	GHW/GHF	C.I.直接棕 223	2644	26110105
607	GHW/GHF	C.I.直接黑 38	2644	26110105
608	GHW/GHF	C.I.直接黑 91	2644	26110105
609	GHW/GHF	C.I.直接黑 154	2644	26110105
610-648	GHW	C.I.活性红 24 等 39 种活性染料（原浆喷雾干燥工艺除外）（注 5）	2644	26110106
649	GHW/GHF	C.I.冰染色基 11	2644	26110107
650	GHW/GHF	C.I.冰染色基 48	2644	26110107
651	GHW/GHF	C.I.冰染色基 112	2644	26110107
652	GHW/GHF	C.I.冰染色基 113	2644	26110107
653	GHW	还原靛蓝（苯胺基乙腈法工艺除外）	2644	2611010801
654	GHW/GHF	C.I.溶剂红 23	2644	2611019900
655	GHW/GHF	C.I.溶剂红 24	2644	2611019900
656	GHW/GHF	C.I.溶剂黄 72	2644	2611019900
657	GHW/GHF	C.I.溶剂红 1	2644	2611019900
658	GHW/GHF	氯化橡胶树脂	2651	2613010299
659	GHW/GHF	ABS 树脂（连续本体聚合法除外）	2651	2613010302
660	GHW/GHF	聚氯乙烯（PVC）	2651	2613010401
661	GHW/GHF	聚四氟乙烯涂层不粘材料（PFOA 替代助剂除外）	2651	2613010406
662	GHW	初级形状的环氧树脂（溴重量≥18%）（一步法脱盐工艺除外；二步法添加工艺除外）	2651	26130108
663	GHW	初级形状的环氧树脂（溴重量＜18%）（一步法脱盐工艺除外；二步法添加工艺除外）	2651	26130108
664	GHW/GHF	聚碳酸酯（非光气法和连续式、无静态光气留存的光气法工艺除外）	2651	2613010900

序号	特性	产品名称	所属行业代码	所属产品代码
665	GHW/GHF	氯化橡胶	2652	26130206
666	GHW	精对苯二甲酸（PTA）	2653	2613030100
667	GHW/GHF	丙烯腈	2653	2613030300
668	GHW	己内酰胺	2653	2613030400
669	GHW	羧甲基纤维素（基于溶媒法的微波辅助法工艺除外）	2653	2613039900
670	GHW	聚乙烯醇（石油乙烯法工艺除外）	2653	2613040200
671	GHW	以环氧树脂为基本成分的黏合剂	2659	2613070102
672	GHW/GHF	脲醛胶	2659	2613070106
673	GHW/GHF	酚醛胶	2659	2613070106
674	GHW/GHF	三聚氰胺甲醛胶（密胺甲醛树脂、密胺树脂）	2659	2613070106
675	GHW/GHF	溶剂型氯丁橡胶胶黏剂	2659	2613070107
676	GHW/GHF	氯化汞触媒	2661	2614020514
677	GHW/GHF	橡胶促进剂 M、2-巯基苯并噻唑、促进剂 MBT、作快热粉	2661	2614030100
678	GHW/GHF	*N*-环己基-2-苯骈噻唑次磺酰胺	2661	2614030100
679	GHW/GHF	*N*,*N*-二环己基-2-苯并噻唑次磺酰胺	2661	2614030100
680	GHW/GHF	*N*-氧二乙撑基-2-苯骈噻唑次磺酰胺	2661	2614030100
681	GHF	橡胶防老剂 RD、2,2,4-三甲基-1,2-二氢化喹啉聚合体、防老剂 TMQ、抗氧剂 RD、防老剂 224	2661	2614030200
682	GHF	橡胶防老剂 4020	2661	2614030200
683	GHF	橡胶防老剂 4010 NA	2661	2614030200
684	GHW/GHF	以铅化合物为基本成分的抗震剂	2661	2615020201
685	GHW	冷轧钢板表面钝化含铬处理剂	2661	2615070201
686	GHW	镀锌钢板表面钝化含铬处理剂	2661	2615070201
687	GHW	ADC 发泡剂	2661	
688	GHW	木炭	2663	2616080101
689	GHW	β-苯乙醇（2-苯基乙醇）（双氧水法工艺除外）	2684	2602100202
690	GHW/GHF	香兰素	2684	2625030300
691	GHW	乳酸乙酯（2-羟基丙酸乙酯）（乙醇脱水连续工艺除外）	2684	2625031100
692	GHW/GHF	含汞消毒剂（杀菌剂、防腐剂、生物杀灭剂）	2710	2606020000
693	GHF/GHW	阿莫西林（酶转化工艺除外）	2710	2701010108
694	GHW	6-氨基青霉烷酸（6-APA）（酶裂解法工艺除外）	2710	2701010109
695	GHW	卡那霉素	2710	2701010203
696	GHW	盐酸土霉素	2710	2701010305
697	GHW	氯霉素	2710	2701010401
698	GHW	7-氨基头孢烷酸（7-ACA）（生物酶法工艺除外）	2710	2701010601

序号	特性	产品名称	所属行业代码	所属产品代码
699	GHW	甲哌利福平霉素（利福平）	2710	2701010799
700	GHF	环丙沙星	2710	2701019900
701	GHW	对乙酰氨基苯乙醚（醋酰氧乙苯胺、非那西丁）	2710	2701019900
702	GHW	盐酸小檗碱（盐酸黄连素）（化学合成法工艺除外）	2710	2701019900
703	GHW	泛昔洛韦中间体酰化物（无钠硼氢工艺除外）	2710	2701019900
704	GHW	氨基比林（加氢还原工艺除外）	2710	2701030404
705	GHW	扑热息痛	2710	2701030502
706	GHW	磺胺嘧啶（SD）（乙烯基乙醚法工艺除外）	2710	2701030601
707	GHF/GHW	维生素 B_1（丙烯腈-甲酰氨甲基嘧啶工艺除外）	2710	2701040201
708	GHF	二甲基甲酰胺	2710	2701060202
709	GHW	咖啡因	2710	2701060301
710	GHW	薯蓣皂素	2710	2701080299
711	GHW	黄姜皂素（酒精浸取法除外）	2710	2701080299
712	GHW	叶酸（蝶酰谷氨酸）（零排放法连续技术除外）	2710	2701139900
713-722	GHW	中药橡胶膏剂（热压法工艺除外）（注 6）	2720	270407
723	GHW	复方斑蝥胶囊	2720	2704093400
724	GHW/GHF	银汞齐齿科材料	2770	2708020102
725	GHW	腈纶	2823	280303
726	GHW	氨纶	2826	280307
727	GHW	PVC 人造革	2925	3001080101
728	GHW	水泥产品	3011	310102
729	GHW	土窑石灰	3012	310201
730	GHW	支护混凝土（地下矿山湿式喷射混凝土工艺除外）	3022	3103010000
731	GHW	实心砖	3031	3106010101
732	GHW	平板玻璃（浮法工艺除外）	3041	3111010300
733	GHW	玻璃纤维（池窑拉丝工艺除外）	3061	3117
734	GHW/GHF	镁铬砖	3089	3129010202
735	GHW	金属锰	3150	3209020108
736	GHW	金属硅	3150	3209020111
737	GHW	金属铬	3150	3209020405
738	GHW	铜	3211	331103
739	GHW/GHF	铅	3212	331202
740	GHW	（不规范回收）再生铅	3212	3312020200
741	GHW	锌（富氧常压直接浸出炼锌工艺除外）	3212	3312030000

序号	特性	产品名称	所属行业代码	所属产品代码
742	GHW	镍	3213	3313040100
743	GHW	金属锑	3215	3315010200
744	GHW	氧化铝（拜耳法工艺除外）	3216	3316020202
745	GHW	电解铝	3216	331603
746	GHW	镁	3217	3317010000
747	GHW	金（重选法提金工艺除外）	3221	33310102
748	GHW/GHF	含汞锌粉	3269	3338020200
749	GHW	彩钢板及其制品（连续辊涂-印刷工艺除外）	3311	3105030306
750	GHW/GHF	充汞式玻璃体温计	3581	3646010101
751	GHW/GHF	充汞式血压计	3581	3646010401
752	GHW/GHF	含汞开关和继电器	3829	390804
753	GHW	氧化汞原电池及电池组、锌汞电池	3849	391301
754	GHW	含汞圆柱形碱锰电池	3849	3913010101
755	GHW/GHF	含汞量高于 0.000 5%的纸板锌锰电池	3849	3913010101
756	GHW/GHF	含汞量高于 0.01%的糊式锌锰电池	3849	3913010101
757	GHW/GHF	含汞量高于 0.000 5%的锌-氧气银电池	3849	3913010201
758	GHW/GHF	含汞量高于 0.000 5%的锌-空气电池	3849	39130103
759	GHW/GHF	含汞量高于 0.000 5%的纽扣式碱性锌锰电池	3849	3913020100
760	GHW	极板含镉类铅酸蓄电池	3849	39130301
761	GHW	开口式普通铅酸蓄电池	3849	39130301
762	GHW	管式铅蓄电池（灌浆或挤膏工艺除外）	3849	3913030199
763	GHW	镉镍电池	3849	3913030201
764	GHW	铅酸蓄电池零部件	3849	3913060301
765	GHW	灌粉式管式极板（灌浆或挤膏工艺除外）	3849	3913069900
766	GHW/GHF	含汞浆层纸	3849	3913069900
767	GHW/GHF	高压汞灯	3872	39230501
768	GHW/GHF	电路板	3972	4021
769	GHW/GHF	含汞高温计	4013	41020101
770	GHW/GHF	含汞非医用温度计	4013	41020101
771	GHW/GHF	含汞压力表	4013	4102020301
772	GHW/GHF	含汞流量计	4013	41020301
773	GHW/GHF	含汞干湿计/湿度表	4014	4105091100
774	GHW/GHF	含汞晴雨表	4023	411101
775	GHW/GHF	氰化镀锌产品		

序号	特性	产品名称	所属行业代码	所属产品代码
776	GHW/GHF	氰化物镀铜产品		
777	GHW	镀铬相关产品（三价铬镀铬工艺除外）		

注：

1. 小品种氨基酸是指亮氨酸、异亮氨酸、缬氨酸、色氨酸、蛋氨酸、精氨酸、胱氨酸、苯丙氨酸等。

2. 具体包括：C.I.酸性黄 42、C.I.酸性黄 61、C.I.酸性黄 117、C.I.酸性橙 67、C.I.酸性橙 95、C.I.酸性橙 116、C.I.酸性红 d 111、C.I.酸性红 114：2、C.I.酸性红 138、C.I.酸性红 151、C.I.酸性红 154、C.I.酸性红 249、C.I.酸性红 299、C.I.酸性红 374、C.I.酸性红 RN、C.I.酸性黑 210、C.I.酸性红 FGS、C.I.酸性紫 54、C.I.酸性蓝 113、C.I.酸性蓝 260、C.I.酸性蓝 A-G、C.I.酸性红 131、C.I.酸性红 246。

3. 具体包括：C.I.酸性黄 220、C.I.酸性黄 116、C.I.酸性黄 79、C.I.酸性黄 128、C.I.酸性黄 151、C.I.酸性黄 232、C.I.酸性橙 88、C.I.酸性红 213、C.I.酸性棕 21、C.I.酸性棕 28、C.I.酸性紫 68、C.I.酸性黑 60、C.I.酸性黄 127、C.I.酸性橙 154、C.I.酸性红 279、C.I.酸性红 315、C.I.酸性红 359、C.I.酸性红 405、C.I.酸性蓝 317、C.I.酸性棕 282、C.I.酸性棕 283、C.I.酸性黑 107、C.I.酸性黑 168、C.I.酸性黑 188、C.I.酸性黄 158：1、C.I.酸性黄 194、C.I.酸性红 362、C.I.酸性紫 90、C.I.酸性蓝 185、C.I.酸性蓝 193、C.I.酸性棕 355、C.I.酸性黑 52、C.I.酸性黑 172、C.I.酸性黑 194、C.I.酸性黑 220、C.I.酸性黑 B。

4. 具体包括：C.I.酸性蓝 324、C.I.酸性黄 17、C.I.酸性黄 23、C.I.酸性黄 25、C.I.酸性黄 49、C.I.酸性黄 199、C.I.酸性黄 219、C.I.酸性橙 3、C.I.酸性橙 156、C.I.酸性红 37、C.I.酸性红 57、C.I.酸性红 88、C.I.酸性红 266、C.I.酸性红 337、C.I.酸性红 361、C.I.酸性蓝 25、C.I.酸性蓝 40、C.I.酸性蓝 41、C.I.酸性蓝 62、C.I.酸性蓝 182。

5. 具体包括：C.I. 活性红 24、C.I. 活性黄 3、C.I. 活性黄 18、C.I. 活性黄 42、C.I. 活性黄 81、C.I. 活性黄 84、C.I. 活性黄 104、C.I. 活性黄 145、C.I.活性黄 160、C.I. 活性黄 176、C.I. 活性橙 16、C.I. 活性橙 84、C.I. 活性橙 107、C.I. 活性橙 122、C.I. 活性红 21、C.I. 活性红 120、C.I. 活性红 121、C.I. 活性红 141、C.I. 活性红 194、C.I. 活性红 195、C.I. 活性红 198、C.I. 活性红 198-1、C.I. 活性红 223、C.I. 活性红 239、C.I. 活性红 250、C.I. 活性红 261、C.I. 活性紫 45、C.I. 活性蓝 14、C.I. 活性蓝 19、C.I. 活性蓝 21、C.I. 活性蓝 49、C.I.活性蓝 170、C.I. 活性蓝 171、C.I. 活性蓝 194、C.I. 活性蓝 203、C.I. 活性蓝 222、C.I. 活性蓝 222、C.I. 活性黑 5、C.I. 活性黑 8。

6. 具体包括：代温灸膏、伤疖膏、伤湿止痛膏、关节止痛膏、安阳精制膏、复方牵正膏、活血止痛膏、跌打镇痛膏、麝香跌打风湿膏、麝香镇痛膏。

表 4.5 环境保护重点设备名录（2014 年版）

（一）环境监测设备

序号	设备名称	性能参数	应用领域
1	在线固定污染源排放烟气连续监测仪	符合《固定污染源烟气排放连续监测系统技术要求及检测方法（试行）》（HJ/T 76—2007）要求。含尘量测量范围 0～200～2 000 mg/m^3；精度±2%；气体污染物测量范围 SO_2/NO_x 0～250～2 500 mg/m^3；CO 0～500～5 000 mg/m^3；气体污染物测量精度±1%满量程；流速测量范围 0～35 m/s；流速测量精度±0.2 m/s；温度 0～200℃，精度±1℃；湿度 0～20%，精度±2%满量程	大气污染源监测
2	化学需氧量水质在线自动监测仪	符合《环境保护产品技术要求化学需氧量（COD_{Cr}）水质在线自动检测仪》（HJ/T 377—2007）要求。测量时间小于 60 min，最小量程范围 0～2 000 mg/L，重复性小于±10%，零点漂移±5%，量程漂移±10%	水质污染监测

序号	设备名称	性能参数	应用领域
3	高锰酸钾指数水质自动分析仪	符合《高锰酸钾指数水质自动分析仪技术要求》（HJ/T 100—2003）标准的要求。测量时间小于 60 min，最小量程范围 0～20 mg/L，重复性小于±10%，零点漂移±5%，量程漂移±5%	
4	氨氮水质自动分析仪	符合《氨氮水质自动分析仪技术要求》（HJ/T 101—2003）要求。测量时间小于 60 min 电极法：最小量程范围 0.05～100 mg/L、重复性小于±5%，零点漂移±5%，量程漂移±5% 光度法：最小量程范围 0.05～50 mg/L，重复性小于±10%，零点漂移±10%，量程漂移±10%	水质污染监测
5	总磷水质自动分析仪	符合《总磷水质自动分析仪技术要求》（HJ/T 103—2003）要求。测量时间小于 60 min，最小量程范围 0～50 mg/L、重复性小于±10%，零点漂移±5%，量程漂移±10%	水质污染监测
6	总氮水质自动分析仪	符合《总氮水质自动分析仪技术要求》（HJ/T 102—2003）要求。测量时间小于 60 min，最小量程范围 0～100 mg/L、重复性小于±10%，零点漂移±5%，量程漂移±10%	水质污染监测
7	总有机碳水质自动分析仪	符合《总有机碳（TOC）水质自动分析仪技术要求》（HJ/T 104—2003）要求。测量时间小于 60 min，最小量程范围 0～100 mg/L、重复性小于±5%，零点漂移±5%，量程漂移±5%，实际废水比对试验小于±10%	水质污染监测
8	重金属水质自动分析仪（汞、铬、镉、铅和类金属砷）	六价铬水质监测设备符合《六价铬水质自动在线监测仪技术要求（HJ/T 609—2011）要求。重复性小于±10%，零点漂移±5%，量程漂移±10%	水质污染监测
9	五参数水质在线监测仪	符合《pH 水质自动分析仪技术要求》（HJ/T 96—2003）、《电导率水质自动分析仪技术要求》（HJ/T97—2003）、《浊度水质自动分析仪技术要求》（HJ/T 98—2003）、《溶解氧水质自动分析仪技术要求（HJ/T 99—2003）要求。水温测定范围 0～60℃，测量误差±0.5℃；pH 测定范围 0.00～14.00、响应时间≤0.5 min、漂移±0.1pH；溶解氧测定范围 0.00～20.00 mg/L、响应时间 2 min 以内、重复性±0.3 mg/L、零点漂移±0.3 mg/L、量程漂移±0.3 mg/L；电导率测定范围 0～500 mS/cm、响应时间≤0.5 min、漂移±1%；浊度重复性±5%、零点漂移±3%、量程漂移±5%	水质污染监测
10	污水流量计	超声波明渠污水流量计符合《超声波明渠污水流量计》（HJ/T 15—2007）要求。二次仪表基本误差≤1%；绝缘电阻≥20 mΩ；绝缘强度≥1 500 kV；液位测量误差≤3 mm；流量测量误差≤5%；计时误差≤5 min/30 d；平均无故障运行时间≥200 d 电磁管道流量计符合《环境保护产品技术要求电磁管道流量计》（HJ/T 367—2007）要求。流量计的基本误差符合 HJ/T 367；流量计经连续 30 天稳定性试验，零点漂移应不超过基本误差限绝对值的 1/3	水质污染监测

序号	设备名称	性能参数	应用领域
11	水质自动采样器	符合《水质自动采样器技术要求及检测方法》（HJ/T 372—2007）要求。采样量误差±10%，等比例采样量误±15%，机箱内温度控制误差±2℃	水质污染监测
12	污染源在线自动监控数据采集传输仪	符合《污染源在线自动监控（监测）数据采集传输仪技术要求》（HJ 477—2009）要求。数据采集误差≤1‰，系统时钟计时误差±0.5‰，至少存储 144 000 条记录，平均无故障连续运行时间在 1 440 h 以上，绝缘阻抗 20 mΩ	水质污染监测、大气污染监测
13	污染源过程监控系统	数据采集误差≤1‰，系统时钟计时误差±0.1‰，绝缘阻抗≥20 mΩ，至少存储 144 000 条记录，平均无故障连续运行时间在 1 440 h 以上	水质污染监测、大气污染监测
14	饮食业油烟在线自动监测仪	零点漂移：1 h 零点漂移不超过±0.5 mg/m^3 准确度：与参比方法测定结果平均值的相对误差应不超过±20% 线性误差：≤10% 绝缘阻抗：≥20 mΩ	餐饮业油烟污染监测

（二）大气污染防治设备

序号	设备名称		关键设备	性能参数	应用领域
1	脱硫设备	石灰石-石膏法脱硫成套设备	烟气挡板、增压风机、吸收塔（内含喷淋设备和浆液搅拌器）、除雾器、循环泵、氧化风机、吸收剂球磨设备、石膏旋流器、真空脱水皮带机、集散控制设备、石膏输送机等	脱硫效率≥97.5%，钙硫比＜1.03，脱硫装置电耗＜1.5%，石膏中 $CaSO_4 \cdot 2H_2O$ 含量≥90%、含水率＜10%	适用于 200 mW 及以上各种容量燃煤发电机组和烧结机等工业烟气脱硫
2		海水法脱硫成套设备	烟气挡板、增压风机、气气热交换器（GGH）、吸收塔、海水增压泵、曝气风机和集散控制设备等	脱硫效率≥95%，脱硫海水混合曝气后 pH≥6.8	适用于我国东、南部沿海海水扩散条件良好的地区，燃用含硫量小于 1%的煤种及 200 mW 及以上新建燃煤发电机组
3		氨法脱硫成套设备	脱硫塔、氨罐、循环槽、结晶槽、料液槽、增压风机、氧化风机、结晶泵、料液泵、喷雾泵、旋液分离器、离心机、干燥机、离心过滤机和集散控制设备等	脱硫效率≥97.5%，氨逃逸浓度低于 10 mg/m^3	适用于有稳定氨资源地区 300 mW 及以下燃煤发电机组和烧结机、工业锅炉窑炉等烟气脱硫也适用于石油炼制行业催化裂化装置的烟气脱硫
4		循环流化床法脱硫成套设备	生石灰消化器、烟气挡板、引风机、吸收塔（包含喷嘴等设备）、密封风机、灰斗、再循环斜槽、除湿机、塔底灰 输送风机、仓泵、给料机、皮带称重机、空气压缩机、干燥机、水泵、冷冻干燥器、和集 散控制设备等	脱硫效率≥90%，钙硫比≤1.2，脱硫塔阻力＜1 500 Pa	适用于干旱缺水地区 600 mW 及以下燃煤发电机组和烧结机等工业烟气脱硫

序号	设备名称		关键设备	性能参数	应用领域
5	脱硝设备	选择性催化还原（SCR）脱硝成套设备	SCR 反应器、压缩空气储罐、储氨罐、卸料压缩机、液氨蒸发器、水喷淋降温装置、氨喷射格栅、喷嘴、稀释风机、引风机、空气压缩机和集散控制设备等	脱硝效率 70%～90%，系统氨逃逸质量浓度控制在 2.5 mg/m^3 以下	适用于燃煤发电机组及水泥工业等烟气脱硝也适用于石油炼制行业催化裂化装置的烟气脱硝
6		选择性非催化还原（SNCR）脱硝成套设备	还原剂储罐、空气压缩机、混合器、水泵、循环泵、多层还原剂喷入装置和控制设备等	SO_2 转化率＜0.5%，脱硝效率＞85%，氨逃逸率＜3 ppm	适用于燃煤发电机组辅助脱硝及水泥工业等烟气脱硝
7	除尘设备	电除尘器	阴、阳极系统、振打装置、外壳结构件、进出口封头、气流分布装置、高压电源、低压系统和集控系统、湿式电除尘喷淋系统及防腐装置、移动电极移动阳极系统及刷灰装置、粉尘凝聚装置等	除尘效率≥99.8%以上，设备阻力＜300 Pa，本体漏风率＜2%，烟尘排放浓度低于 20 mg/m^3	适用于 1 000 mW 及以下燃煤发电机组烟气粉尘治理以及钢铁、有色金属、冶金、建材、化工等多个行业的工业除尘
8		电袋复合除尘器	阴、阳极系统、振打装置、外壳结构件、进出口封头、气流分布装置、高压电源、低压系统和集控系统、花板、滤袋、喷吹系统等	除尘效率达 99.8%，设备阻力＜1 000 Pa，过滤速度≥1.2 m/min，滤袋寿命≥3 年，烟尘排放浓度低于 20 mg/m^3	适用于 600 mW 及以下燃煤发电机组烟气粉尘治理以及钢铁、有色金属、冶金、建材、垃圾焚烧、化工等多个行业的工业除尘
9		袋式除尘器	外壳结构件、进出口封头、气流分布装置、低压系统和集控系统、花板、滤袋、喷吹系统等	烟尘捕集效率≥99.8%，设备阻力＜1 200 Pa，过滤速度≥1.0 m/min，滤袋寿命≥3 年，烟尘排放浓度低于 20 mg/m^3	适用于 600 mW 及以下燃煤发电机组烟气粉尘治理以及钢铁、有色金属、冶金、建材、垃圾焚烧、化工等多个行业的工业除尘
10	饮食业油烟净化设备	静电式油烟净化设备		除油烟效率≥95%，设备阻力＜300 Pa，本体漏风率＜5%，油烟排放浓度低于 2 mg/m^3	适用于大型或中高档饭店，如星级饭店、麦当劳、肯德基及品牌连锁店等
11		机械（动态离心式）式油烟净化设备		除油烟效率≥95%，设备阻力＜300 Pa，本体漏风率＜5%，油烟排放浓度低于 2 mg/m^3	适用于单位食堂及酒店和居民小区餐厅、家庭厨房油烟等

序号	设备名称		关键设备	性能参数	应用领域
12	VOCs治理设备	VOCs 吸附回收装置	废气预处理设备；颗粒活性炭吸附设备、活性炭纤维吸附设备、分子筛吸附设备、树脂吸附设备	净化率超过 90%（提供环保设备监测报告）	适用于喷涂、石油、化工、包装印刷、油气回收、涂布、制革等行业
13		VOCs 吸附浓缩-燃装置	废气预处理设备、吸附浓缩-催化燃烧设备、吸附浓缩-热力燃烧设备	吸附净化效率超过 90%，燃烧净化效率超过 95%，同时达到环保排放标准要求（提供环保设备监测报告）	适用于喷涂（集装箱、家具、汽车、机械设备制造、家电、造船等）包装印刷、化工、电子、制药等
14		VOCs 燃烧装置	废气预处理设备、催化燃烧设备、热力燃烧设备	燃烧净化效率超过 95%，达到环保排放标准要求（提供环保设备监测报告）	适用于石油、化工、喷涂、电线电缆、制药等
15		VOCs 低温等离子体净化装置	废气预处理设备、低温等离子体处理设备	VOCs 净化效率超过 70%，恶臭异味和 VOCs 排放浓度达到环保标准要求（提供环保设备监测报告）	适用于污水废气处理、生物发酵、化工、喷涂、制药、农药、纺织印染等
16		VOCs 生物净化系统	废气预处理设备、生物降解设备	生物降解净化效率超过 85%，恶臭异味和 VOCs 排放浓度达到环保要求（提供环保设备检测报告）	适用于市政污水处理系统、工业企业废水处理站、生活垃圾处理废气治理以及其他低浓度混合废气治理的场合
17		汽油加油系统油气回收系统		加油站、储油库油气回收系统：油气处理率：≥90%油罐车卸油油气回收系统：油气处理率：≥95%	适用于车用汽油的加注、运输、储存的油气回收（VOCs）

（三）固体废物污染防治设备

序号	设备名称	性能参数	应用领域
1	危险废物回转窑焚烧炉	处理规模≥20 t/d 焚烧炉温度≥1 100℃ 烟气停留时间≥2 s 二噁英排放量≤0.5 ng TEQ/m³ 烟气排放达到《危险废物焚烧污染控制标准》（GB 18484） 其他参数符合《危险废物集中焚烧处置工程建设技术规范》	适用于工业污泥、医疗废物和危险废物焚烧处理

序号	设备名称	性能参数	应用领域
2	医疗废物高温蒸煮设备	处理规模≥2 t/d VOCs 排放量≤20 mg/m^3 消毒效果：微生物杀灭对数值大于 4 或微生物灭活效率大于99.99% 其他参数符合国家相关标准	适用于量小的医疗废物的处理处置
3	医疗废物热解焚烧炉（A-B 炉）	处理规模≥5 t/d 焚烧温度≥850℃ 烟气停留时间≥2 s 二噁英排放量≤0.5 ng TEQ/m^3 烟气排放达到《危险废物焚烧污染控制标准》（GB 18484） 其他参数符合《危险废物集中焚烧处置工程建设技术规范》	适用于医疗废物的处理处置
4	废铅蓄电池处理回收设备	年处理量≥5 万 t 酸液回收率≥98% 铅回收率≥98% 塑料回收率≥98% 废电解液综合利用率≥98% 其他参数符合国家相关标准	适用于废铅蓄电池的处理回收
5	流化床焚烧炉	处理能力≥50 t/d 炉膛内焚烧温度≥850℃ 烟气停留时间≥2 s 焚烧炉渣热灼减率≤5% 烟气排放达到《生活垃圾焚烧污染控制标准》（GB 18485）	适用于市政污泥、工业污泥、生活垃圾的处理处置
6	机械炉排炉	处理量≥200 t/d 炉膛内焚烧温度≥850℃ 烟气停留时间≥2 s 焚烧炉渣热酌减率≤5% 烟气排放达到《生活垃圾焚烧污染控制标准》（GB 18485）	适用于生活垃圾的处理处置
7	厌氧消化成套处理装置	处理规模≥50 t/d 反应温度：30～36℃ 有机物分解率≥60%	适用于市政污泥、生活垃圾的处理处置
8	城镇粪便处理套设备	固液分离出渣含固率≥45% 絮凝脱水出渣含固率≥25% 臭气排放达到《恶臭污染物排放标准》（GB 14554） 堆肥达到《城镇垃圾农用控制标准》（GB 8172）	适用于粪便的处理处置
9	垃圾填埋压实机	压实重量≥20 t	适用于垃圾填埋

上表所述环境保护重点设备名录与“11.1.3 当前国家鼓励发展的环保产业设备（产品）目录”、“11.1.4 国家鼓励发展的重大环保技术装备目录”介绍的相关内容是相通相融的，如果相互重复，应以技术先进的为先导，长江后浪推前浪。

4.5.2.2 《环境保护综合名录》（2014 年版）的应用

在 2014 年的环境保护综合名录制定中，环境保护部按照中国共产党十八届三中、四中全会有关精神和《环境保护法》（2014 年修订）有关规定，拓展和深化了对“双高”产品、环境保护重点设备的研究，进一步推进了综合名录的有效应用。

一是推动构建环境损害成本合理负担机制。目前，我国还存在较多“双高”产品，这些产品的大量生产将会累积形成较高的环境损害，构成较大的环境隐患。但是，消除这些危害和隐患应付的环境代价尚未完全体现在企业经营成本中，实质上构成了不公平竞争，也不利于激发企业履行环保责任的内生动力。根据三中全会关于加快自然资源及其产品价格改革，全面反映“生态损害成本和修复效益”，四中全会关于“强化生产者环境保护的法律责任”等要求，以及《环境保护法》（2014 年修订）关于“损害担责”、企业应当采取措施防治生产对环境的污染和危害等相关规定，环保部门将推动和配合国家有关部门制定经济政策和市场监管政策，充分反映并提高“双高”产品的环境损害成本，以有力的市场价格信号，抑制“双高”产品的生产和使用，乃至推动这些产品有序退出市场。

二是引导绿色投资和绿色生产。目前，我国许多环境污染和风险问题，都是在投资和生产这些源头环节形成的。环境保护部制定“双高”产品名录，旨在引导社会和企业将环保要求融入投资和生产环节的市场决策，限制对“双高”产品的投资和生产，加快绿色转型，推进绿色投资和绿色生产。同时，制定环境保护重点设备名录，旨在推动和配合有关部门激励企业投资购置环保设备，继续研究制订相关优惠措施，鼓励和引导企业投资治污，促进环保产业发展。

三是带动公众和全社会“绿色消费”。随着我国公众环境保护意识的提高，全社会对产品本身及其生产过程中的环境危害、环境风险更加关注，绿色消费倒逼绿色生产的趋势越来越明显。为进一步促进绿色消费，落实《环境保护法》（2014 年修订）关于鼓励和引导公民“使用有利于环境保护的产品和再生产品，减少废弃物的产生”等有关规定，综合名录将部分环境危害较大的消费品纳入“双高”产品，提示和引导公众减少这些产品的使用。同时，根据三中全会关于将高污染产品纳入“消费税征收范围”的要求，环保部门也将积极配合有关部门，开展将有关“双高”产品纳入消费税征收范围的研究工作。

4.5.3 《环境保护综合名录》的基本属性

从《环境保护综合名录》的发生和发展过程及其作用可以看出它具有以下属性：

环境保护综合名录是环境保护渗入国家经济政策的一个重要的途径和切入点，此名录从诞生之时起，主要目的就是为国家环境经济政策服务，将环境保护的需求与国家经济政策和市场监管政策直接对接。起初的名称为《环境经济政策配套综合名录》，其经济政策内涵可谓与生俱来。实践表明，环境保护综合名录在国家 13 个重要经济管理部门制定经济政策过程中发挥了不可替代、不可或缺的作用。

《环境保护综合名录》是一个动态数据库，它与时俱进，滚动前行。每一个新的名录都汲取了以往的成果，同时新的名录不断加入，充满活力。

环境保护综合名录极具渗透性，影响和拉动整个绿色新政和发展。它与 13 个经济管理部门都发生紧密的联系，是开拓绿色新政的先锋，是调节环境与经济关系的纽带，是国家宏观经济政策中一根最敏感、最活跃的环保触角。

环境保护综合名录充满辩证思维，扶优汰劣，有退有进，意在“双赢”。即使是“双高”产品，也是可以退中求进，有些产品如能采用 2014 年版“双高”名录之附件所列举的“除外工艺”（计 93 项），即可摘掉“双高”的帽子。

环境保护综合名录是政产学研相结合的基础性工作的结晶，积蓄环境保护绿色新政的发展后劲。

4.5.4 进一步强化综合名录的制定和应用工作

一是结合各经济部门的政策特点和需求，提出细化的、更具针对性和可操作性的系列政策建议。二是继续紧密围绕环境保护重点工作扩大综合名录的覆盖面，兼顾总量减排、质量改善、风险防范，体现更为严格的环境管理导向与趋势。三是进一步提升名录制定与应用的公开化与信息化程度，为公共参与、监督综合名录及其相关应用政策的制定和落实提供平台。

4.6 环境经济政策发展态势

目前我国环境经济制度尚未充分发挥市场在环保领域资源配置中的决定性作用。环保领域资源配置中起决定性作用的环境财税金融体系尚未建立；环境损害成本的合理负担机制，如环境资源产品定价机制、收费机制和税收机制等尚未形成；现有经济制度政策之间协调不够、配套措施不足、技术保障不力。要建立能够在生态环境保护资源配置中发挥决定性作用的市场和价格制度，使环境资源成本得到充分体现，生态破坏和环境污染导致的负面外部环境成本得到赔偿，生态环境保护产生的正面外部环境成本得到补偿，促进经济活动朝着资源节约和环境友好的方向调整和改进。包括：加快自然资源及其产品价格改革，全面反映市场供求、资源稀缺程度、生态环境损害成本和修复效益；坚持使用资源付费和谁污染环境、谁破坏生态谁付费原则，逐步将资源税扩展到各种自然生态空间；坚持谁受益，谁补偿原则，完善对重点生态功能区的生态补偿机制，推动地区间建立横向生态补偿制度；发展环保市场，推行节能量、碳排放权、排污权、水权交易制度，建立吸引社会资本投入生态环境保护的市场化机制，推行环境污染第三方治理。

4.6.1　推进价格和环保收费改革

加大差别电价、水价实施力度。提高排污费征收标准，实行差别化排污收费。完善污水、垃圾处理收费政策，适当提高收费标准，逐步覆盖全处理成本。

研究将污泥处理费用逐步纳入污水处理成本问题。严格落实垃圾发电价格政策。建立健全鼓励使用再生水、促进垃圾资源化的价格机制。全面落实燃煤发电机组脱硫、脱硝、除尘等环保电价政策。

4.6.2　完善财政激励政策

加大中央预算内投资和中央财政节能减排专项资金的投入力度，加快节能减排重点工程实施和能力建设。国有资本经营预算要继续支持企业实施节能减排项目。地方各级人民政府要加大对节能减排的投入。推行政府绿色采购，完善强制采购和优先采购制度，逐步提高节能环保产品比重，研究实行节能环保服务政府采购。

对符合条件的第三方治理项目给予中央资金支持，有条件的地区也要对第三方治理项目投资和运营给予补贴或奖励。积极探索以市场化的基金运作等方式引导社会资本投入，健全多元化投入机制。研究明确第三方治理税收优惠政策。

4.6.3　健全税收支持政策

落实国家支持节能减排所得税、增值税等优惠政策。积极推进环境税费改革，选择防治任务重、技术标准成熟的税目开征环境保护税，逐步扩大征收范围。完善和落实资源综合利用和可再生能源发展的税收优惠政策。调整进出口税收政策，遏制高耗能、高排放产品出口。对用于制造大型环保及资源综合利用设备确有必要进口的关键零部件及原材料，抓紧研究制定税收优惠政策。加快环境税立法步伐，我国环境税立法预计 2016 年前后出台。

4.6.4 强化金融支持力度

加大各类金融机构对节能减排项目的信贷支持力度，鼓励金融机构创新适合节能减排项目特点的信贷管理模式。引导各类创业投资企业、股权投资企业、社会捐赠资金和国际援助资金增加对节能减排领域的投入。提高高耗能、高排放行业贷款门槛，将企业环境违法信息纳入人民银行企业征信系统和银监会信息披露系统，与企业信用等级评定、贷款及证券融资联动。推行环境污染责任保险，重点区域涉重金属企业应当购买环境污染责任保险。建立银行绿色评级制度，将绿色信贷成效与银行机构高管人员履职评价、机构准入、业务发展相挂钩。

创新金融服务模式。鼓励银行业金融机构创新金融产品和服务，开展节能环保信贷资产证券化，研究推进能效贷款、绿色金融租赁、碳金融产品、节能减排收益权和排污权质押融资；对国家鼓励发展的第三方治理重大项目，在贷款额度、贷款利率、还贷条件等方面给予优惠。加快推行绿色银行评级制度。鼓励保险公司开发相关环境保险产品，引导高污染、高环境风险企业投保。

发展环保资本市场。对符合条件的第三方治理企业，上市融资、发行企业债券实行优先审批；支持发行中小企业集合债券、公司债、中期票据等债务融资工具；支持适度发展融资租赁业务，引入低成本外资。选择综合信用好的环境服务公司，开展非公开发行企业债券试点。探索发展债券信用保险。

4.6.5 推进排污权和碳排放权交易试点

完善主要污染物排污权有偿使用和交易试点，建立健全排污权交易市场，研究制定排污权有偿使用和交易试点的指导意见。开展碳排放交易试点，建立自愿减排机制，推进碳排放权交易市场建设。

4.6.6 建立环境经济政策的评估体系

建立环境经济政策的评估体系，将实践对环境经济政策检验的结果及时准确地反映出来，以利再实践、再认识。

综上，环境经济政策的发展方向和重点是建立健全环境经济政策，深化资源性产品价格改革，推进环境税费改革，加快完善生态补偿机制，推行环境污染责任保险，健全绿色信贷政策，推行环境污染第三方治理等。

本章小结

本章在介绍发达国家环境经济政策的特点之后，重点介绍顺应市场经济发展规律的环境经济政策，即绿色新政的体系、重点和态势。在环境经济体系中着重阐述其架构、组成和理论基础。绿色新政重点介绍绿色信贷、绿色保险、绿色证券、绿色税收、绿色贸易、生态补偿和排污权交易。其中浓墨重彩描述了三大责任主体都在关注的排污权交易，因为它具有鲜明的市场经济属性，引领政策走向。发展态势涉及价格和收费改革、财政激励、金融支持、排污权和碳排放试点以及政策评估。本章为便于深入研究绿色新政，列表介绍国家发布的环境经济政策。

思考题

1. 发达国家环境经济政策的特点是什么？为什么值得借鉴？
2. 绿色新政的主要内容是什么？
3. 为什么保护环境的三大主体都十分关注排污权交易？它的发展动力是什么？
4. 简述环境经济政策的理论基础。
5. 为什么说顺应市场经济发展要求的绿色新政代表其发展态势？

第二篇　制度篇

没有规矩，不成方圆。环境管理制度是一个层次分明、相互沟通的体系，其中重点污染物排放总量控制制度起着纽带作用，联结企业、政府、公众和市场。文武之道，一张一弛。制度是约束与激励的统一体，接受约束就会获得激励。制度是一个历史过程，适应市场法则的制度代表着发展方向，因为它能更好地为绿色化工保驾护航。

第5章　我国环境管理制度概述

经过40多年的发展，我国形成了以保护和改善环境质量为宗旨的，联结着政府、企业、市场和公众的，以重点污染物排放总量控制制度为纽带的环境管理制度体系，见图5.1。其中环境保护法律规定的那些环境保护管理制度是我国环境管理制度体系的脊梁，符合市场经济发展要求、支持公众参与和强化政府责任的那些制度则是我国环境管理制度的主要发展方向。图中“市场”部分的制度是指政府遵循市场法则实施的相关制度。

5.1　我国环境管理制度的发展历程和来源简析

从20世纪70年代环保工作起步至今，我国的环境保护制度已经基本形成了以环境法治制度、环境管控制度、环境经济制度等为主体的制度体系。这里介绍的内容属于环境管控制度，但本书仍称之为环境管理制度。环境法治制度和环境经济制度在前文已作简要介绍。

5.1.1　发展历程

1973年8月，由国务院委托国家计划委员会在北京组织召开了我国第一次环境保护会议，发布了《关于保护和改善环境的若干规定》，提出了限期治理制度和我国首创的“三同时”制度。

1979年，《环境保护法（试行）》颁布，从法律上规定了建设项目环境影响评价制度、“三同时”制度、排污收费制度和限期治理制度。

1985年上海市对占黄浦江上游水源保护区排污总量95%以上的198个单位颁发排污许可证；之后，国家环境保护局开始在徐州、常州等城市试行排污许可证制度。

1986年国务院发布《关于加强工业企业管理若干问题的决定》，提出了企业环境目标责任制。

1989年，《水污染防治法实施细则》正式确立排污许可证制度作为一项全国性环境保护制度。

1989年颁布的《环境保护法》规定了八项环境保护制度：建设项目环境影响评价制

度、“三同时”制度、排污收费制度、环境保护目标责任制度、城市综合整治定量考核制度、排放污染物许可证制度、污染物集中控制制度和限期治理制度。

1996年，国务院《关于环境保护若干问题的决定》提出污染物排放总量控制制度；《环境噪声污染防治法》提出了落后生产工艺设备淘汰制度；《矿产资源法》设置了生态补偿制度，之后修订的《森林法》《草原法》也沿用了此项制度。

1999年，《海洋环境保护法》规定了环境监测和监视信息制度、重大污染事故预防和处理制度、跨区域政府协商制度和联合执法制度。

2000年，修订后的《水污染防治法实施细则》和《大气污染防治法》对排污许可证作出规定，标志着我国开始建立主要以控制排污总量为目的的排污许可证制度。

2002年，《环境影响评价法》将环评范围从建设项目扩展到规划；《清洁生产促进法》规定了清洁生产审核制度和生产者责任延伸制度。2004年，修订的《固体废物污染环境防治法》首次提出循环经济概念。

2005年12月，国务院《关于落实科学发展观 加强环境保护的决定》提出了研究建立环境民事和行政公诉制度、建立企业环境监督员制度、建立跨省界河流断面水质考核制度和问责制等新制度。

2006年，《环境影响评价公众参与暂行办法》出台，标志着我国公众参与环境保护进入新阶段。

2008年修订的《水污染防治法》强化了重点水污染物排放总量控制制度和区域限批制度。

同年颁布的《循环经济促进法》确立了循环经济统计制度、资源消耗标识制度等，进一步强调建立生产者责任延伸制度。

2009年出台的《规划环境影响评价条例》强化了环境影响评价制度，并将“区域限批”作为总量控制的法律手段。

2011年10月，国务院《关于加强环境保护重点工作的意见》（国发〔2011〕35号）提出建立建设项目全过程环境监管制度以及农村和生态环境监察制度。完善以预防为主的环境风险管理制度，健全责任追究制度。健全化学品全过程环境管理制度。建立化学品环境污染责任终身追究制和全过程行政问责制。

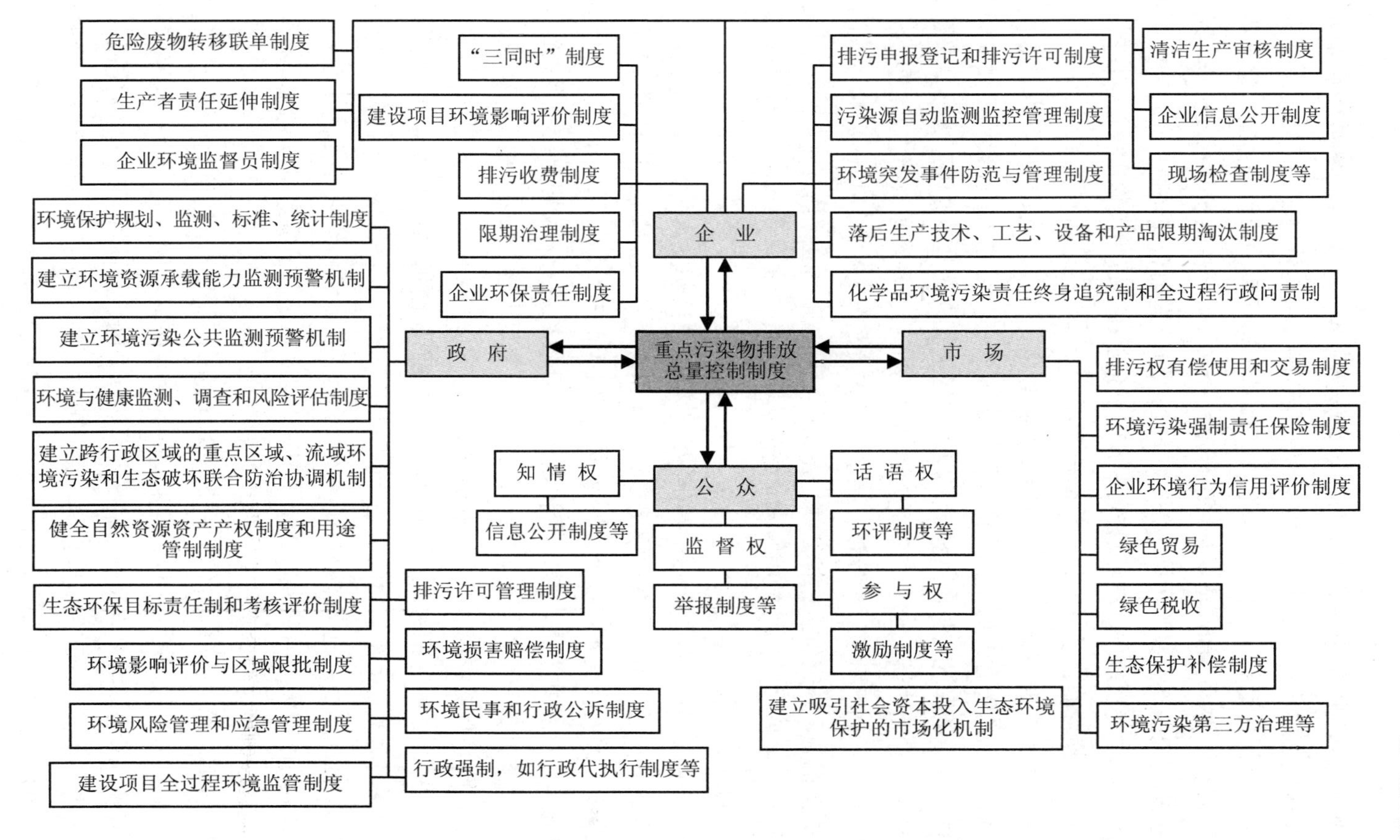

图 5.1 以重点污染物排放总量控制制度为纽带的主要环境管理制度示意（施问超绘制）

2013 年 11 月，《中共中央关于全面深化改革若干重大问题的决定》要求从 4 个方面加快生态文明制度建设：健全自然资源资产产权制度和用途管制制度；划定生态保护红线；实行资源有偿使用制度和生态补偿制度；改革生态环境保护管理体制：建立和完善严格监管所有污染物排放的环境保护管理制度，独立进行环境监管和行政执法。建立陆海统筹的生态系统保护修复和污染防治区域联动机制。及时公布环境信息，健全举报制度，加强社会监督。完善污染物排放许可制，实行企事业单位污染物排放总量控制制度。对造成生态环境损害的责任者严格实行赔偿制度，依法追究刑事责任。

2014 年 4 月，全面修订的《环境保护法》在理念、制度、保障措施等方面都有重大突破和创新。在创新理念方面，将“推进生态文明建设，促进经济社会可持续发展”列入立法目的，提出了促进人与自然和谐的理念和保护优先的基本原则，明确要求经济社会发展与环境保护相协调。在完善制度方面，要求建立资源环境承载能力监测预警机制，实行环保目标责任制和考核评价制度，制定经济政策充分考虑对环境的影响，建立跨区联合防治协调机制，划定生态保护红线，建立环境与健康风险评估制度，实行总量控制和排污许可管理制度，建立环境污染公共监测预警机制。注重运用市场手段和经济政策，明确提出了财政、税收、价格、生态补偿、环境保护税、环境污染责任保险、重污染企业退出激励机制，以及作为绿色信贷基础的企业环保诚信制度。在多元共治方面，不仅强化了政府环境责任，还新增专章规定信息公开和公众参与，赋予公民环境知情权、参与权和监督权，并明确提起环境公益诉讼的社会组织范围。

2015 年 4 月，中共中央、国务院印发《关于加快推进生态文明建设的意见》，将完善生态环境监管制度作为健全生态文明制度体系的重要内容，要求“建立严格监管所有污染物排放的环境保护管理制度。完善污染物排放许可证制度，禁止无证排污和超标准、超总量排污。违法排放污染物、造成或可能造成严重污染的，要依法查封扣押排放污染物的设施设备。对严重污染环境的工艺、设备和产品实行淘汰制度。实行企事业单位污染物排放总量控制制度，适时调整主要污染物指标种类，纳入约束性指标。健全环境影响评价、清洁生产审核、环境信息公开等制度。建立生态保护修复和污染防治区域联动机制”。

2015 年 8 月，第二次修订的《大气污染防治法》明确提出，防治大气污染应当以改善大气环境质量为目标，规定了地方政府对辖区大气环境质量负责、环境保护部对省级政府实行考核、未达标城市政府应当编制限期达标规划、上级环保部门对未完成任务的下级政府负责人实行约谈和区域限批等一系列制度措施，为大气污染防治工作全面转向以质量改善为核心提供了法律保障。同时，从坚持源头治理，从推动转变经济发展方式、优化产业结构、调整能源结构的角度完善了相关制度，作出多方面制度创新。诸如："国务院环境保护主管部门会同有关部门，建立和完善大气污染损害评估制度。""国家建立机动车和非道路移动机械环境保护召回制度。""国务院交通运输主管部门可以在沿海海域划定船舶大气污染物排放控制区，进入排放控制区的船舶应当符合船舶相关排放要求。""国务院环境保护主管部门应当会同国务院卫生行政部门，根据大气污染物对公众健康和生态环境的危害和影响程度，公布有毒有害大气污染物名录，实行风险管理。""国家建立重点区域大气污染联防联控机制，统筹协调重点区域内大气污染防治工作。""国家建立重污染天气监测预警体系。"等。

5.1.2　环境管理制度来源简析

环境管理制度源于实践，在实践中经受检验，不断发展。随着实践的深入，一些新制度应运而生，一些老制度退出历史舞台。从国家层面上看，环境管理制度源于四个方面：①中共中央确立的加快生态文明制度建设等决策；②环境保护法律规定的环境保护制度；③国务院"决定"、"意见"、"规定"等规范性文件提出的环境管理制度；④国务院环境保护行政主管部门规定的环境管理制度。

环境管理制度的发生发展始终处于一个动态过程。单项法律制度也可以上升为法律法规。如环境影响评价制度上升为《环境影响评价法》和《规划环境影响评价条例》。排污收费制度上升为《排污费征收使用管理条例》。行政管理措施可以上升为管理制度，行政管理制度也可以上升为法律制度，如 2005 年 12 月发布的《国务院关于落实科学发展观加强环境保护的决定》作出的"区域限批"规定，"对超过污染物总量控制指标的地区，暂停审批新增污染物排放总量的建设项目"。2008 年修订的《水污染防治法》吸纳了这一经受实践检验的政策措施，将它上升为法律制度。明确规定："对超过重点水污染物排放总量控制指标的地区，有关人民政府环境保护主管部门应当暂停审批新增重点水污染物排放总量的建设项目的环境影响评价文件。"制度地位的上升表明它的刚性更强。制度也是一个历史产物，是一个历史过程。排污收费制度伴随我国环境保护事业发生发展，1982 年，国务院发布的《征收排污费暂行办法》，经过近 20 年的实践，2003 年成功上升为国务院《排污费征收管理使用条例》，但随环境资源税费改革的深化，环境保护税的概念应运而生，2014 年，"征收环境保护税"被写进了新修订的《环境保护法》。有朝一日，环境保护税将取代排污费，排污收费制度将完成历史使命，全身而退。

5.1.3 环境管理制度总体评估

从总体上说，环境管理制度执行效率不高且效果不佳的问题依然存在。针对决策者的制度不健全，当前环境保护制度并没有解决指挥棒问题，资源消耗、环境损害和生态效应尚未纳入经济社会发展评价体系和各级党政机关的绩效考核体系，绿色发展绩效评估机制和环境保护责任追究制度并未形成。促进政府与市场、公众良好分工的体制机制存在缺位，政府、市场和公众的关系有待厘清。排污收费、排污许可证、污染物总量控制等部分现行制度设计不合理、执行不到位，难以适应当前环境管理和监管的需求，亟待围绕环境管理转型进行调整。要按照环境质量改善和环境健康风险防控的管理导向，围绕为社会公众提供优良环境公共产品、实现环境管理战略转型的管理目标，依据源头严防、过程严管、后果严惩的管理思路，设计、调整和改进环境管控制度。

5.2 我国环境管理制度分类

我国环境管理制度可以分为事前预防类、行为管制类包括监督类和问责类、事后救济类，以及企业自律类。见图 5.2。各类制度之间是相互联系的，它们是一个有机的整体。不同类型的制度之间相互渗透，相互依存。有些制度可能横跨两大类，如预警机制与应急管理是密不可分的，既有预防属性，又有救济属性；污染强制保险制度同样含有预防属性；企业环境信用评价制度、企业环境信息公开制度和公共参与制度等项制度都是预防和监督属性兼而有之。再如，污染源自动监控设施运行管理制度与企业自行监测制度也是紧密相连的，是一个事物的两个方面，它们之间是管理人与管理相对人的关系；区域限批制度、重点污染物排放总量控制制度和环境影响评价制度之间有紧密的联系，如区域限批或超总量排放的地区暂停批准建设项目环境影响评价文件等。为了方便介绍，按其主要属性或者是值得强调的属性进行划分。为强调预防属性，这里将预警机制、风险管理、信用评价放在预防类制度中介绍。本书所介绍的企业自律类制度与前面的三大类制度不属于一个序列，其中除企业自行监测制度外，均为指导性制度，没有强制性。之所以单独列出讨论，意在激励企业自律，激发企业保护环境的内生动因，为他律奠定坚实的基础。

5.2.1 事前预防类

主要是指为预防经济与社会发展产生环境危害而设置的制度，如环境影响评价制度、建设项目“三同时”制度、清洁生产审计制度、环境风险管理制度、环境污染公共监测预警机制和企业环境信用评价制度等。

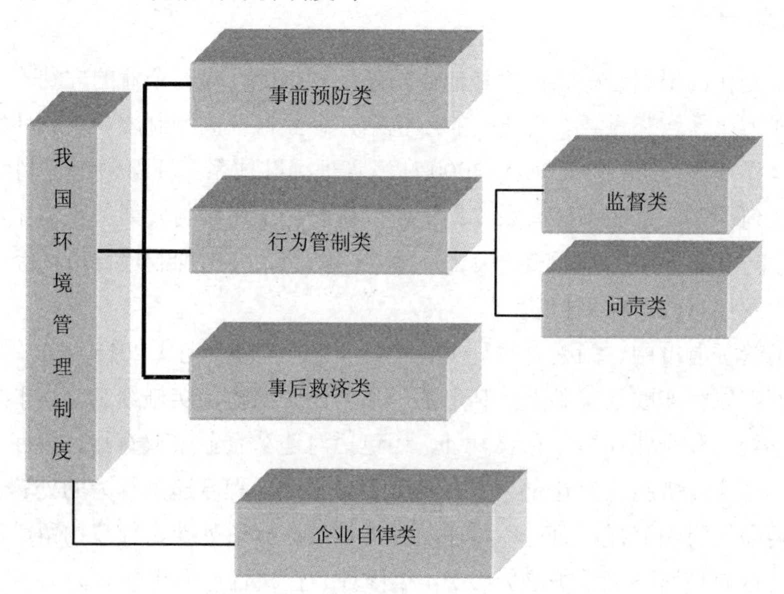

图 5.2 我国环境管理制度分类（施问超绘制）

5.2.2 行为管制类

（1）监督类

主要是指监督排污者行为的制度，其目的在于为环境监管提供可操作的执法手段和依据，如现场检查制度、排污收费制度、排污许可管理制度、污染源自动监控设施运行管理制度、重点污染物排放总量控制制度、区域限批制度、危险废物管理制度、危险废物转移联单管理制度、公众参与制度等。

（2）问责类

主要有：环境目标责任制度和终身问责制度、生产者责任延伸制度、按日计罚制度、行政强制等。

5.2.3 事后救济类

主要是指对污染行为及其后果进行处理处置的制度，其目的是防止损害扩大、分清责任和迅速救济被害方，如限期治理制度，限产、停产制度，淘汰制度，环境应急管理制度，环境污染责任保险制度，公益诉讼制度等。

5.2.4 企业自律类

内因是变化的根据，企业自律是他律的基础和保障，提高企业的守法素质，增强企业的守法能力比什么都重要。自律类制度包括：企业自行监测制度、企业环境监督员制度、对外合作环境保护指南、ISO 14000 环境管理标准体系、环保领跑者制度等。

无论如何分类，万变不离其宗，那就是以调整化工环境与发展关系为主线，突出促进转变发展方式和经济结构调整，突出环境风险防范，突出抑制违背市场经济规律的行为，为化工发展与改革保驾护航。

在环境管理制度中，为配合《环境保护法》（2014 年修订）2015 年 1 月 1 日实施，环境保护部在以往实践的基础上，制定了一系列便于操作的实施细则。其中备受关注的除按日连续处罚和企业环境信息公开外，还包括对违法企业采取查封、扣押乃至限产及停产措施。这几项措施互为补充，基本涵盖了对于不同程度违法行为的处罚。加上之前颁布的“两高”司法解释，面对环境违法行为，还有行政处罚、行政拘留、刑事责任追究等举措，这就使《环境保护法》（2014 年修订）在执行层面更加有力。

5.3 发展态势

5.3.1 实行最严格的环境监管制度

建立和完善严格监管所有污染物排放的环境保护管理制度，独立进行环境监管和行政执法。完善污染物排放许可制，实行企事业单位污染物排放总量控制制度。加大环境执法力度，严格环境影响评价制度，加强突发环境事件应急能力建设，完善以预防为主的环境风险管理制度。对造成生态环境损害的责任者严格实行赔偿制度，依法追究刑事责任。建立陆海统筹的生态系统保护修复和污染防治区域联动机制。开展环境污染强制责任保险试点。通过落实环保法律法规，约束产业转移行为，倒逼经济转型升级。

5.3.2 加快生态文明制度建设

2013 年 11 月 12 日，党的十八届三中全会通过的《中共中央关于全面深化改革若干重大问题的决定》指出，建设生态文明，必须建立系统完整的生态文明制度体系，实行最严格的源头保护制度、损害赔偿制度、责任追究制度，完善环境治理和生态修复制度，用制度保护生态环境。2015 年 4 月 25 日，中共中央、国务院印发《关于加快推进生态文明建设的意见》（中发〔2015〕12 号）要求健全系统完整的制度体系，通过最严格的制度、最严密的法治，对各类开发、利用、保护自然资源和生态环境的行为，进行规范和约束。按照源头预防、过程控制、损害赔偿、责任追究的整体思路，提出了健全法律法规、完善标准体系、完善生态环境监管制度、严守资源环境生态红线、健全自然资源资产产权和用途管制制度、完善经济政策、推行市场化机制、健全生态保护补偿机制、健全政绩考核制度和完善责任追究制度等 10 个方面的重大制度。要求到 2020 年，生态文明重大制度基本确立。中央加快生态文明制度建设的决策，将对环境管理制度建设和发展产生深刻的影响。

本章小结

我国在实践中逐步形成了以保护和改善环境质量为宗旨的，联结着政府、企业、市场和公众的，以重点污染物排放总量控制制度为纽带的环境管理制度体系。其中环境保护法律制度是我国环境管理制度体系的脊梁，符合市场经济发展要求、支持公众参与和强化政府责任的那些制度则是我国环境管理制度的主要发展方向。我国环境管理制度可以分为预防类、行为管理类、救济类和自律类 4 大类。突出他律与自律相结合，自律是基础，他律是也为了更好的自律。没有自律，他律难以奏效。

思考题

1. 简述我国环境管理制度的发展历程。
2. 重点污染物排放总量控制制度的作用和地位是什么？为什么？
3. 举例说明我国环境保护法（2014）的制度创新。
4. 我国环境管理制度可以分为哪几类？你有更好的分类方法吗？
5. 自律与他律的关系是什么？为什么？

第 6 章　预防类环境管理制度

预防类环境管理制度是最积极的管理制度。其构成见图 6.1。值得一提的是，建设项目环保“三同时”制度是 20 世纪 70 年代产生的一项典型的末端治理制度，是末端治理中的“预防”，不是真正意义上的预防类制度。

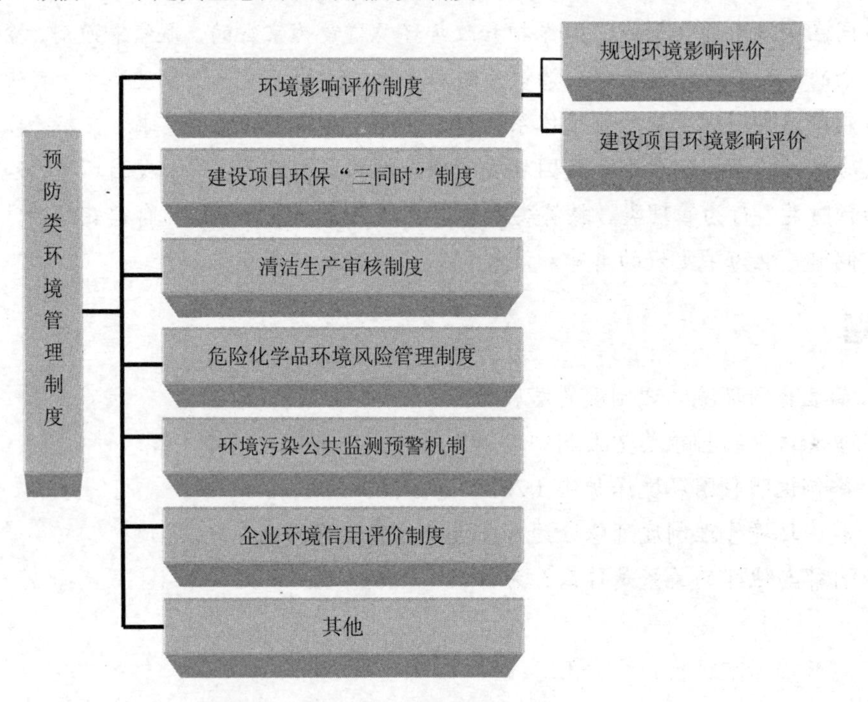

图 6.1　预防类环境管理制度（施问超绘制）

6.1　环境影响评价制度

6.1.1　环境影响评价制度基本概念

6.1.1.1　环境影响评价含义和类型

环境影响评价制度是指对规划和建设项目实施后可能造成的环境影响进行分析、预测和评估，提出预防或者减轻不良环境影响的对策和措施，进行跟踪监测的方法与制度。

环境影响评价（简称“环评”）的对象可以分为 4 类：一是建设项目环评，包括新建、改建、扩建和技术改造项目。二是发展规划环评，包括土地、区域、流域、海域 4 类综合性规划，工业、农业、畜牧业、林业、能源、水利、交通、城市建设、旅游、自然资源开发 10 类专项规划。三是区域战略环评。我国继环渤海沿海地区、海峡西岸经济区、北部湾经济区沿海、成渝经济区和黄河中上游能源化工区等 5 大区域和西部大开发战略环评之后，我国第三个大区域——中部地区发展战略环评工作圆满完成，正精心筹备启动京津冀、长三角和珠三角等 3 大地区的战略环评。四是政策环评。我国此类环评尚处于探索阶段。

6.1.1.2 环境影响评价的工作程序和主要工作内容

环境影响评价的工作程序分为准备阶段、正式工作阶段和报告书编制阶段。环境影响评价的主要工作内容包括：①工程分析；②环境现状调查与评价；③环境影响识别；评价因子筛选与评价等级确定；④环境影响分析；预测和评价；⑤环境保护措施及其技术；经济论证；⑥对本项目的环境影响进行经济损益分析；⑦开展公众参与；⑧拟定环境监测与管理计划；⑨编制环境影响报告书。

6.1.2 环境影响评价制度由来和法律规定

环境影响评价制度与“三同时”结伴而行，同时上升为法律制度。就建设项目而言，环境影响评价是“三同时”的依托和前提，两者相互交织，相互支持。环境影响评价制度是我国唯一上升为环境保护单行法并派生出行政法规的环境管理制度。1973 年，全国第一次环境保护会议引入环境影响评价概念，1979 年，国务院环境保护领导小组在《关于全国环境保护工作会议情况报告》中将环境影响评价列为我国环境保护的一项方针政策，同年在《环境保护法（试行)》中上升为法律制度。2002 年我国颁布《环境影响评价法》，将环境影响评价范围由建设项目扩展到规划。2006 年，《环境影响评价公众参与暂行办法》出台，标志着我国公众参与环境保护进入新阶段。2009 年，国务院颁布《规划环境影响评价条例》，并将“区域限批”作为主要污染物排放总量控制的法律手段，使环境影响评价制度与总量控制制度的联系更直接、更深入。环境影响评价制度虽然是“舶来”的环境管理制度，但由于它是把住环境污染和生态破坏的“关口”，是保障科学发展的“利剑”，经过 30 多年的实践，已经在我国落地生根，形成一套较为完整的环境影响评价法律法规和规章体系。

《环境保护法》(1989）第十三条、第二十六条、第三十六条对环境影响评价制度作出了明确规定。

《环境影响评价法》（2002）规定：“建设项目的环境影响评价文件未经法律规定的审批部门审查或者审查后未予批准的，该项目审批部门不得批准其建设，建设单位不得开工建设。”（第二十五条）“建设项目建设过程中，建设单位应当同时实施环境影响报告书、环境影响报告表以及环境影响评价文件审批部门审批意见中提出的环境保护对策措施。”（第二十六条）《环境影响评价法》还对规划环境影响评价作出了全面系统的规定。

《清洁生产促进法》（2012）规定：“新建、改建和扩建项目应当进行环境影响评价，对原料使用、资源消耗、资源综合利用以及污染物产生与处置等进行分析论证，优先采用资源利用率高以及污染物产生量少的清洁生产技术、工艺和设备。”（第十八条），“企业在进行技术改造过程中，应当采取以下清洁生产措施：（一）采用无毒、无害或者低毒、低害的原料，替代毒性大、危害严重的原料；（二）采用资源利用率高、污染物产生量少的工艺和设备，替代资源利用率低、污染物产生量多的工艺和设备；（三）对生产过程中产生的废物、废水和余热等进行综合利用或者循环使用；（四）采用能够达到国家或者地方规定的污染物排放标准和污染物排放总量控制指标的污染防治技术。”（第十九条）。

《环境保护法》（2014）明确了环评的事前、事中参与机制，并疏通事后参与机制，对规划环境影响评价、建设项目环境影响评价、区域限批、公众参与等制度作出更为明确系统的规定：

第十九条　编制有关开发利用规划，建设对环境有影响的项目，应当依法进行环境影响评价。

未依法进行环境影响评价的开发利用规划，不得组织实施；未依法进行环境影响评价的建设项目，不得开工建设。

第四十一条　建设项目中防治污染的设施，应当与主体工程同时设计、同时施工、同时投产使用。防治污染的设施应当符合经批准的环境影响评价文件的要求，不得擅自拆除或者闲置。

第四十四条　第二款　对超过国家重点污染物排放总量控制指标或者未完成国家确定的环境质量目标的地区，省级以上人民政府环境保护主管部门应当暂停审批其新增重点污染物排放总量的建设项目环境影响评价文件。

第五十六条　对依法应当编制环境影响报告书的建设项目，建设单位应当在编制时向可能受影响的公众说明情况，充分征求意见。

负责审批建设项目环境影响评价文件的部门在收到建设项目环境影响报告书后，除涉及国家秘密和商业秘密的事项外，应当全文公开；发现建设项目未充分征求公众意见的，应当责成建设单位征求公众意见。

《大气污染防治法》（2015）就建设项目环境影响评价与信息公开、总量控制的关系，重点区域的规划环评与跨省（区、市）会商以及会商与重大项目环评的关系作出明确规定：

第十八条 企业事业单位和其他生产经营者建设对大气环境有影响的项目，应当依法进行环境影响评价、公开环境影响评价文件；向大气排放污染物的，应当符合大气污染物排放标准，遵守重点大气污染物排放总量控制要求。

第八十九条 编制可能对国家大气污染防治重点区域的大气环境造成严重污染的有关工业园区、开发区、区域产业和发展等规划，应当依法进行环境影响评价。规划编制机关应当与重点区域内有关省、自治区、直辖市人民政府或者有关部门会商。

重点区域内有关省、自治区、直辖市建设可能对相邻省、自治区、直辖市大气环境质量产生重大影响的项目，应当及时通报有关信息，进行会商。

会商意见及其采纳情况作为环境影响评价文件审查或者审批的重要依据。

6.1.3 化工园区和化工建设项目环境影响评价的基本要求

（1）园区开发建设规划应做好环境影响评价工作。

（2）入园项目必须开展环境影响评价工作。

（3）环境风险评价结论应作为化工建设项目环境影响评价文件结论的主要内容之一。无环境风险评价专章的相关建设项目环境影响评价文件不予受理；经论证，环境风险评价内容不完善的相关建设项目环境影响评价文件不予审批。

（4）建设产生危险废物的项目，应当严格进行环境影响评价；竣工验收时，应对危险废物产生、贮存、利用和处置情况，风险防范措施，管理计划等进行核查。

（5）环境影响后评价。在项目建设、运行过程中产生不符合经审批的环境影响评价文件的情形的，建设单位应当组织环境影响的后评价，采取改进措施，并报原环境影响评价文件审批部门和建设项目审批部门备案；原环境影响评价文件审批部门也可以责成建设单位进行环境影响的后评价，采取改进措施；环保部门在化工建设项目环境影响评价文件审批中，对存在较大环境风险隐患的，应提出环境影响后评价的要求。

（6）环保部门应当将新化学物质登记，作为审批生产或者加工使用该新化学物质建设项目环境影响评价文件的条件。

（7）企业完成技术改造项目之后污染物排放达标，确有必要拆除或者闲置的环保设施，应当在该技术改造项目环境影响评价文件中明确，必须在项目投入使用验收之后，征得所在地的环境保护行政主管部门同意。

（8）对建设项目环境保护情况实施动态管理。一是建设项目的环境影响评价文件经批准后，建设项目的性质、规模、地点、采用的生产工艺或者防治污染、防止生态破坏的措施发生重大变动的，建设单位应当重新报批建设项目的环境影响评价文件。二是建设项目的环境影响评价文件自批准之日起超过五年，方决定该项目开工建设的，其环境影响评价文件应当报原审批部门重新审核；原审批部门应当自收到建设项目环境影响评价文件之日起十日内，将审核意见书面通知建设单位。三是环境保护行政主管部门应当对建设项目投入生产或者使用后所产生的环境影响进行跟踪检查，对造成严重环境污染或者生态破坏的，应当查清原因、查明责任。

（9）实行园区污染物排放总量控制。园区所在辖区人民政府应进一步明确园区污染物排放总量，将园区总量指标和项目总量指标作为入园项目环评审批的前置条件，确保建成后该项目和园区各类污染物排放总量符合总量控制目标要求。鼓励通过结构调整、产业升级、循环经济、技术创新和技术改造等措施减少园区污染物排放总量。

（10）园区建设项目限批。产业园区存在下列问题之一的，环保部门将暂停受理除污染治理、生态恢复建设和循环经济类以外的入园建设项目环境影响评价文件：①未依法开展规划环境影响评价；②环境风险隐患突出且未完成限期整改；③未按期完成污染物排放总量控制计划；④污染集中治理设施建设滞后或不能稳定达标排放，且未完成限期治理。

（11）规划环评与项目环评联动。环境影响评价过程要公开透明，充分征求社会公众意见。建立健全规划环境影响评价和建设项目环境影响评价的联动机制。对未进行环评规划所包含的建设项目，不予受理；已经批准的规划在实施范围、适用期限、规模、结构和布局等方面进行重大调整或修订的，应当重新或补充进行环境影响评价；已经开展环评工作的规划，其包含的建设项目环境影响评价的内容可以适当简化。

（12）按照主体功能区规划要求，合理确定重点产业发展布局、结构和规模，重大项目原则上布局在优化开发区和重点开发区。所有新、改、扩建项目，必须全部进行环境影响评价；未通过环境影响评价审批的，一律不准开工建设；违规建设的，要依法进行处罚。加强产业政策在产业转移过程中的引导与约束作用，严格限制在生态脆弱或环境敏感地区建设“两高”行业项目。加强对各类产业发展规划的环境影响评价。

在东部、中部和西部地区实施差别化的产业政策，对京津冀、长三角、珠三角等区域提出更高的节能环保要求。强化环境监管，严禁落后产能转移。见《国务院关于印发大气污染防治行动计划的通知》（国发〔2013〕37 号）。

（13）2014 年 8 月，国务院办公厅发布《关于进一步推进排污权有偿使用和交易试点工作的指导意见》（国办发〔2014〕38 号）指出，核定排污权不得超过污染排放总量控制指标，新改扩建项目依据环境影响评价结果核定。

（14）为规范涉及国家级自然保护区建设项目的生态影响评价工作，加强涉及国家级自然保护区建设项目的环境管理，环境保护部组织编制并印发《涉及国家级自然保护区建设项目生态影响专题报告编制指南（试行）》（环办函〔2014〕1419 号，2014-10-29）。

6.1.4 强化节能环保指标约束

详见《国务院关于印发大气污染防治行动计划的通知》（国发〔2013〕37 号）。

提高节能环保准入门槛，健全重点行业准入条件，公布符合准入条件的企业名单并实施动态管理。严格实施污染物排放总量控制，将二氧化硫、氮氧化物、烟粉尘和挥发性有机物排放是否符合总量控制要求作为建设项目环境影响评价审批的前置条件。

京津冀、长三角、珠三角区域以及辽宁中部、山东、武汉及其周边、长株潭、成渝、海峡西岸、山西中北部、陕西关中、甘宁、乌鲁木齐城市群等“三区十群”中的 47 个城市，新建火电、钢铁、石化、水泥、有色、化工等企业以及燃煤锅炉项目要执行大气污染物特别排放限值。各地区可根据环境质量改善的需要，扩大特别排放限值实施的范围。

对未通过能评、环评审查的项目，有关部门不得审批、核准、备案，不得提供土地，不得批准开工建设，不得发放生产许可证、安全生产许可证、排污许可证，金融机构不得提供任何形式的新增授信支持，有关单位不得供电、供水。

6.1.5 加强环境风险评价

参阅本书“6.4 危险化学品环境风险管理制度”。

为贯彻《中华人民共和国环境影响评价法》《建设项目环境管理条例》以及《环境影响评价技术导则》，将建设项目环境风险评价纳入环境影响评价管理范畴，从而有利于项目建设全过程风险管理，并提高环境风险评价工作及审查工作的质量和效率，使其达到法制化、规范化和标准化的要求，国家环境保护总局发布《建设项目环境风险评价技术导则（HJ/T 169—2004）》（国家环境保护总局 2004 年第 174 号公告），有力地推动我国建设项目的环境风险评价工作。其后环境保护部和中国保险监督管理委员会相继发布专项环境风险评估指南，包括硫酸企业、氯碱企业环境风险等级划分方法，使风险评价更具可操作性。应注重经过实践检验的各种成果，综合、共享多方面的信息，进一步加强建设项目环境风险评价工作，包括国家综合经济管理部门制定的行业准入条件、淘汰落后和过剩产能政策、环境保护综合名录（含“双高”产品目录）、“十二五”环境风险重点防控的化学品名单、环境信用评价信息、污染强制责任险试点信息等，提高建设项目环境风险评价的质量和效率。

环境风险评价的基本内容为：风险识别、源项分析、后果计算、风险计算和评价以及风险管理。其评价程序见图 6.2。

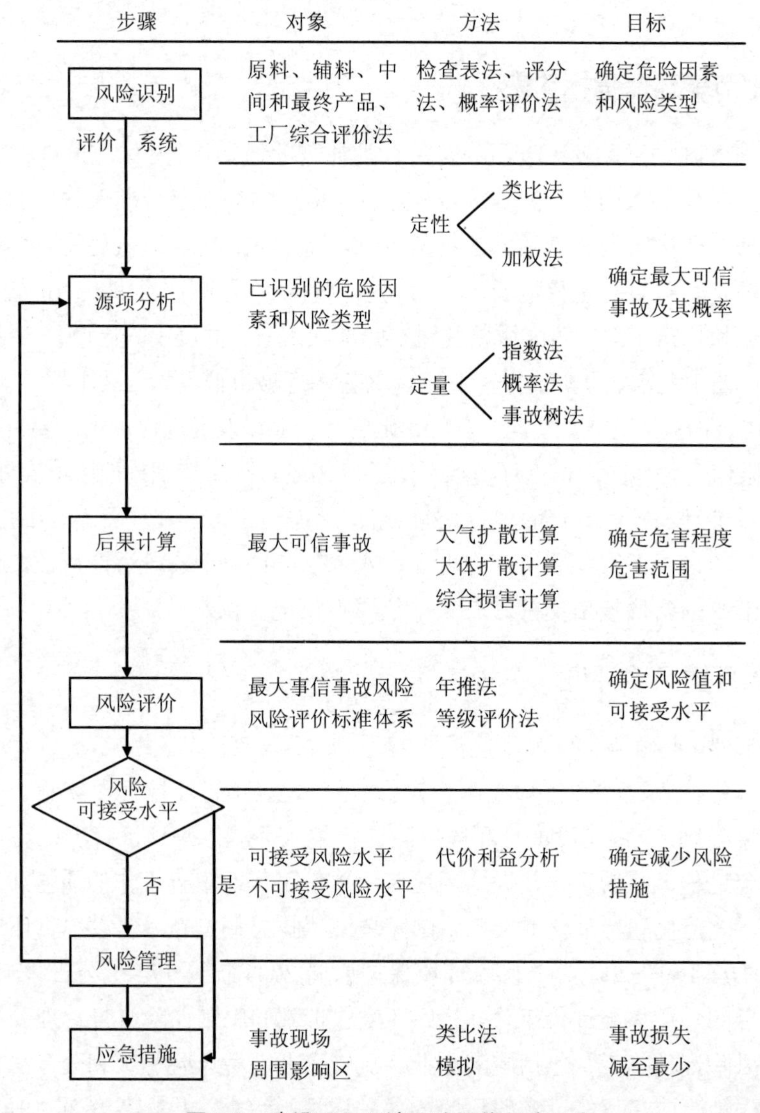

图 6.2 建设项目环境风险评价程序示意

6.1.6 法律责任

见《环境影响评价法》第三十一条、第二十四条为处罚条款。海洋工程建设项目的违法行为，依照《海洋环境保护法》（1999 年修订，2013 年修正）的规定处罚。

2014 年全面修订的《环境保护法》法律对违反环境影响评价制度的建设单位和环境评价单位作出了严格的追究责任的规定。

第六十一条规定："建设单位未依法提交建设项目环境影响评价文件或者环境影响评价文件未经批准，擅自开工建设的，由负有环境保护监督管理职责的部门责令停止建设，处以罚款，并可以责令恢复原状。"

第六十三条规定："建设项目未依法进行环境影响评价，被责令停止建设，拒不执行的"，"尚不构成犯罪的，除依照有关法律法规规定予以处罚外，由县级以上人民政府环境保护主管部门或者其他有关部门将案件移送公安机关，对其直接负责的主管人员和其他直接责任人员，处十日以上十五日以下拘留；情节较轻的，处五日以上十日以下拘留。"

第六十五条规定："环境影响评价机构、环境监测机构以及从事环境监测设备和防治污染设施维护、运营的机构，在有关环境服务活动中弄虚作假，对造成的环境污染和生态破坏负有责任的，除依照有关法律法规规定予以处罚外，还应当与造成环境污染和生态破坏的其他责任者承担连带责任。"本条对提供服务的专业性机构的连带责任作出明确规定。如果他们有弄虚作假的行为，比如他们和厂家勾结，比如在监测设备上造假，在运营防治污染设施时，或者维护设施时弄虚作假，对造成的环境污染和生态破坏负有责任的，除依照有关法律法规规定予以处罚外，还应当与其他的责任者承担连带责任。

链接

2007 年 2 月 3 日，洛阳市中信重型机械公司建筑面积 7 000 m^2 的造气车间成功爆破。据介绍，该煤气站项目由于设备本身的缺陷，建成后运行不能达标，污染严重，浪费资源。爆破现场见图 6.3。

图 6.3 洛阳市中信重型机械公司造气车间成功爆破

（来源：《河南日报》。记者郭宇、李林摄）

6.1.7 发展和思考

6.1.7.1 政策环评

《国务院关于落实科学发展观加强环境保护的决定》（国发〔2005〕39 号）提出对环境有重大影响的决策进行环境影响论证，环境保护法（2014 年修订）要求“国务院有关部门和省、自治区、直辖市人民政府组织制定经济、技术政策，应当充分考虑对环境的影响，听取有关方面和专家的意见。”这些规定都是为政策环境影响评价做铺垫。我国战略环评试点已经展开，政策环评亦已在深圳试水。政策环评将成为深化环境影响评价进一步发展的重点。

6.1.7.2 化工项目环评

从目前公开的环评报告看，有些化工建设项目环评审批制度在很大程度上流于形式。原因在于：①企业对排污情况在可行性报告中不如实申报，环评机构和评审专家不大可能搞清楚成千上万种化工产品的生产工艺；②环评审批时间偏长，不能适应市场变化要求，“先上后申报”现象普遍。一是应注重企业排污申报和现场监测相结合，二是更多地采用合乎市场经济模式的管理办法防控项目污染。

6.2 建设项目环境保护“三同时”制度

6.2.1 建设项目环保“三同时”的含义

建设项目中防治污染的设施，应当与主体工程同时设计、同时施工、同时投产使用（简称“三同时”）。防治污染的设施应当符合经批准的环境影响评价文件的要求，不得擅自拆除或者闲置。

新建、改建、扩建化学品生产、储存、运输的建设项目（包括危险化学品运输管道建设项目）统称为建设项目。化工行业除了实施环保“三同时”制度之外，还有安全设施“三同时”、职业病防护设施“三同时”、节水设施“三同时”等“三同时”制度。

6.2.2 关于环保“三同时”的由来和法律规定

1972 年 6 月，在国务院批转的《国家计委、国家建委关于官厅水库污染情况和解决意见的报告》中第一次提出了“工厂建设和三废利用工程要同时设计、同时施工、同时投产”的要求。1973 年，经国务院批转的《关于保护和改善环境的若干规定》（试行草案）中规定：“一切新建、扩建和改建的企业，防治污染项目，必须和主体工程同时设计，同时施工，同时投产”。“正在建设的企业，没有采取防治措施的，必须补上。各级主管部门要会同环境保护和卫生等部门，认真审查设计，做好竣工验收，严格把关。”从此，“三同时”成为中国最早的环境管理制度之一。1979 年“三同时”制度被写进《环境保护法（试行）》，上升为法律制度。《环境保护法》（1989）第二十六条规定：“建设项目中防治污染的措施，必须与主体工程同时设计、同时施工、同时投产使用。防治污染的设施必须经原审批环境影响报告书的环保部门验收合格后，该建设项目方可投入生产或者使用。防治污染的设施不得擅自拆除或者闲置，确有必要拆除或者闲置的，必须征得所在地的环境保护行政主管部门的同意。”适用于在中国领域内的新建、改建、扩建项目（含小型建设项目）和技术改造项目，以及其他一切可能对环境造成污染和生态破坏的工程建设项目和自然资源开发项目。为贯彻落实“三同时”制度，国务院颁布了《建设项目环境保护管理条例》（1998），国务院环境保护行政主管部门和有关部门制定了一系列与法律法规相配套的标准和规章。就化工而言，原化学工业部批准公布的《化工废渣填埋场设计规定》（HG 20504—1992），国家发展和改革委员会批准公布的《化工建设项目环境保护设计规定》（HG 20667—2005），住房和城乡建设部批准的《化工建设项目环境保护设计规范》（GB 50483—2009）属“同时设计”的标准。2014 年全面修订的《环境保护法》总结了 25 年的实践经验，对建设项目环保“三同时”作出了更为严密的规定：“建设项目中防治污染的设施，应当与主体工程同时设计、同时施工、同时投产使用。防治污染的设施应当符合经批准的环境影响评价文件的要求，不得擅自拆除或者闲置。”

6.2.3 环保“三同时”制度的基本要求

（1）建设项目设计，应当有环境保护的工程和投资概算。依据经批准的建设项目环境影响报告书（或环境影响报告表），在环境保护篇章中落实防治环境污染和生态破坏的措施以及环境保护设施投资概算。

（2）建设项目的主体工程与环保设施同时投入试运行。

（3）建设项目试生产期间，建设单位应对环保设施运行情况和对环境的影响进行监测。

（4）建设项目竣工后，建设单位应向环境保护行政部门申请该建设项目配套建设的环保设施进行竣工验收。分期建设、分期投入生产或者使用的建设项目，其相应的环境保护设施应当分期验收。环保设施经验收合格，该建设项目方可正式投入生产或者使用。

链接

为认真贯彻落实国务院关于减少资质资格许可和认定的有关要求，2014 年 10 月 27 日，环境保护部发布《关于废止原国家环境保护总局 2007 年第 84 号公告和环境保护部 2009 年第 28 号公告的公告》（环境保护部公告 2014 年第 68 号），决定废止原国家环境保护总局于 2007 年 12 月 18 日发布的《关于公布环保总局管理的建设项目竣工环境保护验收调查推荐单位名单的公告》（2007 年第 84 号公告）和环境保护部于 2009 年 7 月 10 日发布的《关于公布环境保护部审批的建设项目竣工环境保护验收调查推荐单位名单（2009 年）的公告》（2009 年第 28 号公告）。

6.2.4 法律责任

《环境保护法》（2014）第六十一条规定：“建设单位未依法提交建设项目环境影响评价文件或者环境影响评价文件未经批准，擅自开工建设的，由负有环境保护监督管理职责的部门责令停止建设，处以罚款，并可以责令恢复原状。”第六十三条规定：“建设项目未依法进行环境影响评价，被责令停止建设，拒不执行的，尚不构成犯罪的，除依照有关法律法规规定予以处罚外，由县级以上人民政府环境保护主管部门或者其他有关部门将案件移送公安机关，对其直接负责的主管人员和其他直接责任人员，处十日以上十五日以下拘留；情节较轻的，处五日以上十日以下拘留。”第六十五条规定：“环境影响评价机构、环境监测机构以及从事环境监测设备和防治污染设施维护、运营的机构，在有关环境服务活动中弄虚作假，对造成的环境污染和生态破坏负有责任的，除依照有关法律法规规定予以处罚外，还应当与造成环境污染和生态破坏的其他责任者承担连带责任。”首次对环境影响评价机构提出了法律约束。《水污染防治法》（2008）第七十一条、《固体废物污染环境防治法》（2004）第六十九条和《建设项目环境保护管理条例》（1998）第二十八条等均作出有关处罚规定。

图 6.4 环境违法建设项目被引爆（资料图片）

（来源：《河南法制报》2009 年 11 月 12 日第 7 版：环境保护）

6.2.5 发展和思考

化工建设项目在设计、建设和投入生产的过程中本应采用清洁生产工艺，排放物要实施减量化、资源化、再利用，必须排放的“三废”要进行无害化处置，达到国家排放标准。所以环保“三同时”制度并不是管理创新，只是对当时落后现状的一种妥协和对落后理念的矫正。就当时而言是一种进步，但本质上还是一项典型的将污染治理与化工生产割裂开来的末端治理制度，是一种历史现象。

“三同时”制度与环境影响评价制度相辅相成，意在防止产生新的环境污染物。何时不提“三同时”了，环保已成为化工企业自觉的责任意识，我国的化工环保工作就会发生质的飞跃，自然就会面目一新了。如果非提“三同时”不可，“与”字也应改为“纳入”，即防治污染的设施应当纳入主体工程同时设计、同时施工、同时投产使用，因为防治污染是化工生产的题中之意，两者并无主次之分。2015 年 8 月第二次修订的《大气污染防治法》没有出现“防治污染的设施与主体工程同时设计、同时施工、同时投产使用”的直接表述。

6.3 清洁生产审核制度

推行清洁生产审核制度，是企业实施清洁生产的一项重要法律制度。开展清洁生产审核就是为了促进清洁生产，再没有什么其他目的。

清洁生产审核是指按照一定程序，对生产和服务过程进行调查和诊断，找出能耗高、物耗高、污染重的原因，提出减少有毒有害物料的使用、产生，降低能耗、物耗以及废物产生的方案，进而选定技术经济及环境可行的清洁生产方案的过程。

6.3.1 清洁生产审核的由来和法律规定

2002 年颁布的《清洁生产促进法》规定了清洁生产审核制度。2004 年 9 月 9 日，为贯彻落实《清洁生产促进法》，全面推行清洁生产，国家发展改革委、国家环保总局联合发布了《清洁生产审核暂行办法》（国家发展和改革委员会、国家环境保护总局令 第十六号）。2005 年，国家环境保护总局印发重点企业清洁生产审核程序的规定（环发〔2005〕151 号）。《清洁生产审核暂行办法》明确了企业实施清洁生产审核的义务，对应实施强制性清洁生产审核的企业，规定了清洁生产审核的时限，审核结果的上报以及企业不履行清洁生产审核义务应承担的法律责任，从而推动企业依法实施清洁生产审核；明确了政府部门推行清洁生产审核的监督管理和服务的职责，提出了建立健全清洁生产审核服务体系、规范清洁生产审核行为的要求；明确了清洁生产审核的内容、程序和方法，指导和帮助企业按照相关的程序和方法正确开展清洁生产审核。2008 年，环境保护部发出《关于进一步加强重点企业清洁生产审核工作的通知》（环发〔2008〕60 号）。

2010 年，为贯彻落实《国务院批转发展改革委等部门关于抑制部分行业产能过剩和重复建设引导产业健康发展若干意见的通知》（国发〔2009〕38 号）、《国务院办公厅关于落实抑制部分行业产能过剩和重复建设有关重点工作部门分工的通知》（国办〔2009〕116 号）和《国务院办公厅转发环境保护部等部门关于加强重金属污染防治工作指导意见的通知》（国办发〔2009〕61 号）精神，深入扎实推进重点企业清洁生产工作，环境保护部发出《关于深入推进重点企业清洁生产的通知》（环发〔2010〕54 号），提出 8 点要求，包括依法公布应实施清洁生产审核的重点企业名单。其后，环境保护部对全国重点企业清洁生产推行情况进行了调度，汇总形成了 2005 年以来实施清洁生产审核并通过评估验收的重点企业名单。分批公告重点企业名单，至 2012 年已公布 5 批，计公告 17 862 企业家。具体名单可查询中国清洁生产网（www.cncpn.org.cn）。分批公告企业数见表 6.1。

表 6.1 环境保护部公布实施清洁生产审核并通过评估验收的重点企业数

文件名称	发布文号	发布日期	发布企业数/家
全国重点企业清洁生产公告（第 1 批）	环境保护部公告 2010 年第 62 号	2010-09-03	2 766
全国重点企业清洁生产公告（第 2 批）	环境保护部公告 2010 年第 89 号	2010-12-08	1 630
全国重点企业清洁生产公告（第 3 批）	环境保护部公告 2011 年第 52 号	2011-07-01	2 043
全国重点企业清洁生产公告（第 4 批）	环境保护部公告 2011 年第 94 号	2011-12-31	2 649
全国重点企业清洁生产公告（第 5 批）	环境保护部公告 2012 年第 57 号	2012-09-12	8 774
小计			17 862

（施问超制表）

2011 年，《国务院关于加强环境保护重点工作的意见》（国发〔2011〕35 号）要求“推行重点企业强制性清洁生产审核”以深化重点领域污染综合防治。2012 年，经过 10 年的实践，对 2002 年颁布的《清洁生产促进法》进行修改。2012 年修改的《清洁生产促进法》与修改前相比，一是扩大了对企业实施强制性清洁生产审核范围，将超过单位产品能源消耗限额标准构成高耗能的企业列入了强制性审核范围。明确规定对“双超”、“双有”企业实行强制审核。该法第二十八条规定：“污染物排放超过国家和地方规定的排放标准或者超过经有关地方人民政府核定的污染物排放总量控制指标的企业，应当实施清洁生产审核。”“使用有毒、有害原料进行生产或者在生产中排放有毒、有害物质的企业，应当定期实施清洁生产审核，并将审核结果报告所在地的县级以上地方人民政府环境保护行政主管部门和经济贸易行政主管部门。”二是充分发挥社会监督作用，明确要求实施强制性清洁生产审核的企业，应当将审核结果向所在地县级以上地方人民政府负责清洁生产综合协调的部门、环境保护部门报告，并在本地区主要媒体上公布，接受公众监督，但涉及商业秘密的除外。三是强化了政府有关部门对企业实施强制性清洁生产审核的监督责任。明确规定："县级以上地方人民政府有关部门应当对企业实施强制性清洁生产审核的情况进行监督，必要时可以组织对企业实施清洁生产的效果进行评估验收，所需费用纳入同级政府预算。承担评估验收工作的部门或者单位不得向被评估验收企业收取费用。"四是在规范强制性审核的同时，鼓励企业自愿实施清洁生产。要求"企业应当对生产和服务过程中的资源消耗以及废物的产生情况进行监测，并根据需要对生产和服务实施清洁生产审核。"

6.3.2 清洁生产审核制度的基本要求

6.3.2.1 清洁生产审核的基本思路

（1）现状。废弃物在哪里产生？——污染源清单；

（2）原因分析。为什么会产生废弃物？——原因分析；

（3）解决方法。如何减少或消除这些废弃物？——方案产生和实施。

清洁生产审核对废弃物产生的原因分析应关注以下八个方面：原辅材料（包括能源）、生产工艺、生产设备、过程控制、管理制度、员工技能、产品、废物。如图 6.5 所示。

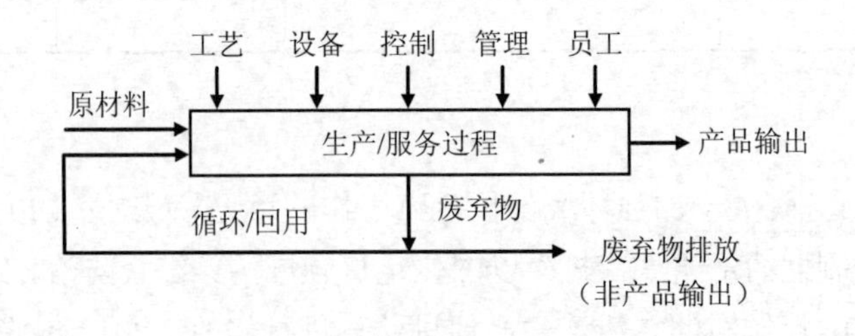

图 6.5 清洁生产审核关注的八个方面（willhb.cn717x323）

6.3.2.2 推进危险化学品企业清洁生产审核

定期发布强制性清洁生产审核企业名单。强化和完善针对生产、使用累积风险类和突发环境事件高发类重点防控化学品或者在生产过程中排放重点防控化学品的企业清洁生产审核相关规定和要求。重点防控企业应至少每两年开展一次强制清洁生产审核，并将审核结果和整改措施上报相关环境保护主管部门。推动工业产品符合绿色化学理念的生态设计，减少和替代累积风险类重点防控化学品的使用。

6.3.2.3 实施强制性清洁生产审核

有下列情形之一的企业，应当实施强制性清洁生产审核：①污染物排放超过国家或者地方规定的排放标准，或者虽未超过国家或者地方规定的排放标准，但超过重点污染物排放总量控制指标的；②超过单位产品能源消耗限额标准构成高耗能的；③使用有毒、有害原料进行生产或者在生产中排放有毒、有害物质的。（《清洁生产促进法》第二十七条第二款）

有毒有害物质是指被列入《危险货物品名表》（GB 12268）、《危险化学品名录》《国家危险废物名录》和《剧毒化学品目录》中的剧毒、强腐蚀性、强刺激性、放射性（不包括核电设施和军工核设施）、致癌、致畸等物质。

实施强制性清洁生产审核的企业，应当将审核结果向所在地县级以上地方人民政府负责清洁生产综合协调的部门、环境保护部门报告，并在本地区主要媒体上公布，接受公众监督，但涉及商业秘密的除外。（《清洁生产促进法》第二十七条第四款）

6.3.2.4 需重点审核的有毒有害物质名录

国家环境保护部门先后印发两批需重点审核的有毒有害物质名录。见表 6.2，表 6.3。

表 6.2 需重点审核的有毒有害物质名录（第一批）（环发〔2005〕151 号）

序号	物质类别	物质来源
1	医药废物	医用药品的生产制作
2	染料、涂料废物	油墨、染料、颜料、油漆、真漆、罩光漆的生产配制和使用
3	有机树脂类废物	树脂、胶乳、增塑剂、胶水/胶合剂的生产、配制和使用
4	表面处理废物	金属和塑料表面处理
5	含铍废物	稀有金属冶炼及铍化合物生产
6	含铬废物	化工（铬化合物）生产；皮革加工（鞣革）；金属、塑料电镀；酸性媒介染料染色；颜料生产与使用；金属铬冶炼（修合金）；表面钝化（电解锰等）
7	含铜废物	有色金属采选和冶炼；金属、塑料电镀；铜化合物生产
8	含锌废物	有色金属采选及冶炼；金属、塑料电镀；颜料、油漆、橡胶加工；锌化合物生产；含锌电池制造业
9	含砷废物	有色金属采选及冶炼；砷及其化合物的生产；石油化工；农药生产；染料和制革业
10	含硒废物	有色金属冶炼及电解；硒化合物生产；颜料、橡胶、玻璃生产
11	含镉废物	有色金属采选及冶炼；镉化合物生产；电池制造；电镀
12	含锑废物	有色金属冶炼；锑化合物生产和使用
13	含碲废物	有色金属冶炼及电解；硫化合物生产和使用
14	含汞废物	化学工业含汞催化剂制造与使用；含汞电池制造；汞冶炼及汞回收；有机汞和无机汞化合物生产；农药及制药；荧光屏及汞灯制造及使用；含汞玻璃计器制造及使用；汞法烧碱生产
15	含铊废物	有色金属冶炼及农药生产；铊化合物生产及使用

序号	物质类别	物质来源
16	含铅废物	铅冶炼及电解；铅（酸）蓄电池生产；铅铸造及制品生产；铅化合物制造和使用
17	无机氰化物废物	金属制品业；电镀业和电子零件制造业；金矿开采与筛选；首饰加工的化学抛光工艺；其他生产过程
18	有机氰化物废物	合成、缩合等反应；催化、精馏、过滤过程
19	含酚废物	石油、化工、煤气生产
20	废卤化有机溶剂	塑料橡胶制品制造；电子零件清洗；化工产品制造；印染涂料调配
21	废有机溶剂	塑料橡胶制品制造；电子零件清洗；化工产品制造；印染染料调配
22	含镍废物	镍化合物生产；电镀工艺
23	含钡废物	钡化合物生产；热处理工艺
24	无机氟化物废物	电解铝生产；其他金属冶炼

来源：国家环境保护总局关于印发重点企业清洁生产审核程序的规定的通知（环发〔2005〕151号）。

表6.3　需重点审核的有毒有害物质名录（第二批）（环发〔2008〕60号）

序号	物质名称	物质来源
1	精（蒸）馏残渣	炼焦制造、基础化学原料制造—有机化工及其他非特定来源
2	感光材料废物	印刷、专用化学产品制造、电子元件制造
3	含金属羰基化合物	在金属羰基化合物生产以及使用过程中产生的含有羰基化合物成分的废物、精细化工产品生产——金属有机化合物的合成
4	有机磷化合物废物	有机化工行业
5	含醚废物	有机生产、配制过程中产生的醚类残液、反应残余物、废水处理污泥及过滤渣
6	废矿物油	天然原油和天然气开采、精炼石油产品的制造、船舶及浮动装置制造及其他非特定来源
7	废乳化液	从工业生产、金属切削、机械加工、设备清洗、皮革、纺织印染、农药乳化等过程产生的混合物
8	废酸	无机化工、钢的精加工过程中产生的废酸性洗液、金属表面处理及热处理加工、电子元件制造
9	废碱	毛皮鞣制及制品加工、纸浆制造及其他非特定来源
10	废催化剂	石油炼制、化工生产、制药过程
11	石棉废物	石棉采选、水泥及石膏制品制造、耐火材料制品制造、船舶及浮动装置制造
12	含有机卤化物废物	有机化工、无机化工
13	农药废物	杀虫、杀菌、除草、灭鼠和植物生物调节剂的生产
14	多溴二苯醚（PBDE） 多溴联苯（PBB）废物	电子信息产品制造业及其他非特定来源

来源：环境保护部关于进一步加强重点企业清洁生产审核工作的通知（环发〔2008〕60号）。

6.3.2.5 规范进入化工园区项目技术要求

园区入园项目必须符合国家产业结构调整的要求，采用清洁生产技术及先进的技术装备，同时，对特征化学污染物采取有效的治理措施，确保稳定达标排放。

6.3.2.6 认证

企业可以根据自愿原则，按照国家有关环境管理体系等认证的规定，委托经国务院认证认可监督管理部门认可的认证机构进行认证，提高清洁生产水平。

6.3.2.7 奖励制度

对自愿实施清洁生产审核以及清洁生产方案实施后成效显著的企业，由省级以上发展改革（经济贸易）和环境保护行政主管部门对其进行表彰，并在当地主要媒体上公布。对符合《排污费征收使用管理条例》规定的清洁生产项目，各级财政部门、环保部门在排污费使用上优先给予安排。中小企业发展基金应当根据需要安排适当数额用于支持中小企业实施清洁生产。企业开展清洁生产审核的费用，允许列入企业经营成本或者相关费用科目。企业可以根据实际情况建立企业内部清洁生产表彰奖励制度，对清洁生产审核工作中成效显著的人员，给予一定的奖励。见《清洁生产审核暂行办法》（2004）。

6.3.3 法律责任

《清洁生产促进法》（2012）第三十六条规定，“未按照规定公布能源消耗或者重点污染物产生、排放情况的，由县级以上地方人民政府负责清洁生产综合协调的部门、环境保护部门按照职责分工责令公布，可以处十万元以下的罚款。”第三十九条规定，“不实施强制性清洁生产审核或者在清洁生产审核中弄虚作假的，或者实施强制性清洁生产审核的企业不报告或者不如实报告审核结果的，由县级以上地方人民政府负责清洁生产综合协调的部门、环境保护部门按照职责分工责令限期改正；拒不改正的，处以五万元以上五十万元以下的罚款。”

第二十八条、第二十九条亦规定了相应的责任条款。

6.4 危险化学品环境风险管理制度

6.4.1 环境风险管理制度的由来和法律规定

2011年10月，国务院《关于加强环境保护重点工作的意见》（国发〔2011〕35号，以下简称《意见》）提出完善以预防为主的环境风险管理制度。该《意见》要求严格化学品环境管理。对化学品项目布局进行梳理评估，推动石油、化工等项目科学规划和合理布局。对化学品生产经营企业进行环境隐患排查，对海洋、江河湖泊沿岸化工企业进行综合整治，强化安全保障措施。把环境风险评估作为危险化学品项目评估的重要内容，提高化学品生产的环境准入条件和建设标准，科学确定并落实化学品建设项目环境安全防护距离。依法淘汰高毒、难降解、高环境危害的化学品，限制生产和使用高环境风险化学品。推行工业产品生态设计。健全化学品全过程环境管理制度。加强持久性有机污染物排放重点行业监督管理。建立化学品环境污染责任终身追究制和全过程行政问责制。

同年12月，国务院印发《国家环境保护“十二五”规划》（国发〔2011〕42号）要求推进环境风险全过程管理。①开展环境风险调查与评估。以排放重金属、危险废物、持久性有机污染物和生产使用危险化学品的企业为重点，全面调查重点环境风险源和环境敏感点，建立环境风险源数据库。研究环境风险的产生、传播、防控机制。开展环境污染与健康损害调查，建立环境与健康风险评估体系。②完善环境风险管理措施。完善以预防为主的环境风险管理制度，落实企业主体责任。制定环境风险评估规范，完善相关技术政策、标准、工程建设规范。建设项目环境影响评价审批要对防范环境风险提出明确要求。建立企业突发环境事件报告与应急处理制度、特征污染物监测报告制度。对重点风险源、重要和敏感区域定期进行专项检查，对高风险企业要予以挂牌督办、限期整改或搬迁，对不具备整改条件的，应依法予以关停。建立环境应急救援网络，完善环境应急预案，定期开展环境事故应急演练。完善突发环境事件应急救援体系，构建政府引导、部门协调、分级负责、社会参与的环境应急救援机制，依法科学妥善处置突发环境事件。③建立环境事故处置和损害赔偿恢复机制。将有效防范和妥善应对重大突发环境事件作为地方人民政府的重要任务，纳入环境保护目标责任制。推进环境污染损害鉴定评估机构建设，建立鉴定评估工作机制，完善损害赔偿制度。建立损害评估、损害赔偿以及损害修复技术体系。健全环境污染责任保险制度，研究建立重金属排放等高环境风险企业强制保险制度。

2014年修订的《环境保护法》明确规定：“环境保护坚持保护优先、预防为主、综合治理、公众参与、损害担责的原则。”这些原则尤其是“预防为主”对环境风险管理来说特别贴切。环境保护法有三处“预警”，包括“风险评估”，“风险控制”和“环境污染责任保险”。充分体现了我国环境保护的基本原则，涵盖了环境风险预防、应对和处理，涉及环境资源承载能力、农业环保、公共安全、环境与健康、环境突发事件。这些规定是：

第十八条 省级以上人民政府应当组织有关部门或者委托专业机构，对环境状况进行调查、评价，建立环境资源承载能力监测预警机制。

第三十三条　各级人民政府应当加强对农业环境的保护，促进农业环境保护新技术的使用，加强对农业污染源的监测预警，统筹有关部门采取措施，防治土壤污染和土地沙化、盐渍化、贫瘠化、石漠化、地面沉降以及防治植被破坏、水土流失、水体富营养化、水源枯竭、种源灭绝等生态失调现象，推广植物病虫害的综合防治。

第四十七条　第二款　县级以上人民政府应当建立环境污染公共监测预警机制，组织制定预警方案；环境受到污染，可能影响公众健康和环境安全时，依法及时公布预警信息，启动应急措施。

第三十九条　国家建立、健全环境与健康监测、调查和风险评估制度；鼓励和组织开展环境质量对公众健康影响的研究，采取措施预防和控制与环境污染有关的疾病。

第四十七条　各级人民政府及其有关部门和企业事业单位，应当依照《中华人民共和国突发事件应对法》的规定，做好突发环境事件的风险控制、应急准备、应急处置和事后恢复等工作。

第五十二条　国家鼓励投保环境污染责任保险。

特别值得强调的是，《环境保护法》第二十九条规定："国家在重点生态功能区、生态环境敏感区和脆弱区等区域划定生态保护红线，实行严格保护。"划定生态保护红线，不仅是防范环境风险的顶层设计，更是最有力的环境风险防范措施。

2015 年 4 月 2 日国务院印发《水污染防治行动计划》，要求"严格环境风险控制。防范环境风险。定期评估沿江河湖库工业企业、工业集聚区环境和健康风险，落实防控措施。评估现有化学物质环境和健康风险，2017 年底前公布优先控制化学品名录，对高风险化学品生产、使用进行严格限制，并逐步淘汰替代"。

6.4.2　危险化学品环境风险管理制度概述

6.4.2.1　危险化学品风险管理迫在眉睫（见图 6.6）

2008—2011 年，环境保护部共接报突发环境事件 568 起，其中涉及危险化学品案件 287 起，占突发环境事件的 51%，各年与化学品相关的突发环境事件比例分别为 57%、58%、47%和 46%。

根据环境保护部印发的《化学品环境风险防控"十二五"规划》，我国化学品污染防治形势十分严峻，"十二五"时期，将优化布局、健全管理、控制排放、提升能力，着力推进化学品全过程环境风险防控体系建设，遏制突发环境事件高发态势。

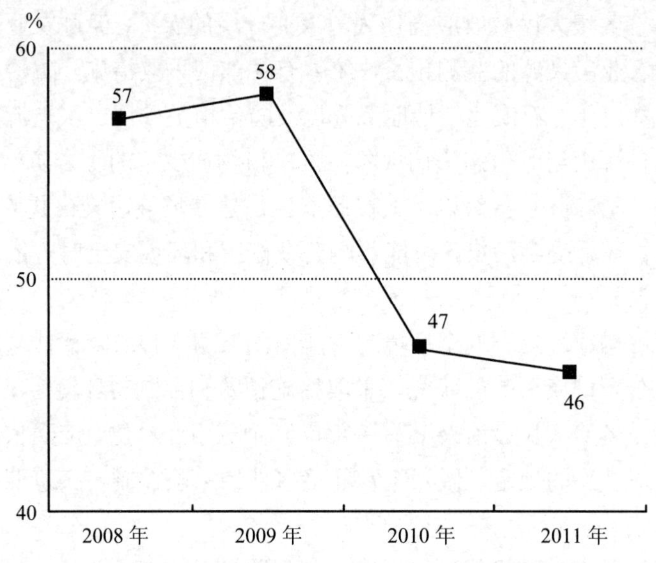

图 6.6 2008—2011 年危险化学品案件占突发环境事件的比例

（数据来源：环境保护部，制图：张芳曼）

6.4.2.2 环境保护主管部门危险化学品管理职责

2011 年 3 月，国务院修订了《危险化学品安全管理条例》，明确了环境保护主管部门负责组织危险化学品的环境危害性鉴定和环境风险程度评估，确定实施重点环境管理的危险化学品，负责危险化学品环境管理登记和新化学物质环境管理登记，依照职责分工调查相关危险化学品环境污染事故和生态破坏事件，负责危险化学品事故现场的应急环境监测。通过制度建设，建立了与国际接轨的新化学物质管理措施，有效遏制了化学品非法贩运，防范了对环境和人体健康具有高风险的化学物质进入市场。

根据《危险化学品安全管理条例》规定，危险化学品是指具有毒害、腐蚀、爆炸、燃烧、助燃等性质，对人体、设施、环境具有危害的剧毒化学品和其他化学品。我国现有生产使用记录的化学物质 4 万多种，其中三千余种已列入当前《危险化学品名录》，具有毒害、腐蚀、爆炸、燃烧、助燃等性质。具有急性或者慢性毒性、生物蓄积性、不易降解性、致癌致畸致突变性等危害的化学品，对人体健康和生态环境危害严重，数十种已被相关化学品国际公约列为严格限制和需要逐步淘汰的物质。同时，尚有大量化学物质的危害特性还未明确和掌握。

6.4.2.3 重点监管的危险化学品安全措施和应急处置原则

危险化学品品种繁多，我国2003年公告的《危险化学品名录》(2002年版）中危险化学品有3 823种，《剧毒化学品目录》(2002年版）有335种，《高毒物品名录》(2003年版）有54种；1996年公布的与化学武器有关的《各类监控化合物名录》有4类近百种；1998年公布的《中国禁止或严格限制的有毒化学品名录（第一批)》有27种，联合国公约管制的《易制毒化学品》有两类22种。

本着全面加强监管与突出重点监管相结合的原则，国家安监总局在2011年6月和2013年2月分两批公布了重点监管的危险化学品名录，两批共74种，见《重点监管的危险化学品名录》(2013年完整版)(以下简称《名录》)，突出加强危险性相对较大的危险化学品安全生产管理和监管工作，推动危险化学品安全生产形势的进一步稳定好转。同时，公布与之相配套的《重点监管的危险化学品安全措施和应急处置原则》(以下简称《措施与原则》)，从特别警示、理化特性、危害信息、安全措施、应急处置原则等方面，对重点监管的危险化学品逐一提出了安全措施和应急处置原则，为危险化学品的生产、储存、使用、经营、运输安全提供了指导。

（1）生产、储存、使用、经营重点监管危险化学品的企业，要按照《措施和原则》中提出的安全措施和应急处置原则，完善相关安全生产责任制和安全生产管理规定，切实加强对本企业涉及的《名录》中的重点监管危险化学品的安全管理。要进一步完善有关安全生产条件：对涉及重点监管危险化学品的化工装置，要增设和完善自动化控制系统，增设和完善必要的紧急停车和紧急切断系统；对储存重点监管危险化学品的设施，要增设和完善自动化监控系统，实现液位、压力、温度及泄漏报警等重要数据的连续自动监测和数据远传记录，增设和完善必要的紧急切断系统。

（2）涉及重点监管的危险化学品的生产、储存和使用重点监管危险化学品用于化工生产的新建、扩建和改建项目，原则上应由具有甲级资质的化工行业设计单位进行设计；

（3）在行政许可方面，对于生产重点监管危险化学品的企业及使用重点监管危险化学品用于化工生产的企业，省级或设区的市级安监部门不得委托县级安监部门实施危险化学品安全生产许可或安全使用许可。

6.4.3 危险化学品环境风险防控制度基本要求

6.4.3.1 健全化学品环境风险防控体系

①完善危险化学品环境管理登记及新化学物质环境管理登记制度；②制定有毒有害化学品淘汰清单，淘汰高毒、难降解、高环境危害的化学品；制定重点环境管理化学品

清单，限制生产和使用高环境风险化学品；③完善相关行业准入标准、环境质量标准、排放标准和监测技术规范，推行排放、转移报告制度，开展强制清洁生产审核；④建立化学品环境污染责任终身追究制和全过程行政问责制；⑤加强重点环境管理类危险化学品废弃物和污染场地的管理与处置；⑥推进危险化学品企业废弃危险化学品暂存库建设和处理处置能力建设；⑦县级以上环保部门应组织开展危险化学品环境管理登记工作，并进行监督检查与监测；⑧对不按照规定履行登记义务的企业，应依法给予处罚。

6.4.3.2 落实企业化学品环境风险防控主体责任

①企业应建立健全化学品环境风险防范措施，编制突发环境事件应急预案，建立应急救援队伍和物资储备，开展预案演练，组织评估后向当地环保部门备案；②组织开展环境风险评估和后评估，设置厂界环境应急监测与预警装置，推进与监管部门联网，定期排查评估环境安全隐患并及时治理；③在应急处置与救援阶段，企业应及时启动应急响应，采取有效处置措施并积极参与当地政府和相关部门组织的应急救援工作，防止次生环境污染事件，主动报告事故情况，承担应急处置相关费用；④在恢复与重建阶段，企业应开展或配合开展事件原因和责任调查，对造成的环境污染和生态破坏承担恢复和修复责任，赔偿相关方经济损失；⑤制定和实施化学品环境污染责任终身追究制度。

6.4.3.3 建立信息公开制度

①应建立化学品环境管理台账和信息档案，加强对特征污染物类重点防控化学品排放的日常监测和突发环境事件高发类重点防控化学品的管理；②危险化学品生产使用企业应当于每年1月发布企业化学品环境管理年度报告，向公众公布上一年度生产使用的危险化学品品种、危害特性、相关污染物排放及事故信息、污染防控措施等情况；③重点环境管理危险化学品生产使用企业应当公布重点环境管理危险化学品及其特征污染物的释放与转移信息和监测结果。

6.4.3.4 强化“两重点一重大”监督管理

全国化工石化项目环境风险大排查行动结果显示：被排查的7 555个化工石化建设项目中，81%布设在江河水域、人口密集区等环境敏感区域，45%为重大风险源。

国家安监总局已公布《重点监管的危险化工工艺》《重点监管的危险化学品名录》和《危险化学品重大危险源》，危险化学品的“两重点一重大”监管体系正式形成。《危险化学品重大危险源监督管理暂行规定》（以下简称《暂行规定》）作为国家安全监管总局部门规章亦已出台。通过抓“重点监管危险工艺”，来提升本质安全水平；通过抓“重点监管危险化学品”，来控制危险化学品事故总量；通过抓“重大危险源”（危险化工工艺、危险化学品），来遏制较大以上危险化学品事故。特别是《暂行规定》采用的先进的管理理念、科学的管理方法，将对提高我国危险化学品重大危险源安全管理水平产生积极的推动作用。实践表明，危险化学品重大危险源安全是环境安全的重要保障。

6.4.3.5　全面启动危险化学品环境管理登记工作

根据《危险化学品环境管理登记办法（试行）》（环境保护部令 2012 年第 22 号），环境保护部印发《重点环境管理危险化学品目录》（环办〔2014〕33 号），并据此全面启动危险化学品环境管理登记工作。长久以来，传统意识上的“危险化学品”多指具有易燃、易爆、易腐蚀和具有急性毒性的化学品。但是对于一些 POPs、致癌致畸变污染物，在我国的危险化学品名单上存在着空白。对具有特殊环境，乃至健康危害的化学品实行重点管理，是我国在现有化学物质环境管理上的一大突破。符合下列条件之一的化学品，列入《重点环境管理危险化学品目录》（简称《重点目录》）：（一）具有持久性、生物累积性和毒性的；（二）生产使用量大或者用途广泛，且同时具有高的环境危害性和（或）健康危害性；（三）属于需要实施重点环境管理的其他危险化学品，包括《关于持久性有机污染物的斯德哥尔摩公约》、《关于汞的水俣公约》管制的化学品等。环境保护部将根据危险化学品环境管理的需要，组织专家，根据《危险化学品环境管理登记办法（试行）》相关要求，对《重点目录》进行适时调整并公布。重点环境管理危险化学品目录见表 6.4。

表 6.4　重点环境管理危险化学品目录

编号	品名	别名	CAS 号
PHC001	1,2,3-三氯代苯	1,2,3-三氯苯	87-61-6
PHC002	1,2,4-三氯代苯	1,2,4-三氯苯	120-82-1
PHC003	1,2,4,5-四氯代苯		95-94-3
PHC004	1,2-二硝基苯	邻二硝基苯	528-29-0
PHC005	1,3-二硝基苯	间二硝基苯	99-65-0
PHC006	1-氯-2,4-二硝基苯	2,4-二硝基氯苯	97-00-7
PHC007	5-叔丁基-2,4,6-三硝基间二甲苯	二甲苯麝香；1-(1,1-二甲基乙基)-3,5-二甲基-2,4,6-三硝基苯	81-15-2
PHC008	五氯硝基苯	硝基五氯苯	82-68-8
PHC009	2-甲基苯胺	邻甲苯胺；2-氨基甲苯；邻氨基甲苯	95-53-4
PHC010	2-氯苯胺	邻氯苯胺；邻氨基氯苯	95-51-2
PHC011	壬基酚	壬基苯酚	25154-52-3
PHC012	支链-4-壬基酚		84852-15-3
PHC013	苯	纯苯	71-43-2
PHC014	六氯-1,3-丁二烯	六氯丁二烯；全氯-1,3-丁二烯	87-68-3

编号	品名	别名	CAS 号
PHC015	氯乙烯[稳定的]	乙烯基氯	75-01-4
PHC016	萤蒽		206-44-0
PHC017	丙酮氰醇	丙酮合氰化氢；2-羟基异丁腈；氰丙醇	75-86-5
PHC018	精蒽		120-12-7
PHC019	粗蒽		
PHC020	环氧乙烷	氧化乙烯	75-21-8
PHC021	甲基肼	一甲肼；甲基联氨	60-34-4
PHC022	萘	粗萘；精萘；萘饼	91-20-3
PHC023	一氯丙酮	氯丙酮；氯化丙酮	78-95-5
PHC024	全氟辛基磺酸		1763-23-1
PHC025	全氟辛基磺酸铵		29081-56-9
PHC026	全氟辛基磺酸二癸二甲基铵		251099-16-8
PHC027	全氟辛基磺酸二乙醇铵		70225-14-8
PHC028	全氟辛基磺酸钾		2795-39-3
PHC029	全氟辛基磺酸锂		29457-72-5
PHC030	全氟辛基磺酸四乙基铵		56773-42-3
PHC031	全氟辛基磺酰氟		307-35-7
PHC032	六溴环十二烷		25637-99-4；3194-55-6；134237-50-6；134237-51-7；134237-52-8
PHC033	氰化钾	山奈钾	151-50-8
PHC034	氰化钠	山奈	143-33-9
PHC035	氰化镍钾	氰化钾镍	14220-17-8
PHC036	氯化氰	氰化氯；氯甲腈	506-77-4
PHC037	氰化银钾	银氰化钾	506-61-6
PHC038	氰化亚铜		544-92-3
PHC039	砷		7440-38-2
PHC040	砷化氢	砷化三氢；胂	7784-42-1
PHC041	砷酸		7778-39-4
PHC042	三氧化二砷	白砒；砒霜；亚砷酸酐	1327-53-3
PHC043	五氧化二砷	砷酸酐；五氧化砷；氧化砷	1303-28-2
PHC044	亚砷酸钠		7784-46-5
PHC045	硝酸钴	硝酸亚钴	10141-05-6
PHC046	硝酸镍	二硝酸镍	13138-45-9

编号	品名	别名	CAS 号
PHC047	汞	水银	7439-97-6
PHC048	氯化汞	氯化高汞；二氯化汞；升汞	7487-94-7
PHC049	氯化铵汞	白降汞,氯化汞铵	10124-48-8
PHC050	硝酸汞	硝酸高汞	10045-94-0
PHC051	乙酸汞	乙酸高汞；醋酸汞	1600-27-7
PHC052	氧化汞	一氧化汞；黄降汞；红降汞	21908-53-2
PHC053	溴化亚汞	一溴化汞	10031-18-2
PHC054	乙酸苯汞		62-38-4
PHC055	硝酸苯汞		55-68-5
PHC056	重铬酸铵	红矾铵	7789-09-5
PHC057	重铬酸钾	红矾钾	7778-50-9
PHC058	重铬酸钠	红矾钠	10588-01-9
PHC059	三氧化铬[无水]	铬酸酐	1333-82-0
PHC060	四甲基铅		75-74-1
PHC061	四乙基铅	发动机燃料抗爆混合物	78-00-2
PHC062	乙酸铅	醋酸铅	301-04-2
PHC063	硅酸铅		10099-76-0；11120
PHC064	氟化铅	二氟化铅	7783-46-2
PHC065	四氧化三铅	红丹；铅丹；铅橙	1314-41-6
PHC066	一氧化铅	氧化铅；黄丹	1317-36-8
PHC067	硫酸铅[含游离酸＞3%]		7446-14-2
PHC068	硝酸铅		10099-74-8
PHC069	二丁基二（十二酸）锡	二丁基二月桂酸锡；月桂酸二丁基锡	77-58-7
PHC070	二丁基氧化锡	氧化二丁基锡	818-08-6
PHC071	二氧化硒	亚硒酐	7446-08-4
PHC072	硒化镉		1306-24-7
PHC073	硒化铅		12069-00-0
PHC074	氟硼酸镉		14486-19-2
PHC075	碲化镉		1306-25-8
PHC076	1,1′-二甲基-4,4′-联吡啶阳离子	百草枯	4685-14-7
PHC077	0-0-二甲基-S-[1,2-双（乙氧基甲酰）乙基]二硫代磷酸酯	马拉硫磷	121-75-5
PHC078	双（N,N-二甲基甲硫酰）二硫化物	四甲基二硫代秋兰姆；四甲基硫代过氧化二碳酸二酰胺；福美双	137-26-8
PHC079	双（二甲基二硫代氨基甲酸）锌	福美锌	137-30-4

编号	品名	别名	CAS号
PHC080	N-（2,6-二乙基苯）-N-甲氧基甲基-氯乙酰胺	甲草胺	15972-60-8
PHC081	N-（2-乙基-6-甲基苯基）-N-乙氧基甲基-氯乙酰胺	乙草胺	34256-82-1
PHC082	（1,4,5,6,7,7- 六氯-8,9,10-三降冰片-5-烯-2,3-亚基双亚甲基）亚硫酸酯	1,2,3,4,7,7- 六氯双环[2,2,1]庚烯-（2）-双羟甲基-5,6-亚硫酸酯；硫丹	115-29-7
PHC083	（RS）-α-氰基-3-苯氧基苄基（SR）-3-（2,2- 二氯乙烯基）-2,2-二甲基环丙烷羧酸酯	氯氰菊酯	52315-07-8
PHC084	三苯基氢氧化锡	三苯基羟基锡	76-87-9

注：“CAS 号”是指美国化学文摘社对化学品的唯一登记号。

6.4.3.6 防控重点化学品环境风险

（1）“十二五”环境风险重点防控化学品名单

2013 年发布的《化学品环境风险防控“十二五”规划》（环发〔2013〕20 号），根据环境风险来源和风险类型的不同，确定三种类型 58 种（类）化学品作为“十二五”期间环境风险重点防控对象。① 根据重点环境管理危险化学品清单，重点考虑生产量、使用量、环境危害性、生物蓄积性等因素，确定 25 种累积风险类重点防控化学品。通过源头预防、减少暴露、加强登记、排放转移报告等措施控制风险；② 根据近年来引发突发环境事件频次、危害影响等因素，确定 15 种（类）突发环境事件高发类重点防控化学品。通过严格管理、加强预警应急、强化响应等措施，遏制突发环境事件高发态势；③ 根据行业排放标准要求、环境危害性等因素，确定 30 种（类）特征污染物类重点防控化学品（包括 12 种突发环境事件高发类重点防控化学品）。要通过强化环评、完善标准、加强监测、强化监管等措施，控制排放并逐步减少向环境的排放。“十二五”环境风险重点防控的化学品名单，详见表 6.5。

表 6.5 “十二五”环境风险重点防控化学品名单

类别	重点防控化学品
累积风险类 25 种（类）	对苯二胺、三氯乙酸、环己烷、二环己胺、1,2-二氯乙烷、丙烯醛、丙烯酰胺、环氧乙烷、三氯乙烯、双酚 A、壬基酚、邻苯二甲酸二乙酯、1,2,3-三氯苯、2,4,6-三叔丁基苯酚、对氯苯胺、丙二腈、对氨基苯酚、3,4-二氯苯胺、2,3,4-三氯丁烯、六氯-1,3-丁二烯、蒽、八氯苯乙烯、二苯酮、对硝基甲苯、三丁基氯化锡

类　别	重点防控化学品
突发环境事件高发类15种（类）	石油类（柴油、原油、汽油、燃油）、酸类（盐酸、硫酸、硝酸、氯磺酸）、苯类（苯、甲苯、二甲苯）、有机胺类（苯胺、甲基苯胺、硝基苯胺、三溴苯胺）、氨气（液氨）、氰化物、氯气、磷类、甲醇、苯酚、四氯化硅、酯类（丙烯酸丁酯、乙酸乙酯、甲基丙烯酸甲酯）、苯乙烯、环己酮、硫化氢
特征污染物类30种（类）	水体污染物： 石油类、挥发酚、氰化物、氟化物、硫化物、苯、甲苯、乙苯、苯胺类、甲醛、硝基苯类、酸类物质、邻苯二甲酸二丁酯、邻苯二甲酸二辛酯、丙烯腈、氯苯、化学农药类、苯酚 大气污染物： 甲醛、苯、甲苯、二甲苯、酚类、苯并芘、氟化物、氯气、硫化氢、苯胺类、氯苯类、氯乙烯

注：①上述水体污染物中石油类、氰化物、苯、甲苯、酸类物质、苯酚以及大气污染物中苯、甲苯、二甲苯、氯气、苯胺、硫化氢等共12 种（类）物质，同时也是突发环境事件高发类重点防控化学品；
②持久性有机污染物及重金属不含在上述名单中，防控措施参见相关专项规划；
③根据《规划》实施进展和环境管理需要，上述名单将不定期更新和完善。

（2）危险化学品企业的环境风险防控的基本要求

①落实环境影响评价文件中环境风险防范和应急措施；②做好环境应急预案编制、报备、演练和培训；③做好生产、储存、运输、使用、废弃等环节环境风险防控工作；④做好事故收集设施环境风险防控工作；⑤做好清净下水系统、雨水系统、生产废水系统环境风险防控工作等。见环境保护部办公厅文件《关于开展 2013 年环境安全大检查的通知》（环办〔2013〕72 号）。

化学原料及化学品制造业、医药制造业、化学纤维制造业等七大行业属于环境风险重点防控行业。要建立危险化学品环境风险管理制度体系，大幅提升化学品环境风险管理能力，显著提高重点防控行业、重点防控企业和重点防控化学品环境风险防控水平。

6.4.3.7　按《环境保护综合名录》要求，削减高风险污染物

自 2007 年以来，环境保护部根据国务院部署组织编制《环境保护综合名录》，按年发布。化工企业应按《名录》要求防控"高污染、高环境风险"。《环境保护综合名录》详见"4.5　编制《环境保护综合名录》，全面影响绿色新政发展"。

6.4.3.8　进一步加强禁限用高毒农药管理

自 2011 年 6 月 15 日起，①停止受理苯线磷、地虫硫磷、甲基硫环磷、磷化钙、磷化镁、磷化锌、硫线磷、蝇毒磷、治螟磷、特丁硫磷、杀扑磷、甲拌磷、甲基异柳磷、克百威、灭多威、灭线磷、涕灭威、磷化铝、氧乐果、水胺硫磷、溴甲烷、硫丹等 22 种农药新增田间试验申请、登记申请及生产许可申请；停止批准含有上述农药的新增登记证和农药生产许可证（生产批准文件）。②撤销氧乐果、水胺硫磷在柑橘树，灭多威

在柑橘树、苹果树、茶树、十字花科蔬菜，硫线磷在柑橘树、黄瓜，硫丹在苹果树、茶树，溴甲烷在草莓、黄瓜上的登记。2011 年 6 月 15 日前已生产产品的标签可以不再更改，但不得继续在已撤销登记的作物上使用。自 2011 年 10 月 31 日起，撤销（撤回）苯线磷、地虫硫磷、甲基硫环磷、磷化钙、磷化镁、磷化锌、硫线磷、蝇毒磷、治螟磷、特丁硫磷等 10 种农药的登记证、生产许可证（生产批准文件），停止生产；自 2013 年 10 月 31 日起，停止销售和使用。详见农业部、工业和信息化部、环境保护部、工商总局、质检总局等 5 部门发布的进一步禁限用高毒农药管理措施的公告（第 1586 号）。

6.4.3.9 加强化工园区环境风险管理

开展危险化学品环境管理登记和风险管理。化工园区管理机构应督促园内企业按照要求进行风险化学品环境管理登记，加强化学品环境风险管理。县级以上环境保护主管部门应组织开展危险化学品环境管理登记工作，并进行监督检查与监测；对不按照规定履行登记义务的企业，应依法给予处罚。严格执行新化学物质登记和有毒化学品进出口环境管理登记制度，加强登记审批后管理。见环境保护部关于加强化工园区环境保护工作的意见（环发〔2012〕54 号）。

6.4.3.10 推进长江危化品运输安全保障体系建设

近年来，随着大量化工园区沿长江集中布局，长江干线危险化学品运输量快速增长，给危险化学品生产、运输和污染物处置等各个环节的安全管理带来了严峻挑战。为应对挑战，必须推进长江危化品运输安全保障体系建设：

（1）优化沿江石化化工产业布局，提高化工园区风险防控能力。要建立完善沿江化工园区及危险化学品装卸、仓储设施安全管理和应急处置体系；完善相关法规和标准，加强对危险化学品包装物和容器的监督检查。

（2）构建长江危险化学品动态监管信息平台，加强饮用水水源保护。要实现危险化学品运输的全程监控、监测预警和应急辅助决策功能；加强长江沿线取水口水源风险防控；制定出台《内河危险化学品禁运目录》，建立内河危险化学品适运性评估制度。

（3）加强长江危险化学品运输装备设施建设，促进企业转型升级。要鼓励并加快淘汰单壳危险化学品运输船舶，加快运输船舶标准化建设；加快危险化学品船舶专用锚地等配套设施建设；推动长江危险化学品运输企业转型升级；建立水路危险化学品运输从业人员资格制度。

（4）完善危险化学品应急救援体系，提高应急处置能力。要建立完善长江危险化学品应急处置资源储备和维护运行制度，加强长江危险化学品应急队伍建设，加强危险化学品安全管理和应急处置技术研究。

长江危化品运输安全保障体系建设方案具有普遍意义。见国务院办公厅关于印发推进长江危险化学品运输安全保障体系建设工作方案的通知（国办函〔2014〕54号）。

6.4.3.11 强化土壤环境风险监管

深化土壤环境调查，对粮食、蔬菜基地等敏感区和矿产资源开发影响区进行重点调查。开展农产品产地土壤污染评估与安全等级划分试点。加强城市和工矿企业污染场地环境监管，开展污染场地再利用的环境风险评估，将场地环境风险评估纳入建设项目环境影响评价，禁止未经评估和无害化治理的污染场地进行土地流转和开发利用。经评估认定对人体健康有严重影响的污染场地，应采取措施防止污染扩散，且不得用于住宅开发，对已有居民要实施搬迁，见《国务院关于印发国家环境保护“十二五”规划的通知》（国发〔2011〕42号）。2012年，环境保护部、工业和信息化部、国土资源部、住房和城乡建设部联合发出《关于保障工业企业场地再开发利用环境安全的通知》（环发〔2012〕140号），旨在防范工业企业关停搬迁过程中的偷排、偷倒、不规范拆迁等行为，防范工业企业关停搬迁过程中产生二次污染和次生突发环境事件，确保工业企业原址污染场地再开发利用前环境风险得到有效控制。2014年，我国颁布《场地环境调查技术导则》《场地环境监测技术导则》《污染场地风险评估技术导则》《污染场地土壤修复技术导则》等标准、规范，指导污染场地环境的调查、评估及治理修复工作。为指导地方加强对污染场地土地流转、再开发利用及竣工验收等关键环节的环境监管，推动解决监管难点问题，2014年8月环境保护部发布《关于开展污染场地环境监管试点工作的通知》，湖南省、重庆市以及江苏省的常州市、靖江市将开展污染场地环境监管试点工作。环境保护部将继续督促地方落实已发布的各项文件，强化污染场地未经治理修复禁止开发利用等工作要求，不断完善相关标准规范，并在总结地方试点经验的基础上，努力推进污染场地环境监管法律法规的制定。

6.4.3.12 做好易制毒化学品生产使用环境监管及无害化销毁工作

详见《关于做好易制毒化学品生产使用环境监管及无害化销毁工作的通知》，环境保护部办公厅、公安部办公厅文件（环办〔2014〕88号，2014-10-21）。

当前，我国部分地区非法制造制毒物品、毒品犯罪活动猖獗，相关窝点多地处偏僻，且非法制造制毒物品、毒品过程中产生大量有毒有害物质，通过渗坑、暗管等方式排放到周边环境，成为环境污染重要来源之一并引起群众广泛关注和大量举报。对群众举报环境污染案件的查处也由此成为发现和侦破非法制造制毒物品、毒品案件的重要线索。

为贯彻落实党中央、国务院《关于加强禁毒工作的意见》（中发〔2014〕6号）有关精神，加强部门协作，及时发现和严厉打击非法制造制毒物品、毒品及其违法排污活动，确保依法收缴、查获的易制毒化学品和毒品及时得到无害化销毁，各地环保部门要按照《环境保护法》(2014 年修订)、《禁毒法》、《易制毒化学品管理条例》有关规定，切实加强本行政区易制毒化学品、麻醉药品和精神药品生产使用企业环境监管，发现非法制造制毒物品、毒品可疑异常情况及时通报当地公安机关依法查处。各地公安机关应将掌握的本行政区易制毒化学品生产使用企业信息通报同级环保部门。

承担相关易制毒化学品和毒品无害化销毁任务的单位，要如实记录销毁的易制毒化学品和毒品的种类、来源、数量、销毁方式，在完成销毁工作后 5 个工作日内，将销毁情况上报所在地县级环保部门。各省级环保部门按季度统计易制毒化学品和毒品销毁信息，于每个季度结束次月的 5 日前上报环境保护部[见附件 2.××年×季度××省（区、市）收缴的易制毒化学品和毒品销毁情况汇总表]，并上报本季度环保部门根据本文件要求向公安机关通报的有关非法制造制毒物品、毒品等违法犯罪活动情况。

易制毒化学品的分类和品种目录（环办〔2014〕88 号附件 1）见表 6.6。

表 6.6　易制毒化学品的分类和品种目录

分类	品　种
第一类	苯基-2-丙酮；3,4-亚甲基二氧苯基-2-丙酮；胡椒醛；黄樟素；黄樟油；异黄樟素；N-乙酰邻氨基苯酸；邻氨基苯甲酸；麦角酸*；麦角胺*；麦角新碱*；麻黄素、伪麻黄素、消旋麻黄素、去甲麻黄素、甲基麻黄素、麻黄浸膏、麻黄浸膏粉等麻黄素类物质*；羟亚胺；邻氯苯基环戊酮；溴代苯丙酮；α-氰基苯丙酮
第二类	苯乙酸；醋酸酐；三氯甲烷；乙醚；哌啶
第三类	甲苯；丙酮；甲基乙基酮；高锰酸钾；硫酸；盐酸

说明：1.第一类、第二类所列物质可能存在的盐类，也纳入管制。2.第一类中带有*标记的品种为药品类易制毒化学品（包括原料药及其单方制剂）。

6.4.4　法律责任

见《危险化学品安全管理条例》第七章法律责任，《刑法》第一百五十二条、第三百三十八条、第三百三十九条，“两高”《关于办理环境污染刑事案件适用法律若干问题的解释》(法释〔2013〕15 号）相关规定。

2015 年 8 月第二次修订的《大气污染防治法》第一百一十七条规定：排放有毒有害大气污染物名录中所列有毒有害大气污染物的企业事业单位，未按照规定建设环境风险预警体系或者对排放口和周边环境进行定期监测、排查环境安全隐患并采取有效措施防范环境风险的，由县级以上人民政府环境保护等主管部门按照职责责令改正，处一万元以上十万元以下的罚款；拒不改正的，责令停工整治或者停业整治。

6.4.5 发展和思考

危险化学品环境风险防控管理将越来越严，越来越科学。危险化学品环境风险管理是危险化学品安全管理的一部分，在化工企业职能管理中可合并为一个部门管理。

6.5 企业环境信用评价制度

6.5.1 概述

2014 年《政府工作报告》明确提出，要坚持放管并重，加强事中事后监管，对违背市场竞争原则和侵害消费者权益的企业建立黑名单制度，让失信者寸步难行，让守信者一路畅通，让市场主体不断迸发新的活力。

6.5.1.1 企业环境信用评价

企业环境信用评价是指环保部门对企业遵守环保法律法规、履行环保社会责任等方面的实际表现，进行环境信用评价，确定其信用等级，并向社会公开，供公众监督和有关部门、金融等机构应用的环境管理手段。

6.5.1.2 企业环境信用评价的作用和宗旨

开展企业环境信用评价，是环保部门提供的一项公共服务，通过企业环境信用等级这一直观的方式，向公众披露企业环境行为实际表现，方便公众参与环境监督；还可以帮助银行等市场主体了解企业的环境信用和环境风险，作为其审查信贷等商业决策的重要参考；同时，相关部门、工会和协会可以在行政许可、公共采购、评先创优、金融支持、资质等级评定、安排和拨付有关财政补贴专项资金中，充分应用企业环境信用评价结果，共同构建环境保护“守信激励”和“失信惩戒”机制，解决环保领域“违法成本低”的不合理局面。大力推进企业诚信制度建设，完善信用约束机制，将有违规行为的市场主体向社会公布，使其“一处违法、处处受限”。从发展态势来看，企业环境信用评价制度的威力和影响将不会亚于环境影响评价制度，因为它合乎市场法则。

6.5.1.3 《企业环境信用评价办法（试行)》的主要内容

环境保护部、国家发展改革委、中国人民银行、中国银监会以环发〔2013〕150 号印发《企业环境信用评价办法（试行)》（以下简称《办法》）包括以下 4 个方面的主要内容。一是企业环境信用评价工作的职责分工。省级环保部门负责组织国家重点监控企业的环境信用评价，其他参评企业的环境信用评价的管理职责，由省级环保部门规定。

环保部门也可以委托有能力的社会机构，开展企业环境信用评价工作。二是应当纳入环境信用评价的企业范围。包括环境保护部公布的国家重点监控企业，地方环保部门公布的重点监控企业，重污染行业内企业，产能严重过剩行业内企业，可能对生态环境造成重大影响的企业，污染物排放超标、超总量企业，使用有毒、有害原料或者排放有毒、有害物质的企业，上一年度发生较大以上突发环境事件的企业，上一年度被处以 5 万元以上罚款、暂扣或者吊销许可证、责令停产整顿、挂牌督办的企业。三是企业环境信用评价的等级、方法、指标和程序。企业环境信用等级分为环保诚信企业、环保良好企业、环保警示企业、环保不良企业 4 个等级，依次以“绿牌”、“蓝牌”、“黄牌”、“红牌”标示。评价指标主要包括污染防治、生态保护、环境管理、社会监督 4 方面 21 项。四是环境保护“守信激励、失信惩戒”具体措施。针对不同环境信用等级的四类企业，《办法》规定了相应的激励性与约束性措施，旨在促进有关部门协同配合，加快建立环境保护“守信激励、失信惩戒”的机制，推动环保信用体系建设。《办法》的附件——《企业环境信用评价指标及评分方法（试行）》规定了污染防治、生态保护、环境管理、社会监督 4 方面 21 项评价指标的权重及参考分档分值。4 个方面 21 项评价指标权重见表 6.7。

表 6.7 企业环境信用评价指标权重

类别	序号	指标名称	权重
污染防治 5 项 29%	1	大气及水污染物达标排放	15%
	2	一般固体废物处理处置	5%
	3	危险废物规范化管理	5%
	4	噪声污染防治	4%
生态保护 3 项 5%	5	选址布局中的生态保护	2%
	6	资源利用中的生态保护	1%
	7	开发建设中的生态保护	2%
环境管理 10 项 54%	8	排污许可证	6%
	9	排污申报	2%
	10	排污费缴纳	2%
	11	污染治理设施运行	6%
	12	排污口规范化整治	3%
	13	企业自行监测	2%
	14	内部环境管理情况	5%
	15	环境风险管理	10%
	16	强制性清洁生产审核	3%
	17	行政处罚与行政命令	15%

类别	序号	指标名称	权重
社会监督 4项 12%	18	群众投诉	4%
	19	媒体监督	2%
	20	信息公开	4%
	21	自行监测信息公开	2%
合计	21项		100%

企业环境信用评价4方面的权重分配见图6.7，其中环境管理指标权重分配见图6.8。

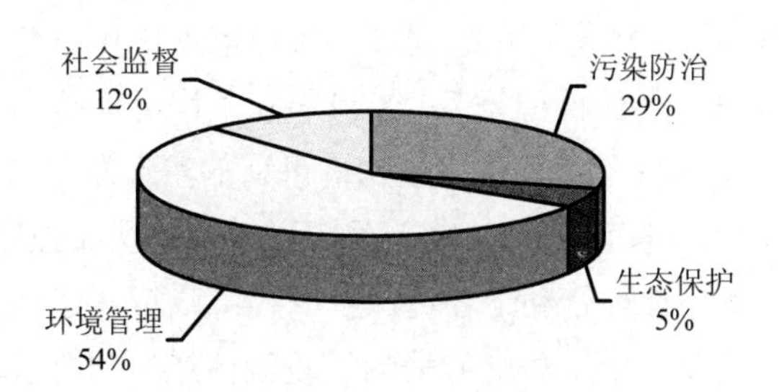

图6.7　企业环境信用评价指标权重分配

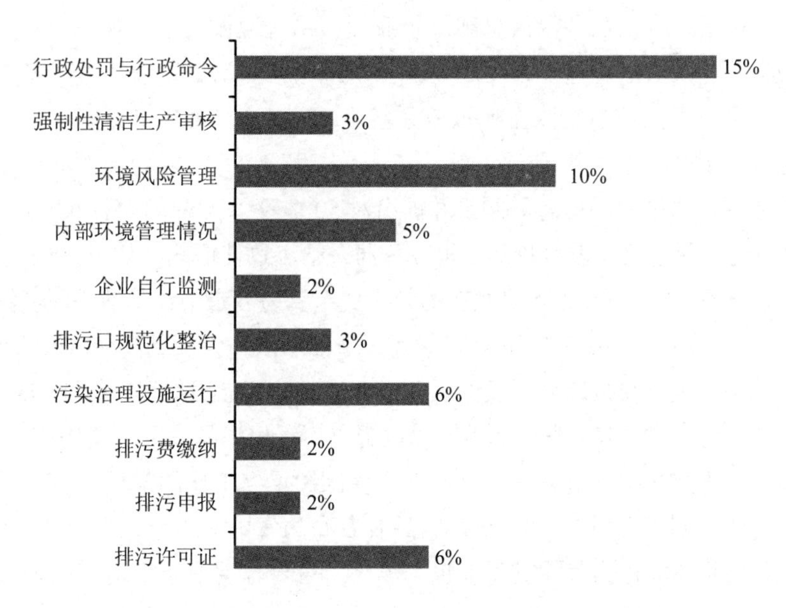

图6.8　企业环境信用评价之环境管理相关指标及权重分配

[资料来源：企业环境信用评价指标及评分方法（试行）]

6.5.2 企业环境信用评价的实践和法律规定

自2005年起，企业环境信用评价开始在国内多个省市试水。

2005年，原国家环保总局与中国人民银行建立了环境信息交流合作机制。截至目前，已有包括企业环境违法信息、建设项目环境影响评价信息、“三同时”验收信息以及强制性清洁生产信息在内的5万余条企业环境信息纳入中国人民银行征信管理系统。一些商业银行将环境信用信息作为信贷审批、贷后监管的重要依据，从源头切断了一大批污染企业的资金链条。

2005年10月10日，原国家环保总局废物进口审批工作与海关电子口岸正式联网运行。据统计，联网以来，环保部门每天有约1 500条许可证数据相关信息实时传输至口岸中心，有效杜绝了不法分子伪造进口废物许可证的事件发生，保证了企业及时报关。

2006年12月，为落实国务院《关于落实科学发展观加强环境保护的决定》（国发〔2005〕39号）中关于“推行有利于环境保护的经济政策，建立健全有利于环境保护的价格、税收、信贷、贸易、土地和政府采购等政策体系”的要求，人民银行和环保总局决定将企业环保信息纳入企业征信系统。联合发出《关于共享企业环保信息有关问题的通知》（银发〔2006〕450号，以下简称《通知》），明确将企业环保信息纳入企业征信系统的内容和方式是：将企业环保信息纳入企业征信系统遵循“整体规划、分步实施”原则，先从企业环境违法信息起步，逐步将环保审批、环保认证、清洁生产审计、环保先进奖励等其他企业环保信息纳入企业征信系统。《通知》的发布和实施，为建立企业环境行为信用评价制度奠定了基础。

2007年6月，原国家环保总局制定并提出对50多种“双高”（高污染、高环境风险）产品取消出口退税的建议，被财政部、税务总局采纳，致使这些产品在2008年的出口量下降了40%。商务部在2008年4月发布的禁止加工贸易名录中，采纳了环境保护部提交的全部“双高”产品名录，并首次明确将“双高”产品名录作为控制商品出口的依据。2010年6月，财政部、税务总局联合下发的《关于取消部分商品出口退税的通知》中，将10种尚未取消出口退税的“双高”产品纳入《取消出口退税商品清单》，取消出口退税。

2011年10月17日，《国务院关于加强环境保护重点工作的意见》要求“建立企业环境行为信用评价制度”。12月15日，国务院发布的《国家“十二五”环境保护规划》亦要求“建立企业环境行为信用评价制度，加大对符合环保要求和信贷原则企业和项目的信贷支持。”

近年来，在绿色信贷政策的推动下，各地方环保部门积极开展企业环境信用等级评价工作。据不完全统计，目前已有广东等 20 多个省市的环保部门出台了相应的管理办法和实施方案。例如：广东省下发了《重点污染源环境保护信用管理试行办法》；河北省制定了《工业企业环境守法信用等级平台实施方案》；江苏省环保厅与省银监局、省信用办联合下发文件，提出建立江苏省环保信用信息共享平台，实现了信贷政策与环保政策的有效对接。环保信用评级制度对规范重点污染源环境保护信用信息公开，充分发挥社会监督作用，督促排污单位持续改进环境行为，推进社会信用体系建设发挥了重要作用。

2013 年 12 月 18 日，为贯彻落实《国务院关于加强环境保护重点工作的意见》（国发〔2011〕35 号）关于“建立企业环境行为信用评价制度”的规定，以及《国务院办公厅关于社会信用体系建设的若干意见》（国办发〔2007〕17 号）有关要求，在总结地方企业环境信用评价工作经验的基础上，环境保护部、国家发展改革委、中国人民银行、中国银监会以环发〔2013〕150 号印发《企业环境信用评价办法（试行）》。指导各地开展企业环境信用评价工作，督促企业履行环保法定义务和社会责任，约束和惩戒企业环境失信行为。《办法》分总则、评价指标和等级、评价信息来源、评价程序、评价结果公开与共享、守信激励和失信惩戒、附则 7 章 37 条，自 2014 年 3 月 1 日起实施。

《环境保护法》（2014）第五十四条第二款规定：“县级以上地方人民政府环境保护主管部门和其他负有环境保护监督管理职责的部门，应当将企业事业单位和其他生产经营者的环境违法信息记入社会诚信档案，及时向社会公布违法者名单。”首次在环境保护基本法中提出“社会诚信”的概念，是对《企业环境信用评价办法（试行）》的肯定和引导。

2014 年 12 月 9 日，中国人民银行征信中心与环境保护部政策法规司、国家税务总局稽查局、国家外汇管理局管理检查司、中国出口信用保险公司、中信证券公司、国泰君安证券公司、海通证券公司、国家电网上海市电力公司等 8 家单位在北京签署信息采集合作文件，标志着人民银行征信系统在信用信息交换共享方面迈出新步伐，旨在进一步推动我国社会信用体系建设。根据合作文件，环保部政策法规司将在部一级行政处罚决定和责令改正违法行为决定两类执法信息向征信系统实时传送基础上，逐步扩大信息传送范围，并逐步实现全国省、市、县各级环保部门环境执法信息的传送，进一步提高环境执法信息纳入征信系统的时效性，加大环境执法力度。与征信系统共享环境执法信息是落实国家“绿色信贷”政策的重要部分，有利于环保部门更好地开展环境执法工作，对社会信用体系建设如何有效实施信息共享，降低建设成本具有重要借鉴意义。

2014 年 12 月 9 日，环境保护部公布《突发环境事件调查处理办法》规定：“ 环境保护主管部门应当将突发环境事件发生单位的环境违法信息记入社会诚信档案，并及时向社会公布”。是对企业信用制度建设的一种细化。

链接

让环保也有动力

发布时间：2014-07-09 13：40：01 来源：中国环境报 作者：史小静

让企业主动做好环保除了要对其施以重压外，更需要采取与其实际利益挂钩的有效方法。有利可图、有甜可吃才能“趋之若鹜”。

江苏省建立的环保信用制度体系，实行守信激励、失信惩戒，让环保成了可以免征污水处理费、易于贷款的无形资产，让不环保成了可能停止贷款、拉闸断电的无形压力。环保信用既是惩治企业的利剑，也是成就企业发展的蜜糖，使企业对环保既心存畏惧，更心存向往。

当然，江苏省也没将失信者“一棍子打死”，因为惩罚毕竟只是手段，教育和改变才是根本目的。江苏省同时引入企业降级和修复制度，给悔过者机会，无疑是弹性运用环境信用制度的又一亮点。

6.5.3 守信激励和失信惩戒

企业环境信用评价程序见图 6.9。评价结果可以分为环保诚信企业、环保良好企业、环保警示企业和环保不良企业。守信会得到激励，失信会受到约束和惩戒。要制定财政、税收和环境监管等激励政策，鼓励企业建立良好的环境信用。

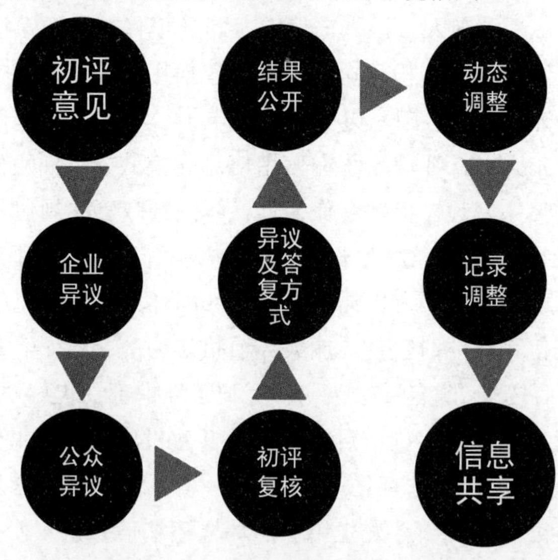

图 6.9 企业环境信用评价程序

6.5.3.1　环保诚信企业

建立健全环境保护守信激励机制。对环保诚信企业，可以采取以下激励性措施：

①对其危险废物经营许可证、可用作原料的固体废物进口许可证以及其他行政许可申请事项，予以积极支持；

②优先安排环保专项资金或者其他资金补助；

③优先安排环保科技项目立项；

④新建项目需要新增重点污染物排放总量控制指标时，纳入调剂顺序并予以优先安排；

⑤建议财政等有关部门在确定和调整政府采购名录时，将其产品或者服务优先纳入名录；

⑥环保部门在组织有关评优评奖活动中，优先授予其有关荣誉称号；

⑦建议银行业金融机构予以积极的信贷支持；

⑧建议保险机构予以优惠的环境污染责任保险费率；

⑨将环保诚信企业名单推荐给有关国有资产监督管理部门、有关工会组织、有关行业协会以及其他有关机构，并建议授予环保诚信企业及其负责人有关荣誉称号；

⑩国家或者地方规定的其他激励性措施。

6.5.3.2　环保良好企业

引导环保良好企业持续改进环境行为。环保良好企业应当保持其良好环境行为，并逐步改进其内部环境管理。

各级环保部门应当鼓励环保良好企业改进其环境行为，引导其积极开展本办法第十四条所列履行环保社会责任的活动，推动其向环保诚信企业目标努力。

6.5.3.3　环保警示企业

对环保警示企业实行严格管理，可以采取以下约束性措施：

①责令企业按季度向组织实施环境信用评价工作和直接对该企业实施日常环境监管的环保部门，书面报告信用评价中发现问题的整改情况；

②从严审查其危险废物经营许可证、可用作原料的固体废物进口许可证以及其他行政许可申请事项；

③加大执法监察频次；

④从严审批各类环保专项资金补助申请；

⑤环保部门在组织有关评优评奖活动中，暂停授予其有关荣誉称号；

⑥建议银行业金融机构严格贷款条件；

⑦建议保险机构适度提高环境污染责任保险费率；

⑧将环保警示企业名单通报有关国有资产监督管理部门、有关工会组织、有关行业协会以及其他有关机构，建议对环保警示企业及其负责人暂停授予先进企业或者先进个人等荣誉称号；

⑨国家或者地方规定的其他约束性措施。

6.5.3.4 环保不良企业

建立健全环境保护失信惩戒机制。对环保不良企业，应当采取以下惩戒性措施：

①责令其向社会公布改善环境行为的计划或者承诺，按季度向实施环境信用评价管理和直接对该企业实施日常环境监管的环保部门，书面报告企业环境信用评价中发现问题的整改情况；

改善环境行为的计划或者承诺的内容，应当包括加强内部环境管理，整改失信行为，增加自行监测频次，加大环保投资，落实环保责任人等具体措施及完成时限。

②结合其环境失信行为的类别和具体情节，从严审查其危险废物经营许可证、可用作原料的固体废物进口许可证以及其他行政许可申请事项；

③加大执法监察频次；

④暂停各类环保专项资金补助；

⑤建议财政等有关部门在确定和调整政府采购名录时，取消其产品或者服务；

⑥环保部门在组织有关评优评奖活动中，不得授予其有关荣誉称号；

⑦建议银行业金融机构对其审慎授信，在其环境信用等级提升之前，不予新增贷款，并视情况逐步压缩贷款，直至退出贷款；

⑧建议保险机构提高环境污染责任保险费率；

⑨将环保不良企业名单通报有关国有资产监督管理部门、有关工会组织、有关行业协会以及其他有关机构，建议对环保不良企业及其负责人不得授予先进企业或者先进个人等荣誉称号；

⑩国家或者地方规定的其他惩戒性措施。

6.6 环境污染公共监测预警机制

《国家环境保护“十二五”规划》（国发〔2011〕42 号）要求“对危险化学品等存储、运输等环节实施全过程监控；加快国家、省、市三级自动监控系统建设，建立预警监测系统；强化环境应急能力标准化建设；加强重点流域、区域环境应急与监管机构建设；健全核与辐射环境监测体系，建立重要核设施的监督性监测系统和其他核设施的流出物实时在线监测系统；推动国家核与辐射安全监督技术研发基地、重点实验室、业务用房建设；加强核与辐射事故应急响应、反恐能力建设，完善应急决策、指挥调度系统及应急物资储备。”

为回应公众对以雾霾为代表的这类环境污染公共事件的关注，2014 年全面修订的《环境保护法》增加了环境污染公共监测预警机制，首次确立“监测预警机制”的法律地位。第十八条规定：“省级以上人民政府应当组织有关部门或者委托专业机构，对环境状况进行调查、评价，建立环境资源承载能力监测预警机制。”第二十条规定：“国家建立跨行政区域的重点区域、流域环境污染和生态破坏联合防治协调机制，实行统一规划、统一标准、统一监测、统一的防治措施。”这也是对国务院《大气污染防治行动计划》的呼应和支持。第四十七条第二款规定：“县级以上人民政府应当建立环境污染公共监测预警机制，组织制定预警方案；环境受到污染，可能影响公众健康和环境安全时，依法及时公布预警信息，启动应急措施。”另外，第三十三条要求“加强对农业污染源的监测预警”。

6.6.1　建立监测预警体系

《国务院关于印发大气污染防治行动计划的通知》(国发〔2013〕37 号）首次提出建立重污染天气监测预警体系。环保部门要加强与气象部门的合作，建立重污染天气监测预警体系。到 2014 年，京津冀、长三角、珠三角区域要完成区域、省、市级重污染天气监测预警系统建设；其他省（区、市）、副省级市、省会城市于 2015 年底前完成。要做好重污染天气过程的趋势分析，完善会商研判机制，提高监测预警的准确度，及时发布监测预警信息。

2014 年 2 月 21 日，中国气象局和环境保护部首次联合发布京津冀大部出现持续重度污染天气。北京市 21 日将黄色预警提升至橙色预警，提示牌上建议雾霾天气，减少出行。图 6.10 为雾霾中的北京。

2015 年 8 月第二次修订的《大气污染防治法》第九十三条明确规定：国家建立重污染天气监测预警体系。国务院环境保护主管部门会同国务院气象主管机构等有关部门、国家大气污染防治重点区域内有关省、自治区、直辖市人民政府，建立重点区域重污染天气监测预警机制，统一预警分级标准。可能发生区域重污染天气的，应当及时向重点区域内有关省、自治区、直辖市人民政府通报。省、自治区、直辖市、设区的市人民政府环境保护主管部门会同气象主管机构等有关部门建立本行政区域重污染天气监测预警机制。

图 6.10　北京雾霾

6.6.2　制定完善应急预案，及时发布预警信息

县级以上地方人民政府应当将重污染天气应对纳入突发事件应急管理体系。省、自治区、直辖市、设区的市人民政府以及可能发生重污染天气的县级人民政府，应当制定重污染天气应急预案，向上一级人民政府环境保护主管部门备案，并向社会公布。（《大气污染防治法》（2015）第九十四条）

省、自治区、直辖市、设区的市人民政府环境保护主管部门应当会同气象主管机构建立会商机制，进行大气环境质量预报。可能发生重污染天气的，应当及时向本级人民政府报告。省、自治区、直辖市、设区的市人民政府依据重污染天气预报信息，进行综合研判，确定预警等级并及时发出预警。预警等级根据情况变化及时调整。任何单位和个人不得擅自向社会发布重污染天气预报预警信息。预警信息发布后，人民政府及其有关部门应当通过电视、广播、网络、短信等途径告知公众采取健康防护措施，指导公众出行和调整其他相关社会活动。（《大气污染防治法》（2015）第九十五条）

6.6.3　及时采取应急措施，适时修改完善应急预案

县级以上地方人民政府应当依据重污染天气的预警等级，及时启动应急预案，根据应急需要可以采取责令有关企业停产或者限产、限制部分机动车行驶、禁止燃放烟花爆竹、停止工地土石方作业和建筑物拆除施工、停止露天烧烤、停止幼儿园和学校组织的户外活动、组织开展人工影响天气作业等应急措施。应急响应结束后，人民政府应当及时开展应急预案实施情况的评估，适时修改完善应急预案。（《大气污染防治法》（2015）第九十六条）

发生造成大气污染的突发环境事件，人民政府及其有关部门和相关企业事业单位，应当依照《中华人民共和国突发事件应对法》、《中华人民共和国环境保护法》的规定，做好应急处置工作。环境保护主管部门应当及时对突发环境事件产生的大气污染物进行监测，并向社会公布监测信息。（《大气污染防治法》（2015）第九十七条）

根据法律规定，环境污染公共监测预警机制的责任主体属于各级人民政府，具体包括4方面的要求：第一，各级人民政府及其有关部门、企业事业单位都应当依照国家突发事件应对法的规定，做好突发事件的风险控制、应急准备、应急处置和事后恢复等工作。第二，要求各级政府、企业事业单位应当建立环境污染的公共监测预警预案。第三，在环境受到污染，可能影响到公共健康和环境安全的时候，应当及时公布预警信息。第四，应当及时启动应急措施，并组织实施，推动环境污染危险的减缓。

链接　　　　　　　　　　　　**规范预警标识**

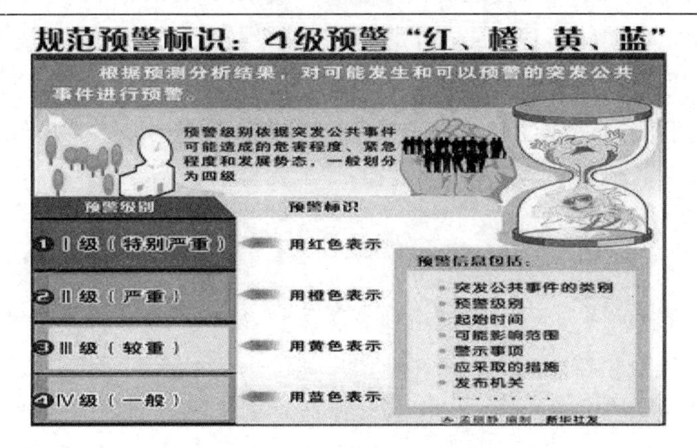

图6.11　规范预警标识

6.6.4　法律责任

见2015年8月第二次修订的《大气污染防治法》第一百条、第一百一十七条（见“6.4　危险化学品环境风险管理制度”之“6.4.4　法律责任”）、第一百二十一条。其中，第一百条规定：违反本法规定，有下列行为之一的，由县级以上人民政府环境保护主管部门责令改正，处二万元以上二十万元以下的罚款；拒不改正的，责令停产整治：（一）侵占、损毁或者擅自移动、改变大气环境质量监测设施或者大气污染物排放自动监测设备的；（二）未按照规定对所排放的工业废气和有毒有害大气污染物进行监测并保存原始监测记录的；（三）未按照规定安装、使用大气污染物排放自动监测设备或者未按照规定与环境保护主管部门的监控设备联网，并保证监测设备正常运行的；（四）重点排污单位不公开或者不如实公开自动监测数据的；（五）未按照规定设置大气污染物排放口的。第一百二十一条第一款规定：违反本法规定，擅自向社会发布重污染天气预报预警信息，构成违反治安管理行为的，由公安机关依法予以处罚。

6.6.5 发展态势

2015 年 7 月 1 日，中央全面深化改革领导小组第十四次会议审议通过《生态环境监测网络建设方案》。会议强调，完善生态环境监测网络，关键是要通过全面设点、全国联网、自动预警、依法追责，形成政府主导、部门协同、社会参与、公众监督的新格局，为环境保护提供科学依据。要围绕影响生态环境监测网络建设的突出问题，强化监测质量监管，落实政府、企业、社会的责任和权利。要依靠科技创新和技术进步，提高生态环境监测立体化、自动化、智能化水平，推进全国生态环境监测数据联网共享，开展生态环境监测大数据分析，实现生态环境监测和监管有效联动。7 月 26 日，国务院办公厅印发《生态环境监测网络建设方案》（国办发〔2015〕56 号），该《方案》的实施必将为加快推进生态文明建设提供有力保障。

本章小结

本章将环境影响评价制度、建设项目环境保护“三同时”制度、清洁生产审核制度、危险化学品环境风险管理制度、企业环境信用评价制度和环境污染公共监测预警机制列为预防类环境管理制度。体现预防为主的环境管理制度是我国环境管理制度体系中最积极、最主动、最经济的一部分，受到国家的高度重视。环境影响评价制度是目前唯一上升为环境保护单行法的制度，清洁生产制度代表先进生产力发展要求，化学品风险管理是最为紧迫、难度最大、最有意义的一项预防制度，是一项顶级管理制度。“三同时”制度是一项典型的末端治理制度，应赋予新的内涵，向源头延伸，向生产全过程延伸。环境污染公共监测预警机制是形成新的预防类制度的依据，尽管它与救济类制度关系非常密切。从长远看，企业环境信用评价的作用不会亚于环境影响评价，因为它遵循市场经济规律，使环境违法者付出沉重的代价。

思考题

1. 环境影响评价中为什么要强化节能环保约束？
2. “三同时”制度为什么要赋予新的内涵？怎样赋予新的内涵？
3. 什么情况必须强制进行清洁生产审核？
4. 你是如何理解危险化学品风险管理制度的？
5. 企业环境信用评价制度好在哪里？为什么有生命力？

第 7 章　监督类环境管理制度

监督类环境管理制度属于行为管制类制度，其构成见图 7.1。

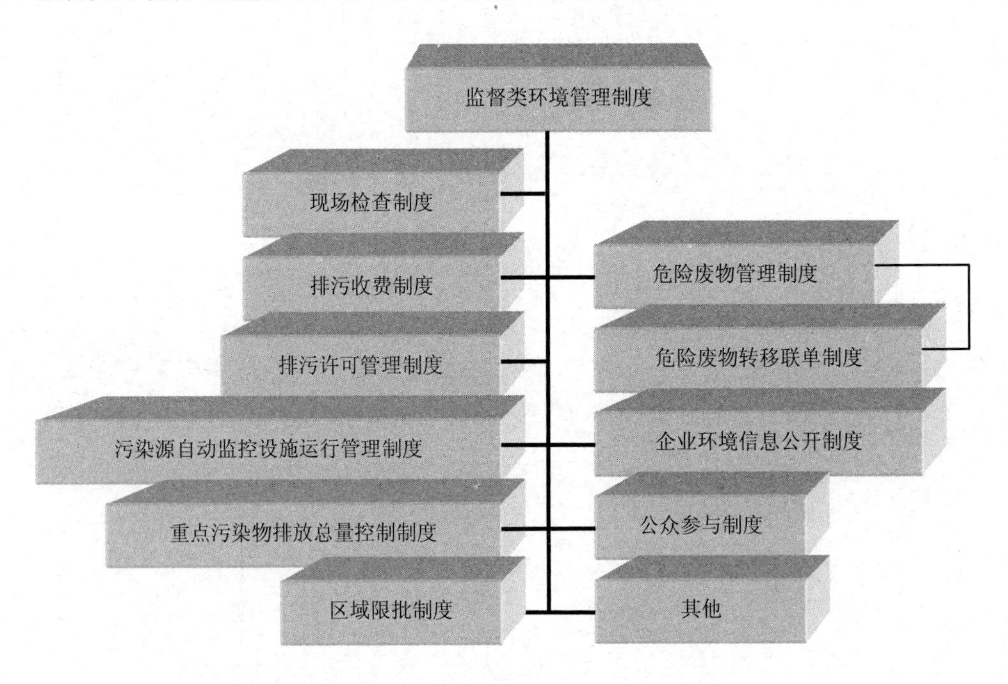

图 7.1　监督类环境管理制度（施问超绘制）

7.1　现场检查制度

7.1.1　现场检查制度的由来和法律规定

自从有环境保护就有现场检查，现场检查制度是一项再普通不过的法律制度，然而"现场"又往往是行政执法部门与管理相对人博弈最频繁的一个空间，所涉及的法律责任并不普通。随着经济社会的发展，环境保护现场检查制度的内涵不断深化和拓展，已由日常监管和执法的现场检查渗透到开展整治违法排污企业的专项行动，对环境法律法规执行和环境问题整改情况进行后督察，依法处置环境污染和生态破坏事件，执行挂牌督办等督查制度之中。

我国1979年发布的《环境保护法（试行）》即对现场检查制度作出明确规定，1989年颁布的《环境保护法》第十四条规定："县级以上人民政府环境保护行政主管部门或者其他依照法律规定行使环境监督管理权的部门，有权对管辖范围内的排污单位进行现场检查。被检查的单位应当如实反映情况，提供必要的准确资料。检察机关应为被检察机关保守技术秘密和业务秘密。"《环境保护法》同时规定了违反现场检查的法律责任。其后颁布实施的以保护环境要素为目标的环境保护单行法都沿用了这一制度。2000年国务院发布的《水污染防治法实施细则》（国务院令2000年第284号）明确规定："环境保护部门和海事、渔政管理机构进行现场检查时，根据需要，可以要求被检查单位提供下列情况和资料：（一）污染物排放情况；（二）污染物治理设施及其运行、操作和管理情况；（三）监测仪器、仪表、设备的型号和规格以及检定、校验情况；（四）采用的监测分析方法和监测记录；（五）限期治理进展情况；（六）事故情况及有关记录；（七）与污染有关的生产工艺、原材料使用的资料；（八）与水污染防治有关的其他情况和资料。"为规范现场检查行为，环境保护部先后制修定《环境行政处罚办法》（环境保护部令2010年第8号）、《环境行政执法后督察办法》（环境保护部令2010年第14号）、《环境监察办法》（环境保护部令2012年第21号）。

《环境保护法》（2014年修订）对现场检查作出了更为明确的规定："县级以上人民政府环境保护主管部门及其委托的环境监察机构和其他负有环境保护监督管理职责的部门，有权对排放污染物的企业事业单位和其他生产经营者进行现场检查。被检查者应当如实反映情况，提供必要的资料。实施现场检查的部门、机构及其工作人员应当为被检查者保守商业秘密。"首次明确了环境监察机构的法律地位，进一步强化现场执法。

随着科技进步和信息现代化步伐加快，环境现场检查的手段越来越先进，除了卫星监测秸秆焚烧、沙尘暴、湖泊水华等之外，还使用飞行器和无人驾驶飞机进行现场执法检查。例如，2014年9月24日，西安市长安区用于环境监管的五架航拍飞行器正式启用（见图7.2）。据介绍，这五架飞行器均可携带高清摄像头，并具备遥控飞行技术。在危险化学品泄漏、有毒气体泄漏等应急事故现场，以及其他人员无法到达的环境污染现场，环保人员可以利用飞行器对现场进行拍摄，完成环境监察、应急以及违法取证等工作。

图 7.2　2014 年 9 月 24 日，在西安市长安区，环保工作人员在试飞飞行器

（新华社记者　丁海涛）

近一两年，无人机在不少地方已经成为环境监察的常客。从 2013 年 11 月起，环保部门开始使用无人机航拍，对钢铁、焦化、电力等重点企业排污、脱硫设施运行等情况进行直接检查。2014 年 10 月，环境保护部又出动了 11 架次无人机对京津冀地区大气治理情况进行巡查，发现疑似存在环境问题点位 60 余处。图 7.3 为环境保护部使用的无人机和航拍图片[右下：环保部利用卫星遥感和无人机航拍污染企业（高清组图）来源：人民网-社会频道 2014 年 04 月 10 日 13：37]。据介绍，环保部组织环境卫星应用中心利用卫星图片确定重点地区，采取无人机航拍方式对大气污染企业实时拍照取证和录像取证，获取的图片地面分辨率最高达 0.04 m。

7.1.2　现场检查制度的基本要求

7.1.2.1　现场检查内容

①防治污染设施的建设和运行；②污染排放和监测记录；③环境保护责任制；④限期治理计划的实施；⑤环境污染事件应急方案的制订和演练；⑥根据法律法规需要检查的其他内容。

环境保护部使用的无人机（微信号：CENEWS）

无人机航拍的唐山某钢铁厂（环境保护部供图）

图 7.3　环境保护部使用的无人机和航拍图片

7.1.2.2　现场执法依法采取的措施

现场执法环境监察人员有权依法采取以下措施：①进入有关场所进行勘察、采样、监测、拍照、录音、录像、制作笔录，查阅、复制相关资料；②约见、询问有关人员，要求说明相关事项，提供相关材料；③责令停止或者纠正违法行为；④适用行政处罚简易程序，当场作出行政处罚决定；⑤法律、法规、规章规定的其他措施。实施现场检查时，从事现场执法工作的环境监察人员不得少于两人，并出示“中国环境监察执法证”等行政执法证件，表明身份，说明执法事项。详见《环境监察办法》（环保部令 2012 年第 21 号）。

2015 年 8 月第二次修订的《大气污染防治法》第二十九条规定：“环境保护主管部门及其委托的环境监察机构和其他负有大气环境保护监督管理职责的部门，有权通过现场检查监测、自动监测、遥感监测、远红外摄像等方式，对排放大气污染物的企业事业单位和其他生产经营者进行监督检查。被检查者应当如实反映情况，提供必要的资料。实施检查的部门、机构及其工作人员应当为被检查者保守商业秘密。”这一规定融入了信息化元素。第五十二条第二款规定：“省级以上人民政府环境保护主管部门可以通过现场检查、抽样检测等方式，加强对新生产、销售机动车和非道路移动机械大气污染物排放状况的监督检查。工业、质量监督、工商行政管理等有关部门予以配合。”这一规定是一次重大的制度创新。

7.1.2.3 现场调查人员依法采取的措施

环保部门对登记立案的环境违法行为，应当指定专人负责，及时组织调查取证。调查人员有权采取下列措施：①进入有关场所进行检查、勘察、取样、录音、拍照、录像；②询问当事人及有关人员，要求其说明相关事项和提供有关材料；③查阅、复制生产记录、排污记录和其他有关材料。④环保部门组织环境监测等技术人员随同调查人员进行调查时，有权采取上述措施和进行监测、试验。详见《环境行政处罚办法》（环保部令2010年第8号）第二十九条。

7.1.3 法律责任

有关法律责任的相关规定见《水污染防治法》（2008）第七十条，《刑法》第三百三十八条、第三百三十九条，“两高”《关于办理环境污染刑事案件适用法律若干问题的解释》（法释〔2013〕15号）第四条。《解释》规定：实施《刑法》第三百三十八条、第三百三十九条规定的犯罪行为，对“阻挠环境监督检查或者突发环境事件调查的”行为，应当酌情从重处罚，构成妨害公务罪的，以污染环境罪与妨害公务罪数罪并罚。

2015年8月第二次修订的《大气污染防治法》第九十八条作出明确规定：违反本法规定，以拒绝进入现场等方式拒不接受环境保护主管部门及其委托的环境监察机构或者其他负有大气环境保护监督管理职责的部门的监督检查，或者在接受监督检查时弄虚作假的，由县级以上人民政府环境保护主管部门或者其他负有大气环境保护监督管理职责的部门责令改正，处二万元以上二十万元以下的罚款；构成违反治安管理行为的，由公安机关依法予以处罚。这一条也是《大气污染防治法》（2015）法律责任的首条，不仅明确了环境保护主管理部门的权力，也明确了其他负有大气环境保护监督管理职责的部门的权力。

7.1.4 发展和思考

现场检查是执法过程也是调查研究、解决问题的过程，企业应利用现场检查增进沟通，维护自己的合法权益。现场检查正走向信息化，在线监测监控的电子眼正成为现场检查越来越重要的组成部分。企业在线监测监控设施须与当地环境保护部门联网，“环境保护主管部门可以利用在线监控或者其他技术监控手段收集违法行为证据。经环境保护主管部门认定的有效性数据，可以作为认定违法事实的证据”（《环境行政处罚办法》第三十六条，环境保护部令2010年第8号），当然也可以为企业守法提供证据。

7.2　排污收费制度

“污染者付费”是国际通行的法则，征收排污费是排污者付费的一种常见的方式，旨在使排污单位的外部不经济性内在化。目前“污染者付费”已拓展到“谁污染环境，谁破坏生态，谁付费”，不仅开发活动会破坏生态，污染同样会破坏生态，为破坏生态付费通常表现为“生态补偿”。

7.2.1　排污收费定义

排污收费制度是指国家对排放污染物的单位征收一定的费用，用以补偿环境成本，并筹集污染治理资金。

7.2.2　排污收费制度的由来和法律规定

1978 年，中央批转的《环境保护工作汇报要点》最早提及排污收费制度。1979 年，我国颁布《环境保护法（试行）》，首次确立了超标排污收费制度的法律地位。1982 年国务院发布《征收排污费暂行办法》（国发〔1982〕21 号），在全国实行超标排污收费制度，对控制和治理我国的环境污染发挥了积极作用。随着旨在改善环境质量的排放污染物总量控制意识的增强和总量控制制度的推行，超标排污收费制度逐步从环境保护单行法中淡出，排污收费，超标违法的原则逐步确立。1996 第一次修正的《水污染防治法》规定：“企业事业单位向水体排放污染物的，按照国家规定缴纳排污费；超过国家或者地方规定的污染物排放标准的，按照国家规定缴纳超标准排污费。”将排污费分为排污费和超标排污费，即不超标也应缴纳排污费。1999 修订的《海洋环境保护法》规定“直接向海洋排放污染物的单位和个人，必须按照国家规定缴纳排污费。”“向海洋倾倒废弃物，必须按照国家规定缴纳倾倒费。”明确排污即收费的原则。2000 年修订的《大气污染防治法》明确规定“向大气排放污染物的，其污染物排放浓度不得超过国家和地方规定的排放标准。”确立超标即违法的原则。2003 年，国务院汲取 20 余年的实践经验，颁布《排污费征收管理条例》，构筑了以总量控制为原则、以环境标准为法律界限的新的排污收费框架体系。排污收费制度是我国第一个上升为行政法规的环境管理制度。其后，2008 年修订的《水污染防治法》规定：“直接向水体排放污染物的企业事业单位和个体工商户，应当按照排放水污染物的种类、数量和排污费征收标准缴纳排污费。”不再设置超标排污费条款，并明确规定超标排放应承担的法律责任。排污即收费，超标即违法。2014 年全面修订的《环境保护法》规定：“排放污染物的企业事业单位和其他生产经营者，应当按照国家有关规定缴纳排污费。排污费应当全部专项用于环境污染防治，任何单位和个人不得截留、挤占或者挪作他用。”“依照法律规定征收环境保护税的，不再征收排污费。”同时规定：“县级以上人民政府环境保护主管部门和其他负有环境保护监督管理职责的部门，应当依法公开环境质量、环境监测、突发环境事件以及环境行政许可、行政处罚、排污费的征收和使用情况等信息。”接受社会监督。

2014年9月5日，国家发展和改革委员会、财政部和环境保护部联合印发的《关于调整排污费征收标准等有关问题的通知》（发改价格〔2014〕2008号），要求各省（区、市）结合实际，调整污水、废气主要污染物排污费征收标准，提高收缴率，实行差别化排污收费政策，利用经济手段、价格杠杆作用，建立有效的约束和激励机制，促使企业主动治污减排，保护生态环境。

7.2.3 排污费征收对象

《排污费征收使用管理条例》（2003）第二条规定：

直接向环境排放污染物的单位和个体工商户（以下简称排污者），应当依照本条例的规定缴纳排污费。

排污者向城市污水集中处理设施排放污水、缴纳污水处理费用的，不再缴纳排污费。排污者建成工业固体废物贮存或者处置设施、场所并符合环境保护标准，或者其原有工业固体废物贮存或者处置设施、场所经改造符合环境保护标准的，自建成或者改造完成之日起，不再缴纳排污费。

国家积极推进城市污水和垃圾处理产业化。城市污水和垃圾集中处理的收费办法另行制定。

7.2.4 排污收费制度的基本要求

（1）排污者应当依法向县级以上环保部门申报排放污染物的种类、数量，并提供有关资料。

（2）排污者使用国家规定强制检定的污染物排放自动监控仪器对污染物排放进行监测的，其监测数据作为核定污染物排放种类、数量的依据。自动监控仪器，应当依法定期进行校验。

（3）排污者应当按照下列规定缴纳排污费：①依照大气污染防治法、海洋环境保护法的规定，向大气、海洋排放污染物的，按照排放污染物的种类、数量缴纳排污费。②依照水污染防治法的规定，向水体排放污染物的，按照排放污染物的种类、数量缴纳排污费；③依照固体废物污染环境防治法的规定，没有建设工业固体废物贮存或者处置的设施、场所，或者工业固体废物贮存、处置的设施、场所不符合环境保护标准的，按照排放污染物的种类、数量缴纳排污费；以填埋方式处置危险废物不符合国家有关规定的，按照排放污染物的种类、数量缴纳危险废物排污费。④依照环境噪声污染防治法的规定，产生环境噪声污染超过国家环境噪声标准的，按照排放噪声的超标声级缴纳排污费。

（4）排污者缴纳排污费，不免除其防治污染、赔偿污染损害的责任和法律、行政法规规定的其他责任。反之亦然，行政处罚，不免除当事人依法缴纳排污费的义务。

（5）排污费征收使用实行收支两条线管理。按照“环保开票、银行代收、财政统管”的原则，征收的排污费一律上缴财政，纳入财政预算，列入环境保护专项资金进行管理，全部用于污染治理，包括重点污染源防治、区域性污染防治和污染防治新技术、新工艺的开发、示范和应用等。

（6）排污收费工作程序（见图 7.4）

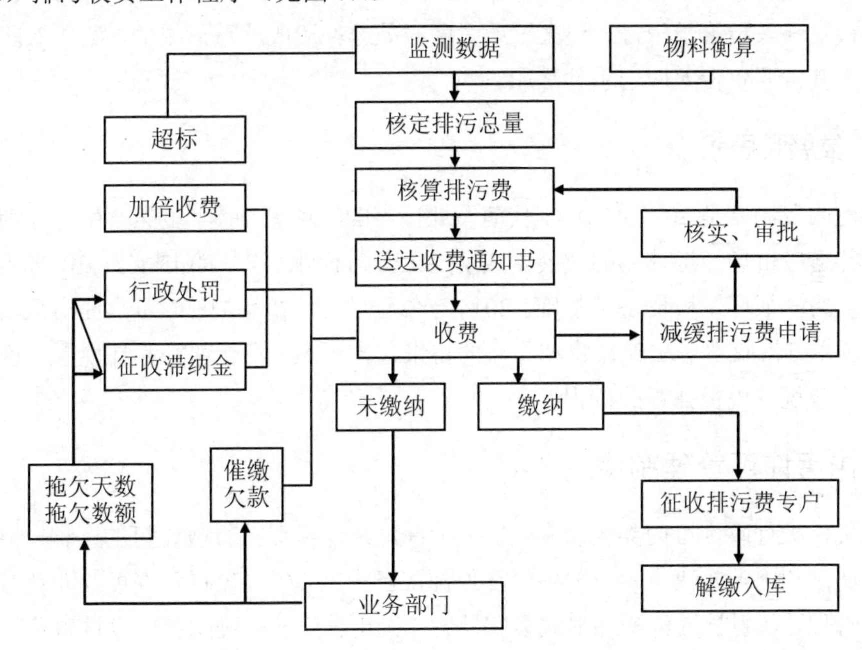

图 7.4 排污收费工作程序（hchb.gov.cn）

7.2.5 法律责任

《排污收费征收管理条例》（2002）“第五章罚则”规定：

排污者未按照规定缴纳排污费的，由县级以上地方人民政府环境保护行政主管部门依据职权责令限期缴纳；逾期拒不缴纳的，处应缴纳排污费数额1倍以上3倍以下的罚款，并报经有批准权的人民政府批准，责令停产停业整顿。

排污者以欺骗手段骗取批准减缴、免缴或者缓缴排污费的，由县级以上地方人民政府环境保护行政主管部门依据职权责令限期补缴应当缴纳的排污费，并处所骗取批准减缴、免缴或者缓缴排污费数额1倍以上3倍以下的罚款。

环境保护专项资金使用者不按照批准的用途使用环境保护专项资金的，由县级以上人民政府环境保护行政主管部门或者财政部门依据职权责令限期改正；逾期不改正的，10年内不得申请使用环境保护专项资金，并处挪用资金数额1倍以上3倍以下的罚款。

《环境保护法》(2014)对负责征收排污费的人员提出了严格要求，第六十八条规定：地方各级人民政府、县级以上人民政府环境保护主管部门和其他负有环境保护监督管理职责的部门“将征收的排污费截留、挤占或者挪作他用的”，对直接负责的主管人员和其他直接责任人员给予记过、记大过或者降级处分；造成严重后果的，给予撤职或者开除处分，其主要负责人应当引咎辞职。

7.2.6 发展和思考

排污收费制度是20世纪70年代萌发并试点的一项老制度。虽然产生于计划经济时代，但能适应市场经济体制的发展，成功地上升为行政法规。我国实践30多年的排污收费制度为开征环境税奠定了基础。2014年修订的《环境保护法》首次提出征收环境保护税，预示排污收费历史使命将在不久的将来宣告结束。在全面征收环境保护税之前将有一个费改税、税费并存的过程。

7.3 排污许可管理制度

环境保护行政许可门类较为齐全。排污许可是环境保护行政许可的一种。根据国家法律、法规和国务院决定，目前各级环保部门已实施30多项行政许可，涉及对项目建设环境管理、放射性同位素和射线装置监管、民用核设施、民用核安全设备监管等的审批，以及排放污染物许可、处置危险废物资质许可、其他特殊环保业务资质许可等，覆盖了环保行政管理的主要领域。

7.3.1 排污许可管理制度含义

排污许可制度是指以控制污染物排放总量、保护环境质量为目的，由环境保护行政主管部门依法主管对排污单位排放污染物的种类、数量、性质、去向、方式等实行审查、许可和监督管理的制度。排污许可证是排污许可制度的文书形式。排污许可管理制度是一个体系。排污口规范化设置、安装污染源自动监控设施、排污申报登记是实施排污许可制度的基础；污染物排放总量控制是排污许可必不可少的前置条件；排污许可和总量控制制度又是排污权交易制度的前置条件。

7.3.2 排污许可制度的由来和法律规定

实践表明，仅靠浓度控制不能解决环境污染问题，必须实行污染物排放总量控制。

1985 年上海市试行污水浓度控制与总量控制相结合的管理方法，对占黄浦江上游水源保护区排污总量 95%以上的 198 个单位颁发排污许可证。

1987 年，国家环境保护局在 18 个城市开展排污申报登记和排污许可证制度试点。

1989 年，《环境保护法》将排污申报登记制度上升为法律制度。明确规定：排放污染物的企业事业单位，必须依照国务院环境保护行政主管部门的规定申报登记。

2000 年，修订后的《水污染防治法实施细则》和《大气污染防治法》关于排污许可证的规定，标志着我国开始建立主要以控制排污总量为目的的排污许可证制度。

2008 年修订的《水污染防治法》明确规定国家实行排污许可制度，并对相关制度作了较为系统的规定，这对推行排污许可证制度具有里程碑意义。该法规定："直接或者间接向水体排放工业废水和医疗污水以及其他按照规定应当取得排污许可证方可排放的废水、污水的企业事业单位，应当取得排污许可证；城镇污水集中处理设施的运营单位，也应当取得排污许可证。排污许可的具体办法和实施步骤由国务院规定。"

2001 年，国家环境保护总局总结 7 年治理淮河污染的实践经验，发布《淮河和太湖流域排放重点水污染物许可证管理办法（试行）》，江苏、上海等地相继出台排污许可证管理办法，并于 2012 年进行修订。这些部门和地方政府规章将为国务院颁布《排污许可证管理条例》提供实践经验。

2014 年全面修订的《环境保护法》总结我国排污许可管理的实践经验，明确规定："国家依照法律规定实行排污许可管理制度。""实行排污许可管理的企业事业单位和其他生产经营者应当按照排污许可证的要求排放污染物；未取得排污许可证的，不得排放污染物。"

2015 年 4 月 2 日国务院印发《水污染防治行动计划》，对"全面推行排污许可"作出明确规定："依法核发排污许可证。2015 年底前，完成国控重点污染源及排污权有偿使用和交易试点地区污染源排污许可证的核发工作，其他污染源于 2017 年底前完成"。

“加强许可证管理。以改善水质、防范环境风险为目标，将污染物排放种类、浓度、总量、排放去向等纳入许可证管理范围。禁止无证排污或不按许可证规定排污。强化海上排污监管，研究建立海上污染排放许可证制度。2017 年底前，完成全国排污许可证管理信息平台建设”。

2015 年 8 月第二次修订的《大气污染防治法》第十九条对实行排污许可的对象作了明确规定：“排放工业废气或者本法第七十八条规定名录中所列有毒有害大气污染物的企业事业单位、集中供热设施的燃煤热源生产运营单位以及其他依法实行排污许可管理的单位，应当取得排污许可证。排污许可的具体办法和实施步骤由国务院规定。（第七十八条的规定为：国务院环境保护主管部门应当会同国务院卫生行政部门，根据大气污染物对公众健康和生态环境的危害和影响程度，公布有毒有害大气污染物名录，实行风险管理。）

7.3.3 排污许可管理制度的基本要求

7.3.3.1 不得无证排污

按规定应当取得排污许可证的企业事业单位、个体工商户（以下简称排污单位）而未取得的，不得排放水污染物。

7.3.3.2 排污许可应符合水行政主管部门限制排污总量的要求

水行政主管部门提出的限制排污总量意见应作为污染物排放总量控制实施方案制定的依据。

7.3.3.3 推行主要水污染物排放指标有偿使用和交易制度

通过有偿使用或者交易方式取得排污指标的排污单位，因环境违法行为被责令关闭、取缔的，其排污指标由环境保护行政主管部门收回；自行关闭的，其未使用的排污指标由环境保护行政主管部门按照有关规定回购。

7.3.3.4 申请排污许可证

排污单位和个体工商户应填报申请表，并提交以下相关证明材料：①工商营业执照。②生产能力、工艺、设备、产品符合国家和地方现行产业政策及行业发展规划要求。③排放污染物符合环境功能区和所在区域、行业污染物排放标准的要求。④建设项目环境影响评价文件已取得环保部门批准或者重新审核同意。⑤按照法律、行政法规和环保部门的规定设置排污口；建设单位在江河、湖泊新建、改建、扩建排污口的，应当取得水行政主管部门或者流域管理机构同意。⑥有符合标准和要求的污染防治设施和污染物处理能力，并有保障正常运行的管理制度和技术能力；治理设施委托运营的，运营单位应取得环境污染治理设施运营资质证书；污染物委托处理的，受委托单位应取得相应的合法资质。⑦应安装污染物排放自动监控仪器的排污单位，已按规范安装自动监控仪器并与环保部门的监控设备联网。⑧已编制突发环境事件应急预案，配备相应的应急设施、装备、物品。⑨法律、法规规定的其他条件。

7.3.3.5 持证单位享有以下权利

①有权按照排污许可证规定的要求排放污染物；②有权要求环保部门对本单位的技术信息、经营信息等事项保密；③有权向环保部门了解国家、本地市与排污许可证相关的法律、法规以及与排污许可证核发、管理程序有关的情况；④有权举报环保部门和工作人员违反法律、法规的行为，有权举报其他排污单位的违法行为；⑤法律、法规规定的其他权利。

7.3.3.6 持证单位应按以下要求履行义务

①排污许可证正本应悬挂于本单位主要办公场所或生产经营场所；②禁止涂改、伪造、出租、出借、买卖或以其他方式擅自转让排污许可证；③按要求规范排污口和危险废物贮存场所，并设立标志；④保证污染防治设施及自动监控设备的正常使用，未经环保部门批准，不得拆除或闲置；⑤污染物排放种类、数量、浓度等不得超出排污许可证载明的控制指标，排放地点、方式、去向等符合排污许可证的规定；⑥污染物排放的种类、数量、浓度等有改变的，及时向环保部门申请变更或报告；⑦按规定进行监测和计量，并向环保部门报告排污情况；⑧按规定缴纳排污费；⑨自觉接受环保部门的现场检查、排污监测和定期审核，主动出示排污许可证正副本以及相关资料；⑩排污许可证载明的义务和法律、法规规定的其他义务。

7.3.3.7 排污许可证正本和副本事项

排污许可证的正本和副本，具有同等效力。

正本应当载明下列事项：①排污单位的名称、地址、法定代表人；②排放主要污染物的种类、数量及排放去向；③有效期限；④发证机关、发证日期和证书编号。

副本还应当载明下列事项：①排污口数量、位置；②按排污口确定的主要污染物排污总量控制指标，允许年排放量、最高允许日排放量和排放浓度；③间歇性、季节性排放等特别控制要求；④水污染物排放执行的国家或地方标准；⑤污染物产生的主要工序、设备装置及污染物处理工艺和能力；⑥按照规定通过有偿使用或者交易方式取得的主要污染物排污指标（包括种类、数量、使用期限等）及其相应的费用或者价款；⑦法律、法规、规章规定的其他事项。

7.3.3.8 可申请延续

排污许可证有效期限届满后需要延续的，排污单位应当在规定时间内，向环境保护行政主管部门申请延续。有下列情形之一的，不予延续：①生产能力、技术、工艺、设备、产品被列入淘汰目录，属于强制淘汰范围的；②污染物排放超过许可证规定的浓度或者总量控制指标，经限期治理或者限期整改，逾期不能达标排放或者不能达到总量控制要求的；③排污单位生产经营所在地的土地功能或者环境功能经过调整，不适宜在该区域继续排放污染物的；④按照规定通过有偿使用或者交易方式取得排污指标，逾期未继续申购排污指标的；⑤已经不符合规定的排污许可证颁发条件的；⑥法律、法规规定的其他情形。

7.3.4 法律责任

《水污染防治法》（2008）第七十五条规定："在饮用水水源保护区内设置排污口的，由县级以上地方人民政府责令限期拆除，处十万元以上五十万元以下的罚款；逾期不拆除的，强制拆除，所需费用由违法者承担，处五十万元以上一百万元以下的罚款，并可以责令停产整顿。"

"除前款规定外，违反法律、行政法规和国务院环境保护主管部门的规定设置排污口或者私设暗管的，由县级以上地方人民政府环境保护主管部门责令限期拆除，处二万元以上十万元以下的罚款；逾期不拆除的，强制拆除，所需费用由违法者承担，处十万元以上五十万元以下的罚款；私设暗管或者有其他严重情节的，县级以上地方人民政府环境保护主管部门可以提请县级以上地方人民政府责令停产整顿。"

《环境保护法》（2014）作出了更明确、更严厉的规定："违反法律规定，未取得排污许可证排放污染物，被责令停止排污，拒不执行的"，"尚不构成犯罪的，除依照有关法律法规规定予以处罚外，由县级以上人民政府环境保护主管部门或者其他有关部门将案件移送公安机关，对其直接负责的主管人员和其他直接责任人员，处十日以上十五日以下拘留；情节较轻的，处五日以上十日以下拘留"。同时规定：地方各级人民政府、县级以上人民政府环境保护主管部门和其他负有环境保护监督管理职责的部门"不符合行政许可条件准予行政许可的"，"对直接负责的主管人员和其他直接责任人员给予记过、记大过或者降级处分；造成严重后果的，给予撤职或者开除处分，其主要负责人应当引咎辞职"。

2015 年 8 月第二次修订的《大气污染防治法》第九十九条规定：未依法取得排污许可证排放大气污染物的，由县级以上人民政府环境保护主管部门责令改正或者限制生产、停产整治，并处十万元以上一百万元以下的罚款；情节严重的，报经有批准权的人民政府批准，责令停业、关闭。第一百二十三条规定：企业事业单位和其他生产经营者“未依法取得排污许可证排放大气污染物的”，“受到罚款处罚，被责令改正，拒不改正的，依法作出处罚决定的行政机关可以自责令改正之日的次日起，按照原处罚数额按日连续处罚”。

7.3.5 发展和思考

排污单位依法得到排污许可，就获得了相应的排污权，排污权如同其他产权一样，可以在市场上进行交易。排污许可重在监控。以排污许可为前置条件的排污权交易试点正推动着我国环境经济政策发生质的变化，也推动着我国环境监测和环境监察管理向信息化、自动化发展。

7.4 污染源自动监控设施运行管理制度

7.4.1 相关概念

这里所说的污染源自动监控运行管理制度适用于重点排污单位（重点污染源）自动监控设施的运行和管理活动。

7.4.1.1 重点排污单位

重点排污单位（重点污染源）是指重污染企业以及排放污染物总量较大的污染源（如城镇污水处理厂、向水体直接排放污水的规模化畜禽养殖场（小区）等）。不同的时空有不同重点，重点是动态的。突出重点是为了掌控环境安全的主动权。《国务院批转节能减排统计监测及考核实施方案和办法的通知》（国发〔2007〕36 号）发布的《主要污染物总量减排监测办法》规定：国控重点污染源是国家监控的占全国主要污染物工业排放负荷 65%以上的工业污染源和城市污水处理厂，国控重点污染源名单由国务院环境保护主管部门公布，每年动态调整。

7.4.1.2 自动监控设施

自动监控设施是指在污染源现场安装的用于监控、监测污染物排放的在线自动监测仪、流量（速）计、污染治理设施运行记录仪和数据采集传输仪器、仪表、传感器等设施，是污染防治设施的组成部分。见《污染源自动监控设施现场监督检查办法》（环保部令 2012 年第 19 号）。图 7.5 是 COD 在线自动监测仪和污水流量计。

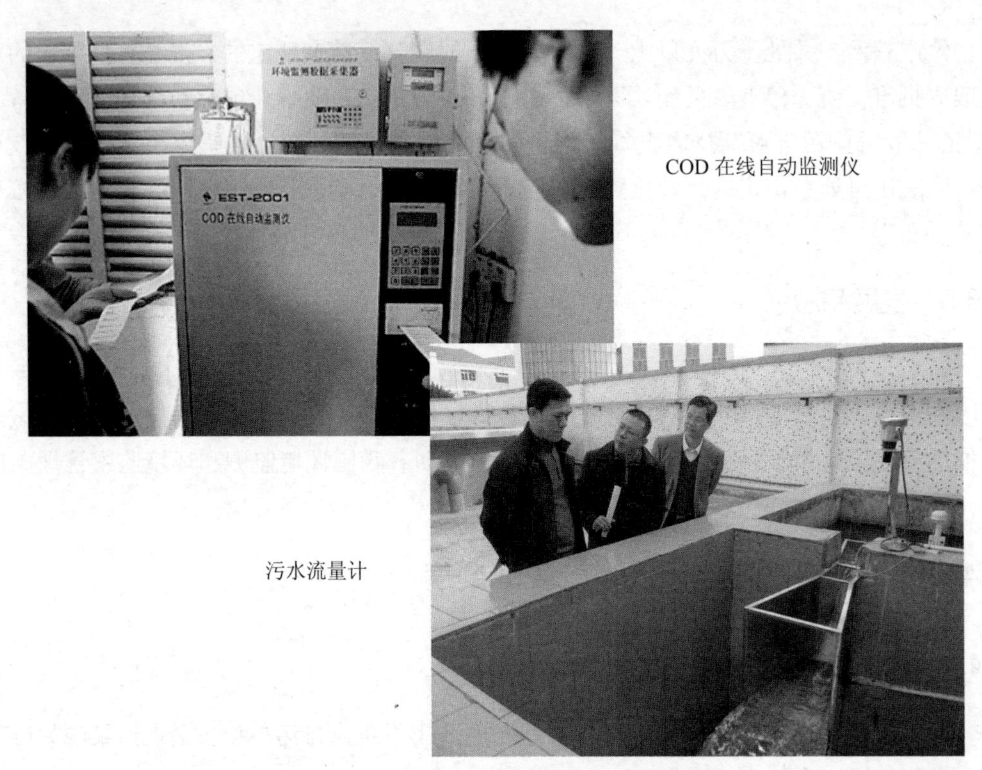

图 7.5 COD 在线自动监测仪和污水流量计

7.4.1.3 自动监控设施的运行

自动监控设施的运行是指从事自动监控设施操作、维护和管理，保证设施正常运行的活动，分为委托给有资质的专业化运行单位的社会化运行和排污单位自运行两种方式。

7.4.2 污染源自动监控设施运行管理制度的由来和法律规定

污染源自动监控管理制度是在总量控制制度实施过程中为提高制度实施的科学性、可靠性和可操作性而产生的。2005 年国家环境保护总局为加强污染源监管，实施污染物排放总量控制、排污许可证制度和排污收费制度，预防污染事故，提高环境管理科学化、信息化水平，根据国家环境保护有关法律规定，制定并公布《污染源自动监控管理办法》，本办法适用于重点污染源自动监控系统的监督管理。此办法的实施为建立污染源自动监控设施运行管理制度积累了经验。2008 年修订的《水污染防治法》总结实践经验，对其首次作出明确规定，要求“重点排污单位应当安装水污染物排放自动监测设备，与环境保护主管部门的监控设备联网，并保证监测设备正常运行。排放工业废水的企业，应当对其所排放的工业废水进行监测，并保存原始监测记录。”“应当安装水污染物排放自动监测设备的重点排污单位名录，由设区的市级以上地方人民政府环境保护主管部门根据本行政区域的环境容量、重点水污染物排放总量控制指标的要求以及排污单位排放水污染物的种类、数量和浓度等因素，商同级有关部门确定。县级以上人民政府环境保护主管部门对违反本法规定、严重污染水环境的企业予以公布。”同年，环境保护部依法印发《污染源自动监控设施运行管理办法》（环发〔2008〕6 号），以保证污染源自动监控设施正常运行，实现预期的目的。2014 年全面修订的《环境保护法》明确规定：“重点排污单位应当按照国家有关规定和监测规范安装使用监测设备，保证监测设备正常运行，保存原始监测记录。”污染源自行监测是污染源自动监控设施及其运行管理的核心。

2015 年 8 月第二次修订的《大气污染防治法》对污染源依法自行监测的责任和义务作出明确规定：“企业事业单位和其他生产经营者应当按照国家有关规定和监测规范，对其排放的工业废气和本法第七十八条规定名录中所列有毒有害大气污染物进行监测，并保存原始监测记录。其中，重点排污单位应当安装、使用大气污染物排放自动监测设备，与环境保护主管部门的监控设备联网，保证监测设备正常运行并依法公开排放信息。监测的具体办法和重点排污单位的条件由国务院环境保护主管部门规定。”（第二十四条第一款）“重点排污单位应当对自动监测数据的真实性和准确性负责。环境保护主管部门发现重点排污单位的大气污染物排放自动监测设备传输数据异常，应当及时进行调查。”（第二十五条）“禁止侵占、损毁或者擅自移动、改变大气环境质量监测设施和大气污染物排放自动监测设备。”（第二十六条）

7.4.3 污染源自动监控设施运行管理制度的基本要求

（1）污染源自动监控设施的选型、安装、运行、审查、监测质量控制、数据采集和联网传输，应符合国家相关的标准。污染源自动监控设施必须经县级以上环保部门验收合格后方可正式投入运行，并与环保部门联网。

（2）所有从事污染源自动监控设施的操作和管理人员，应当经省级环保部门委托的中介机构进行岗位培训，能正确、熟练地掌握有关仪器设施的原理、操作、使用、调试、维修和更换等技能。

（3）污染源自动监控设施运行单位应按照县级以上环保部门的要求，每半年向其报送设施运行状况报告，并接受社会公众监督。

（4）污染源自动监控设施运行单位应按照国家或地方相关法律法规和标准要求，建立健全管理制度。主要包括：人员培训、操作规程、岗位责任、定期比对监测、定期校准维护记录、运行信息公开、设施故障预防和应急措施等制度。常年备有日常运行、维护所需的各种耗材、备用整机或关键部件。

（5）运行单位应当保持污染源自动监控设施正常运行。污染源自动监控设施因维修、更换、停用、拆除等原因将影响设施正常运行情况的，运行单位应当事先报告县级以上环境保护行政主管部门，说明原因、时段等情况，递交人工监测方法报送数据方案，并取得县级以上环境保护行政主管部门的批准；设施的维修、更换、停用、拆除等相关工作均须符合国家或地方相关的标准。

（6）在废气和废水排放口安装二氧化硫、颗粒物、pH 和 COD 等主要污染物的在线监测和传输装置，并与环保主管部门的污染监控系统联网；在车间或处理设施排放口设置监控点，控制砷及铅、镉、铬、汞等重金属排放。

（7）污染源自动监控设施运行委托单位有以下权利和义务：①对设施运行单位进行监督，提出改进服务的建议；②应为设施运行单位提供通行、水、电、避雷等正常运行所需的基本条件。因客观原因不能正常提供时，需提前告知运行单位，同时向县级以上环境保护行政主管部门报告，配合做好相关的应急工作；③举报设施运行单位的环境违法行为；④不得以任何理由干扰运行单位的正常工作或污染源自动监控设施的正常运行；⑤不得将应当承担的排污法定责任转嫁给运行单位。

（8）污染源自动监控设施社会化运行单位有以下权利和义务：①按照规定程序和途径取得或放弃设施运行权；②不受地域限制获得设施运行业务；③严格执行有关管理制度，确保设施正常运行；④举报排污单位的环境违法行为；⑤对运行管理人员进行业务培训，提高运行水平。

（9）国家鼓励个人或组织参与对污染源自动监控设施运行活动的监督。个人或组织发现污染源自动监控设施运行活动中有违法违规行为的，有权向环保部门举报，环境监察部门应当及时核实、处理。县级以上环境保护行政主管部门对个人或组织如实举报设施运行违法违规行为的，可给予奖励，并有义务为举报者保密。

（10）增强环境信息基础能力、统计能力和业务应用能力。建设环境信息资源中心，加强互联网在污染源自动监控、环境质量实时监测、危险化学品运输等领域的研发应用，推动信息资源共享。

7.4.4 法律责任

（1）见《污染源自动监控设施现场监督检查办法》第四章“法律责任”。其中第二十六条规定：“违反技术规范的要求，对污染源自动监控系统功能进行删除、修改、增加、干扰，造成污染源自动监控系统不能正常运行，或者对污染源自动监控系统中存储、处理或者传输的数据和应用程序进行删除、修改、增加的操作，构成违反治安管理行为的，由环境保护主管部门移送公安部门依据《中华人民共和国治安管理处罚法》第二十九条规定处理；涉嫌构成犯罪的，移送司法机关依照《中华人民共和国刑法》第二百八十六条追究刑事责任。”

（2）见“10.1 企业自行监测制度”之“10.1.3 法律责任”。

7.4.5 发展与思考

污染源自动监控设施运行管理制度对环境保护信息化和企业信息化建设将是极大的促进。发达省份环保与电信联手，建立环保云平台，就是一个预兆。江苏省环保云平台——江苏省生态环境监控系统被命名为“1831”工程。“1831”中的第一个“1”，就是建设1个全省共享的生态环境监控平台；“8”就是集成饮用水水源地、流域水环境、大气环境、重点污染源、机动车尾气、辐射环境、危险废物、应急风险源8个子监控系统；“3”就是组建省、市、县三级生态环境监控中心；最后一个“1”就是建立1整套完善的环境监控运行机制，实现对全省生态环境的现代化监管。江苏省生态环境监控系统把水、声、辐射、汽车尾气等环保数据、高精度地图等集成在地理信息系统中，实现了平台大统一、系统大集成、网络大整合、数据大集中，是目前国内最先进的环保云平台。中国电信江苏公司帮助构建了江苏省生态环境监控系统的广域网，提供电路127条、IP网络设备144台，让环保各节点实现了全省互联。基于江苏电信构建的“神经网络”，江苏省生态环境监控系统对重点污染源、污水处理厂、大型燃煤电厂等各类企业单位实施全方位自动监控，如果要查看某污水处理厂的数据信息，监控中心工作人员只需在电脑前轻点鼠标，数据信息即刻全部显示，一目了然。

如同交通、治安信息管理一样，污染源自动监控设施应在所有排污单位与监测地段安装（而不仅仅是重点污染源和重点监控企业），实施污染源监控的信息化管理。根据对排放废水、废气等污染源的监控数据缴纳环境保护税应是未来发展方向。

7.5 重点污染物排放总量控制制度

7.5.1 相关概念

7.5.1.1 重点污染物排放总量控制制度的含义

重点污染物排放总量控制制度（下称“总量控制”）是国家本着经济社会发展与环境保护相协调的原则，在一定时空条件下对重点污染物排放的总重量（或排放强度）实行控制的一种管理方法体系。实施总量控制必须同时具备三个要素：一是排放污染物的总重量（体积与浓度的乘积）或排放强度（如单位 GDP 排放量）；二是排放污染物总量的空间范围；三是排放污染物的时间跨度。

7.5.1.2 总量控制的总体目标

①强化责任、健全法制、完善政策、加强监管，建立健全激励和约束机制；②坚持优化产业结构、推动技术进步、强化工程措施，大幅度提高能源利用效率，显著减少污染物排放；③进一步形成政府为主导、企业为主体、市场有效驱动、全社会共同参与的节能减排工作格局，加快建设资源节约型、环境友好型社会。

7.5.1.3 总量控制制度在诸项环境管理制度和政策中发挥着纽带和桥梁作用（见图5.1）

总量控制制度激活排污口规范化整治（包括在线监测）、排污申报登记注册、排污许可证制度等一批老制度；孵化排污权交易、排污初始指标有偿获取、生态补偿等一批符合市场经济规律的环境管理制度；强化环境影响评价、“三同时”制度，是建设项目审批和实行区域限批的一个重要的法律依据；拓展了达标排放的内涵，总量控制指标与污染物排放标准具有同等法律地位，成为执行排污收费、限期治理、落后产能淘汰制度等各项制度的依据；赋予环境保护规划、环境监测、环境统计、环境标准等基础制度新的活力。总量控制事关全局，是国务院决策的一个重要议题，是地方各级政府环境保护目标责任制一个十分重要的内容，是执行问责制的一个重要依据。总量控制带动了环境保护能力建设，特别强化了在线监测监控能力建设。

7.5.2 总量控制制度由来和法律规定

因为主要污染物的排放总量超过甚至是远远超过环境承载能力，所以为了环境安全，必须实施主要污染物排放总量控制制度。

我国最早出现总量控制概念的是 1989 年国务院批准、原国家环保局发布的《水污染防治法实施细则》，此细则规定：“超过国家规定的企业事业单位污染物排放总量的，应当限期治理。”我国从20世纪90年代开始实行总量控制制度。“九五”期间，污染物排放总量控制指标被列入环保考核目标，总量控制指标被分解到各省市，各省、市、县再层层分解，最终分到各排污单位。“十五”期间，总量控制成为我国环保工作的重点。“十一五”、“十二五”期间，重点污染物减排指标在国民经济和社会发展规划中上升为约束性指标。

1995年，国务院颁布的《淮河流域水污染防治暂行条例》对污染物排放总量控制作出了较完善的规定。该条例第九条规定：“国家对淮河流域实行水污染物排放总量控制制度”。第十条至第十四条规定了总量控制计划的制定、内容、具体实施的有关问题和超标排污的责任。1996年，《国务院关于环境保护若干问题的决定》把实行主要污染物排放总量控制作为改善环境质量的重要措施。同年修正的《水污染防治法》总结了以往的经验，规定“省级以上人民政府对实现水污染物达标排放仍不能达到国家规定的水环境质量标准的水体，可以实施重点污染物的总量控制制度，并对有排污量削减任务的企业实施该重点污染物排放量的核定制度。”这一规定表明，实施总量控制的宗旨就是为了环境安全。

2000年，第一次修订的《大气污染防治法》第三条规定：“国家采取措施，有计划地控制或者逐步削减各地方主要大气污染物的排放总量。”同年，《水污染防治法实施细则》第六条规定：“对实现水污染物达标排放仍不能达到国家规定的水环境质量标准的水体，可以实施重点污染物排放总量控制制度。”2008年修订的《水污染防治法》强化了重点水污染物排放总量控制制度和区域限批制度。

2014年全面修订的《环境保护法》总结多年的实践成果，进一步强化了总量控制的法律地位，就总量控制指标的下达与分解落实，总量控制指标与排放标准的关系，总量控制与环境质量、区域限批的关系作出确规定：“国家实行重点污染物排放总量控制制度。重点污染物排放总量控制指标由国务院下达，省、自治区、直辖市人民政府分解落实。企业事业单位在执行国家和地方污染物排放标准的同时，应当遵守分解落实到本单位的重点污染物排放总量控制指标。”

2015年第二次修订的《大气污染防治法》第二十一条对国家和省级重点大气污染物排放总量控制目标的确定、下达和分解、实施作出明确规定：“国家对重点大气污染物排放实行总量控制。”“重点大气污染物排放总量控制目标，由国务院环境保护主管部门在征求国务院有关部门和各省、自治区、直辖市人民政府意见后，会同国务院经济综合主管部门报国务院批准并下达实施。”“省、自治区、直辖市人民政府应当按照国务院下达的总量控制目标，控制或者削减本行政区域的重点大气污染物排放总量。确定总量控制目标和分解总量控制指标的具体办法，由国务院环境保护主管部门会同国务院有关部门规定。省、自治区、直辖市人民政府可以根据本行政区域大气污染防治的需要，对国家重点大气污染物之外的其他大气污染物排放实行总量控制。”

7.5.3 总量控制制度的基本要求

7.5.3.1 确保实现节能减排约束性目标

①坚持强化责任、健全法制、完善政策、加强监管相结合，建立健全激励和约束机制；②坚持优化产业结构、推动技术进步、强化工程措施、加强管理引导相结合，大幅度提高能源利用效率，显著减少污染物排放；③进一步形成政府为主导、企业为主体、市场有效驱动、全社会共同参与的推进节能减排工作格局，确保实现节能减排约束性目标，加快建设资源节约型、环境友好型社会。

7.5.3.2 加强重点污染物总量减排控制

完善减排统计、监测和考核体系，鼓励各地区实施特征污染物排放总量控制。加强总量控制，做好“五个落实”——把总量落实到重点行业的发展规划中；落实到重点流域、区域、城市、海域的环境规划中；落实到城市群的环保规划中；落实到重点企业的发展中；落实到建设项目环境影响评价审批中。要通过实施总量控制，促进环境保护的宏观控制、环境管理的因地制宜，推动区域产业结构的优化升级、经济布局的合理有序。

7.5.3.3 对重点水污染物排放实施总量控制制度

省、自治区、直辖市人民政府应当按照国务院的规定削减和控制本行政区域的重点水污染物排放总量，并将重点水污染物排放总量控制指标分解落实到市、县人民政府。市、县人民政府根据本行政区域重点水污染物排放总量控制指标的要求，将重点水污染物排放总量控制指标分解落实到排污单位。“十二五”期间国家对化学需氧量和氨氮两项水污染物排放实施总量控制。

7.5.3.4 控制或削减主要大气污染物的排放总量

国家采取措施，有计划地控制或者逐步削减各地方主要大气污染物的排放总量。国务院和省、自治区、直辖市人民政府可以将尚未达到规定的大气环境质量标准的区域和国务院批准划定的酸雨控制区、二氧化硫污染控制区，划定为主要大气污染物排放总量控制区。大气污染物总量控制区内有关地方人民政府依照国务院规定的条件和程序，按照公开、公平、公正的原则，核定企业事业单位的主要大气污染物排放总量，核发主要大气污染物排放许可证。“十二五”期间国家对二氧化硫和氮氧化物两项大气污染物排放实施总量控制。

7.5.3.5　优先采用清洁生产工艺

企业应当优先采用能源利用效率高、原材料利用率高、污染物排放量少的清洁生产工艺，并加强管理，减少污染物的产生。

7.5.3.6　限产停产整治超总量排放

《环境保护法》(2014) 第六十条规定：环保部门可以对超标超总量的环境违法行为采取限制生产、停产整治和停业关闭措施。遵循“经济社会发展与环境保护相协调”的基本原则，限产、停产整治、停业关闭等一系列措施是一个循序渐进的过程。例如，一个化工厂如果有多条生产线，发现其超标排放后，如果停其中一条生产线就能实现达标排放，那么就无需关停全部生产线。

7.5.3.7　实行化工园区污染物排放总量控制

化工园区所在辖区人民政府应将园区总量指标和项目总量指标作为入园项目环评审批的前置条件，确保建成后该项目和园区各类污染物排放总量符合总量控制目标要求。鼓励通过结构调整、产业升级、循环经济、技术创新和技术改造等措施减少园区污染物排放总量。见《环境保护部关于加强化工园区环境保护工作的意见》(环发〔2012〕54 号)。

7.5.3.8　建立和完善化工园区化学品环境污染责任追究制

对不符合环保要求、污染治理设施不正常运行、环境安全隐患突出的，依法限期整治、责令整改；对存在偷排直排等恶意环境违法行为的园区，依法实行挂牌督办；对屡次发生突发环境事件及列入省级挂牌督办范围的园区、企业及相关责任人，按照相关法律和法规处理。见《环境保护部关于加强化工园区环境保护工作的意见》(环发〔2012〕54 号)。

7.5.3.9　其他措施

关于淘汰落后产能、实行限期治理、排污许可制度、污染源自动监控、环境保护责任制和问责制等措施可见相关制度。

7.5.4　法律责任

《水污染防治法》(2008) 第七十四条第一款规定：“违反本法规定，排放水污染物超过国家或者地方规定的水污染物排放标准，或者超过重点水污染物排放总量控制指标的，由县级以上人民政府环境保护主管部门按照权限责令限期治理，处应缴排污费数额二倍以上五倍以下的罚款。”

《环境保护法》（2014）第六十条规定："企业事业单位和其他生产经营者超过污染物排放标准或者超过重点污染物排放总量控制指标排放污染物的，县级以上人民政府环境保护主管部门可以责令其采取限制生产、停产整治等措施；情节严重的，报经有批准权的人民政府批准，责令停业、关闭。"

《大气污染防治法》（2015）第九十九条规定：违反本法规定，超过大气污染物排放标准或者超过重点大气污染物排放总量控制指标排放大气污染物的，由县级以上人民政府环境保护主管部门责令改正或者限制生产、停产整治，并处十万元以上一百万元以下的罚款；情节严重的，报经有批准权的人民政府批准，责令停业、关闭。第一百二十三条规定：违反本法规定，企业事业单位和其他生产经营者超过大气污染物排放标准或者超过重点大气污染物排放总量控制指标排放大气污染物，受到罚款处罚，被责令改正，拒不改正的，依法作出处罚决定的行政机关可以自责令改正之日的次日起，按照原处罚数额按日连续处罚。

7.5.5 发展和思考

（1）发展

目前总量控制主要是在污染物排放总量超过环境容量的情况下开展的，以削减现有的排污总量，遏制污染严重的趋势。根据环境容量确定排放总量，以环境容量为基础实施污染物排放总量控制是必然的发展趋势。面对以可吸入颗粒物（PM_{10}）、细颗粒物（$PM_{2.5}$）为特征污染物的区域性大气环境问题日益突出，国务院印发《大气污染防治行动计划》《大气十条》（国发〔2013〕37 号），确立城市环境空气中可吸入颗粒物浓度目标："到 2017 年，全国地级及以上城市可吸入颗粒物浓度比 2012 年下降 10%以上，优良天数逐年提高；京津冀、长三角、珠三角等区域细颗粒物浓度分别下降 25%、20%、15%左右，其中北京市细颗粒物年均浓度控制在 60 $\mu g/m^3$ 左右。"要求"建立环渤海包括京津冀、长三角、珠三角等区域联防联控机制，加强人口密集地区和重点大城市 $PM_{2.5}$ 治理，构建对各省（区、市）的大气环境整治目标责任考核体系。"由污染物排放总量目标控制到环境质量目标控制是一个质的飞跃。

为切实加大水污染防治力度，保障国家水安全，继发布实施《大气污染防治行动计划》后，国务院印发《水污染防治行动计划》《水十条》（国发〔2015〕17 号）。《水十条》的主要指标是：到 2020 年，长江、黄河、珠江、松花江、淮河、海河、辽河等七大重点流域水质优良（达到或优于Ⅲ类）比例总体达到 70%以上，地级及以上城市建成区黑臭水体均控制在 10%以内，地级及以上城市集中式饮用水水源水质达到或优于Ⅲ类比例总体高于93%，全国地下水质量极差的比例控制在15%左右，近岸海域水质优良（一、二类）比例达到70%左右。京津冀区域丧失使用功能（劣于Ⅴ类）的水体断面比例下降15个百分点左右，长三角、珠三角区域力争消除丧失使用功能的水体。到2030年，全国七大重点流域水质优良比例总体达到75%以上，城市建成区黑臭水体总体得到消除，城市集中式饮用水水源水质达到或优于Ⅲ类比例总体为95%左右。《水十条》在重点强调全面控制污染源管理的同时，更加注重水资源的节约和保护，提出要实行最严格水资源管理制度。即实施两个总量控制，一是控制重点污染物排放总量，二是控制用水总量。实施总量控制就是为了改善水环境质量，不是为总量而总量。

（2）思考

①总量控制是一项需要创新的环保制度。要研究如何科学合理地分配总量指标，及时有效地监控完成情况。

②总量控制需要引入市场化管理机制。根据环境功能区划测算并掌握特定区域（流域）的环境容量，分配排污总量，并在此基础上全面推行排污许可制度和排污权交易。

③总量控制需要加大科技研发，加大清洁生产、循环经济的比重。用高新技术改造传统产业，推动产业转型升级，这是一条减排的正道。

7.6　区域限批制度

这里所说的“限批”是指暂停审批。

7.6.1　区域限批的由来和法律规定

2005年12月发布的《国务院关于落实科学发展观加强环境保护的决定》作出了“区域限批”的规定：对超过污染物总量控制指标的地区，暂停审批新增污染物排放总量的建设项目。对突出的环境违法问题所在地区或流域实行“区域限批”。2008年第二次修订的《水污染防治法》吸纳了这一政策创新，将其由行政管理措施上升为强制实施的法律制度。《水污染防治法》第十八条第四款规定：“对超过重点水污染物排放总量控制指标的地区，有关人民政府环境保护主管部门应当暂停审批新增重点水污染物排放总量的建设项目的环境影响评价文件。”这是法律在实践中发展的一个较为典型的例子。

《环境保护法》（2014）规定：“对超过国家重点污染物排放总量控制指标或者未完成国家确定的环境质量目标的地区，省级以上人民政府环境保护主管部门应当暂停审批其新增重点污染物排放总量的建设项目环境影响评价文件。”

《大气污染防治法》（2015）将约谈与限批结合起来，约束力更强。第二十条明确规定："对超过国家重点大气污染物排放总量控制指标或者未完成国家下达的大气环境质量改善目标的地区，省级以上人民政府环境保护主管部门应当会同有关部门约谈该地区人民政府的主要负责人，并暂停审批该地区新增重点大气污染物排放总量的建设项目环境影响评价文件。约谈情况应当向社会公开。"

7.6.2 严格准入门槛，实施区域限批制度

（1）对超过国家重点污染物排放总量控制指标或者未完成国家确定的环境质量目标的地区实施区域限批。严格执行环境影响评价制度和"三同时"制度，对超过污染物总量控制指标、生态破坏严重或者尚未完成生态恢复任务的地区，暂停审批新增污染物排放总量和对生态有较大影响的建设项目。例如，2014 年 4 月，国务院办公厅印发《大气污染防治行动计划实施情况考核办法（试行）》（国办发〔2014〕21 号）规定，对未通过考核的，由环境保护部会同组织部门、监察机关等部门约谈省级人民政府及其相关部门有关负责人；环境保护部对该地区有关责任城市实施环评限批，取消环保荣誉称号。对未通过终期考核的，对整个地区实施环评限批，此外，加大问责力度，必要时由国务院领导同志约谈省级人民政府主要负责人。

（2）对未按期完成淘汰落后产能任务的地区，实行项目"区域限批"。2010 年 2 月，国务院发出《关于进一步加强淘汰落后产能工作的通知》（国发〔2010〕7 号）明确要求"对未按期完成淘汰落后产能任务的地区，严格控制国家安排的投资项目，实行项目'区域限批'，暂停对该地区项目的环评、核准和审批。"

（3）对未完成环保目标任务或对发生重特大突发环境事件负有责任的地区实施区域限批。2011 年 12 月国务院印发的《国家"十二五"环境保护规划》（国发〔2011〕42 号）要求"落实环境目标责任制，定期发布主要污染物减排、环境质量、重点流域污染防治规划实施情况等考核结果，对未完成环保目标任务或对发生重特大突发环境事件负有责任的地方政府要进行约谈，实施区域限批，并追究有关领导责任。"此规划将"发生重特大突发环境事件"的地区纳入区域限批的范围。对未完成环保目标任务或对发生重特大突发环境事件负有责任的地方政府要进行约谈，实施区域限批，并追究有关领导责任。

（4）凡化工园区风险防控设施不完善、园内企业污染物超标排放且未按要求完成限期整改、治理的，各级环境保护主管部门应暂停新入园区建设项目的审批，污染防治、环境安全隐患整改、生态恢复建设和循环经济类建设项目除外。见环境保护部《关于加强化工园区环境保护工作的意见》（环发〔2012〕54 号）。

7.6.3 思考

“区域限批”只是手段，新制度要经多次博弈才能确立，每次“环评风暴”都是一场博弈，“区域限批”无非是更接近它们的底线而已。区域限批是中国的环境保护度过了观念启蒙阶段，进入了利益博弈时代的具有震撼力的无奈之举。从本质上说，这是传统发展观与科学发展观的博弈。围绕着环境治理和地方经济之间的冲突，中央政府、地方政府、企业与公众四者之间的利益博弈，在一次次出击的限批政策下愈加引人注目。实际上，限批的真正杀伤力并不是体现在对违规企业的制裁上，这一严厉的惩罚是让当地政府直接承受。限批不仅以“休克疗法”式的极致手段暂时缓和了环境治理与经济发展之间的冲突，也给固守传统经济发展模式的地区一个警钟，更让地方政府直接承受到一个严厉的惩罚。被戴上“紧箍咒”的地方政府，不得不在煎熬中度过3个月甚至更长的时间。《决策》杂志将之称为“限批之痛”（见图 7.6）启用“区域限批”政策是迫于中国环境日益严峻的形势。什么时候环境形势不再严峻了，什么时候科学决策成为人们的自觉行动，“区域限批”自然就会淡出环境保护制度之列。

图 7.6 限批之痛[1]

① 来源《区域限批下的中部困局》http：//www.sina.net. 2007 年 10 月 17 日 11：10 《决策》杂志.

7.7 危险废物管理制度

危险废物管理制度是一个贯通产生、收集、贮存、转移、处置、利用危险废物全过程的纵横交错的体系。不仅牵动化工企业最敏感的神经，关系到企业的安全、健康、环保，还涉及履行国际公约，关系一个大国的责任和形象。近年来，危险废物非法转移和倾倒频发，成为突发环境事件的重要诱因。非法利用处置危险废物活动猖獗，产污单位自行简易利用处置危险废物现象普遍。历史遗留危险废物长期大量堆存，严重影响土壤和水环境质量。实验室废物和废荧光灯管等非工业源危险废物产生源分散，回收处理体系不健全，污染问题逐步凸显。

据调查，2010 年化学原料及化学制品制造业产生的危险废物占全部危险废物的 24.58%，所占比例高，危害性大，因此需要特别关注。尽管危险废物在全部工业固体废物中所占比例较小，但是由于各行业产生危险废物种类繁多，所涉及的有毒有害物质成分复杂多样，危险废物的污染防治与管理仍然是我国固体废物管理工作的重点和难点，建立危险废物分类分级管理体系也显得尤为必要。见《危险废物污染防治技术政策（征求意见稿）》编制说明。

7.7.1 相关概念

7.7.1.1 固体废物

根据《固体废物污染环境防治法》（2015 年修正）规定："固体废物，是指在生产建设、日常生活和其他活动中产生的污染环境的固态、半固态废弃物质。"（第七十四条）"液态废物和置于容器中的气态废物污染防治，适用本法；但是，排入水体的废水和排入大气的废气的污染防治适用有关法律，不适用本法。"（第七十五条）这些法律规定告诉我们，固体废物的概念非常宽泛，涉及液相和气相，而不仅仅是固相。

7.7.1.2 危险废物

危险废物指列入国家危险废物名录或根据国家规定的危险废物鉴别标准和方法认定的，具有爆炸性、易燃性、易氧化性、毒性、腐蚀性、易传染疾病等危险特性之一的废物。危险废物的标志见图 7.7。

7.7.1.3 危险化学品

指有爆炸、易燃、毒害、感染、腐蚀、放射性等危险特性，在运输、储存、生产、经营、使用和处置中，容易造成人身伤亡、财产损毁或环境污染而需要特别防护的化学品。

图 7.7 竖立在危险废物贮存场的危险废物标志牌

7.7.1.4 持久性有机污染物

持久性有机污染物简称 POPs（Persistent Organic Pollutants），是指具有毒性、生物蓄积性和半挥发性，在环境中持久存在，且能在环境中长距离迁移，对人类健康和环境造成严重威胁的有机化学污染物质。

7.7.1.5 二噁英

二噁英是一种无色无味、毒性严重的脂溶性物质。二噁英包括 210 种化合物，这类物质非常稳定，熔点较高，极难溶于水，非常容易在生物体内积累，对人体危害严重。二噁英除了具有致癌毒性以外，还具有生殖毒性和遗传毒性，直接危害子孙后代的健康和生活。国际癌症研究中心已将其列为人类一级致癌物。

7.7.1.6 剧毒化学品

指按照国务院安全生产监督管理部门会同国务院公安、环保、卫生、质检、交通部门确定并公布的剧毒化学品目录中的化学品。一般是具有非常剧烈毒性危害的化学品，包括人工合成的化学品及其混合物（含农药）和天然毒素。

7.7.1.7 有毒物质

《最高人民法院、最高人民检察院关于办理环境污染刑事案件适用法律若干问题的解释》（法释〔2013〕15 号）第十条规定：下列物质应当认定为“有毒物质”：（一）危险废物，包括列入国家危险废物名录的废物，以及根据国家规定的危险废物鉴别标准和鉴别方法认定的具有危险特性的废物；（二）剧毒化学品、列入重点环境管理危险化学品名录的化学品，以及含有上述化学品的物质；（三）含有铅、汞、镉、铬等重金属的物质；（四）《关于持久性有机污染物的斯德哥尔摩公约》附件所列物质；（五）其他具有毒性，可能污染环境的物质。

7.7.1.8 危险废物收集

危险废物收集是指危险废物经营单位将分散的危险废物进行集中的活动。（见《危险废物经营许可证管理办法》，国务院令第 408 号，2004 年）

7.7.1.9 危险废物贮存

危险废物贮存是指危险废物经营单位在危险废物处置前，将其放置在符合环境保护标准的场所或者设施中，以及为了将分散的危险废物进行集中，在自备的临时设施或者场所每批置放重量超过 5 000 kg 或者置放时间超过 90 个工作日的活动。（见《危险废物经营许可证管理办法》，国务院令第 408 号，2004 年）

7.7.1.10 危险废物处置

危险废物处置是指危险废物经营单位将危险废物焚烧、煅烧、熔融、烧结、裂解、中和、消毒、蒸馏、萃取、沉淀、过滤、拆解以及用其他改变危险废物物理、化学、生物特性的方法，达到减少危险废物数量、缩小危险废物体积、减少或者消除其危险成分的活动，或者将危险废物最终置于符合环境保护规定要求的场所或者设施并不再回取的活动。见《危险废物经营许可证管理办法》（国务院令第 408 号，2004 年）。

7.7.1.11 危险废物管理信息系统

《危险废物管理信息系统》着力于加强危险废物监管基础能力建设，通过引入新一代 XML 技术和综合集成数据库技术、互联网技术及 GPS/GIS 技术，实现对危险废物产生、贮存、运输和处置全过程的数字化和动态化管理。系统对危险废物管理相关的工作程序进行了整合和进一步优化，支持危废经营许可证、危险废物转移联单的在线申请、审核、调度和管理，提供 GPS 实时追踪信息和智能预警、远程监控功能，大大提高管理工作的效率，切实提升监管能力，有效降低危险废物的安全风险。系统构成见图 7.8。

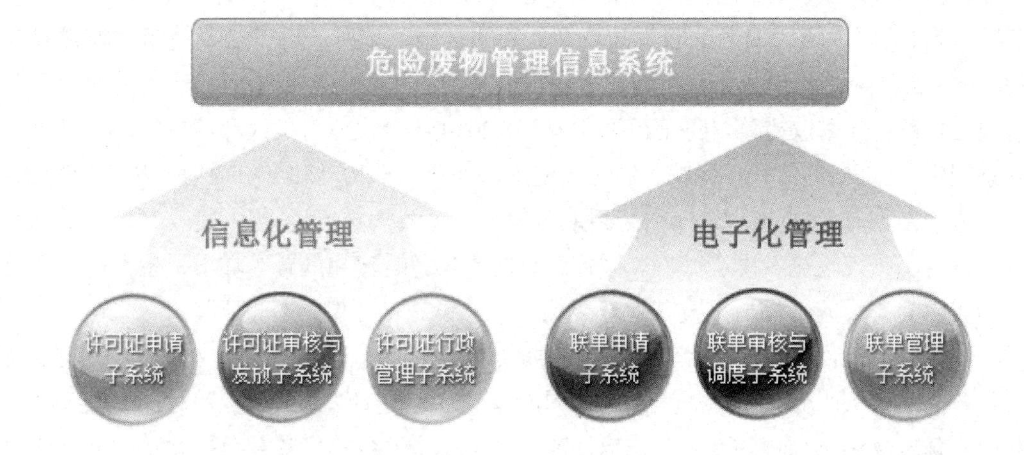

图 7.8 危险废物管理信息系统（www.env-solution.com562x277）

7.7.2 危险废物管理制度的由来和法律规定

1995 年 10 月 30 日，我国颁布《固体废物污染环境防治法》，即设置专章（第四章）对危险废物污染环境防治作出特别规定，标志着危险废物管理已上升到法律层面。1999 年，原国家环境保护总局发布《危险废物转移联单管理办法》。2003 年，国家安全生产监督管理局、公安部、原国家环境保护总局、卫生部、国家质量监督检验检疫总局、铁道部、交通部和中国民用航空总局以 2003 年第 2 号公告发布《剧毒化学品目录》（2002 年版）。2004 年修订《固体废物污染环境防治法》。同年，国务院发布《危险废物经营许可证管理办法》（国务院令第 408 号）。“十一五”期间，《固体废物污染环境防治法》《危险废物经营许可证管理办法》《医疗废物管理条例》等法律法规得到进一步落实，制定、修订并发布了《国家危险废物名录》《铬渣污染治理环境保护技术规范》《危险废物经营单位审查和许可指南》等一系列部门规章、标准和规范性文件，部分省（区、市）出台了固体废物或危险废物污染防治的地方性法规和管理办法。2011 年，国务院颁布《危险化学品安全管理条例》。2013 年 6 月 29 日第十二届全国人民代表大会常务委员会第三次会议通过的《全国人民代表大会常务委员会关于修改〈中华人民共和国文物保护法〉等十二部法律的决定》对《中华人民共和国固体废物污染环境防治法》作出修改。将第四十四条第二款修改为：“禁止擅自关闭、闲置或者拆除生活垃圾处置的设施、场所；确有必要关闭、闲置或者拆除的，必须经所在地的市、县人民政府环境卫生行政主管部门和环境保护行政主管部门核准，并采取措施，防止污染环境。”（原第四十四条第二款为：“禁止擅自关闭、闲置或者拆除生活垃圾处置的设施、场所；确有必要关闭、闲置或者拆除的，必须经所在地县级以上地方人民政府环境卫生行政主管部门和环境保护行政主管部门核准，并采取措施，防止污染环境。”）2014 年全面修订的《环境保护法》第四十八条规定：“生产、储存、运输、销售、使用、处置化学物品和含有放射性物质的物品，应当遵守国家有关规定，防止污染环境。”第五十一条规定：“各级人民政府应当统筹城乡建设污水处理设施及配套管网，固体废物的收集、运输和处置等环境卫生设施，危险废物集中处置设施、场所以及其他环境保护公共设施，并保障其正常运行。”2015 年 4 月 24 日第十二届全国人民代表大会常务委员会第十四次会议通过的《全国人民代表大会常务委员会关于修改〈中华人民共和国港口法〉等七部法律的决定》对《中华人民共和国固体废物污染环境防治法》作出修改：将第二十五条第一款和第二款中的“自动许可进口”修改为“非限制进口”。删去第三款中的“进口列入自动许可进口目录的固体废物，应当依法办理自动许可手续。”

目前，我国危险废物污染防治法规体系基本形成。其主要构成如下：

（1）国际公约

《控制危险废物越境转移及其处置巴塞尔公约》（1991）（简称《巴塞尔公约》）

《关于控制危险废物越境转移及其处置的巴塞尔公约》修正案（2001）

（2）国家法律

《刑法》（2011）

《环境保护法》（2014）

《固体废物污染环境防治法》（2015 年修正）等

（3）行政法规

《中华人民共和国监控化学品管理条例》（国务院令第 190 号，1995 年；国务院令第 588 号修改，2011 年）

《医疗废物管理条例》（国务院令第 380 号，2003 年）

《危险化学品安全管理条例》（2002 年 1 月 26 日国务院令第 344 号公布；2011 年 3 月 2 日国务院令第 591 号修订；2013 年 12 月 7 日国务院令第 645 号修改）

《危险废物经营许可证管理办法》（国务院令 2004 年第 408 号发布；国务院令 2013 年第 645 号修改）等

（4）部门规章和规范性文件（见表 7.1）

表 7.1　关于危险废物管理的部门规章和规范性文件

文件名称	发文单位	文号	实施时间
·水路危险货物运输规则	交通部	交通部令 1996 年第 10 号	1996-12-01
·《中华人民共和国监控化学品管理条例》实施细则	化工部	化工部令第 12 号	1997-03-10
·危险废物转移联单管理办法	国家环境保护总局	总局令第 5 号	1999-10-01
·危险废物污染防治技术政策	国家环境保护总局、国家经贸委、科技部联合发布	环发〔2001〕199 号	2001-12-17
·关于实行危险废物处置收费制度促进危险废物处置产业化的通知	国家发展和改革委员会、国家环境保护总局、卫生部、财政部、建设部	发改价格〔2003〕1874 号	2003-11-18
·危险化学品名录（2002 年版）	国家安全生产监督管理局（简称国家安监局）	国家安监局公告 2003 年第 1 号	2003-03-03
·剧毒化学品目录（2002 年版）	国家安全生产监督管理局、公安部、国家环境保护总局、卫生部、国家质量监督检验检疫总局、铁道部、交通部和中国民用航空总局	8 部门公告 2003 年第 2 号	2003-06-24
·剧毒化学品目录（2002 年版）补充和修正表	国家安全生产监督管理局公安部、国家环境保护总局、卫生部、国家质量监督检验检疫总局、铁道部、交通部、中国民用航空总局	8 部门通知 安监管危化字〔2003〕196 号	2003-12-30
·废弃危险化学品污染环境防治办法	国家环境保护总局	总局令第 27 号	2005-10-01
·道路危险货物运输管理规定①	交通部 交通运输部修改 交通运输部修订	部令 2005 年第 9 号 部令 2010 年第 5 号 部令 2013 年第 2 号	2005-06-16 2011-01-01 2013-07-01
·铁路危险货物运输管理规则	铁道部 铁道部	铁运〔2006〕79 号 铁运〔2008〕174 号	2006-05-18 2008-12-01
·危险废物经营单位编制应急预案指南	国家环境保护总局	总局公告 2007 年第 48 号	2007-07-04

①《道路危险货物运输管理规定》。本规定自 2013 年 7 月 1 日起施行。原交通部 2005 年发布的《道路危险货物运输管理规定》（交通部令 2005 年第 9 号）及交通运输部 2010 年发布的《关于修改〈道路危险货物运输管理规定〉的决定》（交通运输部令 2010 年第 5 号）同时废止。

文件名称	发文单位	文号	实施时间
•化学品首次进口及有毒化学品进出口环境管理规定	国家环保总局、海关总署、对外贸易经济合作部发布 国家环境保护总局《关于废止、修改部分规章和规范性文件的决定》修改	环管〔1994〕140号 总局令2007年第41号	1994-05-01 2007-10-08
•国家危险废物名录①	环境保护部、国家发展和改革委员会	2部委令2008年第1号	2008-08-01
•危险废物出口核准管理办法	国家环境保护总局	总局令第47号	2008-03-01
•危险废物经营单位记录和报告经营情况指南	环境保护部	部公告2009年第55号	2009-10-29
•危险废物经营单位审查和许可指南	环境保护部	部公告2009年第65号	2009-12-10
•新化学物质环境管理办法②	环境保护部	部令2010年第7号	2010-10-15
•突发环境事件信息报告办法	环境保护部	部令2011年第17号	2011-05-01
•关于进一步加强危险废物和医疗废物监管工作的意见	环境保护部、卫生部	环发〔2011〕19号	2011-02-16
•关于印发《"十二五"全国危险废物规范化管理督查考核工作方案》和《危险废物规范化管理指标体系》的通知	环境保护部	环办〔2011〕48号	
•关于公布首批重点监管的危险化学品名录的通知	国家安全生产监督管理总局	安监总管三〔2011〕95号	2011-06-21
•危险化学品重大危险源监督管理暂行规定	国家安全生产监督管理总局	总局令第40号	2011-12-01
•关于加强化学品全过程环境管理着力维护公共安全的通知	环境保护部	环办〔2010〕109号	2012-08-16
•"十二五"危险废物污染防治规划	环境保护部、国家发展和改革委员会、工业和信息化部卫生部	4部委文件 环发〔2012〕123号	2012-10-08
•化学品环境风险防控"十二五"规划	环境保护部	环发〔2013〕20号	2013-02-07
•危险化学品环境管理登记办法（试行）	环境保护部	部令第22号	2013-03-01
•关于发布《中国严格限制进出的有毒化学品目录》（2014）的公告	环境保护部、海关总署	2部门公告2013年第85号	2014-01-01
•推进长江危险化学品运输安全保障体系建设工作方案	国务院办公厅	国办函〔2014〕54号	2014-06-09
•关于做好易制毒化学品生产使用环境监管及无害化销毁工作的通知	环境保护部办公厅、公安部办公厅文件	环办〔2014〕88号	2014-10-17
•其他			

（施问超制表）

① 《国家危险废物名录》。本名录自2008年8月1日起施行。1998年1月4日原国家环境保护局、国家经济贸易委员会、对外贸易经济合作部、公安部发布的《国家危险废物名录》（环发〔1998〕89号）同时废止。

② 2003年9月12日原国家环境保护总局发布的《新化学物质环境管理办法》同时废止。

（5）危险废物污染控制标准和技术规范（凡是不注日期的引用文件，为其有效版本）

GB 190《危险货物包装标志》

GB 5085.1～7《危险废物鉴别标准》

GB 6944《危险货物分类和品名编号》

GB 8978《污水综合排放标准》

GB 12463《危险货物运输包装通用技术条件》

GB 13015《含多氯联苯废物污染控制标准》

GB 13392《道路运输危险货物车辆标志》

GB 156033《常用化学危险品贮存通则》

GB 15562.2《环境保护图形标志——固体废物贮存（处置）场》

GB 16297《大气污染物综合排放标准》

GB 18218《重大危险源辨识》

GB 18484《危险废物焚烧污染控制标准》

GB 18596《危险废物贮存污染控制标准》

GB 18598《危险废物填埋污染控制标准》

GB 18599《一般工业固体废物贮存、处置场污染控制标准》

GBZ 1《工业企业设计卫生标准》

GBZ 2《工作场所有害因素职业接触限值》

HJ/T 20《工业固体废物采样制样技术规范》

HJ/T 298 《危险废物鉴别技术规范》

HJ 519 《废铅酸蓄电池处理污染控制技术规范》

JT 617 《汽车运输危险货物规则》

JT 618 《汽车运输、装卸危险货物作业规程》

HJ/T 301—2007《铬渣污染治理环境保护技术规范》

HJ/T 176《危险废物集中焚烧处置工程建设技术规范》

HJ 2025 《危险废物收集 贮存 运输技术规范》等

医疗废物亦属危险废物，其污染控制技术规范请查阅相关资料。

7.7.3 《固体废物污染环境防治法》有关规定

7.7.3.1 《固体废物污染环境防治法》关于危险废物的特别规定

《固体废物污染环境防治法》（2015 年修正）第四章为“危险废物污染环境防治的特

别规定”，包含第五十条至第六十六条，计 17 条，主要内容包括：制定危险废物的名录、统一鉴别标准、方法和识别标志，危险废物管理计划和申报登记，危险废物集中处置设施、场所建设规划，危险废物代为处置，危险废物排污收费，危险废物的收集、贮存、利用、处置及其经营许可，危险废物的转移，危险废物的运输，危险废物产生、收集、贮存、运输、利用、处置全过程的意外事故防范、应急与报告，重点危险废物集中处置设施、场地的退役费用，禁止经我国过境转移危险废物等。针对危险废物处置工作中面临的处置设施不足、长期贮存不处置、应急措施力度不够等问题，2004 年修订的《固体废物污染环境防治法》在危险废物管理措施方面增加了对危险废物集中处置设施的规划和建设要求；增加了危险废物贮存时间的限制（不得超过一年）；赋予有关主管部门处理危险废物污染事故应急手段；对重点危险废物集中处置设施、场所的退役费用的资金来源作了规定，从而加强和完善了管理危险废物的措施。

7.7.3.2 《固体废物污染环境防治法》关于固体废物转移的规定

转移固体废物出省、自治区、直辖市行政区域贮存、处置的，应当向固体废物移出地的省、自治区、直辖市人民政府环境保护行政主管部门提出申请。移出地的省、自治区、直辖市人民政府环境保护行政主管部门应当商经接受地的省、自治区、直辖市人民政府环境保护行政主管部门同意后，方可批准转移该固体废物出省、自治区、直辖市行政区域。未经批准的，不得转移。（第二十三条）

禁止中华人民共和国境外的固体废物进境倾倒、堆放、处置。（第二十四条）

7.7.3.3 《固体废物污染环境防治法》关于行政代为处置的规定

产生危险废物的单位，必须按照国家有关规定处置危险废物，不得擅自倾倒、堆放；不处置的，由所在地县级以上地方人民政府环境保护行政主管部门责令限期改正；逾期不处置或者处置不符合国家有关规定的，由所在地县级以上地方人民政府环境保护行政主管部门指定单位按照国家有关规定代为处置，处置费用由产生危险废物的单位承担。（第五十五条）

7.7.4 危险废物管理基本要求

见“11.5.5　危险废物管理特别规定”。

7.7.5 法律责任

7.7.5.1 《固体废物污染环境防治法》有关规定

第七十五条　违反本法有关危险废物污染环境防治的规定，有下列行为由县级以上人民政府环境保护行政主管部门责令停止违法行为，限期改正，处以罚款：

（一）不设置危险废物识别标志的；

（二）不按照国家规定申报登记危险废物，或者在申报登记时弄虚作假的；

（三）擅自关闭、闲置或者拆除危险废物集中处置设施、场所的；

（四）不按照国家规定缴纳危险废物排污费的；

（五）将危险废物提供或者委托给无经营许可证的单位从事经营活动的；

（六）不按照国家规定填写危险废物转移联单或者未经批准擅自转移危险废物的；

（七）将危险废物混入非危险废物中贮存的；

（八）未经安全性处置，混合收集、贮存、运输、处置具有不相容性质的危险废物的；

（九）将危险废物与旅客在同一运输工具上载运的；

（十）未经消除污染的处理将收集、贮存、运输、处置危险废物的场所、设施、设备和容器、包装物及其他物品转作他用的；

（十一）未采取相应防范措施，造成危险废物扬散、流失、渗漏或者造成其他环境污染的；

（十二）在运输过程中沿途丢弃、遗撒危险废物的；

（十三）未制定危险废物意外事故防范措施和应急预案的。

有前款第一项、第二项、第七项、第八项、第九项、第十项、第十一项、第十二项、第十三项行为之一的，处一万元以上十万元以下的罚款；有前款第三项、第五项、第六项行为之一的，处二万元以上二十万元以下的罚款；有前款第四项行为的，限期缴纳，逾期不缴纳的，处应缴纳危险废物排污费金额一倍以上三倍以下的罚款。

第七十六条 违反本法规定，危险废物产生者不处置其产生的危险废物又不承担依法应当承担的处置费用的，由县级以上地方人民政府环境保护行政主管部门责令限期改正，处代为处置费用一倍以上三倍以下的罚款。

第七十七条 无经营许可证或者不按照经营许可证规定从事收集、贮存、利用、处置危险废物经营活动的，由县级以上人民政府环境保护行政主管部门责令停止违法行为，没收违法所得，可以并处违法所得三倍以下的罚款。

不按照经营许可证规定从事前款活动的，还可以由发证机关吊销经营许可证。

7.7.5.2 《最高人民法院、最高人民检察院关于办理环境污染刑事案件适用法律若干问题的解释》（法释〔2013〕15号）有关规定

（1）《刑法》（2011）相关条款

第三百三十八条　污染环境罪、第三百三十九条　非法处置进口的固体废物罪；擅自进口固体废物罪；走私固体废物罪、第一百五十二条　走私淫秽物品罪；走私废物罪。详见“2.3.1　《刑法修正案（八）》（2011）有关规定”。

（2）“两高”关于办理环境污染刑事案件适用法律若干问题的解释（法释〔2013〕15号）相关规定

为依法惩治有关环境污染犯罪，根据《中华人民共和国刑法》《中华人民共和国刑事诉讼法》的有关规定，2013年6月8日最高人民法院审判委员会第1581次会议、2013年6月8日最高人民检察院第十二届检察委员会第7次会议通过《最高人民法院、最高人民检察院关于办理环境污染刑事案件适用法律若干问题的解释》（法释〔2013〕15号），于2013年6月18日公布并实施，与危险废物管理相关的条款为第一条至第八条。详见“2.3.2　两高《解释》与解读”。

7.7.6 发展态势

按照“出重拳、用重典”的总体要求，国家对涉重金属、危险废物和危险化学品企业实行最严格的环境监管，有效遏止突发环境污染事件高发态势。

国家正抓紧研究《固体废物污染环境防治法》和《危险废物经营许可证管理办法》的修订工作，健全危险废物全过程管理制度。完善危险废物贮存、利用、处置有关污染控制标准规范。针对危险废物鉴别、申报登记、管理计划、转移管理、应急预案、经营许可、经营情况记录等各项管理制度，逐一制定和完善配套的实施办法和指南，增强可操作性。积极推动地方危险废物相关立法工作。重点针对量大面广的危险废物，建立健全危险废物综合利用产品的质量标准体系，促进综合利用。建立健全危险废物相关环境影响评价导则、违规风险识别和评估导则。

7.8 危险废物转移联单制度

危险废物转移联单制度是危险废物管理制度的一个组成部分，因为其地位重要，所以单列介绍。危险废物转移联单制度又称之为危险废物流向报告单制度，是指在进行危险废物转移时，其转移者、运输者和接受者，不论各环节涉及者数量多寡，均应按国家规定的统一格式、条件和要求，对所交接、运输的危险废物如实进行转移报告

单的填报登记，并按程序和期限向有关环境保护部门报告。实施转移联单制度的目的是为了控制废物流向，掌握危险废物的动态变化，监督转移活动，控制危险废物污染的扩散。

7.8.1 《固体废物污染环境防治法》关于危险废物转移的规定

《固体废物污染环境防治法》（2015 年修正）有关危险废物转移的规定如下：

第五十八条 收集、贮存危险废物，必须按照危险废物特性分类进行。禁止混合收集、贮存、运输、处置性质不相容而未经安全性处置的危险废物。

贮存危险废物必须采取符合国家环境保护标准的防护措施，并不得超过一年；确需延长期限的，必须报经原批准经营许可证的环境保护行政主管部门批准；法律、行政法规另有规定的除外。

禁止将危险废物混入非危险废物中贮存。

第五十九条 转移危险废物的，必须按照国家有关规定填写危险废物转移联单，并向危险废物移出地设区的市级以上地方人民政府环境保护行政主管部门提出申请。移出地设区的市级以上地方人民政府环境保护行政主管部门应当商经接受地设区的市级以上地方人民政府环境保护行政主管部门同意后，方可批准转移该危险废物。未经批准的，不得转移。

转移危险废物途经移出地、接受地以外行政区域的，危险废物移出地设区的市级以上地方人民政府环境保护行政主管部门应当及时通知沿途经过的设区的市级以上地方人民政府环境保护行政主管部门。

第六十条 运输危险废物，必须采取防止污染环境的措施，并遵守国家有关危险货物运输管理的规定。

禁止将危险废物与旅客在同一运输工具上载运。

为加强对危险废物转移的有效监督，实施危险废物转移联单制度，根据《中华人民共和国固体废物污染环境防治法》有关规定，制定《危险废物转移联单管理办法》（国家环境保护总局令第 5 号，1999 年 6 月 22 日）。对危险废物的产生单位、运输单位（包括采用联运方式）和接受单位，对产生地、沿途、接受地环境保护部门均提出了明确而具体的要求。

7.8.2 危险废物转移联单制度的执行流程

危险废物转移（纸质）联单制度的执行流程根据《危险废物转移联单管理办法》编制。

7.8.2.1 危险废物转移（纸质）联单制度的执行流程

（1）产生单位将废物交付运输者启运时

①产生单位事先按要求，在第一联上完成第一部分产生单位栏目填写并加盖公章后，将联单连同废物交付运输者；

②运输者核实联单内容（主要核实该批次拟转移废物种类、特性、数量是否与联单所载定内容一致）无误后，在第一联上填写联单第二部分运输企业栏之后，将第一联的副联与第二联的正联交还给产生单位；

③产生单位将第一联副联自留存档（保存期限为 5 年），第二联的正联在废物启运起 2 个工作日内寄送移出地设区市级人民政府环境保护行政主管部门留档。

（2）运输者运输废物时

运输者将联单其余第一联正联、第二联副联、第三联、第四联、第五联等各联随废物一起转移运行。

（3）运输者将废物运抵目的地，交付接受单位时

①运输者将所承运废物连同联单一起交付接受单位；

②接受单位须按照联单内容对所接受废物核实验收无误，在第一联上填写第三部分废物接受单位栏并加盖公章后，将第四联自留存档；

③接受单位将正确填写完毕并加盖公章的联单第三联交还给运输单位存档；

④接受单位将第五联自接受废物之日起二日内寄送接受地设区市级人民政府环境保护行政主管部门留档；

⑤接受单位将第一联正联及第二联副联自接受废物之日起十日之内寄送废物产生单位；

⑥产生单位收到接受单位返还的第一联正联及第二联副联之后，第一联正联自留存档，将第二联副联自收到之日起二日内寄送移出地设区市级人民政府环境保护行政主管部门留档。

注：上述联单各联留档保存期限均为 5 年，以贮存为目的的危险废物转移的，其联单保存期限与危险废物贮存期限相同。

7.8.2.2 危险废物转移（纸质）联单制度的执行流程（图 7.9）

为便于描述，以下将联单的第一、二、三、四、五联等五联用英文字母 A、B、C、D、E 表示，则第一联的正联表示为 A1，副联为 A2，第二联的正联表示为 B1、副联表示为 B2。由于第一联及第二联分正副联，实际是七联单。

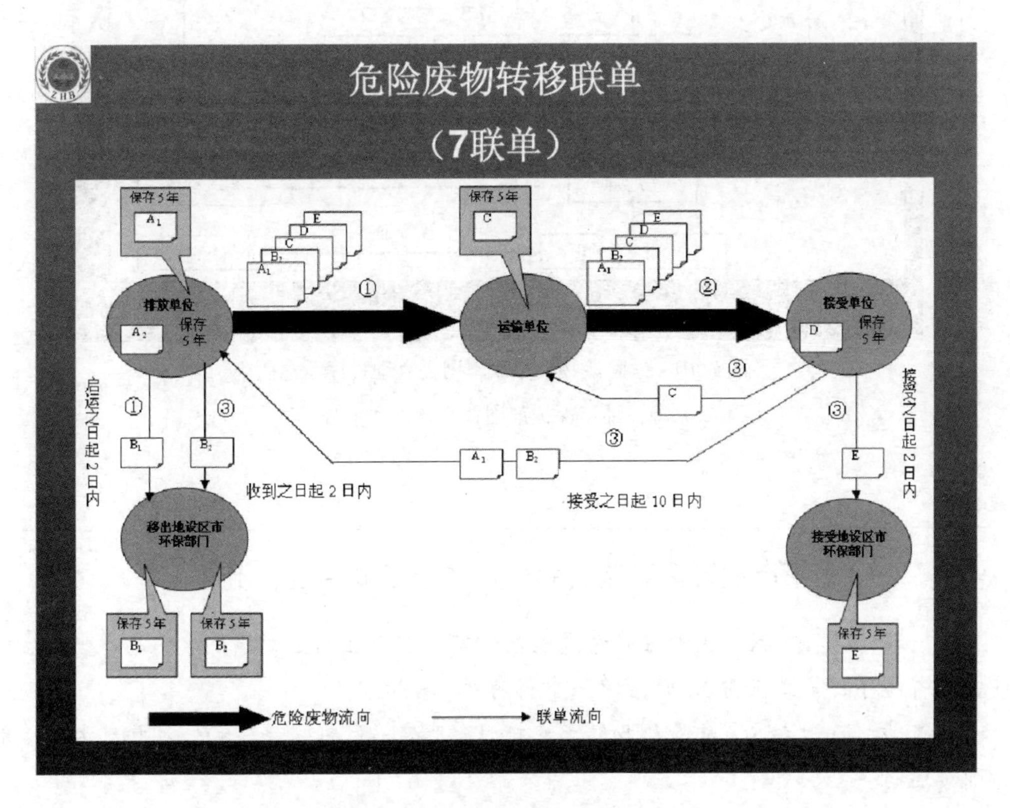

图 7.9 危险废物转移流程示意图

（来源：环境保护部固体废物管理中心）

7.8.2.3 危险废物转移联单网上办理程序

随着环境信息化进程的推进，危险废物电子转移联单应运而生。广东省、北京市、上海市、江苏省、陕西省、安徽省和大连市、深圳市等地均在试行电子联单。其网上办理的基本程序见图 7.10。

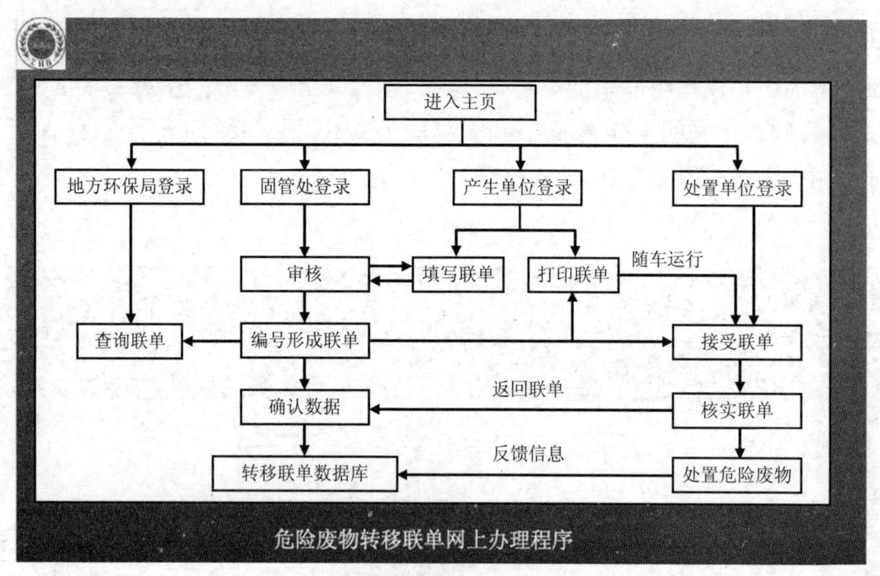

图 7.10　危险废物转移联单网上办理程序示意图

（来源：环境保护部固体废物管理中心）

链接

某市危险废弃物转移处理的电子联单运行流程

第一步：转移申报　企业在转移危险废物前，首先在网上填报联单信息，确认后打印盖章并签字（一式三份），产生单位自行留存产生联。

第二步：通知清运　危险废物转移交接时，产生单位将转移联和处置联交由运输单位随车运行。

第三步：清运确认　运输单位确认收运的危险废物后，在转移联和处置联上签字确认，转移联加盖公章后自行留存。

第四步：接收核对　许可证单位收到危险废物后，比对核实联单信息，确认后在处置联上签字并加盖公章留存，同时应当在二日内在管理信息系统内点击确认。

第五步：联单报送　电子联单运行完毕后，各区县环保部门和市固废管理中心收到转移确认信息，可以进行查询和统计汇总。

第六步：异常处理　若许可证单位接收危险废物时，发现实际接受情况与联单信息不一致，应当拒绝接受危险废物和联单，并在管理信息系统内点击退回，产生单位应当重新核实确认联单填报信息。转移联单运行二日后，许可证单位仍未及时接受确认的，市固废管理中心应当进行核查。

对不具备条件开展电子联单的单位，纸质转移联单仍然按照《危险废物转移联单管理办法》的程序交接运行，但第二联改为报送所在地试点区县环保部门。（来源：工业废品网，时间：2013-01-17）

7.8.3 法律责任

《固体废物污染环境防治法》第七十五条规定：违反本法有关危险废物污染环境防治的规定，“不按照国家规定填写危险废物转移联单或者未经批准擅自转移危险废物的”，由县级以上人民政府环境保护行政主管部门责令停止违法行为，限期改正，处以二万元以上二十万元以下的罚款。

《危险废物转移联单管理办法》第十三条规定：违反本办法有下列行为之一的，由省辖市级以上地方人民政府环境保护行政主管部门责令限期改正，并处以罚款：

（一）未按规定申领、填写联单的；

（二）未按规定运行联单的；

（三）未按规定期限向环境保护行政主管部门报送联单的；

（四）未在规定的存档期限保管联单的；

（五）拒绝接受有管辖权的环境保护行政主管部门对联单运行情况进行检查的。

有前款第（一）项、第（三）项行为之一的，依据《中华人民共和国固体废物污染环境防治法》有关规定，处五万元以下罚款；有前款第（二）项、第（四）项行为之一的，处三万元以下罚款；有前款第（五）项行为的，依据《中华人民共和国固体废物污染环境防治法》有关规定，处一万元以下罚款。

7.8.4 发展态势

危险废物转移联单制度的发展态势是逐步推进电子转移联单和信息系统。2012 年 8 月，陕西省印发并实施《陕西省危险废物转移电子联单管理办法（试行）》。“新实行的电子转移联单是通过互联网、结合 GPS（全球定位系统）/GIS（地理信息系统）软硬件，对危险废物进行管理的智能综合应用系统，以陕西省固体废物管理信息系统为平台，各级环保部门及危废产生企业、危废处理企业实现对危险废物转移联单管理、危险废物转移 GPS/GIS 的实时追踪，管理人员可以清晰查看某一时间段或时间点每一辆运输车辆的行驶路线和轨迹，确保危险废物转移在监管部门的监控下进行。”[①]这是一家石油化工厂安全环保监察科负责人的感受，说明了电子联单受到企业的欢迎，富有生命力，适应信息化发展的要求，反映了一种趋势。

7.9 公众参与制度

推动公众依法有序参与环境保护，是党和国家的明确要求，也是加快转变经济社会发展方式和全面深化改革步伐的客观需求。党的十八大报告明确指出，“保障人民知情权、参与权、表达权、监督权，是权力正确运行的重要保证”。2014 年全面修订的《环境保护法》在总则中明确规定了“公众参与”原则，并对“信息公开和公众参与”进行专章规定。中共中央、国务院《关于加快推进生态文明建设的意见》中提出要“鼓励公众积极参与。完善公众参与制度，及时准确披露各类环境信息，扩大公开范围，保障公众知情权，维护公众环境权益。”

7.9.1 保护环境，人人有责，人人有为

良好的生态环境是最公平的公共产品，是最普惠的民生福祉。保护环境的目的永远都是为了公众，公众是环境保护力量永恒的源泉。从生存角度看，公众享有与生俱来的环境权，因为环境权也是一种生存权。从消费角度看，我们每一个人都是一个生活污染源，特别是随着消费结构的改变，消费水准的提升，家用电器、私家车、住房装修、自费旅游等以资源能源消费为特征的个人消费不断普及，个人消费对环境的影响更为明显，每一个公民都负有保护环境的责任。保护环境人人有责，人人有为。公众是保护环境力量的源泉，恒久的力量在草根。

7.9.2 由来、发展和法律规定

20 世纪 70 年代初期，环境保护刚刚起步，“依靠群众，大家动手”即融入我国环境保护工作三十二字方针，并写进 1979 年颁布的《环境保护法（试行）》。1989 年颁布的《环境保护法》规定：“一切单位和个人都有保护环境的义务，并有权对污染和破坏环境单位和个人进行检举和控告。”还规定了奖励制度和赔偿制度。公众的环境权初见端倪。其后颁布的环境保护单行法都作出了类似的规定，而且在实践中不断创新，包括对公民保护环境提出了具体要求。

---

① 延安石化：危险废物转移用上“电子联单”，http：//www.aqsc.cn 2014-02-19 09：48：31 中国安全生产网.

1996年颁布的《噪声污染防治法》在社会生活噪声污染防治一章中对居民提出了要求。例如，“使用家用电器、乐器或者进行其他家庭室内娱乐活动时，应当控制音量或者采取其他有效措施，避免对周围居民造成环境噪声污染。”“在已竣工交付使用的住宅楼进行室内装修活动，应当限制作业时间，并采取其他有效措施，以减轻、避免对周围居民造成环境噪声污染。”“从家庭室内发出严重干扰周围居民生活的环境噪声的”，应承担法律责任，由公安机关“给予警告，可以并处罚款”。

2008年修改的《水污染防治法》规定：“禁止在饮用水水源一级保护区内从事网箱养殖、旅游、游泳、垂钓或者其他可能污染饮用水水体的活动。”同时规定：“个人在饮用水水源一级保护区内游泳、垂钓或者从事其他可能污染饮用水水体的活动的，由县级以上地方人民政府环境保护主管部门责令停止违法行为，可以处五百元以下的罚款。”《固体废物污染环境防治法》（2015年修正）规定：“使用农用薄膜的单位和个人，应当采取回收利用等措施，防止或者减少农用薄膜对环境的污染。”“禁止在人口集中地区、机场周围、交通干线附近以及当地人民政府划定的区域露天焚烧秸秆。”

2011年10月17日，《国务院关于加强环境保护重点工作的意见》（国发〔2011〕35号）首次从国家层面对环保志愿者队伍的发展提出了要求。《意见》强调，开展全民环境宣传教育行动计划，培育壮大环保志愿者队伍，引导和支持公众及社会组织开展活动。旨在通过壮大环保志愿者队伍，逐渐形成全民参与的社会行动体系，进而提升环境管理水平，增强环境保护能力。在实践的基础上，2014年全面修订的《环境保护法》确立了环保自愿者的法律地位。其第九条规定：“各级人民政府应当加强环境保护宣传和普及工作，鼓励基层群众性自治组织、社会组织、环境保护志愿者开展环境保护法律法规和环境保护知识的宣传，营造保护环境的良好风气。”

2014年4月24日修订的《环境保护法》与时俱进，对公众保护环境的权利和义务作了明确规定：“为保护和改善环境，防治污染和其他公害，保障公众健康，推进生态文明建设，促进经济社会可持续发展，制定本法。”（第一条）“公民、法人和其他组织依法享有获取环境信息、参与和监督环境保护的权利。”（第五十三条第一款）“公民、法人和其他组织发现任何单位和个人有污染环境和破坏生态行为的，有权向环境保护主管部门或者其他负有环境保护监督管理职责的部门举报。”“公民、法人和其他组织发现地方各级人民政府、县级以上人民政府环境保护主管部门和其他负有环境保护监督管理职责的部门不依法履行职责的，有权向其上级机关或者监察机关举报。”“接受举报的机关应当对举报人的相关信息予以保密，保护举报人的合法权益。”（第五十七条）

《环境保护法》（2014）同时规定："一切单位和个人都有保护环境的义务。"（第六条）、"公民应当增强环境保护意识，采取低碳、节俭的生活方式，自觉履行环境保护义务。"（第六条第四款）、"地方各级人民政府应当采取措施，组织对生活废弃物的分类处置、回收利用。"（第三十七条）、"公民应当遵守环境保护法律法规，配合实施环境保护措施，按照规定对生活废弃物进行分类放置，减少日常生活对环境造成的损害。"（第三十八条）、"国家鼓励和引导公民、法人和其他组织使用有利于保护环境的产品和再生产品，减少废弃物的产生。"（第三十六条第一款）、"对保护和改善环境有显著成绩的单位和个人，由人民政府给予奖励。"（第十一条）

2015 年 7 月 13 日，环境保护部公布《环境保护公众参与办法》（环境保护部令第 35 号）。《办法》是《环境保护法》（2014）的重要配套细则。旨在切实保障公民、法人和其他组织获取环境信息、参与和监督环境保护的权利，畅通参与渠道，规范引导公众依法、有序、理性参与，促进环境保护公众参与更加健康地发展。《办法》强调依法、有序、自愿、便利的公众参与原则，将全面依法治国与全面加强环境社会治理有机结合，努力满足公众对生态环境保护的知情权、参与权、表达权和监督权，体现了社会主义民主法制的参与机制。《办法》让公众参与环保事务的方式更加科学规范，参与渠道更加通畅透明，参与程度更加全面深入。《办法》将监督的"利剑"铸实、磨快并交予公众，建立健全全民参与的环境保护行动体系。《办法》还提出，环保部门可以对环保社会组织依法提起环境公益诉讼的行为予以支持，可以通过项目资助、购买服务等方式，支持、引导社会组织参与环境保护活动，广泛凝聚社会力量，最大限度地形成治理环境污染和保护生态环境的合力。

2015 年 8 月第二次修订的《大气污染防治法》对公民保护环境的义务作出如下规定："公民应当增强大气环境保护意识，采取低碳、节俭的生活方式，自觉履行大气环境保护义务。"（第七条第二款）

为保障公众的环境保护知情权和监督权，《大气污染防治法》（2015）共有 17 条（不含相关法律责任条款）对环境信息公开（公布、发布和征求公众意见）作出规定：

（1）信息公开（公布、发布）。

①对国务院有关部门和地方人民政府环境信息公开的规定：

对省、自治区、直辖市大气环境质量改善目标、大气污染防治重点任务完成情况的考核结果（第四条）、大气环境质量限期达标规划执行情况（第十六条）、省级以上环保部门约谈地方政府的情况（第二十二条）、重点排污单位名录（第二十四条）、有毒有害大气污染物名录（第七十八条）、重点区域内的大气监测信息和源解析结果（第九十一条）、重污染天气应急预案（第九十四条）、突发重大环境事件监测信息（第九十七条）等应当向社会公开。同时规定：

省级以上人民政府环境保护主管部门应当在其网站上公布大气环境质量标准、大气污染物排放标准，供公众免费查阅、下载。（第十一条）

国务院环境保护主管部门负责统一发布全国大气环境质量状况信息。县级以上地方人民政府环境保护主管部门负责统一发布本行政区域大气环境质量状况信息。（第二十三条）

环境保护主管部门和其他负有大气环境保护监督管理职责的部门应当公布举报电话、电子邮箱等，方便公众举报。对实名举报的，应当反馈处理结果等情况，查证属实的，处理结果依法向社会公开，并对举报人给予奖励。（第三十一条）

②对企业事业和其他生产经营者信息公开的规定：

企业事业单位和其他生产经营者建设对大气环境有影响的项目，应当依法进行环境影响评价、公开环境影响评价文件。（第十八条）

重点排污单位应当依法公开排放信息。（第二十四条）

机动车、非道路移动机械生产企业应当对新生产的机动车和非道路移动机械进行排放检验。经检验合格的，方可出厂销售。检验信息应当向社会公开。（第五十二条第一款）

机动车生产、进口企业应当向社会公布其生产、进口机动车车型的排放检验信息、污染控制技术信息和有关维修技术信息。（第五十五条第一款）

③任何单位和个人不得擅自向社会发布重污染天气预报预警信息。（第九十五条）

（2）征求公众意见。

国家和省级人民政府制定大气环境质量标准、大气污染物排放标准应当征求有关部门、行业协会、企业事业单位和公众的意见。（第十条）

未达到国家大气环境质量标准城市的人民政府编制城市大气环境质量限期达标规划，应当征求有关行业协会、企业事业单位、专家和公众等方面的意见。（第十四条第二款）

7.9.3　公众参与环境保护的基本要求

（1）依法公开政府和企业环境信息，维护公众的知情权、监督权和参与权。详见“7.10 企业环境信息公开制度”。

（2）各级人民政府环境保护主管部门和其他负有环境保护监督管理职责的部门，应当依法公开环境信息、完善公众参与程序，为公民、法人和其他组织参与和监督环境保护提供便利。”（《环境保护法》第五十三条第二款）

（3）畅通公众表达及诉求渠道。建设政府、企业、公众三方对话机制，开辟有效的意见表达和投诉渠道，搭建公众参与和沟通的对接平台。发挥环保社会组织在不同利益群体之间化解环境矛盾与纠纷的作用，为百姓分忧，为政府助力。支持环保社会组织合法、理性、规范地开展环境矛盾和纠纷的调查和调研活动，对其在解决环境矛盾和纠纷过程中所涉及的信息沟通、对话协调、实施协议等行为，提供必要的帮助。见《关于推进环境保护公众参与的指导意见》（环办〔2014〕48 号）。

（4）深入开展节能减排全民行动。抓好家庭社区、青少年、企业、学校、军营、农村、政府机构、科技、科普和媒体等十个节能减排专项行动，通过典型示范、专题活动、展览展示、岗位创建、合理化建议等多种形式，广泛动员全社会参与节能减排，发挥职工节能减排义务监督员队伍作用，倡导文明、节约、绿色、低碳的生产方式、消费模式和生活习惯。见《国务院关于印发“十二五”节能减排综合性工作方案的通知》（国发〔2011〕26 号）。

（5）实施全民环境教育行动计划，动员全社会参与环境保护。推进绿色创建活动，倡导绿色生产、生活方式，完善新闻发布和重大环境信息披露制度，推进城镇环境质量、重点污染源、重点城市饮用水水质、企业环境和核电厂安全信息公开，建立涉及有毒有害物质排放企业的环境信息强制披露制度。引导企业进一步增强社会责任感。建立健全环境保护举报制度，畅通环境信访、“12369”环保热线、网络邮箱等信访投诉渠道，鼓励实行有奖举报。支持环境公益诉讼。见《国务院关于印发国家环境保护“十二五”规划的通知》（国发〔2011〕42 号）。

（6）广泛动员社会参与。环境治理，人人有责。要积极开展多种形式的宣传教育，普及大气污染防治的科学知识。加强大气环境管理专业人才培养。倡导文明、节约、绿色的消费方式和生活习惯，引导公众从自身做起、从点滴做起、从身边的小事做起，在全社会树立起“同呼吸、共奋斗”的行为准则，共同改善空气质量。[见《国务院关于印发大气污染防治行动计划的通知》，（国发〔2013〕37 号）]。环境保护部 2014 年 8 月 13 日发布《“同呼吸 共奋斗”公民行为准则》。

7.9.4 法律责任

见《噪声污染防治法》（1996）第五十八条第二款第三项，《水污染防治法》（2008）第八十一条第二款。

《环境保护法》(2014)第六十八条规定：地方各级人民政府、县级以上人民政府环境保护主管部门和其他负有环境保护监督管理职责的部门“对超标排放污染物、采用逃避监管的方式排放污染物、造成环境事故以及不落实生态保护措施造成生态破坏等行为，发现或者接到举报未及时查处的”，对直接负责的主管人员和其他直接责任人员给予记过、记大过或者降级处分；造成严重后果的，给予撤职或者开除处分，其主要负责人应当引咎辞职。

《大气污染防治法》(2015)第一百二十四条规定：“违反本法规定，对举报人以解除、变更劳动合同或者其他方式打击报复的，应当依照有关法律的规定承担责任。”

7.9.5 发展态势

公众参与环境保护会越来越展现其应有的实力和作用，将更多地决定我国环境保护的走向。许多成功的管理制度和实践经验已经或将会上升为国家法律制度。化工企业一方面要严于律己，模范地遵守越来越严格的环境保护法律制度；一方面要善于与公众交朋友，与公众共享发展成果，在公众的理解和支持中进一步发展。

链接

南京化工园区举办绿色化工嘉年华（摘编）

2012-10-29 16: 17: 21 来源：中国江苏网 作者：杨春 编辑：杨玉兰

2012年10月27日，南京化学工业园区和国际化学品制造商协会（简称AICM）共同举办的“绿色化工嘉年华”公众开放日活动（见图 7.11）。主办方邀请了社区代表、化工企业、合作伙伴及政府代表400多人共同参与。本次开放日活动旨在加强南京化学工业园区及园区企业与社会公众的交流互动，倡导以安全、环保、健康为主要内容的责任关怀理念，推动园区企业树立良好社会形象。

活动现场，园区企业以“绿色化工嘉年华”为主题的展示和互动游戏，形象地表现了化学产品作为日常生活息息相关的重要组成部分，对人类知识进步、环境保护和经济发展做出的重要贡献。代表们还兴致勃勃地实地参观了园区化工企业的厂区。

通过举办开放日活动，让周围老百姓进入化工园区参观化工厂，非常有利于消除公众对园区企业的神秘感与不安全感，通过参观及参与互动，让公众和媒体了解化工产品与人类生活以及科技发展的联系，了解企业在环境保护和安全生产方面所采取的措施，传递环保、安全和健康的理念。

图 7.11 “绿色化工嘉年华”公众开放日活动现场

7.10 企业环境信息公开制度

没有信息公开就没有公众参与，信息公开是公众参与的源头。企业环境信息公开是一项环境保护法律制度。企业环境信息公开是企业应履行的法律义务，也是表达其社会责任关怀，拓展生存和发展空间的重要渠道。

7.10.1 由来和法律规定

企业信息公开发端于建设项目环境影响评价。《环境影响评价法》(2002)第二十一条规定：“除国家规定需要保密的情形外，对环境可能造成重大影响、应当编制环境影响报告书的建设项目，建设单位应当在报批建设项目环境影响报告书前，举行论证会、听证会，或者采取其他形式，征求有关单位、专家和公众的意见。”“建设单位报批的环境影响报告书应当附具对有关单位、专家和公众的意见采纳或者不采纳的说明。”环评公示是避免经济和环境损失的最好方式，同时也是对政府和投资方的保护。

2002 年，《清洁生产促进法》对现有污染企业信息公开作出规定。《清洁生产促进法》(2002)第十七条规定：“省、自治区、直辖市人民政府环境保护行政主管部门，应当加强对清洁生产实施的监督；可以按照促进清洁生产的需要，根据企业污染物的排放情况，在当地主要媒体上定期公布污染物超标排放或者污染物排放总量超过规定限额的污染严重企业的名单，为公众监督企业实施清洁生产提供依据。”第三十一条规定：“根据本法第十七条规定，列入污染严重企业名单的企业，应当按照国务院环境保护行政主管部门的规定公布主要污染物的排放情况，接受公众监督。”2012 年修改的《清洁生产促进法》将 2002 年颁布的《清洁生产促进法》第三十一条并入第十七条，合并后的第十七条第一款修改为：“省、自治区、直辖市人民政府负责清洁生产综合协调的部门、环境保护部门，根据促进清洁生产工作的需要，在本地区主要媒体上公布未达到能源消耗控制指标、重点污染物排放控制指标的企业的名单，为公众监督企业实施清洁生产提供依据。”“列入前款规定名单的企业，应当按照国务院清洁生产综合协调部门、环境保护部门的规定公布能源消耗或者重点污染物产生、排放情况，接受公众监督。”该法第二十七条第四款进一步明确规定：“实施强制性清洁生产审核的企业，应当将审核结果向所在地县级以上地方人民政府负责清洁生产综合协调的部门、环境保护部门报告，并在本地区主要媒体上公布，接受公众监督，但涉及商业秘密的除外。”

2006 年 2 月 14 日，为推进和规范环境影响评价活动中的公众参与，根据《环境影响评价法》《行政许可法》《全面推进依法行政实施纲要》和《国务院关于落实科学发展观加强环境保护的决定》等法律和法规性文件有关公开环境信息和强化社会监督的规定，国家环境保护总局制定了《环境影响评价公众参与暂行办法》(环发〔2006〕28 号)，对建设单位、评价机构和环境保护行政主管部门公开环境影响评价信息作出明确规定。

《中华人民共和国政府信息公开条例》(国务院令 2007 年第 492 号）将环境保护监督检查情况列入各级县级以上人民政府及其环境保护行政主管部门重点公布的政府信息。同年，国家环境保护总局依据《中华人民共和国政府信息公开条例》《中华人民共和国清洁生产促进法》和《国务院关于落实科学发展观加强环境保护的决定》以及其他有关规定，制定并公布《环境信息公开办法》，与《政府信息公开条例》同于 2008 年 5 月 1 日起实施。《办法》对企业环境信息公开作出明确的可操作的规定。标志企业环境信息公开制度进入常态化、规范化阶段。

2013 年 6 月 14 日，国务院常务会议部署大气污染防治十条措施，要求“强制公开重污染行业企业环境信息”(来源：新华网)。重点排污单位应当向社会公开其主要污染物的名称、排放方式、排放浓度和总量、超标情况，以及污染防治设施的建设和运行情况。

2013 年 7 月 12 日，环境保护部印发《关于加强污染源环境监管信息公开工作的通知》(环发〔2013〕74 号)，要求各级环保部门从 2013 年 9 月开始按照“依法规范、公平公正、及时全面、客观真实、便于查询”的原则，认真做好污染源环境监管信息公开工作。

2014 年 4 月 24 日，全面修改的《环境保护法》总结以往的经验，对政府环境信息和企业环境信息公开进一步作出明确而系统的规定。

2014 年 8 月 23 日，国务院公布《企业信息公示暂行条例》（国务院令第 654 号），自 2014 年 10 月 1 日起施行。这意味着中国从主要依靠行政审批管企业，转向更多依靠建立透明诚信的市场秩序规范企业。

2014 年 12 月 19 日，环境保护部发布《企事业单位环境信息公开办法》。对信息公开主体和范围、公开方式、建立信用评价制度、强制公开、法律责任、奖励等做出了明确规定。

7.10.2 政府环境信息公开

政府环境信息公开与企业环境信息公开息息相关，有关条款直接涵盖依法公开企业环境信息。

（1）《环境保护法》（2014）关于环境信息公开的规定

国家环境保护规划和地方环境保护规划应按规定报批并公布实施。

向社会公布县以上人民政府环境保护目标责任制考核结果。

环境受到污染，可能影响公众健康和环境安全时，依法及时公布预警信息，启动应急措施。有关人民政府应向社会公布突发环境事件造成的环境影响和损失评估结果。

各级人民政府环境保护主管部门和其他负有环境保护监督管理职责的部门，应当依法公开环境信息、完善公众参与程序，为公民、法人和其他组织参与和监督环境保护提供便利。

国务院环境保护主管部门统一发布国家环境质量、重点污染源监测信息及其他重大环境信息。省级以上人民政府环境保护主管部门定期发布环境状况公报。

县级以上人民政府环境保护主管部门和其他负有环境保护监督管理职责的部门，应当依法公开环境质量、环境监测、突发环境事件以及环境行政许可、行政处罚、排污费的征收和使用情况等信息。

县级以上地方人民政府环境保护主管部门和其他负有环境保护监督管理职责的部门，应当将企业、事业单位和其他生产经营者的环境违法信息记入社会诚信档案，及时向社会公布违法者名单。

（2）《国务院关于印发大气污染防治行动计划的通知》（国发〔2013〕37 号）关于大

气环境信息公开的规定

国家每月公布空气质量最差的 10 个城市和最好的 10 个城市的名单。各省（区、市）要公布本行政区域内地级及以上城市空气质量排名。地级及以上城市要在当地主要媒体及时发布空气质量监测信息。

各级环保部门和企业要主动公开新建项目环境影响评价、企业污染物排放、治污设施运行情况等环境信息，接受社会监督。涉及群众利益的建设项目，应充分听取公众意见。建立重污染行业企业环境信息强制公开制度。

为积极指导公众参与大气环境保护，了解空气质量信息，响应政府应急预案，采取健康防护措施，环境保护部发布《“同呼吸 共奋斗”公民行为准则》，2015 年元月，环境保护部向社会发布 4 张《准则》宣传海报，旨在倡导公众关注空气质量、养成节电习惯、选择绿色消费、共建美丽中国。图 7.12 是第一张海报。

图 7.12　《“同呼吸 共奋斗”公民行为准则》宣传海报之一

（3）实施《企业信息公示暂行条例》

工商行政管理部门以外的其他政府部门（以下简称其他政府部门）应当公示其在履行职责过程中产生的下列企业信息：

（一）行政许可准予、变更、延续信息；

（二）行政处罚信息；

（三）其他依法应当公示的信息。

其他政府部门可以通过企业信用信息公示系统，也可以通过其他系统公示前款规定的企业信息。工商行政管理部门和其他政府部门应当按照国家社会信用信息平台建设的总体要求，实现企业信息的互联共享。

（4）推进执法信息公开。地方环境保护部门和其他负有环境监管职责的部门，每年要发布重点监管对象名录，定期公开区域环境质量状况，公开执法检查依据、内容、标准、程序和结果。每月公布群众举报投诉重点环境问题处理情况、违法违规单位及其法定代表人名单和处理、整改情况。[《国务院办公厅关于加强环境监管执法的通知》（国办发〔2014〕56号）]

链接

治霾攻坚战犹酣（摘编）

田 丰摄 2014年11月01日02：58 人民网

国务院《大气污染防治行动计划》实施一年多来，京津冀等地细化措施，综合施策，打响一场大气污染防治攻坚战和持久战。包括企业主动公开污染物排放情况。例如石家庄在31家重点大气企业厂区门口安装电子显示屏，实时公开污染物排放情况，方便公众监督。见图7.13为河北华电石家庄裕华热电有限公司门口的电子显示屏。

图 7.13 河北华电石家庄裕华热电有限公司门口的电子显示屏

来源：治霾攻坚战犹酣。

7.10.3 企业环境信息公开的基本要求

7.10.3.1 《环境保护法》(2014) 和《大气污染防治法 (2015)》关于企业环境信息公开的规定

重点排污单位应当如实向社会公开其主要污染物的名称、排放方式、排放浓度和总量、超标排放情况，以及防治污染设施的建设和运行情况，接受社会监督。

对依法应当编制环境影响报告书的建设项目，建设单位应当在编制时向可能受影响的公众说明情况，充分征求意见。负责审批建设项目环境影响评价文件的部门在收到建设项目环境影响报告书后，除涉及国家秘密和商业秘密的事项外，应当全文公开；发现建设项目未充分征求公众意见的，应当责成建设单位征求公众意见。

《大气污染防治法》(2015) 关于企业环境信息公开的规定，见“7.9 公众参与制度”之“7.9.2 由来、发展和法律规定”。

7.10.3.2 《企业事业单位环境信息公开办法》的基本要求

《企业事业单位环境信息公开办法》(以下简称《办法》)(环境保护部令 2014 年第 31 号) 对信息公开主体和范围、公开方式、建立信用评价制度、强制公开、法律责任、奖励等做出了明确规定。

(1) 目的依据。为维护公民、法人和其他组织依法享有获取环境信息的权利，促进企业事业单位如实向社会公开环境信息，推动公众参与和监督环境保护，环境保护部根据《中华人民共和国环境保护法》《企业信息公示暂行条例》等有关法律法规制定《企业事业单位环境信息公开办法》。

（2）信用信息。环境保护主管部门应当根据企业事业单位公开的环境信息及政府部门环境监管信息，建立企业事业单位环境行为信用评价制度。

（3）保密规定。企业事业单位环境信息涉及国家秘密、商业秘密或者个人隐私的，依法可以不公开；法律、法规另有规定的，从其规定。

（4）强制公开主体。环境保护主管部门确定重点排污单位名录时，应当综合考虑本行政区域的环境容量、重点污染物排放总量控制指标的要求，以及企业事业单位排放污染物的种类、数量和浓度等因素。

企业事业单位有下列情形之一的，应当列入重点排污单位名录：①被设区的市级以上环境保护主管部门确定为重点监控企业的；②具有试验、分析、检测等功能的化学、医药、生物类省级重点以上实验室、二级以上医院、污染物集中处置单位等污染物排放行为引起社会广泛关注的或者可能对环境敏感区造成较大影响的；③三年内发生较大以上突发环境事件或者因环境污染问题造成重大社会影响的；④其他有必要列入的情形。

（5）强制公开内容。重点排污单位应当公开下列信息：①基础信息，包括单位名称、组织机构代码、法定代表人、生产地址、联系方式，以及生产经营和管理服务的主要内容、产品及规模；②排污信息，包括主要污染物及特征污染物的名称、排放方式、排放口数量和分布情况、排放浓度和总量、超标情况，以及执行的污染物排放标准、核定的排放总量；③防治污染设施的建设和运行情况；④建设项目环境影响评价及其他环境保护行政许可情况；⑤突发环境事件应急预案；⑥其他应当公开的环境信息。（《办法》第九条）

（6）公开方式。重点排污单位应当通过其网站、企业事业单位环境信息公开平台或者当地报刊等便于公众知晓的方式公开环境信息，同时可以采取以下一种或者几种方式予以公开：①公告或者公开发行的信息专刊；②广播、电视等新闻媒体；③信息公开服务、监督热线电话；④本单位的资料索取点、信息公开栏、信息亭、电子屏幕、电子触摸屏等场所或者设施；⑤其他便于公众及时、准确获得信息的方式。（《办法》第十条）

（7）强制公开时限。重点排污单位应当在环境保护主管部门公布重点排污单位名录后九十日内公开本办法第九条规定的环境信息；环境信息有新生成或者发生变更情形的，重点排污单位应当自环境信息生成或者变更之日起三十日内予以公开。法律、法规另有规定的，从其规定。（《办法》第十一条）

（8）鼓励公开内容。国家鼓励企业事业单位自愿公开有利于保护生态、防治污染、履行社会环境责任的相关信息。

重点排污单位之外的企业、事业单位可以参照本办法有关规定公开其环境信息。

（9）监督检查。环境保护主管部门有权对重点排污单位环境信息公开活动进行监督检查。被检查者应当如实反映情况，提供必要的资料。

（10）公众参与。环境保护主管部门应当宣传和引导公众监督企业事业单位环境信息公开工作。

公民、法人和其他组织发现重点排污单位未依法公开环境信息的，有权向环境保护主管部门举报。接受举报的环境保护主管部门应当对举报人的相关信息予以保密，保护举报人的合法权益。

7.10.3.3 污染源环境监管信息公开目录

企业是污染治理的责任主体，公开其环境信息是企业应履行的社会义务。各级环保部门应积极鼓励引导企业进一步增强社会责任感，主动自愿公开环境信息。同时，应按照《中华人民共和国清洁生产促进法》，严格督促污染物排放超过国家或地方规定的排放标准，或重点污染物排放超过总量控制指标的污染严重的企业，以及使用有毒有害原料进行生产或在生产中排放有毒有害物质的企业主动公开相关信息，对不依法主动公布或不按规定要求公布的要依法严肃查处。见环境保护部印发《关于加强污染源环境监管信息公开工作的通知》（环发〔2013〕74 号）。

随环发〔2013〕74 号文下发的《污染源环境监管信息公开目录（第一批）》规定的“公开项目”有：重点污染源基本信息、污染源监测、总量控制、污染防治、排污费征收、监察执法、行政处罚和环境应急。《目录》还注明：重点污染源，由各级环保部门根据实际情况确定，但应至少包含国家和省级重点监控企业在内；自动监控情况原则上由省级环保部门公布国家重点监控污染源信息，市县按属地监管原则公布辖区内企业污染源信息，但县级环保部门没有获取数据能力的，由获取数据的上一级环保部门公布。自动监控数据传输有效率按照环保部相关文件规定的时间开始公布。公布自动监控数据时，应标注说明出现异常或超标情况将进行调查取证处理，并适时公布处理结果。

7.10.3.4 化工园区环境状况公告

化工园区管理机构应定期发布园区环境状况公告，督促园内企业履行化学品环境风险防控的主体责任，要求企业按相关规定进行排污申报登记，并足额缴纳排污费。园内企业应建立化学品环境管理台账和信息档案，依法向社会公开相关信息。鼓励园区和企业实施“责任关怀”。见环境保护部《关于加强化工园区环境保护工作的意见》（环发〔2012〕54 号）。

7.10.3.5 危险化学品生产使用企业环境信息公开

危险化学品生产使用企业应当于每年1月发布企业化学品环境管理年度报告，向公众公布上一年度生产使用的危险化学品品种、危害特性、相关污染物排放及事故信息、污染防控措施等情况。重点环境管理危险化学品生产使用企业还应当公布重点环境管理危险化学品及其特征污染物的释放与转移信息和监测结果。见《化学品环境风险防控"十二五"规划》(环境保护部，环发〔2013〕20号)。

7.10.3.6 企业信息公示要求[见《企业信息公示暂行条例》(2014) 第十条]

企业应当自下列信息形成之日起20个工作日内通过企业信用信息公示系统向社会公示：

(1) 有限责任公司股东或者股份有限公司发起人认缴和实缴的出资额、出资时间、出资方式等信息；

(2) 有限责任公司股东股权转让等股权变更信息；

(3) 行政许可取得、变更、延续信息；

(4) 知识产权出质登记信息；

(5) 受到行政处罚的信息；

(6) 其他依法应当公示的信息。

工商行政管理部门发现企业未依照前款规定履行公示义务的，应当责令其限期履行。

7.10.3.7 自愿发布《企业的社会责任报告》

面对社会的普遍关注，一些大型化工企业开始通过社会责任报告，加强与公众的沟通，展现企业在环保方面取得的成就及社会责任。为提高企业环境管理水平，规范企业信息公开行为，国家已发布《企业环境报告书编制导则》(HJ 617—2011)，为企业编写社会责任报告提供技术支持。"企业环境报告书"主要反映企业的管理理念、企业文化、企业环境管理的基本方针以及企业为改善环境、履行社会责任所做的工作。它以宣传品的形式在媒体上公开向社会发布，是企业环境信息公开的一种有效形式。

7.10.3.8 主动沟通——扬子石化环保圆桌对话会

为了迎接2013年"六·五"世界环境日，扬子石化邀请南京市环保局、南京化工园区管委会、周边居民代表召开了"2013年政府、企业、居民环保圆桌对话会"，并组织代表们走进扬子石化，参观了该公司塑料厂包装车间、芳烃厂中控室、水厂净一装置，零距离感受扬子石化环保工作的魅力。据悉，扬子石化已经是第四次开展类似的环保活动，这些活动得到了当地居民、政府、媒体的交口称赞，扬子石化坚持开门办企业、开放办企业，环保治理水平越来越高，在为国家创造效益的同时，努力做到和居民的和谐相处。活动现场见图 7.14。

代表们正在参观经过加盖密封的污水池，没有任何异味

代表们在参观扬子石化水厂污水处理装置，清澈的污水处理池让代表们很吃惊

图 7.14　代表们参观扬子石化

7.10.4　法律责任

（1）《清洁生产促进法》（2012）第三十九条规定：实施强制性清洁生产审核的企业不报告或者不如实报告审核结果的，由县级以上地方人民政府负责清洁生产综合协调的部门、环境保护部门按照职责分工责令限期改正；拒不改正的，处以五万元以上五十万元以下的罚款。

（2）《环境信息公开办法（试行）》（国家环境保护总局令 2007 年第 35 号）对《清洁生产促进法》的规定作了细化，并设定“代为公布”的行政处罚规定。此办法第二十八条规定，“污染物排放超过国家或者地方排放标准，或者污染物排放总量超过地方人民政府核定的排放总量控制指标的污染严重的企业，不公布或者未按规定要求公布污染物排放情况的，由县级以上地方人民政府环保部门依据《中华人民共和国清洁生产促进法》的规定，处十万元以下罚款，并代为公布”。

（3）《环境保护法》（2014）第六十二条规定：“违反本法规定，重点排污单位不公开或者不如实公开环境信息的，由县级以上地方人民政府环境保护主管部门责令公开，处以罚款，并予以公告。”第六十八条规定：地方各级人民政府、县级以上人民政府环境保护主管部门和其他负有环境保护监督管理职责的部门“应当依法公开环境信息而未公开的”，对直接负责的主管人员和其他直接责任人员给予记过、记大过或者降级处分；造成严重后果的，给予撤职或者开除处分，其主要负责人应当引咎辞职。表明国家关于企业信息公开的重点已由鼓励引导转向依法督查，信息公开亦已影响到企业的生存和发展。

（4）《企业信息公示暂行条例》（2014）第十七条规定：“有下列情形之一的，由县级以上工商行政管理部门列入经营异常名录，通过企业信用信息公示系统向社会公示，提醒其履行公示义务；情节严重的，由有关主管部门依照有关法律、行政法规规定给予行政处罚；造成他人损失的，依法承担赔偿责任；构成犯罪的，依法追究刑事责任：

（一）企业未按照本条例规定的期限公示年度报告或者未按照工商行政管理部门责令的期限公示有关企业信息的；

（二）企业公示信息隐瞒真实情况、弄虚作假的。

被列入经营异常名录的企业依照本条例规定履行公示义务的，由县级以上工商行政管理部门移出经营异常名录；满3年未依照本条例规定履行公示义务的，由国务院工商行政管理部门或者省、自治区、直辖市人民政府工商行政管理部门列入严重违法企业名单，并通过企业信用信息公示系统向社会公示。被列入严重违法企业名单的企业的法定代表人、负责人，3年内不得担任其他企业的法定代表人、负责人。

企业自被列入严重违法企业名单之日起满5年未再发生第一款规定情形的，由国务院工商行政管理部门或者省、自治区、直辖市人民政府工商行政管理部门移出严重违法企业名单。”

（5）《企事业单位环境信息公开办法》第十六条规定：“重点排污单位违反本办法规定，有下列行为之一的，由县级以上环境保护主管部门根据《中华人民共和国环境保护法》的规定责令公开，处三万元以下罚款，并予以公告：（一）不公开或者不按照本办法第九条规定的内容公开环境信息的；（二）不按照本办法第十条规定的方式公开环境信息的；（三）不按照本办法第十一条规定的时限公开环境信息的；（四）公开内容不真实、弄虚作假的。”

法律、法规另有规定的，从其规定。

《大气污染防治法》(2015) 第一百条规定：违反本法规定，“重点排污单位不公开或者不如实公开自动监测数据的”，“由县级以上人民政府环境保护主管部门责令改正，处二万元以上二十万元以下的罚款；拒不改正的，责令停产整治”。第一百一十一条规定：“违反本法规定，机动车生产、进口企业未按照规定向社会公布其生产、进口机动车车型的排放检验信息或者污染控制技术信息的，由省级以上人民政府环境保护主管部门责令改正，处五万元以上五十万元以下的罚款。”“违反本法规定，机动车生产、进口企业未按照规定向社会公布其生产、进口机动车车型的有关维修技术信息的，由省级以上人民政府交通运输主管部门责令改正，处五万元以上五十万元以下的罚款。”

7.10.5 发展态势

企业环境信息公开是依法实施的一项环境管理制度，由于它关系到企业的生存和发展，关系到社会和谐稳定，已上升为法律制度。环境信息公开的力度势必逐步加大。化工企业公开信息，推动责任关怀将成为一种必然趋势。

本章小结

本章将现场检查制度、排污收费制度、排污许可管理制度、污染源自动监控设施运行管理制度、重点污染物排放总量控制制度、区域限批制度、危险废物管理制度、危险废物转移联单制度、企业信息公开制度和公众参与制度列为监督类环境管理制度。它们都是法律制度，与经济发展、信息化、环境质量、环境安全关系越来越紧密。污染源自动监控设施运行管理制度、企业信息公开制度与信息化联系更加直接，重点污染物排放总量控制制度与环境质量联系更加紧密，实施排污许可管理制度则是重点污染物排放总量控制制度的一个前置条件，危险废物管理直接关系到环境安全，公众作为环境保护力量的源泉，公众参与监督越来越重要。制度始终处于动态的发展过程之中，区域限批由行政措施迅速上升为法律制度，排污收费制度则有可能被环境保护税取代。

思考题

1. 简述你对监督类制度的看法。
2. 重点污染物排放总量控制制度与区域限批、与排污许可管理制度有什么关系？
3. 法律对危险废物管理有哪些特别规定？
4. 企业公开环境信息对企业的作用是什么？请辩证阐述。
5. 你对公众参与是怎么看的？与你有关系吗？

第 8 章　问责类环境管理制度

问责类环境管理制度属于行为管制类制度。其构成见图 8.1。

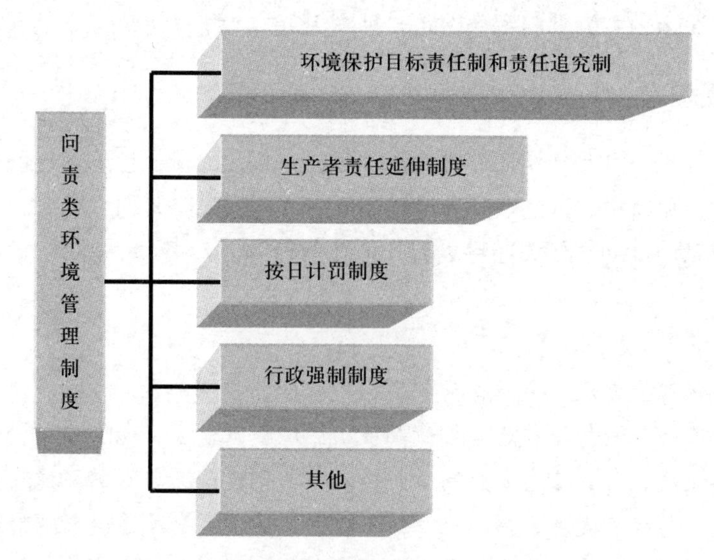

图 8.1　问责类环境管理制度（施问超绘制）

8.1　环境保护目标责任制和责任追究制

8.1.1　含义

环境保护目标责任制是通过签订责任书的形式，将环境保护的目标责任具体落实到地方各级人民政府和排污单位的行政管理制度。这一制度明确了一个区域、一个部门乃至一个单位环境保护主要责任者和责任范围，运用了目标化、定量化、制度化的管理方法，把贯彻执行保护环境这一基本国策作为各级领导的行业规范，以行政制约为机制，把责任、权力、利益和义务有机地结合在一起，从而使改善环境质量的任务能够得到层层分解落实，达到既定的环境目标，并根据完成的情况给予奖惩，“惩”即为问责。目标责任制和问责制是一个不可分割的整体。问责制是责任制的必然延伸，没有严肃的、严厉的问责制，责任制就不完整、不彻底，就会流于形式。

环保目标考核和责任追究制度是落实政府环保责任的重要保障，是各部门、各单位依法履行环保职责的重大举措。进行环保问责，必须将责任追究延伸到决策阶段，问责问到根子上；不是离职或退位就可以推卸责任，而是要实行终身责任追究。对那些不顾生态环境盲目决策、造成严重后果的人，必须追究责任，而且应终身追究。从这个意义上说，问责制又拓展了责任制的内涵。

8.1.2 环境保护责任制和责任追究制的由来与法律规定

8.1.2.1 由来与发展

1986 年，国务院发布《关于加强工业企业管理若干问题的决定》，针对国有企业提出了企业环境目标责任制的雏形。

我国流域水环境矛盾激化先于区域大气环境，两者相距约 20 年。20 世纪 90 年代中期，我国启动淮河流域水污染防治。为进一步加强重点流域水污染防治工作，“十五”以来，国家在淮河流域进行了水污染防治责任考核试点。2004 年 10 月，经国务院批准，原环保总局在安徽省蚌埠市召开了淮河流域水污染防治现场会，并受国务院委托与淮河流域四省政府签订了《淮河流域水污染防治目标责任书（2005—2010 年）》（以下简称《责任书》）。自 2006 年起连续三年，会同国务院有关部门组成评估组，对淮河流域四省政府《责任书》年度目标落实情况进行了考核评估，量化打分排序，考核结果报经国务院同意后，向社会进行了公告。在借鉴淮河评估试点工作经验的基础上，环境保护部会同发展改革委、监察部、财政部、住房和城乡建设部、水利部，研究制订了《重点流域水污染防治专项规划实施情况考核暂行办法》。2009 年 4 月 25 日，为切实推动规划任务的落实，国务院办公厅转发了环境保护部等 6 个部门联合制定的《重点流域水污染防治专项规划实施情况考核暂行办法的通知》（国办发〔2009〕38 号）。此办法适用于对淮河、海河、辽河、松花江、三峡水库库区及上游、黄河小浪底水库库区及上游、太湖、巢湖、滇池等水污染防治重点流域共 22 个省（区、市）人民政府实施相关专项规划情况的考核。

近两年，城市群尤其是沿海发达地区环境空气污染矛盾突出，严重影响经济社会发展。2013 年 9 月 10 日国务院公开发布《大气污染防治行动计划》（国发〔2013〕37 号），为分解目标任务，由“国务院与各省（区、市）人民政府签订大气污染防治目标责任书，将目标任务分解落实到地方人民政府和企业。将重点区域的细颗粒物指标、非重点地区的可吸入颗粒物指标作为经济社会发展的约束性指标，构建以环境质量改善为核心的目标责任考核体系”。2014年4月30日发布了《国务院办公厅关于印发〈大气污染防治行动计划实施情况考核办法（试行）〉的通知》。考核办法提出，复合型大气污染严重的京津冀及周边、长三角、珠三角、重庆市等11个省（自治区、直辖市），以$PM_{2.5}$年均浓度下降比例为质量考核指标；其他省（区、市）以PM_{10}年均浓度下降比例为质量考核指标。考核结果经国务院审定后向社会公开，并交由干部主管部门，按照《关于建立促进科学发展的党政领导班子和领导干部考核评价机制的意见》《地方党政领导班子和领导干部综合考核评价办法（试行）》《关于改进地方党政领导班子和领导干部政绩考核工作的通知》《关于开展政府绩效管理试点工作的意见》等规定，作为对各地区领导班子和领导干部综合考核评价的重要依据。

国家将节能减排列为“十五”、“十一五”、”十二五”规划的约束性指标，在国家层面推进环境保护目标责任制和问责制的实施。2007年11月17日，国务院批转《主要污染物总量减排考核办法》，明确规定实行节能减排问责制和“一票否决制”。2011年12月，国务院印发的国家“十二五”环境保护规划要求：“将有效防范和妥善应对重大突发环境事件作为地方人民政府的重要任务，纳入环境保护目标责任制。”“完善以预防为主的环境风险管理制度，落实企业主体责任。”节能减排为环境保护法律的修订提供了新鲜经验。

8.1.2.2 法律规定

我国环境保护法规定了环境保护责任制，单行法沿用了这一制度。如，1989年颁布的《环境保护法》第二十四条规定：“产生环境污染和其他公害的单位，必须把环境保护工作纳入计划，建立环境保护责任制度；采取有效措施，防治在生产建设或者其他活动中产生的废气、废水、废渣、粉尘、恶臭气体、放射性物质以及噪声振动、电磁波辐射等对环境的污染和危害。”环境保护单行法都体现了这一立法原则。2008年修订的《水污染防治法》规定：国家实行水环境保护目标责任制和考核评价制度，将水环境保护目标完成情况作为对地方人民政府及其负责人考核评价的内容。

2014年全面修订的《环境保护法》明确规定“地方各级人民政府应当对本行政区域内的环境质量负责”，并规定了8种违法行为，造成严重后果的，地方各级人民政府、县级以上人民政府环境保护主管部门和其他负有环境保护监督管理职责部门的主要负责人应当引咎辞职。

《环境保护法》（2014）对各级政府和企业的环境保护责任制度的相关规定如下：

“地方各级人民政府应当对本行政区域的环境质量负责。”（第六条第二款）“地方各级人民政府应当根据环境保护目标和治理任务，采取有效措施，改善环境质量。”“未达到国家环境质量标准的重点区域、流域的有关地方人民政府，应当制定限期达标规划，并采取措施按期达标。”（第二十八条）“国家实行环境保护目标责任制和考核评价制度。县级以上人民政府应当将环境保护目标完成情况纳入对本级人民政府负有环境保护监督管理职责的部门及其负责人和下级人民政府及其负责人的考核内容，作为对其考核评价的重要依据。考核结果应当向社会公开。”（第二十六条）“县级以上人民政府应当每年向本级人民代表大会或者人民代表大会常务委员会报告环境状况和环境保护目标完成情况，对发生的重大环境事件应当及时向本级人民代表大会常务委员会报告，依法接受监督。”（第二十七条）

“排放污染物的企业事业单位和其他生产经营者，应当采取措施，防治在生产建设或者其他活动中产生的废气、废水、废渣、医疗废物、粉尘、恶臭气体、放射性物质以及噪声、振动、光辐射、电磁辐射等对环境的污染和危害。”“排放污染物的企业事业单位，应当建立环境保护责任制度，明确单位负责人和相关人员的责任。”“企业事业单位和其他生产经营者应当防止、减少环境污染和生态破坏，对所造成的损害依法承担责任。”（第六条第三款）

2015 年 8 月修订的《大气污染防治法》进一步强化对地方政府的考核和监督，规定地方各级人民政府应当对本行政区域的大气环境质量负责，国务院环保主管部门会同国务院有关部门，对省、自治区、直辖市大气环境质量改善目标、大气污染防治重点任务完成情况进行考核。对超总量和未完成达标任务的地区实行区域限批，并约谈主要负责人。对未达标城市要制定限期达标规划，向同级人大报告，进一步加强了对地方政府在环境保护、改善大气质量方面的责任。

8.1.3 环境保护问责制的基本要求

（1）排污单位必须履行环境保护法律、法规和规章规定的法律义务（包括明令禁止的条款）和遵守各项环境保护法律制度，它们是排污单位应该承担的保护环境的责任，如有违反就要承担法律责任，即被问责。

（2）《环境保护违法违纪行为处分暂行规定》（监察部、国家环境保护总局 2006 年第 10 号令）是我国首部关于环境问责的专门规章。国家行政机关及其工作人员、企业中由国家行政机关任命的人员有环境保护违法违纪行为，应当给予处分的，适用此规定。此规定指出：“企业有下列行为之一的，对其直接负责的主管人员和其他直接责任人员中由国家行政机关任命的人员给予降级处分；情节较重的，给予撤职或者留用察看处分；

情节严重的，给予开除处分：

（一）未依法履行环境影响评价文件审批程序，擅自开工建设，或者经责令停止建设、限期补办环境影响评价审批手续而逾期不办的；

（二）与建设项目配套建设的环境保护设施未与主体工程同时设计、同时施工、同时投产使用的；

（三）擅自拆除、闲置或者不正常使用环境污染治理设施，或者不正常排污的；

（四）违反环境保护法律、法规，造成环境污染事故，情节较重的；

（五）不按照国家有关规定制定突发事件应急预案，或者在突发事件发生时，不及时采取有效控制措施导致严重后果的；

（六）被依法责令停业、关闭后仍继续生产的；

（七）阻止、妨碍环境执法人员依法执行公务的；

（八）有其他违反环境保护法律、法规进行建设、生产或者经营行为的。”

同时规定：有环境违法违纪行为，涉嫌犯罪的，移送司法机关依法处理。

（3）环境保护部2010年修订的《环境行政处罚办法》（环境保护部部令2010年第8号）规定：“公民、法人或者其他组织违反环境保护法律、法规或者规章规定，应当给予环境行政处罚的，应当依照《中华人民共和国行政处罚法》和本办法规定的程序实施。”此办法根据法律、行政法规和部门规章，规定了8种环境行政处罚（见“8.4　行政强制制度”）。环境保护主管部门实施行政处罚时，应当及时作出责令当事人改正或者限期改正违法行为的行政命令。此办法第十二条规定9种行政命令的具体形式（见“8.4　行政强制制度”）。涉嫌犯罪的案件，按照《行政执法机关移送涉嫌犯罪案件的规定》等有关规定移送司法机关，不得以行政处罚代替刑事处罚。

（4）《国家突发公共事件总体应急预案》规定：突发公共事件应急处置工作实行责任追究制。对迟报、谎报、瞒报和漏报突发公共事件重要情况或者应急管理工作中有其他失职、渎职行为的，依法对有关责任人给予行政处分；构成犯罪的，依法追究刑事责任。

（5）对化学品环境污染事件实施责任终身追究制和全过程行政问责制。国务院印发的《国家“十二五”环境保护规划》要求将有效防范和妥善应对重大突发环境事件作为地方人民政府的重要任务，纳入环境保护目标责任制。完善以预防为主的环境风险管理制度，落实企业主体责任。

《关于加强化学品全过程环境管理　着力维护公共安全的通知》（环境保护部办公厅环办〔2012〕109号）指出：各地要严格落实企业环境安全主体责任和管理部门监管责任，一级抓一级、层层抓落实，要做到职责明晰、任务明确、责任到位、监管到位，要对化学品环境污染事件实施责任终身追究制和全过程行政问责制，加大对相关责任单位和责任人的责任追究和处罚力度。

（6）《大气污染防治行动计划》要求“实行严格责任追究”。对未通过年度考核的，由环保部门会同组织部门、监察机关等部门约谈省级人民政府及其相关部门有关负责人，提出整改意见，予以督促。对因工作不力、履职缺位等导致未能有效应对重污染天气的，以及干预、伪造监测数据和没有完成年度目标任务的，监察机关要依法依纪追究有关单位和人员的责任，环保部门要对有关地区和企业实施建设项目环评限批，取消国家授予的环境保护荣誉称号。

（7）建立生态环境损害责任终身追究制。《中共中央关于全面深化改革若干重大问题的决定》（2013 年 11 月 12 日中国共产党第十八届中央委员会第三次全体会议通过）要求“探索编制自然资源资产负债表，对领导干部实行自然资源资产离任审计”。“建立生态环境损害责任终身追究制”。广东省珠海市率先出台《珠海经济特区生态文明建设促进条例》（2014 年 3 月 1 日起实施），首次以立法形式规定，建立“生态环境损害责任终身追究制”。

（8）实行自然资源资产离任审计。2009 年，国家审计署出台《关于加强资源环境审计工作的意见》，要求“各级审计机关要按照‘统筹规划、全面审计、因地制宜、突出重点’的要求，重点对土地、矿产、森林、水等重要资源的开发利用管理和保护治理情况；对水、大气、土壤、固体废物等污染防治情况；对重点生态建设工程和生态脆弱地区生态保护情况等开展审计”。此意见的实施，为资源环境审计积累了经验。2014 年，《国务院关于加强审计工作的意见》（国发〔2014〕48 号）要求发挥审计促进国家重大决策部署落实的保障作用。要密切关注资源和环境保护等方面存在的薄弱环节和风险隐患。要加强对土地、矿产等自然资源，以及大气、水、固体废物等污染治理和环境保护情况的审计，探索实行自然资源资产离任审计，推动资源、环保政策落实到位。审计机关在开展党政主要领导干部经济责任审计时，要对地方政府主要领导干部执行环境保护法律法规和政策、落实环境保护目标责任制等情况进行审计。

8.1.4 法律责任

《环境保护法》（2014）规定：“地方各级人民政府、县级以上人民政府环境保护主管部门和其他负有环境保护监督管理职责的部门有下列行为之一的，对直接负责的主管人员和其他直接责任人员给予记过、记大过或者降级处分；造成严重后果的，给予撤职或者开除处分，其主要负责人应当引咎辞职：（一）不符合行政许可条件准予行政许可的；（二）对环境违法行为进行包庇的；（三）依法应当作出责令停业、关闭的决定而未作出的；（四）对超标排放污染物、采用逃避监管的方式排放污染物、造成环境事故以及不落实生态保护措施造成生态破坏等行为，发现或者接到举报未及时查处的；（五）违反本法规定，查封、扣押企业事业单位和其他生产经营者的设施、设备的；（六）篡改、伪造或者指使篡改、伪造监测数据的；（七）应当依法公开环境信息而未公开的；（八）将征收的排污费截留、挤占或者挪作他用的；（九）法律法规规定的其他违法行为。”

《环境保护法》（2014）还规定；“因污染环境和破坏生态造成损害的，应当依照《中华人民共和国侵权责任法》的有关规定承担侵权责任。”

保护环境，责任重于泰山。2014 年全面修订的《环境保护法》对政府官员“引咎辞职”、生产经营者“行政拘留”首次作出明确规定。同时规定“违反本法规定，构成犯罪的，依法追究刑事责任。”

《大气污染防治法》（2015）对排污单位和地方各级政府及其监管部门的违法行为设定了相应的处罚责任。“第七章　法律责任”自第一百九十八条至第一百二十七条，共 30 条。具体的处罚行为和种类接近 90 种，提高了法律的可操作性和针对性。包括：（1）取消了对造成大气污染事故企业事业单位罚款“最高不超过五十万元”的封顶限额，增加了“按日计罚”的规定。（第一百二十三条）（2）违法本法规定，造成大气污染事故的，“对直接负责的主管人员和其他直接责任人员可以处上一年度从本企业事业单位取得收入百分之五十以下的罚款”。（第一百二十二条第一款）“ 对造成一般或者较大大气污染事故的，按照污染事故造成直接损失的一倍以上三倍以下计算罚款；对造成重大或者特大大气污染事故的，按照污染事故造成的直接损失的三倍以上五倍以下计算罚款。”（第一百二十二条第二款）（3）排放大气污染物造成损害的，应当依法承担侵权责任。（第一百二十五条）（4）地方各级人民政府、县级以上人民政府环境保护主管部门和其他负有大气环境保护监督管理职责的部门及其工作人员滥用职权、玩忽职守、徇私舞弊、弄虚作假的，依法给予处分。（第一百二十六条）（5）违反本法规定，构成犯罪的，依法追究刑事责任。（第一百二十七条）

链接

湖南武冈千人铅超标事件惊动了中央，卫生部和环保部派员亲赴武冈调查该事件。2009 年 8 月 18 日，湖南武冈文坪镇，当地锰矿厂已经被关闭，武冈市 15 日发出通知，要求全市范围冶炼企业停产整顿。武冈市官方已对 1 958 名群众进行了体内铅含量检测，超标人数为 1 354 人。经查证实，武冈精炼锰加工厂在投产前未经过环评审查，属于非法生产。2008 年 11 月武冈市环保部门曾对其作出停产整顿的行政处罚。该企业涉嫌《刑法》第三百三十八条的“重大环境污染事故罪”，该案中，除对肇事企业依法处罚外，对该企业的法人代表依法要追究刑事责任。企业有关负责人已被刑事拘留或正被追捕，两名当地环保部门工作人员因失职而被立案调查。图 8.2 展示的是一个 7 岁女孩手举血铅超标化验单。面对孩子的无辜和企盼，你在想什么？

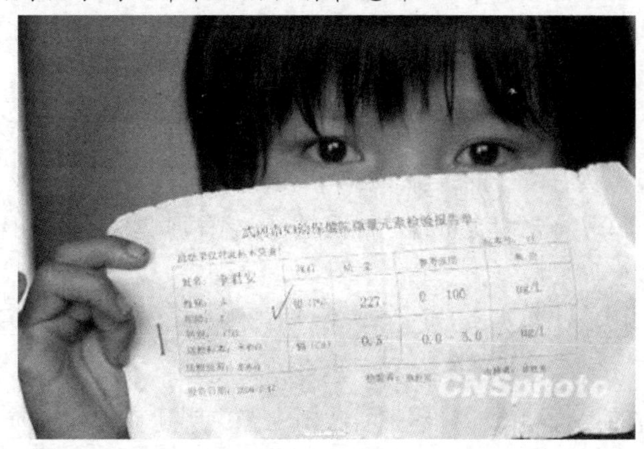

图 8.2　2009 年 8 月 18 日，湖南武冈文坪镇横江村，一名 7 岁小女孩血铅指数达到了 227

8.1.5 发展态势

随着环境保护事业的发展，环境保护责任制的内涵不断拓展，问责力度必然不断加大。

2015 年 7 月 1 日，中央全面深化改革领导小组第十四次会议审议通过《环境保护督察方案（试行）》、《关于开展领导干部自然资源资产离任审计的试点方案》、《党政领导干部生态环境损害责任追究办法（试行）》，进一步强化环境保护责任制，尤其是领导干部责任追究制度。

会议指出，建立环保督察工作机制是建设生态文明的重要抓手，对严格落实环境保护主体责任、完善领导干部目标责任考核制度、追究领导责任和监管责任，具有重要意义。要明确督察的重点对象、重点内容、进度安排、组织形式和实施办法。要把环境问题突出、重大环境事件频发、环境保护责任落实不力的地方作为先期督察对象，近期要把大气、水、土壤污染防治和推进生态文明建设作为重中之重，重点督察贯彻党中央决策部署、解决突出环境问题、落实环境保护主体责任的情况。要强化环境保护“党政同责”和“一岗双责”的要求，对问题突出的地方追究有关单位和个人责任。

开展领导干部自然资源资产离任审计试点，主要目标是探索并逐步形成一套比较成熟、符合实际的审计规范，明确审计对象、审计内容、审计评价标准、审计责任界定、审计结果运用等，推动领导干部守法守纪、守规尽责，促进自然资源资产节约集约利用和生态环境安全。要紧紧围绕领导干部责任，积极探索离任审计与任中审计、与领导干部经济责任审计以及其他专业审计相结合的组织形式，发挥好审计监督作用。

生态环境保护能否落到实处，关键在领导干部。要坚持依法依规、客观公正、科学认定、权责一致、终身追究的原则，围绕落实严守资源消耗上限、环境质量底线、生态保护红线的要求，针对决策、执行、监管中的责任，明确各级领导干部责任追究情形。对造成生态环境损害负有责任的领导干部，不论是否已调离、提拔或者退休，都必须严肃追责。各级党委和政府要切实重视、加强领导，纪检监察机关、组织部门和政府有关监管部门要各尽其责、形成合力。

2015 年 8 月，中共中央办公厅、国务院办公厅印发《党政领导干部生态环境损害责任追究办法（试行）》。这是一项生态文明建设专项配套政策文件，体现了党和政府建设生态文明高度负责的勇气和决心，标志着我国生态文明建设进入实质问责阶段。《办法》的下发形成了对于领导干部在生态环境领域正确履职用权的制度屏障，细化的党委和政府主要领导成员的“责任清单”更有利于定责生态环境损害；同时，“党政同责”进一步加大了追责范围，必将更加系统、有力地保护好我国的生态环境。本《办法》自 2015 年 8 月 9 日起施行。

8.2 生产者责任延伸制度

在传统的法律领域，产品的生产者只对产品本身的质量承担责任，而现代社会发展要求生产者还应依法承担产品废弃后的回收、利用、处置等责任。也就是说，生产者的责任已经从单纯的生产阶段、产品使用阶段逐步延伸到产品废弃后的回收、利用和处置阶段。为此，《循环经济促进法》根据产业的特点，对生产者在产品废弃后应当承担的回收、利用、处置等责任作出了明确规定。

8.2.1 生产者责任延伸制度释义

8.2.1.1 生产者须承担的五个责任

生产者责任延伸（Extended Producer Resposibility，EPR）。1988 年由瑞典隆德大学（Lund University）环境经济学家托马斯（Thomas Lindhquist）在给瑞典环境署提交的一份报告中首次提出的，它通过使生产者对产品的整个生命周期，特别是对产品的回收、循环和最终处置负责来实现。托马斯教授的 EPR 设计了生产者须承担的五个责任：

（1）环境损害责任（Liability）：生产者对已经证实的由产品导致的环境损害负责，其范围由法律规定，并且可能包括产品生命周期的各个阶段。

（2）经济责任（Economic Responsibility）：生产者为其生产的产品的收集、循环利用或最终处理全部或部分地付费。生产者可以通过某种特定费用的方式来承担经济责任。

（3）物质责任（Physical Responsibility）：生产者必须实际地参与处理其产品或其产品引起的影响。这包括：发展必要的技术、建立并运转回收系统以及处理他们的产品。

（4）所有权责任（Ownership）：在产品的整个生命周期中，生产者保留产品的所有权，该所有权牵连到产品的环境问题。

（5）信息披露责任（Informative Responsibility）：生产者有责任提供有关产品以及产品在其生命周期的不同阶段对环境影响的相关信息。

8.2.1.2 EPR 责任主体的确定和责任分配

（1）生产者的责任

生产者在废弃物回收处理中承担主要责任，包括：第一，负责产品的回收与利用。这一责任可以通过集中责任分担加以分散，一是由政府负责全部或部分的回收，生产者仅负责循环利用；二是生产者设立独立的机构来进行回收利用；三是在生产者负责回收的情况下，通过销售商回收产品，特别是大件耐用产品。第二，信息责任。生产者有义务在其产品说明书或产品包装上说明商品的材质及回收途径等事项。第三，分担废弃产品的回收处理费用。具体的承担费用可由回收企业处理单位电子废弃物的成本、处理速度、生产者的年生产量等因素决定，按比例在生产者和回收者之间进行分配。

（2）销售者的责任

销售者承担的责任主要包括：回收废旧产品、收取费用、退还押金、选择并储存回收来的产品，并承担一定的信息告知义务，依照产品的性质和危害，将其划分等级附于产品铭牌和说明书上，以及在销售产品时，告知消费者诸如产品信息、消费者返还责任等事项。

（3）消费者的责任

消费者的责任首先是把废旧产品交给逆向回收点或指定地点，其次是分担废旧产品的回收处理费用。消费者有三种付费方式，第一种是预先支付，在购买产品时，处理费用已经预先附加到产品价格中；第二种是丢弃付费，消费者在决定丢弃时支付一定费用，这种模式可以鼓励消费者延长产品的使用寿命，减少丢弃数量，但容易出现不当的丢弃问题；第三种是押金方式，被广泛运用于饮料瓶、电池和轮胎等物上。

（4）政府的责任

政府作为 EPR 制度的制定者和推动者，其责任主要有：制定 EPR 法律制度及相关参数，包括产品的分类标准、报废标准、回收拆卸的技术规范等；对 EPR 进行政策支持，包括实施政府绿色采购和绿色消费政策等；建立企业绩效评价体系，将 EPR 的执行情况作为评价的重要内容；对 EPR 进行监督等。

8.2.1.3 生产者责任延伸制度

生产者责任延伸制度指生产者应承担的责任，不仅在产品的生产过程之中，而且还要延伸到产品的整个生命周期，特别是废弃后的回收和处置。生产者责任延伸制度形式上伸向产品生命周期的末端，实质上要减轻末端的压力，必须更加注重激励生产者在上游设计阶段预防对环境的污染，采用无毒无害，低毒低害的原材料，采用合理的产品结构，设计易于拆卸的产品，并充分考虑产品的特性和多样性，针对产品的特性采取不同的措施。生产者主动承担设计阶段的责任将起到事半功倍的作用。

8.2.2 我国生产者责任伸制度的由来和法律规定

8.2.2.1 由来与发展

1995 年我国颁布《固体废物污染环境防治法》即规定：产品应当采用易回收利用、易处置或者在环境中易消纳包装物。产品生产者、销售者、使用者应当按照国家有关规定对可以回收利用的产品包装物和容器等回收利用。虽然还是只针对包装物，还是从再生产的角度勾勒了生产责任延伸制度的雏形。2002 年颁布的《清洁生产促进法》规定了生产者责任延伸制度和法律责任。同年颁布的《循环经济促进法》强调建立以生产者为主的责任延伸制度，对生产者责任延伸的内涵揭示更加深刻。2004 年修订的《固体废物污染环境防治法》将生产者责任延伸制度的内涵由包装物拓展到产品，发生了质的飞跃。相关内容与《循环经济促进法》紧密对接。

8.2.2.2 法律规定

《固体废物污染环境防治法》（2004）第五条规定：“国家对固体废物污染环境防治实行污染者依法负责的原则。”“产品的生产者、销售者、进口者、使用者对其产生的固体废物依法承担污染防治责任。”第十八条第二款规定：“产品和包装物的设计、制造，应当遵守国家有关清洁生产的规定。国务院标准化行政主管部门应当根据国家经济和技术条件、固体废物污染环境防治状况以及产品的技术要求，组织制定有关标准，防止过度包装造成环境污染。”“生产、销售、进口依法被列入强制回收目录的产品和包装物的企业，必须按照国家有关规定对该产品和包装物进行回收。”

《循环经济促进法》（2008）规定：“从事工艺、设备、产品及包装物设计，应当按照减少资源消耗和废物产生的要求，优先选择采用易回收、易拆解、易降解、无毒无害或者低毒低害的材料和设计方案，并应当符合有关国家标准的强制性要求。”“设计产品包装物应当执行产品包装标准，防止过度包装造成资源浪费和环境污染。”“各类产业园区应当组织区内企业进行资源综合利用，促进循环经济发展。”“国家鼓励各类产业园区的企业进行废物交换利用、能量梯级利用、土地集约利用、水的分类利用和循环使用，共同使用基础设施和其他有关设施。”

《环境保护法》（2014）规定：“生产、储存、运输、销售、使用、处置化学物品和含有放射性物质的物品，应当遵守国家有关规定，防止污染环境。”“禁止将不符合农用标准和环境保护标准的固体废物、废水施入农田。施用农药、化肥等农业投入品及进行灌溉，应当采取措施，防止重金属和其他有毒有害物质污染环境。”涵盖了“生产者责任延伸”的要求。

8.2.3　生产者责任延伸制度的基本要求

看似末端，实指源头。生产者责任延伸制度形式上伸向产品生命周期的末端，实质上是激励生产者必须更加注重在上游设计阶段预防环境污染，减轻末端治理的压力。要采用无毒无害、低毒低害的原材料，采用合理的产品结构，并充分考虑产品的特性和多样性，针对产品的特性采取不同的措施。

为破解制约我国经济社会发展的结构性矛盾，在保护环境、节约资源的同时保持经济平稳较快发展，在总结国内外先进经验的基础上，《循环经济促进法》建立了一系列激励措施，主要包括：建立循环经济发展专项资金；对循环经济重大科技攻关项目实行财政支持；对促进循环经济发展的产业活动给予税收优惠；对有关循环经济项目实行投资倾斜；实行有利于循环经济发展的价格政策、收费制度和有利于循环经济发展的政府采购政策。

8.2.4　法律责任

《清洁生产促进法》（2012）第三十八条规定：“违反本法第二十四条第二款规定，生产、销售有毒、有害物质超过国家标准的建筑和装修材料的，依照产品质量法和有关民事、刑事法律的规定，追究行政、民事、刑事法律责任。”《循环经济促进法》（2008）根据产业的特点，对生产者在产品废弃后应当承担的回收、利用、处置等责任作出了明确规定。《固体废物污染环境防治法》（2004）第五条规定：“国家对固体废物污染环境防治实行污染者依法负责的原则。”“产品的生产者、销售者、进口者、使用者对其产生的固体废物依法承担污染防治责任。”

《环境保护法》（2014）第六十三条规定：企业事业单位和其他生产经营者“生产、使用国家明令禁止生产使用的农药，被责令改正，拒不改正的”，“尚不构成犯罪的，除依照有关法律法规规定予以处罚外，由县级以上人民政府环境保护主管部门或者其他有关部门将案件移送公安机关，对其直接负责的主管人员和其他直接责任人员，处十日以上十五日以下拘留；情节较轻的，处五日以上十日以下拘留”。

8.2.5 发展与思考

生产者责任延伸制度体现了企业对社会的高层次“责任关怀”。生产者责任延伸制度在我国尚处于宣传、推动阶段，有关法律尚未规定具体法律责任。随着社会经济与环境保护的发展，这项制度的作用和地位将越来越重要。将生产者责任拓展到产品的整个生命周期与绿色化工有异曲同工之妙。

8.3 按日计罚制度

8.3.1 《环境保护法》（2014）和《大气污染防治法》（2015）关于按日计罚的规定

“守法成本高、违法成本低”是我国环境保护过去存在的老大难问题。2005 年，我国松花江污染事件给当地经济社会发展造成巨大损失，却因当时的《水污染防治法》明确对污染企业的处罚上限为 100 万元，最终相关部门对责任企业开出最大罚单仅为 100 万元，成为我国环保史上的一大尴尬。

2014 年全面修订的《环境保护法》第五十九条（共三款）规定：

“企业事业单位和其他生产经营者违法排放污染物，受到罚款处罚，被责令改正，拒不改正的，依法作出处罚决定的行政机关可以自责令改正之日的次日起，按照原处罚数额按日连续处罚。”

“前款规定的罚款处罚，依照有关法律法规按照防治污染设施的运行成本、违法行为造成的直接损失或者违法所得等因素确定的规定执行。”

“地方性法规可以根据环境保护的实际需要，增加第一款规定的按日连续处罚的违法行为的种类。”

2015年8月第二次修订的《大气污染防治法》第一百二十三条规定：违反本法规定，企业事业单位和其他生产经营者有下列行为之一，受到罚款处罚，被责令改正，拒不改正的，依法作出处罚决定的行政机关可以自责令改正之日的次日起，按照原处罚数额按日连续处罚：

（一）未依法取得排污许可证排放大气污染物的；

（二）超过大气污染物排放标准或者超过重点大气污染物排放总量控制指标排放大气污染物的；

（三）通过逃避监管的方式排放大气污染物的；

（四）建筑施工或者贮存易产生扬尘的物料未采取有效措施防治扬尘污染的。

8.3.2 设计计罚制度的目的和意义

众所周知，“守法成本高、违法成本低”是长期困扰环境保护执法的一个大问题，也是环境违法行为拒不改正、环境违法案件频发、违法企业屡罚屡犯的一个主要原因。据统计，我国环境违法成本平均不及环境治理成本的10%，更不及环境危害代价的2%。“守法成本高，违法成本低”，客观上“鼓励”了违法者的侥幸心理，“打击”了守法者的积极性，企业往往只需偷排一两天，“省”下来的治污费用就会远远超过其因违法行为而承担的处罚。守法成本数倍、数十倍地高于违法成本，也使得守法企业生产成本偏高，在市场竞争中“吃亏”。由于现行环境保护法律的法定罚款方式单一、数额较低，低额的一次性处罚难以纠正持续性环境违法行为，更不足以震慑、遏制、制裁环境违法行为，这无异于从经济上暗示或“引导”部分“精明”的企业宁愿选择违法排污、宁可缴纳罚款也不治理污染，导致超标排污、恶意偷排、故意不正常运转污染防治设施、擅自闲置环保设施等持续性环境违法现象屡禁不止，严重损害了环境法制应有的威严。相对中国的“轻罚”，备受关注的墨西哥湾漏油事件肇事者BP石油公司，则是被逼得变卖家产，据测算，漏油之灾最终可能使BP“吐血”超300亿美元。美国雪佛龙公司因一场18年前的水污染被罚95亿美元。

在环境保护立法中明确“按日计罚”制度，对持续性环境违法行为按日连续处以罚款，将会对非法偷排、超标排放、逃避监测等“伤天害人”行为给予重拳打击，切实扭转环境“违法成本低”的局面，提高环境法律的威慑力。按日连续处罚，意味着理论上对环境违法行为的处罚不设上限。“如果违法排污获得的利益远超违法成本，企业就有花钱‘买’污染的心理。”全程参与新环保法修订的中国政法大学副教授胡静认为，按日连续处罚能利用经济手段有效惩治企业环境违法行为，一旦按日计罚，违法行为一日不停止，罚款每天都在增加，企业就要重新算算每天的罚款和收益账了。

8.3.3 我国实施执行罚性质的“按日计罚”

“按日计罚”大致有两种模式，一种是执行罚性质的“按日计罚”，即不论环境违法行为是否持续，先认定为“一次”违法进行处罚，并责令限期改正，逾期仍未改正再实施按日连续处罚直至改正完成；另一种是秩序罚性质的“按日计罚”，即对于持续的环境违法行为，直接从其发生之日至改正之日进行按日连续处罚。从实践操作来看，这两种按日计罚没有实质性区别，都是直接针对违法行为本身进行处罚。

因为执行罚性质的“按日计罚”比较适合我国国情，所以我国采用执行罚性质的“按日计罚”。执行罚性质的“按日计罚”是对不履行行政决定的行为而采取的强制履行措施。执行罚性质的“按日计罚”侧重于对违法行为的纠正，其优势在于简便易行。

8.3.4 我国“按日计罚”的实践

美国、英国等国的环境法律中都规定了“按日计罚”制度，我国香港特别行政区以及重庆、深圳等地方的环境保护法律中都明确了“按日计罚”制度。实践证明，对环境违法行为实施“按日计罚”，是预防、制止、纠正和惩罚环境违法行为的一项有效手段，也是创造公平的市场竞争环境、维护守法信心的重要法律制度。

8.3.4.1 重庆——按罚款额度按日累加处罚

《重庆市环境保护条例》（2007 年 9 月 1 日实施）第一百一十一条规定：“违法排污拒不改正的，环保部门可按罚款额度按日累加处罚。”

“按日计罚”制度在重庆实施 7 年来，企业环境违法行为的主动改正率大幅上升。在条例实施之前，企业环境违法行为的主动改正率为 4.8%；从 2007 年 9 月至 2008 年 6 月，执法部门发出《环境违法行为改正通知书》共计 316 件，其中未按照要求立即整改并被实施按日计罚的有 25 件，按照要求整改的有 219 件，企业的主动改正率为 69%；从 2008 年 7 月至今，执法部门发出《环境违法行为改正通知书》共计 530 件，其中按照要求改正违法行为的有 506 件，未立即改正并被实施按日计罚的有 24 件，企业的主动改正率为 95.5%。同时，环境违法案件数量大幅减少。重庆市环境监察总队查处违法案件的数量分别为：2007 年共计 843 件，2008 年共计 725 件，2009 年共计 646 件，2010 年共计 546 件，2011 年共计 406 件。

8.3.4.2 深圳——按日计罚额度为每日一万元

《深圳经济特区环境保护条例》（2009 年修订）第六十九条规定：“对五类违法行为

可以实施按日计罚：违反排污许可证管理规定排放污染物拒不改正的；超标或者超总量排污逾期不改正的；违反环评制度的；违反试生产制度的；违反“三同时”制度的。按日计罚额度为每日一万元，计罚期间自环保部门作出责令停止违法行为决定之日或者责令限期改正期限届满之日起至环保部门查验之日止。”这一条例实施后，与2009年相比，深圳市2010年企业环境违法后及时整改率提高了30%，重复违法案件数降低了45%，环境违法案件总数降低了12%。

我国环境保护法的按日计罚的制度设计汲取了重庆的经验，规定“可自责令改正之日的次日起，按照原处罚数额按日连续处罚”。

8.3.5　按日连续处罚的适用范围、实施程序和计罚方式

为贯彻落实《环境保护法》（2014）有关规定，切实加大执法力度，严惩环境违法行为，环境保护部根据法律授予的权利和职责，制定《环境保护主管部门实施按日连续处罚暂行办法》（环境保护部令2014年第28号）（以下简称《办法》），共5章22条，规定了按日连续处罚的适用范围、实施程序和计罚方式。

8.3.5.1　按日连续处罚的适用范围

该《办法》旨在力求破解以往“守法成本高、违法成本低”的老大难问题，适用范围重点放在打击未批先建、久试不验、规避监管等违法排放污染物的行为。《办法》将其细化为八种按日计罚的适用情形。

《办法》规定：“排污者有下列环境违法行为之一，受到罚款处罚，被责令改正后拒不改正的，依法作出罚款处罚决定的环境保护主管部门可以实施按日连续处罚：（一）超过国家或者地方规定的污染物排放标准，或者超过重点污染物排放总量控制指标排放污染物的；（二）通过暗管、渗井、渗坑、灌注或者篡改、伪造监测数据，或者不正常运行防治污染设施等逃避监管的方式排放污染物的；（三）排放法律、法规规定禁止排放的污染物的；（四）违法倾倒危险废物的；（五）其他违法排放污染物行为。”（《办法》第五条）

地方性法规可以根据环境保护的实际需要，增加按日连续处罚的违法行为的种类。

“其他违法排放污染物行为”是一个兜底条款，其根据是《环境保护法》（2014）第五十九条第三款。该款规定：地方性法规可以根据环境保护的实际需要，增加按日连续处罚的违法行为的种类。

《办法》还规定了“并用关系”，即环保部门实施按日连续处罚的，可以同时适用责令排污者限制生产、停产整治或者查封扣押等措施；因实施限产、停产等措施导致按日

连续处罚适用条件灭失的，不再实施按日连续处罚。因为企业违法达到一定严重程度之后，就可能会触犯《环境保护法》（2014）第六十条，企业就可能被限制生产或停产整顿。《环境保护法》（2014）第六十条规定："企业事业单位和其他生产经营者超过污染物排放标准或者超过重点污染物排放总量控制指标排放污染物的，县级以上人民政府环境保护主管部门可以责令其采取限制生产、停产整治等措施；情节严重的，报经有批准权的人民政府批准，责令停业、关闭。"

8.3.5.2 按日连续处罚的实施程序

环境保护主管部门检查发现排污者违法排放污染物的，应当进行调查取证，并依法作出行政处罚决定，并向排污者送达责令改正违法行为决定书。

在依法对排污者送达责令改正违法行为决定书后的 30 天内，环保部门以暗查的形式对排污者的违法排污行为改正情况实施复查。复查中发现排污者拒不改正违法排污行为的，环境保护主管部门可以对其实施按日连续处罚。

"拒不改正"是指：责令改正违法行为决定书送达后，环境保护主管部门复查发现仍在继续违法排放污染物的；拒绝、阻挠环境保护主管部门实施复查的。对多次复查仍拒不改正的违法行为可以再次责令整改并再次启动按日计罚程序的规定，明确了按日计罚可以逐次处罚多次。

8.3.5.3 按日连续处罚的计罚方式

《环境保护法》（2014）规定，罚款处罚"依照有关法律法规按照防治污染设施的运行成本、违法行为造成的直接损失或者违法所得等因素确定的规定执行"。即依法进行罚款处罚。

按照按日连续处罚规则决定的罚款数额，为原处罚决定书确定的罚款数额乘以计罚日数。

《办法》规定，环境保护按日连续处罚每日的罚款数额为环境违法行为的原处罚数额。

《办法》规定，按日连续处罚的计罚日数为责令改正违法行为决定书送达排污者之日的次日起，至环境保护主管部门复查发现违法排放污染物行为之日止。再次复查仍拒不改正的，计罚日数累计执行。

"再次复查时违法排放污染物行为已经改正，环境保护主管部门在之后的检查中又发现排污者有本办法第五条规定的情形的，应当重新作出处罚决定，按日连续处罚的计罚周期重新起算。按日连续处罚次数不受限制。"

举例说，如果违法企业本月 31 日被环保部门下达责令改正违法行为决定书，从下月 1 日起，如果环保部门在下月 15 日复查时违法企业还没有改正其违法行为，那么按日计罚的天数就核定为15天。再次下达责令改正违法行为决定书之后的20日再次复查时，企业如果还没有改正，那么按日计罚按照20天核定。

8.3.5.4 按日计罚同时适用限产、停产或查封、扣押等措施

环境保护主管部门针对违法排放污染物行为实施按日连续处罚的，可以同时适用责令排污者限制生产、停产整治或者查封、扣押等措施；因采取上述措施使排污者停止违法排污行为的，不再实施按日连续处罚。

《环境保护法》（2014）和“两高”关于办理环境污染刑事案件适用法律若干问题的解释中都明确规定了对通过暗管、渗井、渗坑等方式违法排放污染物的处罚措施。《办法》与《环境保护法》（2014）和“两高”司法解释（法释〔2013〕15号）实施有效衔接，即违法行为在接受按日计罚的同时，也有可能触犯刑法。

8.4 行政强制制度

8.4.1 相关概念

行政强制是指对违反行政法律规范或者不履行生效的行政决定的行政管理相对人的人身权、财产权和其他权利予以限制或者处分，直接执行或者迫使当事人履行由具体行政行为所确定的法律上的义务。行政强制，包括行政强制措施和行政强制执行。见《行政强制法》（2011）。

8.4.1.1 行政强制措施

行政强制措施，是指行政机关在行政管理过程中，为制止违法行为、防止证据损毁、避免危害发生、控制危险扩大等情形，依法对公民的人身自由实施暂时性限制，或者对公民、法人或者其他组织的财物实施暂时性控制的行为。

行政强制措施的种类：①限制公民人身自由；②查封场所、设施或者财物；③扣押财物；④冻结存款、汇款；⑤其他行政强制措施。

行政强制措施由法律设定。法律、法规以外的其他规范性文件不得设定行政强制措施。

行政强制措施由法律、法规规定的行政机关在法定职权范围内实施。行政强制措施权不得委托。

8.4.1.2 行政强制执行[见《行政强制法》（2011）]

行政强制执行是指行政机关或者行政机关申请人民法院，对不履行行政决定的公民、法人或者其他组织，依法强制履行义务的行为。

行政强制执行的方式：①加处罚款或者滞纳金；②划拨存款、汇款；③拍卖或者依法处理查封、扣押的场所、设施或者财物；④排除妨碍、恢复原状；⑤代履行；⑥其他强制执行方式。

行政强制执行由法律设定。法律没有规定行政机关强制执行的，作出行政决定的行政机关应当申请人民法院强制执行。

8.4.1.3 行政代执行制度

行政代执行是一种间接的行政强制执行措施。行政代执行（代履行）是指行政机关通过间接方式强制法定义务人履行义务的一种方法，是指行政机关自身或委托第三人代替法定义务人履行义务，再由法定义务人负担费用的方法。代执行的要件是：一是代执行的内容一般都是作为义务，并可以由其他人代为履行的义务；二是须先有合法的行政决定，在法定义务人拒不履行义务时，才能代执行；三是代执行结束后，由行政机关向不履行义务的个人或组织收取代执行中所支出的费用。

8.4.1.4 没收违法所得

没收违法所得是指行政机关或司法机关依法将违法行为人取得的违法所得财物，运用国家法律法规赋予的强制措施，对其违法所得财物的所有权予以强制性剥夺的处罚方式。

8.4.1.5 环境行政处罚（见《环境行政处罚办法》环境保护部令 2010 年第 8 号）

根据法律、行政法规和部门规章，环境行政处罚的种类有：①警告；②罚款；③责令停产整顿；④责令停产、停业、关闭；⑤暂扣、吊销许可证或者其他具有许可性质的证件；⑥没收违法所得、没收非法财物；⑦行政拘留；⑧法律、行政法规设定的其他行政处罚种类。

实施环境行政处罚，不免除当事人依法缴纳排污费的义务。

环境违法行为构成犯罪的，行政机关必须将案件移送司法机关，依法追究刑事责任。

8.4.1.6 行政拘留

行政拘留是一种环境行政处罚。按照《环境保护法》（2014）第六十三条规定，有 4 大类环境违法行为需要处以行政拘留。2014 年 12 月 24 日，环保部、公安部、工信部、农业部以及国家质检总局联合制定出台《行政主管部门移送适用行政拘留环境违法案件暂行办法》（公治〔2014〕853 号），详细列明 23 种具体的违法情形适用行政拘留。如首次具体规定了通过暗管、渗井、渗坑、灌注等逃避监管方式违法排放污染物的表现形式等。《办法》的出台体现了《环境保护法》（2014）的立法宗旨，完善了环境监管行政执法与行政拘留的衔接规范，有利于行政监管部门依法开展环境监管执法工作。

8.4.1.7 行政命令（见《环境行政处罚办法》环境保护部令2010年第8号）

环境保护主管部门实施行政处罚时，应当及时作出责令当事人改正或者限期改正违法行为的行政命令。责令改正期限届满，当事人未按要求改正，违法行为仍处于继续或者连续状态的，可以认定为新的环境违法行为。

根据环境保护法律、行政法规和部门规章，责令改正或者限期改正违法行为的行政命令的具体形式有：①责令停止建设；②责令停止试生产；③责令停止生产或者使用；④责令限期建设配套设施；⑤责令重新安装使用；⑥责令限期拆除；⑦责令停止违法行为；⑧责令限期治理；⑨法律、法规或者规章设定的责令改正或者限期改正违法行为的行政命令的其他具体形式。

根据最高人民法院关于行政行为种类和规范行政案件案由的规定，行政命令不属行政处罚。行政命令不适用行政处罚程序的规定。

8.4.2 由来与法律规定

8.4.2.1 行政代执行

1995年颁布的《固体废物污染环境防治法》首次在我国环境保护法律体系中提出行政代执行制度，其第四十六条规定：“产生危险废物的单位，必须按照国家有关规定处置；不处置的，由所在地的县级以上地方人民政府环境保护行政主管部门责令限期改正；逾期不处置或者不符合国家规定的，由所在地的县级以上地方人民政府环境保护行政主管部门指定单位按照国家规定代为处置，处置费用由产生危险废物的单位承担。”2004年修订的《固体废物污染环境防治法》第五十五条对产生危险废物的单位“行政代处置”制度作出更严格的规定。2008年修订的《水污染防治法》第七十六条、第八十三条规定八种违法排污行为和水污染事故的企事业单位适用“代为治理”制度；第八十条就海事管理机构、渔业主管部门对船舶违法行为执行代治理制度作出规定。《水污染防治法》关于违法设置排污口“强制拆除”的规定请见“7.3　排污许可管理制度”之“7.3.4　法律责任”。环境保护部、发展改革委、工业和信息化部、卫生部发布的《“十二五”危险废物污染防治规划》（环发〔2012〕123号）明确要求：对危险废物产生单位不处置或处置危险废物不符合国家有关规定的，由所在地环保部门严格执行“行政代执行制度”，处置费用由危险废物产生单位承担。

8.4.2.2 吊销许可证或者其他具有许可性质的证件

2000年颁布的《水污染防治法实施细则》首次对吊销排污许可证作出规定，2008年修改的《水污染防治法》强调：“禁止企业事业单位无排污许可证或者违反排污许可证的规定向水体排放前款规定的废水、污水。”未明确沿用这一制度。同年颁布的《大气污染防治法》第五十五条设定“取消承担机动车船年检的资格”的行政处罚形式；第五十九条设定“取消生产、进口（消耗臭氧层物质）配额”的行政处罚形式。2004年修订的《固体废物污染环境防治法》设定“吊销（危险废物）经营许可证”的行政处罚形式。

8.4.2.3 没收非法所得

《大气污染防治法》(2015）第一百零一条、第一百零三条、第一百零四条、第一百零七条、第一百零九条、第一百一十条，《固体废物污染环境防治法》第七十七条和《放射性污染防治法》第五十三条、第五十七条都设定了“没收违法所得”的行政处罚形式。

8.4.2.4 没收非法财物

《大气污染防治法》(2015）第一百零四条在设定没收违法所得的同时设定“没收原材料、产品”，第一百零七条设定没收违法燃用高污染燃料的设施，第一百零九条、第一百一十条均设定“没收销毁无法达到污染物排放标准的机动车、非道路移动机械”的行政处罚形式。

8.4.3 法律规定

8.4.3.1 行政代执行的法律规定

《固体废物污染环境防治法》(2004)率先作出行政代执行规定。其第五十五条规定：产生危险废物的单位，必须按照国家有关规定处置危险废物，不得擅自倾倒、堆放；不处置的，由所在地县级以上地方人民政府环境保护行政主管部门责令限期改正；逾期不处置或者处置不符合国家有关规定的，由所在地县级以上地方人民政府环境保护行政主管部门指定单位按照国家有关规定代为处置，处置费用由产生危险废物的单位承担。

《水污染防治法》(2008）第七十六条规定：“有下列行为之一的，由县级以上地方人民政府环境保护主管部门责令停止违法行为，限期采取治理措施，消除污染，处以罚款；逾期不采取治理措施的，环境保护主管部门可以指定有治理能力的单位代为治理，所需费用由违法者承担：

（一）向水体排放油类、酸液、碱液的；

（二）向水体排放剧毒废液，或者将含有汞、镉、砷、铬、铅、氰化物、黄磷等的可溶性剧毒废渣向水体排放、倾倒或者直接埋入地下的；

（三）在水体清洗装贮过油类、有毒污染物的车辆或者容器的；

（四）向水体排放、倾倒工业废渣、城镇垃圾或者其他废弃物，或者在江河、湖泊、运河、渠道、水库最高水位线以下的滩地、岸坡堆放、存贮固体废弃物或者其他污染物的；

（五）向水体排放、倾倒放射性固体废物或者含有高放射性、中放射性物质的废水的；

（六）违反国家有关规定或者标准，向水体排放含低放射性物质的废水、热废水或者含病原体的污水的；

（七）利用渗井、渗坑、裂隙或者溶洞排放、倾倒含有毒污染物的废水、含病原体的污水或者其他废弃物的；

（八）利用无防渗漏措施的沟渠、坑塘等输送或者存贮含有毒污染物的废水、含病原体的污水或者其他废弃物的。”

《水污染防治法》（2008）第八十三条规定：企业事业单位违反本法规定，造成水污染事故的，不按要求采取治理措施或者不具备治理能力的，由环境保护主管部门指定有治理能力的单位代为治理，所需费用由违法者承担。

8.4.3.2 没收非法所得、没收非法财物

《放射性污染防治法》（2003）第五十三条规定：违反本法规定，生产、销售、使用、转让、进口、贮存放射性同位素和射线装置以及装备有放射性同位素的仪表的，由县级以上人民政府环境保护行政主管部门或者其他有关部门依据职权责令停止违法行为，限期改正；逾期不改正的，责令停产停业或者吊销许可证；有违法所得的，没收违法所得；违法所得十万元以上的，并处违法所得一倍以上五倍以下罚款；没有违法所得或者违法所得不足十万元的，并处一万元以上十万元以下罚款；构成犯罪的，依法追究刑事责任。第五十七条规定：“违反本法规定，有下列行为之一的，由省级以上人民政府环境保护行政主管部门责令停产停业或者吊销许可证；有违法所得的，没收违法所得；违法所得十万元以上的，并处违法所得一倍以上五倍以下罚款；没有违法所得或者违法所得不足十万元的，并处五万元以上十万元以下罚款；构成犯罪的，依法追究刑事责任：（一）未经许可，擅自从事贮存和处置放射性固体废物活动的；（二）不按照许可的有关规定从事贮存和处置放射性固体废物活动的。”

《固体废物污染环境防治法》（2015 年修正）第七十七条规定：“无经营许可证或者不按照经营许可证规定从事收集、贮存、利用、处置危险废物经营活动的，由县级以上人民政府环境保护行政主管部门责令停止违法行为，没收违法所得，可以并处违法所得三倍以下的罚款。”“不按照经营许可证规定从事前款活动的，还可以由发证机关吊销经营许可证。”

《大气污染防治法》(2015) 关于没收违法所得的规定如下:

第一百零一条 违反本法规定，生产、进口、销售或者使用国家综合性产业政策目录中禁止的设备和产品，采用国家综合性产业政策目录中禁止的工艺，或者将淘汰的设备和产品转让给他人使用的，由县级以上人民政府经济综合主管部门、出入境检验检疫机构按照职责责令改正，没收违法所得，并处货值金额一倍以上三倍以下的罚款；拒不改正的，报经有批准权的人民政府批准，责令停业、关闭。进口行为构成走私的，由海关依法予以处罚。

第一百零三条 违反本法规定，有下列行为之一的，由县级以上地方人民政府质量监督、工商行政管理部门按照职责责令改正，没收原材料、产品和违法所得，并处货值金额一倍以上三倍以下的罚款：

（一）销售不符合质量标准的煤炭、石油焦的；

（二）生产、销售挥发性有机物含量不符合质量标准或者要求的原材料和产品的；

（三）生产、销售不符合标准的机动车船和非道路移动机械用燃料、发动机油、氮氧化物还原剂、燃料和润滑油添加剂以及其他添加剂的；

（四）在禁燃区内销售高污染燃料的。

第一百零四条 违反本法规定，有下列行为之一的，由出入境检验检疫机构责令改正，没收原材料、产品和违法所得，并处货值金额一倍以上三倍以下的罚款；构成走私的，由海关依法予以处罚：

（一）进口不符合质量标准的煤炭、石油焦的；

（二）进口挥发性有机物含量不符合质量标准或者要求的原材料和产品的；

（三）进口不符合标准的机动车船和非道路移动机械用燃料、发动机油、氮氧化物还原剂、燃料和润滑油添加剂以及其他添加剂的。

第一百零七条 违反本法规定，在禁燃区内新建、扩建燃用高污染燃料的设施，或者未按照规定停止燃用高污染燃料，或者在城市集中供热管网覆盖地区新建、扩建分散燃煤供热锅炉，或者未按照规定拆除已建成的不能达标排放的燃煤供热锅炉的，由县级以上地方人民政府环境保护主管部门没收燃用高污染燃料的设施，组织拆除燃煤供热锅炉，并处二万元以上二十万元以下的罚款。

违反本法规定，生产、进口、销售或者使用不符合规定标准或者要求的锅炉，由县级以上人民政府质量监督、环境保护主管部门责令改正，没收违法所得，并处二万元以上二十万元以下的罚款。

第一百零九条 违反本法规定，生产超过污染物排放标准的机动车、非道路移动机械的，由省级以上人民政府环境保护主管部门责令改正，没收违法所得，并处货值金额一倍以上三倍以下的罚款，没收销毁无法达到污染物排放标准的机动车、非道路移动机械；拒不改正的，责令停产整治，并由国务院机动车生产主管部门责令停止生产该车型。

违反本法规定，机动车、非道路移动机械生产企业对发动机、污染控制装置弄虚作假、以次充好，冒充排放检验合格产品出厂销售的，由省级以上人民政府环境保护主管部门责令停产整治，没收违法所得，并处货值金额一倍以上三倍以下的罚款，没收销毁无法达到污染物排放标准的机动车、非道路移动机械，并由国务院机动车生产主管部门责令停止生产该车型。

第一百一十条　违反本法规定，进口、销售超过污染物排放标准的机动车、非道路移动机械的，由县级以上人民政府工商行政管理部门、出入境检验检疫机构按照职责没收违法所得，并处货值金额一倍以上三倍以下的罚款，没收销毁无法达到污染物排放标准的机动车、非道路移动机械；进口行为构成走私的，由海关依法予以处罚。

违反本法规定，销售的机动车、非道路移动机械不符合污染物排放标准的，销售者应当负责修理、更换、退货；给购买者造成损失的，销售者应当赔偿损失。

8.4.3.3　查封、扣押造成污染物排放的设施、设备

《环境保护法》（2014）第二十五条规定："企业事业单位和其他生产经营者违反法律法规规定排放污染物，造成或者可能造成严重污染的，县级以上人民政府环境保护主管部门和其他负有环境保护监督管理职责的部门，可以查封、扣押造成污染物排放的设施、设备。"第六十八条规定：地方各级人民政府、县级以上人民政府环境保护主管部门和其他负有环境保护监督管理职责的部门"违反本法规定，查封、扣押企业事业单位和其他生产经营者的设施、设备的"，对直接负责的主管人员和其他直接责任人员给予记过、记大过或者降级处分；造成严重后果的，给予撤职或者开除处分，其主要负责人应当引咎辞职。从管理相对人和管理人两个侧面规范行政强制行为，更加严谨、更加辩证，也更加科学可行。

《大气污染防治法》（2015）第三十条规定："企业事业单位和其他生产经营者违反法律法规规定排放大气污染物，造成或者可能造成严重大气污染，或者有关证据可能灭失或者被隐匿的，县级以上人民政府环境保护主管部门和其他负有大气环境保护监督管理职责的部门，可以对有关设施、设备、物品采取查封、扣押等行政强制措施。"与《环境保护法》（2014）相比，在查封、扣押的原因中增加保存证据的目的，查封、扣押的对象增加有关物品，有新的拓展。

链接

广州实施查封彰显新环保法威力（摘录）

2015-01-06 11：12：31 来源：天山网

吕望舒报道 1月4日，新修订的《环境保护法》实施首个工作日，广东省广州市环保局和广州市白云区环保局开展联合执法，对两家严重污染环境企业造成污染物排放的设施实施了查封，以严格高效的执法拉开了广州实施新修订的《环境保护法》、向污染宣战的第一幕。图8.3为查封现场。

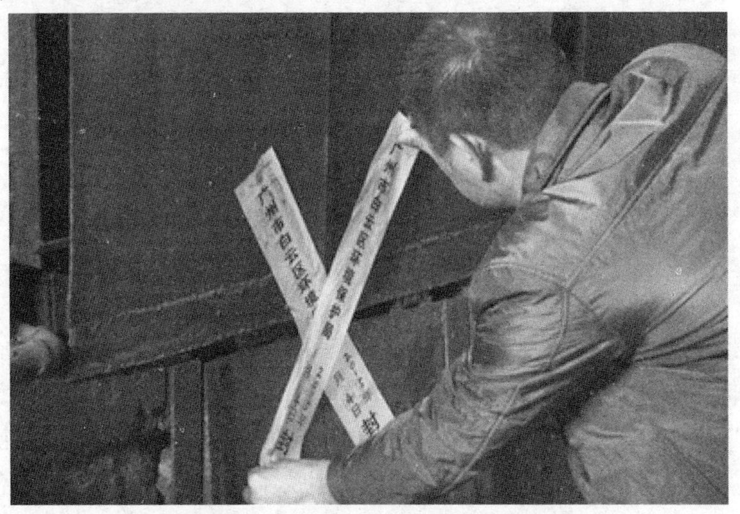

图8.3　查封现场　广州市环保局供图

8.4.4　查封、扣押

面对某些环境违法行为，仅仅做出经济处罚是远远不够的。非法倾倒危险废物、有放射性的废物、含传染病病原体的废物、含重金属污染物或持久性有机污染物等有毒物质或者其他有害物质，给环境造成严重污染的同时也很有可能对人体健康造成严重损害，对于这样的行为，必须采取更为果断的措施。包括对违法企业采取查封、扣押乃至限产及停产措施。

《环境保护主管部门实施查封、扣押暂行办法》（环境保护部令2014年第29号）（下称《办法》）共四章二十五条，重新界定了查封、扣押的适用情形及具体对象，全面规定了调查取证、审批、决定、执行、送达、实施期限、保管、解除、移送以及检查监督等实施程序。

8.4.4.1 查封、扣押的适用情形

《办法》规定："排污者有下列情形之一的，县级以上环境保护主管部门依法实施查封、扣押：（一）违法排放、倾倒或者处置含传染病病原体的废物、危险废物、含重金属污染物或者持久性有机污染物等有毒物质或者其他有害物质的；（二）在饮用水水源一级保护区、自然保护区核心区违反法律法规规定排放、倾倒、处置污染物的；（三）违反法律法规规定排放、倾倒化工、制药、石化、印染、电镀、造纸、制革等工业污泥的；（四）通过暗管、渗井、渗坑、灌注或者篡改、伪造监测数据，或者不正常运行防治污染设施等逃避监管的方式违反法律法规规定排放污染物的；（五）较大、重大和特别重大突发环境事件发生后，未按照要求执行停产、停排措施，继续违反法律法规规定排放污染物的；（六）法律、法规规定的其他造成或者可能造成严重污染的违法排污行为。"

有上述第一项、第二项、第三项、第六项情形之一的，环境保护主管部门可以实施查封、扣押；已造成严重污染或者有上述第四项、第五项情形之一的，环境保护主管部门应当实施查封、扣押。

以第（五）种适用情形为例，在雾霾等重污染天气，启动了雾霾重污染天气应急预案的条件下，如果发现企业违法排污，环保主管部门即可立即对其实施查封、扣押。这样可以大大提高违法成本，有效制约违法排污。设置第六种情形是为《大气污染防治法》《水污染防治法》等法律的修订及一些地方性法规的要求留出空间。

8.4.4.2 查封、扣押应遵循程序

在查封、扣押的程序方面，《办法》对实施查封、扣押过程中调查取证、审批、决定、执行、送达、解除等也作了尽量细致的规定。对程序的规定是《办法》的核心部分。只有严格按照程序执法，才能既保障好企业的基本权利不受公权侵犯，又保护好环保部门正常履职。因为查封、扣押权力涉及公民的生产权、财产权，会对企业、职工等产生严重影响。因此，虽然程序复杂，但为了保证处理结果的科学、公正，必须严格按照程序执行，这是对企业负责，也是对环境执法人员负责。按照《办法》的要求，在查封、扣押某企业时，要先搜集证据、再回环保局审批，如果案情重大或者社会影响较大，还要经环保主管部门集体审议决定，再回到企业实施查封、扣押。此外，查封、扣押只针对污染严重、影响较大的环境污染问题，不能作为常规执法手段。

行政强制措施有一定的威慑性，排污设施被查封、扣押之后，相应企业的生产随之停顿，适用于较为紧急的环境污染事件或违法行为。一般的调查、处罚程序耗时较长，

对于处罚数额较大的罚单往往还要做听证。如果被处罚者再申请行政复议乃至进入法律诉讼程序，这一过程中就很可能出现证据损毁、污染损害扩大等问题。正因为如此，采取查封、扣押这样的行政强制措施就填补了“发现行为、尚未处罚”的空当。

8.4.4.3 环保部门保管风险如何化解

《行政强制法》第二十六条规定：“因查封、扣押发生的保管费用由行政机关承担。”但现实中，环保部门查封、扣押的污染物排放设施、设备，大都在企业的厂区内，通常也都不具有可移动性。环保部门显然不可能派人或委托第三方派人24小时蹲在被查封、扣押的污染物排放设施、设备旁日夜看守。如果企业人员故意损毁被查封、扣押的设施、设备，反而需要环保执法部门承担赔偿责任，显然于情于理都说不通。

为了解决这一难题，《办法》提出，“查封的设施、设备造成损失的，由排污者承担。扣押的设施、设备造成损失的，由环境保护主管部门承担；因受委托第三人原因造成损失的，委托的环境保护主管部门先行赔付后，可以向受委托第三人追偿。”这样的规定进一步理清了各行为相对人的责任，减轻了环保部门的压力。

8.4.4.4 收到查封、扣押通知后，企业仍然违法排污怎么办

如果企业仍然违法排污，对于一些比较恶劣的行为，比如通过暗管、渗井、渗坑灌注或者篡改、伪造监测数据；两年内因排放含重金属、持久性有机污染物等有毒物质超过国家或者地方规定的污染物排放标准，或者超过重点污染物排放总量控制指标受过3次以上行政处罚，又实施上述行为的系列情况，就可以进一步采取限产、停产乃至关闭企业的措施。

8.4.5 发展态势

随着综合经济部门越来越深入地注重环境保护，经济法与环境保护法的融合会越来越多，越来越深，国家司法机关和公安机关亦会越来越多地关注环境违法案件，环境保护法律中的行政强制措施必然会越来越多、越来越严。

本章小结

本章将环境保护目标责任制和责任追究制、生产者责任延伸、按日计罚制度和行政强制制度归入问责类环境管理制度。问责是对没有履行保护环境法定义务和承担保护环境责任的追究。没有问责制，目标责任制就会流于形式。生产者责任延伸制度覆盖生产和再生产全过程，与循环经济息息相关。按日计罚制度是追究环境违法责任的一种形式，扭转“两高一低”（守法成本高、执法成本高、违法成本低），遏制违法行为，叫违法者

吃亏。行政强制会越来越多、越来越严，可以想见，依法治企可以进一步拓宽企业发展空间。

思考题

1. 企业要不要建立环境保护责任制?
2. 追究企业环境违法行为的责任有哪些途径?
3. 生产者责任延伸制度的基本要求是什么？与循环经济有什么联系？
4. 简述按日计罚制度的要点。
5. 为什么要实行行政强制？环境保护法律关于行政强制的规定有哪些方式？

第 9 章　救济类环境管理制度

救济类环境管理制度是环境管理制度不可缺少的组成部分。亡羊补牢，犹未为晚。“补牢”对尔后的管理则带有预防性质。其构成如图 9.1 所示。

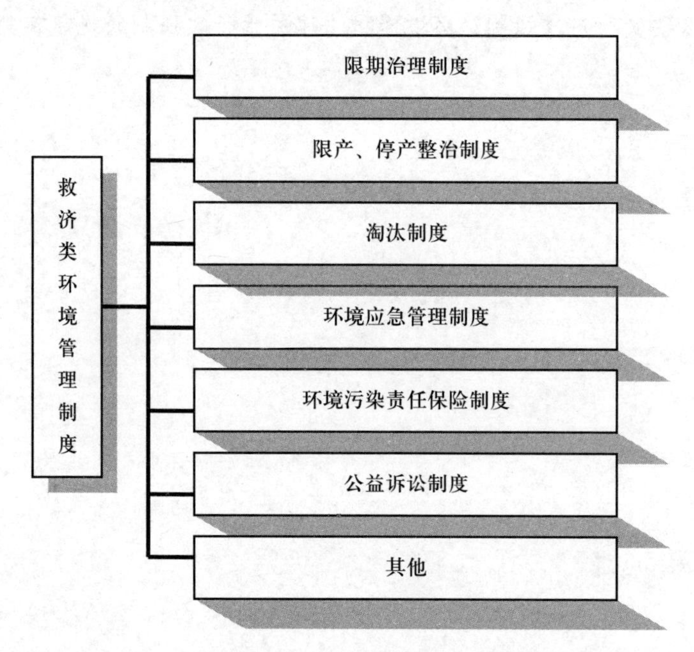

图 9.1　救济类环境管理制度（施问超绘制）

9.1　限期治理制度

9.1.1　概述

9.1.1.1　限期治理制度的定义

限期治理制度是指对排放污染物超标或者超过总量控制指标、造成环境严重污染的排污单位，由环保部门或者地方政府确定一定期限，要求排污者在该期限内采取限产、限排或者停产整治措施控制污染，否则将受到罚款直至停业的处罚。随着环境保护的深入发展，已拓展为以改善环境质量为目标的区域性、流域性限期治理。治理对象不再局限于污染源达标排放，而是以调节、转方式、惠民生构为动力的大环境综合治理，践行的是“经济社会发展与环境保护相协调”的环境与发展道路。

9.1.1.2　区域性、流域性限期治理

《环境保护法》（2014）规定：“未达到国家环境质量标准的重点区域、流域的有关地方人民政府，应当制定限期达标规划，并采取措施按期达标。”20 世纪 90 年代以来，国家重点治理三河（淮河、海河、辽河）、三湖（太湖、巢湖、滇池）、两区（酸雨、二氧化硫控制区）、一市（北京市）、一海（渤海），即为限期治理的重点区域、流域。重点流域污染防治专项规划在“三河”、“三湖”的基础上逐步扩大松花江、三峡水库库区及上游、黄河小浪底水库库区及上游等水污染防治重点流域，涉及 22 个省（区、市）[《国务院办公厅关于转发环境保护部等部门重点流域水污染防治专项规划实施情况考核暂行办法的通知》（国办发〔2009〕38 号）]。国务院《大气污染防治行动计划》（国发〔2013〕37 号）划分的治理重点地区主要是指京津冀、长三角、珠三角区域以及辽宁中部、山东、武汉及其周边、长株潭、成渝、海峡西岸、山西中北部、陕西关中、甘宁、乌鲁木齐城市群等“三区十群”中的 47 个城市。其中京津冀及周边地区是指北京市、天津市、河北省、山西省、内蒙古自治区、山东省，长三角区域是指上海市、江苏省、浙江省，珠三角区域是指广东省广州市、深圳市、珠海市、佛山市、江门市、肇庆市、惠州市、东莞市、中山市等 9 个城市。

我国流域治理取得了显著成效。以太湖治理为例。环境保护是环境问题逼出来的，严重的水污染倒逼环境管理上台阶。2007 年年初夏的太湖蓝藻暴发震惊中外，但坏事变好事，使太湖地区首先获批排污权交易，从而使市场经济手段在太湖治理中发挥了重要的不可替代的作用。在各方面的努力之下，江苏六年治污保太湖安澜，图 9.2 为 2007 年年初夏太湖蓝藻暴发时的几个画面。

9.1.1.3　专项限期治理

专项限期治理是针对某个行业、某项污染物、某个环境要素的限期治理。如《限期治理管理办法（试行）》（环保部令 2009 第 6 号）是为纠正水污染物处理设施与处理需求不匹配的状况，推动水污染物工程减排而制定。

9.1.1.4　企业限期治理

企业限期治理是针对某个企业的排污超标情况进行限期治理。《限期治理管理办法（试行）》规定：在限期治理试运行期间，因水污染物处理工艺调试等原因所产生的水污

染物不可避免超标或者超总量的，排污单位必须将所产生的水污染物存放于应急储存池或者其他临时储存设施，不得直接向环境排放；确需排放的，必须事先报经环境保护行政主管部门批准，并制定突发环境事件应急预案。

图 9.2　2007 年年初夏太湖蓝藻暴发

限期治理的重点是：①污染危害严重、群众反映强烈的污染物、污染源，治理后对改善环境质量有较大作用的项目；②位于居民稠密区、水源保护区、风景游览区、自然保护区、城市上风向等区域，污染排放超标的企业；③污染范围较广、污染危害较大的行业污染项目。

限期治理的期限。法律中没有作出明确规定，一般由决定限期治理的机构根据污染源的具体情况、治理的难度、治理的能力等因素来确定。其最长期限不得超过 3 年。

9.1.2　限期治理制度的由来和法律规定

限期治理制度作为我国环境保护法律的一项基本制度，起源于 1973 年第一次全国环境保护会议，先后被写入 1979 年的《环境保护法（试行）》和 1989 年的《环境保护法》，环境保护单行法和《海洋环境保护法》都体现了这一立法原则。

2008 年修订的《水污染防治法》明确授权限期治理由环境保护部门决定，并对限期治理的适用前提进行了较为详细的规定。在限期治理期间，由环保部门责令限制生产、限制排放或者停产整顿，赋予环保部门更多的处罚权。针对违法排污并造成水污染的行为，《水污染防治法》第七十六条、第八十条和第八十三条都规定了“责令限期采取治理措施，消除污染”的责任形式，并与强制执行手段相结合，进一步强化了执法力度，提高了执法效力。为督促排污单位在限期内治理现有污染源，纠正水污染物处理设施与处理需求不匹配的状况，推动水污染物工程减排，2009 年环境保护部根据《水污染防治法》（2008），制定《限期治理管理办法（试行）》（环境保护部令 2009 年第 6 号，2009-07-08），对水污染防治中的限期治理制度做了更加明确具体的规定，使得这一制度焕发出新的活力。

《环境保护法》（2014）规定：“地方各级人民政府应当根据环境保护目标和治理任务，采取有效措施，改善环境质量。”“未达到国家环境质量标准的重点区域、流域的有关地方人民政府，应当制定限期达标规划，并采取措施按期达标。”限期治理由点源拓展到区域、流域，由污染物排放总量控制指标上升到环境质量目标，虽然发生了质的变化，但前者始终是后者的基础。

这里以《大气污染防治行动计划》和《限期治理管理办法（试行）》为例说明限期治理的基本要求。前者为区域，后者为点源。区域性限期治理以环境质量改善为目标，更富有综合性、复杂性和挑战性，是深层次、高难度、宽领域探索中国环境保护新道路的重大实践。

9.1.3　大气污染区域限期治理的基本要求

9.1.3.1　《大气污染防治行动计划》（国发〔2013〕37 号）提出的要求和目标

总体要求：以邓小平理论、“三个代表”重要思想、科学发展观为指导，以保障人民群众身体健康为出发点，大力推进生态文明建设，坚持政府调控与市场调节相结合、全面推进与重点突破相配合、区域协作与属地管理相协调、总量减排与质量改善相同步，形成政府统领、企业施治、市场驱动、公众参与的大气污染防治新机制，实施分区域、分阶段治理，推动产业结构优化、科技创新能力增强、经济增长质量提高，实现环境效益、经济效益与社会效益多赢，为建设美丽中国而奋斗。

奋斗目标：经过五年努力，全国空气质量总体改善，重污染天气较大幅度减少；京津冀、长三角、珠三角等区域空气质量明显好转。力争再用五年或更长时间，逐步消除重污染天气，全国空气质量明显改善。

具体指标：到 2017 年，全国地级及以上城市可吸入颗粒物浓度比 2012 年下降 10% 以上，优良天数逐年提高；京津冀、长三角、珠三角等区域细颗粒物浓度分别下降 25%、

20%、15%左右，其中北京市细颗粒物年均浓度控制在 60 μg/m^3 左右。

9.1.3.2 直接关系到化工企业的基本要求

（1）加强工业企业大气污染综合治理。在化工、造纸、印染、制革、制药等产业集聚区，通过集中建设热电联产机组逐步淘汰分散燃煤锅炉。

推进挥发性有机物污染治理。在石化、有机化工、表面涂装、包装印刷等行业实施挥发性有机物综合整治，在石化行业开展“泄漏检测与修复”技术改造。限时完成加油站、储油库、油罐车的油气回收治理，在原油成品油码头积极开展油气回收治理。完善涂料、胶黏剂等产品挥发性有机物限值标准，推广使用水性涂料，鼓励生产、销售和使用低毒、低挥发性有机溶剂。

京津冀、长三角、珠三角等区域要于 2015 年底前基本完成燃煤电厂、燃煤锅炉和工业窑炉的污染治理设施建设与改造，完成石化企业有机废气综合治理。

（2）强化科技研发和推广。加强灰霾、臭氧的形成机理、来源解析、迁移规律和监测预警等研究，为污染治理提供科学支撑。加强大气污染与人群健康关系的研究。支持企业技术中心、国家重点实验室、国家工程实验室建设，推进大型大气光化学模拟仓、大型气溶胶模拟仓等科技基础设施建设。

加强脱硫、脱硝、高效除尘、挥发性有机物控制、柴油机（车）排放净化、环境监测，以及新能源汽车、智能电网等方面的技术研发，推进技术成果转化应用。加强大气污染治理先进技术、管理经验等方面的国际交流与合作。

（3）发挥市场机制作用，完善环境经济政策

①发挥市场机制调节作用。本着“谁污染、谁负责，多排放、多负担，节能减排得收益、获补偿”的原则，积极推行激励与约束并举的节能减排新机制。

分行业、分地区对水、电等资源类产品制定企业消耗定额。建立企业“领跑者”制度，对能效、排污强度达到更高标准的先进企业给予鼓励。

全面落实“合同能源管理”的财税优惠政策，完善促进环境服务业发展的扶持政策，推行污染治理设施投资、建设、运行一体化特许经营。完善绿色信贷和绿色证券政策，将企业环境信息纳入征信系统。严格限制环境违法企业贷款和上市融资。推进排污权有偿使用和交易试点。

②完善价格税收政策。

加大排污费征收力度，做到应收尽收。适时提高排污收费标准，将挥发性有机物纳入排污费征收范围。

研究将部分“两高”行业产品纳入消费税征收范围。完善“两高”行业产品出口退

税政策和资源综合利用税收政策。积极推进煤炭等资源税从价计征改革。符合税收法律法规规定，使用专用设备或建设环境保护项目的企业以及高新技术企业，可以享受企业所得税优惠。

③拓宽投融资渠道。深化节能环保投融资体制改革，鼓励民间资本和社会资本进入大气污染防治领域。引导银行业金融机构加大对大气污染防治项目的信贷支持。探索排污权抵押融资模式，拓展节能环保设施融资、租赁业务。

地方人民政府要对涉及民生的“煤改气”、黄标车和老旧车辆淘汰、轻型载货车替代低速货车等项目加大政策支持力度，对重点行业清洁生产示范工程给予引导性资金支持。要将空气质量监测站点建设及其运行和监管经费纳入各级财政预算予以保障。

在环境执法到位、价格机制理顺的基础上，中央财政统筹整合主要污染物减排等专项，设立大气污染防治专项资金，对重点区域按治理成效实施“以奖代补”；中央基本建设投资也要加大对重点区域大气污染防治的支持力度。

④加大环保执法力度。推进联合执法、区域执法、交叉执法等执法机制创新，明确重点，加大力度，严厉打击环境违法行为。对偷排偷放、屡查屡犯的违法企业，要依法停产关闭。对涉嫌环境犯罪的，要依法追究刑事责任。落实执法责任，对监督缺位、执法不力、徇私枉法等行为，监察机关要依法追究有关部门和人员的责任。

⑤强化企业施治。企业是大气污染治理的责任主体，要按照环保规范要求，加强内部管理，增加资金投入，采用先进的生产工艺和治理技术，确保达标排放，甚至达到“零排放”；要自觉履行环境保护的社会责任，接受社会监督。

9.1.4 水污染源限期治理

关于水污染源限期治理的《限期治理管理办法（试行）》（2009）的基本规定如下：

9.1.4.1 适用范围

排污单位的污染源有下列情形之一的，适用限期治理：

（一）排放水污染物超过国家或者地方规定的水污染物排放标准的（简称“超标”）；

（二）排放国务院或者省、自治区、直辖市人民政府确定实施总量削减和控制的重点水污染物，超过总量控制指标的（简称“超总量”）。

9.1.4.2 不适用情形

排放水污染物超标或者超总量，但有下列情形之一，法律法规相关条款另有特别规定的，适用特别规定，不适用限期治理：

（一）建设项目的水污染防治设施未建成、未经验收或者验收不合格，主体工程即投入生产或者使用的，根据《水污染防治法》第七十一条处罚。

（二）建设项目投入试生产，其配套建设的水污染防治设施未与主体工程同时投入试运行的，根据《建设项目环境保护管理条例》第二十六条处罚。

（三）不正常使用水污染物处理设施，或者未经环境保护行政主管部门批准拆除、闲置水污染物处理设施的，根据《水污染防治法》第七十三条处罚。

（四）违法采用国家强制淘汰的造成严重水污染的设备或者工艺，情节严重的，根据《水污染防治法》第七十七条处罚。

这里的《水污染防治法》均指现行的2008年修订的《水污染防治法》。

9.1.4.3 制定并实施限期治理方案

排污单位接到《限期治理决定书》后，应当根据限期治理任务和期限，制定限期治理方案，并报知作出决定的环境保护行政主管部门。

限期治理方案，应当确定具体污染治理措施、进度安排、资金保障和责任人员。

9.1.4.4 监测记录

限期治理期间，排污单位应当按照污染源监测规范，对所排水污染物进行监测，保存原始监测记录，以备查核。不具备环境监测能力的排污单位，应当委托环境保护行政主管部门所属监测机构或者经省、自治区、直辖市环境保护行政主管部门认定的其他监测机构进行监测。

9.1.4.5 限期治理期间

排放水污染物不得超标或者超总量。

9.1.4.6 试运行

限期治理期间，水污染物处理设施需要试运行并排放污染物的，排污单位应当事先书面报知环境保护行政主管部门。试运行期间，排污单位应当在污染源监测规范规定的采样频次基础上，相应增加采样频次，进行加密监测。在试运行期间，因水污染物处理工艺调试等原因所产生的水污染物不可避免超标或者超总量的，排污单位必须将所产生的水污染物存放于应急储存池或者其他临时储存设施，不得直接向环境排放；确需排放的，必须事先报经环境保护行政主管部门批准，并制定突发环境事件应急预案。

9.1.4.7 限产限排、停产整治

环境保护行政主管部门作出限期治理决定后，应当制定跟踪检查方案，明确负责跟踪检查的工作机构。负责跟踪检查的工作机构发现被责令限期治理的污染源在限期治理期间排放水污染物超标或者超总量的，应当报由环境保护行政主管部门责令限产限排或者责令停产整治。

9.1.4.8 解除依据

“被责令限期治理的污染源，经过限期治理后，符合下列条件的，可以认定为已完成限期治理任务：（一）在工况稳定、生产负荷达 75%以上、配套的水污染物处理设施正常运行的条件下，按照污染源监测规范规定的采样频次监测认定，在生产周期内所排水污染物浓度的日均值能够稳定达到排放标准限值的。（二）生产负荷无法调整到 75%以上，但经行业生产专家、污染物处理技术专家和企业代表，采用工艺流程分析、物料衡算等方法，认定水污染物处理设施与处理需求相匹配的。（三）所排重点水污染物未超过有关地方人民政府依法分解的总量控制指标的。”

9.1.4.9 企业后续管理

被解除限期治理的排污单位，应当建立健全环境保护责任制度，保持水污染物处理设施的正常使用，并加强设施的检查和维护，确保所排水污染物稳定达到排放标准或者总量控制指标。

9.1.4.10 部门后续监管

环境保护行政主管部门应当将被解除限期治理的排污单位确定为重点监管对象，并加强监督检查。

对被解除限期治理后 12 个月内再次排放水污染物超标或者超总量的排污单位，应当从重处罚。

9.1.5 法律责任

《固体废物污染环境防治法》(2015 年修正）第八十一条规定：违反本法规定，造成固体废物严重污染环境的，由县级以上人民政府环境保护行政主管部门按照国务院规定的权限决定限期治理；逾期未完成治理任务的，由本级人民政府决定停业或者关闭。《水污染防治法》(2008）第七十四条规定：“违反本法规定，排放水污染物超过国家或者地方规定的水污染物排放标准，或者超过重点水污染物排放总量控制指标的，由县级以上人民政府环境保护主管部门按照权限责令限期治理，处应缴纳排污费数额二倍以上五倍以下的罚款。限期治理期间，由环境保护主管部门责令限制生产、限制排放或者停产整治。限期治理的期限最长不超过一年；逾期未完成治理任务的，报经有批准权的人民政府批准，责令关闭。”《大气污染防治法》（2015）第九十九条规定：违反本法规定，超过大气污染物排放标准或者超过重点大气污染物排放总量控制指标排放大气污染物的，由县级以上人民政府环境保护主管部门责令改正或者限制生产、停产整治，并处十万元以上一百万元以下的罚款；情节严重的，报经有批准权的人民政府批准，责令停业、关闭。

9.1.6 发展与思考

区域限期治理统领、决定并指导点源限期治理的趋势越来越明朗，这是每一个化工企业必须明白的一个原则。限期治理在给企业压力的同时，也给企业一定的缓冲时间，使企业可以在规定的限期内筹措环境保护治理资金，选择最经济有效的治理措施，因而具有显著的环境效益。但我国限期治理制度法律不完善，影响这种制度在制止环境违法行为时的实际效果，尚属于被动的“先排放后治理”的末端治制度。可以借鉴美、日等发达国家的经验，进一步在法律上规范和完善。

9.2 限产、停产整治制度

《环境保护主管部门实施限制生产、停产整治暂行办法》（环境保护部令 2014 年第 30 号，2014 年 12 月 19 日公布，自 2015 年 1 月 1 日起施行。下称《办法》）共 4 章 22 条，明确了限制生产、停产整治的适用情形和解除、终止、实施期限的程序。其依据是《环境保护法》（2014）“第六章　法律责任”之第六十条。《环境保护法》（2014）第六十条规定：“企业事业单位和其他生产经营者超过污染物排放标准或者超过重点污染物排放总量控制指标排放污染物的，县级以上人民政府环境保护主管部门可以责令其采取限制生产、停产整治等措施；情节严重的，报经有批准权的人民政府批准，责令停业、关闭”。《办法》对超标或超总量排污行为，一是要求限制生产，二是明确停产整治，并对停产整治情形予以了明确。同时，《办法》还明确了报请政府停业关闭的情形，体现出了环境保护是企业生命线的理念。因为对于一些大型企业来说，一点罚款影响并不大，但是一旦被限制生产或者被责令停产整改，就意味着企业的正常生产经营秩序将受到极大影响。一旦遭到限产停产，对企业的打击将是“伤筋动骨”的。

9.2.1 限产、停产概述

所谓限制生产、停产整治是指县级以上环境保护主管部门对超过污染物排放标准或者超过重点污染物排放总量控制指标排放污染物的企业事业单位和其他生产经营者（以下称排污者），责令采取减少产量、降低生产负荷或者停产以达到污染物排放标准或者重点污染物排放总量控制指标的措施。

环境保护主管部门作出限制生产、停产整治决定时，应及时责令当事人改正或者限期改正违法行为，并依法实施行政处罚。

限制生产、停产整治的期限一般不超过三个月；情况复杂的，经本级环境保护主管部门负责人批准，可以延长，但延长期限不得超过三个月。

9.2.2 适用范围

（1）限制生产适用情形

排污者超过污染物排放标准或者超过重点污染物日最高允许排放总量控制指标的，环境保护主管部门可以责令其采取限制生产措施。

（2）停产整治适用情形

“排污者有下列情形之一的，环境保护主管部门可以责令其采取停产整治措施：（一）通过暗管、渗井、渗坑、灌注或者篡改、伪造监测数据，或者不正常运行防治污染设施等逃避监管的方式排放污染物，超过污染物排放标准的；（二）非法排放含重金属、持久性有机污染物等严重危害环境、损害人体健康的污染物超过污染物排放标准三倍以上的；（三）超过重点污染物排放总量年度控制指标排放污染物的；（四）被责令限制生产后仍然超过污染物排放标准排放污染物的；（五）因突发事件造成污染物排放超过排放标准或者重点污染物排放总量控制指标的；（六）法律法规规定的其他情形。”

（3）可以不予停产整治的情形

“具备下列情形之一的排污者，超过污染物排放标准或者超过重点污染物排放总量控制指标排放污染物的，环境保护主管部门应当按照有关环境保护法律法规予以处罚，可以不予实施停产整治：（一）城镇污水处理、垃圾处理、危险废物处置等公共设施的运营单位；（二）生产经营业务涉及基本民生、公共利益的；（三）实施停产整治可能影响生产安全的。”

（4）停业关闭适用情形

“排污者有下列情形之一的，由环境保护主管部门报经有批准权的人民政府责令停业、关闭：（一）两年内因排放含重金属、持久性有机污染物等有毒物质超过污染物排放标准受过两次以上行政处罚，又实施前列行为的；（二）被责令停产整治后拒不停产或者擅自恢复生产的；（三）停产整治决定解除后，跟踪检查发现又实施同一违法行为的；（四）法律法规规定的其他严重环境违法情节的。”

9.2.3 实施程序

（1）调查取证

环境保护主管部门在作出限制生产、停产整治决定前，应当做好调查取证工作。

责令限制生产、停产整治的证据包括现场检查笔录、调查询问笔录、环境监测报告、视听资料、证人证言和其他证明材料。

（2）审批

作出限制生产、停产整治决定前，应当书面报经环境保护主管部门负责人批准；案情重大或者社会影响较大的，应当经环境保护主管部门案件审查委员会集体审议决定。

（3）告知听证

环境保护主管部门作出限制生产、停产整治决定前，应当告知排污者有关事实、依据及其依法享有的陈述、申辩或者要求举行听证的权利；就同一违法行为进行行政处罚的，可以在行政处罚事先告知书或者行政处罚听证告知书中一并告知。

（4）决定

环境保护主管部门作出限制生产、停产整治决定的，应当制作责令限制生产决定书或者责令停产整治决定书，也可以在行政处罚决定书中载明。

《办法》同时对《责令限制生产决定书》和《责令停产整治决定书》应当载明事项作了明确规定。

（5）送达

环境保护主管部门应当自作出限制生产、停产整治决定之日起 7 个工作日内送达排污者。

（6）限产、停产期限

限制生产一般不超过三个月；情况复杂的，经本级环境保护主管部门负责人批准，可以延长，但延长期限不得超过三个月。

停产整治的期限，自责令停产整治决定书送达排污者之日起，至停产整治决定解除之日止。

（7）实施整改

排污者应当在收到责令限制生产决定书或者责令停产整治决定书后立即整改，并在十五个工作日内将整改方案报作出决定的环境保护主管部门备案并向社会公开。整改方案应当确定改正措施、工程进度、资金保障和责任人员等事项。

被限制生产的排污者在整改期间，不得超过污染物排放标准或者重点污染物日最高允许排放总量控制指标排放污染物，并按照环境监测技术规范进行监测或者委托有条件的环境监测机构开展监测，保存监测记录。

（8）解除

排污者完成整改任务的，应当在十五个工作日内将整改任务完成情况和整改信息社会公开情况，报作出限制生产、停产整治决定的环境保护主管部门备案，并提交监测报告以及整改期间生产用电量、用水量、主要产品产量与整改前的对比情况等材料。限制生产、停产整治决定自排污者报环境保护主管部门备案之日止解除。

（9）终止

排污者有下列情形之一的，限制生产、停产整治决定自行终止：（一）依法被撤销、解散、宣告破产或者因其他原因终止营业的；（二）被有批准权的人民政府依法责令停业、关闭的。

（10）后督察和跟踪检查

排污者被责令限制生产、停产整治后，环境保护主管部门应当按照相关规定对排污者履行限制生产、停产整治措施的情况实施后督察，并依法进行处理或者处罚。

排污者解除限制生产、停产整治后，环境保护主管部门应当在解除之日起三十日内对排污者进行跟踪检查。

9.2.4 讨论

唯物辩证法认为，事物发展是一个不断"扬弃"的过程。作为一个新生事物，《办法》在某些方面或多或少还存在一些缺失，需要通过实践来不断完善。例如，在水污染限期治理中，《限期治理管理办法（试行）》与《环境保护主管部门实施限制生产、停产整治暂行办法》出现交叉或冲突时怎么办，这涉及了《限期治理管理办法（试行）》的存废问题。但总的来看，《办法》的出台是提高企业环境违法成本的有效手段，与仅对违法企业进行经济惩处相比，更加具有震慑力。作为《环境保护法》（2014）的配套规章，与其他规章一样，必将经受实践检验，在实践检验中修正、发展。2015 年 8 月第二次修订的《大气污染防治法》（自 2016 年 1 月 1 日起施行）即对责令停产、停工、停业整治和责令停业、关闭作出更加明确的规定。

9.2.5 《大气污染防治法》（2015）相关规定

（1）由环境保护主管部门依法责令停产整治和停工、停业整治的规定（第一百条、第一百零八条、第一百一十七条）。

第一百条关于责令停产整治的规定见"10.1 企业自行监测制度"之"10.1.3 法律责任"。

第一百零八条 违反本法规定，有下列行为之一的，由县级以上人民政府环境保护主管部门责令改正，处二万元以上二十万元以下的罚款；拒不改正的，责令停产整治：

（一）产生含挥发性有机物废气的生产和服务活动，未在密闭空间或者设备中进行，未按照规定安装、使用污染防治设施，或者未采取减少废气排放措施的；

（二）工业涂装企业未使用低挥发性有机物含量涂料或者未建立、保存台账的；

（三）石油、化工以及其他生产和使用有机溶剂的企业，未采取措施对管道、设备进行日常维护、维修，减少物料泄漏或者对泄漏的物料未及时收集处理的；

（四）储油储气库、加油加气站和油罐车、气罐车等，未按照国家有关规定安装并正常使用油气回收装置的；

（五）钢铁、建材、有色金属、石油、化工、制药、矿产开采等企业，未采取集中收集处理、密闭、围挡、遮盖、清扫、洒水等措施，控制、减少粉尘和气态污染物排放的；

（六）工业生产、垃圾填埋或者其他活动中产生的可燃性气体未回收利用，不具备回收利用条件未进行防治污染处理，或者可燃性气体回收利用装置不能正常作业，未及时修复或者更新的。

第一百一十七条 违反本法规定，有下列行为之一的，由县级以上人民政府环境保护等主管部门按照职责责令改正，处一万元以上十万元以下的罚款；拒不改正的，责令停工整治或者停业整治：

（一）未密闭煤炭、煤矸石、煤渣、煤灰、水泥、石灰、石膏、砂土等易产生扬尘的物料的；

（二）对不能密闭的易产生扬尘的物料，未设置不低于堆放物高度的严密围挡，或者未采取有效覆盖措施防治扬尘污染的；

（三）装卸物料未采取密闭或者喷淋等方式控制扬尘排放的；

（四）存放煤炭、煤矸石、煤渣、煤灰等物料，未采取防燃措施的；

（五）码头、矿山、填埋场和消纳场未采取有效措施防治扬尘污染的；

（六）排放有毒有害大气污染物名录中所列有毒有害大气污染物的企业事业单位，未按照规定建设环境风险预警体系或者对排放口和周边环境进行定期监测、排查环境安全隐患并采取有效措施防范环境风险的；

（七）向大气排放持久性有机污染物的企业事业单位和其他生产经营者以及废弃物焚烧设施的运营单位，未按照国家有关规定采取有利于减少持久性有机污染物排放的技术方法和工艺，配备净化装置的；

（八）未采取措施防止排放恶臭气体的。

（2）报经政府批准责令停业、关闭的规定（第九十九条）。

第九十九条 违反本法规定，有下列行为之一的，由县级以上人民政府环境保护主管部门责令改正或者限制生产、停产整治，并处十万元以上一百万元以下的罚款；情节严重的，报经有批准权的人民政府批准，责令停业、关闭：

（一）未依法取得排污许可证排放大气污染物的；

（二）超过大气污染物排放标准或者超过重点大气污染物排放总量控制指标排放大气污染物的；

（三）通过逃避监管的方式排放大气污染物的。

9.3 淘汰制度

淘汰落后和过剩产能是一项最能体现“优胜劣汰”生存法则的制度。产能过剩是典型的粗放型发展方式的产物。我国化工大部分初级原料型产品存在产能过剩问题，加快淘汰落后和过剩产能势在必行。淘汰制度是调整经济结构的重要措施，也是结构减排的重要内容。淘汰落后和过剩产能是国家宏观调控的一项手段，在我国经济结构调整和节能减排中发挥着重要作用。

9.3.1 基本概念

（1）落后产能包括落后生产工艺、装备和产品，也包括落后的技术和材料

被国家列入淘汰名录的落后生产工艺装备和产品主要是不符合有关法律法规规定，严重浪费资源、污染环境、不具备安全生产条件，需要淘汰的落后生产工艺装备和产品。

（2）确定淘汰类产业指导目录的原则

①危及生产和人身安全，不具备安全生产条件；②严重污染环境或严重破坏生态环境；③产品质量低于国家规定或行业规定的最低标准；④严重浪费资源、能源；⑤法律、行政法规规定的其他情形。见国务院发布实施《促进产业结构调整暂行规定》的决定（国发〔2005〕40号）。

9.3.2 淘汰制度的由来和法律规定

9.3.2.1 由来

淘汰落后从来就没有停止过。20世纪90年代颁布的环境保护单行法均对淘汰制度作出了规定。自2005年起，为推动结构调整，转变经济增长方式，国务院和有关经济综合部门密集出台淘汰落后产能的规范性文件。

1995年第一次修正的《大气污染防治法》规定：国家对严重污染大气环境的落后生

产工艺和严重污染大气环境的落后设备实行淘汰制度。2000年第一次修订的《大气污染防治法》沿用了这一制度。

1995年颁布的《固体废物污染环境防治法》规定了限期淘汰产生严重污染环境的工业固体废物的落后生产工艺、落后设备制度。2004年第一次修订的《固体废物污染环境防治法》沿用了这一制度。

1996年，《环境噪声污染防治法》提出了落后生产工艺设备淘汰制度。

1996年修正的《水污染防治法》规定：国家对严重污染水环境的落后生产工艺和严重污染水环境的落后设备实行淘汰制度。2008年修订的《水污染防治法》沿用了这一制度，只是表达更简洁。

1999年和2002年，国家经济贸易委员会先后发布《淘汰落后生产能力、工艺和产品的目录（第一批、第二批、第三批）》。《目录》列出了涵盖化工在内的重点行业"违反国家法律法规、生产方式落后、产品质量低劣、环境污染严重、原材料和能源消耗高的落后生产能力、工艺和产品"。

2005年12月2日，国务院发布实施《促进产业结构调整暂行规定》的决定（国发〔2005〕40号）[自发布之日起施行。原国家计委、国家经贸委发布的《当前国家重点鼓励发展的产业、产品和技术目录（2000年修订）》、原国家经贸委发布的《淘汰落后生产能力、工艺和产品的目录（第一批、第二批、第三批）》和《工商投资领域制止重复建设目录（第一批）》同时废止]，指出《产业结构调整指导目录》由鼓励、限制和淘汰三类目录组成。不属于鼓励、限制和淘汰类，且符合国家有关法律、法规和政策规定的，为允许类。允许类不列入《产业结构调整指导目录》。次日，国务院发布《关于落实科学发展观加强环境保护的决定》（国发〔2005〕39号）要求结合经济结构调整，完善强制淘汰制度，根据国家产业政策，及时制定和调整强制淘汰污染严重的企业和落后的生产能力、工艺、设备和产品目录。

2008年8月29日，国家颁布《循环经济促进法》要求"禁止生产、进口、销售列入淘汰名录的设备、材料和产品，禁止使用列入淘汰名录的技术、工艺、设备和材料。"

2009年9月26日，《国务院批转发展改革委等部门关于抑制部分行业产能过剩和重复建设引导产业健康发展若干意见》（国发〔2009〕38号）。同年10月，中国石油和化工工业协会制定《石油和化工产业结构调整指导意见》，提出"石油和化工产业结构调整指导目录"，在"淘汰类"中列出落后生产工艺装备40条、落后产品42条。

2010年2月6日，为深入贯彻落实科学发展观，加快转变经济发展方式，促进产业结构调整和优化升级，推进节能减排，国务院发出《关于进一步加强淘汰落后产能工作的通知》（国发〔2010〕7 号）。要求相关重点行业按照《国务院关于发布实施〈促进产业结构调整暂行规定〉的决定》（国发〔2005〕40 号）、《国务院关于印发节能减排综合性工作方案的通知》（国发〔2007〕15 号）、《国务院批转发展改革委等部门关于抑制部分行业产能过剩和重复建设引导产业健康发展若干意见的通知》（国发〔2009〕38 号）、《产业结构调整指导目录》以及国务院制订的重点产业调整和振兴规划等文件规定的淘汰落后产能的范围和要求，按期淘汰落后产能。要求工业和信息化部、能源局分别负责根据“十二五”规划研究提出下一步淘汰落后产能的目标。同年 10 月 13 日，工业和信息化部按照《国务院关于进一步加强淘汰落后产能工作的通知》（国发〔2010〕7 号）要求，依据国家有关法律、法规，制定了《部分工业行业淘汰落后生产工艺装备和产品指导目录》（2010 年）（工业和信息化部 公告 工产业〔2010〕第 122 号）。共计 8 个行业，其中淘汰化工行业落后生产工艺装备和产品目录 101 条，仅次于机械（107 条）和轻工行业（107 条）。

2011 年 3 月 27 日，国家发展改革委发布了《产业结构调整指导目录》（2011 年）（国家发展改革委 2011 年第 9 号令），2013 年 2 月 16 日国家发展和改革委员会 2013 年第 21 号令公布《国家发展改革委关于修改〈产业结构调整指导目录〉（2011 年）有关条款的决定》和《产业结构调整指导目录（修正）》（2011 年）。目录中“淘汰类”共 424 条，其中石油化工落后生产工艺装备 10 条，落后产品 7 条。

2011 年 4 月 20 日，财政部、工业和信息化部　国家能源局制定《淘汰落后产能中央财政奖励资金管理办法》（财建〔2011〕180 号）。同年 8 月 31 日，国务院印发《“十二五”节能减排综合性工作方案》（国发〔2011〕26 号）要求加快淘汰落后产能，完善落后产能退出机制。

2012 年，第一次修正的《清洁生产促进法》，强调国家对浪费资源和严重污染环境的落后生产技术、工艺、设备和产品实行限期淘汰制度。

2011 年，国务院印发的《关于加强环境保护重点工作的意见》（国发〔2011〕35 号）和《国家环境保护“十二五”规划》（国发〔2011〕42 号）都明确要求“制定和完善环境保护综合名录”。2013 年 12 月 27 日，环境保护部向国家发改委、工信部、财政部、商务部、人民银行、海关总署、税务总局、工商总局、质检总局、安全监管总局、银监会、证监会、保监会等 13 个经济综合部门提供《环境保护综合名录》（2013 年版）（环办函〔2012〕1568 号）。此次发布的综合名录是由历年制定的综合名录，以及 2013 年制定的新一批综合名录汇总而成的。共包含三部分：“高污染、高环境风险”产品（简称“双高”产品）722 项，重污染工艺 92 项、环境友好工艺 83 项，环境保护重点设备 35

项。综合名录的主要作用体现在三个方面：一是为国家相关经济政策制定提供环保依据。二是为企业“绿色转型”提供市场导向。三是为削减高风险污染物工作提供制度“抓手”。

2014年全面修订的《环境保护法》从必须淘汰和支持淘汰及违法责任等方面作出了更为明确的规定。

9.3.2.2 2010年淘汰落后产能大事记

2010年是“十一五”的收官之年。为了完成节能减排目标，国家采取了严厉措施淘汰落后产能。

1月20日，原总理温家宝主持国务院常务会议，研究部署加强淘汰落后产能工作。

2月26日，原国务院副总理张德江主持召开部分省（区）淘汰落后产能工作座谈会。

4月6日，国务院办公厅发布《国务院关于进一步加强淘汰落后产能工作的通知》，明确提出重点行业淘汰落后产能的具体目标。

5月7日，国务院淘汰落后产能工作部际协调小组成立，确定了2010年淘汰落后产能目标任务。

5月27日，工信部召开全国工业系统淘汰落后产能工作会议，向各省市区下达了18个工业行业2010年淘汰落后产能目标任务。

8月8日，工信部发布公告（工产业〔2010〕第111号），向社会公告18个工业行业淘汰落后产能企业名单。工信部要求各省市采取综合措施，确保上榜企业在三季度前（9月30日）全部关停。

进入下半年，各地加大了淘汰落后产能的力度。图9.3为宁夏一家焦化企业的生产设施正在被拆除。

图9.3 宁夏一家焦化企业的生产设施正在被拆除

（中化新网讯 张芳霞 摄）

链接

吉化电石厂加快淘汰落后装置步伐

中化新网讯 2010年过半，10月29日10时38分，吉林石化电石厂老有机硅装置流化床厂房被拆除（见图9.4）。该厂是国家“一五”时期建起来的老厂，“三老两高”（即老装置、老工艺、老设备，高污染、高消耗）装置较多。从2009年5月开始，他们加快了淘汰落后装置的步伐。目前，炼焦、精苯装置的拆除工作也在紧锣密鼓地进行中。

图9.4 吉林石化电石厂老有机硅装置流化床厂房被拆除时的情景

9.3.2.3 法律规定

《环境噪声污染防治法》（1996）第十八条规定：“国家对环境噪声污染严重的落后设备实行淘汰制度。”“国务院经济综合主管部门应当会同国务院有关部门公布限期禁止生产、禁止销售、禁止进口的环境噪声污染严重的设备名录。”“生产者、销售者或者进口者必须在国务院经济综合主管部门会同国务院有关部门规定的期限内分别停止生产、销售或者进口列入前款规定的名录中的设备。”

《水污染防治法》（2008）第四十一条规定：“国家对严重污染水环境的落后工艺和设备实行淘汰制度。”“国务院经济综合宏观调控部门会同国务院有关部门，公布限期禁止采用的严重污染水环境的工艺名录和限期禁止生产、销售、进口、使用的严重污染水环境的设备名录。”“生产者、销售者、进口者或者使用者应当在规定的期限内停止生产、销售、进口或者使用列入前款规定的设备名录中的设备。工艺的采用者应当在规定的期限内停止采用列入前款规定的工艺名录中的工艺。”“依照本条第二款、第三款规定被淘汰的设备，不得转让给他人使用。”第四十二条规定：“国家禁止新建不符合国家产业政策的小型造纸、制革、印染、染料、炼焦、炼硫、炼砷、炼汞、炼油、电镀、农药、石棉、水泥、玻璃、钢铁、火电以及其他严重污染水环境的生产项目。”

《循环经济促进法》第十八条规定：国务院循环经济发展综合管理部门会同国务院环境保护等有关主管部门，定期发布鼓励、限制和淘汰的技术、工艺、设备、材料和产品名录。

禁止生产、进口、销售列入淘汰名录的设备、材料和产品，禁止使用列入淘汰名录的技术、工艺、设备和材料。

《清洁生产促进法》第十二条规定：国家对浪费资源和严重污染环境的落后生产技术、工艺、设备和产品实行限期淘汰制度。国务院有关部门按照职责分工，制定并发布限期淘汰的生产技术、工艺、设备以及产品的名录。

《环境保护法》（2014）明确规定：“国家对严重污染环境的工艺、设备和产品实行淘汰制度。任何单位和个人不得生产、销售或者转移、使用严重污染环境的工艺、设备和产品。”“禁止引进不符合我国环境保护规定的技术、设备、材料和产品。”（第四十六条）同时规定：“企业事业单位和其他生产经营者，为改善环境，依照有关规定转产、搬迁、关闭的，人民政府应当予以支持。”（第二十三条）“企业应当优先使用清洁能源，采用资源利用率高、污染物排放量少的工艺、设备以及废弃物综合利用技术和污染物无害化处理技术，减少污染物的产生。”（第四十条第二款）

《大污染防治法》（2015）第二十七条规定：“国家对严重污染大气环境的工艺、设备和产品实行淘汰制度。”“国务院经济综合主管部门会同国务院有关部门确定严重污染大气环境的工艺、设备和产品淘汰期限，并纳入国家综合性产业政策目录。”“生产者、进口者、销售者或者使用者应当在规定期限内停止生产、进口、销售或者使用列入前款规定目录中的设备和产品。工艺的采用者应当在规定期限内停止采用列入前款规定目录中的工艺。”“被淘汰的设备和产品，不得转让给他人使用。”

9.3.3 淘汰制度总体要求

①充分发挥市场配置资源的决定性作用，调整和理顺资源性产品价格形成机制，强化税收杠杆调节，努力营造有利于落后产能退出的市场环境；②充分发挥法律法规的约束作用和技术标准的门槛作用，严格执行环境保护、节约能源、清洁生产、安全生产、产品质量、职业健康等方面的法律法规和技术标准，依法淘汰落后产能；③分解淘汰落后产能的目标任务，明确国务院有关部门、地方各级人民政府和企业的责任，加强指导、

督促和检查，确保工作落到实处；④强化政策约束和政策激励，统筹淘汰落后产能与产业升级、经济发展、社会稳定的关系，建立健全促进落后产能退出的政策体系；⑤建立主管部门牵头，相关部门各负其责、密切配合、联合行动的工作机制，加强组织领导和协调配合，形成工作合力。见《国务院关于进一步加强淘汰落后产能工作的通知》（国发〔2010〕7号）。

9.3.4 淘汰制度的基本要求

9.3.4.1 严控“两高”行业新增产能

修订高耗能、高污染和资源性行业准入条件，明确资源能源节约和污染物排放等指标。有条件的地区要制定符合当地功能定位、严于国家要求的产业准入目录。严格控制“两高”行业新增产能，新、改、扩建项目要实行产能等量或减量置换。见《国务院关于印发大气污染防治行动计划的通知》（国发〔2013〕37号）。

9.3.4.2 加快淘汰落后产能

结合产业发展实际和环境质量状况，进一步提高环保、能耗、安全、质量等标准，分区域明确落后产能淘汰任务，倒逼产业转型升级。对未按期完成淘汰任务的地区，严格控制国家安排的投资项目，暂停对该地区重点行业建设项目办理审批、核准和备案手续。2016年、2017年，各地区要制定范围更宽、标准更高的落后产能淘汰政策，再淘汰一批落后产能。见《国务院关于印发大气污染防治行动计划的通知》（国发〔2013〕37号）。

化工行业应根据《工业转型升级规划（2011—2015）》（国发〔2011〕47号）；《产业结构调整指导目录》（2011年，修正）（国家发改委2013令第21号）；《外商投资产业目录（2011年修订）》（国家发改委、商务部2011令第12号）；《部分工业行业淘汰落后生产工艺装备和产品指导目录》（2010年）（工业和信息化部公告 工产业〔2010〕第122号）所列的落后生产工艺装备和产品，按规定期限淘汰，一律不得转移、生产、销售、使用和采用。加大化工行业落后产能淘汰力度。制定年度实施方案，将任务分解落实到地方、企业，并向社会公告淘汰落后产能企业名单。建立新建项目与污染减排、淘汰落后产能相衔接的审批机制，落实产能等量或减量置换制度。重点行业新建、扩建项目环境影响审批要将主要污染物排放总量指标作为前置条件。见《国务院关于印发国家环境保护“十二五”规划的通知》（国发〔2011〕42号）。

9.3.4.3 限期淘汰落后化工生产工艺装备和产品

《部分工业行业淘汰落后生产工艺装备和产品指导目录》（2010年）（工业和信息化

部公告　工产业〔2010〕第122号）列出101条应限期淘汰的落后化工生产工艺装备和产品。它们是：

（1）10万吨/年以下的硫铁矿制酸和硫黄制酸生产装置（边远地区除外）

（2）50万条/年及以下的斜交轮胎生产线，以天然棉帘子布为骨架的轮胎生产线

（3）1.5万吨/年及以下的干法造粒炭黑生产装置（特种炭黑和半补强炭黑除外）

（4）单台磷炉变压器容量10 000千伏安以下黄磷生产装置（变压器容量7 200千伏安及以上、10 000千伏安以下尾气和炉渣能够全部综合利用的除外）（2010年）

（5）有钙焙烧铬化合物生产工艺（2013年）

（6）单线产能1万吨/年以下三聚磷酸钠、0.5万吨/年以下六偏磷酸钠、0.5万吨/年以下三氯化磷、3万吨/年以下饲料磷酸氢钙

（7）1万吨以下无水氟化氢产品达不到GB 7746、5 000吨/年以下氢氟酸产品达不到GB 7744生产装置（综合利用项目以及4N以上电子级除外）、5 000吨/年以下湿法氟化铝（综合利用除外）及敞开式结晶氟盐生产装置

（8）汞法烧碱、石墨阳极隔膜法烧碱、未采用节能措施（扩张阳极、改性隔膜等）的普通金属阳极隔膜法烧碱生产装置

（9）电石渣采用堆存处理的5万吨/年以下的电石法聚氯乙烯生产装置

（10）开放式电石炉

（11）单台炉变压器容量小于12 500千伏安的电石炉（2010年）

（12）生产氰化钠的氨钠法及氰熔体工艺

（13）钠法百草枯生产工艺

（14）农药产品手工包（灌）装工艺及设备（2010年）

（15）非封闭生产三氯杀螨醇工艺

（16）100吨/年以下皂素（含水解物）生产装置

（17）盐酸酸解法皂素生产工艺及污染物排放不能达标的皂素生产装置

（18）皂素酸法水解生产工艺

（19）KDON-6000/6600型蓄冷器流程空分设备

（20）用火直接加热的涂料用树脂生产工艺

（21）四氯化碳（CTC）以及所有使用四氯化碳为加工助剂的产品的生产工艺装置（根据国家履行国际公约总体计划要求淘汰）

（22）CFC-113为加工助剂的含氟聚合物的生产工艺装置（根据国家履行国际公约总体计划要求淘汰）

（23）氯氟烃（CFCs）、用于清洗的1,1,1-三氯乙烷（甲基氯仿）的生产工艺装置（根据国家履行国际公约总体计划要求淘汰）

（24）以六氯苯为原料生产五氯酚（钠）工艺（根据国家履行国际公约总体计划要求淘汰）

（25）甲基溴生产装置（2010年）

（26）半水煤气氨水液相脱硫工艺技术

（27）一氧化碳常压变换及全中温变换（高温变换）工艺

（28）废旧橡胶土法炼油工艺

（29）橡胶硫化促进剂*N*-氧联二（1,2-亚乙基）-2-苯并噻唑次磺酰胺（NOBS）和橡胶防老剂D装置（2010年）

（30）2万吨/年以下普通级碳酸钡生产装置（2011年）

（31）3 000 吨/年以下普通级硫酸钡、氢氧化钡、氯化钡、硝酸钡生产装置（2011年）

（32）1.5万吨/年以下普通级碳酸锶生产装置（2011年）

（33）农药粉剂雷蒙机法生产工艺

（34）5 000吨/年以下湿法氟化铝生产装置（副产综合利用除外）

（35）四氯化碳溶剂法制取氯化橡胶生产工艺

（36）平炉法高锰酸钾生产工艺

（37）平炉法和大锅蒸发法硫化碱生产工艺

（38）芒硝法硅酸钠（泡在碱）生产工艺

（39）铁粉还原法工艺[4,4-二氨基二苯乙烯-二磺酸（DSD酸）、2-氨基-4-甲基-5-氯苯磺酸（CLT酸）、1-氨基-8-萘酚-3,6-二磺酸（H酸）产品暂缓淘汰]

（40）年产3亿只以下的天然胶乳安全套生产装置

（41）轮胎、自行车胎、摩托车胎手工刻花硫化模具

（42）多氯联苯（变压器油）

（43）氯化汞催化剂（氯化汞含量6.5%以上）（2015年）

（44）废物不能有效利用或三废排放不达标的钛白粉生产装置

（45）淀粉糖酸法生产工艺

（46）焦油间歇法生产沥青工艺

（47）敌百虫碱减法生产敌敌畏工艺

（48）国家明令禁止生产的农药产品：除草醚、杀虫脒、毒鼠强、氟乙酰胺、氟乙

酸钠、二溴氯丙烷、磷胺、甘氟、毒鼠硅、甲胺磷、对硫磷、甲基对硫磷、久效磷、10%草甘膦水剂

（49）国际公约需要淘汰的农药产品：氯丹、林丹、七氯、毒杀芬、滴滴涕、六氯苯、灭蚁灵、艾氏剂、狄氏剂、异狄氏剂

（50）落后农药产品：治螟磷（苏化 203）、硫环磷（乙基硫环磷）、甲基硫环磷、磷化钙、磷化锌、福美胂、福美甲胂及所有砷制剂

（51）聚乙烯醇及其缩醛类内外墙涂料（106、107 涂料等）

（52）有害物质含量超过《室内装饰装修材料内墙涂料中有害物质限量》（GB 18582）标准的内墙涂料

（53）多彩内墙涂料（树脂以硝化纤维素为主，溶剂以二甲苯为主的 O/W 型涂料）

（54）有害物质含量超过《室内装饰装修材料溶剂型木器涂料中有害物质限量》（GB 18581）标准的溶剂型木器涂料

（55）氯乙烯-偏氯乙烯共聚乳液外墙涂料

（56）聚醋酸乙烯乳液类（含乙烯/醋酸乙烯酯共聚物乳液）外墙涂料

（57）有害物质含量超过《建筑用外墙涂料中有害物质限量》标准的外墙涂料

（58）焦油型聚氨酯防水涂料

（59）水性聚氯乙烯焦油防水涂料

（60）改性淀粉涂料

（61）含有机锡的防污涂料

（62）含三丁基锡、红丹的涂料

（63）含滴滴涕的涂料

（64）含异氰脲酸三缩水甘油酯（TGIC）的粉末涂料

（65）有害物质含量超过《玩具涂料中有害物质限量》标准的玩具涂料

（66）有害物质含量超过《汽车涂料中有害物质限量》标准的汽车涂料

（67）含苯类、苯酚、苯甲醛和二（三）氯甲烷的脱漆剂

（68）聚氯乙烯建筑防水接缝材料（焦油型）

（69）分散黄 3、分散蓝 1、直接红 28、直接蓝 6、直接黑 38、碱性红 9、酸性红 26、酸性紫 49、溶剂黄 1 等九种染料，用于纺织品染色的在还原条件下会裂解产生 24 种有害芳香胺的偶氮染料

（70）高污染、高环境风险染料：C.I.直接黄 24、C.I.直接红 1、C.I.直接红 2、C.I.直接红 13、C.I.直接红 28、C.I.直接紫 1、C.I.直接紫 12、C.I.直接绿 1、C.I.直接绿 6、

C.I.直接绿 85、C.I.直接蓝 1、C.I.直接蓝 2、C.I.直接蓝 6、C.I.直接蓝 9、C.I.直接蓝 14、C.I.直接蓝 15、C.I.直接蓝 22、C.I.直接蓝 76、C.I.直接蓝 151、C.I.直接蓝 201、C.I.直接棕 1、C.I.直接棕 2、C.I.直接棕 12、C.I.直接棕 79、C.I.直接棕 95、C.I.直接棕 101、C.I.直接棕 154、C.I.直接棕 222、C.I.直接棕 223、C.I.直接黑 38、C.I.直接黑 91、C.I.直接黑 154、C.I.酸性橙 45、C.I.酸性红 26、C.I.酸性红 73、C.I.酸性红 85、C.I.酸性红 114、C.I.酸性红 115、C.I.酸性红 128、C.I.酸性红 158、C.I.酸性紫 12、C.I.酸性紫 49、C.I.酸性黑 29、C.I.酸性黑 94、C.I.酸性黑 132、C.I.分散黄 7、C.I.分散黄 23、C.I.分散黄 56、C.I.溶剂红 23、C.I.溶剂红 24

（71）软边结构自行车胎

（72）以棉帘线为骨架材料的普通输送带和以尼龙帘线为骨架材料的普通 V 带

（73）立德粉

（74）瘦肉精

（75）密闭式包装型乳化炸药基质冷却机

（76）密闭式包装型乳化炸药低温敏化机

（77）小直径手工单头炸药装药机

（78）轴承包覆在药剂中的混药、输送等炸药设备

（79）起爆药干燥工序采用蒸汽烘房干燥的工艺

（80）延期元件（体）制造工序采用手工装药的工艺

（81）雷管装填、装配工序及工序间的传输无可靠防殉爆措施的工艺

（82）导爆管制造工序加药装置无可靠防爆设施的生产线

（83）危险作业场所未实现远程视频监视的工业炸药和工业雷管生产线（2010 年）

（84）危险作业场所未实现远程视频监视的导爆索生产线（2011 年）

（85）采用传统轮碾方式的炸药制药工艺（2011 年）

（86）起爆药生产废水达不到《兵器工业水污染排放标准 火工药剂》（GB 14470.2）要求排放的生产工艺（2011 年）

（87）乳化器出药温度大于 130℃的乳化工艺（2013 年）

（88）小直径含水炸药装药效率低于 1 200 kg/h、小直径粉状炸药装药效率低于 800 kg/h 的装药机（2013 年）

（89）有固定操作人员的场所，噪声超过 85 分贝以上的炸药设备（2013 年）

（90）全电阻极差大于 1.5Ω的电雷管（钢芯脚线长度 2 m）生产技术（2013 年）

（91）装箱产品下线未实现生产数据在线采集、及时传输的生产线（2013 年）

（92）全电阻极差大于1.0Ω的电雷管（钢芯脚线长度2 m）生产工艺（2015年）

（93）工序间无可靠防传爆措施的导爆索生产线（2013年）

（94）制索工序无药量在线检测、自动连锁保护装置的导爆索生产线（2013年）

（95）最大不发火电流小于0.25A的普通型电雷管生产工艺（2015年）

（96）雷管装填工序未实现人机隔离的生产工艺（2015年）

（97）雷管卡口、检查工序间需人工传送产品的生产工艺（2015年）

（98）火雷管

（99）导火索

（100）铵梯炸药

（101）纸壳雷管（2011年）

注：条目后括号内年份为淘汰期限，如淘汰期限为“2010年”是指最迟应于2010年底前淘汰，其余类推；有淘汰计划的条目，根据计划进行淘汰；未标淘汰期限或淘汰计划的条目为已过淘汰期限应立即淘汰。

9.3.4.4 依法淘汰高毒、难降解、高环境危害的化学品

优先对持久性生物累积性有毒物质（PBT）、高持久性高生物累积性物质（vPvB）和致癌致畸致突变物质（CMRs）等化学品开展环境风险评估。定期发布高毒、难降解、高环境危害的淘汰物质名单和国家鼓励的有毒有害化学品替代品目录；制定危险化学品生产和使用量大、自动化程度低、污染物排放量大的落后工艺名录，并将其纳入产业结构调整目录。各省应制定淘汰计划，建立完善重污染企业退出机制，防止跨地区、跨国界转移，并每年向社会公告淘汰情况。对未纳入淘汰产品、设备和工艺名录的高环境风险化学品相关生产行业，以满足国内必要需求为主，合理控制高环境风险化学品的生产和使用，鼓励实施区域性、行业性生产规模总量控制。在国家有关产业政策及行业规划中明确规模控制要求，在项目立项中采取等量或减量置换等控制措施。见《化学品环境风险防控“十二五”规划》（环发〔2013〕20号）。

9.3.4.5 企业承担淘汰落后产能的主体责任

企业要切实承担起淘汰落后产能的主体责任，严格遵守安全、环保、节能、质量等法律法规，认真贯彻国家产业政策，积极履行社会责任，主动淘汰落后产能。各相关行业协会要充分发挥政府和企业间的桥梁纽带作用，加强行业自律，维护市场秩序，协助有关部门做好淘汰落后产能工作。

9.3.4.6 强化国家政策的约束机制

①严格市场准入。强化安全、环保、能耗、物耗、质量、土地等指标的约束作用，

制定和完善相关行业准入条件和落后产能界定标准，提高准入门槛，鼓励发展低消耗、低污染的先进产能。加强投资项目审核管理，对产能过剩行业坚持新增产能与淘汰产能“等量置换”或“减量置换”的原则，严格环评、土地和安全生产审批，遏制低水平重复建设，防止新增落后产能。改善土地利用计划调控，严禁向落后产能和产能严重过剩行业建设项目提供土地。支持优势企业通过兼并、收购、重组落后产能企业，淘汰落后产能。②强化经济和法律手段。充分发挥差别电价、资源性产品价格改革等价格机制在淘汰落后产能中的作用，落实和完善资源及环境保护税费制度，强化税收对节能减排的调控功能。加强环境保护监督性监测、减排核查和执法检查，加强对企业执行产品质量标准、能耗限额标准和安全生产规定的监督检查，提高落后产能企业和项目使用能源、资源、环境、土地的成本。采取综合性调控措施，抑制高消耗、高排放产品的市场需求。③加大执法处罚力度。对未按期完成淘汰落后产能任务的地区，严格控制国家安排的投资项目，实行项目“区域限批”，暂停对该地区项目的环评、核准和审批。对未按规定期限淘汰落后产能的企业吊销排污许可证，银行业金融机构不得提供任何形式的新增授信支持，投资管理部门不予审批和核准新的投资项目，国土资源管理部门不予批准新增用地，相关管理部门不予办理生产许可，已颁发生产许可证、安全生产许可证的要依法撤回。对未按规定淘汰落后产能、被地方政府责令关闭或撤销的企业，限期办理工商注销登记，或者依法吊销工商营业执照。必要时，政府相关部门可要求电力供应企业依法对落后产能企业停止供电。见《国务院关于进一步加强淘汰落后产能工作的通知》（国发〔2010〕7号）。

9.3.4.7 完善落后产能退出机制，指导、督促淘汰落后产能企业做好职工安置工作

地方各级人民政府要积极安排资金，支持淘汰落后产能工作。中央财政统筹支持各地区淘汰落后产能工作，对经济欠发达地区通过增加转移支付加大支持和奖励力度。完善淘汰落后产能公告制度，对未按期完成淘汰任务的地区，严格控制国家安排的投资项目，暂停对该地区重点行业建设项目办理核准、审批和备案手续；对未按期淘汰的企业，依法吊销排污许可证、生产许可证和安全生产许可证；对虚假淘汰行为，依法追究企业负责人和地方政府有关人员的责任。见《“十二五”节能减排综合性工作方案》。

9.3.4.8 压缩过剩产能

加大环保、能耗、安全执法处罚力度，建立以节能环保标准促进“两高”行业过剩产能退出的机制。制定财政、土地、金融等扶持政策，支持产能过剩“两高”行业企业退出、转型发展。发挥优强企业对行业发展的主导作用，通过跨地区、跨所有制企业兼并重组，推动过剩产能压缩。严禁核准产能严重过剩行业新增产能项目。

认真清理产能严重过剩行业违规在建项目，对未批先建、边批边建、越权核准的违规项目，尚未开工建设的，不准开工；正在建设的，要停止建设。地方人民政府要加强组织领导和监督检查，坚决遏制产能严重过剩行业盲目扩张。见《国务院关于印发大气污染防治行动计划的通知》（国发〔2013〕37号）。

9.3.4.9 优化空间格局

科学制定并严格实施城市规划，强化城市空间管制要求和绿地控制要求，规范各类产业园区和城市新城、新区设立和布局，禁止随意调整和修改城市规划，形成有利于大气污染物扩散的城市和区域空间格局。研究开展城市环境总体规划试点工作。

结合化解过剩产能、节能减排和企业兼并重组，有序推进位于城市主城区的钢铁、石化、化工、有色金属冶炼、水泥、平板玻璃等重污染企业环保搬迁、改造，到2017年基本完成。见《国务院关于印发大气污染防治行动计划的通知》（国发〔2013〕37号）。

9.3.5 法律责任

《固体废物污染环境防治法》（2004）规定：将列入限期淘汰名录被淘汰的设备转让给他人使用的，处一万元以上十万元以下的罚款。

《循环经济促进法》（2008）第五十条规定：生产、销售列入淘汰名录的产品、设备的，依照《中华人民共和国产品质量法》的规定处罚。使用列入淘汰名录的技术、工艺、设备、材料的，由县级以上地方人民政府循环经济发展综合管理部门责令停止使用，没收违法使用的设备、材料，并处五万元以上二十万元以下的罚款；情节严重的，由县级以上人民政府循环经济发展综合管理部门提出意见，报请本级人民政府按照国务院规定的权限责令停业或者关闭。违反本法规定，进口列入淘汰名录的设备、材料或者产品的，由海关责令退运，可以处十万元以上一百万元以下的罚款。进口者不明的，由承运人承担退运责任，或者承担有关处置费用。

《环境保护法》（2014）第六十三条规定：企业事业单位和其他生产经营者“生产、使用国家明令禁止生产、使用的农药，被责令改正，拒不改正的”，尚不构成犯罪的，除依照有关法律法规规定予以处罚外，由县级以上人民政府环境保护主管部门或者其他有关部门将案件移送公安机关，对其直接负责的主管人员和其他直接责任人员，处十日以上十五日以下拘留；情节较轻的，处五日以上十日以下拘留。

《国务院关于印发“十二五”节能减排综合性工作方案的通知》（国发〔2011〕26号）规定：对未按期完成淘汰任务的地区，严格控制国家安排的投资项目，暂停对该地区重点行业建设项目办理核准、审批和备案手续；对未按期淘汰的企业，依法吊销排污许可证、生产许可证和安全生产许可证；对虚假淘汰行为，依法追究企业负责人和地方政府有关人员的责任。对未按期淘汰（落后产能）的企业，依法吊销排污许可证、生产许可证和安全生产许可证；对虚假淘汰（落后产能）的行为，依法追究企业负责人和地方政府有关人员的责任。关于印发《淘汰落后产能中央财政奖励资金管理办法》的通知（财建〔2011〕180号）规定：对有下列情形的，各级财政部门应扣回相关奖励资金，情节严重的，按照《财政违法行为处罚处分条例》（国务院令第427号，2004）规定，依法追究有关单位和人员责任。（一）提供虚假材料，虚报冒领奖励资金的；（二）转移淘汰设备，违规恢复生产的；（三）重复申报淘汰落后产能项目的；（四）出具虚假报告和证明材料的。

《大气污染防治法》（2015）第一百零一条规定："违反本法规定，生产、进口、销售或者使用国家综合性产业政策目录中禁止的设备和产品，采用国家综合性产业政策目录中禁止的工艺，或者将淘汰的设备和产品转让给他人使用的，由县级以上人民政府经济综合主管部门、出入境检验检疫机构按照职责责令改正，没收违法所得，并处货值金额一倍以上三倍以下的罚款；拒不改正的，报经有批准权的人民政府批准，责令停业、关闭。进口行为构成走私的，由海关依法予以处罚。"

9.3.6　发展和思考

退是为了进。没有淘汰，就没有发展。化学工业就是在不断淘汰、禁止和更新的过程中发展起来的。产能过剩是典型的粗放型发展方式的产物，我国化工大部分初级原料产品存在产能过剩问题，加快淘汰落后和过剩产能势在必行。淘汰制度的刚性会越来越强，只要粗放型的经济增长方式没有根本转变，淘汰的压力就不会缓解，对高污染高环境风险的行业更是如此。最好的办法是不走"淘汰"这条弯路，只有不断研发创新，更新换代，实践绿色化工才是根本出路。

9.4　环境应急管理制度

我国正处于环境事件多发期。据2010年环境保护部组织开展的全国石油加工与炼焦业、化学原料与化学制品制造业、医药制造业等三大重点行业环境风险及化学品检查工作结果显示，下游5 km范围内（含5 km）分布有水环境保护目标的企业占调查企业数量的23%，对基本农田、饮用水水源保护区、自来水厂取水口等环境敏感点构成威胁；周边1 km范围内分布有大气环境保护目标的企业占51.7%，1.5万家企业周边分布有居民点，对人体健康和安全构成危险。经初步评估，重大环境风险企业数量占调查企业数量的18.3%，较大环境风险企业占22%，环境风险隐患突出。近年来，由危险化学品生产事故、交通运输事故以及非法排污引起的突发环境事件频发。2008—2011年，环境保护部共接报突发环境事件568起，其中涉及危险化学品287起，占突发环境事件的51%，每年与化学品相关的突发环境事件比例分别为57%、58%、47%、46%。因此，强化环境应急管理势在必行。

9.4.1 相关概念

环境应急管理，是指政府及相关部门为防范和应对突发环境事件而进行的一系列有组织、有计划的管理活动，包括突发环境事件的预防、预警、处置、恢复等动态过程，其主要任务是最大限度地减少突发环境事件，降低突发环境事件所造成的危害，目的是保障环境安全和公众生命财产安全。

突发环境事件，是指因事故或意外性事件等因素，致使环境受到污染或破坏，公众的生命健康和财产受到危害或威胁的紧急情况。

突发环境事件应急预案，是指针对可能发生的突发环境事件，为确保迅速、有序、高效地开展应急处置，减少人员伤亡和经济损失而预先制定的计划或方案。

环境风险，是指突发环境事件对环境（或健康）的危险程度。

危险源，是指可能导致伤害或疾病、财产损失、环境破坏或这些情况组合的根源或状态。

环境敏感点，是指依法设立的各级各类自然、文化保护地，以及对建设项目的某类污染因子或者生态影响因子特别敏感的区域。详见《建设项目环境影响评价分类管理名录》第三条。

应急演练，是指为检验应急预案的有效性、应急准备的完善性、应急响应能力的适应性和应急人员的协同性而进行的一种模拟应急响应的实践活动。

化工企业的突发环境事件，是指因事故或意外性事件等因素，致使环境受到化学品污染或破坏，公众的生命健康和财产受到危害或威胁的紧急情况。

9.4.2 环境应急管理制度的由来和法律规定

我国环境保护法对如何应对环境突发事件作出了明确规定。《环境保护法》（1989）第三十一条规定："因发生事故或其他突发性事件，造成或者可能造成污染事故的单位，必须立即采取措施处理，及时通报可能受到污染危害的单位和居民，并向当地环境保护行政主管部门和有关部门报告，接受调查处理"。第三十二条规定："县级以上地方人民政府环境保护行政主管部门，在环境受到严重污染、威胁居民财产安全时，必须立即向当地人民政府报告，由人民政府采取有效措施，解除或者减轻危害。”《水污染防治法》《大气污染防治法》《固体废物污染环境防治法》《放射性污染防治法》和《海洋环境保护法》等法律对应急机制都作了相应规定。

为贯彻《环境保护法（试行）》，防治污染，杜绝污染事故，原化学工业部于 1987 年即制定实施“化工企业重大污染事故报告和处理制度”，要求“化工企业对可能发生污染事故的隐患，必须向企业广大群众交代清楚，采取严密的防范措施，避免造成不应有的损失和危害”。“凡是向厂区周围环境排放有毒害性质的化工企业，必须贯彻执行以预防为主的方针，限期治理，达标排放，防患于未然”。要求“化工企业发生重大污染事故，企业的主要领导人必须在发生事故后 24 小时内迅速报告上级主管部门和化工部环境保护办公室，并立即采取可能采取的一切应急措施，严格控制住事态的发展”。这些规定为控制化工企业重大污染事故起到了积极作用，至今仍有很强的现实意义。

按照国家有关法律规定，环境污染和生态破坏事件属于突发事件中的“事故灾难”。为建立健全突发环境事件应急机制，提高政府应对涉及公共危机的突发环境事件的能力，维护社会稳定，保障公众生命健康和财产安全，保护环境，促进社会全面、协调、可持续发展，2006 年国务院印发《国家突发环境事件应急预案》（国务院令第 34 号），次年国家环境保护总局印发了《核事故应急预案》和《辐射事故应急预案》，同年还发布了《危险废物经营单位编制应急预案指南》（国家环境保护总局公告 2007 年 第 48 号）。

《固体废物污染环境防治法》（2015 年修正）第六十二条至第六十四条对应对危险废物突发事件作出明确规定：“产生、收集、贮存、运输、利用、处置危险废物的单位，应当制定意外事故的防范措施和应急预案，并向所在地县级以上地方人民政府环境保护行政主管部门备案；环境保护行政主管部门应当进行检查。”“因发生事故或者其他突发性事件，造成危险废物严重污染环境的单位，必须立即采取措施消除或者减轻对环境的污染危害，及时通报可能受到污染危害的单位和居民，并向所在地县级以上地方人民政府环境保护行政主管部门和有关部门报告，接受调查处理。”“在发生或者有证据证明可能发生危险废物严重污染环境、威胁居民生命财产安全时，县级以上地方人民政府环境保护行政主管部门或者其他固体废物污染环境防治工作的监督管理部门必须立即向本级人民政府和上一级人民政府有关行政主管部门报告，由人民政府采取防止或者减轻危害的有效措施。有关人民政府可以根据需要责令停止导致或者可能导致环境污染事故的作业。”

为增强水污染应急能力，减少水污染事故对环境造成的危害，2008年第二次修订的《水污染防治法》设置“水污染事故处置”专章，主要内容有：一是各级人民政府及其有关部门、可能发生水污染事故的企业事业单位，应做好突发水污染事故的应急准备、应急处置和事后恢复等工作。二是可能发生水污染事故的企业事业单位，应当制定有关水污染事故的应急方案，做好应急准备，并定期进行演练。三是规定了应急处置和报告程序。企业事业单位发生事故或者其他突发性事件，造成或者可能造成水污染事故的，应当立即启动本单位的应急方案，采取应急措施，并向地方人民政府或者环保部门报告。环保部门接到报告后，应当及时向本级人民政府报告，并抄送有关部门。

2010年环境保护部印发《突发环境事件应急预案管理暂行办法》（环境保护部环发〔2010〕113号），2011年环境保护部公布《突发环境事件信息报告办法》（环境保护部令第17号）[《环境保护行政主管部门突发环境事件信息报告办法（试行）》（环发〔2006〕50号）同时废止]。2014年底，环境保护部公布《突发环境事件调查处理办法》（环境保护部令第32号），这些规章都是对污染事故报告及应急处理机制的创新和发展。

《环境保护法》（2014）规定：“各级人民政府及其有关部门和企业事业单位，应当依照《中华人民共和国突发事件应对法》的规定，做好突发环境事件的风险控制、应急准备、应急处置和事后恢复等工作。”“企业事业单位应当按照国家有关规定制定突发环境事件应急预案，报环境保护主管部门和有关部门备案。在发生或者可能发生突发环境事件时，企业事业单位应当立即采取措施处理，及时通报可能受到危害的单位和居民，并向环境保护主管部门和有关部门报告。”“突发环境事件应急处置工作结束后，有关人民政府应当立即组织评估事件造成的环境影响和损失，并及时将评估结果向社会公布。”

9.4.3 环境应急管理制度的基本要求

9.4.3.1 建立环境污染公共监测预警机制

见“6.6 环境污染公共监测预警机制”。

9.4.3.2 建立健全应急机制

应急机制包括预防、预警、应对、善后。预防，从源头把关，检查并及时消除隐患（不安全因素）；预警，任何突发事件都会有征兆、有迹象，抓住苗头进行预警；应对，制定行之有效的应对方案并经常演练，一旦发生突发事件，积极响应，妥善应对；善后，妥善处理突发事件本身的善后工作，依法追究责任和汲取经验教训，防止发生类似事件。要建立应急责任制，要在应对突发事件的实践中不断提高应对能力，维护社会稳定。

9.4.3.3 强化突发环境事件应急预案管理

矿山、建筑施工单位和易燃易爆物品、危险化学品、放射性物品等危险物品的生产、经营、储运、使用单位，应当制定具体应急预案，并对生产经营场所、有危险物品的建筑物、构筑物及周边环境开展隐患排查，及时采取措施消除隐患，防止发生突发事件。(《突发事件应对法》，2007）产生、收集、贮存、运输、利用、处置危险废物的单位，应当制定意外事故的防范措施和应急预案，并向所在地县级以上地方人民政府环境保护行政主管部门备案；环境保护行政主管部门应当进行检查。(《固体废物污染环境防治法》，2015 年修正）

《突发环境事件应急预案管理办法》（环发〔2010〕113 号）对编制环境应急预案的范围、种类、内容作出了具体规定。

9.4.3.4 科学应对事故灾难

受到自然灾害危害或者发生事故灾难、公共卫生事件的单位，应当立即组织本单位应急救援队伍和工作人员营救受害人员，疏散、撤离、安置受到威胁的人员，控制危险源，标明危险区域，封锁危险场所，并采取其他防止危害扩大的必要措施，同时向所在地县级人民政府报告。(《突发事件应对法》，2007）可能发生水污染事故的企业事业单位，应当制定有关水污染事故的应急方案，做好应急准备，并定期进行演练。生产、储存危险化学品的企业事业单位，应当采取措施，防止在处理安全生产事故过程中产生的可能严重污染水体的消防废水、废液直接排入水体。企业事业单位发生事故或者其他突发性事件，造成或者可能造成水污染事故的，应当立即启动本单位的应急方案，采取应急措施，并向事故发生地的县级以上地方人民政府或者环境保护主管部门报告。环境保护主管部门接到报告后，应当及时向本级人民政府报告，并抄送有关部门。(《水污染防治法》，2008）

9.4.3.5 建立及时、真实、高效的报告制度

《突发环境事件信息报告办法》（环保部令 2011 第 17 号）将突发环境事件分为特别重大（Ⅰ级）、重大（Ⅱ级）、较大（Ⅲ级）和一般（Ⅳ级）四级。对初步认定为重大（Ⅱ级）或者特别重大（Ⅰ级）突发环境事件的，事件发生地设区的市级或者县级环保部门应当在两小时内向本级人民政府和省级环保部门报告，同时上报环境保护部。省级人民政府环保部门接到报告后，应当进行核实并在 1 小时内报告环境保护部。

9.4.3.6 突发环境事件的调查处理

为规范突发环境事件调查处理程序，及时、准确调查事故原因和性质，明确企业和环境保护部门在事故预防和应对中责任，环境保护部根据相关法律法规，在对近年来突

发环境事件调查处理工作进行全面梳理、认真总结的基础上，制定并发布《突发环境事件调查处理办法》（环境保护部令 2014 年第 32 号）。此《办法》共 23 条，规定了突发环境事件调查的原则、组织形式、调查方案、调查程序和污染损害评估等内容，还规定了调查对象、调查报告、调查期限和事故善后及事件后续处理等问题。突发环境事件调查应当遵循实事求是、客观公正、权责一致的原则，及时、准确查明事件原因，确认事件性质，认定事件责任，总结事件教训，提出防范和整改措施建议以及处理意见。

此《办法》分别规定了对事发单位、环保部门、地方政府以及有关部门突发环境事件预防和应对情况的调查内容，尤其是环保部门在突发环境事件应对处置中必须做到的 5 个“第一时间”（即第一时间报告；第一时间赶赴现场；第一时间开展监测；第一时间发布信息；第一时间组织开展调查）。第一时间报告，可以争取应对处置的资源；第一时间赶赴现场，可以及时了解事件情况，防止误判；第一时间开展监测，可以为应对处置及时提供决策依据；第一时间发布信息，可以避免谣言传播，维护社会稳定。

突发环境事件调查是落实责任追究的重要前置程序。突发环境事件调查过程中发现突发环境事件发生单位涉及环境违法行为的，调查组应当及时向相关环境保护主管部门提出处罚建议。相关环境保护主管部门应当依法对事发单位及责任人员予以行政处罚；涉嫌构成犯罪的，依法移送司法机关追究刑事责任。发现其他违法行为的，环境保护主管部门应当及时向有关部门移送。

此《办法》还规定：①对于连续发生突发环境事件，或者突发环境事件造成严重后果的地区，有关环境保护主管部门可以约谈下级地方人民政府主要领导。②环境保护主管部门应当将突发环境事件发生单位的环境违法信息记入社会诚信档案，并及时向社会公布。③环境保护主管部门可以根据调查报告，对下级人民政府、下级环境保护主管部门下达督促落实突发环境事件调查报告有关防范和整改措施建议的督办通知，并明确责任单位、工作任务和整治时限。

9.4.3.7 突发环境事件应急处置阶段污染损害评估

2014 年年底，为规范和指导突发环境事件应急处置阶段的环境损害评估工作，支撑突发环境事件等级的确定和污染者法律责任的追究，环境保护部根据《中华人民共和国突发事件应对法》《中华人民共和国环境保护法》《国家突发环境事件应急预案》《突发环境事件信息报告办法》以及《突发环境事件应急处置阶段污染损害评估工作程序规定》等法律法规和有关规范性文件制定《突发环境事件应急处置阶段污染损害评估推荐方法》（环办〔2014〕118 号），对损害评估的工作程序、评估内容、评估方法和报告编写等内容作出明确规定，为污染损害评估提供技术支撑。

9.4.3.8 加强化工园区环境应急保障体系建设

园内企业应制定环境应急预案，明确环境风险防范措施；园区管理机构应根据园区自身特点，制定园区级综合环境应急预案，结合园区新、改、扩建项目的建设，不断完善各类突发环境事件应急预案；加强应急救援队伍、装备和设施建设，储备必要的应急物资，建立重大风险单位集中监控和应急指挥平台，逐步建设高效的环境风险管理和应急救援体系；开展有针对性的环境安全隐患排查，有计划地组织应急培训和演练，全面提升园区风险防控和事故应急处置能力；从事危险化学品生产、储存、经营、运输、使用和废弃处置的企业应当购买环境污染责任保险。见《关于加强化工园区环境保护工作的意见》（环发〔2012〕54 号）。

9.4.3.9 提高基层应急管理能力

要以社区、乡村、学校、企业等基层单位为重点，全面加强应急管理工作；企业特别是高危行业企业要切实落实法定代表人负责制和安全生产主体责任，做到有预案、有救援队伍、有联动机制、有善后措施；建立充分发挥公安消防、特警以及武警、解放军、预备役民兵的骨干作用，各专业应急救援队伍各负其责、互为补充，企业专兼职救援队伍和社会志愿者共同参与的应急救援体系；逐步建立社会化的应急救援机制，大中型企业特别是高危行业企业要建立专职或者兼职应急救援队伍，并积极参与社会应急救援；全力做好应急处置和善后工作；突发公共事件发生后，事发单位及直接受其影响的单位要根据预案立即采取有效措施，迅速开展先期处置工作，并按规定及时报告。见《国务院关于全面加强应急管理工作的意见》（国发〔2006〕24 号）。

9.4.4 法律责任

《突发事件应对法》第六十四条规定：“有关单位有下列情形之一的，由所在地履行统一领导职责的人民政府责令停产停业，暂扣或者吊销许可证或者营业执照，并处五万元以上二十万元以下的罚款；构成违反治安管理行为的，由公安机关依法给予处罚：

（一）未按规定采取预防措施，导致发生严重突发事件的；

（二）未及时消除已发现的可能引发突发事件的隐患，导致发生严重突发事件的；

（三）未做好应急设备、设施日常维护、检测工作，导致发生严重突发事件或者突发事件危害扩大的；

（四）突发事件发生后，不及时组织开展应急救援工作，造成严重后果的。

前款规定的行为，其他法律、行政法规规定由人民政府有关部门依法决定处罚的，从其规定。”

《突发事件应对法》第六十八条规定：违反本法规定，构成犯罪的，依法追究刑事责任。

《国家突发公共事件总体应急预案》规定：突发公共事件应急处置工作实行责任追究制。对突发公共事件应急管理工作中做出突出贡献的先进集体和个人要给予表彰和奖励。对迟报、谎报、瞒报和漏报突发公共事件重要情况或者应急管理工作中有其他失职、渎职行为的，依法对有关责任人给予行政处分；构成犯罪的，依法追究刑事责任。

《突发环境事件应急预案管理暂行办法》（环境保护部环发〔2010〕113号）第二十六条规定：环境保护主管部门或者企业事业单位不编制环境应急预案或者不执行环境应急预案，导致突发环境事件发生或者危害扩大的，依据国家有关规定对负有责任的主管人员和其他直接责任人员给予处分；构成犯罪的，依法追究刑事责任。

《突发环境事件信息报告办法》（环境保护部令第17号）第十五条规定：在突发环境事件信息报告工作中迟报、谎报、瞒报、漏报有关突发环境事件信息的，给予通报批评；造成后果的，对直接负责的主管人员和其他直接责任人员依法依纪给予处分；构成犯罪的，移送司法机关依法追究刑事责任。

《水污染防治法》（2008）第五十七条规定：违反本法规定，造成重大水污染事故，导致公私财产重大损失或者人身伤亡的严重后果的，对有关责任人员可以比照刑法有关规定，追究刑事责任。

《固体废物污染环境防治法》（2015年修正）第七十五条规定：未制定危险废物意外事故防范措施和应急预案的。由县级以上人民政府环境保护行政主管部门责令停止违法行为，限期改正，处以一万元以上十万元以下的罚款。

《大气污染防治法》（2015）第一百二十二条规定："违反本法规定，造成大气污染事故的，由县级以上人民政府环境保护主管部门依照本条第二款的规定处以罚款；对直接负责的主管人员和其他直接责任人员可以处上一年度从本企业事业单位取得收入百分之五十以下的罚款。"

"对造成一般或者较大大气污染事故的，按照污染事故造成直接损失的一倍以上三倍以下计算罚款；对造成重大或者特大大气污染事故的，按照污染事故造成的直接损失的三倍以上五倍以下计算罚款"。

第一百二十五条规定："排放大气污染物造成损害的，应当依法承担侵权责任。"

9.4.5 发展与思考

突发环境污染事件已经成为影响社会和谐稳定的重要问题之一，加强环境污染事故的企业责任和防治次生灾害之间的衔接势在必行。一是依法加强环境污染风险的控制；二是在应对突发事件时，应当避免或减少对环境造成损害；三是在突发环境污染事件应急处置工作结束后，应当及时组织评估时间造成的环境影响和损失，并及时将评估结果向社会公布。

环境应急管理作为环保的重要组成部分，化工企业应结合环境应急管理的实际，继续探索建立现代化工环境应急管理体系，推动以风险防控为目标导向的环境管理战略转型，妥善应对突发环境事件，认真处理群众环境举报，切实保障群众生命安全和身体健康。

9.5　环境污染责任保险制度

环境污染责任保险是合乎市场经济法则的重要救济制度之一。详见“4.4.2　绿色保险——环境污染责任保险”。

9.6　公益诉讼制度

9.6.1　相关概念

非政府组织NGO，是英文“Non-government Organization”一词的缩写，是指在特定法律系统下，不被视为政府部门的协会、社团、基金会、慈善信托、非营利公司或其他法人，不以营利为目的的非政府组织。不是政府，不靠权力驱动；也不是经济体，尤其不靠经济利益驱动。其原动力是志愿精神。

目前，中国环保民间组织主要集中在北京、上海、天津、四川、重庆、云南、内蒙古、湖南、湖北等地。草根环保民间组织主要分布在有草地、湿地、山地、林地的省份及长江、黄河流域，多为自然资源丰富和生态脆弱的地区。作为专业性较强的挂靠政府部门的 NGO，中华环保联合会、中国环境科学学会、中国环保产业协会、中国节能协会、中国可持续发展研究会等环境组织在环境规划、技术决策咨询、环保、能源技术开发利用、学术交流推广等方面有着自己的优势。这些组织拥有较强的专家优势、政府认同度高以及体制内的沟通渠道等特点。他们在引导公众参与时发挥了重要作用。

环境公益诉讼，是指任何公民、社会团体、国家机关为了社会公共利益，都可以以自己的名义，向国家司法机关提起诉讼。

9.6.2 环境公益诉讼的由来与法律规定

随着公众参与环保的深入，我国民间组织开始产生并蓬勃发展，1994年我国第一家民间环保团体“自然之友”成立，标志着公众参与环保走向有序化、组织化。

我国公众参与环保之初，参与形式多为个人行为。这种个人参与曾在很长时间里成为公众参与的主要形式。虽然参与面较广，但影响有限。环保民间组织的出现为公众参与环保搭建起平台，它以其独特优势，吸纳了社会各方面的力量，来自政府、媒体以及其他一些专业领域的人士，纷纷参与进来，为环保事业的发展推波助澜。根据2008年中华环保联合会发布的《中国环保民间组织发展状况报告》里的数据，截至2008年10月，全国共有环保民间组织3 539家（包括港、澳、台地区）。其中，由政府发起成立的环保民间组织1 309家，学校环保社团1 382家，草根环保民间组织508家，国际环保组织驻中国机构90家，港、澳、台3地的环保民间组织有250家左右。2009年7月，中华环保联合会与江苏省江阴市居民朱正茂作为共同原告，向江苏省无锡市中级人民法院状告江苏江阴港集装箱有限公司环境污染侵权纠纷一案，已被江苏省无锡市中级人民法院正式受理，这是我国首例由社团组织提起的环境公益民事诉讼。同月，中华环保联合会提起的我国首例环境公益行政诉讼在贵州省清镇市法院立案。贵州省清镇市人民法院环保法庭随后对中华环保联合会诉清镇市国土资源管理局行政不作为案进行了公开审理。

借助民间环保组织和社会团体的力量，打击污染、破坏环境行为，是保护环境的一个有效做法。此前，由我国社团组织作为原告的环境公益诉讼往往遭拒。中华环保联合会提起的这两起诉讼，开创了我国社团组织成功提起环境公益诉讼的先河。这或许是2013 年环境保护法修订过程中首先将中华环保联合会作为环境公益诉讼的唯一民间环保组织的缘由。

2005年12月《国务院关于落实科学发展观加强环境保护的决定》要求“发挥社会团体的作用，鼓励检举和揭发各种环境违法行为，推动环境公益诉讼。”

2008年修订的《水污染防治法》明确规定：“因水污染受到损害的当事人人数众多的，可以依法由当事人推选代表人进行共同诉讼。”“环境保护主管部门和有关社会团体可以依法支持因水污染受到损害的当事人向人民法院提起诉讼。”“国家鼓励法律服务机构和律师为水污染损害诉讼中的受害人提供法律援助。”（第八十八条）这一规定从立法角度对推进环保公益诉讼制度设计作了有益的探索。

2014年4月24日全面修订、2015年1月1日施行的《环境保护法》对环境公益诉讼制度作出明确规定，这是我国环境立法的一个重大突破，既拓宽了环境公益诉讼的社会组织的范围，不再是某一个社会组织，又提出了明确的约束条件，保持法律的严肃性和权威性。《环境保护法》第五十八条规定：

“对污染环境、破坏生态，损害社会公共利益的行为，符合下列条件的社会组织可以向人民法院提起诉讼：

（一）依法在设区的市级以上人民政府民政部门登记；

（二）专门从事环境保护公益活动连续五年以上且无违法记录。

符合前款规定的社会组织向人民法院提起诉讼，人民法院应当依法受理。

提起诉讼的社会组织不得通过诉讼牟取经济利益。”

考虑到环境公益诉讼的功能、作用，首先是监督环境违法行为，作为公众监督的重要手段，具有监督的作用。第二是救济功能。从救济功能而言，起到补充的作用，因为受害人首先可以依照其他法律来寻求救济。环境公益诉讼特点就是专业性比较强，不是一般人都可以很容易收集到证据。从国际上看，对公益诉讼的主体也是有要求的，是由环境公益诉讼的性质和作用来决定的。因此，由于专业性比较强，就要求起诉主体对环境的问题比较熟悉，要具有一定的专业性和诉讼能力，要有比较好的社会公信力，或者说宗旨是专门从事环境保护工作的，要致力于公益性的活动，不牟取经济利益的社会组织才可以提起公益诉讼。这样的规定，也是借鉴了国际惯例，我国公益诉讼是一项新制度，需要不断探索完善。

9.6.3　最高人民法院关于环境公益诉讼的两个司法解释

2015 年 1 月 1 日起《环境保护法》（2014）的施行，有力地推动我国环境公益诉讼制度的发展。2014 年 12 月 8 日，最高人民法院审判委员会第 1631 次会议通过《最高人民法院关于审理环境民事公益诉讼案件适用法律若干问题的解释》（法释〔2015〕1 号，下称《解释》），2015 年 1 月 6 日公布，自 1 月 7 日起施行。《解释》对《环境保护法》（2014 年）以及修改后的《民事诉讼法》（2012 年）中环境公益诉讼进行具体规定。明确了起诉条件、管辖、诉讼费用负担等，同时对“恢复原状”、“环境修复和服务功能损失等款项专用”、“环境行政执法和环境司法的协调机制”等问题作出具体解释。根据《解释》关于起诉条件的规定，依法运行、具备维护环境公共利益能力的社会组织将进入我国环境民事公益诉讼“大家庭”。据民政部称，截至 2014 年第三季度末，在各级民政部门登记的生态环保类的社会组织约有 7 000 个。符合《环境保护法》和《解释》的 700 余家社会组织都可提起环境公益诉讼。

在法释〔2015〕1号通过后的第18天（2014年12月26日），最高人民法院、民政部、环境保护部即发布《关于贯彻实施环境民事公益诉讼制度的通知》（法〔2014〕352号）（下称《通知》），对环境民事公益诉讼审理中的信息收集、审理结果执行与社会组织之间的协调问题等内容作出了说明，旨在正确实施《中华人民共和国民事诉讼法》、《中华人民共和国环境保护法》、《最高人民法院关于审理环境民事公益诉讼案件适用法律若干问题的解释》（法释〔2015〕1号）。

《通知》指出，人民法院受理和审理社会组织提起的环境民事公益诉讼，可根据案件需要，向社会组织的登记管理机关查询或者核实社会组织的基本信息，有关登记管理机关应及时反馈。人民法院因审理案件需要，向负有监督管理职责的环境保护主管部门调取涉及被告的环境影响评价、环境许可和监管、污染物排放情况等证据材料的，相关部门应及时向人民法院提交。如社会组织存在通过诉讼牟取经济利益的情形，人民法院应向其登记管理机关发送司法建议，由登记管理机关依法对其进行查处。

《通知》要求，人民法院受理环境民事公益诉讼后，应当在十日内通报对被告行为负有监督管理职责的环境保护主管部门。环境保护主管部门收到人民法院受理环境民事公益诉讼案件线索后，可以根据案件线索开展核查，发现被告行为构成环境行政违法的，应当依法予以处理，并将处理结果通报人民法院。

《通知》指出，案件调解或和解的，人民法院应当将协议内容告知负有监督管理职责的环境保护主管部门。相关部门对协议约定的修复费用、修复方式等内容有意见和建议的，应及时向人民法院提出。

《通知》明确，人民法院作出判决后，可商请负有监督管理职责的环境保护主管部门共同组织修复生态环境。对生态环境损害修复结果，人民法院可以委托具有环境损害评估等相关资质的鉴定机构进行鉴定，必要时可以商请负有监督管理职责的环境保护主管部门协助审查。

继2015年1月7日起开始施行的《最高人民法院关于审理环境民事公益诉讼案件适用法律若干问题的解释》（法释〔2015〕1号）之后，最高人民法院于6月1日颁布第二个审理环境责任纠纷案件的司法解释——《最高人民法院关于审理环境侵权责任纠纷案件适用法律若干问题的解释》（法释〔2015〕12号），自2015年6月3日起施行。与环境民事公益诉讼司法解释相比，环境侵权司法解释不仅适用于环境民事私益诉讼案件，也适用于环境民事公益诉讼案件，规定了两类诉讼共同适用的一般规则，重点规范污染者如何承担责任等实体问题。环境民事公益诉讼司法解释仅规定适用于公益诉讼的特殊规则，重点规范环境公益诉讼的当事人、管辖等程序性问题。

9.6.4　全国人大常委会授权最高人民检察院开展提起公益诉讼试点

为加强对国家利益和社会公共利益的保护，第十二届全国人大常委会第十五次会议决定：授权最高人民检察院在生态环境和资源保护、国有资产保护、国有土地使用权出让、食品药品安全等领域开展提起公益诉讼试点。试点地区确定为北京、内蒙古、吉林、江苏、安徽、福建、山东、湖北、广东、贵州、云南、陕西、甘肃 13 省区市。提起公益诉讼前，人民检察院应当依法督促行政机关纠正违法行政行为、履行法定职责，或者督促、支持法律规定的机关和有关组织提起公益诉讼。

9.6.5　诉讼时限

《环境保护法》（2014）第六十六条规定："提起环境损害赔偿诉讼的时效期间为三年，从当事人知道或者应当知道其受到损害时起计算。"环境损害赔偿诉讼时效期限比一般民事诉讼时限增加了一年，而且规定时间起算点是从受害人知道或者应当知道开始。此外，律师、社会公益组织等，对于受害人可以从多个角度进行帮助。

链接一

全国最大环保公益诉讼案二审　一审 6 企业被判赔 1.6 亿（图 9.5）

2014-12-05 10：44：09 来源：新华网

图 9.5　江苏省高级人民法院环境资源审判庭开庭审理全国最大环保公益诉讼上诉案

（新华社记者　沈鹏摄）

图解：2014年12月4日，江苏省高级人民法院环境资源审判庭正式组建。组建成立当天下午，审判庭开庭审理备受社会关注的常隆农化有限公司等6家企业与泰州市环境保护联合会环境侵权公益诉讼上诉案。此案一审中，相关企业被判赔偿环境修复费用高达1.6亿元之多。

4日，江苏省高院环境资源审判庭，公开开庭审理了此前泰州中院一审的6家企业被指污染环境，遭1.6亿元索赔的环境污染公益诉讼上诉案。这是全国最大的环保公益诉讼案，也是江苏高院环境资源审判庭成立后，受理和公开开庭审理的第一案，审判长由江苏高院院长许前飞担任，而出庭支持上诉方泰州市环保联合会的，是江苏省检察院的副检察长邵建东为代表的江苏省和泰州市检察院的检察官。

案情回顾：这起案件一审是由江苏泰州中院进行的，根据一审的调查显示，从2012年1月至2013年2月期间，江苏省泰兴市的6家化工企业，将废酸委托给没有危废处理资质的皮包公司，后者将废酸偷偷倒入当地河流之中。在一年时间里，共倾倒了2万多吨废酸。在经过民众举报、媒体曝光、泰兴市环保局蹲点调查之后，犯罪嫌疑人被抓获。今年8月，泰兴市法院判决，14人因犯环境污染罪处有期徒刑2~5年不等，并处罚金16万~41万元。同时，6家化工企业也被追究民事赔偿责任。而提起这次公益诉讼的是泰州市环保局成立的泰州市环保联合会。对这起污染案件的损害鉴定、环境修复评估、赔偿金额的测算等问题，相关部门花了大量时间。最终法院依据环保部规定的相关计算方法，采用“虚拟治理成本法”，并根据受污染影响区域的环境功能敏感程度，确定一定倍数进行计算。最终，虚拟治理成本核定为3 660万元，根据受污染河流的敏感程度确定的系数为4.5倍，这起污染案件的索赔金额最终确定为1.6亿余元。而对这1.6亿多元的索赔分担，则根据6家企业倾倒数量分摊赔偿额，最高的是江苏常隆农化有限公司，赔偿金额为8 500多万元。不过，考虑到企业的实际情况，法院并未要求企业一次性付清，而是判决生效后9个月内付清。

据报道，江苏泰州环境公益诉讼案做出终审判决，6家化工企业被判赔付环境修复费1.6亿元。（环境监管执法协奏曲：改革·法治·转型——党的十八届三中全会以来我国强化环境监管执法工作述评 发表时间：2015-01-13 来源：中国环境报 作者：岳跃国）

链接二

检察院状告环保局值得肯定（摘录）

2015-01-07 01：25：34 来源：现代金报（宁波）

2015年1月1日，被称为“史上最严”的新《环境保护法》实施。与此同时，一起与环保有关的案件引发关注：贵州省毕节市金沙县检察院将环保局告上法院，要求其履行职责处罚一企业。这是我国首起由检察机关作为原告向环保部门提起的行政公益诉讼案。[①]（2015年1月6日《新京报》）

类似检察院状告环保局的行政公益诉讼案件，其价值与意义是多方面的。其一，这首先是对环保部门日常工作与执法的一种监督与促进。该起案件中，正是因为当地检察院认为环保局在对涉事企业的环保执法中力度“偏软”，没有依法办事，所以才把其告上法院。而站在环保局的角度来说，如果最终官司败诉，面子上过不去还是小事，其相关负责人还可能被法院以失职、渎职等罪名追究法律责任。所以环保部门为了不吃官司，不被追究法律责任，只能依法办事，严格执法。

其二，这会对涉事企业产生间接的震慑作用。在本起案件中，当地环保部门之所以被认为执法力度“偏软”，就是由于涉事企业百般叫苦，不停哭穷，结果让环保部门动了“恻隐之心”，没有把依法办事坚持到底。而有了检察院状告环保部门的官司，环保部门在执法过程中就会明确告诉涉事企业：如果我们不依法办事，就会被检察机关依法办事，甚至成为被告吃官司，被追责。这无疑会打消涉事企业的侥幸心理，打消他们通过其他途径和手段谋取逃脱或减轻处罚的念头。

与此同时我们也应该看到，虽然十八届四中全会在关于全面推进依法治国的决定中，明确提出“探索建立检察机关提起公益诉讼制度”，但目前在法律层面，特别是去年修改的行政诉讼法中，并没有完全明确行政公益诉讼中检察机关的原告资格，还没有检察机关介入公益诉讼的相关法规和文件出台。所以类似检察院状告环保局这样的行政公益诉讼案件，也只是一种司法探索和尝试，但毫无疑问的是，这样的探索和尝试，既是值得肯定的，也是值得期待的。

（苑广阔）

---

① 金沙县环保局收到法院《应诉通知书》后，环保局对佳乐公司作出行政处罚决定。检察院认为，行政公益诉讼目的已达到，遂提起撤诉，法院审查后裁定准予撤诉。（来源：新华网 检察院状告环保局，谁来监督行政不作为？作者：闫起磊、骆飞、胡星 责任编辑：NF003）

本章小结

本章将限期治理制度，限产、停产整治制度，淘汰制度，环境应急管理制度，环境污染责任保险制度，公益诉讼制度列入救济类环境管理制度。这里所说的“救济”是主动的、积极的行动，出了问题固然要救济，如限期治理、限期淘汰、应急管理，为了减少救济的难度，预警、预防就显得更为重要，所以与预防类制度又有着紧密的联系。环境污染责任险就是合乎市场法则的保障落实救济措施的一项制度。公益诉讼制度也是落实救济措施的有效举措。为保护受害方的合法权益，环境公益诉讼对企业提出了更严厉的要求。

思考题

1. 简述大气污染区域限期治理的基本要求。
2. 环境应急管理制度的主要内容是什么？
3. 为什么要建设淘汰制度？《环境保护法》（2014）对淘汰制度是如何规定的？
4. 设置环境污染责任险有什么作用？请介绍一个理赔案例。
5. 环境公益诉讼制度有哪些特点？

第 10 章　企业自律类环境管理制度

企业自律是国家环境保护法律制度和行政管理制度实施的前提，这一点往往被政府和企业所忽视，外因必须通过内因起作用，光凭“压”是不能持续的，而那些合乎市场经济规律的“双赢”管理制度正是企业自律的动力，应作为制度建设的重中之重。“文武之道，一张一弛”。自律与他律相结合，方能实现人们期待的长效管理。其组成见图 10.1。

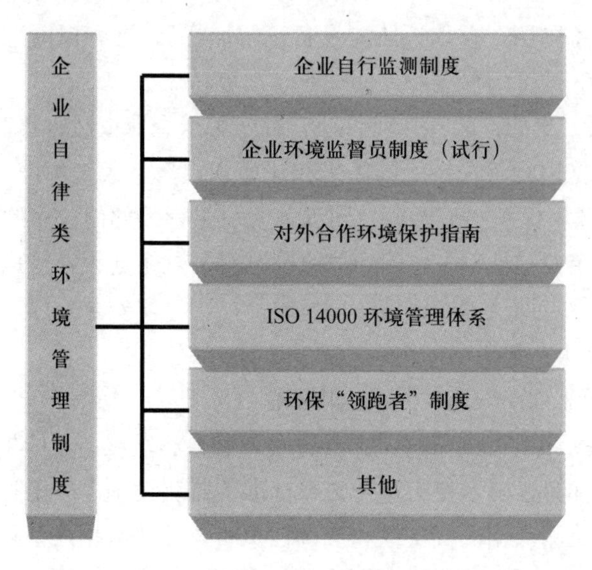

图 10.1　企业自律类环境管理制度（施问超绘制）

10.1　企业自行监测制度

环境保护部“关于印发《国家重点监控企业自行监测及信息公开办法（试行）》和《国家重点监控企业污染源监督性监测及信息公开办法（试行）》的通知”（环发〔2013〕81 号）首次从国家层面对企业自行监测作出规范。企业自行监测写入法律有一个漫长的实践和认识过程。它源于 20 世纪 90 年代的排污申报和安装流量计和 COD 在线监测仪。

当时一个有代表性的说法是：要测你们（环境部门）来测，企业不会花钱买一个警察来看自己。江苏省在全国率先突破这一误区，水表、火表可以自己安装，监测设备也可以自己安装。经过全国各地多年的实践和努力，这一成果终被写进 2008 年修订的《水污染防治法》，从而确立了它在水污染防治方面的法律地位。

10.1.1 企业自行监测的基本要求

10.1.1.1 企业自行监测是企业的法律义务

《环境保护法》（2014）第四十二条第三款对企业自行监测作出明确规定："重点排污单位应当按照国家有关规定和监测规范安装使用监测设备，保证监测设备正常运行，保存原始监测记录。"同时规定严禁伪造监测数据。我国《水污染防治法》（2008）第二十三条第一款规定："重点排污单位应当安装水污染物排放自动监测设备，与环境保护主管部门的监控设备联网，并保证监测设备正常运行"。这一规定为环境信息化建设拓展了空间，在环境保护部门与企业之间架起了一座桥梁。

2015 年 8 月第二次修订的《大气污染防治法》关于企业依法自行监测的规定见"7.4.2 污染源自动监控设施运行管理制度的由来和法律规定"。《大气污染防治法》（2015）还规定，排放国务院环境保护主管部门会同国务院卫生行政部门公布的有毒有害大气污染物名录中污染物的企业事业单位，应当按照国家有关规定建设环境风险预警体系，对排放口和周边环境进行定期监测，评估环境风险，排查环境安全隐患，并采取有效措施防范环境风险。（第七十八条）

10.1.1.2 企业自行监测是国家环境监测网的一部分

企业监测是国家环境监测网的一支富有发展潜力和发展前景的生力军，是国家环境监测网的重要组成部分，应当使用符合国家标准的监测设备，遵守监测规范。企业监测机构及其负责人对监测数据的真实性和准确性负责，监测数据严禁篡改、伪造。

10.1.1.3 企业监测设施是污染治理设施的一部分

合乎国家监测规范的企业监测设施科技含量高，其特点是自动化、网络化。根据《污染源自动监控设施现场监督检查办法》（环境保护部令 2012 年第 19 号）规定，企业监测设施是企业污染治理设施的重要组成部分。

10.1.2 企业自行监测的重要作用

合乎国家监测规范的企业自行监测不仅是履行法定义务的重要举措，不可或缺，更是检查、分析生产运营质量和生产管理状态的晴雨表，就像人们体检时常常要检查排泄物一样。坚持监测设施的正常运行，可以及时发现生产运营中的不良征兆，预防突发事件，保障生产的正常运行。

10.1.3 法律责任

（1）《水污染防治法》（2008）第七十二条规定：违反本法规定，有下列行为之一的，由县级以上人民政府环境保护主管部门责令限期改正；逾期不改正的，处一万元以上十万元以下的罚款：

（一）拒报或者谎报国务院环境保护主管部门规定的有关水污染物排放申报登记事项的；

（二）未按照规定安装水污染物排放自动监测设备或者未按照规定与环境保护主管部门的监控设备联网，并保证监测设备正常运行的；

（三）未按照规定对所排放的工业废水进行监测并保存原始监测记录的。

（2）《环境保护法》（2014）规定更加严厉，第六十三条规定：企业事业单位和其他生产经营者“通过暗管、渗井、渗坑、灌注或者篡改、伪造监测数据，或者不正常运行防治污染设施等逃避监管的方式违法排放污染物的”，尚不构成犯罪的，除依照有关法律法规规定予以处罚外，由县级以上人民政府环境保护主管部门或者其他有关部门将案件移送公安机关，对其直接负责的主管人员和其他直接责任人员，处十日以上十五日以下拘留；情节较轻的，处五日以上十日以下拘留。第六十八条规定：地方各级人民政府、县级以上人民政府环境保护主管部门和其他负有环境保护监督管理职责的部门“篡改、伪造或者指使篡改、伪造监测数据的”，对直接负责的主管人员和其他直接责任人员给予记过、记大过或者降级处分；造成严重后果的，给予撤职或者开除处分，其主要负责人应当引咎辞职。

（3）《大气污染防治法》（2015）的规定更加系统，更加具体，第一百条规定：

违反本法规定，有下列行为之一的，由县级以上人民政府环境保护主管部门责令改正，处二万元以上二十万元以下的罚款；拒不改正的，责令停产整治：

（一）侵占、损毁或者擅自移动、改变大气环境质量监测设施或者大气污染物排放自动监测设备的；

（二）未按照规定对所排放的工业废气和有毒有害大气污染物进行监测并保存原始监测记录的；

（三）未按照规定安装、使用大气污染物排放自动监测设备或者未按照规定与环境保护主管部门的监控设备联网，并保证监测设备正常运行的；

（四）重点排污单位不公开或者不如实公开自动监测数据的；

（五）未按照规定设置大气污染物排放口的。

10.2 企业环境监督员制度（试行）

10.2.1 企业环境监督员制度的含义与试行情况

企业环境监督员制度是指，在特定企业设置负责环境保护的企业环境管理总负责人和具有掌握环境基本法律和污染控制基本技术的企业环境监督员，规范企业内部环境管理机构和制度建设，通过建立企业环境管理组织架构和规范企业环境管理制度，全面提高企业的自主环境管理水平，推动企业主动承担环境保护社会责任。这里所说的特定企业是指一定生产规模或特定行业的生产企业。特定企业的划分主要根据是污染物的排放总量或特定污染物种类，如有毒有害物质。企业环境管理与监督人员实行培训持证上岗制度，并逐步实施职业资格管理。

我国于2003年起试行企业环境监督员制度。环境保护部于2006年组织开展了重点行业企业环境监督员制度试点工作。2008年在总结试点工作的基础上，环境保护部发出《关于深化企业环境监督员制度试点工作的通知》（环发〔2008〕89号），并印发《企业环境监督员制度建设指南（暂行）》，决定将企业环境监督员制度试点范围扩大到国家重点监控污染企业，有条件的地区可扩大到省级或市级重点监控污染企业。

青岛市自2009年组织开展重点行业企业环境监督员制度试点工作以来，至今已经在全市近400家企业推广，培训企业环境监督员450余人。通过落实这一制度，青岛市区国控、省控企业大部分做到了持久达标排放，一些小型企业的环境违法行为逐渐减少，节能降耗效果明显。

2014年，南京化工园区首批企业环境监督员制度试点工作通过验收。其中惠生（南京）清洁能源有限公司管理体系及台账完整、全面，内部运行有序，有检查、有记录、有考核，将作为企业监督员制度示范在全市范围加以推广。

10.2.2 实施依据和工作原则

10.2.2.1 实施依据

（1）《国务院关于落实科学发展观加强环境保护的决定》（国发〔2005〕39号）第二十条："建立健全国家监察、地方监管、单位负责的环境监管体制"，"法人和其他组织负责解决所辖范围有关的环境问题。建立企业环境监督员制度，实行职业资格管理"；

（2）《国务院关于印发〈国家环境保护“十一五”规划〉的通知》（国发〔2007〕37号）要求“建立企业环境监督员制度，实施职业资格管理”；

（3）《国务院关于印发〈节能减排综合性工作方案〉的通知》（国发〔2007〕15号）要求“企业必须严格遵守节能和环保法律法规及标准，落实目标责任，强化管理措施，自觉节能减排”，“扩大国家重点监控污染企业实行环境监督员制度试点”；

（4）《建设项目竣工环境保护验收管理办法》《建设项目环境保护设计规定》《污染源自动监控管理办法》《环境统计管理办法》等有关设立环境管理机构、配备负责环境管理的人员、健全企业内部环境管理规章制度的要求。

（5）2011年10月17日，国务院关于加强环境保护重点工作的意见（国发〔2011〕35号）要求“深化企业环境监督员制度，实行资格化管理”；

（6）《环境保护法》（2014）第四十二条规定：“排放污染物的企业事业单位，应当建立环境保护责任制度，明确单位负责人和相关人员的责任”。

10.2.2.2　试点工作原则

以增强企业社会环境责任意识、规范企业环境管理、改善企业环境行为为目标，坚持执法与服务相结合、引导守法和强化执法相结合、企业自律与外部监督相结合原则，积极探索引导企业增强守法能力和强化企业污染减排主体责任的有效机制，发挥企业在微观环境管理中的主动作用。

10.2.3　企业环境监督员制度框架

《企业环境监督员制度建设指南（暂行）》对试点企业的环境监督员制度框架提出如下要求：

10.2.3.1　建立企业环境管理组织架构和职责

企业应明确设置环境监督管理机构，建立企业领导、环境管理部门、车间负责人和车间环保员组成的企业环境管理责任体系，定期不定期召开企业环保情况报告会和专题会议，专题研究解决企业的环境问题，共同做好本企业的环境保护工作。企业需设置一名由企业主要领导担任的企业环境管理总负责人，全面负责企业的环境管理工作，负责监督检查企业的环境守法状况。企业应根据企业规模和污染物产生排放实际情况；至少设置1名企业环境监督员，负责监督检查企业的环境守法状况，并保持相对稳定。废气、废水等处理设施必须配备保证其正常运行的足够操作人员，设立能够监测主要污染物和特征污染物的化验室，配备专职的化验人员。有关职责如下：

（1）企业环境管理总负责人职责：①全面负责企业的环境管理工作；②负责监督、

指导企业环境监督员的工作，审核企业环境报告和环境信息等；③负责组织制定并组织实施企业污染减排计划，落实削减目标；④负责组织制定并组织实施企业内部环境管理制度；⑤负责建立并组织实施企业环境突发事故应急制度。

（2）企业环境监督员职责：①负责制定并监督实施企业的环保工作计划和规章制度；②负责企业污染减排计划实施和工作技术支持，协助污染减排核查工作；③协助组织编制企业新建、改建、扩建项目环境影响报告及“三同时”计划，并予以督促实施；④负责检查企业产生污染的生产设施、污染防治设施的运转及存在环境安全隐患情况，监督各环保操作岗位的工作；⑤负责检查并掌握企业污染物的排放情况；⑥负责向环保部门报告污染物排放情况，污染防治设施运行情况，污染物削减工程进展情况以及主要污染物减排目标实现情况，报告每季度不少于一次。接受环保部门的指导和监督，并配合环保部门监督检查；⑦协助开展清洁生产、节能节水等工作；⑧组织编写企业环境应急预案，对企业突发性环境污染事件及时向环保部门汇报，并进行处理；⑨负责环境统计工作；⑩负责组织对企业职工的环保知识培训。

（3）企业环境监督员应承担的技术性事项

对于废气的管理与监督包括：①检查使用的燃料或原材料；②检测烟尘发生设施；③操作、检测并维护处理烟尘发生设施产生的烟尘的设备；④测定烟尘量或烟尘浓度并记录其结果；⑤检测并维护检测仪器；⑥当发生烟尘类污染事故时，减少烟尘量或浓度并限制使用烟尘发生设施以及采取其他必要措施等。

对于废水的管理与监督包括：①检查使用的原材料；②检测污水排放设施；③操作、检测并维护处理污水排放设施排放的污水或废液设施及其附属设备；④测定污水排放或特定地下水渗透水的污染状况并记录其结果；⑤检测并维护检测仪器；⑥当发生污水污染事件时，采取措施减少污水排放量以及采取其他必要应急措施。

对于固废的管理与监督包括：①检查使用的原材料；②检测危险废弃物发生设施；③调查危险废弃物发生种类、排放量、排放频率；④检查危险废弃物的种类、性状并记录；⑤操作检测并维护处理危险废弃物的设施及其附属设备；⑥检查并维护检测仪器；⑦设定并记录危险废弃物委托处理，编制转移联单；⑧确认并现场检查危险废弃物委托处理方的处理方法（包括收集运输、再生利用的中间处理和最终处置）；⑨突发危险废弃物污染时采取的必要应急措施。

（4）企业环境管理部门职责：①认真贯彻执行国家、上级主管部门的有关环保方针、政策和法律法规，主动了解熟悉国家和省、市及行业环保法律法规与政策标准，负责组织本企业环保工作的管理、监督和监测任务；②负责组织实施企业环保规划、污染减排规划、应急方案，编制年度环保工作总结报告；③监督检查企业“三废”治理设施运行情况，参加新建、扩建和改造项目方案的研究和审查工作，参加项目环保设施的竣工验收，提出环保意见和要求；④组织企业内部环境监测，掌握原始记录，建立环保设施运行台账，做好环保资料归档和统计工作，及时向环境保护行政主管部门报告情况；⑤组织企业员工进行环保法律、法规的宣传教育和培训考核，提高员工的环保意识。

10.2.3.2　提高企业环境管理与监督人员素质

对企业环境管理与监督人员具备知识的要求分为掌握、熟悉、了解三个层次。掌握即要求能在实际工作中灵活运用，熟悉即要求能够理解并简单应用，了解即要求具有企业环境管理相关的广泛知识。

（1）企业环境管理总负责人要求具备知识：①了解国家环境保护方针政策及法律、法规；②了解环境保护基础知识；③了解一般环境污染防治及生态保护技术；④了解环境污染事故应急处理技术和相关知识。

（2）企业环境监督员要求具备知识：①掌握国家环境保护方针政策及法律、法规；②掌握环境保护基础知识；③掌握污染防治理论和技术；④熟悉污染物测定和分析技术；⑤掌握环境污染事故应急处理技术和相关知识等；⑥掌握本企业的生产工艺和污染防治设施的基本情况。

10.2.3.3　建立健全企业环境管理台账和资料

（1）环境影响评价文件，包括环境影响报告书（表）、环境影响评价批文。

（2）企业环境保护职责和管理制度。

（3）各类污染物处理装置设计、施工资料、竣工验收资料。

（4）企业环保“三同时”验收资料。

（5）企业污染物排放总量控制指标和排污申报登记表。

（6）废水和废气污染物处理装置日常运行状况和监测记录、报表，包括现状处理量、处理效率、运行时间、处理前和处理后排放情况、日常运行存在问题及解决措施落实情况。

（7）废水排放管网和在线自动监测仪器日常维护保养记录。

（8）分析监测仪器和设备日常维护和计量记录。

（9）工业固废委外处理协议，危险固废安全处置五联单据。

（10）企业主要噪声污染源数量、噪声级和厂界噪声监测数据。

（11）防范环境风险事故措施和环境风险事故应急预案；事故应急演练组织实施方案、记录。

（12）环境风险事故总结材料。

（13）安全防护和消防设施日常维护保养记录。

（14）企业环境管理工作人员专业技术培训登记情况。

（15）适用于本企业的环境保护法律、法规、规章制度及相关政策性文件。

（16）环境影响评价文件中规定的环境监控监测记录。

（17）企业总平面布置图和污水管网线路图，总平面布置图应包括废气污染源和污水排放口位置。

以上企业环境管理档案要求分类分年度装订，资料台账完善整齐，装订规范，排污许可证齐全，监测记录连续完整，指标符合环境管理要求，能反映企业在环境方面的全面情况。

10.2.3.4 建立和完善企业内部环境管理制度

各有关企业要结合本企业实际情况，建立健全企业内部环境管理制度，完善企业内部环境管理机制。重点包括：①企业环境规划与计划；②企业污染减排计划；③企业环境综合管理制度，包括企业各部门环境职责分工、环境报告制度、环境监测制度、尾矿库或渣场环境管理制度、危险废物环境管理制度、环境宣传教育和培训制度等；④企业环境保护设施设备运行管理制度，包括企业环境保护设施设备操作规程、交接班制度、台账制度、环境保护设施设备维护保养管理制度等；⑤企业环境监督管理制度，包括环境保护设施设备运转巡查制度等；⑥企业环境应急管理制度，包括环境风险管理、环境应急报告、综合环境应急预案和有关专项预案等；⑦企业环境监督员管理制度，包括企业环境管理总负责人和企业环境监督员工作职责、工作规范等。

以上制度应作为企业基本环境管理制度，以企业内部文件形式下发到各车间、部门；纳入环境保护管理档案；在企业内公示、张贴；在日常生产中贯彻落实到位。

10.2.3.5 规范管理企业环境管理与监督人员

（1）登记备案制度

企业环境管理与监督人员实行登记备案管理制度。填写登记申请表，由县级以上环保部门环境监察机构对符合条件申请人，根据级别和专业分别登记，登记类别分为：

——企业环境管理总负责人

——企业环境监督员

获得培训合格证书者须在 3 个月内办理登记。

（2）报告制度

企业环境管理与监督人员实行报告制度，加强与环保部门沟通。每季度向市级以上环保部门环境监察机构报告有关情况。

10.2.3.6 其他事项

（1）严格执行国家和地方的环保法律法规、环境标准，做到知法、懂法、守法。做到企业主要领导熟记本企业应执行的环保法律法规和标准名称、污染减排目标任务；车间、部门领导熟记环境保护目标任务；操作人员熟记岗位职责和操作规范。

（2）在企业内部进行环境保护宣传工作，各生产线应有标示牌图示生产工艺过程、产污环节、主要污染物名称及单位产品产污量、污染物处理方法和污染物排放去向。在企业醒目位置设立污染源分布图、污染物处理流程图和企业环境管理责任体系网络图公示牌。

10.3 对外合作环境保护指南

10.3.1 由企业自觉遵守

为与各国共同应对环境保护的挑战，指导中国企业在“走出去”过程中做好环境保护工作，推动对外投资合作可持续发展，商务部会同环境保护部在借鉴国际经验和理念的基础上，结合中国国情研究制定了《对外投资合作环境保护指南》（商合函〔2013〕74 号）（下称《指南》）。此《指南》的主要精神是倡导企业树立环保理念，依法履行环保责任，要求企业遵守东道国环保法规，履行环境影响评价、达标排放、环保应急管理等环保法律义务，同时鼓励企业研究与国际接轨。此《指南》适用于中国企业对外投资合作活动中的环境保护，由企业自觉遵守。

10.3.2 《指南》要义

（1）倡导企业在积极履行环境保护责任的过程中，尊重东道国社区居民的宗教信仰、文化传统和民族风俗，保障劳工合法权益，为周边地区居民提供培训、就业和再就业机会，促进当地经济、环境和社区协调发展，在互利互惠基础上开展合作。

（2）企业应当秉承环境友好、资源节约的理念，发展低碳、绿色经济，实施可持续发展战略，实现自身盈利和环境保护“双赢”。

（3）企业应当了解并遵守东道国与环境保护相关的法律法规的规定。企业投资建设和运营的项目，应当依照东道国法律法规规定，申请当地政府环境保护方面的相关许可。

（4）企业应当将环境保护纳入企业发展战略和生产经营计划，建立相应的环境保护规章制度，强化企业的环境、健康和生产安全管理。鼓励企业使用综合环境服务。

（5）企业应当建立健全环境保护培训制度，向员工提供适当的环境、健康与生产安全方面的教育和培训，使员工了解和熟悉东道国相关环境保护法律法规规定，掌握有关有害物质处理、环境事故预防以及其他环境知识，提高企业员工守法意识和环保素质。

（6）企业应当根据东道国的法律法规要求，对其开发建设和生产经营活动开展环境影响评价，并根据环境影响评价结果，采取合理措施降低可能产生的不利影响。

（7）鼓励企业充分考虑其开发建设和生产经营活动对历史文化遗产、风景名胜、民风民俗等社会环境的影响，采取合理措施减少可能产生的不利影响。

（8）企业应当按照东道国环境保护法律法规和标准的要求，建设和运行污染防治设施，开展污染防治工作，废气、废水、固体废物或其他污染物的排放应当符合东道国污染物排放标准规定。

（9）鼓励企业在项目建设前，对拟选址建设区域开展环境监测和评估，掌握项目所在地及其周围区域的环境本底状况，并将环境监测和评估结果备案保存。鼓励企业对排放的主要污染物开展监测，随时掌握企业的污染状况，并对监测结果进行记录和存档。

（10）鼓励企业在收购境外企业前，对目标企业开展环境尽职调查，重点评估其在历史经营活动中形成的危险废物、土壤和地下水污染等情况，以及目标企业与此相关的环境债务。鼓励企业采取良好环境实践，降低潜在环境负债风险。

（11）企业对生产过程中可能产生的危险废物，应当制订管理计划。计划内容应当包括减少危险废物产生量和危害性的措施，以及危险废物贮存、运输、利用、处置措施。

（12）企业对可能存在的环境事故风险，应当根据环境事故和其他突发事件的性质、特点和可能造成的环境危害，制订环境事故和其他突发事件的应急预案，并建立向当地政府、环境保护监管机构、可能受到影响的社会公众以及中国企业总部报告并与之沟通的制度。

应急预案的内容包括应急管理工作的组织体系与职责、预防与预警机制、处置程序、应急保障以及事后恢复与重建等。鼓励企业组织预案演练，并及时对预案进行调整，鼓励企业采取投保环境污染责任保险等手段，合理分散环境事故风险。

（13）企业应当审慎考虑所在区域的生态功能定位，对于可能受到影响的具有保护价值的动、植物资源，企业可以在东道国政府及社区的配合下，优先采取就地、就近保护等措施，减少对当地生物多样性的不利影响。对于由投资活动造成的生态影响，鼓励企业根据东道国法律法规要求或者行业通行做法，做好生态恢复。

（14）鼓励企业开展清洁生产，推进循环利用，从源头削减污染，提高资源利用效率，减少生产、服务和产品使用过程中污染物的产生和排放。

（15）鼓励企业实施绿色采购，优先购买环境友好产品。鼓励企业按照东道国法律法规的规定，申请有关环境管理体系认证和相关产品的环境标志认证。

（16）鼓励企业定期发布本企业环境信息，公布企业执行环境保护法律法规的计划、采取的措施和取得的环境绩效情况等。

（17）鼓励企业加强与东道国政府环境保护监管机构的联系与沟通，积极征求其对环境保护问题的意见和建议。

（18）倡导企业建立企业环境社会责任沟通方式和对话机制，主动加强与所在社区和相关社会团体的联系与沟通，并可以依照东道国法律法规要求，采取座谈会、听证会等方式，就本企业建设项目和经营活动的环境影响听取意见和建议。

（19）鼓励企业积极参与和支持当地的环境保护公益活动，宣传环境保护理念，树立企业良好环境形象。

（20）鼓励企业研究和借鉴国际组织、多边金融机构采用的有关环境保护的原则、标准和惯例。

上述要求是我国境内企业环境管理经验的提炼与升华，对化工企业的导向作用更加突出，应该成为制定化工企业管理制度的榜样和标杆。

10.4 ISO 14000 环境管理体系

10.4.1 ISO 14000 系列标准概述

国际标准化组织（ISO）于 1993 年成立环境管理技术委员会，1996 年 9 月 1 日发布了 ISO 14001 第一版，现行标准为 2004 年 11 月 15 日正式发布的 ISO 14001：2004 版。

ISO 14000 系列标准的目标是规范全球工业、商业、政府、非盈利组织和其他用户的环境行为，减少人类活动对环境造成的污染和破坏，进一步促进经济与环境的同步协调发展，实现可持续发展的战略。

ISO 14000 已正式颁布的 12 个环境系列标准，且已全部转换为我国国家标准。

现代化工企业在市场上的竞争已不仅仅是资本和技术的竞争，也是品质、形象的竞争。现代社会不会容忍一个厂区内垃圾成堆、污水超标直排的企业，也不会容忍对职工的安全与健康漠不关心的企业。将 ISO 14001：2004（环境管理体系 要求及使用指南）、ISO 9001：2008（质量管理体系 要求）、OHSMS 18001：2007（职业健康安全管理体系 规范）三个管理体系一起建立，已成为现代化工企业的重要标志。

我国《环境管理体系 要求及使用指南》的国家标准号为：GB/T 24001—2004 idt ISO 14001：2004。

10.4.2 ISO 14000 系列标准的特点

ISO 14000 系列标准不仅体系庞大、内容广泛，涉及许多最难处理的问题，尤其是在国家之间、地区之间经济差距较大的情况下，标准体系具有国际标准化的许多创新点，主要特点如下。

10.4.2.1 自愿原则

ISO 14000 系列标准的基本思路是引导企业建立起环境管理的自我约束机制，从最高领导到每个员工都以主动、自觉的精神处理好与改善环境表现（行为）有关的活动，树立企业形象、提高企业竞争力。ISO 14000 系列标准的所有标准不是强制的，而是自愿采用的。

10.4.2.2 广泛适用性

ISO 14000 系列标准在吸取了 ISO 9000 系列标准经验教训的基础上创新，形成“广泛适用”的特点，适用于任何类型与规模的组织，并适用于各种地理、文化和社会条件，既可适用于内部审核或对外认证、注册，也可用于自我管理。

10.4.2.3 灵活性

标准适用性的基础是灵活性和合理性。ISO 14001 标准除了要求组织对遵守环境法规、坚持污染预防和持续改进做出承诺外，再无硬性规定。把建立表现（行为）目标和指标的工作留给企业，使企业从实际出发量力而行，这就使世界上各类企业都有可能通过实施这套彼岸标准达到改进环境表现（行为）的目的。

10.4.2.4 兼容性

ISO 14001（环境管理体系）、ISO 9001（质量管理体系）OHSMS 18001（职业健康安全管理体系）基本上相互兼容。可以方便地把三者整合起来，同时贯标和认证。

10.4.2.5 全过程预防

“预防为主”是贯穿 ISO 14000 系列标准的主导思想。企业环境行为评价可通过连续的、动态的监测数据，既可对某一时点的环境行为进行评价，又能对发展趋势进行评估和预测，为企业管理的各个方面、产品生命周期的各个阶段提供决策依据，实现全过程的污染预防。

10.4.2.6 持续改进原则

持续改进是 ISO 14000 系列标准的灵魂。一个组织建立了自己的环境管理体系，并不能表明其环境表现（行为）如何，而是表明这个组织决心通过实施这套标准，建立起持续改进的机制，不断实现自己的环境方针和承诺，最终达到改善环境表现（行为）的目的。

10.4.3　环境管理体系运行模式

按照 ISO 14001：2004 的要求所建立的环境管理体系，是一个动态的、不断改进、不断发展的完整体系。这个体系的基本内容、结构和运行如图 10.2 所示。图中显示了环境管理体系的 5 大部分和 17 个体系要素。

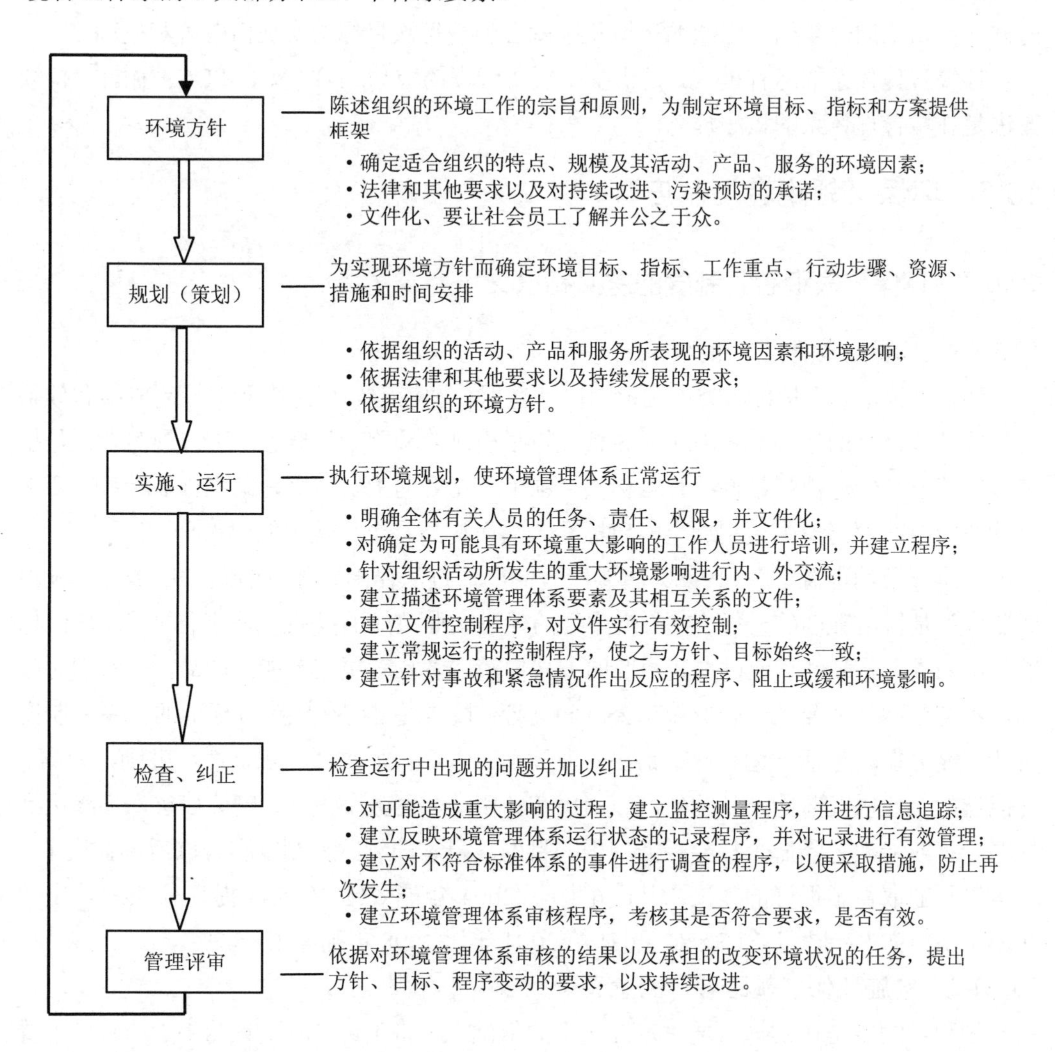

图 10.2　环境管理体系的基本内容、结构和运行（张劲松绘制）

环境管理体系是组织“整个（管理）体系的一个组成部分，包括为制定、实施、实现、评审和保持环境方针所需的组织结构、计划活动、职责、惯例、程序、过程和资源。”

环境方针是环境管理体系每一次循环的出发点和归宿；“规划（策划）”可看作是如何实现环境方针的策划；“实施和运行”则是对策划的实施并使环境管理体系投入运行；“检查和纠正措施”是运行过程中的经常工作，是保证和改进环境管理体系的措施；最后的“管理评审”是对整个循环过程的总结，如果发现环境方针和目标方面存在问题，则需提出修改方针的任务，循环到此告一段落。通过方针、目标等的修订，又开始了新的循环。如此周而复始，组织的环境状况就会随着每次目标的实现而改善和提高。

环境管理体系的运行模式，是借鉴了质量管理的成功经验，实行 PDCA 循环。持续改进是环境管理体系的核心理念。

10.5 环保“领跑者”制度

10.5.1 环保“领跑者”制度的含义和意义

10.5.1.1 环保“领跑者”的含义

环保“领跑者”是指同类可比范围内环境保护和治理环境污染取得最高成绩和效果即环境绩效最高的产品。我国在能源领域较早引进“领跑者”概念。所谓领跑者，是指某一用能产品能源消耗最低的行业标兵。领跑者制度的主要内容是确立行业标杆，要求全行业的企业都努力去达到这个能效标准，从而提高整个行业的能效水平。

日本《节约能源法》（1998）将领跑者制度通过法律形式加以明确。日本的“领跑者制度”是日本独创的一种“鞭打慢牛”的促进企业节能的措施，通过推动节能环保标准的不断提升，鼓励企业以自我声明的方式向消费者推荐更为节能的产品，政府则对限期内不能达到节能要求的企业做出公示和处理。日本通过围绕领跑者标准的一系列制度设计，充分调动包括制造企业、销售企业和消费者等市场主体的积极性，鼓励能效高、耗能低的企业以及节能产品的生产、销售和使用，从而鼓励先进、鞭策后进，最终达到提高全行业能效、降低全社会耗能水平的目的。日本的领跑者制度实施以后，在汽车、家电等行业取得了很好的效果。其汽车行业 2004 年能效比 1995 年提高了 22%，空调 2004 年比 1997 年提高了 67.8%，电冰箱 2004 年比 1998 年提高了 55.2%。

10.5.1.2 实施环保“领跑者”的意义

领跑者制度是在发挥市场决定性作用的基础上，将市场“看不见的手”和政府“看得见的手”有机结合。实施环保“领跑者”制度对激发市场主体节能减排内生动力、促进环境绩效持续改善、加快生态文明制度体系建设具有重要意义。建立环保“领跑者”制度，以企业自愿为前提，通过表彰先进、政策鼓励、提升标准，推动环境管理模式从“底线约束”向“底线约束”与“先进带动”并重转变。

10.5.2 领跑者制度的由来和法律规定

“十二五”以来，我国发布了一系列文件，明确提出要在节能减排领域建立领跑者制度。2011年国务院印发的《“十二五”节能减排综合性工作方案》规定，建立领跑者标准制度。研究确定高耗能产品和终端用能产品的能效先进水平，制定领跑者能效标准，明确实施时限。将领跑者能效标准与新上项目能评审查、节能产品推广应用相结合，推动企业技术进步，加快标准的更新换代，促进能效水平快速提升。之后，国务院相继印发了《“十二五”节能环保产业发展规划》、《工业转型升级规划（2011—2015年）》、《“十二五”国家战略性新兴产业发展规划》、《节能减排“十二五”规划》、《能源发展“十二五”规划》、《国务院关于加快发展节能环保产业的意见》等一系列规划性文件，其中都提出要建立领跑者制度，促进能效水平快速提升。

为应对我国严峻的大气污染形势，国务院印发的《大气污染防治行动计划》中提出“建立企业领跑者制度，对能效、排污强度达到更高标准的先进企业给予鼓励”。首次将领跑者制度从节能领域扩展到污染防治领域，环保“领跑者”制度呼之欲出。

《河北省大气污染防治行动计划实施方案》（2013）提出，切实完善有利于改善大气环境的经济政策，建立企业“领跑者”制度，对能效、排污强度达到更高标准的先进企业给予鼓励。而对偷排偷放、屡查屡犯的违法企业则“毫不客气”，要依法停产关闭；对涉嫌环境犯罪的，要依法追究刑事责任。

2014年全面修订的《环境保护法》第二十二条规定：“企业事业单位和其他生产经营者，在污染物排放符合法定要求的基础上，进一步减少污染物排放的，人民政府应当依法采取财政、税收、价格、政府采购等方面的政策和措施予以鼓励和支持。”为制定实施环保“领跑者”制度提供了法律支撑。

2015年，我国环保“领跑者”制度终于水到渠成，正式发布。2015年4月2日，国务院印发《水污染防治行动计划》创新性地提出，“健全节水环保‘领跑者’制度。鼓励节能减排先进企业、工业集聚区用水效率、排污强度等达到更高标准，支持开展清洁生产、节约用水和污染治理等示范”。通过健全“领跑者”制度、推行绿色信贷、实施跨界补偿等措施，建立有利于水环境治理的激励机制。4月25日，中共中央、国务院印发《关于加快推进生态文明建设的意见》（中发〔2015〕12号）将领跑者制度列入生态文明制度体系，要求加快制定修订一批能耗、水耗、地耗、污染物排放、环境质量等方面的标准，实施能效和排污强度“领跑者”制度，加快标准升级步伐。6月25日，为贯彻落实《环境保护法》、《大气污染防治行动计划》（国发〔2013〕37号）、《中共中央国务院关于加快推进生态文明建设的意见》（中发〔2015〕12号）和《水污染防治行动计划》（国发〔2015〕17号）的有关要求，财政部、国家发展改革委、工业和信息化部、环境保护部联合制定并印发《环保“领跑者”制度实施方案》（财建〔2015〕501号）。《方案》是企业环境保护自律制度建设的一块里程碑。

10.5.3 《环保“领跑者”制度实施方案》的主要内容

（1）实施环保“领跑者”制度的基本思路

建立环保“领跑者”制度，以企业自愿为前提，通过表彰先进、政策鼓励、提升标准，推动环境管理模式从“底线约束”向“底线约束”与“先进带动”并重转变。制定环保“领跑者”指标，发布环保“领跑者”名单，树立先进典型，并对环保“领跑者”给予适当政策激励，引导全社会向环保“领跑者”学习，倡导绿色生产和绿色消费。

（2）环保“领跑者”的基本要求

综合考虑产品本身的环境影响、市场规模、环保潜力、技术发展趋势以及相关环保标准规范、环保检测能力等情况，面向大气、水体、固体废弃物及噪声污染源头削减，选择使用量大、减排潜力大、相关产品及环境标准完善、环境友好替代技术成熟的产品实施环保“领跑者”制度，并逐步扩展到其他产品。具体要求：

①产品环保水平须达到《环境标志产品技术要求》标准，且为同类型可比产品中环境绩效领先的产品。

②推行绿色供应链环境管理，注重产品环境友好设计，采用高效的清洁生产技术，达到国际先进清洁生产水平，全生命周期污染排放较低。

③产品为量产的定型产品，性能优良，达到产品质量标准要求，近一年内产品质量国家监督抽查中，该品牌产品无不合格。

④生产企业为中国大陆境内合法的独立法人，具备完备的质量管理体系、健全的供应体系和良好的售后服务能力，承诺“领跑者”产品在主流销售渠道正常供货。

（3）环保“领跑者”的遴选和发布

环保“领跑者”遴选和发布工作委托第三方机构开展，每年遴选和发布一次。根据《大气污染防治行动计划》、《水污染防治行动计划》确定的部门分工，有关部门根据实际情况，研究提出拟开展环保“领跑者”产品名录，并将相关具体要求在公众媒体上公开。相关企业在规定期限内自愿申报，按照专家评审、社会公示等方式确定环保“领跑者”名单。

环保“领跑者”标志委托第三方机构征集、设计，按程序审定后向社会公布。入围产品的生产企业可在产品明显位置或包装上使用环保“领跑者”标志，在品牌宣传、产品营销中使用环保“领跑者”标志。严禁伪造、冒用环保“领跑者”标志，以及利用环保“领跑者”标志做虚假宣传、误导消费者。

（4）实施环保“领跑者”制度的保障措施

①建立标准动态更新机制

建立并完善环保“领跑者”指标以及现有环保标准的动态更新机制。根据行业环保状况、清洁生产技术发展、市场环保水平变化等情况，建立环保“领跑者”指标的动态更新机制，不断提高环保“领跑者”指标要求。将环保“领跑者”指标与现有的环境标志产品技术要求、清洁生产评价指标体系以及相关产品质量标准相衔接，带动现有环保标准适时提升。

②加强管理

定期发布环保“领跑者”产品名录及环保“领跑者”名单，树立环保标杆。加强对第三方机构的监督管理，确保环保“领跑者”认定过程客观公正。环保“领跑者”称号实行动态化更新管理。开展跟踪调查，对出现产品质量不合格或违法排污等不符合环保“领跑者”条件的，撤销称号，并予以曝光。

③完善激励政策

财政部会同有关部门制定激励政策，给予环保“领跑者”名誉奖励和适当政策支持。鼓励环保“领跑者”的技术研发、宣传和推广，为环保“领跑者”创造更好的市场空间。

④加强宣传推广

通过公开发文、政府网站、大众传媒等方式向全社会宣传实施环保“领跑者”制度的目的与意义，扩大制度影响力。利用电视、网络、图书、期刊和报纸等大众传媒，以及召开新闻发布会、表彰会、推介会等形式宣传环保“领跑者”，树立标杆，弘扬典型，表彰先进，为制度实施营造良好的社会氛围、舆论氛围。

推荐阅读

某精细化工股份有限公司环境保护管理制度

第一章　总　则

第一条　为贯彻落实《环境保护法》和有关环境保护的法律、法规，加强本公司环境保护工作，切实减少或消除化工生产对环境的污染和生态的影响，特制定本制度。

第二条　本公司建立厂级、车间、工段三级环境保护管理网络，开展全面、全员、全过程的环境保护管理工作，确保污染物达标排放。

第三条　贯彻执行 ISO 14001：2004 环境管理体系标准，持续改进本公司环境保护工作。

第二章　机构设置与职责

第四条　环境保护管理总负责人

本公司由总工程师为环保管理总负责人。职责是：

（1）全面负责企业的环保管理工作；

（2）负责监督、指导本公司“环境保护处”（简称环保处）的工作，审核企业环境报告和环境信息等；

（3）负责组织制定并组织实施污染减排计划，落实削减目标；

（4）负责组织制定并组织实施环境保护管理制度；

（5）负责建立并组织实施环境突发事故应急制度。

第五条　环境保护机构

本公司环境保护的职能部门是环境保护处。其职责是：

（1）在总工程师的领导下，认真贯彻执行国家、政府部门的有关环保方针、政策和法律法规和标准，负责组织本企业环保工作的管理、监督和监测任务；

（2）负责组织实施企业环保规划、污染减排规划，编制年度环保工作总结报告；

（3）参加新建、扩建和改造项目方案的研究和审查工作，参加项目环保设施的竣工验收，提出环保意见和要求；

（4）制定各车间、部门废水进入总污水处理站的纳管标准和送焚烧的固废标准；

（5）负责本公司废物焚烧炉和总污水处理站的管理和运行，监督检查车间和部门“三废”治理设施运行情况；

（6）积极和车间、部门配合，做好处理水的回用工作，不断减少公司废水排放量；

（7）负责公司环境监测站的管理和运行。监测站应达到《化工企业环境保护监测站设计规定》（HG 20501）的要求；

（8）做好公司废物焚烧炉、总污水处理站、环境监测站的运行原始记录，建立运行台账，做好环保资料归档和环保统计工作；

（9）负责编写公司环保应急预案并组织演练。在总工程师领导下，对企业突发性污染事件进行处理，并及时向政府环保部门报告；

（10）组织对员工进行环保法律、法规的宣传教育和培训考核，提高员工的环保意识；

（11）协调与政府环保部门的工作；

（12）定期召开公司环保情况报告会和专题会议，负责向政府环保部门和社会公众发布本公司的环境信息。

第六条　环境保护管理员（简称环保员）

本公司设立厂级专职环保员，车间和部门专、兼职环保员和工段（班组）兼职环保员；

厂级专职环保员由环保处根据需要确定名额；

各车间和部门专、兼职环保员和各工段（班组）兼职环保员名额为 1 名。

第七条　厂级环保员的职责

在公司环保处负责人的领导下，做好如下工作：

（1）制定并监督实施公司的环保工作计划和规章制度；

（2）协助编制公司新建、改建、扩建项目环境影响报告及“三同时”计划，并予以督促实施；

（3）负责检查企业产生污染的生产设施、污染防治设施及存在环境安全隐患设施的运转情况，监督、检查各环保操作岗位的工作；

（4）负责检查并掌握企业污染物的排放情况，并配合政府环保部门监督检查；

（5）协助车间、部门开展清洁生产、节能节水、处理水回用等工作，制定利用回用水的奖励办法，并认真考核；

（6）参与编写企业环境应急预案并演练，对突发性环境污染事件及时汇报和处理；

（7）做好环境统计工作；

（8）做好对职工的环保知识培训。

第八条　车间和部门级、工段（班组）级环保员的职责

在车间和部门、工段（班组）负责人领导下做好如下工作：

（1）负责制定并监督实施本级的环保工作计划和规章制度；

（2）负责检查本级产生污染的生产设施、污染防治设施及存在环境安全隐患设施的运转情况，监督、检查各环保操作岗位的工作；

（3）负责检查并掌握本级污染物的排放情况，并接受公司环保处的监督检查；

（4）协助本级领导开展清洁生产、节能节水等工作；

（5）编写本级环境应急预案并演练，对突发性环境污染事件及时汇报和处理；

（6）做好本级环境统计和台账工作；

（7）做好对本级职工的环保知识培训。

第三章　各车间、部门环境保护职责

第九条　各车间、部门，工段（班组）环境保护的基本职责如下：

（1）杜绝跑、冒、滴、漏，发现泄漏点，及时处理；

（2）认真进行“废气”的回收和处理，确保 “废气”达标排放；

（3）认真进行“废水”的预处理，确保排入总污水处理站的污水在纳管标准以下；

（4）确保各类固废符合送焚烧炉处理的要求；

（5）积极和环保处配合，接收环保处的监督和检查，完成本部门年度环境保护分解指标；

（6）开展合理化建议活动，提高生产管理水平，减少废、次品的生产。

第十条　研发中心环境保护职责

（1）根据公司环保规划、污染减排规划，积极研发新工艺，利用新设备、新材料、新技术减少污染物排放；

（2）研究“三废”资源回收利用办法，减少排放，增加社会财富；

（3）改进污染物预处理的工艺，提高预处理水平，减少焚烧炉和总污水处理站的负荷；

（4）根据环保处提出的问题，对总污水处理场站前期物化处理进行改进，提高废水的可生化性。

第十一条　采购、销售部门环境保护职责

（1）认真执行危险化学品运输、贮存规定，防止环境污染事故的发生；

（2）尽可能使用可循环使用的包装物，危险化学品的包装物应按规定回收处理；

（3）不合格原料会造成排放量增加，确保不合格原料不进厂。

第四章　污染物排放管理

第十二条　废水排放管理

（1）废水排放管理严格执行雨污分流、清污分流原则；

（2）各车间、部门必须建有集废池并进行防腐处理，确保设备冲洗水不进入雨水下水道；

（3）各工段、班组必须认真采取措施，防止物料散落；散落物料应认真收集，严禁用水冲洗地面（只能用湿拖把拖地），将化工物料冲入废水中；

（4）废水输送全部采用高架明管，不得将废水管道埋置于地下；

（5）废水经预处理后，未达总污水处理站纳管标准，总污水处理站有权拒收；

（6）经总污水处理站处理后的污水，尽可能回用；不能回用的作排放处理，排放废水必须达到当地政府规定的排放标准；

（7）总污水处理站废水排放总口处安装污水流量和水质在线监测设施，并与环保部门联网，对污水水质进行实时监控。

第十三条　废气排放管理

（1）各车间、工段应加强对生产废气排放的回收和处理，确保达标排放；

（2）各车间、工段的废气回收、处理设施应做好运行记录；

（3）公司环境监测站应在厂区合理设置监测点，进行连续废气排放监测，并做好监测记录和台账。

第十四条　固体废物管理

（1）各车间、部门需焚烧处理的固废、污泥由焚烧站专用运输车辆送焚烧站；

（2）公司应做好焚烧炉运行记录和台账；

（3）需送交厂外有资质单位进行处置的固废应有记录和台账。

第五章　环境污染事故管理

第十五条　环境应急预案

（1）针对可能发生的水污染、大气污染等事故，环保处应制定完善的《环境污染事故应急救援预案》，以有效应对突发环境污染与破坏事故；

（2）公司《环境污染事故应急救援预案》应明确救援队伍职责，对信息报送、出警、现场处置、污染跟踪、调查取证、后勤保证等做出详细的规定；

（3）公司《环境污染事故应急救援预案》应定期修订和演练，一般每年至少演练一次，并做好演练记录；对演练中发现的问题进行分析、补充和完善预案，提高应急反应和救援水平。

第十六条　环境污染事故的处理

（1）公司发生环境污染事故后，应立即启动预案，并上报公司环保处，按照应急预案开展救援，将污染突发事故对人员、财产和环境造成的损失降至最小程度，最大限度地保障人民群众的生命财产安全及生态环境安全；

（2）公司发生环境污染事故后，公司环保处应上报政府环保主管部门；

（3）公司发生环境污染事故后，环保处应妥善做好事故的善后工作，按照事故“四不放过”的原则，协助环保部门做好事故原因的调查和处理，制定防范事故再发生的措施。各级专、兼职环保员应配合环保处的工作。

第六章　奖励与惩罚

第十七条　本公司员工，在环境保护工作中，成绩显著者给予奖励。奖励办法按照公司奖励条例执行。

第十八条　本公司员工违章指挥或玩忽职守，任意排放污染物，造成污染环境事件，视情节轻重，给予罚款、行政处罚、辞退等处分；构成非犯罪的，移送司法机关依法追究刑事责任。

附　则

第十九条　本制度与国家法律、法规等文件有抵触时，按文件规定执行。

第二十条　本制度自发布之日起实施。

（张劲松供稿）

本章小结

本章将企业自行监测制度和企业监督员制度、对外合作环境保护指南、“领跑者”制度列入企业自律类环境管理制度。除了企业自行监测制度属法律制度外，其他三项制度均系国家鼓励企业自愿执行的制度。内因是变化的根据，外因是变化的条件，外因通过内因起作用，起作用的那些外因可以转化为内因。由被动变主动，由消极变积极。企业自律是他律的基础，他律是为了提高企业自律的水准。自律与他律的有机结合，方可持续。

思考题

1. 企业自行监测制度的基本要求是什么？为什么要开展企业自行监测？
2. 企业环境监督员制度实施依据是什么？
3. 对外合作环境保护指南的主要内容是什么？
4. 环保“领跑者”制度的基本内容是什么？
5. 谈谈你对自律与他律的辩证关系的认识。

第三篇 技术篇

实践表明，以末端治理为主的模式违背市场经济规律，是“先污染后治理”道路的铺路石。末端治理永远需要，但永远不应成为主角。以清洁的化工工艺为核心，打造绿色供应链，全员全面全过程防控污染，实现源头控制、全程控制、总量控制，走绿色化工之路，才是实现化工环境与发展“双赢”的正道。

第 11 章　化工污染防治技术

本章主要讨论化工生产中产生的废气、废水、固体废物和物理危害因素等污染物的防治技术及场地污染防治。

11.1　化工企业污染防治基本原则和技术规范

11.1.1　化工企业污染防治基本原则

化工企业应积极调整产品结构，采用清洁生产工艺，合理地开发和利用资源，从源头上防控污染，并尽可能将污染消化在生产和再生产的全过程，遵循“减量化、资源化、无害化”的方针，采用先进的工艺、技术和装备，积极治理各种污染物和物理危害因素，保护生态环境良性循环，促进企业可持续发展。

化工建设项目应当采用能耗物耗小，污染物产生量小的清洁生产工艺，在设计中做到：①采用无毒无害、低毒低害的原料和能源；②采用能够使资源最大限度地转化为产品，污染物排放量最少的新技术、新工艺、新设备；③采用无污染或少污染、节能降耗的新型设备；④产品结构合理，发展对环境无污染、少污染的新产品；⑤采用技术先进适用、效率高、经济合理的资源和能源回收利用及污染物处理处置设施。

11.1.2　主要化工污染防治技术规范

化工污染防治的特点是涉及污染的化学品种繁多、防治技术复杂，必须依靠技术进步和科学管理。本节参考的主要化工污染防治技术规范、技术政策有：

GB 50483－2009《化工建设项目环境保护设计规范》

GB 50684—2011《化学工业污水处理与回用设计规范》

HJ 2035—2013《固体废物处理处置工程技术导则》

HJ 2027—2013《催化燃烧法工业有机废气治理工程技术规范》

HJ 2026—2013《吸附法工业有机废气治理工程技术规范》

HJ 2025—2012《危险废物收集、储存、运输技术规程》

HJ 2015—2012《水污染治理工程技术导则》

HJ 2006—2010《污水混凝与絮凝处理工程技术规范》

HJ 2005—2010《人工湿地污水处理工程技术规范》

HJ/T 176—2006《危险废物集中焚烧处理工程建设技术规范》

HG/T 20501—2013《化工建设项目环境保护监测站设计规定》（工业和信息化部公告 2013 年第 52 号）

HG/T 20504—2013《化工危险废物填埋场设计规定》（工业和信息化部公告 2013 年第 52 号），代替 HG 20504—2013

HG 20706—2013《化工建设项目废物焚烧处置工程设计规定》（工业和信息化部公告 2013 年第 52 号）

《环境空气细颗粒物污染综合防治技术政策》（环保部公告，2013-09-25 实施）

《挥发性有机物（VOC_S）污染防治技术政策》（环保部公告 2013 第 31 号）

《硫酸工业污染防治技术政策》（环保部公告 2013 第 31 号）

《制药工业污染防治技术政策》（环保部公告 2012 第 18 号）

《危险废物安全填埋处理工程建设技术要求》（环发〔2004〕75 号）

《危险废物污染防治技术政策》（环发〔2001〕199 号），等

11.1.3 当前国家鼓励发展的环保产业设备（产品）目录

2010 年 4 月 16 日，为贯彻落实《国务院关于印发节能减排综合性工作方案的通知》精神，满足当前节能减排工作需要，提高我国环保技术装备水平，培育新的经济增长点，促进资源节约型、环境友好型社会建设，国家发展和改革委员会和环境保护部联合发布《当前国家鼓励发展的环保产业设备（产品）目录》（2010 年版）（国家发展和改革委员会、环境保护部 2010 年第 6 号公告，以下简称《目录》），自发布之日起施行，《当前国家鼓励发展的环保产业设备（产品）目录（2007 年修订）》同时废止。2010 年版《目录》见表 11.1。

表 11.1 当前国家鼓励发展的环保产业设备（产品）目录》（2010 年版）

序号	产品名称型号	主要性能指标	主要应用领域
一、	水污染治理设备		
1	膜生物反应器	单元组器处理水量：325～1 000 t/d； 平板膜运行寿命时间：≥8 年，中空纤维膜运行寿命时间：≥5 年； 吨水能耗指标：≤0.5（kW·h）/t； 处理出水水质达到和超过《城镇污水处理厂污染物排放标准》（GB 18918）一级 A 标准；再生水达到《城市污水再生利用 城市杂用水水质》（GB/T 18920）	市政污水深度处理或再生水生产、高浓度有机废水处理
2	上流式多级厌氧反应器	污水停留时间：3～10 h； 容积负荷：15～35 kgCOD/（m^3·d）； 进水水质 BOD_5/COD：≥0.3； BOD_5、COD 去除率：≥80%； 反应水温：30～40℃	高浓度有机废水处理
3	超旋磁氧曝气污水处理装置	出水指标达到《城镇污水处理厂污染物排放标准》（GB 18918）的一级 B 标准； 运行电耗：0.18（kW·h）/t 水； 动力效率：4.75 kg（O_2）/kW·h； 运行温度：40～−30℃	住宅小区、旅游景点、部队营房等污水处理站
4	碳系载体生物滤池	处理能力：1～10 000 m^3/d； 载体比表面积：100 m^2/g； 总孔体积：0.28 ml/g； 松散密度：335 g/L； 石墨态密度：2 250 g/L； 动力效率：4.8 kg/kW·h； 曝气量设计：0.1 m^3/m^2·min； 处理吨水产污泥量：0.000 16 m^3； 进水：COD：≤500 mg/L，BOD_5：≤300 mg/L，TN：≤60 mg/L，TP：≤6 mg/L，SS：≤400 mg/L； 出水：COD：≤50 mg/L，BOD_5：≤10 mg/L，TN：≤15 mg/L，TP：≤0.5 mg/L，SS：≤10 mg/L	生活污水处理，湖泊水体修复，河流水质净化，可生化工业废水处理
5	活性污泥生物膜复合式一体化处理设备	处理能力：50～200 t/d； 进水：COD：≤500 mg/L，BOD_5：≤300 mg/L，TN：≤60 mg/L，TP：≤4 mg/L，SS：≤200 mg/L； 出水：COD：≤50 mg/L，BOD_5：≤20 mg/L，TN：≤15 mg/L，TP：≤1 mg/L，SS：≤8 mg/L，浊度：≤1NTU； 吨水电耗：024（kW·h）/m^3	城市生活小区、宾馆、医院、学校、旅游景点、海岛以及乡镇污水处理。也适用于零下30℃寒冷地区

序号	产品名称型号	主要性能指标	主要应用领域
6	六维三相生物反应器	容积负荷：2.0～5.5 kg（BOD_5）/（m^3 • d）； 出水水质：COD_{Cr}：≤15 mg/L；BOD_5：≤10 mg/L；SS：≤12 mg/L；NH_3-N 去除率：≥98%	小区、小城镇生活污水处理及回用，尤其是对氮、磷有特殊要求的生活污水处理
7	含盐高浓度有机废水处理设备	耐盐度：30 000 mg/L； 耐盐度变化：5 000 mg/L； COD 去除率：≥96%； BOD 去除率：≥96%； SS 去除率：≥96%	高含盐类有机废水处理
8	曝气生物滤池专用滤料	采用天然火山灰制成； 视密度：0.8～0.9 g/cm^3； 抗压强度：＞1.7 MPa； 孔隙率：＞48%； 磨损率：＜3%； 粒径：3～5 mm；4～6 mm	用于曝气生物滤池
9	中空纤维超（微）滤膜组件	纤维内外径：1.0/1.6 mm； 膜孔径：0.001～0.3 μm； 纯水通量：60～1 500 L/（m^2 • h • 0.1 MPa）； 进水浊度：≤50NTU； 进水压力：≤0.3 MPa； 产品水浊度：＜0.1NTU； 滤芯使用寿命：≥3 年	海水淡化和苦咸水预处理、工业废水处理、中水回用、工业纯水制备
10	聚酰胺复合反渗透膜	工业通用膜元件：脱盐率≥99.0%，回收率 15%； 海水淡化膜元件：脱盐率≥99.7%，回收率 8%，膜使用寿命≥3 年； 抗污染膜元件：脱盐率≥99.5%，回收率 15%； 抗氧化膜元件：脱盐率≥99.2%，回收率 15%； 家用型膜元件：脱盐率≥97.5%，回收率 15%，膜使用寿命≥1 年	废水处理与回用，海水淡化，工业与饮用纯水制备
11	陶瓷滤膜组件	以氧化铝、氧化钛、氧化锆等经高温烧结而成的具有多孔结构的精密陶瓷过滤材料； 抗折强度：≥4 000N； 孔隙率：≥30%； 分离精度达纳米级过滤； 耐强酸强碱（pH 范围 0～12）和有机溶剂； 耐温：350℃； 使用寿命：≥5 年	工业废水处理与回用，工业纯水制备

序号	产品名称型号	主要性能指标	主要应用领域
12	纳滤膜元件	单支膜元件有效膜面积：7.5 m^2； 产水量：1.5 t/h 水； 回收率：15%； 膜片采用聚酰胺材质： NF-40：对氯化钠的脱除率 35%～45%； NF-70：对氯化钠的脱除率 65%～75%； NF-90：对氯化钠的脱除率 85%～95%	工业废水脱色与除盐处理，微污染水处理，垃圾渗滤液处理
13	电驱动膜分离器	电流效率：≥80%； 单级脱盐率：≥12%； 单级进出口压降：≤40 kPa； 单级单段（100 对膜，400×1600）膜通量：5 t/h； 使用寿命（苦咸水）：≥2 年	化工、冶金、食品、生物、医药工业污水处理等
14	净水器	产品结构安全性达到 0～1.05 MPa 压力 15 万次疲劳测试，耐压测试可达 2.55 MPa，耐压 15 分钟。设备使用寿命≥10 年； 出水水质达到《生活饮用水水质卫生规范》《饮用净水水质标准》（CJ 94）、《欧盟饮用水标准》和《美国国家标准》；水质色度：≤5 度；浊度：≤0.50 NTU；细菌总数＝0 CFU/ml；铅：≤0.01 mg/L；汞：≤0.001 mg/L；镉：≤0.005 mg/L；铬（六价）：≤0.05 mg/L；砷：≤0.01 mg/L；三氯甲烷：≤5.0 μg/L；四氯化碳：≤0.5 μg/L	家庭生活用水、饮用水的处理，学校、政府机关及企事业单位安全饮水处理
15	移动式组合净水设备	设备过滤速度：10～12 m^3/h； 工作压力：0.3～0.6 MPa； 适用水质：源水符合《地表水环境质量标准》（GB 3838）及《地下水质量标准》（GB /T 14848）； 出水指标：浑浊度：≤3NTU；色度：≤15 度；pH：6.5～8.5；铁：≤0.3 mg/L；锰：≤0.1 mg/L；细菌总数：≤100 CFU/ml；总大肠菌群：水中不得检出	地震灾区、湖泊、水库等浑浊水处理，特别适用于灾区
16	陶瓷真空精密过滤机	真空度：0.09～0.098 MPa； 滤液含固量：≤50×10^{-6}； 陶瓷过滤材料孔隙：2 μm； 过滤板开孔率：92%； 功率消耗：真空过滤机的 1/4； 使用寿命：≥3 年； 耐压值：≥15bar	化工、冶金污水处理，金属尾矿脱水

序号	产品名称型号	主要性能指标	主要应用领域
17	纤维滤池	过滤速度：20～30 m/h； 截污容量：5～10 kg/m³； 自用水耗：周期制水量的 1%； 悬浮物去除率：接近 100%； 出水浊度：＜1FTU	工业用水和生活用水及其废水处理
18	含油污水真空分离净化机	含油污水真空分离净化后水质达到： 含油量：≤1 mg/L； COD_{Cr}：≤50 mg/L； SS：≤20 mg/L； 机械杂质粒径：≤20 μm	钢铁、电力、造纸、石油石化工业污水处理
19	造纸黑液碱回收成套设备	黑液提取率：草浆 88%～90%，木浆 98%； 碱回收率：≥85%（草浆）； 白泥下料干度：草浆 60%，木浆 75%； 洗后白泥残碱：草浆 0.8%，木浆 0.5%	制浆造纸黑液提取及碱回收利用
20	蒸气管回转式干燥机	进料温度：≥70℃； 进料湿度：≤35%； 转速：2～8 rpm； 电耗：260（kW·h）/t； 蒸发强度：6～7 kg（H_2O）/（m^2·h）； 蒸汽耗量：1.1～1.3 t/t 水	发酵行业高浓度有机废水糟粕的干燥
21	污泥干燥焚烧装置	污泥焚烧渣减量：≥90%； 含水率偏差：≤5%； 干化污泥颗粒粒径：30～500 μm； 系统粉尘排放浓度：≤50 mg/m³； 干燥系统氧气含量：≤4%	城市污水处理厂污泥处置
22	太阳能水源热泵污泥干化装置	混合造粒系统造粒能力：50～100 t/d； 适应含水率范围：35%～80%； 污泥含水率：干燥前 80%；干燥后 15%； 粒径：ϕ4 mm； 均匀布料宽度：1 200 mm； 太阳能集热器：热转换效率≥65%，每平方米产生热风量 120 m³； 热泵：COP 值为 4～5；温度 90～100℃	城市污水处理厂污泥处置

序号	产品名称型号	主要性能指标	主要应用领域
二、	空气污染治理设备		
23	海水烟气脱硫设备	包括烟气系统、SO_2 吸收系统、海水输送系统、脱硫海水水质恢复系统、排放监测系统，以及电气与仪表控系统等； 脱硫效率：≥95%； 除尘效率：≥50%； 脱硫排放海水 pH 值：≥6.8； 脱硫后的海水通过曝气方式进行水质恢复，达到海水排放指标	沿海燃煤电厂
24	循环流化床干法烟气脱硫装置	脱硫效率：≥ 90%； 出口烟尘浓度：≤50 mg/m^3； Ca/S：≤1.22 mol/mol； 脱硫除尘岛压降：≤2 600 Pa； 设备噪声：≤85 dB（A）； 系统可用率：≥98%； 脱硫除尘岛漏风率：≤4%	电力、冶金、建材、化工工业烟气中 SO_2、SO_3、HF、HCl 有害气体治理
25	过滤镁法除尘脱硫设备	除尘效率：≥99.5%； 脱硫效率：≥95%； 烟尘限值：≤10 mg/m^3； 二氧化硫限值：≤20 mg/m^3	燃煤工业锅炉、大中型工业炉窑的烟气除尘脱硫
26	多相反应器	液气比：6～8l/m^3； 系统阻力：≤1 500 Pa； 脱硫率：>95%； 系统运行率：≥98%； 使用寿命：>15 年	燃煤（油、气）工业锅炉、工业炉窑烟气脱硫
27	高压细水雾脱硫除尘降温成套设备	处理烟气量：1 万～200 万 m^3/h； 烟尘排放浓度：<50 mg/m^3；除尘效率：99.9%； SO_2 排放浓度：<200 mg/m^3；脱硫效率：≥98%； 林格曼黑度：<1 级； 热态阻力：800～1 200 Pa	燃煤工业锅炉、工业炉窑烟气和冶炼尾气处理
28	循环喷动式半干式烟气处理系统	烟气处理量：配 150～600 t/d 垃圾焚烧炉，负荷适应能力 60%～110%； 排放指标达到并优于《生活垃圾焚烧污染控制标准》（GB 18485）的排放要求，其中： HCl：≤30 mg/m^3； SO_2：≤80 mg/m^3； 粉尘：≤30 mg/m^3； 中和剂利用率：≥85%	垃圾焚烧炉、煤粉炉烟气处理

序号	产品名称型号	主要性能指标	主要应用领域
29	半干法烧结机烟气脱硫除尘净化系统	Ca/S：≤1.3； 反应塔出口 SO_2：≤200 mg/m^3； 脱硫系统出口烟尘浓度：≤50 mg/m^3； 出口烟气温度：≥70℃； 脱硫副产品 100%利用	钢铁烧结机烟气脱硫
30	烟气脱硝设备	脱硝效率：50%～90%； 氨逃逸率：≤3×10^{-6}； SO_2/SO_3 转化率：≤1%	燃煤电厂烟气脱硝
31	电袋复合式除尘器	烟尘排放浓度：＜50 mg/m^3； 具有自动控制、检测、故障和安全保障系统； 设备阻力：≤1200 Pa； 漏风率：≤3%； 在同等条件和同等效果时，比常规电除尘器占地面积小20%，投资成本节约 20%； 滤袋寿命：≥3 年	电力、冶金、建材等行业在用电除尘器的提效改造
32	烧结机机尾烟气长袋低压脉冲除尘器	入口含尘浓度：5～7 g/m^3； 出口含尘浓度：10～15 mg/m^3； 设备阻力：≤1100 Pa； 岗位粉尘浓度：2～9.6 mg/m^3； 漏风率：≤3%	烧结机机尾烟气除尘
33	电除尘高频高压整流设备	变换器形式：全桥串并联混合谐振； 谐振频率：30～40 kHz； 变换器效率：＞0.92； 功率因数：＞0.9； 运行方式：纯直流供电、间歇供电； 控制系统：采用 16 位单片机控制，具有与上位机通讯功能、远程控制功能；具有高低压一体化控制功能，包括振打控制和断电振打控制；具有反电晕检测控制	电力、冶金、建材、化工等行业的电除尘器配套
34	工业炉窑袋式除尘装置	系统除尘效率：≥99.5%； 烟气排放浓度：≤30 mg/m^3； 林格曼：Ⅰ级； 设备阻力：≤1 200 Pa； 漏风率：≤3%； 耐压强度：＞5 kPa； 滤袋寿命≥3 年	铸造工业炉窑烟尘治理
35	脉冲袋式除尘器	系统除尘效率：≥99.5%； 烟气排放浓度：≤30 mg/m^3； 设备阻力：≤1 200 Pa； 漏风率：≤3%； 滤袋使用寿命：≥3 年	建材、电力、冶金工业燃煤锅炉和炉窑烟气治理

序号	产品名称型号	主要性能指标	主要应用领域
36	转炉煤气湿法电除尘器	除尘器入口含尘浓度：≤150 mg/m^3； 除尘器出口含尘浓度：≤2 mg/m^3	转炉煤气除尘
37	等离子体废气净化机	输出脉冲频率：4～20 kHz； 输出脉冲电压：≥40 kV； 控制箱接地电阻：≤2Ω； 电极间绝缘电阻：≥50 mΩ； 废气去除率：≥95%； 噪声：≤50 dB（A）	工业有机废气和恶臭异味的处理
38	燃煤烟气 CO_2 捕集和精制成套设备	CO_2 捕集系统捕集到的 CO_2 纯度 99.5%；精制产出液体 CO_2 纯度 99.997%，达到国家食品级标准； 蒸汽消耗：3.5 GJ/t（CO_2）； 电耗：200 kW/t（CO_2）； 溶液消耗：≤1.5 kg/t（CO_2）	燃煤电站烟气 CO_2 回收利用
39	碳氢溶剂型真空清洗机	每批次处理重量：200～1000 kg； 溶剂再生回收率：≥99%； 再生溶剂纯度：≥99%； 每批清洗周期时间：≤35 min	零部件热处理、电镀、涂层等清洗，替代各类 ODS 和有害溶剂清洗
40	煤气净化成套设备	净化前煤气中杂质含量： 杂质成分 NH_3≥6 g/m^3；H_2S≥6 g/m^3；HCN≥1.5 g/m^3；苯≥34 g/m^3； 净化后煤气中杂质含量： 杂质成分 焦油≤0.05 g/m^3；NH_3≤0.05 g/m^3；H_2S≤0.2 g/m^3；HCN≤0.3 g/m^3；苯≤4 g/m^3；萘≤0.3 g/m^3； 设备为钛及钛合金材料，耐腐蚀性能优良	煤化工、焦化和城市煤制气净化
41	沼气净化器	脱硫性能：脱硫器首次使用脱硫率≥98%； 累计硫容：≥30%； 耐压密封：10 kPa；外部承压：300 kPa	沼气脱硫净化
42	空气消毒净化机（器）	处理风量：800～6000 m/h； 甲苯、甲醛、丙酮、三氯乙烯、硫化氢、氨气等有害物质净化效率：≥50%； 细菌杀灭率：≥99.9%（消毒），≥99%（净化）； 噪声：≤55 dB（A）	人居环境空气消毒净化
43	空调风管清洗机器人	最大移动速度：20 m/min； 单方向行走距离 35 m； 越障高度：4 cm； 爬坡能力：40°； 清洗效果：残留积尘量＜0.1 g/m^2；细菌总数：＜100 cfu/cm^2；真菌总数：＜100 cfu/cm^2； 风管适应性：高度 200～500 mm； 具备前进后退和转弯功能	空调风管清洗

序号	产品名称型号	主要性能指标	主要应用领域
44	空调系统污染物捕集装置	处理风量：≥4 000 m^3/h； 0.3 μm 过滤效率：≥95%； PM_{10} 排放浓度：≤0.15 mg/m^3； 噪声：≤82 dB（A）	空调风管清洗
三、	固体废物处理设备		
45	医疗废物高温蒸汽灭菌设备	单台设备处理能力：≥150 kg/h，系统包括进料单元、蒸汽灭菌单元、破碎单元、压缩单元、蒸汽供给单元、自动控制单元、废气与废液处理单元及其他辅助单元； 灭菌室真空度：≥0.095 MPa； 空气抽除率：≥93%； 灭菌温度：≥134℃； 灭菌室内压力：≥220 kPa； 灭菌时间：≥45 min； 杀菌率：≥99.999%	医疗废物无害化处理
46	化学废弃物等离子体处理装置	焚烧温度：≥1 350℃； 烟气停留时间：≥2 s； 处理能力：≥1 t/d； 有机物分解效率：≥99.5%，无二次污染；烟道气冷却时间：0.5 s 内由 800～900℃降至 80℃以下	有机氟残液、化学毒剂、医疗垃圾等废弃物处理
47	工业固体废物处置设备	工业固体废物和危险物通过用水泥法、石灰法和药剂法进行搅拌，充分进行化学反应变成惰性物质，之后打包制成砌块； 搅拌机装干料容量：1.6 m^3； 搅拌机出料容量：1.0 m^3； 搅拌站最大生产效率：15 t/h； 搅拌废物最大粒径（卵石/碎石）：80/60 mm； 水泥筒仓容重：50 t×2； 粉尘排放应符合《一般工业固体废物贮存、处置场污染控制标准》（GB 18599）	工业酸碱性废渣、固态有机物、重金属盐等废物处理
48	路面洗扫车	采用高压力、低流量水流冲洗，并结合扫刷刷洗路面、吸嘴收集，实现了一次作业完成清扫、高压清洗并能回收清洗后污水； 作业宽度：3.1 m； 速度：3～15 km/h； 最高水压力：10 MPa； 污水回收率≥90； 清洗洁净率 ≥95%	道路洗扫

序号	产品名称型号	主要性能指标	主要应用领域
49	清洗车	清洗速度：0～15 km/h； 最高清洗水压力：10 MPa； 清洗水流量：70 l/min； 低压冲洗宽度：24 m； 路面清洗宽度：70 m； 污水回收率：90%； 清洗效率：90%	城市道路清洗
50	铁路站段固定式真空卸污设备	系统最大真空度：−80 kPa； 可通过固体的直径：60 mm； 机组功率：2×22 kW/台； 卸污能力：卸污时间为每列车卸污作业小于20分钟，可四口同时作业； 抽吸能力：160 m^3/h； 系统真空度：－40～－60 kPa	铁路客站、大型客轮卸污作业
51	建筑垃圾破碎设备	处理能力：100～150 t/h； 钢筋取出尺寸：ϕ30 mm×600 mm； 最大进料粒度：600 mm； 粉尘排放应符合《一般工业固体废物贮存、处置场污染控制标准》（GB 18599）； 噪音应符合有关标准	建筑垃圾破碎、筛分处理
52	商用食物垃圾处理	电机功率：750～3 750 W； 粉碎后的颗粒直径：≤2 mm； 脱水压缩减量比：10%～12%； 油水分离率：92%； 使用寿命：≥10年	食堂、酒店、餐饮业餐厨垃圾处理，实现食物残渣、油、水即时分离
53	有机垃圾生化处理机	餐厨垃圾利用率（扣除水分）：≥95%； 单台单班额定投放量：80～2 500 kg； 产出物单台单班产量：48～1 500 kg； 产出物吨耗能（标煤）：0.09～0.172 t； 饲料型的再生产品符合《饲料卫生标准》（GB 13078）； 菌肥产品符合《农用微生物菌剂》（GB 20287）； 设备废气排放执行《恶臭污染物排放标准》（GB 14554）规定的恶臭排放指标；设备废水排放执行《污水排入下水道水质标准》（CJ 3082）规定指标	大、中型餐厨垃圾集中处理站、酒店酒楼、机关学校街道社区等
54	废钢破碎生产线	转子直径：1 500～2 200 mm； 进料宽度：2 000～2 600 mm； 驱动功率：≥750 kW； 生产能力：15～45 t/h	废钢铁、废汽车回收

序号	产品名称型号	主要性能指标	主要应用领域
55	大型废钢剪断机	剪切力：12 500 kN； 压料力：3 500 kN； 送料力：800 kN； 剪切次数：3～5 次/min； 系统工作压力：31.5 MPa； 剪切范围（σ_b≤441N/mm²）：圆钢：ϕ210 mm；方钢：185 mm ×185 mm；钢板：130×900 mm	废钢铁、废汽车回收
56	废电线粉碎分选设备	经过粉碎机、分级筛，以及精选机，使铜和电线外皮彻底分离； 处理能力：2～2.5 t/d； 处理废线直径 0.3～1 mm； 分离后的铜米纯度：99%	废旧电线、电缆回收
57	有色金属分选机	处理能力：6～12 m³/h； 带宽：650～1200 mm； 分离粒度：≥25 mm； 分选效率：≥95%	固体垃圾中有色金属分离
58	残膜回收与茎秆粉碎联合作业机	配套动力：47.8 kW 以上轮式拖拉机； 工作幅宽：1 600 mm； 工作深度：30～50 mm； 作业速度：4～6 km/h； 作业小时生产率：≥0.6 hm²/h； 残膜回收率：≥88%； 茎秆粉碎长度：≤100 mm	农田残膜污染治理
59	收膜联合作业机	配套动力：88 kW 以上轮式拖拉机； 工作幅宽：3 000 mm； 工作深度：50～100 mm； 作业速度：4～6 km/h； 纯作业小时生产率：≥1.2 hm²/h； 残膜回收率：≥70%； 碎土率：≥85%	农田残膜污染治理
四、	噪声控制设备		
60	声屏障	平均隔声量：≥30 dB（A）； 平均吸声系数：≥0.8	道路交通噪声、工业设备噪声治理
61	内燃机电站噪声控制设备	适配发电机功率：12～2 000 kW； 进气消声系统消声量：20～30 dB（A）； 排气消声系统消声量：20～30 dB（A）； 排烟消声器消声量：30～40 dB（A）； 距离降噪设备 1 米处噪声：60～75 dB（A）	内燃机发电设备噪声控制

序号	产品名称型号	主要性能指标	主要应用领域
五、	环境监测仪器		
62	氨氮自动监测仪	测量范围：0.015～2.0 mg/L，2.0～1 000 mg/L； 间断测量间隔时间：1～12 h； 示值误差限：±10%； 重复性：相对标准偏差≤3%； 稳定性：≤10%/4 h； 响应时间（T90）：≤5 min； 输出信号：隔离（4～20）mA（最大负载 750Ω）； 平均无故障连续运行时间：不小于 360 h/次	工业废水、城市污水监测，地表水水质监测，近岸海域海水中氨氮的监测
63	化学需氧量水质在线监测仪	分段测量覆盖范围：0～20 000 mg/L； 具有数据远程传输功能； 精度：±2%； 分辨率：1 mg/L； 误差：＜5%； 最短测量周期：5 min	工业废水、城市污水监测，地表水水质监测，近岸海域海水水质的监测
64	紫外（UV）吸收水质自动在线监测仪	COD：10～1 000 mg/L（可扩展至 10 000 mg/L）； SAC：0.01～50 m^{-1}、0.1～500 m^{-1}、0～1 000 m^{-1} 可选； 准确度：5%F.S； 重现性：2%F.S； 零点漂移：≤2%F.S； 量程漂移：≤2%F.S； 每次测量耗时：1～2 s； 数据存储：可存储 12 个月的 COD 有效数据； 功率：小于 100 W； 工作条件：环境温度：0～50℃； 水样温度：0～60℃	自来水和地表水水质监测，近岸海域海水海水水质的监测
65	紫外差分烟气排放连续监测	SO_2 测量范围：0～300×10^{-6}～5 000×10^{-6}； NO_x 测量范围：0～300×10^{-6}～5 000×10^{-6}； 测量精度：±1%，线性误差≤±1%F.S.； 零点漂移和量程漂移：≤±1%F.S./周； 响应时间：≤30 s； 含尘量分析： 测量范围：0～1000～13 000 mg/m^3； 分辨率：≤±0.5%，线性误差≤±1%； 光程：0.5～15 m； 零点漂移：≤±1%F.S./24h； 量程漂移：≤±2%F.S./24h； 响应时间：1～600 s（可设）	燃煤烟气排放监测

序号	产品名称型号	主要性能指标	主要应用领域
66	激光过程气体分析系统	HCl：最小量程 0～10 ×10^{-6}、最大量程 0～100%； HF：最小量程 0～1×10^{-6}、最大量程 0～100%； NH_3：最小量程 0～10×10^{-6}、最大量程 0～100%； 线性误差：≤±1%F.S.； 量程漂移：≤±1%F.S./半年； 重复性误差：≤±1%F.S.； 防爆等级：Expxmd ⅡCT5	工业炉窑、垃圾焚烧炉烟气监测
六、	节能与可再生能源利用设备		
67	水泥窑纯低温余热锅炉	蒸发量：≤65 t/h； 蒸汽压力：0.6～2.45 MPa； 蒸汽温度：250～400℃或饱和； AQC 余热锅炉平均余热利用率：≥70%；SP 余热锅炉平均余热利用率：≥36%；ASH 余热过热器平均余热利用率：≥28%； 余热锅炉运行噪声：＜85 dB（A）； 余热锅炉不能对外排放任何污染物	水泥窑余热回收
68	生物质型煤锅炉	使用低热值（≤16 748 kJ/kg）生物质混合燃料的燃烧设备，不需要除尘装置和脱硫系统； 烟尘排尘浓度：≤10 mg/m^3； SO_2浓度：＜30 mg/m^3； NO_x浓度：＜100 mg/m^3； 热效率：≥80%； 燃烧效率：≥94%； 炉渣含碳量：≤4%； 排烟温度：＜100℃； 排渣温度：≤60℃	采暖、洗浴、饮用水、制冷，特别适合排放标准严格的地区
69	秸秆发电锅炉	锅炉额定蒸发量：75 t/h； 锅炉额定蒸汽压力：3.82 MPa； 锅炉额定蒸汽温度：450℃； 锅炉给水温度：150℃； 锅炉排烟温度：140℃； 锅炉效率：≥85%； 燃料：农作物秸秆	生物质发电
70	高低差速循环流化床油页岩锅炉	采用高低差速床工作原理，高效率燃烧与综合利用低值油页岩（＜5 800 kJ/kg）； 锅炉热效率：≥84%； 飞灰与冷渣含碳量：≤1%； SO_2与NO_x排放均达到相关标准	油页岩发电站和热电联产

序号	产品名称型号	主要性能指标	主要应用领域
71	蓄热稳燃高炉煤气锅炉	额定蒸发量：20～465 t/h； 燃料为纯高炉煤气，消耗气量：1 000 m^3/（h·蒸吨）； 额定工作压力：1.25～13.7 MPa； 饱和蒸汽温度：450～550℃； 锅炉效率：≥91%	钢铁低热值煤气回收利用
72	燃气轮机余热锅炉	额定蒸发量：30～350 t/h； 蒸汽压力：2.45～9.81 MPa； 蒸汽温度：250～540℃； 容量：25～350 mW	燃气联合循环发电
73	生物质循环流化床锅炉	额定负荷：75 t/h； 额定蒸汽压力：5.29 MPa； 额定蒸汽温度：485℃； 锅炉热效率：90.5%	生物质电厂发电或热电联产
74	煤泥循环流化床锅炉	锅炉蒸发量：75 t/h； 煤泥水分：25%～30%； 煤泥含灰量：30%～50%； 煤泥燃料比例：100%； 过热蒸汽压力：3.82～5.29 MPa； 过热蒸汽温度：450～485℃； 锅炉热效率：≥86%	煤矿和焦化洗煤泥燃烧发电
75	H 型省煤器	压力：20 MPa； 温度：330℃； 流量：2 000 t/h； 效率指标：与同等重量光管省煤器相比换热能力可以提高 20%～25%； 再用锅炉改造可提高锅炉热效率 1.5%	电站锅炉、船用锅炉、生物发电锅炉及余热回收锅炉节能改造
76	生物质发电燃料输送系统	料仓堆料能力：400 m^3/h； 料仓取料能力：200 m^3/h； 系统给料能力：0～400 m^3/h	秸秆发电物料输送
77	秸秆燃料压块机	生产每吨生物质块状燃料耗电 25～35 kW·h，主轴转速 160 r/min； 产品尺寸：32 mm×32 mm×80 mm； 产品密度：0.6～1.1 g/cm^3； 产品含水率：＜14%； 产品热值：3 700～4 200 kcal/kg	秸秆燃料压制成型

序号	产品名称型号	主要性能指标	主要应用领域
78	等离子点火系统	等离子燃烧器形式：直流等离子燃烧器旋流等离子燃烧器两种； 等离子燃烧器出力：3～12 t/h； 等离子发生器功率：50～150 kW； 阴极寿命：100 h； 阳极寿命：500 h	燃煤发电煤粉锅炉无油点火
79	钢厂余热热管式回收设备	设备容量：6～20 t/h； 工作压力：1.4 MPa； 过热蒸汽出口温度：310℃； 空气出口温度：150℃	钢厂余热回收
80	中低热值燃气轮机	40 mW 机组在燃料 LHV=5 577 kJ/m^3（1 332 kcal/m^3）的高炉及焦炉混合煤气，在 15℃、96.7 kPa、60% 湿度条件下参数如下： 功率：43 660 kW； 热耗率：10 340 kJ/kW・h； 排气流量：594.8 t/h； 排气温度：528.6℃； 进气损失：101.6 mm（H_2O）	钢铁及煤化工余热利用
81	高炉余压透平发电装置	设备规格：3 000～30 000 kW； 高精度的顶压控制：正常调节顶压波动值±2 kPa，紧急切换顶压波动值±4 kPa； 机组振动值：20～30 μ； 机组年运行时间：≥8 000 h	高炉炉顶煤气余压发电
82	钢坯步进蓄热式加热炉	燃料：高炉与转炉混合煤气； 单位能耗：1.12 GJ/t 吨钢坯； 钢坯氧化烧损：0.8%； 空、燃混合气加热温度：≥1 050℃； 蓄热材料为氧化铝蜂窝陶瓷蓄热体，燃烧方式：高温空气贫氧燃烧（HTAC）； 蓄换热比：100∶75； 燃料热效率：≥70%； 氮氧化物排放浓度：≤96×10^{-6}	热轧钢坯加热
83	水源热泵机组	执行《水源热泵机组》（GB /T 19409），在名义制冷工况条件下，冷热水型水源热泵机组能效比 EER 达到下列数值： 水环式水源热泵机组： 制冷量＜50 时，≥4.55 W/W；50≤制冷量＜230 时，≥4.75 W/W；制冷量≥230 时，≥4.95 W/W； 地下水式水源热泵机组：	污水、海水、湖水等为热源的区域供冷与供热

序号	产品名称型号	主要性能指标	主要应用领域
83	水源热泵机组	制冷量＜50 时，≥5.25 W/W；50≤制冷量＜230 时，≥5.55 W/W；制冷量≥230 时，≥5.85 W/W； 地下环路式水源热泵机组： 制冷量＜50 时，≥5.10 W/W；50≤制冷量＜230 时，≥5.30 W/W；制冷量≥230 时，≥5.60 W/W	污水、海水、湖水等为热源的区域供冷与供热
84	空气源热泵热水机组	执行《商业或工业用及类似用途的热泵热水机》（GB/T 21362）在名义工况条件下，COP 达到下列数值： 一次加热式：≥ 4.4 W/W； 循环加热式：不提供水泵时≥4.4W/W；提供水泵时≥4.3W/W	用于提供生活用水和工业热水
85	低温水-直燃单双效溴化锂吸收式冷温水机	参考执行《直燃型溴化锂吸收式冷（温）水机组》（GB /T 18362）在名义工况条件下，即冷水进出口温度 12～7℃、冷却水进出口温度 32～37.5℃时，COP 值： 太阳能温水：≥0.7； 直燃制冷：≥1.30； 热泵制热：≥1.90	利用太阳能、工艺废热水（汽）、地下水、河水或海水制冷采暖
86	蒸汽、热水型溴化锂吸收式冷水机组	执行标准《蒸汽和热水型溴化锂吸收式冷水机组》（GB /T 18431），在名义工况条件下，即冷水进出口温度 12～7℃、冷却水进出口温度 32～38℃时，单位热水消耗率达到下列数值： 1．蒸汽型吸收式制冷机： 蒸汽压力 0.4 MPa 时，热源单耗≥1.31 kg/kW・h； 蒸汽压力 0.6 MPa 时，热源单耗≥1.22 kg/kW・h； 蒸汽压力 0.8 MPa 时，热源单耗≥1.18 kg/kW・h； 2．热水型吸收式制冷机： 热水进出口 98～88℃时：COP≥0.75	回收工艺废水（废蒸汽）、余（废）热，用于空调制冷
87	双工况太阳能热泵空调机组	制冷量： 风冷工况 127.0 kW，能效比 2.58； 水冷工况 153.5 kW，能效比 5.1； 制热量： 风冷工况 147.5 kW，性能系数 3.1； 太阳能工况 227.9 kW，性能系数 5.06	利用工业领域废热制冷、采暖
88	加油站、油库油气回收设备	加油站油气回收系统： 油气回收系统的气液比：1.0～1.2； 装置排放浓度：≤25 g/m^3； 油库油气回收系统： 油气排放浓度：≤25 g/m^3； 油气处理效率：≥95%； 设备通过防爆防火认证，PLC 程序自动控制满足《储油库大气污染物排放标准》（GB 20950）、《加油站大气污染物排放标准》（GB 20952）要求	加油站、油库油气回收

序号	产品名称型号	主要性能指标	主要应用领域
89	热法磷酸生产热能利用装置	热能回收率：≥65%； 减少循环冷却水：≥60%； 减少酸量：≥50%	热法磷酸行业余热回收
90	硫酸生产余热回收装置	焚硫炉高温烟气产汽系统的给水预热，产生可达 200℃以上、5.5 MPa 的蒸汽，用于发电，从而降低后续排烟温度	硫酸生产余热回收
91	涡轮式蒸汽压缩机	传输介质：饱和蒸汽； 质量流量：25 t/h； 进口温度：58℃； 进口最大温度：80℃； 饱和出口温度：63.5℃； 出口过热温度：82.5℃	化工、生化、环保行业蒸发溶液、浓缩物料及废液回收
92	油水井工况采集分析优化系统装置	油田机械集采系统效率提高 3%； 油井计量误差：≤±10%； 工作环境：−25～55℃野外环境	油田输注管线泄漏预警及定位，防止原油及污水泄漏；控制抽油机井平衡率；远程实时监测等领域
93	制冷系统负荷节能仪	电源：Ac380V/50Hz； 温度测量范围：−50～100℃； 压力测量范围：0～1.6 mPa； 温差控制范围：2～15℃； 节电率：≥20%以上	制冷系统节能
94	中、低压变频装置	额定电压：≤690V； 额定频率 50Hz； 额定功率：0.5～630 kW； 额定输出频率：0～500Hz， 频率分辨率：0.01Hz； 输出频率精度：−0.01%～+0.01%， 输入功率因数：≥0.9； 效率：≥0.96； 过载能力：120%2 min、150%1 min、200%立即； 限流保护：10%～150%； 加减速时间：5～1 600 s； 工作环境温度：−5～+45℃； 谐波含量：≤5%	用于风机、泵类、纺织机、挤出机、机床、压缩机、搅拌机、提升机等设备
95	高压变频调速器装置	额定电压 2.3～10 kV； 额定频率：50Hz； 额定功率：≥200 kW； 输出频率：0～50 Hz；	石油化工、城镇供水、水处理、引水工程、冶金、建材、热力、电力、矿山的各类泵、风机、起重机、压缩机等

序号	产品名称型号	主要性能指标	主要应用领域
95	高压变频调速器装置	输出频率稳定精度：−0.1%～+0.1%； 频率分辨率：0.01Hz； 输入功率因数：≥0.95； 效率：≥0.96； 过载能力：120%2 min、150%1 min、200%立即； 限流保护：10%～150%； 加减速时间：5～1 600 s； 工作环境温度：−5～+45℃； 谐波含量：≤5%	石油化工、城镇供水、水处理、引水工程、冶金、建材、热力、电力、矿山的各类泵、风机、起重机、压缩机等
96	高压电网动态无功补偿装置（SVC）	额定电压：Ac6～66 kV； 额定功率：6～300 mvar； 晶闸管冷却方式：热管风冷或水冷； 控制系统：全数字控制系统； 控制方式：无功功率、电压、电流； 无功调节方式：−100%～100%； 调节方式：分相调节； 调节系统响应时间：小于 10 ms； 功率因数：96%	适用电弧炉、轧机、电力机车供电、风力发电机、城市二级变电站、城市局域电网、远距离电力传输、提升机等其他重工业负载
97	干式半芯电抗器	额定电压：Ac6～500 kV； 额定容量：20～40 000 kVar； 额定电流：50～1000A； 额定频率：50Hz； 额定电抗率：1%、4.5%、5%，6%、12%、13%； 额定损耗：0.54～280 kW	高压输变电系统、钢铁冶炼、石油、化工、铁路电气化等行业
98	油浸式变压器	额定容量：50～240 000 kVA； 额定频率：50Hz； 额定电压：6～220 kV； 空载损耗低于国家标准 20%，负载损耗低于国家标准 15%，噪声达到国家标准要求	城乡电网、城市公共建筑、工矿企业
99	干式电力变压器	额定电压 6～12 kV/0.4 kV； 额定频率 50Hz； 额定容量 30～3 150 kVA； 空载电流：2.9～1.1%； 空载损耗低于国家标准 20%；负载损耗低于国家标准 15%； 噪声低于国家标准 10～20 dB（A）	电网输配电系统

序号	产品名称型号	主要性能指标	主要应用领域
100	三维立体卷铁心干式变压器	容量：2 000 kVa； 额定电压：Ac10 kV/0.4 kV； 额定频率：50Hz； 短路阻抗：8%； 空载电流：0.16%； 空载损耗：2.8 kW； 负载损耗（145℃）：16.2 kW； 噪声：47 dB（A）	电网输配电系统
101	非晶合金变压器	额定电压：Ac6/0.4 kV、10/0.4 kV； 额定功率：30～1 600 kVA； 短路阻抗：4%； 空载损耗：0.16 kW； 负载损耗：600～14 500 W； 噪声：≤50 dB（A）； 联结组标号：Dyn11	城乡电网、城市公共建筑、工矿企业
102	壳式电炉变压器	额定容量：15 000 kVA； 额定电压：35 kV/0.314 V； 额定电流：247.4/27 572 A； 总损耗：108.8 kW； 载损耗：83.42 kW； 空载电流：0.83%； 短路阻抗：4.941%； 噪声：58 dB（A）	各种冶炼电炉炉前变压器
103	电机软启动器	额定电压：AC380V； 额定频率：50 Hz； 额定电流：45～630A； 软启动时间：2～75 s； 启动电流限制：1.5～4.0 倍额定电流； 软停时间：0～75 s； 启动初始电压：20%～80%的电源电压； 过流保护：8In； 保护时间：45（1±0.05）s； 三相电流不平衡保护：任意两相电流相差≥25%； 谐波含量：达到国家标准要求； 工作环境温度：−20～40℃	电动机起动与运行的控制

序号	产品名称型号	主要性能指标	主要应用领域
104	三相异步电动机	额定效率：达到《中小型三相异步电动机能效限定值及能效等级》（GB 18613）2 级以上能效等级； 防护等级：IP55； 冷却方式：IC411； 额定电压：380V； 额定频率：50Hz； 额定功率：0.55～500 kW； 启动转矩倍数：1.8～2.3 倍； 堵转电流：6 倍	用于工业设备配套
105	永磁同步电机	功率：7.5～55 kW； 输入电压：380V/660V、660V/1140V； 频率：50Hz； 功率因数：0.98； 堵转转矩倍数：大于 3.5； 堵转电流倍数：小于 8.5； 绝缘等级：F 级； 效率：≥94%	用于工业设备配套
106	变极启动无滑环绕线转子感应电动机	额定电压：Ac380V； 输出功率：90～5 000 kW； 起动转矩倍数：Tst＞1.6 倍； 起动电流倍数：Ist＜4.5； 最大转矩倍数：km＞3.2； 额定功率因数：＞0.9； 额定效率：＞0.94； 系统节电率：3%～10%	建材、矿山、冶金、石化、煤炭、化工、发电等大中型机械设备
107	电力节能器	额定电压：380V； 额定容量：50～3 150VA； 空载损耗：100～1 795W； 负载损耗：170～4 180W； 噪声：45～55 dB（A）； 功率因数提高：5%； 节电率：≥10%	用于电网系统中的配电变压器低压侧的供电回路节能
七、	资源综合利用与清洁生产设备		
108	蚀刻液回收装置	蚀刻废液处理量：≥2 500 l/d； 洗板废水处理量：≥1 000 l/d； 金属铜回收：≥350 kg/d，回收铜纯度 99.95%； 废液处理率：100%，蚀刻液循环使用； 废水排放达到《污水综合排放标准》（GB 8978）	印制电路工艺废蚀刻液再生、金属铜回收和废水处理

序号	产品名称型号	主要性能指标	主要应用领域
109	废弃热固性塑料的再生利用设备	设备处理能力：1 000～1 200 kg/h； 装机容量：130 kW； 改性 VT 粉质量技术指标： 平均密度：1.5； 堆积密度：1.0； 颜色：灰褐色、灰绿色； 热分解温度：180℃； 粒径分布：＜600 目； 吸油值：40，分散性好	热固性废塑胶材料再生利用
110	木塑复合材料挤出成型机	单螺杆：直径：45～120 mm；长径比 L/D：≥25； 双螺杆：（小径/大径）45～92 mm / 90～188 mm； 生产量：A. 单螺杆：30～300 kg/h； B. 双螺杆：60～500 kg/h； 功率：A. 单螺杆：11～75 kW； B. 双螺杆：15～110 kW； 转速：A. 单螺杆：≤50 r/min； B. 双螺杆：≤40 r/min； 加工温度：145～165℃； 原料混配比例：木粉/塑料＝（40%～70%）/（60%～30%）	利用木屑、秸秆、废塑料生产木塑制品
111	有机废气净化装置	有机废气净化率：≥95%； 有机溶剂回收率：≥90%； 含水率：≤0.1%	工业有机废气净化回收
112	废有机溶剂蒸馏回收系统	可处理沸点小于 200℃（常压、负压）的废有机溶剂； 回收率：≥90%； 含水率：≤0.1%	通过蒸馏、吸附、渗透汽化膜方法，提纯回收各种废有机溶剂
113	移动式橡胶沥青生产设备	产量≥15 t/h；达到 20 s 沥青升温 20℃；预拌系统达到零结块，橡胶颗粒分布均匀，连续式自动上料系统计量精度±5‰，采用 plc 控制系统； 橡胶沥青性能： 黏度（177℃）：1.5～4.0 Pa·s； 针入度（25℃，100 g，5 s）：≥25（0.1 mm）； 软化点：≥54℃； 弹性恢复（25℃）：≥60%	利用废旧轮胎胶粉制备改性沥青
114	废旧轮胎胶粉改性沥青设备	处理能力：8～25 t/h； 投料粒度：20～30 目； 出料指标： 粒度：80～100 目；	利用废旧轮胎胶粉制备改性沥青

序号	产品名称型号	主要性能指标	主要应用领域
114	废旧轮胎胶粉改性沥青设备	针入度（25℃，100 g，5S）：40～60（0.1 mm）； 延度（5cm/min，5℃）：≥10 cm； 软化点（环球法）：≥55℃； 离析，软化点差：≤2.5℃	利用废旧轮胎胶粉制备改性沥青
115	废旧轮胎常温法制取精细胶粉成套生产线	年产 5 000 t 生产线，整线装机功率不大于 436 kW，占地面积小于 350 m^2，噪声小于 75 dB（A），精细胶粉粒度：40～120 目，全线有自动化监测系统	废旧轮胎再生利用
116	沥青混凝土再生设备	额定生产率：3～120 t/h； 再生料出料温度稳定性：±10℃； 燃油消耗率：≤6.5 kg/t； 烟气黑度：≤Ⅰ级； 烟尘排放浓度：≤100 mg/m^3； 混合料达到《公路沥青路面施工技术规范》（JTG F40）规定的各项指标	利用废旧沥青混凝土进行路面修复作业
117	磁场筛选机	磁场筛选机能按磁铁矿物的品质差异分选，对给矿浓度、流量、粒度等波动适应性强，比同类磁聚机设备用省水 50%以上，可提高精矿品位 2～5 个百分点，提高生产能力 5%～15%	铁矿石分选
118	烧结空心砖真空挤出机	利用 100%煤矸石或掺兑量大于 50%粉煤灰等废渣生产的建材产品，其质量达到相应产品国家标准，并应符合《建筑材料 放射性核素限量》（GB 6566）中对放射性指标的要求； 生产能力（折普通砖）：10 000～30 000 块/h； 真空值：≤0.092 MPa； 许用挤出压力：4.0 MPa	利用煤矸石、粉煤灰生产墙体材料
119	自动液压墙体砖压砖机	工业废弃物综合利用率：平均≥80%； 生产能力（折标砖）：≥3 千万块/年； 粉煤灰等固体废弃物掺加比例：90%； 双向加压，单位压强：240 kg/cm^2； 压制数量：≥24 块； 压制周期：13～16 s； 公称压力：≥6 000 kN	采用多种工业废弃物生产墙体材料
120	人造板成套设备	设计生产能力：15 000 m^3/a； 板的计算密度：670 kg/ m^3； 成品板板厚：6～25 mm； 成品板尺寸：1 220 mm×2 440 mm； 毛板尺寸：1 270 mm×7 380 mm； 板材基本厚度：19 mm； 人造板达到《中密度纤维板》（GB /T 11718）要求	利用农业秸秆生产人造板

序号	产品名称型号	主要性能指标	主要应用领域
121	增强空心条板挤出装备	自动化生产线年产轻质隔墙板 300 000 m^2/套； 生产速度：1.5～2.2 m/min； 产品尺寸（mm）：（2 000～3 000）×600×（75～120） 产品隔声量：≥40 dB（A）； 干燥收缩值：≤0.6 mm/m； 防火性能：不燃 A 级； 抗弯破坏载荷：板自重 2.1 倍	利用农业秸秆生产增强空心条板
122	废酸回收成套装置	利用钛白粉生产中转窑尾气的热量与废硫酸进行传质，使20%以下硫酸提高到 30%～34%，然后通过一效、二效、三效蒸汽真空浓缩使硫酸含量提高到 68%以上	工业废酸回收利用
123	蓄电池活化仪	在 10%浓度活化液和秒脉冲活化仪的作用下，$PbSO_4$ 钝化结晶体的复原率：平均≥85%； 活化液热稳定性：≤5%（－10～＋45℃）； 残留物质：≤15×10^{-6}	铅酸蓄电池维护及复原再生
124	封闭式圆形料场机械系统	包括悬臂式堆料机、刮板取料机、振动式给料机、全自动工作操作控制系统； 堆场直径：70～120 m； 单座堆场堆存能力可达：30 000～240 000 t	工业散装物料密闭存储、清洁输送
125	管状带式输送机	在物料输送过程中处于输送带卷成的管状封闭空间内，没有扬尘； 管径：150～500 mm； 输送能力：50～5 000 t/h； 输送距离：80～5 000 m	工业散状物料的密闭清洁输送
126	干湿耦合式冷却塔	冷却水量：3000～5 000 m^3/h； 水温差：10℃； 年平均蒸发水损失：≤1.6%； 空气室安装管翅式空气冷却器	石油、石化、化工、纺织、钢铁等行业
127	一步法气流分筛式回转煅烧窑	副产磷石膏脱硫石膏处理能力：5 万～30 万 t/年； 煅烧系统热效率：≥80%； β半水石膏性能指标达到国标优等品标准； 尾气烟尘排放浓度：≤50 mg/m^3	利用磷肥厂磷石膏、电站脱硫石膏替代β型半水建筑石膏粉生产建材
128	散煤运输封尘剂及喷洒设备	封尘剂喷洒于煤料表面后可在 60～90 min 形成具有耐温性的有效固化层，该固化层在-20～-40℃无变化，性能稳定，有显著节煤效果； 封尘剂为水溶剂，外观为黄色半透明溶液，无毒无味；对煤的灰分、发热量、灰熔融性等各项煤质指标无任何影响； 封尘剂的用量：每平方米煤料表面 1.5～1.8 L； 封尘剂的密度：1.08～1.30 kg/m^3； 封尘剂的黏度：10～80 MPa・s	用于散煤运输，防止煤尘损失及扬尘污染

序号	产品名称型号	主要性能指标	主要应用领域
129	扬尘覆盖剂	产品为无味不易燃溶液； 黏度（25℃）：≥30 MPa·s； pH（原液）：6～8； 固含量：＜5%； 煤炭高位发热量的减少量：≤0.1%，低位发热量的减少量：≤0.1%； 灰分增量：＜4%； 小鼠急性经口毒性：MTD＞60.0 ml/cm^2·h，皮肤刺激度＜2.0，总汞 ≤0.05 mg/L；总镉 ≤0.1 mg/L，总铅≤1.0 mg/L，总铬 ≤1.5 mg/L，总砷 ≤0.5 mg/L，甲醛≤150 mg/L	用于散煤料场、建筑工地
八、	环保材料与药剂		
130	脱硫剂制备成套装置	硫剂最大硝化量规格（kg/h）：1 000～5 000； 可预置浆液浓度：5%～20%； 给料精度误差：±3%； 浆液浓度误差：±5%； 可硝化脱硫剂种类：钙基和镁基两种； 最大除渣率：15%	燃煤锅炉脱硫
131	脱硝催化剂	脱硝效率：≥90%； SO_2转化率：≤1%； 氨逃逸量：≤3×10^{-6}； 催化剂寿命设计值：≥16 000 h	燃煤电厂脱硝
132	燃煤催化乳液	节省燃煤：4.2%； 锅炉热效率：提高 3%； SO_2含量：减少 30%～40%； 烟雾黑度：下降； 炉渣中可燃物含量：减少 2%～3%	燃煤锅炉提效
133	玻璃纤维覆膜滤料（FILTEX）	质量：400、700 g/m^2； 透气率：2～6 cm/s； 耐温：260℃； 经向拉伸断裂强力：≥1 300、1 600N/25 mm； 纬向拉伸断裂强力：≥1 100、1 800N/25 mm； 过滤效率（1 μm）：≥99%； 出口烟尘排放浓度：≤30 mg/m^3； 使用寿命：≥3 年	用于高温袋式除尘装置

序号	产品名称型号	主要性能指标	主要应用领域
134	聚苯硫醚除尘滤布	克重：500 g/m^2； 透气量：130 $l/m^2 \cdot min$； 横向断裂强度：1000 N/5cm； 纵向断裂强度：800 N/5cm； 过滤效率：99.99%； 排放浓度：≤30 mg/m^3； 使用温度：≤160℃； 使用寿命：≥3 年	用于袋式除尘器
135	生物净化剂	外观：白色粉末、无杂质； pH（1%水溶液）：5.5～7.5； 甲醛吸收率：≥90.0%； 黏度（10%水溶液，25℃，涂-4 杯）：12～15	用于室内空气污染治理
136	纳米光催化净化组件	甲醛、乙酸、氨气的去除率：≥90%； 大肠杆菌、金黄色葡萄球菌的杀菌效率：≥99.5%	用于室内空气污染治理
137	生物杀菌过滤器	过滤效率：≥99.9%； 杀菌效率：对金黄色葡萄球菌、大肠杆菌、肺炎克雷伯氏菌、黑曲霉菌、枯草芽孢杆菌的杀菌率≥99%	医药、电子、精密制造等环境洁净要求较严格场所的抑菌、滤尘等
138	光触媒组件	二氧化钛粒度：5～15nm； 比表面积：≥140 m^2/g； 干燥后硬度：≥5 H 净化效果：甲苯浓度降低 80%，氨降解率≥80%，甲醛降解率≥80%，硫化氢≥90%，杀菌率≥98%	室内空气污染治理、污水处理
139	层状结晶二硅酸钠	钙交换能力：≥300； 镁交换能力：≥370； 白度≥：85%； pH：≤12.0； 灼烧失量：≤1； 化学组成：Na_2O+SiO_2之和≥95%； Na_2O与SiO_2摩尔比：2.0±0.1	用于洗衣粉行业
140	微生物除臭剂	氨的降解率：≥90%； 对硫化氢使用后 10 min 的降解率：89.0%； 对垃圾中的臭气浓度使用后 10 min 降解率：90%； 平均抑菌率：97.0%； 对人体无毒，对皮肤和黏膜无刺激性，对环境微生物无诱变作用	垃圾处理厂站、污水处理厂除臭，公共场所除臭、消毒

序号	产品名称型号	主要性能指标	主要应用领域
141	生物复合菌剂	外观：粉状、松散； 有效活菌数（cfu）：≥0.50 亿/g； 水分：≤30.0%； 纤维素酶活：≥30.0U/g； pH：5.5～8.5； 有效期：≥12 月； 产品无害化指标：大肠菌值≤1 000 个/g（ml）；蛔虫卵死亡率≥95%；致病菌（沙门氏菌等肠道致病菌）不得检出	城市有机生活垃圾、农作物秸秆、禽畜粪便、园林落叶等的厌氧分解
142	纳米微晶复合滤料	比表面积：200 m^2/g； 阳离子可交换量：150 mqul/100 g； TP 静态吸附量：120 mg/g； TN 静态吸附量：80 mg/g	各种污水净化处理工程生物挂膜材料、中水回用系统过滤吸附材料、饮用水高级净水吸附过滤
143	聚乙烯土工膜	拉伸强度：≥20 MPa； 断裂伸长率：≥700%； 直角撕裂强度：≥150 N/mm； 水蒸气渗透：≤1.0×10^{-13} g•cm/（cm^2•s•Pa）； 耐环境应力开裂 F20：≥1 500 h； 200℃时氧化诱导时间：≥20 min	垃圾填埋场、危险废物填埋场防渗层
144	多金属硫化矿捕收剂	含量：≥87%； 比重（25℃）：0.99 g/cm^3； 闪点：47℃ 应避火源； LD_{50}：对老鼠≥780 mg/kg、对兔子≥2 000 mg/kg； 沸点：225～226℃； 凝固点：≤−25.5℃	多金属硫化矿的浮选、分离与回收
145	汽、柴油清净助燃剂	汽油平均节油率：5%以上； 柴油平均节油率：2%以上； 尾气排放污染物中：碳氧化合物下降 20%，一氧化碳下降 10%，氮氧化合物下降 4%，颗粒物下降 25%，黑烟下降 50%	用于各类内燃机
146	轻质瓷填料	产品为三角形组合型归整式（六棱环、六棱环多筋环、六棱一筋环），以粉煤灰掺量＞50%、滑石黏土用量＞40%的配比，用湿法连续挤出成形，在 1 050℃以上、8 h 以内低温快烧制出含莫来石晶体的耐腐蚀规整陶瓷填料； 开孔率：≥70%； 比表面积：≥120 m^2/m^3； 产品抗压强度：≥11 MPa； 耐酸度：≥99%；	煤炭焦化气化、钢铁冶金、煤气化工化肥煤气净化处理，石化、化工、化肥、制药、钢铁行业水处理

序号	产品名称型号	主要性能指标	主要应用领域
146	轻质瓷填料	耐碱度：≥90%； 吸水率：10%～35%； 抗热震性：220～20℃一次不裂； 体积密度：＜1.8 g/cm^3	煤炭焦化气化、钢铁冶金、煤气化工化肥煤气净化处理，石化、化工、化肥、制药、钢铁行业水处理
147	聚丙烯酸酯系水性木器涂料	以水为分散稀释剂，不含可挥发性有机物，使用中无有机物排放； 硬度：2H； 室温耐水性：96 h； 耐 100℃水：≥15 min； 耐酸、碱、盐性能好； 耐人工老化：≥500 h 色差降：≤2	室内木器、家具的涂装

11.1.4 国家鼓励发展的重大环保技术装备目录

为贯彻落实《国务院关于加快发展节能环保产业的意见》（国发〔2013〕30 号），加强环保技术装备研发与产业化对接，加快新技术、新产品、新装备的推广应用，提高我国环保技术装备水平，引导环保产业发展，工业和信息化部、科学技术部、环境保护部于 2014 年 12 月 19 日联合发布《国家鼓励发展的重大环保技术装备目录（2014 年版）》（工信部联节[2014]573 号），是对《国家鼓励发展的重大环保技术装备目录（2011 年版）》的修订，其特点是：以需求为导向，强化供需对接；技术先进，并具有一定前瞻性；分类明确，指导性强；科技引导和供需对接形成合力推动产业化发展。详见表 11.2。

表 11.2 国家鼓励发展的重大环保技术装备目录（2014 年版）

序号	名称	关键技术及主要技术指标	适用范围
开发类			
一、大气污染防治			
1	烧结烟气活性炭吸附法复合污染物协同处置装备	关键技术：高效脱硫脱硝碳基催化剂研制；活性炭再生活化技术；活性炭脱硫脱硝控制条件优化技术；多层吸附技术；活性炭防摔损均匀布料技术；一体化加热冷却技术；颗粒输送阻氧技术；多点卸料技术；姿态控制技术；链条跑偏控制技术及链斗输送稳料技术。 技术指标：脱硫效率≥95%；脱硝效率≥60%；二噁英脱除率≥90%；主要污染物排放指标满足《钢铁烧结球团工业大气污染物排放标准》（GB 28662—2012），出口粉尘浓度≤20 mg/Nm^3	钢铁烧结机烟气净化除尘

序号	名称	关键技术及主要技术指标	适用范围
2	有色行业烟气电凝并-电袋一体化除尘技术装备	关键技术：设备流场与阻力优化；新型耐高温、耐腐蚀、低阻力长滤袋及滤料研制；电区与袋区的布局与分级；细颗粒荷电预凝并技术；凝并-电袋一体化结构优化。 技术指标：烟尘排放浓度≤20 mg/m^3；设备本体阻力≤1 000 Pa；设备适应工作温度≤350℃	有色金属冶炼行业
3	低浓度多组分有机废气滴滤式生物净化技术装备	关键技术：生物亲和性好、强度高、比表面积大的填料筛选和制备技术；生物滴滤床喷淋装置及气体分布结构及再分布构件的优化设计；研究生物滴滤床快速驯化挂膜方式，提高生物挂膜效率和生物活性；研究生物滴滤床反冲洗操作方式、强度、频率对生物膜活性影响，掌握合适的反冲洗策略。 技术指标：进气范围：苯 200～500 mg/m^3，甲苯 10～40 mg/m^3，二甲苯 10～50 mg/m^3；排放浓度：苯≤5 mg/m^3，甲苯≤10 mg/m^3，二甲苯≤10 mg/m^3，填料的使用寿命≥3 年，挂膜时间≤4 天	机械喷涂、印刷、电子制造、轻工、化工、制药、皮革、家具、汽车制造等行业有机废气净化
4	选择性催化还原法（SCR）船用低速柴油机尾气氮氧化物（NO_x）净化装置	关键技术：SCR 反应器优化设计技术；SCR 系统运行与监控技术；SCR 与柴油机集成配机技术。 技术指标：NO_x 排放浓度≤3.4 g/kW•h；氨气逃逸量≤10 ppm；SCR 系统压力损失≤4 kPa	船舶用柴油机（柴油机转速<130 r/min）尾气脱除氮氧化物
二、水污染防治			
5	重金属及含砷废水处理及资源回收微生物反应器	关键技术：开发真菌菌种的筛选、分离、纯化以及人工驯化技术；真菌菌体的大规模发酵生产技术；解决菌种的挂壁问题、菌体流失问题，菌种的大规模生产、菌剂保存；含砷土壤的菌剂开发等问题；微生物反应器以及重金属回收装置的设计制作。 技术指标：对含锰（Mn）（5 000 mg/L 以下）、含铅（Pb）（3 000 mg/L 以下）、铜（Cu）（500 mg/L 以下）的重金属废水去除效率≥70%，回收效率≥60%；对含镉（Cd）（1 000 mg/L 以下）、含铅（3 000 mg/L 以下）的重金属土壤实现固定效率≥80%；对含砷（As）（2 000 mg/L 以下）的土壤实现固定效率≥80%。菌体单位吸附量≥46.75 mgPb/g 菌体干重≥37.62 mg Mn/g。菌剂环境：pH 5～8，环境温度 10～35℃	含重金属废水、土壤处理及资源回收
6	高盐废水正渗透水处理装备	关键技术：高效预处理技术开发、正渗透技术开发以及正渗透驱动液回收技术开发。 技术指标：废水 TDS：8 000～25 000 mg/L；高效预处理出水硬度≤60 mg/L，或硬度去除率≥95%；正渗透系统回收率≥90%，正渗透系统脱盐率≥95%；膜使用寿命≥3 年；处理规模为 1～20 t/h	高盐废水处理

序号	名称	关键技术及主要技术指标	适用范围
7	快速传质内循环生物流化床污水处理技术装备	关键技术：筛选生物固定化和流化颗粒载体；基于新型流化载体技术优化设计流化床主体结构、布水/布气组件的结构形式及与流化床主体的分布等参数；归纳系统传质速率常数的变化规律。技术指标：在相同污水处理能力下，包含该装备的组合工艺装备较常规污水处理工艺及装备水力停留时间缩短 55%，污泥产量减少≥60%，占地面积缩小≥55%。运行总成本降低≥30%；动力消耗降低 5%～10%	污水处理
8	重金属及砷特征吸附—解析及资源回收成套技术装备	关键技术：复杂溶液体系下重金属特征吸附剂的合成；纳米除砷吸附剂的合成；高吸附容量吸附剂的粒化；定位喷淋吸附技术的开发；重金属特征吸附—解析成套装备研制。技术指标：重金属离子饱和吸附容量＞200 mg/g，吸附剂粒径 1～5 mm；寿命＞60 次，分离系数＞500，重金属离子浓度富集 50 倍以上。砷饱和吸附量＞50 mg/g，砷残余浓度＜0.2 mg/g，寿命＞50 次；解析后液中 Cu、Ni、Zn 等重金属离子浓度 1～10 g/L，可直接进入冶金系统回收，回收率＞90%；废水处理过程酸碱消耗降低量＞10%；中和石膏中重金属含量降低量＞50%。吸附—解析成套高效反应器高径比＞5；定位喷淋吸附技术的吸附能力提高 20%～30%	冶炼过程重金属废水处理
三、固体废物处理			
9	医疗垃圾等离子无害化处理装备	关键技术：研发医疗垃圾适应性强、处理面广的焚烧熔融炉，保证高温焚烧熔融较长的停留时间，较好的混合程度；研发适用于医疗垃圾焚烧熔融炉工况下的长寿命等离子喷枪，并将其集成于垃圾焚烧熔融炉灰渣熔池中，实现灰渣熔融固化处理，使灰渣中重金属浸出毒性符合《医疗废物焚烧环境卫生标准》（GB/T 18773—2008）。技术指标：处理量，10～20 t/d；一燃室温度≥850℃，二燃室温度≥1 100℃；烟气停留时间＞2s；由 1 100℃以上降至 600℃进入急冷塔，烟气从 600℃冷却至 200℃时间＜1 s；残渣热灼减率＜5%；焚烧效率≥99.9%；有毒有害物质焚毁去除率≥99.99%	医疗垃圾处理
10	污染场地修复成套技术装备	关键技术：有机污染类：污染土壤热相分离装备优化方案设计；污染土壤热相分离设备的研发加工；改进后污染土壤热相分离设备工程化应用与性能评估研究。土壤热脱附系统装置末端催化燃烧模块的设计与研发。重金属污染类：土壤粉碎、筛分、传输、稳定化搅拌反应等单体设备的设计制造；单元设备的集成；自动化控制系统的研发。技术指标：有机污染类：装备处理能力＞8 t/h；挥发性有机污染物（VOCs）去除率≥95%；化学物质多氯联苯（PCBs）去除率≥99%；土壤有机污染物残留浓度≤0.5 ppm。重金属污染类：系统单套处理能力≥500 t/d。没有有毒有害气体排放	有机及重金属污染土壤修复

序号	名称	关键技术及主要技术指标	适用范围
11	土壤和地下水石油污染修复成套装备	关键技术：开发石油污染两相真空抽吸环境修复、地下水修复过程自动监测、两相真空抽吸土壤和地下水修复过程模拟技术。 技术指标：对石油类污染物自由相的处理程度达到85%～95%；使用周期内处理容量比化学氧化法、气相抽提法（SVE）、抽出处理法三种技术达到50%～85%	土壤和地下水修复
12	废液晶显示器处理关键技术与成套装备	关键技术：① 废液晶安全处理：研发废液晶低温热处理固化技术，包括低温热处理技术、热处理气体产物无害化处理技术；相关装备包括废液晶显示器面板粉碎、传输、热处理反应等单元设备的设计制造技术、单元设备的集成技术、自动化控制系统的研发。② 铟高效清洁再生技术：研发面板铟的浸提—分离/富集—电沉积成套技术，包括面板铟的选择性浸提技术、高效分离/富集技术、清洁再生技术；相关装备包括铟的选择性浸提、高效分离/富集、清洁再生等单元设备的设计制造技术、单元设备的集成技术、自动化控制系统的研发。 研发目标：① 废液晶安全处理技术与装备：废液晶低温热处理温度＜300℃，热处理气体产物无害化处理率＞99.9%；设备处理能力：5～10 t/d。② 铟高效清洁再生技术与装备：面板铟的浸提率＞92%、铟萃取/反萃率＞99%、Fe^{3+}萃取率＜1%、Al^{3+}萃取率＜1%、Sn^{4+}转移率＜1%、再生铟品位＞99%；设备处理能力：5～10 t/d	电子废弃物处理
四、环境监测专用仪器仪表			
13	$PM_{2.5}$便携式监测仪	关键技术：研发智能近红外粉尘浓度检测技术；颗粒物粒径分级技术；智能温湿度检测技术；无线数据传输技术；超阈值报警技术。 技术指标：颗粒物监测浓度范围，1～1 000 μg/m^3，分辨率 0.1 μg/m^3；颗粒物粒径分级的电子脉冲宽度：$PM_{2.5}$≤100 ms，PM_{10}≤200 ms；温度范围：−45℃～99℃，分辨率 0.1℃；湿度范围：0～90%RH，分辨率 0.1%RH；现场监测模式：间隔时间：1～9 999 s 可设；最大时间：8 000 min；最大数据量：10 000 组；在线监测模式：最大数据量：10 000 组，1 组数据/h；蓝牙最大传输距离：10 m；报警阈值：250 μg/m^3	大气细颗粒物监测
14	智能除尘清灰控制仪	关键技术：对粉尘浓度、压力、温度及风量等不同信号的采集、处理技术及抗干扰技术；对多变量参数控制的逻辑运算与处理技术；对循环累积偏差的自动修正技术；延长过滤单元使用寿命；提高系统清灰效率及降低能耗。 技术指标：①压差检测：压差输入范围，0～3.92kPa；重复性，±0.5%；精度，±2.5%；响应时间，100 ms；②压力检测：压力输入范围，0～0.8 MPa；重复性，±0.5%；精度，±1%；响应时间，100 ms；③温度检测：测温范围，−40℃～300℃；精度，±2.5%；④粉尘浓度：测量范围，0～1 000 mg/m^3；检测颗粒，0.1～200 μm；精度，±5%；漏袋检测范围，0～1 000 mg/m^3；检测颗粒，0.1～200 μm；精度，±5%	大气污染防治、工业除尘

序号	名称	关键技术及主要技术指标	适用范围
五、资源综合利用			
15	海工用反渗透耦合工艺海水淡化成套装备	关键技术：超薄致密脱盐层的海水淡化反渗透膜材料制膜配方与工艺技术；反渗透膜及膜压力容器制作技术；反渗透工艺耦合（超滤+反渗透）技术。 技术指标：系统脱盐率≥98%；系统回收率≥28%（25℃）；产水含盐量≤700 mg/L；系统进水温度：0～40℃；产水水质：符合《生活饮用水卫生标准》（GB 5749—2006）；每吨产水占地 0.06～0.1 m^2/m^3；能耗：10～15 kW•h/m^3	船用海水淡化
16	废晶体硅太阳能电池板资源回收成套装备	关键技术：废晶体硅太阳能电池板铝边框、硅晶片、钢化玻璃无损拆解技术；晶体硅、有色金属、贵金属分类回收技术；拆解及资源化过程污染控制技术。 技术指标：铝边框、玻璃破损率＜5%；有色金属回收率≥95%；贵金属回收率≥95%；硅料回收率≥90%	太阳能电池板生产和电子废弃资源再生
六、噪声与振动控制			
17	燃气电厂低频噪声源头治理成套装备	关键技术：研发以余热锅炉内部噪声源识别技术为基础，从噪声源头进行治理的低流阻高效降噪设备；研发阻抗结合的冷却塔低流阻高效降噪设备；研发燃气电厂其他区域的专业降噪设备；研发降噪设备工厂化、模块化制作安装技术。 技术指标：烟囱出口处降噪量≥30 dB（A），低频段降噪量≥12 dB（A）；锅炉本体低频辐射噪声降噪量≥10 dB（A）；冷却塔通风降噪设备的阻力损失＜20 Pa，降噪设备的综合降噪量≥35 dB（A）	燃气电厂的噪声与振动控制
七、环境污染防治专用材料与药剂			
18	耐压型超滤膜	关键技术：可溶性纳米-亚微米级无机粒子与可溶性聚合物复配技术，双螺杆挤出—界面致孔与复合纺丝集成技术。 技术指标：膜丝纯水通量＞600 L/（m^2·h·0.1 MPa·25℃），断裂强力＞6N，孔径 0.05～0.08 μm，耐压≤0.3 MPa	污水治理
19	水处理用纳米纤维生物膜载体	关键技术：提高载体的比表面积；提高载体表面微生物的附着量；提高载体的孔隙率；提高载体的亲水性；促进微生物的挂膜，有效缩短微生物挂膜时间。 技术指标：微生物挂膜时间≤10 d；比表面积≥5 500 m^2/m^3；浸入水中后 30 min 内完成吸水率饱和孔隙率≥85%；载体厚度≤3 mm；培养基添加物含量约≤2.4 kg/m^2	水体生态修复
20	功能单分子复合材料	关键技术：开发孔径在 0.1～50 μm 可控且呈单峰分布的多孔载体材料；通过分子键合技术开发单分子复合除油材料；提高耐温性及机械强度；提高吸附饱和材料的再生效；除油装备的研发。 技术指标：显气孔率≥40%；孔径呈单峰分布，孔径尺寸在 0.1～50 μm；压缩强度≥1.0 MPa；弯曲强度≥1.5 MPa；用于酸介质的产品酸腐蚀性质量损失率≤5%；用于碱性介质的产品碱腐蚀质量损失≤5%；载体键合覆盖率≥60%；处理≤200 ppm 的含油废水，出水＜1 ppm	水中除油

序号	名称	关键技术及主要技术指标	适用范围
21	重金属污染场地修复微生物菌剂	关键技术：研发微生物菌剂镉（Cd）、铅、（Pb）、铜（Cu）、锰（Mn）、汞（Hg）、锌（Zn）等重金属的适应性；培育和驯化针对多种重金属的微生物复合菌剂；研究施加微生物菌剂的工程技术。 技术指标：对重金属的固定效果，镉≥80%；铅≥80%；铜≥70%；锰≥90%；汞≥70%；锌≥80%；同时土壤中各种重金属含量达到《土壤环境质量标准》（GB 15618—2008）二级标准：（pH：6.5～7.5）镉≤0.30 mg/kg；铅≤250 mg/kg；铜≤50 mg/kg；锰（无标准）；汞≤0.30 mg/kg；锌≤200 mg/kg	重金属污染场地修复
八、环境污染应急处理			
22	移动式渗滤液处理装备	关键技术：开发动态水压匹配技术；基于物联网云服务平台信息化控制技术；渗滤液加酸及酸碱度调节技术；系统进水流量控制技术。 技术指标：系统集成于集装箱中，进水为垃圾渗滤液；出水水质：pH 值 6.0～9.0；SS≤5 mg/L；COD_{Cr}≤100 mg/L，BOD≤30 mg/L，NH_3-N≤25 mg/L；TN≤40 mg/L；脱盐率≥96%，清水回收率≥75%；其他指标符合《生活垃圾填埋污染控制标准》（GB 16889—2008）	应急和日常渗滤液处理
应用类			
一、大气污染防治			
23	燃煤烟气多污染物超低排放技术装备	采用催化脱硝协同汞氧化、脱硫协同多种污染物脱除、湿式静电烟气深度净化等集成技术，实现多种污染物排放达到 PM≤5 mg/Nm^3；SO_2≤35 mg/Nm^3; NO_x≤50 mg/Nm^3；Hg≤0.005 mg/Nm^3	燃煤电厂
24	氮肥增益法烟气多污染物协同控制技术装备	进口烟气参数：烟尘浓度：300～1 000 mg/Nm^3；二氧化硫初始浓度：300～5 000 mg/Nm^3（且 SO_3 浓度 300～500 mg/Nm^3）；氮氧化物初始浓度 1 300～3 000 mg/Nm^3。 出口烟气参数：烟尘浓度≤20 mg/Nm^3；二氧化硫浓度≤50 mg/Nm^3；氮氧化物浓度≤100 mg/Nm^3。其他污染物排放达到《平板玻璃工业大气污染物排放标准》（GB 26453—2011）。 没有废水废渣排放，对烟气温度无特殊要求。 可回收副产物情况：二氧化硫处理后可以制备硫酸或硫酸铝等制品；氮氧化物直接做成硝酸铵，再经过改性后做成硝酸铵化肥。副产物资源化后满足国家标准要求	玻璃窑污染物协同处置
25	湿式静电除尘装备	粉尘排放浓度≤10 mg/m^3；$PM_{2.5}$ 去除率≥70%；酸雾（SO_3 气溶胶）去除率≥70%；酸雾浓度≤15 mg/Nm^3；水雾浓度≤50 mg/Nm^3。本体阻力＜300 Pa	燃煤电厂及工业炉窑除尘
26	电袋复（混）合除尘器	电袋混合除尘器（嵌入式电袋除尘器）是指将静电部分（放电极和收尘极）和滤袋交替排列布置的除尘装置。 粉尘排放浓度≤10 mg/Nm^3；过滤风速 1.6～3.5 m/min；阻力＜800Pa；布袋使用数量减少 50%～67%；布袋使用寿命增长达 40%以上；对 $PM_{2.5}$ 的去除率 60%～85%；在除尘器提效改造中，不需要更换原来的引风机	电力、建材、冶金、钢铁、化工等行业燃煤工业锅炉除尘

序号	名称	关键技术及主要技术指标	适用范围
27	飞灰的二噁英微波分解处理技术和装备	处理后的飞灰中二噁英类排放指标＜0.1 ngTEQ/Nm^3；飞灰中二噁英分解率可达 99.7%；二噁英类物质分解温度≤350℃；飞灰的分解电耗≤0.25kW·h/kg	飞灰二噁英处理
28	大功率柴油机接触氧化还原法（SCR）脱硝装备	转速＞130 r/min；NO_x 去除率，75%～95%，排放 1.0～3.4 g/kW·h；氨气逃逸量≤20 ppm；SCR 系统压力损失≤3 kPa	中高速船用柴油机、机车及陆用发电机组脱硝
29	连续被动再生式柴油车黑烟净化过滤系统（DOC+CDPF）	技术指标：CO 的起燃温度＜195℃；HC 的起燃温度＜205℃；黑烟颗粒 PM 的去除效果＞90%（在所有的工况下）；黑烟颗粒的再生：开始再生温度为 200℃，全部烧完为 500℃，时间在 10 min 以内	柴油车尾气净化
30	燃煤电厂碳捕集利用及封存成套技术装备	CO_2 捕集能耗比一乙醇胺法（MEA）降低 30%，捕集后发电效率的降低≤8%；捕集后发电成本的提高≤30%；二氧化碳捕集与地质封存≥10×10^5 t/a，累计二氧化碳封存量≥20×10^5 t	二氧化碳收集利用封存
31	大型电袋除尘器用淹没式脉冲阀	工作压力 0.1～0.8 MPa（推荐 0.2 MPa～0.6 MPa）；温度等级−25～80℃、−25～230℃；最大使用寿命 100 万次或三年；实现单阀行喷吹面积 70～120 m^2	工业除尘
二、水污染防治			
32	高浓度氨氮废水资源化处理关键技术与成套设备	技术指标：原水水质：氨氮浓度≤80 g/L，处理水质：氨氮≤10 mg/L，废水中的氨氮资源化回收制备高纯浓氨水＞16%，污染物削减率＞99%，氨氮资源回收率＞99%。回收的氨水可以达到试剂级以上	工业氨氮废水处理
33	电吸附含盐污水处理回用技术装备	原水电导率 1 000～20 000 μS/cm（总可溶解性固体 TDS 为 700～15 000 mg/L）；系统除盐率 60%～90%；稳定产水率 75%～85%；使用寿命≥10 年；耗电量为 1～2 kW·h/m^3；制水成本≤1 元/m^3；COD 去除率≥35%；氨氮去除率≥40%	市政及工业含盐污水处理
34	高效催化氧化强化废水预处理成套装备	进水水质：COD，4 000～5 000 mg/L；石油，20～40 mg/L；挥发酚，100～400 mg/L；硫化物，10～25 mg/L；总酚，400～1500 mg/L。 出水水质：COD 平均去除率＞50%；挥发酚、总酚、石油类等平均去除率＞90%；硫化物去除率＞70%；处理能力 25～1 000 t/h； 能耗指标：吨水处理成本＜7 元/ t 废水，其中电耗＜5 元/ t 废水	煤化工废水处理
35	低浓度难降解有机废水深度臭氧催化氧化成套设备	技术指标：进水水质：COD：80～120 mg/L；苯并芘：0.1～5 μg/L；多环芳烃：0.1～10 mg/L。出水水质：COD 平均去除率＞50%；苯并芘平均去除率 90%～99%；多环芳烃平均去除率 90%～99%；处理能力 25～1 000 t/h	煤化工、焦化废水处理
36	动态膜过滤设备	通过膜组件的主动机械运动（线速度达 3～5 m/s）与水流形成错流，避免污染物在膜片上沉积；无需曝气和反冲洗，延长加药清洗周期≥10 倍；实现吨水电耗降低≥30%；使用寿命≥5 年；可制成浸没式、箱体式不需要占用新的处理场地	重金属废水，MBR 膜生物反应器

序号	名称	关键技术及主要技术指标	适用范围
37	城镇生活污水分段进水深度脱氮除磷处理成套技术装备	出水水质：COD_{Cr}≤50 mg/L，TN≤15 mg/L，TP≤0.5 mg/L；其他指标均达到《城镇污水处理厂污染物排放标准》（GB 18918—2002）一级 A 标准	城镇生活污水处理
38	超临界水氧化处理装备	处理量：70～100 t/a；反应器压力：25～28 MPa；反应器温度：500～600℃；COD 去除率＞99.9%；余热利用效率＞80%；运行成本＜140 元/m^3；排放达到《杂环类农药工业水污染物排放标准》（GB 21523 —2008）要求	高浓度难降解有毒农药废水及其他高浓度有机废水
39	洗毛污水深度处理及资源利用成套技术装备	日处理量≥4 000 t；出水达到《制革及毛皮加工工业水污染物排放标准》（GB 30486—2013）要求；实现漂洗水回用率＞50%，羊毛脂回收率＞75%；实现生产运行全流程监测管控	洗毛废水处理及资源化利用
40	凝胶法重金属检测吸附一体化装备	检测及吸附重金属浓度范围：0.01×10^{-6}～$10\ 000\times10^{-6}$；重金属去除率＞99%，含重金属污泥经过处理后达到《土壤环境质量标准》（GB 15618—2008）要求；含重金属工业废水经过处理后达到各行业排放要求，其中《电镀污染物排放标准》（GB 21900—2008）、《制革及毛皮加工工业水污染物排放标准》（（GB 30486—2013）、《铜、镍、钴工业污染物排放标准》（GB 25467—2010）、《铅、锌工业污染物排放标准》（GB 25466—2010）、《纺织染整工业水污染物排放标准》（GB 4287—2012）；凝胶可再生 3～5 次，再生后凝胶重金属去除率＞80%；检测精度限值 0.01×10^{-6}；处理量≤500 t/d；耗电量 4～7 kW・h/m^3	城镇污水污泥、工业废水、污染土壤等领域的重金属处理
41	蜗形挤压污泥脱水装备	脱水机转速：0.5～2 r/min；噪音≤30 dB（A）；在不外加破壁技术条件下，泥饼含水率≤70%；干泥产量＞250 kg/h；输入功率＜6 kW，能耗为离心式脱水的 10%；回液含泥率＜2%；无需反冲水	市政及工业污泥脱水
三、固体废物处理			
42	高温干法推流式厌氧消化技术装备	处理量：500～800 t/d，生成腐熟堆肥≤50 t/d；产生沼气≤1 500 m^3/h，除臭达到《恶臭污染物排放标准》（GB 14554—1993）要求	厨余垃圾厌氧消化
43	污泥炭化成套装备	技术指标：热解时间≤25 min、热解终温≥500℃、产污泥炭≥3 t、回用燃气≥1×10^3 m^3/d、燃气热值≥2.5×10^4 kJ/Nm^3，尾气经过多级净化后达到《大气污染物综合排放标准》（GB 16297—1996）	市政污泥处理
四、环境监测专用仪器仪表			
44	$PM_{2.5}$ 中阴阳离子及重金属在线三通道分析仪	24 小时不间断传数据传送；采样流量：3～16.7 L/min；切割粒径：$PM_{2.5}$（或 $PM_{1.0}$、PM_{10}）；检测气体组分：HNO_3、HNO_2、HCl、SO_2、NH_3；检测颗粒物组分：Cl^-、NO^{2-}、NO^{3-}、$SO_4{}^{2-}$、NH^{4+}、Na^+、K^+、Ca^{2+}、Mg^{2+}、Pd^{2+}、Cd^{2+}，最低检出限≤9×10^{-3} μg/m^3；采样时间：40～120 min；使用温度：14～35℃；每更换一次溶液连续工作时间≥12 d	大气细颗粒物在线监测

序号	名称	关键技术及主要技术指标	适用范围
45	水质挥发性有机物（VOC）在线自动分析仪	富集时间：20～30 min；检出限（氯仿）：10^{-12}～10^{-9}g/L；测量范围（氯仿）：0～5 μg/L；相对标准偏差：±15%（1.0 μg/L 氯仿）；MTBF（平均故障间隔时间）≥148 h；数据有效率≥90%；绝缘阻抗≥20 MΩ；重量≤15 kg、操作功耗≤80 W；流量控制：采用电子流量控制，在吹扫、干吹扫及烘干不同的模式时，流量调解范围 5～500 mL/min；配有电子压力检测器，可自动检漏及自动监测压力，并有诊断模式，可查找泄漏点；输出：4～20 mA 模拟信号	饮用水安全监测、地表水水质监测、水源污染事故和污染源的低含量有机污染物监测
46	基于离子色谱法的水质在线自动分析仪	检测指标：氟化物、氯化物、亚硝酸盐、硝酸盐、硫酸盐、氰化物、氨氮、钾、钠、总硬度、铜、锌、镉、铅、六价铬、镍、锰、二价铁；线性范围：＞10^3；检测限：阴离子≤1×10^{-9}（以 Cl^-计，抑制电导检测）；阳离子≤10×10^{-9}（以 Na^+计，抑制电导检测）；重金属≤1×10^{-9}（以 Cd^{2+}计，柱后衍生紫外可见检测）；示值误差：±10%；户外续航能力：≥15 h；功能指标：具备自动校准、故障诊断分析、标液核查、日志记录、量程切换、数据有效性识别、RS232 或 485 接口或模拟（4～20 mA）输出（选配）等	饮用水安全监测、地表水、地下水水质监测
五、资源综合利用			
47	提钒废水资源化处理利用成套技术装备	无水硫酸钠回收率≥93%，干基纯度≥92%，满足《工业无水硫酸钠标准》（GB/T 6009—2003）Ⅲ合格品标准；硫酸铵回收率≥75%，质量满足回用沉钒质量要求；冷凝水满足钒浸出工艺要求	钠化提钒废水
48	含铜、重金属废弃电子产品及污泥（渣）的回收提纯成套装备	电子废弃物、污泥（渣）中的有价金属浸出率≥90%；配套装置处理能力：电子废弃物处理量≥10 t/d；含重金属污泥（渣）的处理量≥100 t/d，金属的回收率≥90%；萃余液和化学药剂闭流循环使用	工业废弃物综合利用
49	废旧滤袋回收处理技术装备	聚苯硫醚（PPS）回收率＞85%；产品纯度＞80%；废水排放量＜1.0 kg/100 m^2（废滤袋）；单位能耗≤3×10^5 kJ/m^2（废滤袋）；年处理能力≥20 万 m^2 废滤袋（单条生产线）	废旧滤袋回收处理
50	建筑垃圾资源化成套装备	年处置建筑垃圾≥1×10^6 t，资源化率 100%；再生骨料杂质含量≤1%，再生骨料替代率 100%；再生混凝土道路砖抗压强度≥25 MPa；再生混凝土砌块抗压强度≥5 MPa；再生墙砖抗压强度≥10 MPa；再生混凝土制品放射性指标符合《建筑材料放射性核素限量》（GB 6566—2010）要求	建筑废弃物处置及综合利用
51	废旧汽车拆解分选大型成套装备	处理量 60～200 t/h；加料宽度≥2 000 mm；综合分选率≥95%；有色金属分选率≥90%；准确率≥95%；资源再利用率≥90%	废旧汽车拆解
52	汽车惯性能利用系统	惯性滑行节能率≥15%，对比系数＞2（45 km/h～70 km/h）；减排量≥15%	机动车机械能回收利用

序号	名称	关键技术及主要技术指标	适用范围
六、环境污染防治专用材料与药剂			
53	纳滤膜	膜形式：平板卷式膜或中空膜；截留分子量 100～300；脱盐率 50%～90%，且具有良好的抗冲击性和耐污染性；膜使用寿命≥3 年；膜最大产水量≤15×10^4 gpd；操作压力≤2.0 MPa，适用 pH 范围：3～10。对低分子有机污染物，消毒副产物，大肠菌群，病毒细菌，氟、砷、铁、锰等重金属离子的去除率≥95%，对钙、镁等两价离子去除率≥50%，产水率≥85%	城市、工业污废水回用，饮用水净化
推广类			
一、大气污染防治			
54	大流量等离子体有机废气治理成套装备	处理风量：500～105 m^3/h；高键能挥发性有机物处理效率＞95%，低键能挥发性有机物＞99%；等离子体分布密度达到 $10^{19}/m^3$ 数量级别；产生高浓度的 O、OH、O_3 等活性粒子，其密度＞$10^{15}/cm^3$；处理每立方米废气平均耗电≤0.002 kW • h	市政及工业领域有机废气处理
55	有机废气吸附回收装备	适用烃类、氯烃类、酮类、醇类以及乙酸乙酯、甲基叔丁基醚等溶剂；处理浓度范围≤6×104 mg/m^3；回收率＞90%。	工业有机废气回收
56	非选择性催化还原法（SNCR）工业烟气脱硝技术装备	针对 NC 型、DD 型和 RSP 型炉窑，脱硝效率≥65%，吨熟料 25%氨水用量≤3 kg/t • cl；针对 TSD 型和 CDC 型炉窑，脱硝效率≥50%，吨熟料干尿素耗量≤5 kg/t •cl，当采用氨水为还原剂时，脱硝效率≥70%，吨熟料 25%氨水用量≤3 kg/t • cl；氨气逃逸量≤5 mg/Nm^3	新型干法水泥烟气脱硝
57	烧结机烟气湿法增效脱硫和湿式静电除尘协同处置成套技术装备	进口烟气：SO_2 浓度≤6 500 mg/Nm^3，颗粒物排放浓度≤100 mg/Nm^3 。出口烟气：$S0_2$ 浓度≤35 mg/Nm^3，颗粒物排放浓度≤5 mg/Nm^3，SO_3 去除率≥60%	钢铁烧结机烟气净化
58	工业锅炉组合污染物高效脱除成套装备	碱性氧化物与硫比值：（1∶2）～（1∶3）；烟尘（TSP）排放≤30 mg/Nm^3；SO_2 排放≤100 mg/Nm^3；NO_x 排放≤200 mg/Nm^3。锅炉排放指标达到《锅炉大气污染物排放标准》（GB 13271—2014）要求	燃煤工业锅炉污染物治理
59	净烟气分室反吹袋式除尘装备	进口烟尘浓度：≤200 g/Nm^3。 出口烟尘排放浓度≤10 mg/Nm^3；总除尘效率≥99.94%，对 0.01～2.5 μm 粉尘的总捕集率≥99.4%；滤袋寿命≥5 年，年破袋率≤0.1%；过滤风速 0.8～1.0 m/min；除尘器平均阻力≤1 000Pa；微压反吹清灰：弹性滤料，清灰压差≤5 000 Pa，清灰时间 5s～20 s	燃煤电厂、冶金、水泥、垃圾焚烧等领域除尘

序号	名称	关键技术及主要技术指标	适用范围
60	覆膜滤筒与板式复合过滤除尘装备	入口浓度≤300 g/Nm³；除尘效率≥99.99%；出口排放浓度＜0.04 mg/m³；初始投资≤1×10⁵ 元/万 m³；运行电耗≤2×10⁵ kW・h（以处理风量为 3×10⁴ m³ 为例）	铅酸电池、有色金属等行业除尘
61	低温电除尘装备	烟尘排放浓度≤30 mg/m³，节省标准煤耗 1.0～3.5g/kW・h，压力降≤650Pa，漏风率≤3%	燃煤电厂除尘
62	移动极板静电除尘装备	烟尘排放浓度≤30 mg/m³（可达 20 mg/m³ 以下），本体漏风率≤2%，系统压力降≤250 Pa	燃煤电厂、冶金、造纸、化工等领域除尘
63	大流量高温长袋脉冲袋式除尘装备	单位过滤面积耗钢量 15～18 kg/m²；处理风量≥2×10⁷ m³/h；运行阻力≤1×10³Pa；处理烟气入口含尘浓度达到 500 g/Nm³，烟气温度≤250℃；出口含尘浓度＜20 mg/Nm³；滤袋使用寿命＞3 年	工业除尘
64	喷雾降尘装备	降尘效率≥90%；喷雾量：60～240L/min；射程：60～200 m，俯仰角度：−10°～60°，水平旋转角度：0～320°；适用环境温度：−20～45℃；噪声≤85 dB	大气粉尘抑制
65	转炉煤气干法	净化回收系统排放烟气含尘浓度≤15 mg/Nm³；回收煤气含尘浓度≤10 mg/Nm³；该系统回收干粉尘含铁量≥70%	氧气转炉炼钢领域煤气净化回收
66	袋式除尘器用高压无膜脉冲阀	使用寿命≥5×10⁶ 次，工作压力 0.2～0.6 Mpa	袋式除尘
67	室内空气净化器	臭氧浓度≤0.10 mg/m³，紫外线强度≤5 W/cm²；处理范围：粉尘、细菌、挥发性有机污染物等；处理后 PM_{10} 浓度≤0.07 mg/m³，满足《室内空气质量标准》（GB/T 18883—2002）；滤网能够拦截 0.3 微米以上的细微颗粒物，滤网更换周期≥2 000 h、纳米光触媒使用寿命≥5 000 h	室内空气净化
二、水污染防治			
68	厌氧- 好氧垂直折流生化法高浓度工业有机废水处理装备	技术指标：进水指标：COD：3 000～5 000 mg/L；B/C＜0.4，无机盐 0.2%～0.5%，出水 COD 浓度＜50 mg/L；采用厌氧-好氧垂直折流多功能生化反应器（VTBR）技术：氧利用率≥90%，无污泥产生。深度处理后采用反渗透脱盐后污水回用于循环冷却水	各种高浓度有机废水处理与污水回用处理
69	高浓度焦化废水处理及再生回用技术装备	进水水质：污染物浓度范围大致为 COD_{Cr}：2 500～5 500 mg/L；挥发酚：300～1200 mg/L；氰化物：5～40 mg/L；硫氰酸盐：300～700 mg/L；油：50～200 mg/L；氨氮：100～300 mg/L。出水水质：COD 浓度≤150 mg/L；氨氮浓度≤5 mg/L；深度处理后 COD 浓度≤50 mg/L；总氰化物≤0.25 mg/L；焦化废水最高回收率≥92.5%	高浓度焦化废水处理及再生回用

序号	名称	关键技术及主要技术指标	适用范围
70	电镀废水集中处理及回用装备	铜、COD、镍、铬和氰的去除率≥90%，出水达到《电镀污染物排放标准》（GB 21900—2008）的要求	电镀、印制电路板等领域废水处理
71	含汞废水处理一体化装置	进水水质：含汞浓度 0.6～8.0 mg/L；SS≤1 000 mg/L；含盐量 10%～20%；出水水质：出水满足《烧碱、聚氯乙烯工业污染物排放标准》（GB 15581 —95）最高允许排放限值中的一级标准；出水总汞≤0.005 mg/L；出水悬浮物≤70 mg/L；出水 pH：6～9；含汞污泥汞含量≥5%	烧碱、聚氯乙烯工业含汞废水
72	超磁分离水体净化成套技术装备	进口水质 SS≤500 mg/L 的情况下，出口水质 SS≤20 mg/L，悬浮物分离时间≤5 min，去除率 90～95%；进口水质 TP：1～4 mg/L 的情况下，出水 TP：0.05～0.5 mg/L，总磷去除率 80%～90%；藻类去除率：80%～85%；非溶解态 COD 去除率＞80%；吨水电耗≤0.05 元；单台处理水量≥1 500 m^3/h	工业废水及市政污水处理、河湖水体治理修复、黑臭河道水质净化
73	农村生活一体化污水处理装备	进水水质：COD_{Cr}：100～400 mg/L；BOD_5：100～200 mg/L；SS：100～200 mg/L；NH_3-N：20～30 mg/L； 出水水质：COD_{Cr}≤50 mg/L；BOD_5≤10 mg/L；SS≤10 mg/L；NH_3-N ≤15 mg/L	农村乡镇污水等分散式污水处理
74	膜生物反应器	处理城市污水的平均气水比≤10；膜组器使用寿命≥5 年；工艺运行吨水电耗＜0.55 kW•h/t；药剂费用＜0.05 元/t（城市污水）；单元组器处理水量：325～1 000 m^3/d；处理出水水质达到《地表水环境质量标准》（GB 3838—2002）Ⅳ类水标准（总氮≤10 mg/L）	市政污水和工业废水处理
75	内进流网板格栅	孔径范围 1～6 mm，3 mm 孔径格栅栅渣捕获率≥90%	市政污水处理厂、再生水厂、工业废水处理的预处理系统
76	上悬式移动格栅除污机	齿耙宽度：$1.2×10^3$～$5×10^3$ mm；栅条净距：20～300 mm；安装角度：60°～90°；齿耙提升速度 3～15 m/min；悬挂小车移动速度≤6.0 m/min；齿耙额定载荷：$0.25×10^3$～$2.4×10^3$ kg；噪声≤80 dB（A）；总功率：0.75～6 kW；除污效率≥80%	市政污水
77	隔膜压滤机	过滤面积 1～270 m^2；能耗指标 7.5～67 kW；滤饼含水率≤50%，滤液固含量小于 $100×10^{-6}$；滤布再生效率≥95%	矿山尾矿、冶金化工废渣处理、市政污泥处理
78	自吸式高效复合叶轮曝气机	叶轮直径：800～4 500 mm；电机功率：3～160 kW；理论动力效率＞3.5 $kgO_2/kW·h$（以轴功率计算）；充氧能力：12～515kgO_2/h；能效比：2.8 $kgO_2/kW·h$（以输入功率计算）	市政污水和工业废水处理中的生化好氧工艺的曝气充氧及地表水复氧工程

序号	名称	关键技术及主要技术指标	适用范围
三、固体废物处理			
79	城市生活垃圾智能分选成套装备	液压步进式给料机处理量≥25 t/h；张弛筛、圆盘筛和星状筛分选效率≥80%；正负压结合风力分选系统设备，轻物料分选效率≥90%；连续热解汽化炉的处理量 10 t/h，能量回收率≥90%；各种塑料的分选效率≥95%，分选精度＞98%；处理量≥1×10^3 t/d	生活垃圾处理
80	水泥窑协同无害化处置成套装备	处理能力：300～1 000 t/d；垃圾轻质可燃物分选率≥95%；无机物分选率≥97%；厨余分选率≥90%；二噁英/呋喃≤0.1 ngTEQ/Nm^3；排放达到《水泥工业大气污染物排放标准》（GB 4915—2013）。水泥窑烧成系统协同处置时，不影响烧成系统的稳定运行，与未处置时相比，烧成系统出口烟气温度增加不超过10℃；烧尽率达 100%，处置过程不再产生二次污染	城市生活垃圾、污泥、工业废弃物治理
81	300 t/d 及以上生活垃圾焚烧及其烟气处理系统成套装备	处理量≥300 t/d；垃圾的低位热值适应范围 4×10^3～8×10^3 kJ/kg；垃圾在进炉热值≥4×10^3 kJ/kg、含水量≤60%的情况下不添加辅助燃料；设备年运行时间≥8×10^3h，焚烧炉负荷范围：70%～110%；焚烧炉中主燃区温度：9×10^2～1.1×10^3℃，烟气温度≥8.5×10^2℃，停留时间≥2s；灰渣热灼减率≤3%	生活垃圾焚烧
82	立式旋转热解气化焚烧装备	一燃室温度可达到 1 100～1 300℃，二燃室温度最高可达到 1 100 ℃以上；烟气停留时间＞2 s；焚烧炉热效率＞72%；残渣热灼减率＜3%；垃圾减容率＞90%；二噁英类物质排放浓度＜0.1 ng-TEQ/Nm^3，焚烧飞灰产生量<0.5%；烟气排放达到《生活垃圾焚烧污染控制标准》（GB 18485—2014）与《大气污染物综合排放标准》（GB 16297—2012）	生活垃圾焚烧
83	油田钻井废弃物处理处置成套装备	高速大流量离心机：转鼓最大内径≥500 mm、最大工作转速≥3×10^3 r/min、最大水通量≥100 m^3/h、分离点（D50）≥3 μm；滤干机：转鼓最大内径≥1 000 mm、最大工作转速≥900 r/min、干燥效率≤6%、最大处理量≥50 t/h；回注成浆装备：造浆能力≥10 m^3/h、钻屑与液体的比例为 1∶4、研磨成浆后的钻屑固相粒径≤0.3 mm；全套系统综合：处理量≥80 m^3/h、油基钻井液回收率≥75%、油基钻井液回收≥30 m^3/h、固相废物含油率≤6%；实现变频控制和在线自动检测	油田废弃物处置
84	钻屑回注成套装备	造浆能力≥10 m^3 /h 的钻屑处理能力；钻屑与液体的比例为 1∶4，泥浆中的固相≥25%；研磨成浆后的钻屑固相粒径≤0.3 mm；存储能力≥20 m^3；造浆系统净重≤20 t（含控制室，研磨机、振动筛）；存储罐净重≤9 t	油田废弃物处理

序号	名称	关键技术及主要技术指标	适用范围
85	多功能移动式固态（液态）污染物处理装备	固态污染物：一次焚烧温度≥800～900℃、二次焚烧温度≥1 000～1 200℃、三次焚烧温度≥1 100～1 400℃、烟气停留时间≥3 s；通过热裂解实现能量循环利用，处理量 1～3 t/h；环境适应温度-41～+55℃、风力：最大稳定风速 7 级或阵风 8 级；淋雨≤6 mm/min；装备无故障连续运行时间≥1 000 h；处理后达到《危险废物焚烧污染控制标准》（GB 18484—2001）。 液态污染物：响应时间≤3 min；污染物种类和含量检测时间≤20 min；药剂准备＜10 min；降毒害和固稳率≥90%；泥液处理能力：20～100 m^3/h；脱水泥饼含水率：25%～70%；固化（凝）时间＜30 min；滤液浊度＜20	固态（或液态）废弃物、危险固态（或液态）废弃物及环境应急处置处理
86	电渗透污泥源头脱水干化减量化装置	污泥脱水时间：8～12 min；污泥出料含水率≤50%，污泥固体回收率≥98%；污泥处理温度≤30℃，吨污泥的能耗≤100 kW·h/t DS；出料污泥颗粒≤20 mm；单台设备处理能力≥15 t/d	污水、油泥、污泥处理
87	城市污水厂污泥半干法处理装备	污泥总 COD 溶解率≥20%，SS 溶解率≥30%，污泥减容率≥90%；进料污泥含水率 90%～95%，出料≤50%，呈半干化状态，可直接焚烧。日处理污水 5×10^4 t 的污水处理厂（日产 80%含水率的污泥 30 t），平均电耗≤5.5×10^5 kW·h/a	市政、工业污泥处理
88	污泥高速流体喷射破碎干化无害化成套技术装备	处理前污泥含水率 50%～80%，含油率 3%～30%，单台处理量≤120 t，射流速度≤2 Ma，干化时间≤1s，干化温度：150～200℃，处理后污泥含水率≤25%、干渣含油率≤1‰，无废水排放，烟气排放达到《大气污染物综合排放标准》（GB 16297—1996），纯物理工艺无任何化学添加剂，不产生二次污染。能耗（按含水率 80%污泥计）：1.05×10^4 kJ/t～2.1×10^4 kJ/t，干渣余热可回用；电耗：50～70 kW·h/t	市政污泥和工业污泥处理
四、环境监测专用仪器仪表			
89	机动车尾气云检测系统	云设备技术参数：可并发连接 1 000～1 0000 个网络终端及数据实时处理；每个检测网络终端的检测结果计算用时为 5 s 以内；7×24 h 不间断运行，检测数据计算正确率 100%；运行环境：温度 0～45 ℃，湿度 0～90%，大气压力 80～110 kPa；传输速率 2 M bps，误码率 10～9。 检测网络终端技术参数：测量精度：10 μg/s（HC），100 μg/s（CO）1 000 μg/s（CO_2），10 μg/s（NO_x），CO、HC、CO_2 的重复性与一致性误差在 3%以内，NO 与 O_2 的重复性与一致性误差在 5%以内；每个检测网络终端的检测过程数据每秒实时上传	机动车尾气检测

序号	名称	关键技术及主要技术指标	适用范围
90	大气颗粒物在线监测仪器	监测范围：PM_{10}，$PM_{2.5}$ β射线法：测量范围：0～1×10^3 μg/m^3 或 0～1×10^4 μg/m^3；50% 切割粒径：（2.5±0.2）μm/（10±0.2）μm 空气动力学直径；最小显示单位： 0.1 μg/m^3；标准膜重现性≤±2%标准值（标准值 0.981 mg/cm^2）；仪器平行性：≤±7%；采样流量偏差±2%L/min；无故障运行时间>6 个月。 微量振荡天平法：测量范围：0～1×10^4 μg/m^3；最小显示单位：0.1 μg/m^3；采样流量偏差：切割器平均流量变化≤±设定流量×3%/24h；示值误差<5%；无故障运行时间>6 个月	大气颗粒物在线监测
91	基于物联网技术的智能水质自动监测系统	自动检测《地表水环境质量标准》（GB 3838—2002）中的指标，含常规指标、有机物、生物综合毒性；检出限：小于地表水一类水标准；重复性≤5%；准确度：±3%；平均无故障运行时间≥1 440h	地表水水质监测
92	水质重金属在线监测仪	可监测因子测量范围：Ni、Zn、Cr、Cu、Pb、As：0～10 mg/L； Hg：0～100 μg/L；Mn：0～12 mg/L；Fe：0～16 mg/L；Cd：0～2.5 mg/L；Cr^{6+}：0～5 mg/L；重复性误差≤5%；零点漂移≤±10%；量程漂移≤±4%；准确度≤±5%	水质重金属监测
93	远传先导控制仪	工作压力：0.2～0.6 MPa；防护等级：IP65；环境温度：－40℃～80℃；电压：DC24V、AC220V、AC110V；脉冲宽度：10～5 000 ms； 脉冲间隔≥1 s～<100 h；循环间隔<100 h；循环次数：1 次～9999 次/无限循环	袋式除尘器脉冲阀控制
五、资源综合利用			
94	选择性催化还原法（SCR）脱硝催化剂再生装备	再生后催化剂活性高于新鲜催化剂的 90%；SO_2/SO_3 转化率<1%；机械寿命>5 年，化学寿命>1.6×10^4h；NH_3 逃逸率≤5ppm；抗压强度：150～200N/cm^2	脱硝催化剂再生利用
95	餐厨垃圾预处理成套装备	单套处理量≥45 t/d；制浆粒径≤10 mm；有机质分离率≥90%；油脂分离率≥90%；沼气产生率：28.5～58.5 m^3/t；生产有机肥量 0.3～0.45 t/t；配备除臭系统，除臭达到《恶臭污染物排放标准》（GB 14554—1993）；装机功率≤5 kW/t，处理每吨水耗≤0.2 t	餐厨垃圾处理
96	粪便无害化、资源化处理成套装备	单套处理量≥95 t/d；垃圾分离率≥95%；成套设备无故障时间≥300 h，实现粪便无害化率 100%，资源化率>97%；瞬时处理量≥100 t/h，粪便预处理设备单位投资额<3 万元/t；粪便水处理设备单位投资额<3 万元/t。粪便预处理单位（t）装机功率≤0.7 kW、水耗≤0.2 t；水处理单位（t）装机功率≤0.6 kW；每百吨粪便生产有机肥量>5 t；除臭达到《恶臭污染物排放标准》（GB 14554—1993）	粪便处理

序号	名称	关键技术及主要技术指标	适用范围
97	废金属破碎大型成套装备	主机功率：1 500～4 500 kW；每小时处理废金属 35～140 t；加料宽度≥2 600 mm；主机磁力二次分选：分选率≥95%，有色金属分选率≥95%	废金属回收再利用
98	废塑料复合材料回收处理成套装备	废塑料基复合材料处理量 1～5 t/h；回收金属（铝等）的纯度≥98%；金属（铝等）回收率≥99%；回收塑料的纯度≥95%；吨处理能耗≤10 kW·h；回收金属的纯度≥98%，金属回收率≥99%，塑料的回收率≥95%；智能化自控技术：温度报警设置范围 0～150℃，灵敏度≤0.5℃；电压报警：−10%～5%（380V）；电流报警灵敏度≤0.5A；自动包装计量精度≤1 g；实现顺序开关机启动和关闭；实现人机界面控制	废塑料综合利用
99	切削液智能化循环利用及处理系统	采用集中过滤模式，可实现模块化组合和智能控制，过滤精度最大可达0.5 μm；颗粒含量≤100 ml/L；含油率≤0.5%；新切削液补充量每 3 个月＜1%。	机加工、超精加工切削液循环利用
101	生物质型煤锅炉	低劣质煤热效率≥80%，燃烧效率≥94%，炉渣含碳量≤4%，排烟温度＜100℃，排渣温度≤60℃；二氧化硫排放浓度＜30 mg/m^3；锅炉出口烟尘排放浓度≤10 mg/m^3；氮氧化物排放浓度＜100 mg/m^3；林格曼黑度＜1 级；劣质煤、煤矸石及生物质、工业废弃资源利用率达到 60%以上，其中生物质≥15%；节电≥95%；在使用配套生物质型煤的基础上实现上述指标	工业废弃物综合利用

六、环境污染防治专用材料与药剂

序号	名称	关键技术及主要技术指标	适用范围
102	稀土基脱硝催化剂	组分无毒，脱硝效率＞90%，活性温度窗口 310～410℃，SO_2转化率＜0.4%，氨逃逸率＜2.5 mg/m^3，催化剂抗压强度≥3 MPa；催化剂运行寿命＞2.4×10^{4}h	燃煤电厂、工业炉窑、垃圾焚烧等领域脱硝
103	袋式除尘器用聚四氟乙烯覆膜滤料	连续工作温度最高达到 260℃，瞬时工作温度最高达到 280℃；热稳定性（260℃，2 h）：2.5%；断裂强力：经向≥902N/5×20cm，纬向≥1084N/5×20 cm；使用寿命≥4 年；长纤维强度最高达到 57.8cn/tex；热收缩率 0.5%，（试验条件为 250℃，持续 30 min）；滤料用聚四氟乙烯短纤维的强度达到 2.48cn/dtex，断裂伸长率达到 3.8%	袋式除尘器
104	天然矿物质污	针对高浓度有机废水（屠宰、酿造、皮革等行业）：入水范围：COD	市政污水、

序号	名称	关键技术及主要技术指标	适用范围
	水处理药剂	（300～18 000 mg/L），BOD（200～2 000 mg/L），SS（≤500 mg/L），氨氮（≤2 000 mg/L），去除率分别达到 75%～80%，70%～75%，85%～90%，70%～75%。出水满足《污水综合排放标准》（GB 8978 —1996）、《发酵酒精和白酒工业水污染排放标准》、《制革及毛皮加工工业水污染物排放标准》（GB 30486—2013）。 针对高浓度工业废水（化工、印染等行业）：入水范围：COD（≤8 000 mg/L），BOD（≤2 000 mg/L），SS（≤300 mg/L），氨氮（≤2 000 mg/L），去除率分别达到 50%～55%，55%～60%，75%～80%，55%～60%。出水满足《炼焦化学工业污染物排放标准》（GB 16171 —2012）和《纺织染整工业水污染物排放标准》（GB 4287—2012）。工业废水吨水治理费用≤5 元，市政与河湖净化吨水治理费用≤2 元	工业废水、河流湖泊净化
105	络合重金属废水处理药剂	处理重金属范围：Cu^{2+}、Ni^{2+}、Co^{2+}、Cr^{3+}、Hg^{2+}、Pb^{2+}、Cd^{2+}、Mn^{2+}、Zn^{2+}、Ag^{+}、Sb^{3+}；pH 范围 2～14；，出水重金属含量达到《电镀污染物排放标准》（GB 21900—2008）中重金属特别排放限值	电镀废水重金属处理
七、环境污染应急处理			
106	海上溢油应急回收装置	海况：3 级；作业水温≥-16℃；封闭水域作业额定收油能力：n×100 m^3/h；收油功效＞200；浮油回收效率≥85%；回收油含水率≤1%；外排水含油率≤ 30 mg/L	海上溢油应急处理
107	移动式应急污染水源净化供水车	生活水供水量≥120 m^3/d，浊度≤0.1NTU，细菌为 0，直饮水供水量≥80 m^3/d，硬度（以碳酸钙计）≤200 mg/L；去除水体盐类≥98%，吨水电耗≤1 kW ·h；产水符合《国家生活饮用水卫生标准》（GB 5749 —2006）	环境污染应急供水

11.1.5 两个《目录》的关系

为指导企业防治污染，选择科技含量高、实用性强的环境保护技术装备，这里介绍了两个《目录》供企业参考。它们之间是什么关系，有什么异同？为便于讲述，这里将《当前国家鼓励发展的环保产业设备（产品）目录（2010 年版）》简称为《当前》，将《国家鼓励发展的重大环保技术装备目录（2014 年版）》简称为《重大》。

最大的相同之处是：①两个目录都是推荐先进的环境保护技术装备；②它们都在发展，都在不断地"修正"之中。《当前》是《重大》的一个重要发展基础；③将资源综合利用和清洁生产设备纳入环保技术装备；④两个《目录》都是由国家经济管理综合部门会同环境保护部门提出的。不同之处主要有以下几点：

（1）《当前》注重近期适用技术装备，《重大》在注重应用推广的同时注重开发，实现了科技引导、产业化发展和供需对接的结合，将使科技研发-示范应用-产业化-推广应用的良性循环贯穿整个产业链，迅速提升行业的整体竞争力。

（2）基本构成各有侧重。《当前》共分 8 个领域，减排与节能并重。《重大》共分 8 个领域，应用、推广与开发并重。8 个领域中有 7 个领域基本相同，所不同的是，《当前》中有"节能与可再生能源设备"，《重大》中有"环境应急处理"设备。

《当前》有 8 个领域 147 项。其中水污染治理设备 22 项，空气污染治理设备 22 项，固体废物处理设备 15 项，噪声控制设备 2 项，环境监测仪器 5 项，节能与可再生能源利用设备 41 项，资源综合利用与清洁生产设备 22 项，环保材料与药剂 18 项。《重大》将环保技术装备分为 3 类计 107 项：其中开发类 22 项，应用类 31 项，推广类 54 项；涵盖大气污染防治、水污染防治、固体废物处理、噪声与振动控制、资源综合利用、环境监测专用仪器仪表、环境污染防治专用材料和药剂、环境污染应急处理八个领域。"环境污染应急处理"被设置在开发类和推广类之中。

（3）《重大》时代气息更浓。它瞄准国家在环境保护工作方面提出的目标任务，以满足重点领域、重点行业和重点污染物控制为工作目标，提出了一批先进适用的环保技术装备。其中，大气类技术装备 25.2%，水类 23.4%；在应用领域上，涵盖市政、火电、钢铁、水泥、石油化工等重点行业，既聚焦当前雾霾、土壤和地下水修复、污泥等突出的环境污染问题，又将当前尚未引起足够重视，但未来市场前景广阔、代表今后技术发展趋势的前瞻性技术纳入《目录》，如正渗透、生态修复、二氧化碳捕集和封存技术装备等。《重大》涉及 $PM_{2.5}$、土壤、在线自动监测等方面的项目，是对 2010 年到 2014 年我国环境保护领域发生重大变化的反应。

所以，两个《目录》是可以同时参考的。实践中，任何技术和装备都要与本企业的实际情况相结合，结合的过程就是检验的过程、创新的过程、发展的过程。

11.1.6　有条件的化工企业应积极介入环保产业

我国正处于环保投入曲线与 EKC 曲线（库兹涅茨曲线）双升通道之中，政策持续加码，治理领域和投资需求不断扩大。同时，污染事件高发，环境形势依然十分严峻，这与“十八大”提出的建设美丽中国的愿景相背离，环境污染治理迫在眉睫。环保行业发展处于黄金期，未来十年或将持续高景气度，期间新兴细分领域投资机会将涌现。

当前，环保政策力度不减。十八大报告指出，要把生态文明建设放在突出地位，融入经济建设、政治建设、文化建设、社会建设各方面和全过程，努力建设美丽中国，实现中华民族永续发展。将生态文明建设放在突出地位，将进一步提升全社会对资源节约和环境保护的关注度，而建设美丽中国的愿景，将为中国环保产业的持续发展壮大提供源源不断的动力支持。围绕着建设生态文明、构建美丽中国，国家在十八大前后密集出台了一系列的环保政策措施，全面推进环境治理，对环保行业支持的范围之广、力度之大前所未有，这一方面为环保行业指明了发展的方向和重点，另一方面也为环保行业提供了强大的推动力，行业发展进入黄金期。

实践一再表明，化学方法向来都是防治污染的重要手段，在发展环境保护技术装备领域有得天独厚的优势，有条件的化工企业应积极介入发展节能环保技术装备这一新兴产业，拓展自己的发展空间。

11.2 相关术语

装置和装置区。装置是指一个或一个以上相互关联的工艺单元的组合。装置区是指由一个或一个以上的独立化工装置或联合装置组成的区域。

生态平衡。环境系统中生物与生物之间、生物与生存环境之间相互作用而建立的动态平衡关系。

环境容量。指水、空气、土壤和生物等自然环境或环境要素对污染物质的净化能力。

污染物。人类生产、生活所产生的对环境有破坏作用的物质。

总量控制。根据排污地点、数量和方式，对各控制区域不均等分配环境容量资源。

二次污染。指环境中存在的有毒有害物质，在生物的、化学的、物理的、物理化学的作用下，变成毒性更大，对生物有直接危害的物质，这些物质是原来的污染源中所没有的。

无组织排放。指不通过排气筒的废气排放，以及排气筒高度小于 15 m 的废气排放。

环境空气细颗粒物。由于人类活动产生的细颗粒物主要有两个方面：一是各种污染源向空气中直接释放的细颗粒物，包括烟尘、粉尘、扬尘、油烟等；二是部分具有化学活性的气态污染物（前体污染物）在空气中发生反应后生成的细颗粒物，这些前体污染物包括硫氧化物、氮氧化物、挥发性有机物和氨等。

挥发性有机物（VOCs）污染。主要污染源包括工业源、生活源。工业源主要包括石油炼制与石油化工、煤炭加工与转化等含VOCs原料的生产行业，油类（燃油、溶剂等）储存、运输和销售过程，涂料、油墨、胶黏剂、农药等以VOCs为原料的生产行业，涂装、印刷、黏合、工业清洗等含VOCs产品的使用过程；生活源包括建筑装饰装修、餐饮服务和服装干洗。

酸雾。雾状的酸性物质，其pH为3.0～4.5。

氮封。用于储罐顶部氮气压力恒定控制，以保护罐内物料不被氧化及储罐安全的措施。

软密封。在多种腐蚀性、非腐蚀性的气体、液体、半流体以及固体粉末管线和容器上作为调节和截流设备上用的一种闸阀方式。

水体。水的积聚体，包括水、水中悬浮物、底泥和水生生物等其他所有因素。水体可分为海洋水体、陆地水体、地表水体、地下水体等不同区域和类型。地面水体，如溪、河、江、池塘、湖泊、水库、海洋等。

水环境容量。水体所容纳的污染物的量或自身调节净化并保持生态平衡的能力。

水体污染。排入水体的某种物质、生物或能量超过了水环境容量，降低了水的质量或影响了原有用途，甚至破坏了生态平衡，直接或间接地对人类产生影响或危害，称为水体污染。

色度。水的感官性状指标之一。当水中存在某种物质使水着色，即产生色度。规定以纯水中氯铂酸离子浓度为1 mg/L时产生的颜色为1度。

浊度。表示光线透过水时发生阻碍的程度。水因含悬浮物而呈混浊状态，我国规定以纯水中含二氧化硅为1 mg/L时产生的混浊度为1度。

化学耗氧量（COD值）。表示水污染程度的重要指标，即表示水中可氧化的物质量。规定以消耗氧化剂高锰酸钾或重铬酸钾所需要的量表示，单位为mg/L。

生化需氧量（BOD值）。在好气条件下，微生物分解水中有机物质的过程中所需要的氧量。采用在20℃下，通常以五昼夜生化氧量作为指标，即用BOD_5表示，单位为mg/L。

冲击排放。指污水排放不均匀，突然排放量增大。

初期雨水。指刚下的雨水，一次降雨过程中的前10～30 min降水量（或前10～20 mm降水量）。

清净下水。装置区排除的未被污染的废水，如间接冷却水的排水、溢流水等。

化工污水。化工生产区排放的污水。包括：一是生产污水，包括设备地面冲洗水；

二是生活污水；三是初期雨水；四是事故污水。

事故污水。指因设备、仪表故障，操作控制失误，设备、管道破裂，开、停车或检修时偶发性废液倾倒等生产事故或突发事件排出的使污水处理设施不能正常运行或可能产生破坏性结果的排水；突发性重大事故污水，如爆炸、火灾造成的大量物料泄漏和灭火时产生的混有大量化工物料的污水（如消防水）。

污水回用。化工生产活动过程中产生的污水经收集、处理、再利用的过程。

固体废物。指在生产、生活和其他活动中产生的丧失原有利用价值或者虽未丧失利用价值但被抛弃或者放弃的固态、半固态和置于容器中的气态的物品、物质以及法律、行政法规规定纳入固体废物管理的物品、物质。固体废物包括液态废物，不包括排入水体的废水。

工业固体废物。是指在工业生产活动中产生的固体废物。

危险废物。我国《按固体废物污染环境防治法》的定义是：指列入国家危险废物名录或根据国家规定的危险废物鉴别标准和鉴别方法认定的具有危险特性的废物。

《国家危险废物名录》（环保部、发改委令 2008 第 1 号）和《固体废物鉴别导则（试行）》（环保总局、发改委、商务部、海关总署、质检总局公告 2006 第 11 号）确定的危险废物。

联合国环境规划署认为，危险废物是除放射性以外的那些废物（固体、污泥、液体或用容器装的气体），它的化学反应性、毒性、易爆性、腐蚀性或其他特性引起或可能引起对人类健康或环境的危害。不管是单独的或者和其他废物混合在一起，不管是产生或是被处置的或正在运输中的，在法律上都称为危险废物。

特殊危险废物。是指毒性大或环境风险大，或难以管理，或不宜用危险废物的通用方法进行管理和处理处置，而需特别注意的危险废物，如医院临床废物、多氯联苯类废物、生活垃圾焚烧飞灰、废电池、废矿物油、含汞废日光灯管等。

固体废物处置。是指将固体废物焚烧和用其他改变固体废物的物理、化学、生物特性的方法，达到减少已产生的固体废物数量、缩小固体废物体积、减少或者消除其危险成分的活动，或者将固体废物最终置于符合环境保护规定要求的填埋场的活动。

有毒物质。《最高人民法院、最高人民检察院关于办理环境污染刑事案件适用法律若干问题的解释》（法释〔2013〕15 号）第十条规定：下列物质应当认定为“有毒物质”（范围比《国家危险废物名录》更大）：①危险废物，包括列入国家危险废物名录的废物，以及根据国家规定的危险废物鉴别标准和鉴别方法认定的具有危险特性的废物；②剧毒化学品、列入重点环境管理危险化学品名录的化学品，以及含有上述化学品的物质；

③含有铅、汞、镉、铬等重金属的物质；④《关于持久性有机污染物的斯德哥尔摩公约》附件所列物质；⑤其他具有毒性，可能污染环境的物质。

11.3 废气防治

11.3.1 化工废气污染物的来源和分类

化工生产过程中各个生产环节，常会产生并排除废气。这些废气往往易燃易爆、有毒有害，有刺激性或腐蚀性，有的还有恶臭或浮游颗粒，包括粉尘、烟气、酸雾等，其组成复杂，会对大气环境造成较严重的污染。

化工废气的来源大致有如下几个方面：①化学反应不完全或副反应所产生的废气；②原料及产品加工和使用过程中产生的废气，以及搬运、破碎、筛分及包装过程中产生的粉尘等；③工艺技术路线及市场设备落后，造成反应不完全，市场过程不稳定，从而产生不合格的产品或跑、冒、滴、漏的物质；④开停车及其他不正常生产情况下的短期排空。

化工废气可分为三类：一类是含无机污染物的废气，主要来自氮肥、磷肥、硫酸、无机盐等行业；二类是含有机污染物的废气，主要来自有机原料、合成材料以及农药、染料、医药、涂料等精细化工行业；三类是含有无机有机混合污染物的废气，主要来自焦化、聚氯乙烯等行业。

11.3.2 化工企业废气防治的一般技术性规定

物料流程图应标注出废气排出点，并配以相应的图、表，注明废气排出量、排放强度及去向。

生产过程中排出的有害废气，应首先采取回收利用或综合利用措施；不能回收或综合利用的，应采取净化处理措施。

选择废气治理方案时，应避免产生二次污染或者增加消除二次污染的措施。

排放废气的装置、设备、排气筒等应设置监测采样口，采样口的位置应按国家有关规定执行。

排气筒的高度设计，除应符合 GB 16297《大气污染物综合排放标准》和有关行业及地方大气污染物排放标准的规定外，尚应满足大气环境影响评价的结论。

11.3.3 废气污染源控制

产生有毒有害废气、粉尘、恶臭、酸雾等气态物质的生产装置，宜选用密闭的工艺设备，不得开放式操作。

易挥发性液体原料、成品、中间产品、液体燃料等的储存设计，应因地制宜地采取冷凝、吸收、吸附、喷淋、氮封及其他软密封等措施。

易挥发性液体的装卸宜采用浸没法装卸系统或其他密封设施，并应设置油气回收设施。

防止细颗粒物污染应将工业污染源、移动污染源、扬尘污染源、生活污染源、农业污染源作为重点，强化源头削减，实行分区分类控制。

《大气污染防治法》（2015）对“工业污染防治”作出明确规定，这也是大气污染源控制的法定要求。它们是：

第四十三条 钢铁、建材、有色金属、石油、化工等企业生产过程中排放粉尘、硫化物和氮氧化物的，应当采用清洁生产工艺，配套建设除尘、脱硫、脱硝等装置，或者采取技术改造等其他控制大气污染物排放的措施。

第四十四条 生产、进口、销售和使用含挥发性有机物的原材料和产品的，其挥发性有机物含量应当符合质量标准或者要求。

国家鼓励生产、进口、销售和使用低毒、低挥发性有机溶剂。

第四十五条 产生含挥发性有机物废气的生产和服务活动，应当在密闭空间或者设备中进行，并按照规定安装、使用污染防治设施；无法密闭的，应当采取措施减少废气排放。

第四十六条 工业涂装企业应当使用低挥发性有机物含量的涂料，并建立台账，记录生产原料、辅料的使用量、废弃量、去向以及挥发性有机物含量。台账保存期限不得少于三年。

第四十七条 石油、化工以及其他生产和使用有机溶剂的企业，应当采取措施对管道、设备进行日常维护、维修，减少物料泄漏，对泄漏的物料应当及时收集处理。

储油储气库、加油加气站、原油成品油码头、原油成品油运输船舶和油罐车、气罐车等，应当按照国家有关规定安装油气回收装置并保持正常使用。

第四十八条 钢铁、建材、有色金属、石油、化工、制药、矿产开采等企业，应当加强精细化管理，采取集中收集处理等措施，严格控制粉尘和气态污染物的排放。

工业生产企业应当采取密闭、围挡、遮盖、清扫、洒水等措施，减少内部物料的堆存、传输、装卸等环节产生的粉尘和气态污染物的排放。

第四十九条 工业生产、垃圾填埋或者其他活动产生的可燃性气体应当回收利用，不具备回收利用条件的，应当进行污染防治处理。

可燃性气体回收利用装置不能正常作业的，应当及时修复或者更新。在回收利用装置不能正常作业期间确需排放可燃性气体的，应当将排放的可燃性气体充分燃烧或者采取其他控制大气污染物排放的措施，并向当地环境保护主管部门报告，按照要求限期修复或者更新。

11.3.4 废气治理方法

化工产品多种多样，生产排放的废气组成和废气进入环境的途径也各不相同，防治办法也随着环保要求的日益严格和技术进步而不断改进。国内外普遍采用的治理方法主要有：

（1）改进工艺技术路线和设备，减少废气排放。

（2）有毒有害工艺废气、烟道气、粉尘、酸雾等排放前应采取除尘、冷凝、吸收、吸附、分离、回收等处理措施。粉尘治理往往采用电除尘器、旋风除尘器、布袋过滤器等或再用水在高效设备内洗涤后放空；大多废气可用水或溶剂吸收净化。

（3）工业挥发性有机物污染（VOCs）的治理技术主要有两类：一类是回收技术，大多数的溶剂和有机物可采用吸附、吸收、冷凝等技术进行回收，如活性炭吸附、分子筛吸附、碳纤维吸附等；另一类是销毁技术，如热力燃烧、催化燃烧、光催化氧化等。

（4）下列可燃性工艺尾气，应排入火炬系统：①为稳定生产运行而暂时排出的气体；②事故或安全阀泄方式排出的气体；③开车、停车、检修、泄漏、放空时排出的气体；④运转设备短时间间断排放的气体；⑤热值低又不易回收利用的气体。

（5）臭性气态物质，宜采用高温燃烧、催化燃烧、洗涤和吸附法等方式处理，必须达标排放。

（6）以煤为原料的合成氨、焦化、煤气化等生产过程，应有脱硫脱硝或回收硫的设施。各种燃烧锅炉和工业炉窑，要有气体净化设施。

（7）污水处理装置散发有害气体的设施（如厌氧池）宜密闭，排出的气体宜采取净化措施或高空排放。储存、处理含有易挥发出有毒、可燃、恶臭气体的污水的构筑物，应对有害气体进行收集并妥善处理。因为污水处理过程中散发出的有毒害气体如硫化氢、氰化物、氨、醛以及烃类物质不但影响周边大气环境和操作人员的健康，还有一定的危险性。

（8）对于排放前体污染物的工业污染源，应分别采用前体污染物（NO、SO_2、VOCs、NH_3等）净化技术，包括各种脱硫技术、氮氧化物的催化还原技术，烟气脱硝技术、挥发性有机物的燃烧净化与吸附回收技术以及氨的水洗涤净化技术。

（9）产生大气颗粒物及其前体物污染物的生产活动应尽量采用密闭装置，避免无组织排放；无法完全密闭的，应安装集气装置收集逸散的污染物，经净化后排放。

11.3.5 国家当前优先发展的大气污染与温室气体排放控制技术及设备

机动车尾气排放控制用高性能蜂窝载体、满足国Ⅳ、国Ⅴ标准汽车净化器，高性能除尘滤料和高性能电、袋组合式除尘技术与设备，燃煤烟气脱硫、脱硝、脱汞或一体化的高效技术和装备，工业排放有毒废气控制技术与设备，选择性催化还原法（SCR）烟气脱硝催化剂及再生技术，室内空气污染物控制与削减技术，挥发性有机化合物（VOC）的控制技术，油库、加油站油气回收技术与设备，碳减排及碳转化利用技术，消耗臭氧层物质的低温室潜能替代技术及产品。（见国家发展和改革委员会、科学技术部、工业和信息化部、商务部、知识产权局公告《当前优先发展的高技术产业化重点领域指南（2011年）》，5部委公告2011年第10号）

推荐阅读

·《2014 年国家鼓励发展的环境保护技术目录（工业烟气治理领域）》（“关于发布2014 年国家鼓励发展的环境保护技术目录（工业烟气治理领域）的公告”，环境保护部公告 2014 年 第 71 号）。公告指出：《2014 年国家鼓励发展的环境保护技术目录（工业烟气治理领域）》所列的技术是已经工程实践证明，技术指标先进、治理效果可靠、经济可行的成熟技术。工业烟气治理领域目录以最新发布版本为准，自新版目录发布之日起，本目录自行废止。《目录》中介绍了包括危险废物焚烧烟气净化技术、石化工业燃气炉低氮燃烧技术在内的 27 项治理技术的技术名称、工艺路线、主要技术指标、适用范围、技术特点和应用案例。

·《大气污染防治先进技术汇编》（科学技术部、环境保护部，2014 年 3 月 5 日）。为强化科技支撑大气污染防治工作，贯彻落实国务院《大气污染防治行动计划》，科技部与环保部在组织实施《蓝天科技工程“十二五”专项规划》的基础上，对大气污染防治方面的科研成果及应用情况进行了全面梳理和筛选评估，编制形成了《大气污染防治先进技术汇编》（以下简称《技术汇编》），并于 2014 年 3 月 5 日正式发布。《技术汇编》

汇集了89项关键技术及130余项相应案例成果，涵盖电站锅炉烟气排放控制、工业锅炉及煤窑锅炉排放控制、典型有毒有害工业废气净化、机动车尾气排放控制、居室及公共场所典型空气污染物净化、无组织排放源控制、大气复合污染检测模拟与决策支持、清洁生产等8个领域的关键技术。《技术汇编》中的技术是在科研成果凝练基础上，经专家评估评审和征求有关方面意见后形成的，可为国家、地方以及企业等不同层面的大气污染防治工作提供技术支持和参考。

11.4 污水防治与回用

11.4.1 化工污水中的主要污染物和污水分类

11.4.1.1 化工污水中的主要污染物

化工污水包括基础化工、有机化工、肥料、农药、制药、涂料、染颜料等精细化工各类化工产品生产过程中排放的污水。化工产品品种繁多，使用的物料多种多样，排出的污水水量、水质变化也很大。能造成水体污染的污染物大致分类见表11.3。

表11.3 化工污水中的污染物

分 类	主要污染物
无机有害物	水溶性氯化物，硫酸盐，无机酸、碱、盐中无毒物质，硫化物
无机有毒物	铅、汞、砷、镉、铬、氟化物、氰化物等重金属元素及无机有毒化学物质
耗氧有机物	碳水化合物、蛋白质、油脂、氨基酸等
植物营养物	铵盐、磷酸盐、磷和钾等
有机有毒物	酚类、有机磷农药、有机氯农药、多环芳烃、苯等
病原微生物	病菌、病毒、寄生虫等
放射性污染物	铀、钚、锢、铯等
热污染	含热废水

来源：化学工业部环境保护设计技术中心站组织编写. 化工环境保护设计手册[M]. 北京：化学工业出版社，1998.6（2001.6重印）。

11.4.1.2 化工污水大致可分三类

（1）有害污水。本身是无毒物质，但可对环境造成危害。有害废水排入水体后，一是由于含有较多的植物营养元素，可使水体富营养化，藻类、浮萍等大量繁殖，危害水环境；二是水中的好氧微生物群分解这些有机物时，消耗大量溶解氧，造成水体缺氧，使鱼、虾、贝类减少或死亡；三是含有酸碱盐类的废水可腐蚀管道和建、构筑物，使厂房基础下沉，发生倒塌事故。也可使植物枯死，土壤板结和盐碱化。

排放有害废水的有：制药、染料、农药、焦化、洗涤剂、化纤等化工厂和炼油、石油化工厂，以及食品、造纸、皮革、纺织印染、屠宰、冷冻加工、香皂厂，生活污水、农业废水、垃圾废水、化肥流失等。

（2）有毒污水。指含有有毒物质的，直接或间接、近期或远期对人类产生毒害作用的废水。有毒废水可引起人体的急性或慢性中毒，有对本代的危害和子代的危害，有直接危害和经食物链富集后的间接危害。

排放有毒废水的有：焦化、化肥、石油化工、合成橡胶、树脂、化纤、油漆、农药、制药、染料、颜料等化工企业以及电镀、煤气、皮革、造纸、冶金等行业。

（3）病原微生物污水。指含有各种病原菌、寄生虫卵、病菌和其他致病微生物的废水。此种废水如未经消毒灭菌、杀虫杀卵等处理，直接排入环境就会造成疾病的传播和蔓延，危害人类及牲畜健康。

排放病原微生物污水的主要有：医院、疗养院、屠宰场、兽医站以及制革、毛皮、生物制剂厂、污水处理厂等。

11.4.2 化工污水治理的一般规定

11.4.2.1 《水污染防治法》（2008）的一般规定

第二十九条 禁止向水体排放油类、酸液、碱液或者剧毒废液。

禁止在水体清洗装贮过油类或者有毒污染物的车辆和容器。

第三十条 禁止向水体排放、倾倒放射性固体废物或者含有高放射性和中放射性物质的废水。

向水体排放含低放射性物质的废水，应当符合国家有关放射性污染防治的规定和标准。

第三十一条 向水体排放含热废水，应当采取措施，保证水体的水温符合水环境质量标准。

第三十二条 含病原体的污水应当经过消毒处理；符合国家有关标准后，方可排放。

第三十三条 禁止向水体排放、倾倒工业废渣、城镇垃圾和其他废弃物。

禁止将含有汞、镉、砷、铬、铅、氰化物、黄磷等的可溶性剧毒废渣向水体排放、倾倒或者直接埋入地下。

存放可溶性剧毒废渣的场所，应当采取防水、防渗漏、防流失的措施。

第三十四条 禁止在江河、湖泊、运河、渠道、水库最高水位线以下的滩地和岸坡堆放、存贮固体废弃物和其他污染物。

第三十五条　禁止利用渗井、渗坑、裂隙和溶洞排放、倾倒含有毒污染物的废水、含病原体的污水和其他废弃物。

第三十六条　禁止利用无防渗漏措施的沟渠、坑塘等输送或者存贮含有毒污染物的废水、含病原体的污水和其他废弃物。

第三十七条　多层地下水的含水层水质差异大的，应当分层开采；对已受污染的潜水和承压水，不得混合开采。

第三十八条　兴建地下工程设施或者进行地下勘探、采矿等活动，应当采取防护性措施，防止地下水污染。

第三十九条　人工回灌补给地下水，不得恶化地下水质。

11.4.2.2　化工污水治理的一般技术性规定

化工生产排水包括：①生产废水（含：设备地面冲洗水和初期雨水）；②生活污水；③清净下水；④雨排水。

物料流程图应标注出废水排出点，并配以相应的图、表，注明水质、水量及排放去向。

高浓度的污水必须优先回收利用其中的物料和物质，不能回收的高浓度的化工污水应该焚烧处理或进行预处理，而不是直接进入污水收集系统。

生产过程中排出的废水，宜采取如下治理措施；①清污分流、闭路循环、重复利用或一水多用；②按不同水质分别回收废水中的有用物质或余热；③利用本厂或园区废水、废气、废渣等实行以废治废的综合治理措施。

第一类污染物不分行业和污水排放方式，也不分受纳水体的功能类别，一律在车间或车间处理设施排放口采样，其排放浓度必须达到 GB 8978《污水综合排放标准》规定的最高允许排放浓度要求。第一类污染物是指：总汞、烷基汞（不得检出）、总镉、总铬、六价铬、总砷、总铅、总镍、苯并[*a*]芘、总铍、总银、总α放射性、总β放射性。

有毒有害废水严禁采用渗井、渗坑、溶洞、废矿井等排放。

建于沿海地区的化工建设项目，不得直接向海湾、半封闭性海域及其他自净能力较差的海域排放含有机污染物和营养性物质的生产废水和生活污水。

向地面水体或海域排放含热污染的废水，应采取冷却降温措施（一般应在 40℃以下），以保证不影响邻近的渔业等水生生物水域的水温。

排入城镇下水管网的生产废水和生活污水，其水质应符合下列要求：①排入城镇下水管网并进入污水处理厂处理的废水，其水质应符合《污水综合排放标准》（GB 8978）

的三级标准或污水处理厂的接纳管水质要求；②排入未设置污水处理厂的城镇下水管网的废水，其水质应符合下水道出水受纳水体的功能要求，并应符合《污水综合排放标准》（GB 8978）的一级或二级标准，同时应满足当地环境保护主管部门的要求。

排入开发区或化工园区污水处理场的污水，应经处理达到开发区或园区接纳管水质要求。

所有排入农田灌溉沟渠的废水，应保证下游最近的农灌取水点的水质符合《农田灌溉水质标准》（GB 5084）的规定。废水排放口处水质一定要保证在最先取水处即达到农灌标准，不能依靠农田土地或沟渠的自然净化或稀释，这样易对最先接受灌溉的农作物造成危害。

化工建设项目的废水排放口，不得设在下列水体保护区内：①一级水源地保护区；②风景名胜区水体；③重要养殖业水体及浴场；④有特殊经济文化价值的水体；⑤工厂取水口上游的水体。

根据我国现有的法规，化工污水经过车间预处理，厂区污水场（站）物化、生化处理，园区生化处理后可利用人工湿地生态系统、土地处理系统、深海海流等生态工程进一步处理。详见《人工湿地污水处理工程技术规范》（HJ 2005—2010）、《农田灌溉水质标准》（GB 5084—2005）、《污水海洋处置工程污染控制标准》（GB 18486—2001）。

11.4.3 化工污水污染源控制

（1）预防化工污水对环境的污染，最好的办法就是改进工艺，采用无污水排放或少排放污水工艺，消除或减少污染源。

（2）供水设计应在满足生产用水的前提下，严格控制新鲜水用量，新建生产装置吨产品的水耗应达到国内行业的先进水平。引进装置应达到国际先进水平。应从工程设计的开始就考虑工艺装置排水的处理和回用，最大限度地发挥污水处理装置的环保与节水作用。

（3）积存物料的塔、釜、容器、管道系统等应设置清除物料的放净口。采样、溢流、检修、事故放料以及设备、管道放净口排出的废水或机泵废水，应设置收集系统。

（4）所有生产装置、作业场所的墙壁、地面等的冲洗水以及受污染的雨水，均应汇集入生产废水系统并进行处理。

（5）未受污染的雨水、地面冲洗水等，宜排入雨水系统（地面水排放下水道系统）。

（6）清净下水排入循环水系统。循环水系统应配备水处理设施，其水质处理应选用无毒或污染较轻的水处理药剂，不得用增大排水量来维持循环水水质；循环水系统还应配置凉水塔。

（7）污水回用。化工生产是用水大户，污水回用应立足于本企业或化工区利用。宜用作工业循环冷却水的补充水、工业杂用水以及生活杂用水，其水质要求相对较低，处理成本相对较低。

（8）污水的处理和回用既是一个系统工程，也是一门发展很快的、需试验的交叉学科。加上化工产品的多样性和复杂性，经常无成熟的经验可借鉴。应大力开展污水处理和回用的创新研发，在工程应用时应慎重，一定要经过试验和评审。

11.4.4 化工污水的收集、储运和预处理

11.4.4.1 污水收集

（1）应根据污水性质、排水量、预处理和全厂处理与回用系统方案，严格按照清污分流、雨污分流原则设置相应的排水管网。车间（或生产装置区）生产工艺废水应有集废池，确保废水不外溢流入雨水排水下水道；酸、碱性废水应分别通过密闭管道泵入酸、碱性废水调节池。

（2）初期污染雨水应有收集池。收集的初期污染雨水通过管道泵入污水处理系统。

（3）厂区生活污水应单独收集。因化工生产污水成分复杂，当与生活污水管道合并时，若措施不当，生产污水逸出的有害气体可能窜入生活污水管道，导致卫生和安全隐患；另外，生产污水进入生物处理前，一般需根据水质进行有针对性的预处理，若合并则不利于预处理。

（4）收集含有可燃液体的污水管道系统应符合《石油化工企业设计防火规范》（GB 50160）的规定。

（5）对突发性重大事故时受到污染的消防水应妥然收集、处置。

11.4.4.2 污水储运

（1）排入全厂生产污水系统的废水，应符合下列要求：①不应产生有毒有害气体、乳浊液或大量不溶解物质；②不应产生易燃易爆物质；③不应引起管道堵塞、腐蚀和沉淀；④不应因温度、压力等因素造成管网及其输送设施的损坏。

（2）输送含有酸、碱等强腐蚀物质的污水管道，应采取防腐蚀措施。

（3）输送有毒有害污水和含病原体污水的沟渠、坑塘、地下管道等，必须采取防渗漏措施。（应有专用架空管道，集废池应有防渗漏措施）。

（4）车间（或装置区）或工厂污水的输送管道排出口应有计量及监控采样装置。

（5）间断排放污水的生产装置，应设有废水贮存调节池，贮存调节池的容积应根据

排水量、排水周期、水质、废水处理设施接纳能力等因素确定。

（6）高浓度生产污水不得冲击排放，在生产废水的水质水量可能出现周期性急剧变化的条件下，生产装置内应设置专用的调节设施，以保证进入污水处理系统的水量、水质均匀。

11.4.4.3 车间（装置区）污水预处理

生产车间（装置区）的预处理通常称为一级处理。为了确保化工厂区总污水处理站（场）或重复利用的正常运行，各生产车间（装置区）排放的各种污水在下列情况下应进行预处理：

（1）含下列污染物的污水，均应在车间（装置区）进行预处理、回收、回用措施，不得作为污水排放：①含石油、酚类、硫化物、氰化物、氟化物、氨氮类、有机磷类及各种难降解的污水；②含酸、碱、乳化液的污水；③含汞、镉、砷、铅、六价铬等重金属及其化合物（《污水综合排放标准》（GB 8978）规定的第一类污染物）的污水，而且要求处理达标后才可以进入污水集中处理设施；④温度过高且影响生化处理效果的污水，但使用该水调节温度时除外；⑤对废水贮运设施易造成腐蚀、结垢、淤塞的污水。

（2）生产废水需送厂区总污水处理站（场）或重复利用时，其水质无法满足总污水处理站（场）或重复利用的要求时，生产车间（装置区）应进行预处理。

（3）污水在处理或重复利用过程中有二次污染产生的，应采取预处理防治措施。

（4）排放含有放射性物质的污水，应进行预处理，使其放射性活度应符合《辐射防护规定》（GB 8703）的有关规定。

（5）高浓度的污水必须进行预处理。要优先回收利用其中的有用物料，生产装置排放的污水由于水质单一，便于处理和回收利用；不能回收利用的，应利用化工技术去除溶解或悬浮在水中的污染物，使水质能满足总污水处理站（场）或重复利用的要求。

（6）污水中含有易燃、易爆物质的或易挥发有毒物质的必须进行预处理。要优先回收利用其中的有用物料；不能回收利用的，应利用化工技术去除其溶解或悬浮在水中的易燃、易爆物或易挥发有毒物，并使其水质能满足总污水处理站（场）或重复利用的要求。

（7）化工生产厂区的污水处理场（站）都进行生化处理。污水直接进入污水处理场不利于生物处理的、含较高浓度难生物降解物质的、含较高浓度对微生物毒性物质的、高温污水对生物处理造成困难的、与其他污水混合易产生沉淀、聚合或生成难降解物的污水及较高悬浮物的污水，应进行预处理。

（8）上述污水无法经预处理达到总污水处理站（场）或重复利用的要求的，应进行焚烧处理。

（9）处理第一类污染物产生的沉淀物应按危险废物进行回收或填埋。详见《化学工业污水处理与回用设计规范》（GB 50684—2011）。

11.4.5 总污水处理站（场）

化工生产厂区的总污水处理场（站）处理通常称为二级处理。污水处理场（站）污水处理的目的是进一步去除污染物，使其达到规定的排放标准或回用水标准。污水处理场（站）污水处理的方式是物化（物理和化学）处理和生化处理。

所谓规定的排放标准，是指当地排入水体的排放标准、排入农田灌溉沟渠的排放标准、排入城镇下水管网的纳管标准和排入开发区或化工园区污水处理场的纳管标准；所谓回用水标准，是本企业或化工区利用作工业循环冷却水的补充水、工业杂用水以及生活杂用水的标准。

（1）污水处理场（站）设计，应根据污染物的允许排放浓度和总量控制指标，企业所在地的地理和地区环境，受纳水体的功能与流量，废水的水质、水量和废水资源化等因素确定处理规模、处理深度和工艺流程。

（2）污水处理场（站）设计，必须符合下列要求：①处理水量不得低于相应生产系统应处理的水量；②经处理后的水质应达到国家或地方规定的排放标准和总量控制指标；③污水处理所产生的油泥、浮渣和剩余活性污泥等，应采取浓缩、脱水、堆存、焚烧或综合利用等措施妥善处理或处置；④污水处理场（站）的出水应有在线计量与监测设施；⑤污水处理场（站）的管理应纳入企业日常管理体系，配备必要的操作及管理人员，并制定操作规程、运行费用核算、监测及台账等规章制度。

（3）污水处理场（站）应根据处理深度和处理效率，分别确定各排污单位的水质控制指标，达不到要求时应由排污单位进行预处理。

（4）进入污水处理场（站）的废水，其水质水量变化幅度较大或易产生冲击性变化时，应设置均质、调节、缓冲等均衡设施。

（5）生产区生活污水和生活居住区的生活污水都含有相应的污染物质，此类废水不能随意排放。一般情况下，化工废水中加入生活污水，对改善水营养结构和生化反应有好处，应提倡化工废水引入生活污水一并进入生化处理设施。化工废水经二级生化处理后，其水质可达到排放水质的要求，此时可纳入生活污水处理设施一起处理，否则，不能与生活污水混到一起处理。

（6）化工企业污水处理场（站）在做规划时，应考虑到将来的发展，留有充分的余地。

《化学工业污水处理与回用设计规范》（GB 50684—2011）是总结了我国 20 多年来化工、石化、石油天然气行业在污水处理与回用方面的科研、设计与运行管理方面的实践经验而制定的。对污水处理场（站）的总体设计，设计水质、水量，收集与预处理，物理与化学处理，厌氧与生化处理，活性污泥法，生物膜法，化工特种污染物处理，回用处理，污泥处理与处置等均作了明确的规范。所有化工企业都应严格执行。

11.4.6 园区污水集中处理之前每一个企业必须预处理

化工园区由于排污企业多，污染源也非常复杂，大量污水全部由一个污水处理厂收集处理的做法，肯定是不可行的。实践表明，园区的每个企业都要单独用一根管道排污，每个企业要有自己的污水池，根据不同的污染源，选择不同的策略。经过这种有针对性的预处理之后，再通过污水处理厂统一收集，最终进行处理。经过几道工序之后，化工园区集中处理的污水处理厂排出的污水基本就能达标了。

11.4.7 事故应急水池

污水处理场（站）应设置应急事故水池。

11.4.7.1 一般性生产局部事故储备池

通常化工企业使用的化工物料多种多样，生产中难免发生故障或操作失误，造成事故，在设备检修冲洗时也难免出现高浓度污水外排，因此污水处理场（站）宜设事故储备池，容量一般为 8～12 h 平均流量。事故储备池主要是应对一般性生产局部事故排出超标污水，防止污水处理场运转困难，如可能导致生物处理设施微生物中毒，使出水无法达标。

11.4.7.2 重大事故应急池

发生突发性重大事故，如爆炸、火灾造成物料大量泄漏，以及灭火时混合大量消防污水的情况，应由化工园区通盘考虑，设置重大事故应急处置设施，应充分利用与外界水体可隔离的化工园区排水沟、渠、池系统。

应急事故水池容量应根据发生事故的设备容量、事故时消防用水量及可能进入应急事故水池的降水量等因素综合确定。应急事故水池宜采取地下式，以有利于收集各类事故排水，以防止应急用水到处漫流。

11.4.7.3 应急事故废水处置

对进入应急处理水池的水，要视其水质情况区别对待，以免造成不必要的处理消耗或白白浪费水资源。为此，对排入应急事故水池的废水应进行必要的监测，并应采取下列处置措施：①能够回用的应回用；②对不符合回用要求，但符合排放标准和总量控制要求的废水，可直接排放；③对不符合排放标准，但符合污水处理站进水要求的废水，应限流进入污水处理站进行处理；④对不符合处理站进水要求的废水，应采取处理措施或外送处理。

11.4.7.4 国家当前优先发展的节水和工业废水处理技术及设备

洗涤等废水循环利用技术及装备，供水管网防漏技术，高浓度有毒工业废水处理技术和设备，石油废水处理与分质回用技术，高效水处理药剂的研制与开发，工业、污泥安全处置与资源化技术，高含盐废水处理工艺与技术，城市污水、工业废水深度处理及资源化再生利用技术。（见国家发展和改革委员会、科学技术部、工业和信息化部、商务部、知识产权局公告《当前优先发展的高技术产业化重点领域指南》（2011 年度），5 部委公告 2011 年第 10 号）

11.5 化工固体废物处理处置

11.5.1 化工固体废物分类、特点和危害

固体废物标志（见图 11.1）

图 11.1 固体废物标志

化工固体废弃物（简称“化工固废”）是指化工生产过程中产生的固体和浆状废弃物。包括化工生产过程中排出的不合格产品、副产物、废催化剂、废活性炭、废溶剂、蒸馏残渣（液）、废添加剂、废吸收剂、废填料、废纤维、废橡胶、废颜料、粉煤灰、

矿渣、滤渣、电石渣、盐泥、铁泥、油泥、废弃包装物及废水处理产生的污泥等。化工固体废物的性质、数量、毒性与原料路线、生产工艺有很大关系。

按照化学性质分类，化工固废可分为无机固废和有机固废。无机固废的特点是排放量大，有些无机固废毒性大、对环境污染严重，如铬渣、镉渣等。有机固废的特点是组成复杂，有些具有毒性和易燃、易爆性，一般排放量不大。

根据化工固废对人体和环境的危害性情况，通常又将化工固废分为一般工业固废和危险固废。一般工业固废是指对人体和环境危害性较小的固废，如硫铁矿烧渣、合成氨造气炉渣等；危险固废指的是具有毒性、腐蚀性、反应性、易燃易爆性等特性之一的化工固废，如含有重金属和砷、汞的各种化工固废，有机化工生产中含氮、硫、磷等的有机固废等。

化工固废除少部分能综合利用和回收利用外，大部分排除的废渣采取堆存处理，不仅占有大量土地，还会造成滑坡、泥石流等灾害，粉尘随风飞扬，恶化大气环境。化工固废填埋的潜在风险是成分复杂、毒性强、危害大的浸出液对地表水、地下水和周围土壤的污染。

11.5.2 固废污染防治的一般技术性规定

固废防治应符合减量化、资源化、无害化的原则。生产装置及辅助设施排出的各种固废，应按其性质和特点进行分类，并应采取回收和其他处置措施，对暂不回收利用的固废应采取堆存、焚烧、填埋等处理措施。

物料流程图应标注固废的排出点，并配以相应的图、表，注明其组分、数量、排放方式及去向。

固废在综合利用或其他处理过程中，如有二次污染产生，应采取相应的防治措施。

利用磷石膏等化工废渣，特别是含重金属及其化合物的废渣制成的民用建筑材料及其制品，应符合《建筑材料用工业废渣放射性物质限制标准》（GB 6763）的有关规定；用于建筑水坝、跑道、公路等非民用建材的化工废渣，其放射性物质限值标准，应经环境影响评价认可。

固废的堆存或填埋场地，严禁选在江河、湖泊、管道、水库、近海等水体的最高水位线以下的滩地和坡岸地带，并不应选在地下水水位较高的地带。禁止任何单位或者个人向江河、湖泊、运河、渠道、水库及其最高水位线以下的滩地和岸坡等法律法规规定禁止倾倒、堆放废弃物的地点倾倒、堆放固体废物。

建设贮存、利用、处置固体废物的项目，必须依法进行环境影响评价，并遵守国家有关建设项目环境保护管理的规定。

11.5.3 固废污染源控制和贮运

（1）工艺设计应选择清洁工艺技术，改革现有落后工艺，尽可能采用无毒无害或低毒低害原料和能源，不产生或少产生废渣。

（2）生产过程、设备检修、事故停车时排出的固体废物，应设置专用容器收集或处理，不得采取任何方式排入下水道和地面水体。

（3）收集、贮存、运输、利用、处置固体废物的单位和个人，必须采取防扬散、防流失、防渗漏或者其他防止污染环境的措施；不得擅自倾倒、堆放、丢弃、遗撒固体废物。

（4）化工固废的中转储存，应根据其排放强度、运输、利用或处理设施的接纳能力，合理设置堆场、储罐等缓冲设施。

（5）两种或两种以上固废混合堆放时，应符合以下要求：①不产生有毒有害物质、爆炸及其他有毒有害化学反应；②应有利于堆存、利用或处理。

（6）含水量大的固废输送，应选择管道输送，也可采用机械输送或机械管道联合输送。采用机械输送时，宜进行浓缩脱水处理。

（7）应依据环境影响评价结论确定一般工业固体废物贮存、处置场场址的位置及其与周围人群的距离，并经具有审批权的环境保护行政主管部门批准，并可作为规划控制的依据。

在对一般工业固体废物贮存、处置场场址进行环境影响评价时，应重点考虑一般工业固体废物贮存、处置场产生的渗滤液以及粉尘等污染物因素，根据其所在地区的环境功能区类别，综合评价其对周围环境、居住人群的身体健康、日常生活和生产活动的影响，确定其与常住居民居住场所、农用地、地表水体、高速公路、交通主干道（国道或省道）、铁路、飞机场、军事基地等敏感对象之间合理的位置关系。

贮存、处置场应符合《一般工业固体废物贮存、处置场污染控制标准》（GB 18599—2001）的要求。

（8）有毒有害固废、易起尘废渣的装卸运输，应分别采取密闭、增湿等措施。危险固废要严格执行《危险废物收集、贮存、运输技术规程》（HJ 2025—2012）。

11.5.4 化工固废处理处置

（1）化工固体废弃物的处理设计，应选择企业单独处理与所在区域综合治理相结合的方案，并根据固体废弃物的种类、组成、性质、排放量等，通过技术比较后确定。有毒有害废渣不能与城市生活垃圾一起堆放或填埋。

（2）可燃性危险废弃物宜选用焚烧处理，焚烧设计应满足《危险废物焚烧污染控制标准》（GB 18484）和《危险废物集中焚烧处理工程建设技术规范》（HJ/T 176—2006）的规定。对可燃性废渣采取焚烧法处置不失为好的方法，但一定不要造成二次污染；烧却后的灰渣一般多有重金属氧化物，可用作生产水泥，但注意不要随意堆放。

（3）含有有机卤素化合物、烃类、汞、镉等金属及其化合物、高浓度母液、蒸馏残液等（固体废物），不得向地面水域及海洋倾倒。

（4）下列固废宜采用综合利用措施：一是燃烧锅炉排出的粉煤灰、炉渣，造气炉渣；二是硫铁矿烧渣、磷石膏渣、磷泥、电石渣、氨碱废渣、盐泥、铬渣等。粉煤灰和炉渣等、硫铁矿烧渣、电石渣等，可用来生产水泥；重铬酸钾生产排出的废铬渣，其中水溶性的铬酸钠和酸溶性的铬酸钙等六价铬化合物有剧毒性，铬渣的除毒处理和综合利用都很重要。

（5）含贵金属的固体废弃物应回收综合利用，如含有贵重金属的废触媒等。

（6）含汞、镉、氰化物等可溶性危险废物，严禁直接进入地下，可采取堆存或安全填埋等措施，其堆（埋）场的设计必须符合现行有关标准规范的要求。

（7）不溶性化工废渣，可设置堆存场地，但应采取防止粉尘飞扬、淋漓水、溢流水、自燃等各种危害的有效措施。化工固废堆存或填埋场的工程设计应执行国家有关标准的规定。堆（埋）场服务期满后应采取覆土还原和绿化措施。

（8）根据我国现有的法规规定，化工废渣的最终处理方法有：安全填埋法和焚烧法。填埋前的无害化处理技术有：固化法、化学处理法、生物处理（发酵）法等。

11.5.5 危险废物管理特别规定

危险废物管理包括了产生、收集、贮存、转移、处置、利用全过程的管理。危险废物管理涉及履行国际公约，关系到国家的责任和形象。危险废物的污染防治是我国固体废物管理的重点，也是化工固废管理的重点。首先介绍国家危险废物名录。

11.5.5.1 国家危险废物名录

“中华人民共和国环境保护部　中华人民共和国国家发展和改革委员会令　第1号”于2008年6月6日公布《国家危险废物名录》。1号令的正文如下：

国家危险废物名录

第一条 根据《中华人民共和国固体废物污染环境防治法》的有关规定，制定本名录。

第二条 具有下列情形之一的固体废物和液态废物，列入本名录：

（一）具有腐蚀性、毒性、易燃性、反应性或者感染性等一种或者几种危险特性的；

（二）不排除具有危险特性，可能对环境或者人体健康造成有害影响，需要按照危险废物进行管理的。

第三条 医疗废物属于危险废物。《医疗废物分类目录》根据《医疗废物管理条例》另行制定和公布。

第四条 未列入本名录和《医疗废物分类目录》的固体废物和液态废物，由国务院环境保护行政主管部门组织专家，根据国家危险废物鉴别标准和鉴别方法认定具有危险特性的，属于危险废物，适时增补进本名录。

第五条 危险废物和非危险废物混合物的性质判定，按照国家危险废物鉴别标准执行。

第六条 家庭日常生活中产生的废药品及其包装物、废杀虫剂和消毒剂及其包装物、废油漆和溶剂及其包装物、废矿物油及其包装物、废胶片及废相纸、废荧光灯管、废温度计、废血压计、废镍镉电池和氧化汞电池以及电子类危险废物等，可以不按照危险废物进行管理。

将前款所列废弃物从生活垃圾中分类收集后，其运输、贮存、利用或者处置，按照危险废物进行管理。

第七条 国务院环境保护行政主管部门将根据危险废物环境管理的需要，对本名录进行适时调整并公布。

第八条 本名录中有关术语的含义如下：

（一）“废物类别”是按照《控制危险废物越境转移及其处置巴塞尔公约》划定的类别进行的归类。

（二）“行业来源”是某种危险废物的产生源。

（三）“废物代码”是危险废物的唯一代码，为 8 位数字。其中，第 1～3 位为危险废物产生行业代码，第 4～6 位为废物顺序代码，第 7～8 位为废物类别代码。

（四）“危险特性”是指腐蚀性（Corrosivity，C）、毒性（Toxicity，T）、易燃性（Ignitability，I）、反应性（Reactivity，R）和感染性（Infectivity，In）。

第九条 本名录自2008年8月1日起施行。1998年1月4日原国家环境保护局、国家经济贸易委员会、对外贸易经济合作部、公安部发布的《国家危险废物名录》（环发〔1998〕89号）同时废止。

表11.4为1号令之附件。

表11.4 国家危险废物名录

废物类别	行业来源	废物代码	危险废物	危险特性
HW01 医疗废物	卫生	851-001-01	医疗废物	In
	非特定行业	900-001-01	为防治动物传染病而需要收集和处置的废物	In
HW02 医药废物	化学药品原药制造	271-001-02	化学药品原料药生产过程中的蒸馏及反应残渣	T
		271-002-02	化学药品原料药生产过程中的母液及反应基或培养基废物	T
		271-003-02	化学药品原料药生产过程中的脱色过滤（包括载体）物	T
		271-004-02	化学药品原料药生产过程中废弃的吸附剂、催化剂和溶剂	T
		271-005-02	化学药品原料药生产过程中的报废药品及过期原料	T
	化学药品制剂制造	272-001-02	化学药品制剂生产过程中的蒸馏及反应残渣	T
		272-002-02	化学药品制剂生产过程中的母液及反应基或培养基废物	T
		272-003-02	化学药品制剂生产过程中的脱色过滤（包括载体）物	T
		272-004-02	化学药品制剂生产过程中废弃的吸附剂、催化剂和溶剂	T
		272-005-02	化学药品制剂生产过程中的报废药品及过期原料	T
	兽用药品制造	275-001-02	使用砷或有机砷化合物生产兽药过程中产生的废水处理污泥	T
		275-002-02	使用砷或有机砷化合物生产兽药过程中苯胺化合物蒸馏工艺产生的蒸馏残渣	T
		275-003-02	使用砷或有机砷化合物生产兽药过程中使用活性炭脱色产生的残渣	T
		275-004-02	其他兽药生产过程中的蒸馏及反应残渣	T
		275-005-02	其他兽药生产过程中的脱色过滤（包括载体）物	T
		275-006-02	兽药生产过程中的母液、反应基和培养基废物	T
		275-007-02	兽药生产过程中废弃的吸附剂、催化剂和溶剂	T
		275-008-02	兽药生产过程中的报废药品及过期原料	T

废物类别	行业来源	废物代码	危险废物	危险特性
HW02 医药废物	生物、生化制品的制造	276-001-02	利用生物技术生产生物化学药品、基因工程药物过程中的蒸馏及反应残渣	T
		276-002-02	利用生物技术生产生物化学药品、基因工程药物过程中的母液、反应基和培养基废物	T
		276-003-02	利用生物技术生产生物化学药品、基因工程药物过程中的脱色过滤（包括载体）物与滤饼	T
		276-004-02	利用生物技术生产生物化学药品、基因工程药物过程中废弃的吸附剂、催化剂和溶剂	T
		276-005-02	利用生物技术生产生物化学药品、基因工程药物过程中的报废药品及过期原料	T
HW03 废药物、药品	非特定行业	900-002-03	生产、销售及使用过程中产生的失效、变质、不合格、淘汰、伪劣的药物和药品（不包括 HW01、HW02、900-999-49 类）	T
HW04 农药废物	农药制造	263-001-04	氯丹生产过程中六氯环戊二烯过滤产生的残渣；氯丹氯化反应器的真空汽提器排放的废物	T
		263-002-04	乙拌磷生产过程中甲苯回收工艺产生的蒸馏残渣	T
		263-003-04	甲拌磷生产过程中二乙基二硫代磷酸过滤产生的滤饼	T
		263-004-04	2,4,5-三氯苯氧乙酸（2,4,5-T）生产过程中四氯苯蒸馏产生的重馏分及蒸馏残渣	T
		263-005-04	2,4-二氯苯氧乙酸（2,4-D）生产过程中产生的含 2,6-二氯苯酚残渣	T
		263-006-04	乙烯基双二硫代氨基甲酸及其盐类生产过程中产生的过滤、蒸发和离心分离残渣及废水处理污泥；产品研磨和包装工序产生的布袋除尘器粉尘和地面清扫废渣	T
		263-007-04	溴甲烷生产过程中反应器产生的废水和酸干燥器产生的废硫酸；生产过程中产生的废吸附剂和废水分离器产生的固体废物	T
		263-008-04	其他农药生产过程中产生的蒸馏及反应残渣	T
		263-009-04	农药生产过程中产生的母液及（反应罐及容器）清洗液	T
		263-010-04	农药生产过程中产生的吸附过滤物（包括载体、吸附剂、催化剂）	T
		263-011-04	农药生产过程中的废水处理污泥	T
		263-012-04	农药生产、配制过程中产生的过期原料及报废药品	T
	非特定行业	900-003-04	销售及使用过程中产生的失效、变质、不合格、淘汰、伪劣的农药产品	T

废物类别	行业来源	废物代码	危险废物	危险特性
HW05 木材防腐剂废物	锯材、木片加工	201-001-05	使用五氯酚进行木材防腐过程中产生的废水处理污泥，以及木材保存过程中产生的沾染防腐剂的废弃木材残片	T
		201-002-05	使用杂芬油进行木材防腐过程中产生的废水处理污泥，以及木材保存过程中产生的沾染防腐剂的废弃木材残片	T
		201-003-05	使用含砷、铬等无机防腐剂进行木材防腐过程中产生的废水处理污泥，以及木材保存过程中产生的沾染防腐剂的废弃木材残片	T
	专用化学产品制造	266-001-05	木材防腐化学品生产过程中产生的反应残余物、吸附过滤物及载体	T
		266-002-05*	木材防腐化学品生产过程中产生的废水处理污泥	T
		266-003-05	木材防腐化学品生产、配制过程中产生的报废产品及过期原料	T
	非特定行业	900-004-05	销售及使用过程中产生的失效、变质、不合格、淘汰、伪劣的木材防腐剂产品	T
HW06 有机溶剂废物	基础化学原料制造	261-001-06	硝基苯-苯胺生产过程中产生的废液	T
		261-002-06	羧酸肼法生产 1,1-二甲基肼过程中产品分离和冷凝反应器排气产生的塔顶流出物	T
		261-003-06	羧酸肼法生产 1,1-二甲基肼过程中产品精制产生的废过滤器滤芯	T
		261-004-06	甲苯硝化法生产二硝基甲苯过程中产生的洗涤废液	T
		261-005-06	有机溶剂的合成、裂解、分离、脱色、催化、沉淀、精馏等过程中产生的反应残余物、废催化剂、吸附过滤物及载体	I，T
		261-006-06	有机溶剂的生产、配制、使用过程中产生的含有有机溶剂的清洗杂物	I，T
HW07 热处理含氰废物	金属表面处理及热处理加工	346-001-07	使用氰化物进行金属热处理产生的淬火池残渣	T
		346-002-07	使用氰化物进行金属热处理产生的淬火废水处理污泥	T
		346-003-07	含氰热处理炉维修过程中产生的废内衬	T
		346-004-07	热处理渗碳炉产生的热处理渗碳氰渣	T
		346-005-07	金属热处理过程中的盐浴槽釜清洗工艺产生的废氰化物残渣	R，T
		346-049-07	其他热处理和退火作业中产生的含氰废物	T

废物类别	行业来源	废物代码	危险废物	危险特性
HW08 废矿物油	天然原油和天然气开采	071-001-08	石油开采和炼制产生的油泥和油脚	T，I
		071-002-08	废弃钻井液处理产生的污泥	T
	精炼石油产品制造	251-001-08	清洗油罐（池）或油件过程中产生的油/水和烃/水混合物	T
		251-002-08	石油初炼过程中产生的废水处理污泥，以及储存设施、油-水-固态物质分离器、积水槽、沟渠及其他输送管道、污水池、雨水收集管道产生的污泥	T
		251-003-08	石油炼制过程中API分离器产生的污泥，以及汽油提炼工艺废水和冷却废水处理污泥	T
		251-004-08	石油炼制过程中溶气浮选法产生的浮渣	T，I
		251-005-08	石油炼制过程中的溢出废油或乳剂	T，I
		251-006-08	石油炼制过程中的换热器管束清洗污泥	T
		251-007-08	石油炼制过程中隔油设施的污泥	T
		251-008-08	石油炼制过程中储存设施底部的沉渣	T，I
		251-009-08	石油炼制过程中原油储存设施的沉积物	T，I
		251-010-08	石油炼制过程中澄清油浆槽底的沉积物	T，I
		251-011-08	石油炼制过程中进油管路过滤或分离装置产生的残渣	T，I
		251-012-08	石油炼制过程中产生的废弃过滤黏土	T
	涂料、油墨、颜料及相关产品制造	264-001-08	油墨的生产、配制产生的废分散油	T
	专用化学产品制造	266-004-08	黏合剂和密封剂生产、配置过程产生的废弃松香油	T
	船舶及浮动装置制造	375-001-08	拆船过程中产生的废油和油泥	T，I
	非特定行业	900-200-08	珩磨、研磨、打磨过程产生的废矿物油及其含油污泥	T
		900-201-08	使用煤油、柴油清洗金属零件或引擎产生的废矿物油	T，I
		900-202-08	使用切削油和切削液进行机械加工过程中产生的废矿物油	T
		900-203-08	使用淬火油进行表面硬化产生的废矿物油	T
		900-204-08	使用轧制油、冷却剂及酸进行金属轧制产生的废矿物油	T
		900-205-08	使用镀锡油进行焊锡产生的废矿物油	T
		900-206-08	锡及焊锡回收过程中产生的废矿物油	T
		900-207-08	使用镀锡油进行蒸汽除油产生的废矿物油	T
		900-208-08	使用镀锡油（防氧化）进行热风整平（喷锡）产生的废矿物油	T
		900-209-08	废弃的石蜡和油脂	T，I
		900-210-08	油/水分离设施产生的废油、污泥	T，I
		900-249-08	其他生产、销售、使用过程中产生的废矿物油	T，I

废物类别	行业来源	废物代码	危险废物	危险特性
HW09 油/水、烃/水混合物或乳化液	非特定行业	900-005-09	来自于水压机定期更换的油/水、烃/水混合物或乳化液	T
		900-006-09	使用切削油和切削液进行机械加工过程中产生的油/水、烃/水混合物或乳化液	T
		900-007-09	其他工艺过程中产生的废弃的油/水、烃/水混合物或乳化液	T
HW10 多氯（溴）联苯类废物	非特定行业	900-008-10	含多氯联苯（PCBs）、多氯三联苯（PCTs）、多溴联苯（PBBs）的废线路板、电容、变压器	T
		900-009-10	含有 PCBs、PCTs 和 PBBs 的电力设备的清洗液	T
		900-010-10	含有 PCBs、PCTs 和 PBBs 的电力设备中倾倒出的介质油、绝缘油、冷却油及传热油	T
		900-011-10	含有或直接沾染 PCBs、PCTs 和 PBBs 的废弃包装物及容器	T
		900-012-10	含有或沾染 PCBs、PCTs、PBBs 和多氯（溴）萘，且含量≥50 mg/kg 的废物、物质和物品	T
HW11 精（蒸）馏残渣	精炼石油产品的制造	251-013-11	石油精炼过程中产生的酸焦油和其他焦油	T
	炼焦制造	252-001-11	炼焦过程中蒸氨塔产生的压滤污泥	T
		252-002-11	炼焦过程中澄清设施底部的焦油状污泥	T
		252-003-11	炼焦副产品回收过程中萘回收及再生产生的残渣	T
		252-004-11	炼焦和炼焦副产品回收过程中焦油储存设施中的残渣	T
		252-005-11	煤焦油精炼过程中焦油储存设施中的残渣	T
		252-006-11	煤焦油蒸馏残渣，包括蒸馏釜底物	T
		252-007-11	煤焦油回收过程中产生的残渣，包括炼焦副产品回收过程中的污水池残渣	T
		252-008-11	轻油回收过程中产生的残渣，包括炼焦副产品回收过程中的蒸馏器、澄清设施、洗涤油回收单元产生的残渣	T
		252-009-11	轻油精炼过程中的污水池残渣	T
		252-010-11	煤气及煤化工生产行业分离煤油过程中产生的煤焦油渣	T
		252-011-11	焦炭生产过程中产生的其他酸焦油和焦油	T
		261-007-11	乙烯法制乙醛生产过程中产生的蒸馏底渣	T
		261-008-11	乙烯法制乙醛生产过程中产生的蒸馏次要馏分	T
		261-009-11	苄基氯生产过程中苄基氯蒸馏产生的蒸馏釜底物	T
		261-010-11	四氯化碳生产过程中产生的蒸馏残渣	T
		261-011-11	表氯醇生产过程中精制塔产生的蒸馏釜底物	T
		261-012-11	异丙苯法生产苯酚和丙酮过程中蒸馏塔底焦油	T
		261-013-11	萘法生产邻苯二甲酸酐过程中蒸馏塔底残渣和轻馏分	T
		261-014-11	邻二甲苯法生产邻苯二甲酸酐过程中蒸馏塔底残渣和轻馏分	T

废物类别	行业来源	废物代码	危险废物	危险特性
HW11 精（蒸） 馏残渣	炼焦制造	261-015-11	苯硝化法生产硝基苯过程中产生的蒸馏釜底物	T
		261-016-11	甲苯二异氰酸酯生产过程中产生的蒸馏残渣和离心分离残渣	T
		261-017-11	1,1,1-三氯乙烷生产过程中产生的蒸馏底渣	T
		261-018-11	三氯乙烯和全氯乙烯联合生产过程中产生的蒸馏塔底渣	T
		261-019-11	苯胺生产过程中产生的蒸馏底渣	T
		261-020-11	苯胺生产过程中苯胺萃取工序产生的工艺残渣	T
		261-021-11	二硝基甲苯加氢法生产甲苯二胺过程中干燥塔产生的反应废液	T
		261-022-11	二硝基甲苯加氢法生产甲苯二胺过程中产品精制产生的冷凝液体轻馏分	T
		261-023-11	二硝基甲苯加氢法生产甲苯二胺过程中产品精制产生的废液	T
		261-024-11	二硝基甲苯加氢法生产甲苯二胺过程中产品精制产生的重馏分	T
		261-025-11	甲苯二胺光气化法生产甲苯二异氰酸酯过程中溶剂回收塔产生的有机冷凝物	T
		261-026-11	氯苯生产过程中的蒸馏及分馏塔底物	T
		261-027-11	使用羧酸肼生产 1,1-二甲基肼过程中产品分离产生的塔底渣	T
		261-028-11	乙烯溴化法生产二溴化乙烯过程中产品精制产生的蒸馏釜底物	T
		261-029-11	α-氯甲苯、苯甲酰氯和含此类官能团的化学品生产过程中产生的蒸馏底渣	T
		261-030-11	四氯化碳生产过程中的重馏分	T
		261-031-11	二氯化乙烯生产过程中二氯化乙烯蒸馏产生的重馏分	T
		261-032-11	氯乙烯单体生产过程中氯乙烯蒸馏产生的重馏分	T
		261-033-11	1,1,1-三氯乙烷生产过程中产品蒸汽汽提塔产生的废物	T
		261-034-11	1,1,1-三氯乙烷生产过程中重馏分塔产生的重馏分	T
		261-035-11	三氯乙烯和全氯乙烯联合生产过程中产生的重馏分	T
	常用有色金属冶炼	331-001-11	有色金属火法冶炼产生的焦油状废物	T
	环境管理业	802-001-11	废油再生过程中产生的酸焦油	T
	非特定行业	900-013-11	其他精炼、蒸馏和任何热解处理中产生的废焦油状残留物	T

废物类别	行业来源	废物代码	危险废物	危险特性
HW12 染料、涂料废物	涂料、油墨、颜料及相关产品制造	264-002-12	铬黄和铬橙颜料生产过程中产生的废水处理污泥	T
		264-003-12	钼酸橙颜料生产过程中产生的废水处理污泥	T
		264-004-12	锌黄颜料生产过程中产生的废水处理污泥	T
		264-005-12	铬绿颜料生产过程中产生的废水处理污泥	T
		264-006-12	氧化铬绿颜料生产过程中产生的废水处理污泥	T
		264-007-12	氧化铬绿颜料生产过程中产生的烘干炉残渣	T
		264-008-12	铁蓝颜料生产过程中产生的废水处理污泥	T
		264-009-12	使用色素、干燥剂、肥皂以及含铬和铅的稳定剂配制油墨过程中，清洗池槽和设备产生的洗涤废液和污泥	T
		264-010-12	油墨的生产、配制过程中产生的废蚀刻液	T
		264-011-12	其他油墨、染料、颜料、油漆、真漆、罩光漆生产过程中产生的废母液、残渣、中间体废物	T
		264-012-12	其他油墨、染料、颜料、油漆、真漆、罩光漆生产过程中产生的废水处理污泥，废吸附剂	T
		264-013-12	油漆、油墨生产、配制和使用过程中产生的含颜料、油墨的有机溶剂废物	T
	纸浆制造	221-001-12	废纸回收利用处理过程中产生的脱墨渣	T
	非特定行业	900-250-12	使用溶剂、光漆进行光漆涂布、喷漆工艺过程中产生的染料和涂料废物	T，I
		900-251-12	使用油漆、有机溶剂进行阻挡层涂敷过程中产生的染料和涂料废物	T，I
		900-252-12	使用油漆、有机溶剂进行喷漆、上漆过程中产生的染料和涂料废物	T，I
		900-253-12	使用油墨和有机溶剂进行丝网印刷过程中产生的染料和涂料废物	T，I
		900-254-12	使用遮盖油、有机溶剂进行遮盖油的涂敷过程中产生的染料和涂料废物	T，I
		900-255-12	使用各种颜料进行着色过程中产生的染料和涂料废物	T
		900-256-12	使用酸、碱或有机溶剂清洗容器设备的油漆、染料、涂料等过程中产生的剥离物	T
		900-299-12	生产、销售及使用过程中产生的失效、变质、不合格、淘汰、伪劣的油墨、染料、颜料、油漆、真漆、罩光漆产品	T，I

废物类别	行业来源	废物代码	危险废物	危险特性
HW13 有机树脂类 废物	基础化学 原料制造	261-036-13	树脂、乳胶、增塑剂、胶水/胶合剂生产过程中产生的不合格产品、废副产物	T
		261-037-13	树脂、乳胶、增塑剂、胶水/胶合剂生产过程中合成、酯化、缩合等工序产生的废催化剂、母液	T
		261-038-13	树脂、乳胶、增塑剂、胶水/胶合剂生产过程中精馏、分离、精制等工序产生的釜残液、过滤介质和残渣	T
		261-039-13	树脂、乳胶、增塑剂、胶水/胶合剂生产过程中产生的废水处理污泥	T
	非特定行业	900-014-13	废弃黏合剂和密封剂	T
		900-015-13	饱和或者废弃的离子交换树脂	T
		900-016-13	使用酸、碱或溶剂清洗容器设备剥离下的树脂状、黏稠杂物	T
HW14 新化学药品 废物	非特定行业	900-017-14	研究、开发和教学活动中产生的对人类或环境影响不明的化学废物	T/C/In/I/R
HW15 爆炸性 废物	炸药及火工 产品制造	266-005-15	炸药生产和加工过程中产生的废水处理污泥	R
		266-006-15	含爆炸品废水处理过程中产生的废炭	R
		266-007-15	生产、配制和装填铅基起爆药剂过程中产生的废水处理污泥	T，R
		266-008-15	三硝基甲苯（TNT）生产过程中产生的粉红水、红水，以及废水处理污泥	R
	非特定行业	900-018-15	拆解后收集的尚未引爆的安全气囊	R
HW16 感光材料 废物	专用化学 产品制造	266-009-16	显、定影液、正负胶片、相纸、感光原料及药品生产过程中产生的不合格产品和过期产品	T
		266-010-16	显、定影液、正负胶片、相纸、感光原料及药品生产过程中产生的残渣及废水处理污泥	T
	印 刷	231-001-16	使用显影剂进行胶卷显影，定影剂进行胶卷定影，以及使用铁氰化钾、硫代硫酸盐进行影像减薄（漂白）产生的废显（定）影液、胶片及废相纸	T
		231-002-16	使用显影剂进行印刷显影、抗蚀图形显影，以及凸版印刷产生的废显（定）影液、胶片及废相纸	T
	电子元件 制造	406-001-16	使用显影剂、氢氧化物、偏亚硫酸氢盐、醋酸进行胶卷显影产生的废显（定）影液、胶片及废相纸	T
	电影	893-001-16	电影厂在使用和经营活动中产生的废显（定）影液、胶片及废相纸	T
	摄影扩印 服务	828-001-16	摄影扩印服务行业在使用和经营活动中产生的废显（定）影液、胶片及废相纸	T
	非特定行业	900-019-16	其他行业在使用和经营活动中产生的废显（定）影液、胶片及废相纸等感光材料废物	T

废物类别	行业来源	废物代码	危险废物	危险特性
HW17 表面处理废物	金属表面处理及热处理加工	346-050-17	使用氯化亚锡进行敏化产生的废渣和废水处理污泥	T
		346-051-17	使用氯化锌、氯化铵进行敏化产生的废渣和废水处理污泥	T
		346-052-17*	使用锌和电镀化学品进行镀锌产生的槽液、槽渣和废水处理污泥	T
		346-053-17	使用镉和电镀化学品进行镀镉产生的槽液、槽渣和废水处理污泥	T
		346-054-17*	使用镍和电镀化学品进行镀镍产生的槽液、槽渣和废水处理污泥	T
		346-055-17*	使用镀镍液进行镀镍产生的槽液、槽渣和废水处理污泥	T
		346-056-17	硝酸银、碱、甲醛进行敷金属法镀银产生的槽液、槽渣和废水处理污泥	T
		346-057-17	使用金和电镀化学品进行镀金产生的槽液、槽渣和废水处理污泥	T
		346-058-17*	使用镀铜液进行化学镀铜产生的槽液、槽渣和废水处理污泥	T
		346-059-17	使用钯和锡盐进行活化处理产生的废渣和废水处理污泥	T
		346-060-17	使用铬和电镀化学品进行镀黑铬产生的槽液、槽渣和废水处理污泥	T
		346-061-17	使用高锰酸钾进行钻孔除胶处理产生的废渣和废水处理污泥	T
		346-062-17*	使用铜和电镀化学品进行镀铜产生的槽液、槽渣和废水处理污泥	T
		346-063-17*	其他电镀工艺产生的槽液、槽渣和废水处理污泥	T
		346-064-17	金属和塑料表面酸（碱）洗、除油、除锈、洗涤工艺产生的废腐蚀液、洗涤液和污泥	T
		346-065-17	金属和塑料表面磷化、出光、化抛过程中产生的残渣（液）及污泥	T
		346-066-17	镀层剥除过程中产生的废液及残渣	T
		346-099-17	其他工艺过程中产生的表面处理废物	T
HW18 焚烧处置残渣	环境治理	802-002-18	生活垃圾焚烧飞灰	T
		802-003-18	危险废物焚烧、热解等处置过程产生的底渣和飞灰（医疗废物焚烧处置产生的底渣除外）	T
		802-004-18	危险废物等离子体、高温熔融等处置后产生的非玻璃态物质及飞灰	T
		802-005-18	固体废物及液态废物焚烧过程中废气处理产生的废活性炭、滤饼	T

废物类别	行业来源	废物代码	危险废物	危险特性
HW19 含金属羰基化合物废物	非特定行业	900-020-19	在金属羰基化合物生产以及使用过程中产生的含有羰基化合物成分的废物	T
HW20 含铍废物	基础化学原料制造	261-040-20	铍及其化合物生产过程中产生的熔渣、集（除）尘装置收集的粉尘和废水处理污泥	T
HW21 含铬废物	毛皮鞣制及制品加工	193-001-21*	使用铬鞣剂进行铬鞣、再鞣工艺产生的废水处理污泥	T
		193-002-21*	皮革切削工艺产生的含铬皮革碎料	T
	印　刷	231-003-21*	使用含重铬酸盐的胶体有机溶剂、黏合剂进行漩流式抗蚀涂布（抗蚀及光敏抗蚀层等）产生的废渣及废水处理污泥	T
		231-004-21*	使用铬化合物进行抗蚀层化学硬化产生的废渣及废水处理污泥	T
		231-005-21*	使用铬酸镀铬产生的槽渣、槽液和废水处理污泥	T
	基础化学原料制造	261-041-21	有钙焙烧法生产铬盐产生的铬浸出渣（铬渣）	T
		261-042-21	有钙焙烧法生产铬盐过程中，中和去铝工艺产生的含铬氢氧化铝湿渣（铝泥）	T
		261-043-21	有钙焙烧法生产铬盐过程中，铬酐生产中产生的副产废渣（含铬硫酸氢钠）	T
		261-044-21*	有钙焙烧法生产铬盐过程中产生的废水处理污泥	T
	铁合金冶炼	324-001-21	铬铁硅合金生产过程中尾气控制设施产生的飞灰与污泥	T
		324-002-21	铁铬合金生产过程中尾气控制设施产生的飞灰与污泥	T
		324-003-21	铁铬合金生产过程中金属铬冶炼产生的铬浸出渣	T
	金属表面处理及热处理加工	346-100-21*	使用铬酸进行阳极氧化产生的槽渣、槽液及废水处理污泥	T
		346-101-21	使用铬酸进行塑料表面粗化产生的废物	T
	电子元件制造	406-002-21	使用铬酸进行钻孔除胶处理产生的废物	T
HW22 含铜废物	常用有色金属矿采选	091-001-22	硫化铜矿、氧化铜矿等铜矿物采选过程中集（除）尘装置收集的粉尘	T
	印刷	231-006-22*	使用酸或三氯化铁进行铜板蚀刻产生的废蚀刻液及废水处理污泥	T
	玻璃及玻璃制品制造	314-001-22*	使用硫酸铜还原剂进行敷金属法镀铜产生的槽渣、槽液及废水处理污泥	T
	电子元件制造	406-003-22	使用蚀铜剂进行蚀铜产生的废蚀铜液	T
		406-004-22*	使用酸进行铜氧化处理产生的废液及废水处理污泥	T

废物类别	行业来源	废物代码	危险废物	危险特性
HW23 含锌废物	金属表面处理及热处理加工	346-102-23	热镀锌工艺尾气处理产生的固体废物	T
		346-103-23	热镀锌工艺过程产生的废弃熔剂、助熔剂、焊剂	T
	电池制造	394-001-23	碱性锌锰电池生产过程中产生的废锌浆	T
	非特定行业	900-021-23*	使用氢氧化钠、锌粉进行贵金属沉淀过程中产生的废液及废水处理污泥	T
HW24 含砷废物	常用有色金属矿采选	091-002-24	硫砷化合物（雌黄、雄黄及砷硫铁矿）或其他含砷化合物的金属矿石采选过程中集（除）尘装置收集的粉尘	T
HW25 含硒废物	基础化学原料制造	261-045-25	硒化合物生产过程中产生的熔渣、集（除）尘装置收集的粉尘和废水处理污泥	T
HW26 含镉废物	电池制造	394-002-26	镍镉电池生产过程中产生的废渣和废水处理污泥	T
HW27 含锑废物	基础化学原料制造	261-046-27	氧化锑生产过程中除尘器收集的灰尘	T
		261-047-27	锑金属及粗氧化锑生产过程中除尘器收集的灰尘	T
		261-048-27	氧化锑生产过程中产生的熔渣	T
		261-049-27	锑金属及粗氧化锑生产过程中产生的熔渣	T
HW28 含碲废物	基础化学原料制造	261-050-28	碲化合物生产过程中产生的熔渣、集（除）尘装置收集的粉尘和废水处理污泥	T
HW29 含汞废物	天然原油和天然气开采	071-003-29	天然气净化过程中产生的含汞废物	T
	贵金属矿采选	092-001-29	“全泥氰化-炭浆提金”黄金选矿生产工艺产生的含汞粉尘、残渣	T
		092-002-29	汞矿采选过程中产生的废渣和集（除）尘装置收集的粉尘	T
	印刷	231-007-29	使用显影剂、汞化合物进行影像加厚（物理沉淀）以及使用显影剂、氨氯化汞进行影像加厚（氧化）产生的废液及残渣	T
	基础化学原料制造	261-051-29	水银电解槽法生产氯气过程中盐水精制产生的盐水提纯污泥	T
		261-052-29	水银电解槽法生产氯气过程中产生的废水处理污泥	T
		261-053-29	氯气生产过程中产生的废活性炭	T
	合成材料制造	265-001-29	氯乙烯精制过程中使用活性炭吸附法处理含汞废水过程中产生的废活性炭	T，C
		265-002-29	氯乙烯精制过程中产生的吸附微量氯化汞的废活性炭	T，C
	电池制造	394-003-29	含汞电池生产过程中产生的废渣和废水处理污泥	T
	照明器具制造	397-001-29	含汞光源生产过程中产生的荧光粉、废活性炭吸收剂	T

废物类别	行业来源	废物代码	危险废物	危险特性
HW29 含汞废物	通用仪器仪表制造	411-001-29	含汞温度计生产过程中产生的废渣	T
	基础化学原料制造	261-054-29	卤素和卤素化学品生产过程产生中的含汞硫酸钡污泥	T
	多种来源	900-022-29	废弃的含汞催化剂	T
		900-023-29	生产、销售及使用过程中产生的废含汞荧光灯管	T
		900-024-29	生产、销售及使用过程中产生的废汞温度计、含汞废血压计	T
HW30 含铊废物	基础化学原料制造	261-055-30	金属铊及铊化合物生产过程中产生的熔渣、集（除）尘装置收集的粉尘和废水处理污泥	T
HW31 含铅废物	玻璃及玻璃制品制造	314-002-31	使用铅盐和铅氧化物进行显像管玻璃熔炼产生的废渣	T
	印刷	231-008-31	印刷线路板制造过程中镀铅锡合金产生的废液	T
	炼钢	322-001-31	电炉粗炼钢过程中尾气控制设施产生的飞灰与污泥	T
	电池制造	394-004-31	铅酸蓄电池生产过程中产生的废渣和废水处理污泥	T
	工艺美术品制造	421-001-31	使用铅箔进行烤钵试金法工艺产生的废烤钵	T
	废弃资源和废旧材料回收加工业	431-001-31	铅酸蓄电池回收工业产生的废渣、铅酸污泥	T
	非特定行业	900-025-31	使用硬脂酸铅进行抗黏涂层产生的废物	T
HW32 无机氟化物废物	非特定行业	900-026-32*	使用氢氟酸进行玻璃蚀刻产生的废蚀刻液、废渣和废水处理污泥	T
HW33 无机氰化物废物	贵金属矿采选	092-003-33*	“全泥氰化-炭浆提金”黄金选矿生产工艺中含氰废水的处理污泥	T
	金属表面处理及热处理加工	346-104-33	使用氰化物进行浸洗产生的废液	R，T
	非特定行业	900-027-33	使用氰化物进行表面硬化、碱性除油、电解除油产生的废物	R，T
		900-028-33	使用氰化物剥落金属镀层产生的废物	R，T
		900-029-33	使用氰化物和双氧水进行化学抛光产生的废物	R，T

废物类别	行业来源	废物代码	危险废物	危险特性
HW34 废酸	精炼石油产品的制造	251-014-34	石油炼制过程产生的废酸及酸泥	C，T
	基础化学原料制造	261-056-34	硫酸法生产钛白粉（二氧化钛）过程中产生的废酸和酸泥	C，T
		261-057-34	硫酸和亚硫酸、盐酸、氢氟酸、磷酸和亚磷酸、硝酸和亚硝酸等的生产、配制过程中产生的废酸液、固态酸及酸渣	C
		261-058-34	卤素和卤素化学品生产过程产生的废液和废酸	C
	钢压延加工	323-001-34	钢的精加工过程中产生的废酸性洗液	C，T
	金属表面处理及热处理加工	346-105-34	青铜生产过程中浸酸工序产生的废酸液	C
	电子元件制造	406-005-34	使用酸溶液进行电解除油、酸蚀、活化前表面敏化、催化、锡浸亮产生的废酸液	C
		406-006-34	使用硝酸进行钻孔蚀胶处理产生的废酸液	C
		406-007-34	液晶显示板或集成电路板的生产过程中使用酸浸蚀剂进行氧化物浸蚀产生的废酸液	C
	非特定行业	900-300-34	使用酸清洗产生的废酸液	C
		900-301-34	使用硫酸进行酸性碳化产生的废酸液	C
		900-302-34	使用硫酸进行酸蚀产生的废酸液	C
		900-303-34	使用磷酸进行磷化产生的废酸液	C
		900-304-34	使用酸进行电解除油、金属表面敏化产生的废酸液	C
		900-305-34	使用硝酸剥落不合格镀层及挂架金属镀层产生的废酸液	C
		900-306-34	使用硝酸进行钝化产生的废酸液	C
		900-307-34	使用酸进行电解抛光处理产生的废酸液	C
		900-308-34	使用酸进行催化（化学镀）产生的废酸液	C
		900-349-34*	其他生产、销售及使用过程中产生的失效、变质、不合格、淘汰、伪劣的强酸性擦洗粉、清洁剂、污迹去除剂以及其他废酸液、固态酸及酸渣	C
HW35 废碱	精炼石油产品的制造	251-015-35	石油炼制过程产生的碱渣	C，T
	基础化学原料制造	261-059-35	氢氧化钙、氨水、氢氧化钠、氢氧化钾等的生产、配制中产生的废碱液、固态碱及碱渣	C
	毛皮鞣制及制品加工	193-003-35	使用氢氧化钙、硫化钙进行灰浸产生的废碱液	C
	纸浆制造	221-002-35	碱法制浆过程中蒸煮制浆产生的废液、废渣	C

废物类别	行业来源	废物代码	危险废物	危险特性
HW35 废碱	非特定行业	900-350-35	使用氢氧化钠进行煮炼过程中产生的废碱液	C
		900-351-35	使用氢氧化钠进行丝光处理过程中产生的废碱液	C
		900-352-35	使用碱清洗产生的废碱液	C
		900-353-35	使用碱进行清洗除蜡、碱性除油、电解除油产生的废碱液	C
		900-354-35	使用碱进行电镀阻挡层或抗蚀层的脱除产生的废碱液	C
		900-355-35	使用碱进行氧化膜浸蚀产生的废碱液	C
		900-356-35	使用碱溶液进行碱性清洗、图形显影产生的废碱液	C
		900-399-35*	其他生产、销售及使用过程中产生的失效、变质、不合格、淘汰、伪劣的强碱性擦洗粉、清洁剂、污迹去除剂以及其他废碱液、固态碱及碱渣	C
HW36 石棉废物	石棉采选	109-001-36	石棉矿采选过程产生的石棉渣	T
	基础化学原料制造	261-060-36	卤素和卤素化学品生产过程中电解装置拆换产生的含石棉废物	T
	水泥及石膏制品制造	312-001-36	石棉建材生产过程中产生的石棉尘、废纤维、废石棉绒	T
	耐火材料制品制造	316-001-36	石棉制品生产过程中产生的石棉尘、废纤维、废石棉绒	T
	汽车制造	372-001-36	车辆制动器衬片生产过程中产生的石棉废物	T
	船舶及浮动装置制造	375-002-36	拆船过程中产生的废石棉	T
	非特定行业	900-030-36	其他生产工艺过程中产生的石棉废物	T
		900-031-36	含有石棉的废弃电子电器设备、绝缘材料、建筑材料等	T
		900-032-36	石棉隔膜、热绝缘体等含石棉设施的保养拆换、车辆制动器衬片的更换产生的石棉废物	T
HW37 有机磷化合物废物	基础化学原料制造	261-061-37	除农药以外其他有机磷化合物生产、配制过程中产生的反应残余物	T
		261-062-37	除农药以外其他有机磷化合物生产、配制过程中产生的过滤物、催化剂（包括载体）及废弃的吸附剂	T
		261-063-37*	除农药以外其他有机磷化合物生产、配制过程中产生的废水处理污泥	T
	非特定行业	900-033-37	生产、销售及使用过程中产生的废弃磷酸酯抗燃油	T
HW38 有机氰化物废物	基础化学原料制造	261-064-38	丙烯腈生产过程中废水汽提器塔底的流出物	R，T
		261-065-38	丙烯腈生产过程中乙腈蒸馏塔底的流出物	R，T
		261-066-38	丙烯腈生产过程中乙腈精制塔底的残渣	T
		261-067-38	有机氰化物生产过程中，合成、缩合等反应中产生的母液及反应残余物	T
		261-068-38	有机氰化物生产过程中，催化、精馏和过滤过程中产生的废催化剂、釜底残渣和过滤介质	T
		261-069-38	有机氰化物生产过程中的废水处理污泥	T

废物类别	行业来源	废物代码	危险废物	危险特性
HW39 含酚废物	炼焦	252-012-39	炼焦行业酚氰生产过程中的废水处理污泥	T
		252-013-39	煤气生产过程中的废水处理污泥	T
	基础化学原料制造	261-070-39	酚及酚化合物生产过程中产生的反应残渣、母液	T
		261-071-39	酚及酚化合物生产过程中产生的吸附过滤物、废催化剂、精馏釜残液	T
HW40 含醚废物	基础化学原料制造	261-072-40	生产、配制过程中产生的醚类残液、反应残余物、废水处理污泥及过滤渣	T
HW41 废卤化有机溶剂	印刷	231-009-41	使用有机溶剂进行橡皮版印刷，以及清洗印刷工具产生的废卤化有机溶剂	I，T
	基础化学原料制造	261-073-41	氯苯生产过程中产品洗涤工序从反应器分离出的废液	T
		261-074-41	卤化有机溶剂生产、配制过程中产生的残液、吸附过滤物、反应残渣、废水处理污泥及废载体	T
		261-075-41	卤化有机溶剂生产、配制过程中产生的报废产品	T
	电子元件制造	406-008-41	使用聚酰亚胺有机溶剂进行液晶显示板的涂敷、液晶体的填充产生的废卤化有机溶剂	I，T
	非特定行业	900-400-41	塑料板管棒生产中织品应用工艺使用有机溶剂黏合剂产生的废卤化有机溶剂	I，T
		900-401-41	使用有机溶剂进行干洗、清洗、油漆剥落、溶剂除油和光漆涂布产生的废卤化有机溶剂	I，T
		900-402-41	使用有机溶剂进行火漆剥落产生的废卤化有机溶剂	I，T
		900-403-41	使用有机溶剂进行图形显影、电镀阻挡层或抗蚀层的脱除、阻焊层涂敷、上助焊剂（松香）、蒸汽除油及光敏物料涂敷产生的废卤化有机溶剂	I，T
		900-449-41	其他生产、销售及使用过程中产生的废卤化有机溶剂、水洗液、母液、污泥	T
HW42 废有机溶剂	印刷	231-010-42	使用有机溶剂进行橡皮版印刷，以及清洗印刷工具产生的废有机溶剂	I，T
	基础化学原料制造	261-076-42	有机溶剂生产、配制过程中产生的残液、吸附过滤物、反应残渣、水处理污泥及废载体	T
		261-077-42	有机溶剂生产、配制过程中产生的报废产品	T
	电子元件制造	406-009-42	使用聚酰亚胺有机溶剂进行液晶显示板的涂敷、液晶体的填充产生的废有机溶剂	I，T
	皮革鞣制加工	191-001-42	皮革工业中含有有机溶剂的除油废物	T
	毛纺织和染整精加工	172-001-42	纺织工业染整过程中含有有机溶剂的废物	T

废物类别	行业来源	废物代码	危险废物	危险特性
HW42 废有机溶剂	非特定行业	900-450-42	塑料板管棒生产中织品应用工艺使用有机溶剂黏合剂产生的废有机溶剂	I，T
		900-451-42	使用有机溶剂进行脱碳、干洗、清洗、油漆剥落、溶剂除油和光漆涂布产生的废有机溶剂	I，T
		900-452-42	使用有机溶剂进行图形显影、电镀阻挡层或抗蚀层的脱除、阻焊层涂敷、上助焊剂（松香）、蒸汽除油及光敏物料涂敷产生的废有机溶剂	I，T
		900-499-42	其他生产、销售及使用过程中产生的废有机溶剂、水洗液、母液、废水处理污泥	T
HW43 含多氯苯并呋喃类废物	非特定行业	900-034-43*	含任何多氯苯并呋喃同系物的废物	T
HW44 含多氯苯并二噁英废物	非特定行业	900-035-44*	含任何多氯苯并二噁英同系物的废物	T
HW45 含有机卤化物废物	基础化学原料制造	261-078-45	乙烯溴化法生产二溴化乙烯过程中反应器排气洗涤器产生的洗涤废液	T
		261-079-45	乙烯溴化法生产二溴化乙烯过程中产品精制过程产生的废吸附剂	T
		261-080-45	α-氯甲苯、苯甲酰氯和含此类官能团的化学品生产过程中氯气和盐酸回收工艺产生的废有机溶剂和吸附剂	T
		261-081-45	α-氯甲苯、苯甲酰氯和含此类官能团的化学品生产过程中产生的废水处理污泥	T
		261-082-45	氯乙烷生产过程中的分馏塔重馏分	T
		261-083-45	电石乙炔生产氯乙烯单体过程中产生的废水处理污泥	T
		261-084-45	其他有机卤化物的生产、配制过程中产生的高浓度残液、吸附过滤物、反应残渣、废水处理污泥、废催化剂（不包括上述 HW39，HW41,HW42 类别的废物）	T
		261-085-45	其他有机卤化物的生产、配制过程中产生的报废产品（不包括上述 HW39，HW41,HW42 类别的废物）	T
		261-086-45	石墨作阳极隔膜法生产氯气和烧碱过程中产生的污泥	T
	非特定行业	900-036-45	其他生产、销售及使用过程中产生的含有机卤化物废物（不包括 HW41 类）	T
HW46 含镍废物	基础化学原料制造	261-087-46	镍化合物生产过程中产生的反应残余物及废品	T
	电池制造	394-005-46*	镍镉电池和镍氢电池生产过程中产生的废渣和废水处理污泥	T
	非特定行业	900-037-46	报废的镍催化剂	T

废物类别	行业来源	废物代码	危险废物	危险特性
HW47 含钡废物	基础化学原料制造	261-088-47	钡化合物（不包括硫酸钡）生产过程中产生的熔渣、集（除）尘装置收集的粉尘、反应残余物、废水处理污泥	T
	金属表面处理及热处理加工	346-106-47	热处理工艺中的盐浴渣	T
HW48 有色金属冶炼废物	常用有色金属冶炼	331-002-48*	铜火法冶炼过程中尾气控制设施产生的飞灰和污泥	T
		331-003-48*	粗锌精炼加工过程中产生的废水处理污泥	T
		331-004-48	铅锌冶炼过程中，锌焙烧矿常规浸出法产生的浸出渣	T
		331-005-48	铅锌冶炼过程中，锌焙烧矿热酸浸出黄钾铁矾法产生的铁矾渣	T
		331-006-48	铅锌冶炼过程中，锌焙烧矿热酸浸出针铁矿法产生的硫渣	T
		331-007-48	铅锌冶炼过程中，锌焙烧矿热酸浸出针铁矿法产生的针铁矿渣	T
		331-008-48	铅锌冶炼过程中，锌浸出液净化产生的净化渣，包括锌粉-黄药法、砷盐法、反向锑盐法、铅锑合金锌粉法等工艺除铜、锑、镉、钴、镍等杂质产生的废渣	T
		331-009-48	铅锌冶炼过程中，阴极锌熔铸产生的熔铸浮渣	T
		331-010-48	铅锌冶炼过程中，氧化锌浸出处理产生的氧化锌浸出渣	T
		331-011-48	铅锌冶炼过程中，鼓风炉炼锌锌蒸气冷凝分离系统产生的鼓风炉浮渣	T
		331-012-48	铅锌冶炼过程中，锌精馏炉产生的锌渣	T
		331-013-48	铅锌冶炼过程中，铅冶炼、湿法炼锌和火法炼锌时，金、银、铋、镉、钴、铟、锗、铊、碲等有价金属的综合回收产生的回收渣	T
		331-014-48*	铅锌冶炼过程中，各干式除尘器收集的各类烟尘	T
		331-015-48	铜锌冶炼过程中烟气制酸产生的废甘汞	T
		331-016-48	粗铅熔炼过程中产生的浮渣和底泥	T
		331-017-48	铅锌冶炼过程中，炼铅鼓风炉产生的黄渣	T
		331-018-48	铅锌冶炼过程中，粗铅火法精炼产生的精炼渣	T
		331-019-48	铅锌冶炼过程中，铅电解产生的阳极泥	T
		331-020-48	铅锌冶炼过程中，阴极铅精炼产生的氧化铅渣及碱渣	T
		331-021-48	铅锌冶炼过程中，锌焙烧矿热酸浸出黄钾铁矾法、热酸浸出针铁矿法产生的铅银渣	T
		331-022-48	铅锌冶炼过程中产生的废水处理污泥	T
		331-023-48	粗铝精炼加工过程中产生的废弃电解电池列	T
		331-024-48	铝火法冶炼过程中产生的初炼炉渣	T

废物类别	行业来源	废物代码	危险废物	危险特性
HW48 有色金属冶炼废物	常用有色金属冶炼	331-025-48	粗铝精炼加工过程中产生的盐渣、浮渣	T
		331-026-48	铝火法冶炼过程中产生的易燃性撇渣	R
		331-027-48*	铜再生过程中产生的飞灰和废水处理污泥	T
		331-028-48*	锌再生过程中产生的飞灰和废水处理污泥	T
		331-029-48	铅再生过程中产生的飞灰和残渣	T
	贵金属冶炼	332-001-48	汞金属回收工业产生的废渣及废水处理污泥	T
HW49 其他废物	环境治理	802-006-49	危险废物物化处理过程中产生的废水处理污泥和残渣	T
	非特定行业	900-038-49	液态废催化剂	T
		900-039-49	其他无机化工行业生产过程产生的废活性炭	T
		900-040-49*	其他无机化工行业生产过程收集的烟尘	T
		900-041-49	含有或直接沾染危险废物的废弃包装物、容器、清洗杂物	T/C/In/I/R
		900-042-49	突发性污染事故产生的废弃危险化学品及清理产生的废物	T/C/In/I/R
		900-043-49*	突发性污染事故产生的危险废物污染土壤	T/C/In/I/R
		900-044-49	在工业生产、生活和其他活动中产生的废电子电器产品、电子电气设备，经拆散、破碎、砸碎后分类收集的铅酸电池、镉镍电池、氧化汞电池、汞开关、阴极射线管和多氯联苯电容器等部件	T
		900-045-49	废弃的印刷电路板	T
		900-046-49	离子交换装置再生过程产生的废液和污泥	T
		900-047-49	研究、开发和教学活动中，化学和生物实验室产生的废物（不包括 HW03、900-999-49）	T/C/In/I/R
		900-999-49	未经使用而被所有人抛弃或者放弃的；淘汰、伪劣、过期、失效的；有关部门依法收缴以及接收的公众上交的危险化学品（优先管理类废弃危险化学品见附录 A）	T

注：对来源复杂，其危险特性存在例外的可能性，且国家具有明确鉴别标准的危险废物，本《名录》标注以“”。所列此类危险废物的产生单位确有充分证据证明，所产生的废物不具有危险特性的，该特定废物可不按照危险废物进行管理。

11.5.5.2　危险废物污染防治准则

以风险全过程控制为原则，以经济可行、环境友好的污染防治技术为基础，积极推进危险废物减量化、再利用、资源化和无害化处置。实践表明，危险废物污染防治的有效途径应包括：采用清洁新工艺，防止危险废物产生；改进已有生产工艺，做到源头减量；对于已产生的危险废物，则首先通过资源的回收利用减少其需要进行无害化处理处置的量；对于无法利用的危险废物则进行环境无害化处理处置；产生、收集、贮存、运输、利用、处置危险废物的单位，应当制定意外事故的防范措施和应急预案。

11.5.5.3 危险废物全过程管理优先原则

与危险废物污染防治准则相对应是危险废物的全过程管理，它是指对危险废物的避免和减量，产生后的收集、运输、贮存、循环、利用、无害化处理以及最终无害化处置的管理，其优先序列为废物最小量化、废物回收利用、废物的环境无害化处置。

首先应采用减量化技术，推行无废、低废清洁工艺。主要技术途径有：采用无毒原料、杜绝危险废物产生。例如，日本、荷兰、加拿大等国都在积极发展用离子膜法烧碱生产技术来消除汞和石棉污染。改革生产工艺，可减少危险物产生量。例如前联邦德国推行连续流动法制革工艺，大大减少在皮革工艺生产上含铬鞍革剂的使用。

其次，在废物产生后应采用资源化技术，大力开展综合利用和废物交换。发达国家十分重视危险废物的回收利用。对于生产过程中产生的废物，推行系统内的循环利用；对于生产过程中排出的废物，通过系统外的废物交换、物质转化、再加工等措施，实现其综合利用。在大多数的北欧国家，物质回收比能量回收具有更向的优先权，而有些国家（如法国）对上述二者没有严格区分。

危险废物管理的第三个层次是采用无害化处理处置技术，最终强化对危险废物污染的控制。目前所采用的无害化处理处置方法中应用最多的是填埋法。在美国，危险废物填埋量占其产生总量的 75%，英国为 60%，比利时为 62%，荷兰和法国为 50%，日本是 39%。但该法存在对地下水的潜在污染风险。目前许多国家对填埋场的建造技术已经标准化。近年来，由于发达国家不断强化危险废物排放法规限制，加之土地资源的限制，迫使危险废物处置逐渐“填埋”转向“焚烧”。目前美国已有 1 500 台焚烧设备。西欧一些国家已实现危险废物焚烧处理的工厂化、集团化。

11.5.5.4 危险废物产生单位管理应满足以下要求

（1）产生危险废物的单位应当以控制危险废物的环境风险为目标，制定危险废物管理计划和应急预案并报所在地县级以上地方环保部门备案。

（2）依据固体废物鉴别导则、国家危险废物名录和危险废物鉴别标准，自行或委托专业机构正确鉴别和分类收集危险废物。

（3）对盛装危险废物的容器和包装物，要确保无破损、泄漏和其他缺陷，依据危险废物贮存污染控制标准规范建设危险废物贮存场所并设置危险废物标识。

（4）加强危险废物贮存期间的环境风险管理，危险废物贮存时间不得超过一年。

（5）严格执行危险废物转移联单制度，禁止将危险废物提供或委托给无危险废物经营许可证的单位从事收集、贮存、利用、处置等经营活动。严禁委托无危险货物运输资质的单位运输危险废物。

（6）自建危险废物贮存、利用、处置设施的，应当符合危险废物贮存、填埋、焚烧污染控制等相关标准的要求，依法进行环境影响评价并遵守国家有关建设项目环境保护管理的规定。

（7）按照所在地环保部门要求定期对利用处置设施污染物排放进行监测，其中对焚烧设施二噁英排放情况每年至少监测一次。

（8）要将危险废物的产生、贮存、利用、处置等情况纳入生产记录，建立危险废物管理台账，如实记录相关信息并及时依法向环保部门申报。

见环保部污染防治司固体处“解读《关于进一步加强危险废物和医疗废物监管工作的意见》”（2011-09-19）。

11.5.5.5 危险废物经营单位应满足如下要求

（1）从事危险废物收集、贮存、处置经营活动的单位危险废物经营单位应当依据《危险废物经营许可证管理办法》依法申领危废经营许可证。禁止无经营许可证或者不按照经营许可证规定从事危险废物收集、贮存、利用、处置的经营活动。

（2）经营单位要参照《危险废物经营单位记录和报告经营情况指南》，建立危险废物经营情况记录簿，定期向环境保护行政主管部门报告经营活动情况。

（3）参照《危险废物经营单位编制应急预案指南》，制定突发环境事件的防范措施和应急预案，配置应急防护设施设备，定期开展应急演练。

（4）建立日常环境监测制度，自行或委托有资质的单位对污染物排放进行监测，其中对焚烧设施排放二噁英情况每年至少监测一次，防止污染环境。

（5）对本单位工作人员进行培训，掌握相关法规要求和工作操作规程。

见环保部污染防治司固体处“解读《关于进一步加强危险废物和医疗废物监管工作的意见》”（2011-09-19）。

11.5.5.6 规范危险废物管理

（1）严格执行“行政代执行制度”，凡是产生单位对危险废物不处置或处置不符合国家有关规定的，所在地环保部门要指定单位代为处置，处置费用由危险废物产生单位承担。

（2）严禁将危险废物提供或委托给无危险废物经营许可证的单位从事收集、贮存、利用、处置等经营活动；严禁委托无危险货物运输资质的单位运输危险废物。

（3）对危险废物非法转移倾倒事件，按照危险废物实际转移、倾倒批次，依法从严从重分别予以处罚。

（4）落实企业污染清除责任，彻底清理被倾倒的危险废物以及被污染场地的土壤。

（5）实施化学品环境污染责任终身追究制和全过程行政问责制，相关企业造成群发性健康危害事件或重特大化学品污染事件的，要从其立项、审批、验收、监管、应急等各个环节，以及生产、储存、使用、经营、运输及废弃处置的全过程，依法依规对有关部门、企业责任人员实施问责。

详见《关于印发〈“十二五”全国危险废物规范化管理督查考核工作方案〉和〈危险废物规范化管理指标体系〉的通知》（环办〔2011〕115号）。

11.5.5.7 危险废物集中贮存

应依据环境影响评价结论确定危险废物集中贮存设施的位置及其与周围人群的距离，并经具有审批权的环境保护行政主管部门批准，并可作为规划控制的依据。

在对危险废物集中贮存设施场址进行环境影响评价时，应重点考虑危险废物集中贮存设施可能产生的有害物质泄漏、大气污染物（含恶臭物质）的产生与扩散以及可能的事故风险等因素，根据其所在地区的环境功能区类别，综合评价其对周围环境、居住人群的身体健康、日常生活和生产活动的影响，确定危险废物集中贮存设施与常住居民居住场所、农用地、地表水体以及其他敏感对象之间合理的位置关系。

危险废物集中贮存设施应达到《危险废物贮存污染控制标准》（GB 18597—2001）的要求。

11.5.5.8 废弃物焚烧设施

（1）加强废弃物焚烧设施运行管理，严格落实《危险废物焚烧污染控制标准》（GB 18484）技术要求。新建焚烧设施，应优先选用成熟技术，审慎采用目前尚未得到实际应用验证的焚烧炉型。

（2）建立企业环境信息公开制度，废弃物焚烧企业应当向社会发布年度环境报告书。主要工艺指标及硫氧化物、氮氧化物、氯化氢等污染因子应实施在线监测，并与当地环保部门联网。

（3）污染物排放应每季度采样检测一次。应在厂区明显位置设置显示屏，将炉温、烟气停留时间、烟气出口温度、一氧化碳等数据向社会公布，接受社会监督。

详见环保部等九部委联合发布的《关于加强二噁英污染防治的指导意见》（环发〔2010〕123号）。

11.5.5.9 危险废物安全填埋

危险废物填埋场场址的位置及与周围人群的距离应依据环境影响评价结论确定，并经具有审批权的环境保护行政主管部门批准，可作为规划控制的依据。

在对危险废物填埋场场址进行环境影响评价时，应重点考虑危险废物填埋场渗滤液可能产生的风险、填埋场结构、防渗层长期安全性及由此造成的渗漏风险等因素，根据其所在地区的环境功能区类别，结合该地区的长期发展规划和填埋场的设计寿命，重点评价其对周围地下水环境、居住人群的身体健康、日常生活和生产活动的长期影响，确定其与常住居民居住场所、农用地、地表水体以及其他敏感对象之间合理的位置关系。

应按照《危险废物安全填埋处理工程建设技术要求》（环发〔2004〕75 号）施工，并达到《危险废物填埋污染控制标准》（GB 18598—2001）的要求。

11.5.5.10　做好易制毒化学品生产使用环境监管及无害化销毁工作

按照《环境保护法》（2014）、《禁毒法》、《易制毒化学品管理条例》有关规定，切实加强易制毒化学品、麻醉药品和精神药品生产使用企业环境监管。详见“6.4.3.12　做好易制毒化学品生产使用环境监管及无害化销毁工作”。

11.5.5.11　国家当前优先发展的危险固体废弃物处置技术及设备

国家当前优先发展的危险固体废弃物处置技术及设备为：危险废物高效、安全、可靠的收集、存储、运输与焚烧技术及设备，焚烧渣、飞灰熔融无害化等处置技术和设备，危险废物安全填埋处置技术及设备，危险废物固化技术、设备和固化药剂，医疗废物收运、高温消毒处理技术与设备，有害化学品处理技术，放射性废物处理与整备技术与装备，危险废物污染事故应急处理设备，电池回收和再利用技术及设备，废旧荧光灯管汞回收处理技术（MRT）及装备，利用水泥窑处置危险废弃物技术及装备（见国家发展和改革委员会、科学技术部、工业和信息化部、商务部、知识产权局公告《当前优先发展的高技术产业化重点领域指南》（2011 年度），5 部委公告 2011 年第 10 号）。

11.5.5.12　履行《巴塞尔公约》规定的义务

在中华人民共和国境内产生的危险废物应当尽量在境内进行无害化处置，减少出口量，降低危险废物出口转移的环境风险。禁止向《巴塞尔公约》非缔约方出口危险废物。产生、收集、贮存、处置、利用危险废物的单位，向中华人民共和国境外《巴塞尔公约》缔约方出口危险废物，必须取得危险废物出口核准。详见《危险废物出口核准管理办法》（环保总局令 2008 第 47 号）。

11.6 噪声污染控制技术

11.6.1 化工企业噪声的特性及危害

11.6.1.1 化工噪声的特征

化工生产基本上是在各类反应罐和塔设备中连续进行的，并以管道输送物料，所发生的噪声具有下述特性：

（1）连续的稳态噪声。化工生产是在额定的负荷条件下连续地进行，噪声也是连续的、稳态的，而且白天和夜间的噪声级无大的差别。

（2）中低频的气流噪声。化工厂除反应设备外，还使用压缩机、风机、空冷器、电动机、泵、加热炉和火炬等，这些机泵产生的噪声主要是中、高频气流噪声。此外还有排气放空等高频噪声，但高频噪声传递时衰减较快，所以整体上化工厂是以中、低频气流噪声为主。

（3）在半自由场中传播。化工厂的场地大多是水泥地坪，具有声反射作用，设备由于接近地面，其传播可当作在在半自由场中进行。塔设备、放空口或火炬等，一般较高，噪声传播较少屏障阻挡，所以传得较远，影响面较大。

11.6.1.2 噪声危害（见表 11.5）

表 11.5 噪声危害一览表

危害状况	内容
影响正常生活	噪声使人感到精神不安，异常烦恼；妨碍休息、睡眠；干扰谈话、通讯、工作、办公、学习等
听力减退	长期在 90 dB（A）以上的强噪声环境下工作，将会导致暂时听力减退，甚至会转变为永久性听阈偏移。当 500 Hz、1 000 Hz、2 000 Hz 听阈平均偏移 25 dB，形成噪声性耳聋
引起多种疾病	①噪声作用于人的中枢神经系统，使人的基本生理过程失调，引起神经衰弱症。 ②噪声会引起血管痉挛或血管紧张度降低，血压改变、心律不齐等。 ③使消化机能衰退、胃功能混乱，消化不良、食欲不振、体质减弱
影响安全生产 降低工作效率	①噪声环境里工作，心情烦躁，容易疲劳，注意力不集中，影响工作进度和效率，易发生事故。 ②由于噪声干扰，使人听不到事故的前兆和各种警戒信号，影响安全生产

11.6.2 噪声防治的一般技术性规定

噪声控制设计应充分结合地形、建构筑物等声屏的作用，确定合理的方案。

工程设计中应选用低噪声的设备，并应采用消声、隔声、吸声等降噪措施。

11.6.3 机械设备噪声控制

（1）带压气体的放空应选择适用于该气体特征的放空消声设备。

（2）化工设计中，除应选用低噪声设备外，还可采取下述措施降低噪声：①设备的进出口装消声器；②设置隔声罩；③修建封闭隔声室；④出气口与管道采用挠性连接；⑤管道包扎隔声、吸声材料；⑥设置地面减振垫和独立减振基础。

（3）火炬的地面噪声级不宜大于 90 dB（A），事故状态下不宜大于 100 dB（A），无法满足时应选择低噪声火炬头。

11.6.4 厂区噪声控制

（1）化工项目个生产装置区的噪声控制应符合《化工建设项目噪声控制设计规定》（HG 20503）。

（2）生产装置、作业场所及不同功能区的噪声卫生限值应按《工业企业设计卫生标准执行》（GB Z 1—2010），并应采取下述控制措施：①合理布置发生源的方位；②门窗设在背离抢生源的方向；③修建隔声室。

（3）厂区内各类地点的噪声限值按《化工建设项目环境保护设计规范》（GB 50483 —2009）执行。

（4）厂界噪声控制限值按《工业企业厂界环境噪声排放标准》（GB 12348）执行。

11.7 化工企业关停、搬迁及原址场地再开发的污染防治

《环境保护法》（2014）规定："国家加强对大气、水、土壤等的保护，建立和完善相应的调查、监测、评估和修复制度。"进行化工企业关停、搬迁及原址场地再开发利用污染防治是土壤保护的重要举措。

11.7.1 场地污染防治主要国家环境保护标准和规范性文件

《土壤环境质量标准》（GB 15618—1995）

《地下水质量标准》（GB /T 14848—93）

《危险废物鉴别标准》（GB 5085—2007）

《全国土壤状况评价技术规定》（环发〔2008〕39 号）

《危险化学品重大危险源辨识》（GB 18218—2009）

《工业固体废物采样制样技术规范》（HJ/T 20—1998）

《危险废物鉴别技术规范》（HJ/T 298—2007）

《场地环境调查技术导则》（HJ 25.1—2014）

《场地环境监测技术导则》（HJ 25.2—2014）

《污染场地风险评估技术导则》（HJ 25.3—2014）

《污染场地土壤修复技术导则》（HJ 25.4—2014）

《危险废物储存污染控制标准》（GB 18597—2001，环保部公告 2013 第 36 号修改）

《危险废物填埋污染控制标准》（GB 18598—2001，环保部公告 2013 第 36 号修改）

《危险废物焚烧污染控制标准》（GB 18484—2001）

《危险废物集中焚烧处理设施运行监督管理技术规范（试行）》（HJ 515—2009）

《含多氯联苯废物污染控制标准》（GB 13015—91）

《含多氯联苯废物焚烧处置工程技术规范》（HJ 2037—2013）

《一般工业固体废物储存、处置场污染控制标准》（GB 18599—2001，环境保护部公告 2013 第 36 号修改）

《国务院办公厅关于推进城区老工业区搬迁改造的指导意见》（国办发〔2014〕9 号）

《环境保护部、工业和信息化部、国土资源部、住房和城乡建设部关于保障工业企业场地再开发利用环境安全的通知》（环发〔2012〕140 号）

《国务院办公厅关于印发近期土壤环境保护和综合治理工作安排的通知》（国办发〔2014〕7 号）

《关于加强工业企业关停、搬迁及原址场地再开发利用过程中污染防治工作的通知》（环境保护部环发〔2014〕66 号）

《环境保护部关于开展污染场地环境监管试点工作的通知》（2014）

《关于发布 2014 年污染场地修复技术目录（第一批）的公告》（公告 2014 年第 75 号）等

11.7.2 强化工业企业关停搬迁过程污染防治

参阅“6.4.3.11 强化土壤环境风险监管”。

11.7.2.1 编制应急预案防范环境影响

为避免各类关停搬迁过程中突发环境事件的发生，企业关停搬迁前应认真排查搬迁过程中可能引发突发环境事件的风险源和风险因素，根据各种情形制定有针对性的专项环境应急预案，报所在地县级环保部门备案，储备必要的应急装备、物资，落实应急救援人员，加强搬迁、运输过程中的风险防控，同时提供生产期内厂区总平面布置图、主要产品、原辅材料、工艺设备、主要污染物及污染防治措施等环境信息资料。搬迁过程中如遇到紧急或不明情况，应及时应对处置并向当地政府和环保部门报告。

11.7.2.2 **规范各类设施拆除流程**

企业在关停搬迁过程中应确保污染防治设施正常运行或使用，妥善处理遗留或搬迁过程中产生的污染物，待生产设备拆除完毕且相关污染物处理处置结束后方可拆除污染治理设施。如果污染防治设施不能正常运行或使用，企业在关停搬迁过程中应制定并实施各类污染物临时处理处置方案。对地上及地下的建筑物、构筑物、生产装置、管线、污染治理设施、有毒有害化学品及石油产品储存设施等予以规范清理和拆除。

11.7.2.3 **安全处置企业遗留固体废物**

企业应对原有场地残留和关停搬迁过程中产生的有毒有害物质、危险废物、一般工业固体废物等进行处理处置。属危险废物的，应委托具有危险废物经营许可证的专业单位进行安全处置，并执行危险废物转移联单制度；属一般工业固体废物的，应按照国家相关环保标准制定处置方案；对不能直接判定其危险特性的固体废物，应按照《危险废物鉴别标准》的有关要求进行鉴别。

11.7.3 组织开展关停搬迁工业企业场地环境调查

地方各级环保部门要按照相关法规政策要求，积极组织和督促场地使用权人等相关责任人委托专业机构开展关停搬迁工业企业原址场地的环境调查和风险评估工作。经场地环境调查及风险评估认定为污染场地的，应督促场地使用权人等相关责任人落实关停搬迁企业治理修复责任并编制治理修复方案，将场地调查、风险评估和治理修复等所需费用列入搬迁成本。

11.7.4 严控污染场地流转和开发建设审批

地方各级环保部门要积极配合国土、建设部门，对于拟开发利用的关停搬迁企业场地，未按有关规定开展场地环境调查及风险评估的、未明确治理修复责任主体的，禁止进行土地流转；污染场地未经治理修复的，禁止开工建设与治理修复无关的任何项目。对暂不开发利用的关停搬迁企业场地，要督促责任人采取隔离等措施，防止污染扩散。

11.7.5 加强场地调查评估及治理修复监管

地方各级环保部门要建立日常管理制度，督促场地开发利用前、治理修复过程中污染防治措施的落实，要求场地治理修复从业单位按照《场地环境调查技术导则》《场地环境监测技术导则》《污染场地风险评估技术导则》《污染场地土壤修复技术导则》等环保标准、规范开展调查、评估及治理修复工作。场地使用权人等相关责任人应及时将场地环境调查、风险评估、治理修复等各环节的相关材料向所在地设区的市级以上地方环保部门备案。

11.7.6 加大信息公开力度

地方各级环保部门应当督促搬迁关停工业企业公开搬迁过程中的污染防治信息。搬迁关停工业企业应当及时公布场地的土壤和地下水环境质量状况。场地使用权人等相关责任人应当将场地污染调查评估情况及相应的治理修复工作进展情况等信息，通过其门户网站、有关媒体予以公开，或者印制专门的资料供公众查阅。地方各级环保部门应当公开工业企业关停、搬迁及原址场地再开发过程中污染防治监管信息。

推荐阅读

化学品危害预防与控制

众所周知，许多化学品对人类健康是有害的，可人类的生活已离不开化学品，有时不得不生产和使用有害化学品，因此如何预防与控制作业场所中化学品的危害，防止火灾爆炸、中毒与职业病的发生，就成为必须解决的问题。

作业场所化学品危害预防与控制的基本原则一般包括两个方面：操作控制和管理控制。

1. 操作控制

操作控制的目的是通过采取适当的措施，消除或降低工作场所的危害，防止工人在正常作业时受到有害物质的侵害。采取的主要措施是替代、变更工艺、隔离、通风、个体防护和卫生。

工作场所的危害主要取决于化学品的危害及导致危害的制造过程，有的工作场所可能不止一种危害，所以好的控制方法必须是针对具体的加工过程而设计的。

（1）替代

控制、预防化学品危害最理想的方法是不使用有毒有害和易燃易爆的化学品，但这一点并不是总能做到，通常的做法是选用无毒或低毒的化学品替代已有的有毒有害化学品，选用可燃化学品替代易燃化学品。例如，大家都知道苯是致癌物，为了找到它的替代物，人类付出了艰苦的努力。今天人类已用非致癌性的甲苯替代喷漆和除漆中用的苯，用脂肪族烃替代胶水或黏合剂中的苯。

替代有害化学品的例子还有很多，例如使用水基涂料或水基黏合剂替代有机溶剂基的涂料或黏合剂；使用水基洗涤剂替代溶剂基洗涤剂；使用三氯甲烷替代三氯乙烯作脱脂剂；制油漆的颜料铅氧化物用锌氧化物或钛氧化物替代，用高闪点化学品替代低闪点化学品等。

替代物较被替代物安全，但其本身并不一定是绝对安全的，使用过程中仍需加倍小心。例如用甲苯替代苯，并不是因为甲苯无害，而是因为甲苯不是致癌物。浓度高的甲苯会伤害肝脏，致人昏眩或昏迷，要求在通风橱中使用。再如用纤维物质替代致癌的石棉。最近国际癌症研究机构已将人造矿物纤维列入可能致癌物，因此某些纤维物质不一定是石棉的优良替代品。

（2）变更工艺

虽然替代是控制化学品危害的首选方案，但是目前可供选择的替代品往往是很有限的，特别是因技术和经济方面的原因，不可避免地要生产、使用有害化学品。这时可通过变更工艺消除或降低化学品危害。

很典型的例子是在化工行业中，以往从乙炔制乙醛，采用汞做催化剂，现在发展为用乙烯为原料，通过氧化或氧氯化制乙醛，不需用汞做催化剂。通过变更工艺，彻底消除了汞害。

有时也可以通过设备改造来控制危害，如氯碱厂电解食盐过程中生成的氯气，过去是采用筛板塔直接用水冷却，结果现场空气中的氯含量远远超过国家卫生标准，含氯废水量也大，还造成氯气的损失。后来大部分氯碱厂逐步改用钛制列管式冷却器进行间接冷却，不仅含氯废水量减少，而且现场的空气污染问题也得到较好的解决。

（3）隔离

隔离就是通过封闭、设置屏障等措施，拉开作业人员与危险源之间的距离，避免作业人员直接暴露于有害环境中。

最常用的隔离方法是将生产或使用的设备完全封闭起来，使工人在操作中不接触化学品。这可通过隔离整台机器、整个生产过程来实现。封闭系统一定要认真检查，因为即使很小的泄漏，也可能使工作场所的有害物浓度超标，危及作业人员。

通过设置屏障物，使工人免受热、噪声、阳光和离子辐射的危害。如反射屏可减低靠近熔炉或锅炉操作的工人的受热程度，铅屏可保护工人免受X射线的伤害。

隔离操作是另一种常用的隔离方法，简单地说，就是把生产设备与操作室隔离开。

最简单形式就是把生产设备的管线阀门、电控开关放在与生产地点完全隔开的操作室内。不少企业都采用此法，如某化工厂的四乙基铅生产、汞温度计厂的水银提纯等采用的就是隔离操作。

（4）通风

通风是控制作业场所中有害气体、蒸气或粉尘最有效的措施。借助于有效的通风，使作业场所空气中有害气体、蒸气或粉尘的浓度低于安全浓度，保证工人的身体健康，防止火灾、爆炸事故的发生。

通风分局部排风和全面通风两种。局部排风是把污染源罩起来，抽出污染空气，所需风量小，经济有效，并便于净化回收。全面通风则是用新鲜空气将作业场所中的污染物稀释到安全浓度以下，所需风量大，不能净化回收。

对于点式扩散源，可使用局部排风。使用局部排风时，应使污染源处于通风罩控制范围内。为了确保通风系统的高效率，通风系统设计的合理性十分重要。对于已安装的通风系统，要经常加以维护和保养，使其有效地发挥作用。

对于面式扩散源，要使用全面通风。全面通风亦称稀释通风，其原理是向作业场所提供新鲜空气，抽出污染空气，进而稀释有害气体、蒸气或粉尘，从而降低其浓度。采用全面通风时，在厂房设计阶段就要考虑空气流向等因素。因为全面通风的目的不是消除污染物，而是将污染物分散稀释，所以全面通风仅适合于低毒性作业场所，不适合于腐蚀性强、污染物量大的作业场所。

（5）个体防护

当作业场所中有害化学品的浓度超标时，工人就必须使用合适的个体防护用品。个体防护用品既不能降低作业场所中有害化学品的浓度，也不能消除作业场所的有害化学品，而只是一道阻止有害物进入人体的屏障。防护用品本身的失效就意味着保护屏障的消失，因此个体防护不能被视为控制危害的主要手段，而只能作为一种辅助性措施。

①呼吸防护用品

据统计，职业中毒的15%左右是吸入毒物所致，因此要消除尘肺、职业中毒、缺氧窒息等职业病，防止毒物从呼吸器官侵入，工人必须佩戴适当的呼吸防护用品。

常用的呼吸防护用品分为过滤式（净化式）和隔绝式（供气式）两种类型。

a. 过滤式呼吸器只能在不缺氧的劳动环境（即环境空气中氧的含量不低于18%）和低浓度毒污染环境使用，一般不能用于罐、槽等密闭狭小容器中作业人员的防护。过滤式呼吸器分为过滤式防尘呼吸器和过滤式防毒呼吸器。前者主要用于防止粒径小于5 μm的呼吸性粉尘经呼吸道吸入产生危害，通常称为防尘口罩和防尘面具；后者用以防止有毒气体、蒸气、烟雾等经呼吸道吸入产生危害，通常称为防毒面具和防毒口罩，分为自吸式和送风式两类，目前使用的主要是自吸式防毒呼吸器。

b. 隔离式呼吸器能使戴用者的呼吸器官与污染环境隔离，由呼吸器自身供气（空气或氧气），或从清洁环境中引入空气维持人体的正常呼吸。可在缺氧、尘毒严重污染、情况不明的有生命危险的作业场所使用，一般不受环境条件限制。按供气形式分为自给式和长管式两种类型。自给式呼吸器自备气源，属携带型，根据气源的不同又分为氧气呼吸器、空气呼吸器和化学氧呼吸器；长管式呼吸器又称长管面具，得借助肺力或机械动力经气管引入空气，属固定型，又分为送风式和自吸式两类，只适用于定岗作业和流动范围小的作业。

在选择呼吸防护用品时应考虑有害化学品的性质、作业场所污染物可能达到的最高浓度、作业场所的氧含量、使用者的面型和环境条件等因素。我国目前选择呼吸器的原则比较粗，一般是根据作业场所的氧含量是否高于18%确定选用过滤式还是隔离式，根据作业场所有害物的性质和最高浓度确定选用全面罩还是半面罩。

②保持作业场所清洁

经常清洗作业场所，对废物和溢出物加以适当处置，保持作业场所清洁，也能有效地预防和控制化学品危害。如定期用吸尘机将地面、工作台上的粉尘清扫干净，泄漏的液体及时用密闭容器装好，并于当天从车间取走，若装化学品的容器损坏或泄漏，应及时将化学品转移到好的容器内，损坏的容器做适当处置。尽量不使用扫帚和拖把清扫粉尘，因为扫帚和拖把在扫起有害物时容易散布到空气中，而被工人吸入体内。湿润法也可控制危害物流通，但最好与其他方法如局部排风系统一起使用。

③作业人员的个人卫生

作业人员养成良好的卫生习惯也是消除和降低化学品危害的一种有效方法。保持好个人卫生，就可以防止有害物附着在皮肤上，防止有害物通过皮肤渗入体内。

2. 管理控制

管理控制是指按照国家法律和标准建立起来的管理程序和措施，是预防作业场所中化学品危害的一个重要方面。管理控制主要包括：危害识别、安全标签、安全技术说明书、安全贮存、安全传送、安全处理与使用、废物处理、接触监测、医学监督和培训教育。

（1）危害识别

识别化学品危害性的原则是，首先要弄清你所使用或正在生产的是什么化学品，它是怎样引起伤害事故和职业病的，它是怎样引起火灾、爆炸的，溢出和泄漏后是如何危害环境的。

《工作场所安全使用化学品规定》明确规定对化学品进行危险性鉴别是生产单位的责任。生产单位必须对自己生产的化学品进行危险性鉴别，并进行标识，对生产的危险化学品加贴安全标签，并向用户提供安全技术说明书，确保有可能接触化学品的人员都能得到化学品危害性的信息，一旦发生事故能随时得到技术支持。

（2）安全贮存

安全贮存是化学品流通过程中非常重要的一个环节，处理不当，就会造成事故。如深圳清水河危险品仓库爆炸事故，给国家财产和人民生命造成了巨大损失。为了加强对危险化学品贮存的管理，国家制定了国家标准《常用化学危险品贮存通则》（GB 15603—1115），对危险化学品的贮存场所、贮存安排及贮存限量、贮存管理和具体做法都提出了要求。

贮存化学品时应遵守下列规则：

①禁忌物不能放在一起。如把酸和氰化物放在一起，在不小心撒出时能产生致人死亡的氰化氢气体。

②不能将化学品放在可以发生化学反应的环境中。

③贮存容器必须完好，并按规定排列，不能泄漏、生锈或损坏。要有适当的通风。对于易燃或有爆炸危险的化学品还有另外一些规定：

④易燃化学品应存放于冷的、通风好的地方，并远离火源。

⑤仓库应与工厂及生活区分开并远离饮用水水源。

⑥应配备一套自动火灾防护系统。例如，喷洒灭火系统，但与水能反应的化学品不能用喷水的方法灭火，而且这些化学品也不能放在这里。

⑦应配备防火门、报警系统，使用防爆电器。

⑧避免静电起火，所有用于传输用的大桶都应接地。

⑨仓库的贮存量不应过多，限制在仅够使工厂正常运行所必需的量。

（3）安全传送

作业场所间的化学品一般是通过管道、传送带或铲车、有轨道的小轮车、手推车传送的。用管道输送化学品时，必须保证阀门与法兰完好，整个管道系统无跑、冒、滴、漏现象。使用密封式传送带，可避免粉尘的扩散。如果化学品以高速高压通过各种系统，必须避免产生热，否则将引起火灾或爆炸。用铲车运送化学品时，道路要足够宽，并有清楚的标志，以减少冲撞及溢出的可能性。

（4）安全处理与使用

化学品主要通过三种途径吸入、食入、皮肤吸收进入人体。在工作场所中化学品主要通过吸入进入人体，其次才是皮肤吸收。

吸入的化学品在空气中以粉尘、蒸气、烟、雾的形式存在。粉尘产生于研磨、压碎、切削、钻孔或破碎过程，蒸气产生于加热的液体和固体，雾产生于溅落、电镀或沸腾过程，烟产生于焊接或铸造时金属的熔化。当处理气态化学品时通常发生皮肤的吸收，液体飞溅到裸露的皮肤上是最常见的接触方式。所以使用或处理化学品时必须视作业场所具体情况穿戴适当的个体防护用品。对一些易燃化学品，关键是控制热源，防止产生火灾或爆炸。

处理或使用化学品时一定要注意：

①作业场所要有防护措施，如通风、屏蔽等。

②使用者具有化学品安全方面的专业知识，接受过专业培训。

③看懂安全标签和安全技术说明书的内容，了解接触的化学品的特性，选择适当的个体防护用品，掌握事故应急方法和操作注意事项。

④使用易燃化学品时控制好火源。

⑤检查防护用品和其他安全装置的完好性。

⑥确保应急装备处于完好、可使用状态。

（5）废物处理方法

所有生产过程都产生一定数量的废弃物，有害的废弃物处理不当不仅对工人健康有害，还有可能发生火灾和爆炸，而且有害于环境，危害工厂周围的居民。

所有的废弃物应装在特制的有标签的容器内，并运送到指定地点进行废弃处理。

有害废弃物的处理要有操作规程，有关人员应接受适当的培训。

（6）接触监测

车间有害物质（包括蒸气、粉尘和烟雾）浓度的监测是评价作业环境质量的重要手段，是企业职业安全卫生管理的一个重要内容。

接触监测要有明确的监测目标和对象，在实施过程中要拟订监测方案，结合现场实际和生产的特点，合理运用采样方法、方式，正确选择采样地点，掌握好采样的时机和周期，并采用最可靠的分析方法。

对所得的监测结果要进行认真的分析研究，与国家颁布的接触限值进行比较，若发现问题，应及时采取措施，控制污染和危害源，减少作业人员的接触。

（7）医学监督

医学监督包括健康监护、疾病登记和健康评定。定期的健康检查有助于发现工人在接触有害因素早期的健康改变和职业危害，通过对既往的疾病登记和定期的健康评定，可对接触者的健康状况作出评估。

化工行业已开展健康监护工作多年，制订了较为完整的系统管理规定和技术操作方案，取得了很好的社会效益。

（8）培训教育

培训教育在控制化学品危害中起着重要的作用。通过培训使工人能正确使用安全标签和安全技术说明书，了解所使用的化学品的燃爆危害、健康危害和环境危害，掌握必要的应急处理方法和自救、互救措施，掌握个体防护用品的选择、使用、维护和保养等，掌握特定设备和材料如急救、消防、溅出和泄漏控制设备的使用，从而达到安全使用化学品的目的。

企业有责任对工人进行上岗前培训，考核合格方可上岗。并能根据岗位的变动或生产工艺的变化，及时对工人进行重新培训。

11.8 讨论1——从物质不灭看化工废物焚烧

现有技术的化工产品（特别是精细化工产品）生产，由于合成路线长，副反应多，产品收率低，循环回收少，常常是数吨化工原料生产一吨产品，医药产品合成更是高达十多吨、甚至上百吨原料才能生产一吨产品，见表11.6。

表11.6 不同石油、化工产品生产中的废物排放量

产品类别	单位产品的废物排放量/（t/t）
炼油	～0.1
大宗化学品	1～5
精细化工	5～20
制药	25～100

来源：乔旭. 绿色化工发展的技术途径与实践[R]. 2011江苏石油和化工产业转型升级论坛。

从表11.6中的数据可以看出，现有的化工生产废物排放量极高。大量有害废弃物以副产物、蒸馏残液、废催化剂、设备清洗液、不合格产品等形式出现，成为“废气、废水、废渣”排放。这些“三废”经过“减量化、再利用、资源化”后还是有相当多的物质排入环境中。排放的污染物要对环境不造成危害，办法只有两种：一是将污染物无害

化；二是污染物排放量必须小于环境容量，即不超过环境自净能力。

假设我们生产 1 吨化工产品使用了 5 t 化工原料（产品和原料均作无水计），生产过程无气体排出，根据物料平衡计算，如果实现废水达标排放，可知必定产生了近 4 t 废渣和污泥（折干计），而不管你是采用了物理的、化学的、还是生物化学的方法才产生的。反过来说，如果没有近 4 t 废渣和污泥（折干计）排出，废水达标排放几乎是不可能的。这是物质不灭定律决定了的基本道理。

大量高浓度的化工污水，如果不进行预处理，废水达标排放或回用几乎是不可能的，所以千万不能直接进入污水系统。所谓预处理，就是为了回收有用物质，减轻综合废水处理负荷，提高废水的可生化性而采取的措施。预处理就必须首先将悬浮、溶解在水中的物质用物理和化学的方法（几乎不可能用生化的方法）生成沉淀去除，这一点相信每个化工产品的工艺工程师都能做到，这就产生了大量的化工废渣和污泥，且大多为危险废物。

化工废渣和污泥很难用化学法将其无害化，也很难（或几乎不能）生物降解和进行无害化填埋。我国法定的废物无害化方法是填埋和焚烧。实际上，即使按《危险废物安全填埋处理工程建设技术要求》（环发〔2004〕75 号）去做，化工危险废物仍很难解决二次污染问题，不可能从根本上解决危险固废的无害化。

焚烧作为废弃物的一种最终处置方法，具有许多不可替代的优点，为各工业发达国家所采用。具有可燃性的固态、液态或气态废弃物在有控制的条件下进行氧化、分解，最终生成二氧化碳、无机盐、水和灰（金属或硅的氧化物），称之为焚烧。焚烧可使大量高热值有害废弃物经高温（一般在 900℃左右），可有效地减容和解毒。焚烧广泛应用于处理各种废弃的油类、有机溶剂、农药、染料、涂料、塑料、橡胶、乳液、树脂、油脂、焦油沥青和其他含卤素、硫、磷等高毒性难处理的毒害物。从技术上看，除无机毒物和重金属外，有害有机物不管其含量如何，均可用焚烧法处理。最适合焚烧的是高热值的有机废物，可少用甚至不用辅助燃料。

我国引进的大型石油化工装置基本上都有化工废物焚烧装置，国内个别精细化工企业也曾进行过焚烧处理（如染料含盐母液处理）。HJ/T 176—2006《危险废物集中焚烧处理工程建设技术规范》、HJ 515—2009《危险废物集中焚烧处理设施运行监督管理技术规范（试行）》对危险废物集中焚烧处理做了明确规范。现代焚烧系统的基本组成见图 11.2。

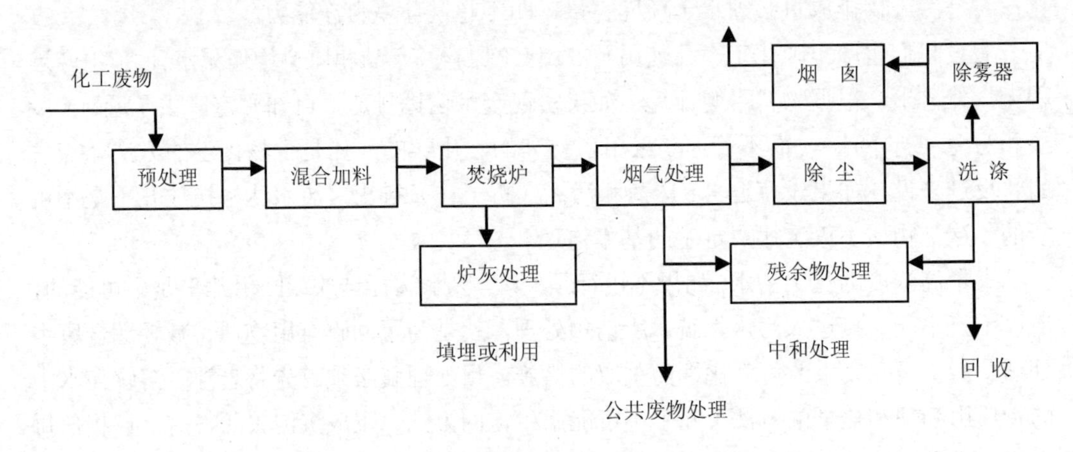

图 11.2 现代焚烧系统的基本组成（张劲松绘制）

化工废物组分复杂，从废物的状态来分，有固体废物、液体废物、气体废物三大类。事实上，这三相既有区别，又紧密相连，我国《固体废物污染环境防治法》（2013）对“固体废物”的含义作如下描述：“固体废物，是指在生产、生活和其他活动中产生的丧失原有利用价值或者虽未丧失利用价值但被抛弃或者放弃的固态、半固态和置于容器中的气态的物品、物质以及法律、行政法规规定纳入固体废物管理的物品、物质。”这里三相都有了，“半固态的”与液相之间尤其是高浓度有机废水之间没有严格的界限。企业应根据各种化工废物的性质、腐蚀性、可燃性等设计焚烧方法、焚烧炉类型和设备材质。对焚烧装置二次污染的控制和焚烧装置性能、状态的监测，也具有重要的意义。

资料表明，美国各种有害物焚烧装置的性能和烟囱排放数据，在正常操作状态下，焚烧炉完全可以达到规定的性能标准，对污染物的分解去除率高达99.99%以上。

按照我国现有的化工生产规模和排放的废弃物的数量，化工废物焚烧处理设施只是凤毛麟角，远远不能适应我国化工废物无害化处理的需要。发展焚烧技术已刻不容缓，我国应加强化工废物焚烧装置的研发和设计，强化化工废物焚烧的力度，在化工项目环评和建设中必须有化工废物焚烧处理或集中焚烧处理措施。

值得注意的是：化工废物焚烧过程中产生的二噁英（Dioxin）的问题。二噁英是一种难降解的致癌物，它主要是焚烧排放物降温时经过850～200℃时生成的；降温速度越快，生成的就越少。国内外多年实践表明，防止被焚烧的气体在急剧降温过程中产生二噁英的技术以及吸附消纳二噁英的技术，在实践中的效果至今尚不能令人满意。如果希望利用焚烧热量来发电，就更不可能很快地降温，更容易产生二噁英。我们在运行管理化工废物焚烧炉时，应严格剔除焚烧时产生二噁英的物质。

11.9 讨论 2——创造条件探索“地下灌注”的可能性

化工行业是高污染行业。改革开放以来，我国的化工行业有了很大的发展，虽然技术进步使我国化工单位产品的污染排放有了较大幅度的减少，但总体而言，许多化工企业处于粗放式的生产管理方式之中，化工废气肆意排放，化工废渣不规范填埋，化工废水不经处理直接排入江河湖海、注入浅层地下，乱排、偷排情况时有发生。

有些地方环保部门要求每个化工企业建设废水生化处理装置，企业投资很大，但根本不能正常运行处理废水，因为很多化工废水基本上没有“可生化性”。

我国法定的危险废物处置办法有两种：焚烧和填埋。但由于我国尚缺乏成功的技术和经验等原因，我国《环境保护法》（2014）再次明确规定严禁通过灌注等方式违法排放污染物，且处罚极为严厉。随着经济社会的发展，能否借鉴国外的先进经验，对危险废物实施第三种对环境不造成危害的方法，即将污染物排放在人类地表生存环境之外的方法——推行“地下灌注”技术，这依然是一个值得探讨的问题，因为这首先应该是一个技术性问题。

据美国杜邦公司介绍，地下灌注（Underground Injection，UI）是指通过严格建造和控制的深井将液体废物（灌注物）注入深层地下多孔岩石或土壤地层的污染物处置技术。“地下灌注”不同于浅层掩埋，是将废物通过高压深井灌注到 1 000～3 000 m 甚至更深的地层，这些地层与浅表的地下水层之间往往有不止一个隔离岩层，只要无法发生物质交换，那么被灌注的污水就不会污染到可能被人类使用的地下水。

依照灌注物性质的不同，美国国家环保署将深井分为 5 类。根据美国环保署地下水和饮用水办公室的统计数据，美国目前有用于危险废物处置的 I 类深井逾百口，用于其他各种废液处置的深井共 60 万口，美国通过土地处置的危险性废物中 89%的总量是通过 I 类危险性废物灌注井进行处置。该技术在美国已经有 50 多年的实践经验，并制定了一整套完善的法规及相关管理条例。

以保护地下饮用水为首要原则，美国环境保护署针对地下灌注技术和控制管理方法开展了大量的研究，在 1980 年颁布《地下灌注控制法规》；1988 年，美国环保署发布“无转移可能豁免计划”，强化了对危险性废物灌注井的管理要求，要求危险性废物灌注井的管理者应提供“无转移可能”的示范证明，即在 1 万年的时间里，所灌注液体的有害成分不会从灌注区发生转移，或者含有危险性质的灌注液在离开灌注区时已经不再含有有害成分；1989 年，美国环境保护署完成了一项风险研究，该研究认为：与地表填埋、贮存罐藏或焚烧等其他处置技术相比，深井灌注技术对于人体健康和环境所构成的危害极低，可能造成的危害风险最小。几十年来，深井灌注在美国的应用不断发展并开拓至诸多新领域。

深井灌注技术具有以下优点：①灌注液贮存在深层地质层中，可以避免污染物进入生物圈循环系统；②可以减轻对大气、水体和浅地层的环境压力；③可以置换出地表环境容量；④当环境容量高度稀缺和处理成本升高时，可以减少污染物处理成本；⑤扩大了污染物治理技术的选择范围。⑥在风险分析所设想的所有情况中，深井灌注的泄漏概率在百万分之一到四百万分之一，安全系数也远远高于其他废弃物处置技术。

深井技术对中国而言也并不陌生，作为地质大国，我国有很好的深井钻井技术和经验丰富的专业人员，在我国实行深井灌注在技术层面上是完全可能的。我国现行的环境质量标准和污染物排放标准主要是针对大气、地表和地下水水体、浅层土壤这三类环境介质。由于深井灌注是利用第四类环境介质处置污染物，需要对这种新型的处置方式制定新的环境保护标准，包括地下环境质量标准和地下污染物排放标准。目前，地质环境保护的监督管理尚未纳入环境保护部的管理职能，仅在《固体废物鉴别导则（试行）》（环保总局、发改委、商务部、海关总署、质检总局公告 2006 第 11 号）的废物“作业方式”表中出现过“D3 深层灌注”字样。

重金属矿物来源于地下深层，但我国重金属矿开采、冶炼后，其重金属尾矿、冶炼废渣和矿渣等都堆放在地面上，常因塌方、溃坝等造成流域污染。这些来自地下的危险固废我们能否让其再回到地下，排放在人类地表生存环境之外呢？

我国应尽快开展地下灌注（Underground Injection，UI）排污技术研发，利用“第四类环境介质”处置污染物，并制定一整套完善的法规及相关管理制度。

本章小结

化工污染防治技术着力阐述污染防治的基本原则和技术规范，分别阐述化工废气污染源控制和治理方法，化工污水防治和回用，固体废物处理处置，噪声污染控制技术，化工企业关停、搬迁及原址场地再开发利用污染防治，讨论从物料平衡看化工废物焚烧和创造条件探索“地下灌注”的可能性。强调污染源控制和污染物资源化，强调源头控制和全过程控制，强调化工企业场地污染防治。通过“链接”介绍“化工工艺技术规程是化工企业的‘宪法’”，旨在强调化工工艺在污染防控中的极端重要性。

思考题

1. 简述化工污染防治的基本原则和技术规范。
2. 化工废气防治的一般技术性规定是什么？如何控制废气污染源？
3. 化工污水的收集、储运和预处理的基本内容是什么？试析预处理的重要性。
4. 如何理解危险废物管理特别规定？
5. 为什么要强调化工企业场地污染防治？

第 12 章　化工企业环境保护管理

化工企业环境管理是相对于污染治理而言的，在实际工作中管理与治理又相互渗透，不能截然分开。化工企业环境管理体现企业环境保护的基本途径，包括绿色供应链管理、全面推行清洁生产和循环经济（另设专章阐述）、全员全面全过程防控污染、企业信息公开、推行环境管理标准体系、依靠科技进步防控污染、企业“走出去”的环境保护责任和借鉴国外先进经验等。

12.1　构建绿色供应链管理

绿色供应链管理涵盖从产品设计到最终回收的全过程。绿色供应链又称环境意识供应链（Environmentally Conscious Supply Chain，ECSC）或环境供应链（Environmentally Supply Chain，ESC），是一种在整个供应链中综合考虑环境影响和资源效率的现代管理模式，它以绿色制造理论和供应链管理技术为基础，涉及供应商、生产厂、销售商和用户，其目的是使得产品从物料获取、加工、包装、仓储、运输、使用到报废处理的整个过程中，对环境的影响（副作用）最小，资源效率最高。作为高污染、高能耗、资金和技术密集型的化工行业，推行绿色供应链管理尤为需要。

12.1.1　绿色供应链管理的特征

12.1.1.1　充分考虑环境问题

传统的供应链管理仅仅局限于供应链内部资源的充分利用，没有充分考虑在供应过程中所选择的方案会对周围环境和人员产生何种影响、是否合理利用资源、是否节约能源、废弃物和排放物如何处理与回收、环境影响是否做出评价等，而这些正是绿色供应链所应具备的新功能。

12.1.1.2　强调供应商之间的数据共享

数据共享包含绿色材料的选取、产品设计、对供应商的评估和挑选、绿色生产、运输和分销、包装、销售和废物的回收等过程的数据。供应商、制造商和回收商以及执法部门和用户之间的联系都是通过互联网来实现的。因此，绿色供应链的信息数据流动是双向互动的，并通过网络来支撑。

12.1.1.3　**闭环运作**

绿色供应链中流动的物流不仅是普通的原材料、中间产品和最终产品，更是一种“绿色”的物流。在生产过程中产生的废品、废料和在运输、仓储、销售过程中产生的损坏件及被用户淘汰的产品均须回收处理。当报废产品或其零部件经回收处理后可以再使用，或可作为原材料重复利用时，绿色供应链没有终止点，是闭路循环经济。

12.1.1.4　**体现并行工程的思想**

绿色供应链管理研究从原材料生产、制造到回收处理，实际上是研究产品生命周期的全过程。并行工程要求面向产品的全生命周期，在设计一开始，就充分考虑设计下游有可能涉及的影响因素，并考虑材料的回收与再利用，尽量避免在某一设计阶段完成后才意识到因工艺、制造等因素的制约造成该阶段甚至整个设计方案的更改。因此应用并行工程的思想，使材料的生产、产品制造过程和回收与再利用并行加以考虑。

12.1.2　绿色供应链管理的基本内容

绿色供应链管理包括从产品设计到最终回收的全过程，其体系如图 12.1 所示。

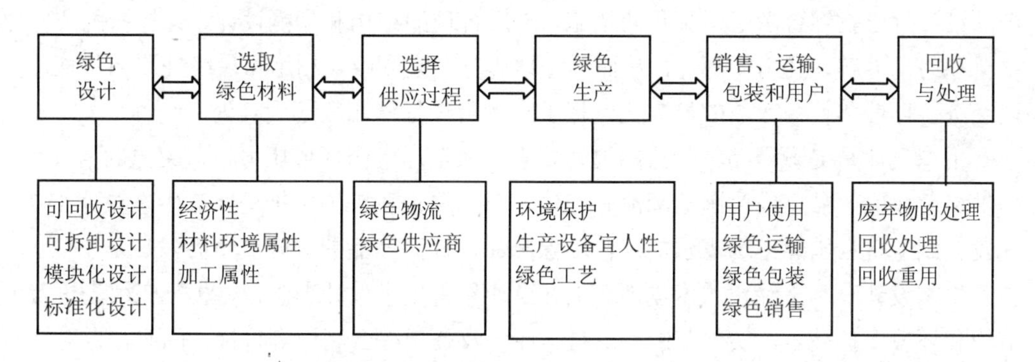

图 12.1　绿色供应链管理体系的结构（张劲松绘制）

12.1.2.1　**绿色设计（工业产品生态设计）**

产品性能是由设计阶段决定的，而设计本身的成本仅为产品总成本的 10%。因此在设计阶段要充分考虑产品对生态和环境的影响，使设计结果在整个生命周期内资源利用、能量消耗和环境污染最小。产品的绿色设计主要从零件设计的标准化、模块化、可拆卸和可回收设计上进行研究。

化工产品的绿色设计主要是原料、产品的绿色化，工艺的绿色化和生产过程中排放物的减量化和再利用，这还有赖于科学技术的进步，特别是精细化工行业。

工业产品的生态设计是绿色设计的重要内容。国家工业和信息化部、发展改革委、环境保护部为引导企业开展工业产品生态设计，促进生产方式、消费模式向绿色低碳、清洁安全转变，2013 年 1 月提出《关于开展工业产品生态设计的指导意见》（工信部联节〔2013〕58 号）。

（1）生态产品设计的含义和意义

生态设计是按照全生命周期的理念，在产品设计开发阶段系统考虑原材料选用、生产、销售、使用、回收、处理等各个环节对资源环境造成的影响，将节能治污从消费终端前移至产品的开发设计阶段，力求产品在全生命周期中最大限度降低资源消耗、尽可能少用或不用含有有毒有害物质，减少污染物产生和排放，从而实现环境保护的活动。

生态设计是实现污染预防的重要措施。污染预防是改变“先污染后治理”发展方式的根本途径。研究表明，80%的资源消耗和环境影响取决于产品设计阶段。在设计阶段，充分考虑现有技术条件、原材料保障等因素，优化解决各个环节资源环境问题，可以最大限度实现资源节约，从源头减少环境污染。

生态设计是落实生产者责任延伸制度的要求。推行工业产品生态设计可以使企业在产品设计阶段就综合考虑污染预防措施，采用合理的结构和功能设计，选择绿色环保原材料和易于拆解、利用的部件，从而更好地履行产品回收、利用和最终处置的责任，实现经济、环境和社会效益的最大化，把生产者责任延伸制度落到实处。

生态设计是提升产品竞争力的迫切要求。在全球资源环境压力日益突出的情况下，提供绿色环保产品已成为国际潮流和趋势，迫切要求我国加快推进产品生态设计工作，开发、制造符合国际市场需求的绿色环保产品，提高产品的国际竞争力。

生态设计有利于绿色技术创新。生态设计作为先进设计理念，更注重应用先进资源节约和环境保护技术，实现节能、节材、环保及资源综合利用等目标；同时，也对无毒无害或低毒低害的绿色材料、资源利用效率高和环境污染小的绿色制造技术等提出需求，推动相关技术的研发与推广应用。

（2）生态产品设计的基本思路

树立源头控制理念，以产品全生命周期资源科学利用和环境保护为目标，以技术进步和标准体系建设为支撑，开展工业产品生态设计试点，建立评价与监督相结合的产品生态设计推进机制，通过政策引导和市场推动，促进企业开展产品生态设计。

（3）生态产品设计的主要原则

①坚持试点先行。针对产品清洁生产现状，选择有代表性的产品开展生态设计试点，

积累相关经验，逐步拓展产品范围，丰富评价内容，推动工业产品生态设计不断深化。

②坚持科技支撑。引导、支持企业和科研机构加大投入力度，开发一批关键共性清洁生产工艺技术和无毒无害或低毒低害原材料（产品），加大应用和推广力度，提升产品的生态设计水平。

③坚持企业主体。引导企业把开展生态设计作为提升产品竞争力、履行企业社会责任的重要措施，加强政策支持和引导，建立有利于企业开展生态设计的政策和市场环境。

（4）国家关于开展产品生态设计的主要保障措施

完善鼓励措施。开展有毒有害原料（产品）替代，发布生态设计产品目录，研究建立优秀生态设计产品奖励机制，支持生态设计产品扩大社会影响、提高市场竞争力。研究制定支持企业开展产品生态设计的财税政策，优先考虑将有关产品列入政府采购名录，推动关键共性技术和产品的研发、应用与推广。优先支持对生态设计有重要促进作用的技术改造项目，加强与金融机构的信息沟通和对接，将相关项目列入绿色信贷支持计划。

开展国际合作。跟踪国际贸易规则变化，按照平等互利的原则，推动产品生态设计评价标准及检验、检测、评价结果的国际互认，支持生态设计产品拓展国际市场。开展政府、企业、科研院所等各层面的国际交流，加强技术合作，不断提高我国工业产品生态设计水平。

12.1.2.2 绿色材料

原材料供应是整条绿色供应链的源头，必须严格控制源头的污染。化工生产利用可降解、再生的原材料，经过各种手段加工形成中间产品，同时产生副产品、废料，这些副产品被回收利用。中间产品最后成为产品，被销售给消费者，消费者在使用的过程中，要经过多次再使用，直至其生命周期终止而将其报废。产品报废后经过回收直接用于产品，或经过加工形成新的产品；剩下部分作废物经过处理：一部分形成原材料，一部分返回到大自然，经过大自然的降解、再生，形成新的资源。从绿色材料的循环生命周期可以看出，整个循环过程需要大量的能量，同时产生许多环境污染，这就要求生产者在原材料的开采、生产、产品制造、使用、回收再用以及废料处理等环节中，充分利用能源和节约资源，减少环境污染。

12.1.2.3 绿色供应过程

供应过程就是制造商在产品生产时，向原材料供应商进行原材料的采购，确保整个供应业务活动的成功进行，为了保证供应活动的绿色性，主要对供货方、物流进行分析。

（1）绿色供应商。选择供应商需要考虑的主要因素是：产品质量、价格、交货期、批量柔性、品种多样性和环境友好性等。积极的供货方把目光聚焦于环境过程的提高，对供货的产品有绿色性的要求，目的就是减少原材料使用，减少废物产生。因此供货方应该对生产过程的环境问题、有毒废物污染、是否通过 ISO 14000、产品包装中的材料、危险气体排放等进行管理。

（2）绿色物流。主要是在运输、保管、搬运、包装、流通加工等作业过程对环境负面影响的评价。评价指标如下：①运输作业对环境的负面影响主要表现为交通运输工具的燃料能耗、有害气体的排放、噪声污染等；②储存保管过程中是否对周边环境造成污染和破坏；③搬运过程中会因搬运不当破坏商品包装，造成资源浪费和环境污染等；④在包装作业中，是否使用了不易降解、不可再生的、有毒的材料，造成环境污染。

12.1.2.4 绿色生产

生产过程是为了获得所要求的中间体或产品而采取的物理、化学等作用的过程。这一过程通常包括化工单元操作和检验等环节。需综合考虑化学品的输入、输出和资源消耗以及对环境的影响。

（1）绿色工艺。在工艺方案选择中要采用对环境影响比较小的工艺路线，尽可能简化工艺，达到节约能源，减少消耗，降低工艺成本和污染处理费用等。

（2）生产设备。考核设备的能源、资源消耗及环境污染情况，设备零、部件应具有较好的通用性；维修或保养时间合理，费用适宜；易操作、易维修等。

（3）改善生产环境，提高产品制造中的宜人性，通过调整工作时间、减轻劳动强度等措施，提高员工的劳动积极性和创造性，提高生产效率。

（4）重视环境保护。在产品整个生产环节中不产生或很少产生对环境有害的污染物。

12.1.2.5 绿色包装、销售、运输和使用

（1）绿色包装。产品包装一般来说是没有用的，如果任意丢弃，既对环境产生污染，又浪费包装材料。绿色包装主要从以下几个方面进行考虑：实施绿色包装设计，优化包装结构，减少包装材料，考虑包装的回收、处理和循环使用。

（2）绿色销售。是指企业对销售环节进行生态管理，它包含分销渠道、中间商的选择、网上交易和促销方式的评价等。①企业根据产品和自身特点，尽量缩短分销渠道，减少分销过程中的污染和社会资源的损失；②选用中间商时，应注意考察其绿色形象；③开展网上销售，电子商务发展前景广阔，又符合环保原则的；④在促销方式上，企业一方面要选择最有经济效益和环保效益的方式，另一方面更要大力宣传企业和产品的绿色特征。

（3）绿色运输。评价集中配送、资源消耗和合理的运输路径的规划。集中配送指在

更宽的范围内考虑物流合理化问题，减少运输次数；资源消耗指控制运输工具的能量消耗；合理规划运输路径就是以最短的路径完成运输过程。

（4）产品使用。评价产品的使用寿命和再循环利用方式。使用寿命指延长产品寿命，增强产品的可维护性，减少产品报废后的处置工作；再循环利用是根据“生态效率”的思想，通过少制造和再制造方式，使得废弃产品得到再循环，从而节约原材料和能源。

12.1.2.6 产品废弃阶段的处理

工业技术的改进使得产品的功能越来越全面，同时产品的生命周期也越来越短，造成了越来越多的废弃物消费品。不仅造成严重的资源、能源浪费，而且成为固体废弃物和污染环境的主要来源。产品废弃阶段的绿色性主要是指回收利用、循环再用和废弃物处理，废弃物采用填埋或焚烧

12.1.3 构建企业间绿色供应链

2014 年 12 月 22 日，商务部 环境保护部 工业和信息化部联合发布《企业绿色采购指南（试行)》(下称《指南》)，指导企业实施绿色采购，构建企业间绿色供应链，推进资源节约型、环境友好型社会建设，促进绿色流通和可持续发展。

12.1.3.1 制订《指南》的依据和宗旨

为强化生产者环境保护的法律责任，《环境保护法》(2014）对企业的环境责任作出了一系列明确规定，旨在通过引导、推动企业实施绿色采购，倒逼原材料、产品和服务的供应商不断提高环境管理水平，促进企业绿色生产，带动全社会绿色消费，逐步引导和推动形成绿色采购链。

12.1.3.2 《指南》的主要内容

一是明确绿色采购的理念和主要指导原则，推动企业将环境保护的要求融入采购全过程，努力实现经济效益与环境效益兼顾。二是引导、规范企业绿色采购全流程。包括引导企业树立绿色采购理念、制定绿色采购方案，加强产品设计、生产、包装、物流、使用、回收利用等各环节的环境保护，更多采购绿色产品、绿色原材料和绿色服务，并根据供应商的环境表现采取区别化的采购措施等内容。三是有效发挥政府部门和行业组织的指导、规范作用。推动建立绿色采购和供应链的管理体系、宣传机制、信息平台和数据等，为企业绿色采购提供保障和支撑。

12.1.3.3 绿色采购的措施

《指南》提出了许多有针对性、可操作性的措施。主要有提出了建议企业避免采购的产品“黑名单”，包括被列入环境保护部制定的《环境保护综合名录》中的“高污染、

高环境风险”产品等。供应商被评定为环保诚信企业或者环保良好企业的，对其产品可优先选购；对于被评定为环保不良企业的供应商，避免采购其产品。同时，建议企业在采购合同中作出绿色约定。包括对有重大环境违法行为的供应商，采购商可以降低采购份额、暂停采购或者终止采购合同；供应商隐瞒环保违法行为，使采购商造成损失的，采购商有权依法维护其权益；另一方面，还强调采购商可以通过适当提高采购价格、增加采购数量、缩短付款期限等方式，对供应商予以激励。通过市场机制的激励和约束作用，推动供应商强化环境保护，切实减少环境污染、降低环境风险。

《指南》充分调研和借鉴我国政府绿色采购、深圳等地区构建企业绿色供应链等方面的实践经验。环保部门将继续跟踪、分析地方和企业的良好实践案例，修改完善《指南》，引导、推进企业绿色采购的有效实施。

12.2 全面推行清洁生产和循环经济

见本书“第 13 章　清洁生产和循环经济”。

12.3 全员全面全过程防控化工污染

12.3.1 建立健全班组（工段）、车间（装置区）、工厂三级环保管理网络

化工企业的环境保护工作不仅仅是企业领导者和环保部门的责任。如同质量管理、职业安全健康管理一样，化工企业要做好环保工作，就应该进行全员的、全面的、全过程的环境保护管理工作；要建立班组（工段）、车间、工厂三级环境保护管理工作网络。

全员。企业员工在保护环境中不是旁观者，不是看客，员工是环境保护的主力军。保护环境，人人有责，人人有为。员工既是环境保护的监督者，也是环境保护的实施者。保护环境必须是全员的人民战争，一方面要强化员工参加环境决策的权利，另一方面要强化员工保护环境的责任。

全面。化工企业的各项工作都与环境保护工作有关。在各项工作布置、执行、检查、总结评比时都要布置、执行、检查、总结评比环境保护工作。

全过程。在化工产品生命周期的全过程，从设计到再生产全过程，包括原料供应、运输、仓储、生产、销售、售后服务的整个过程都要做好环境保护工作，尤其是大力实施清洁生产和循环经济，以期在环境与发展的“双赢”中控制和消除化学品对环境的污染。

化工企业为了做好全员、全面、全过程的环境保护管理工作，就需要建立班组（工

段）、车间、工厂三级环境保护管理工作网络。将环境保护的理念和责任层层落实到实处，持续改进，不断推进环境保护工作，实现企业的环境保护目标，真正实现使化工产品既造福社会，又不对人类的生存环境造成损害。

厂级要设环境保护管理机构，有专职的环境保护工程师；车间（装置区）要有专职（或兼职的）环保员；班组（工段）要有兼职的环保员。各负其责，层层落实，将环境保护工作落实到实处。

设立化工园区的，应建立健全园区班组、车间、工厂和园区四级环保管理网络。

12.3.2 企业环境保护管理机构及人员素质

详见“10.2　企业环境监督员制度（试行）”。

现在的化工企业基本上都设立了环境保护管理机构，大企业设立环境保护部（处），中小化工企业设立专职的环境保护科，或与安全技术部门合并为环保安全科。

《关于深化企业环境监督员制度试点工作的通知》（环发〔2008〕89 号）（简称《通知》）明确要求：“建立企业环境管理责任体系，设立环境管理机构，明确企业环境管理总负责人和企业环境监督员”；“探索企业环境监督员制度与其他制度的衔接。重点探索与环保专项资金使用、清洁生产示范、循环经济试点、企业上市环保核查、限期治理、停产整治等环境管理制度或环保工作相衔接的方法”。

应该说，企业的安全管理机构和环保管理机构都是从生产技术部门产生进而单独设立的职能机构，目的是加强企业安全和环保工作的管理。但有些企业安全和环保工作的重点放在公关上，而不是加强企业实际的安全和环保管理，使安全和环保管理工作流于形式。化工企业的安全、环保人员应该首先是化工工艺工程师，然后才是安全技术或环保技术的专职人员，但有些企业的安全和环保人员对化工生产根本就不懂，这种状况很难使安全和环保管理工作落到实处。只有企业环境保护管理人员的素质保证了，企业的环保管理工作才能真正做好。

目前化工企业的安全、环保职能部门的机构和人员是按照事后处理原则来设置的。把末端治理的责任放在环保工程、环保管理人员身上，污染治理只由环保部门来处理，与生产工艺脱节，所以总是处于一种被动、消极、应付的状态，难以取得实质性效果。实践表明，“以末端治理为主的治理污染的模式”是“先污染后治理”道路的铺路石，是没有出路的。由于受到实践的限制（主要是科技水平的限制），末端治理永远需要，但永远不应该成为主角。

化工企业的安全、环保职能部门更应该重视事前预防。解决化工本质安全和化工本质环保必须依赖于技术，依赖于技术进步。在制定安全、环保工作计划时，一定要和技术部门、研发部门密切配合，请求帮助，安全、环保的技术措施才能真正有效。

12.3.3 积极推行“污染者付费”的环境保护设施第三方运营模式

环境污染第三方治理（以下简称第三方治理）是排污者通过缴纳或按合同约定支付费用，委托环境服务公司进行污染治理的新模式。第三方治理是推进环保设施建设和运营专业化、产业化的重要途径，是促进环境服务业发展的有效措施。近年来，各地区、有关部门在第三方治理方面进行了积极探索，取得初步成效，这种运行模式在城市污水处理厂中已经得到了成功地运用。但还存在体制机制不健全，法律、政策有待完善等问题。在《国务院关于创新重点领域投融资机制鼓励社会投资的指导意见》（国发〔2014〕60 号，2014-11-26）提出推动环境污染治理市场化的原则要求一个月之后，经国务院同意，国务院办公厅提出《关于推行环境污染第三方治理的意见》（国办发〔2014〕69 号，2014-12-27)，对推行第三方治理的总体要求、运行机制和政策措施提出了明确要求。《意见》明确推行第三方治理的指导思想是：全面贯彻落实党的十八大和十八届二中、三中、四中全会精神，按照党中央、国务院的决策部署，以环境公用设施、工业园区等领域为重点，以市场化、专业化、产业化为导向，营造有利的市场和政策环境，改进政府管理和服务，健全统一规范、竞争有序、监管有力的第三方治理市场，吸引和扩大社会资本投入，推动建立排污者付费、第三方治理的治污新机制，不断提升我国污染治理水平。应坚持的基本原则是：排污者付费、市场化运作和政府引导推动。《意见》要求通过改革投资运营模式、推进审批便利化、合理确定收益、保障公共环境权益，推进环境公用设施投资运营市场化；要求明确相关方责任、规范合作关系、培育企业污染治理新模式和探索实施限期第三方治理，创新企业第三方治理机制；通过扩大市场规模、加快创新发展、加快创新发展、发挥行业组织作用、规范市场秩序和完善监管体系，健全第三方治理市场；通过完善价格和收费政策、加大财税支持力度、创新金融服务模式和创新金融服务模式和发展环保资本市场，强化政策引导和支持；要求强化组织协调、总结推广经验，加强组织领导。

《意见》所说的“培育企业法治治理新模式” 与绿色化工理念完全契合。新模式是指“在工业园区等工业集聚区，引入环境服务公司，对园区企业污染进行集中式、专业化治理，开展环境诊断、生态设计、清洁生产审核和技术改造等；组织实施园区循环化改造，合理构建企业间产业链，提高资源利用效率，降低污染治理综合成本”。引入治污第三方运营的模式，可以加大污染治理流程的透明度，明确权责利，超标排污责任追究清晰。有条件的化工企业应从实际出发积极推行第三方运营模式，进一步深化企业环境保护制度改革。

12.4 主动公开企业环境信息

目前社会上“谈化色变”的一个主要原因就是信息不透明，公众对化工及产品缺乏全面了解。社会上流传的“天然的就是健康的”缪论就是一例，其实“天然的”也应一分为二。

化工企业是化工污染防治的责任主体，公开其环境信息是企业的法律义务，也是企业实行“责任关怀”，协调、和谐厂群关系，拓展发展空间的必然需要。（详见“7.10 企业环境信息公开制度”）

12.5 推行环境管理标准体系（ISO 14000：2004）

推行环境管理标准体系，不仅是与国际接轨的必须，更为重要的激发企业保护环境的内在动因，在自律中实现持续改进，实现在保护中发展，在发展中保护的美好愿景。详见“10.4 ISO 14000 环境管理体系”。

12.6 化工污染防控必须依赖技术进步

消除化工污染是化工企业的责任和义务。实践表明，要从根本上实现防治污染的目标，必须依赖技术进步。科技进步是化工企业污染防治的根本出路，也是最终出路。

绿色化学是当今国际化学化工科学研究的前沿。一个基本共识是：绿色化学是化学和化工科学基础内容的更新，是基于环境友好约束下化学和化工的融合和拓展。从环境观点看，它是从源头上消除污染；从经济观点看，它要求合理地利用资源和能源、降低生产成本，符合经济可持续发展的要求。正因为如此，绿色化学技术将是实现污染预防最基本和重要的科学手段。

12.7 “走出去”的化工企业更需要履行环保责任

“走出去”是我国的一项重大战略，为指导我国企业在对外投资合作中提高环境保护意识，进一步规范环境保护行为，引导企业积极履行环境保护社会责任，了解并遵守东道国环境保护政策法规，实现互利共赢，树立中国企业良好对外形象，推动我国对外投资合作可持续发展。商务部、环保部联合发布了《对外投资合作环境保护指南》（商合函〔2013〕74 号）。《指南》主要从 3 个方面对企业对外投资合作的环境保护行为进行规范和引导：一是倡导企业树立环保理念，履行环境保护社会责任，尊重东道国宗教信仰、风俗习惯，保障劳工合法权益，实现自身盈利与环境保护双赢；二是要求企业遵守东道国环境保护法律法规，要求投资合作项目要依法取得当地政府环保方面的许可，履行环境影响评价、达标排放、环保应急管理等环保法律义务；三是鼓励企业与国际接轨，研究和借鉴国际组织、多边金融机构采用的环保原则、标准和惯例。详见“10.3 对外合作环境保护指南”。《指南》的内容值得我国化工企业重视和借鉴，不论是不是“走出去”，都具有很强的现实意义和指导意义。

12.8 借鉴国外先进经验，更好地履行化工园区的环保使命

12.8.1 德国 PD 化工园区的经验与启示

12.8.1.1 经验

化工企业进园区是我国化工行业的发展趋势。德国 PD 化工园区的经验值得我们借鉴。

PD 化工园区由 PD 管理公司于 1893 年创建，位于比德菲尔德，园区总占地面积 1 200 万 m^2，实际使用面积 180 万 m^2，内有各类化工企业 360 家，园区内铁路、公路系统十分发达。PD 公司致力于污水治理、垃圾收集处理、生态修复、地下水保护和城市消防等方面的管理和服务。园区环境整洁、空气清新、化工园区附近就是自然保护区，居民小区和化工园区相隔仅 20～30 m 却互不影响，有效地实现了产业发展与人居、生态、社会的协调可持续发展。

园区内的污水处理厂和垃圾焚烧厂都由 PD 公司投资和管理。污水处理能力 3 万 t/d，处理好的污水清澈透明，COD 值由原来的 2 200 mg/L 降到 150 mg/L，总氮由 100 mg/L 降到 10 mg/L，pH 值由 2～13 处理到 7，达到排放标准后直接排入附近河道。污水处理过程中产生的污泥经压滤脱水分离后进入焚烧炉 850℃无害化焚烧（污泥含水率约 80%，每吨污泥添加 4～5 kg 柴油），污泥灰无害化填埋。垃圾焚烧厂处理垃圾 10 万 t/a，80% 处理的是工业垃圾（包括危险固废），其余 20%是生活垃圾，全部采用自动化设备运行和管理，员工 15 名，厂区整洁，排放达标。

PD 化工园区土地开阔，厂距、装置间距宽大，事故状态下可充分降低次生、衍生灾害发生，也有利于消防处置时的攻守与进退。消防站与医疗急救站合一，充分体现出应急救援一体化的理念，且消防救援中心位于园区中部，装备配套齐全。在此基础上，拜耳等大公司均有自己的专业消防队，也配备相应的消防、急救设备。PD 公司还制定

了完善的各层次应急预案，除园区级预案、厂级预案和专项预案外，还有紧急处理预案。这些预案都具有现实的可执行性、可操作性。

PD 化工园区内最多的是各种管道，工厂间管道相互连接，增值链应运而生。一个项目或一个工厂的产品或副产品往往就是下一个项目或工厂的原料，可直接用管道输送。由于原材料能够迅捷、可靠地抵达目的地，从而大幅度削减了成本，增强了企业竞争优势。管道输送，也大幅度降低了运输过程中的危险和对环境损害的可能。

12.8.1.2　启示

（1）要有适度超前、逐步实施的规划

园区特别强调供应链管理，化工区的规划请专业的化工领域的咨询机构协助制定。化工园区的详细规划，主要包括以下几个方面：总体布局规划、产业规划（产品链规划）、交通规划（含港口）、公用工程总体配套规划、物流配送规划、电子化综合信息服务网络系统规划、环境保护规划和安全防灾规划、投资与效益的预测等。

（2）龙头带领、集聚发展

发展战略机遇期稍纵即逝，在布局上应依托现有产业基础，由多点龙头，形成多片开花。集聚是国际化工产业的发展趋势之一，以龙头企业为核心延伸产业链，使化工企业围绕不同的产业链进行集聚。化工产业的产业链有许多条，每一条都可以做得很长，足以发展几十年。因此，即使多点布局，每个点都会有足够的发展空间。

（3）“一体化”理念是核心

PD 化工园区的“一体化”模式具体包括以下五个方面的内容：①产品项目一体化，园区内落户的主体项目以化工产品为纽带连成一体，实现整体规划、合理布局、有序建设。②公用工程一体化，根据化工园区内主体项目对水、电、气等的需求量，统一规划，集中建设，形成水、电、气、热为一体的公用工程，实行园区内能源的统一供给，梯级使用。③物流传输一体化，通过园区内与各生产装置连成一体的输送管网以及仓库、公路和铁路等一体化的物料运输系统，将区域内的原料、能源和中间体安全、快捷地送达目的地。④环境保护一体化，通过从源头和生产过程中运用环境无害化技术和清洁生产工艺来保护环境，尽可能地以天然气作为清洁能源，并通过对废水和废弃物的统一处理和回收利用，可以形成一体化的清洁生产环境。⑤管理服务一体化，PD 管理公司提供“一门式”服务，同时，结合市场经济手段向各企业提供后勤的“一条龙”服务，使各生产单位集中全部精力进行其核心生产活动。

（4）完善的应急设施是保障

园区内将消防站与医疗急救站合二为一，实施一体化建设，确保实现真正意义上的实时联动。此外，还建设消防实战模拟训练基地，强化高科技重装备的配备，进一步优化消防设备结构，配备设施齐全的专用医疗急救指挥车，以进一步保障急救质量。另一方面还考虑因各类事故造成的环境安全问题，在园区流向外界宽大河流的小河中设置应急闸门，一旦发生事故，可以迅速关闭闸门，从而有效地把受污染的水拦在园区内。

我国《石化和化学工业“十二五”发展规划》明确要求园区建设要遵循“五个一体化”的原则，其中“产品项目一体化”是关键，要根据化工园区现有的主体项目和龙头装置规划好产业链，按照产业链的要求对招商项目实行准入制。

12.8.2 做好环保工作，园区责无旁贷

我国工业园区的管理模式绝大部分是政府模式，有些地方园区甚至成为了一级行政管辖区，园区既承担了政府管理的裁判员职能，又经常扮演运动员的角色。“身兼两职”显然是不恰当的，这应该是一种过渡形态。

无论园区采用政府管理模式还是公司管理模式，园区环境保护首先是园区的责任，其次才是生产企业的责任。因为从政府职能角度讲，地方政府应对本辖区内的环境质量负责；从公司职能角度讲，园区本身承担的是污水、固体废物集中处理和园区生态建设的责任。

从管理的客观需要出发，应将园区的政府管理职能和公司管理职能分开，园区管委会当是后者。园区政府的职能是规划、监管、执法；园区管委会的职能是负责产业链、物流、公用工程、污染治理、管理服务等企业职能；根据我国的国情，消防和医疗救援是公益性机构，应属园区政府管辖。

园区政府应该根据当地经济发展的需要，当地环境容量的实际水平，制定明确的园区经济发展规划和清洁生产、环境保护、污染物排放总量控制的持续推进计划。

园区的污水生化处理设施应该是工厂排放废水再处理的“锦上添花”，并应与城镇生活污水处理或农村畜禽养殖污水处理相结合。园区的污水生化处理后可进一步利用人工湿地生态系统净化，以提高水质循环使用的功能。园区的雨水排水系统应与外界水体形成封闭隔离，这样也可以作为事故应急使用，防止发生环境污染事故。

可以相信，经过一定时期的努力，我国化工环境保护的状况会有一个大的改观，会逐步缩小与发达国家的差距，实现化工产业与人居、生态、社会的协调可持续发展。

链接

德国：小城镇建设走新路

德国小城镇数量多且分布均匀，虽然规模不大但基础设施完善，功能明确，经济发达。比沃小城只有4万多人口，是原东德地区不太发达的城镇。两德统一后，政府高度重视城镇建设，并明确定位和侧重点，把工业化与城镇化的融合发展作为主线，大力支持和扶持比沃化工园区的建设，使小城呈现出主导产业突出的鲜明特点。比沃化工园区是德国中部化工三角洲乃至欧盟境内重要的化工重镇，占地1 200公顷，360家企业在此落户，在职员工11 000人。政府和企业为化工园区现代化投资达50亿欧元，仅在完善基础设施建设上就投入25亿欧元。化工园区在规划时不仅强调功能完整、布局合理，而且对于交通、通讯、排污等公共设施建设提出很高标准，因此吸收了大量国际上顶级的化工集团和新型企业，其中不乏拜耳、德古萨、林德等国际知名的跨国公司。化工园区360家企业中有60家是化工产品生产厂家，化学品输送管网规划布置合理，形成上下游产业一体化发展模式。其余300家均为供水供气、污水废料处理、建筑、培训、贸易等各种服务性企业。这种将物流、仓储交由专业化的第三方服务商的做法，最大限度降低了化工原料及中间体生产、储运过程中的成本和安全风险。值得一提的是，每一个新的项目工程上马，从资金技术到环保安全措施必须公示，以极大的透明度获得老百姓信任，只有百姓认同了，项目才能上马。据园区PD集团总经理珀克先生估算，一个企业如果到园区投资落户，环保和安全措施需要的资金大概占投资的25%。

提到化工生产，人们首先关注的是环境和安全问题。曾经，在环境污染方面比沃市也像其他化工产地一样在劫难逃，年长的人还能回忆起当年呛鼻的气味、变了色的河水和被污染的土地。直到1990年，园区进行结构性调整，推进企业私有化进程，同时政府扶持并投入大量资金进行环境治理，使园区达到国际环保最高水准。如今的园区看不见烟囱冒黑烟黄烟，只有经过净化的徐徐水蒸气；污水经过处理达标后重新流入清澈的穆尔德河；园区街道上看不到载着化工原料的重型汽车穿梭，满眼望去是高高架起的输送管道，宛如空中走廊，整洁、安全又节省用地。

现代化工产业集群促进了比沃小城的区域经济发展，也成为萨安州经济的增长点。比沃市失业率明显低于其他德国东部地区，小城居民在化工园区工作的占全城人口的四分之一。通过20多年的产业结构调整和技术升级换代，特别是环境治理，比沃小城不但是化工重镇，还是休养的好去处。这里有利用曾经的褐煤露天矿遗坑改造的2 600公顷的湖泊，供市民游泳、潜水。如今的比沃市虽与化工园区近在咫尺，却感觉不到传统化工工业对人的影响，相反，这里鸟语花香、空气清新。

（来源：人民网　2013 年 12 月 10 日电 本报驻柏林记者　柴 野）

本章小结

本章从 11 个方面扼要阐述化工企业环境保护要务。最为重要的全员全面全过程防控化工污染，全面推行清洁生产和循环经济，构建和强化绿色供应链。强调科技进步是化工污染防控的最终出路。通过“链接”介绍德国比沃化工园区环境与发展“双赢”的实例，说明化工园区搞得好，同样很美丽。

思考题

1. 简述化工企业环境保护要务。
2. 为什么说全员全面全过程防控污染最为重要？
3. 为什么说科技进步是化工污染防控的最终出路？
4. 如何履行化工园区的环境保护使命？

第 13 章　清洁生产和循环经济

绿色化工不是天上掉下来的，是从社会实践中孕育、萌发和发展而来的。清洁生产和循环经济正是这种实践的典型代表，它们是绿色化工的核心元素。

13.1　清洁生产

国家鼓励企业通过清洁生产实现环境与经济“双赢”。清洁生产是企业解决环境问题的一条根本出路，也是一条必由之路。

13.1.1　清洁生产概述

清洁生产源自 1960 年美国化学行业的污染预防审计。而“清洁生产”概念的出现，最早可追溯到 1976 年。当年欧共体在巴黎举行了“无废工艺和无废生产国际研讨会”，会上提出“消除造成污染的根源”的思想；1979 年 4 月欧共体理事会宣布推行清洁生产政策；1989 年，联合国开始在全球范围内推行清洁生产。1992 年 6 月，巴西里约热内卢“联合国环境与发展大会”通过了《21 世纪议程》，号召工业提高能效，开展清洁技术，更新替代对环境有害的产品和原料，推动实现工业可持续发展。

13.1.1.1　清洁生产定义

联合国环境规划署工业和环境计划活动中心（UNEP）于 1989 年首次提出“清洁生产”的概念：清洁生产是对生产过程与产品采取整体预防性的环境策略，以减少其对人类及环境可能的危害；对生产过程而言，清洁生产包括节约原材料与能源，尽可能不用有毒原材料并在全部排放物和废物离开生产过程之前就减少它们的数量和毒性；对产品而言，则是借助生命周期分析，使得从原材料取得至产品最终处置过程中，尽可能对环境的影响减至最小；为实现清洁生产则必须借助专门技术，改进工艺流程或改变企业文化。

我国《清洁生产促进法》（2012）的定义是：本法所称清洁生产，是指不断采取改进设计、使用清洁的能源和原料、采用先进的工艺技术与设备、改善管理、综合利用等措施，从源头削减污染，提高资源利用效率，减少或者避免生产、服务和产品使用过程中污染物的产生和排放，以减轻或者消除对人类健康和环境的危害。我国的定义更加通俗易懂，但未包括改变企业文化。

清洁生产微观上关乎生产技术、生产过程、经营管理，中观上关乎物流、能量流和信息流，宏观上关乎经济、生态。

13.1.1.2 清洁生产内容

（1）清洁及高效的能源和原材料利用。清洁利用矿物燃料，加速以节能为重点的技术进步和技术改造，提高能源和原材料的利用效率。

（2）清洁的生产过程。采用少废、无废的生产工艺技术和高效生产设备；尽量少用、不用有毒有害的原料；减少生产过程中的各种危险因素和有毒有害的中间产品；组织物料的再循环；优化生产组织和实施科学的生产管理；进行必要的污染治理，实现清洁、高效的利用和生产。

（3）清洁的产品。产品应具有合理的使用功能和使用寿命；产品本身及在使用过程中，对人体健康和生态环境不产生或少产生不良影响和危害；产品失去使用功能后，应易于回收、再生和复用等。

13.1.1.3 清洁生产的目标、核心、宗旨和流程

清洁生产的目标是：节能、降耗、减污、增效。追求不断地提高资源的利用率（物尽其用）；从源头减、降废物的毒性和数量；减少产品全生命周期的不利影响。

清洁生产的核心是：整体预防和持续改进。

清洁生产的宗旨是：提高生态效率；减少对人类和环境的风险。

清洁生产的流程是：筹划与组织—预评估—评估—方案和产生和筛选—可行性分析—方案的实施。持续清洁生产还包括方案实施过程中的调整和改进，以及在实践中不断产生新的方案。清洁生产流程见图 13.1。

图 13.1 清洁生产审核流程（www.bjzqax.com734x438）

13.1.1.4 绿色化学和清洁生产技术

绿色化学是用化学的技术和方法去减少或消灭那些对人类健康、社区安全、生态环境有害的原料、催化剂、溶剂和试剂、产物、副产物等的使用和产生。清洁生产的内涵与绿色化学最为接近，且被绿色化学所涵盖。联合国环境规划署和环境规划中心（UNEPIE/PAC）在1989年提出清洁生产这一术语时指出："清洁生产是指将综合预防的环境保护策略持续应用于生产过程和产品中，以期减少对人类与环境的风险"。我国政府白皮书《中国21世纪议程》对清洁生产定义是："清洁生产是指既可满足人们的需要，又可合理使用自然资源和能源，并保护环境的生产方法和措施。其实质是一种物料和能源消费最小的人类活动的规划和管理，将废物减量化、资源化和无害化，或消灭于生产过程之中"。由此可见，清洁生产的概念不仅含有技术上的可行性，还包括经济上的可盈利性，体现了经济效益、环境效益和社会效益的统一。

13.1.1.5 末端治理、污染防治和清洁生产的差异（见图13.2）

末端治理只关注污染物。末端治理局限于对生产过程中排出的污染物的被动治理。

污染预防是对生产过程可能产生污染物的主动预防。预防为主关注生产过程。

清洁生产关注和是"产品全周期"，将预防范围由生产过程拓展到"原料—生产过程—产品—服务"，即产品的全周期。

由末端治理到污染预防，再到清洁生产，改进无止境。只要持续改进就有望实现"可持续发展"。

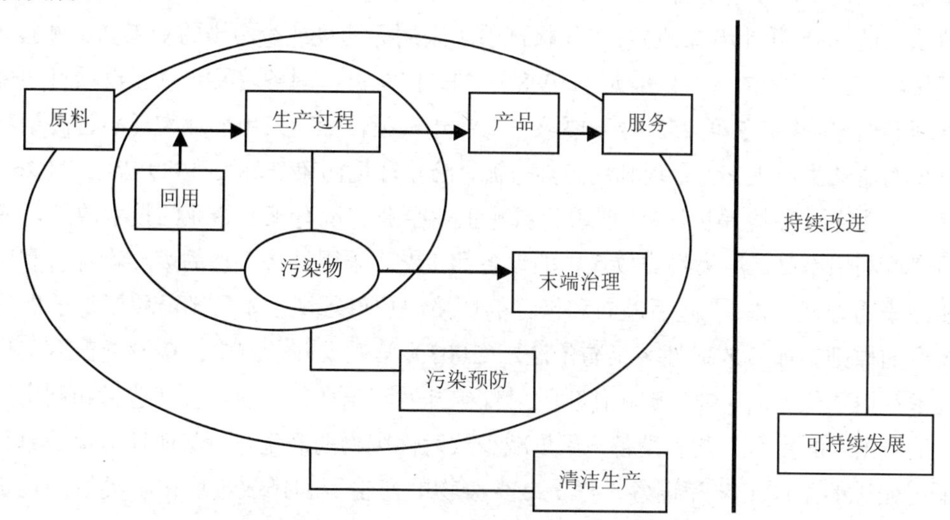

图13.2 末端治理、污染预防和清洁生产的差异

清洁生产产品生命周期如图 13.3 所示。

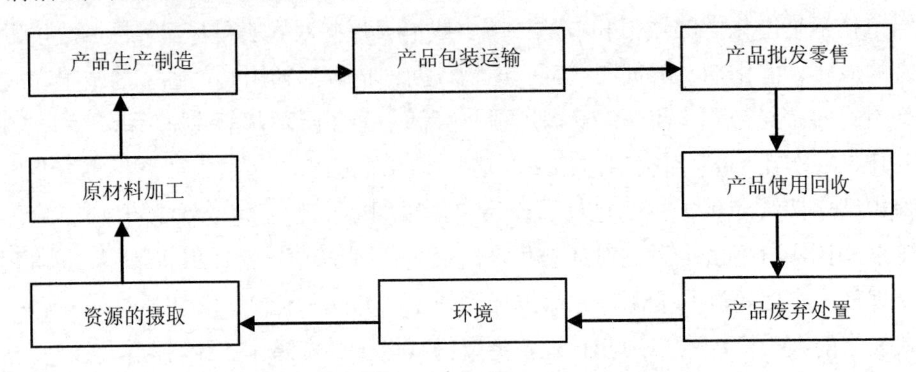

图 13.3 清洁生产产品生命周期示意图

清洁生产涵盖生产过程的清洁、产品的清洁以及资源、能源的清洁利用等。主要措施包括开发替代原料、开发替代溶剂、开发新型催化剂、开发新工艺等。化工行业应该以清洁生产为目的，推进绿色化工生产战略，实现生态、人类、经济的可持续发展。

13.1.2 清洁生产法律和政策规范

13.1.2.1 清洁生产法律规范

采用清洁生产工艺是环境保护法及其单行法的一个基本原则。1979 年颁布的《环境保护法（试行）》第十八条规定："积极试验和采用无污染或少污染的新工艺、新技术、新产品。"勾勒了清洁生产的雏形。1998 年 11 月 29 日，国务院发布《建设项目环境保护管理条例》（务院令第 253 号）要求"工业建设项目应当采用能耗物耗小、污染物产生量少的清洁生产工艺，合理利用自然资源，防止环境污染破坏"。1989 年 12 月 26 日，我国正式颁布《环境保护法》，要求"新建工业企业和现有工业企业的技术改造，应当采用资源利用率高、污染物排放量少的设备和工艺，采用经济合理的废弃物综合利用技术和污染物处理技术。"随后颁布和修订的环境保护单行法基本上都沿用了这一促进清洁生产的原则。如《放射性污染防治法》（2003）第三十九条规定：核设施营运单位、核技术利用单位、铀（钍）矿和伴生放射性矿开发利用单位，应当合理选择和利用原材料，采用先进的生产工艺和设备，尽量减少放射性废物的产生量。其他环境保护单行法对采用先进的生产工艺和设备，尽量减少废物的产生量和排放量均作了类似的规定。1994 年我国政府提出了《中国 21 世纪议程》，将清洁生产列为"重点项目"之一。2002 年颁布的《清洁生产促进法》规定了清洁生产审核制度。2012 年，经过 10 年的实践，对2002年颁布的《清洁生产促进法》进行修正。《清洁生产促进法》是为了促进清洁生产，规范清洁生产审核行为而制定的。一方面加强管理部门对清洁生产的审核和监督，另一方面促进企业单位按照一定程序，对生产和服务过程进行调查和诊断，找出能耗高、物耗高、污染重的原因，减少有毒有害物料的使用、产生和排放，降低能耗、物耗以及废物产生。我国还制订了一系列清洁生产标准，制定了《清洁生产标准制订技术导则》和《清洁生产评价指标体系编制导则》，发布了三批包括化工行业在内的《国家重点行业清洁生产技术导向目录》和5个行业（铬盐、钛白粉、涂料、黄磷、碳酸钡）清洁生产技术推行方案，以促进清洁生产发展。

《环境保护法》（2014）规定："国家促进清洁生产和资源循环利用。""企业应当优先使用清洁能源，采用资源利用率高、污染物排放量少的工艺、设备以及废弃物综合利用技术和污染物无害化处理技术，减少污染物的产生。""国家采取财政、税收、价格、政府采购等方面的政策和措施，鼓励和支持环境保护技术装备、资源综合利用和环境服务等环境保护产业的发展。""企业事业单位和其他生产经营者，在污染物排放符合法定要求的基础上，进一步减少污染物排放的，人民政府应当依法采取财政、税收、价格、政府采购等方面的政策和措施予以鼓励和支持。"

13.1.2.2 清洁生产政策规范

关于清洁生产的主要规范性文件见表13.1。

表13.1 清洁生产主要规范性文件

文件名称	发布单位	文号	实施时间
• 国家经贸委关于公布《国家重点行业清洁生产技术导向目录》（第一批）的通知	国家经济贸易委员会	国经贸资源〔2000〕137号	2000-02-25
• 中华人民共和国清洁生产促进法	全国人民代表大会常务委员会	国家主席令2002年第72号发布 国家主席令2012年第54号修正	2003-01-01 2012-07-01
• 国家重点行业清洁生产技术导向目录（第二批）	国家经济贸易委员会 国家环境保护总局	2部委公告2003年第21号	2003-02-27
• 国务院办公厅转发发展改革委等部门关于加快推行清洁生产意见的通知	国务院办公厅	国办发〔2003〕100号	2003-12-17
•清洁生产审核暂行办法	国家发展和改革委员会 国家环境保护总局	2部委令第16号	2004-10-01
• 关于印发重点企业清洁生产审核程序的规定的通知（附：需重点审核的有毒有害物质名录（第一批））	国家环境保护总局	环发〔2005〕151号	2005-12-13

文件名称	发布单位	文号	实施时间
·《国家重点行业清洁生产技术导向目录》（第三批）	国家发展和改革委员会 国家环境保护总局	国家发改委公告 2006年第86号	2006-11-27
· 发展改革委、国家环境保护总局发布国家清洁生产专家库专家名单（第一批）的公告	国家发展和改革委员会 国家环境保护总局	2部委公告2007年 第5号	2007-01-22
· 关于进一步加强重点企业清洁生产审核工作的通知（附：需重点审核的有毒有害物质名录（第二批））	环境保护部	环发〔2008〕60号	2008-07-01
· 关于深入推进重点企业清洁生产的通知	环境保护部	环发〔2010〕54号	2010-04-22
· 全国重点企业清洁生产公告（第1批）附件：实施清洁生产审核并通过评估验收的重点企业名单（第1批）	环境保护部	部公告 2010年 第89号	2010-09-03
· 全国重点企业清洁生产公告（第2批）附件：实施清洁生产审核并通过评估验收的重点企业名单（第2批）	环境保护部	部公告 2010年 第89号	2010-12-08
· 全国重点企业清洁生产公告（第3批）附件：实施清洁生产审核并通过评估验收的重点企业名单（第3批）	环境保护部	部公告 2011年 第52号	2011-12-31
· 关于印发铬盐等5个行业（铬盐、钛白粉、涂料、黄磷、碳酸钡）清洁生产技术推行方案的通知	工业和信息化部	工信部节〔2011〕 381号	2011-08-16
· 全国重点企业清洁生产公告（第4批）附件：实施清洁生产审核并通过评估验收的重点企业名单（第4批）	环境保护部	部公告 2011年 第94号	2011-12-31
· 关于印发《工业清洁生产推行“十二五”规划》的通知	工业和信息化部 科学技术部 财政部	工信部联规〔2012〕 29号	2012-01-18
· 全国重点企业清洁生产公告（第5批）附件：实施清洁生产审核并通过评估验收的重点企业名单（第五批）	环境保护部	部公告 2012年 第57号	2012-09-12
·《清洁生产评价指标体系编制通则》（试行稿）	国家发展和改革委员会 环境保护部 工业和信息化部	3部委公告2013年 第33号	2013-06-05
· 关于印发《京津冀及周边地区重点工业企业清洁生产水平提升计划》的通知	工业和信息化部	工信部节〔2014〕 4号	2014-01-03

（施问超制表）

清洁生产不是天上掉下来的，是在生产和科研的实践中产生的。清洁生产可追溯到化工企业技术革新和技术改造，那些可以减少污染物产生量和排放量的新工艺、新技术、新设备、新材料都具有清洁生产属性。《清洁生产促进法》就是在实践中应运而生，它是为了促进清洁生产，规范清洁生产清洁生产审核行为而制定的。一方面加强管理部门对清洁生产的审核和监督，另一方面促进企业单位按照一定程序，对生产和服务过程进行调查和诊断，找出能耗高、物耗高、污染重的原因，减少有毒有害物料的使用、产生，降低能耗、物耗以及废物产生。在我国清洁生产发展史上具有里程碑意义。从上表我们不难看出，我国清洁生产在实践中不断探索前行。从宏观层面看，清洁生产由重点企业到行业，再到地区，与节能减排，与调结构、转方式，与改善环境质量联系越来越紧密。从技术层面看，《清洁生产评价指标体系编制通则》（试行）是清洁生产发展的一个重要节点。为加快形成统一、系统的清洁生产技术支撑体系，国家发展改革委、环境保护部会同工业和信息化部等有关部门对已发布的清洁生产评价指标体系、清洁生产标准、清洁生产技术水平评价体系进行整合修编，发布《清洁生产评价指标体系编制通则》（试行稿），进一步统一规范、强化指导全国的清洁生产工作。从部门协作看，体现了多部门合作，国办发〔2003〕100 号文涉及 11 个部门，尤其是发改委、工信部等经济综合管理部门主导清洁生产工作，从经济内部调节环境与发展的关系，对探索我国环境保护道路具有积极的指导意义。

13.1.2.3 清洁生产实施的法律规定

《清洁生产促进法》设置“清洁生产的实施”专章。以下内容与化工企业最为密切的有：

（1）新建、改建和扩建项目应当进行环境影响评价，对原料使用、资源消耗、资源综合利用以及污染物产生与处置等进行分析论证，优先采用资源利用率高以及污染物产生量少的清洁生产技术、工艺和设备。

（2）企业在进行技术改造过程中，应当采取以下清洁生产措施：（一）采用无毒、无害或者低毒、低害的原料，替代毒性大、危害严重的原料；（二）采用资源利用率高、污染物产生量少的工艺和设备，替代资源利用率低、污染物产生量多的工艺和设备；（三）对生产过程中产生的废物、废水和余热等进行综合利用或者循环使用；（四）采用能够达到国家或者地方规定的污染物排放标准和污染物排放总量控制指标的污染防治技术。

（3）企业应当对生产和服务过程中的资源消耗以及废物的产生情况进行监测，并根据需要对生产和服务实施清洁生产审核。包括强制性审核。

《大气污染防治法》（2015）对清洁生产作出诸多规定：

第三十四条 国家采取有利于煤炭清洁高效利用的经济、技术政策和措施，鼓励和支持洁净煤技术的开发和推广。

第四十一条 燃煤电厂和其他燃煤单位应当采用清洁生产工艺，配套建设除尘、脱硫、脱硝等装置，或者采取技术改造等其他控制大气污染物排放的措施。

第四十三条 钢铁、建材、有色金属、石油、化工等企业生产过程中排放粉尘、硫化物和氮氧化物的，应当采用清洁生产工艺，配套建设除尘、脱硫、脱硝等装置，或者采取技术改造等其他控制大气污染物排放的措施。

第六十七条 国家积极推进民用航空器的大气污染防治，鼓励在设计、生产、使用过程中采取有效措施减少大气污染物排放。

第七十三条 地方各级人民政府应当推动转变农业生产方式，发展农业循环经济，加大对废弃物综合处理的支持力度，加强对农业生产经营活动排放大气污染物的控制。

第七十九条 向大气排放持久性有机污染物的企业事业单位和其他生产经营者以及废弃物焚烧设施的运营单位，应当按照国家有关规定，采取有利于减少持久性有机污染物排放的技术方法和工艺，配备有效的净化装置，实现达标排放。

13.1.2.4 清洁生产标准（cleaner production standard）

清洁生产的核心是从源头抓起，预防为主，全过程控制，实现经济效益和环境效益的统一。为贯彻实施《中华人民共和国环境保护法》和《中华人民共和国清洁生产促进法》，保护环境，指导企业实施清洁生产和推动环境管理部门的清洁生产监督工作，我国已经组织多批清洁生产标准和清洁生产审核指南的编制工作。截至 2014 年底共发布清洁生产标准 56 项和修改方案 1 项，环境标志产品技术要求 191 项和修改方案 3 项。

清洁生产标准是指依据生命周期分析原理，从生产工艺与装备、资源能源利用、产品、污染物产生、废物回收利用和环境管理六个方面，对行业的清洁生产水平给出阶段性的指标要求，指导企业清洁生产和污染的全过程控制。

据不完全统计，与化工相关的现行清洁生产标准有：

清洁生产标准　氮肥制造业　HJ/T 188—2006

清洁生产标准　基本化学原料制造业（环氧乙烷/乙二醇）　HJ/T 190—2006

清洁生产标准　电石行业　HJ/T 430—2008

清洁生产标准　纯碱行业　HJ 474—2009

清洁生产标准　氯碱工业（烧碱）　HJ 475—2009

清洁生产审核指南　制订技术导则　HJ 469—2009

清洁生产评价指标体系编制通则（试行稿）　国家发展和改革委员会　环境保护部　工业和信息化部　公告 2013 年第 33 号

与清洁生产直接相关的是环境标志产品技术要求，因为清洁生产是生产环境标志产品的一个重要的前提。据不完全统计与化工相关环境标志产品技术要求现行标准有：

环境标志产品技术要求 水性涂料 HJ/T 201—2005

环境标志产品技术要求 化学石膏制品 HJ/T 211—2005

环境标志产品技术要求 防虫蛀剂 HJ/T 217—2005

环境标志产品技术要求 空气卫生香 HJ/T 219—2005

环境标志产品技术要求 胶黏剂 HJ/T 210—2005

环境标志产品技术要求 气雾剂 HJ/T 222—2005

环境标志产品技术要求 消耗臭氧层物质替代产品 HJ/T 225—2005

环境标志产品技术要求 再生塑料制品 HJ/T 231—2006

环境标志产品技术要求 泡沫塑料 HJ/T 233—2006

环境标志产品技术要求 室内装饰装修用溶剂型木器涂料 HJ/T 414—2007

环境标志产品技术要求 杀虫气雾剂 HJ/T 423—2008

环境标志产品技术要求 建筑装饰装修工程 HJ 440—2008

环境标志产品技术要求 刚性防水材料 HJ 456—2009

环境标志产品技术要求 防水涂料 HJ 457—2009

环境标志产品技术要求 家用洗涤剂 HJ 458—2009 等。

13.1.3 清洁生产技术导向目录

13.1.3.1 国家重点行业清洁生产技术导向目录

为全面推进清洁生产，引导企业采用先进的清洁生产工艺和技术，积极防治工业污染，国家经贸委、国家环境保护总局、国家发展和改革委员会先后组织编制并公布了三批《国家重点行业清洁生产技术导向目录》。

2000 年 2 月 15 日，国家经贸委组织编制发布的第一批《目录》涉及冶金、石化、化工、轻工和纺织 5 个重点行业，共 57 项清洁生产技术。这 57 项清洁生产技术是在行业主管部门对本行业清洁生产技术进行认真筛选、审核的基础上，组织有关专家进行评审后确定的。这些技术是经过生产实践证明，具有明显的环境效益、经济效益和社会效益，可以在本行业或同类性质生产装置上推广应用。

2003 年 2 月 27 日，国家经贸委、国家环保总局组织编制发布的第二批目录涉及冶金、机械、有色金属、石油和建材 5 个重点行业，共 56 项清洁生产技术。这些技术经过生产实践证明，具有明显的经济和环境效益，各地区和有关部门应结合实际，在本行业或同类性质生产装置上推广应用。

2006年11月27日，国家发改委、国家环保总局组织编制发布的第三批目录涉及冶金、化工、建材、纺织等行业28项清洁生产技术，第一次将清洁生产技术拓展到第一产业，即畜禽养殖业。

国家清洁生产技术导向目录（第一、二、三批）关于石化、化工行业的内容见表13.2，表13.3，表13.4）。

表13.2 《国家清洁生产技术导向目录》（第一批）摘录

（2000-02-15）

编号	技术名称	适用范围	主要内容	投资及效益分析
石油化工行业				
14	含硫污水汽提氨精制	炼油行业含硫污水汽提装置	从汽提塔的侧线抽出的富氨气，经逐级降温、降压、高温分水，低温固硫三级分凝后，反应获得粗氨气，粗氨气进入冷却结晶器，获得含有少量H_2S的精氨气，再使其进入脱硫剂罐，硫固定在脱硫剂的空隙内，氨气得到进一步脱硫，脱硫后的氨气经氨压机压缩，进入另一个脱硫剂罐，经两段脱硫和压缩的氨气，冷却成为产品液氨外销或内用	以100 t/h加工能力的含硫污水汽提装置计算，总投资为1 506万元。每年回收近千吨液氨，回收的液氨纯度高，可外销，也可内部使用，从而节约大量资金。污水汽提净化水中的H_2S、氨氮的含量大幅度降低，减少了对污水处理场的冲击，使污水处理场总排放口合格率保持100%。污水汽提装置运行以后，厂区的大气环境得到了明显改善，不再被恶臭气味困扰
15	淤浆法聚乙烯母液直接进蒸馏塔	淤浆法聚乙烯生产工艺	原来母液经离心机分离后通过泵将母液送至蒸馏塔中，再从蒸馏塔打进汽提塔，将母液中的低聚物与己烷分离。现改为母液直接进塔，这样则可以使母液的温度不会下降，从而达到了节能的效果；同时也可以防止低聚物析出沉淀在蒸馏塔内，减轻大检修时的清理工作。更主要的是母液直接进塔可增加汽提塔的处理能力，负荷可提高5 t以上，从而确保生产的正常运行	技术改造属中小型，总投资仅4万元，全年运行总节省资金达142万元。减少清理费2万元，同时减少因清理储罐和管线造成的环境污染，生产装置的安全也得到了保证
16	含硫污水汽提装置的除氨技术	非加氢型含硫污水汽提装置	解决了汽提后净化水中残存NH_3-N的形态分析研究，建立了相应分析方法，根据分析获得的固定铵含量，采用注入等当量的强碱性物质进行汽提，并经过精确的理论计算，以确定最佳注入塔盘的位置。经工业应用，可有效地将NH_3-N脱除至15×10^{-6}～30×10^{-6}	80 t/h汽提装置需增加一次性投资约60万元。注碱后，成本增加及设备折旧每年需54万元。注碱后通过增加回收液氨、节约新鲜水和节约软化水等，经济效益约每年97万元。由于废水的回用，每年污水处理场少处理废水36×10^4 t，节约108万元，同时由于NH_3-N达标，可节省污水处理场技术改造一次性投资上千万元

编号	技术名称	适用范围	主要内容	投资及效益分析
17	汽提净化水回用	石油炼制	含硫污水净化后可以代替新鲜水使用，通过原油的抽提作用可以减少污染物排放总量，其中酚去除率 85%以上，COD 去除率约60%。二次加工装置的部分工艺注水也可以用净水代替，这些工艺注水变成含硫污水回用到污水汽提装置，形成闭路循环	以每小时回用 30 t 含硫污水为例，净化水回用管网系统投资 70 万元，投资回收期 8 个月，经济效益 198.4 万元，减少废水排放量 36 万 t/a，减少 COD 排放量 54 t/a
18	成品油罐三次自动切水	油品储罐	利用连通器原理和油水之间的密度差，有效地分离成品油中的水和切水中的油，并自动将回收的成品油送回成品库	以 10 t/h 储罐为例，总投资 37 万元，半年时间可回收投资，经济、环境、社会效益显著
19	火炬气回收利用技术	石油炼制	在火炬顶部安装两种高空点火装置，利用电焊发弧装置，产生面状电弧火源，两种装置交替或同时工作，保证安全可靠。利用 PCC 和微机全线自动监控，对点火过程、水封罐、各种气体流量自动调节，并自动记录系统动作	全国石化生产企业现有火炬 130 支，年排放可燃气体 100 万～150 万 t，全部回收利用，经济效益可达 10 亿～15 亿元/a，目前经治理可回收利用80%的资源，投资回收期 0.5～0.8 年
20	含硫污水汽提装置扩能改造	石油化工等含硫含氨污水预处理	对含硫污水汽提塔中 LPC-1（100X）高效陶瓷规整填料及 18-8 不锈钢阶梯环进行了通量、传质和压降性能的测试，其特点为：在老塔塔体不变的情况下，更换填料可使处理量提高 70%以上；传质效果好，分离效率高，提高了净化水的质量；压降低，可降低装置能耗；操作弹性大，处理量变化时，只需要相应调整蒸汽用量即可保证净化水合格	以处理能力由 28 万 t/a 提高到 48 万 t/a 计算，总投资 665 万元（包括机泵、仪表、填料、除油器等）。改造后处理能力扩大到 60 t/小时以上，能耗下降，每年节约 184 万元，投资偿还期约 3.6 年。改造后净化水质量提高，H_2S 在 50 mg/L 以下，NH_3-N 为 50～150 mg/L，净化水回注率 25%～30%，降低了下游污水处理的费用
21	延迟焦化冷焦处理炼油厂“三泥”	燃料型炼油厂污水处理产生的“三泥”与生产石油焦的延迟焦化装置	利用延迟焦化装置正常生产切换焦炭塔后，焦炭塔内焦炭的热量将“三泥”中的水分轻油汽化，大于 350℃的重质油焦化，并利用焦炭塔泡沫层的吸附作用，将“三泥”中的固体部分吸附，蒸发出来的水份、油气至放空塔，经分离、冷却后，污水排向含硫污水汽提装置进行净化处理，油品进行回收利用	以 10.25 t/塔计算，总投资 30 万元左右，净利润 80 万元/a，投资偿还期 0.37 年。使用该技术每年可回收油品 816 t，节省用于“三泥”处理的设备投资和运行费用，防止由此而引起的二次污染，经济效益、环境效益和社会效益显著

编号	技术名称	适用范围	主要内容	投资及效益分析
22	合建池螺旋鼓风曝气技术	大、中、小炼油（燃料油、润滑油、化工型）厂	空气从底部进入，气泡旋转上升径向混合、反向旋转，使气泡多次被切割，直径变小，气液激烈掺混，接触面增大，以利于氧的转移。在曝气器中因气水混合液的密度小，形成较大的上升流速，使曝气器周围的水向曝气器入口处流动，形成水流大循环，有利于曝气器的提升、混合、充氧等	以 800～1 000 t/h 污水处理能力计算，总投资 80 万～120 万元，主要设备寿命 15～20 年。具有操作人员少、节电、维修费用少、处理效果好、排水合格率高等优点，总计每年可节省费用 40 万～80 万元
23	PTA（精对苯二甲酸装置）母液冷却技术	PTA 装置	利用空气鼓风机与特殊结构的喷嘴使物料喷雾，并与空气进行逆向接触冷却物料，利用新型塔板的不同排列实现了固体物料的防堵和良好的冷却效果，并成功地设计了在线清堵流程，实现了不停车即可清除物料	35 万 t/a PTA 装置的母液冷却装置，总投资约 355 万元，经济效益 87 万元/a。污水温度可降到 45 ℃，保护了污水处理中分解分离菌，有利于污水的处理
化工行业				
24	合成氨原料气净化精制技术	大、中、小型合成氨厂	此工艺是合成氨生产中一项新的净化技术，是在合成氨生产工艺中，利用原料气中 CO、CO_2 与 H_2 合成，生成甲醇或甲基混合物。流程中将甲醇化和甲烷化串接起来，把甲醇化、甲烷化作为原料气的净化精制手段，既减少了有效氢消耗，又副产甲醇，达到变废为宝	以年产 5 万 t 氨、副产 1 万 t 甲醇计，总投资 300 万～500 万元，投资回收期 2～3 年。因没有铜洗，吨氨节约物耗（铜、冰醋酸、液氨）14 元，节约蒸汽 30 元，节约氨耗 6.5 元等，每万 t 合成氨可节约 74 万元；副产甲醇，按氨醇比 5∶1 计算，1 万 t 氨副产 2 000 t 甲醇，利润 40 万～100 万元，年产 5 万 t 的合成氨装置可获得经济效益 570 万～870 万元
25	合成氨气体净化新工艺-NHD 技术	各种工艺气体的净化，特别是以煤为原料的硫化氢、二氧化碳含量高的氨合成气、甲醇合成气和羰基合成气的净化	NHD 溶剂是国内新开发的一种高效优质的气体净化剂，其有效成分为多聚乙二醇二甲醚的混合物，是一种有机溶剂，对天然气、合成气等气体中的酸性气（硫化氢、有机硫、二氧化碳等）具有较强的选择吸收能力。该溶剂脱除酸性气采用物理吸收、物理再生工艺，能使净化气中的酸性气达到生产合成氨、甲醇、制氢等的工艺要求	以年产 40 000 t 合成氨计，改造总投资（由碳丙工艺改造，含基建投资、设备投资等）约 80 万元，投资回收期 0.31 年。新建总投资（基建投资、设备投资等）约 400 万元，投资回收期 0.89 年。应用此项技术的企业年经济效益均在 200 万元以上

编号	技术名称	适用范围	主要内容	投资及效益分析
26	天然气换热式转化造气新工艺及换热式转化炉	以天然气、炼厂气、甲烷富气等为原料，生产合成氨及甲醇的生产装置。也适用于小氮肥装置的技术改造和技术革新	该工艺是将加压蒸汽转化的方箱式一段炉改为换热式转化炉，一段转化所需的反应热由二段转化出口高温气来提供，不再由烧原料气来提供。由于二段高温转化气的可用热量是有限的，不能满足一段炉的需要，又受氢氮比所限，因此在二段炉必须加入富氧空气（或纯氧）	按照装置设计能力为年产 15 000 t 合成氨规模的粗合成气计算，项目总投资 1 300 万元，投资利润率约 9%，投资利税率约 10%，投资收益率约 20%。本技术节能方面的较大的突破，这将大大增强小厂产品竞争能力
27	水煤浆加压气化制合成气	以煤化工为原料的行业	德士古煤气化炉是高浓度水煤浆（煤浓度达 70%）进料、液态排渣的加压纯氧气流床气化炉，可直接获得烃含量很低（含 CH_4 低于 0.1%）的原料气，适合于合成氨、合成甲醇等使用	年产 30 万 t 合成氨、52 万 t 尿素装置以及辅助装置约需 30.5 亿元，投资回收期 12 年，主要设备使用寿命 15～20 年
28	磷酸生产废水封闭循环技术	料浆法 3 万 t/a 磷铵装置；二水法 1.5 万 t/a H_3PO_4（以 P_2O_5 计）装置	二水法磷酸生产中的含氟含磷污水，经多次串联利用后，进入盘式过滤机冲洗滤盘，产生冲盘磷石膏污水。冲盘污水经过二级沉降，分离出大颗粒和细颗粒。二级沉降的底流进入稠浆槽作为二洗液返回盘式过滤机，清液作为盘式过滤机冲洗水利用，实现冲盘污水的封闭循环	1.5 万 t/a H_3PO_4（以 P_2O_5 计）装置总投资为 54 万元，投资回收期 1 年。回收污水中可溶性 P_2O_5，污水回用后节水效益和节省排污费每年达 63 万元
29	磷石膏制硫酸联产水泥	磷肥行业	磷石膏是磷铵生产过程中的废渣，用磷石膏、焦炭及辅助材料按照配比制成生料，在回转窑内发生分解反应。生成的氧化钙与物料中的二氧化硅、三氧化二铝、三氧化二铁等发生矿化反应形成水泥熟料。含 7%～8%二氧化硫的窑气经除尘、净化、干燥、转化、吸收等过程制得硫酸	年产 15 万 t 磷铵、20 万 t 硫酸、30 万 t 水泥的装置总投资 95 975 万元，每年可实现销售收入 84 000 万元，利税 22 216 万元，投资回收期 4.32 年。每年能吃掉 60 万 t 废渣，13 万 t 含 8%硫酸的废水，节约堆存占地费 300 万元，节约水泥生产所用石灰石开采费 10 500 万元和硫酸生产所需的硫铁矿开采费 16 000 万元。从根本上解决了石膏污染地表水和地下水的问题

编号	技术名称	适用范围	主要内容	投资及效益分析
30	利用硫酸生产中产生的高、中温余热发电	适用于硫酸生产行业	利用硫铁矿沸腾炉炉气高温（～900℃）余热及 SO_2 转化成 SO_3 后放出的中温（～200℃）余热生产中压过热蒸汽，配套汽轮发电机发电。蒸气量达到 0.9 t/t 酸，蒸汽消耗指标为 5.94 kg/kW·h。汽轮机采用凝结式汽机，冷凝水可回收利用	新建 3 000 kW 机组，总投资 680 万元。年创利税 190 万元，投资回收期 3.5 年。每年可节约 6 000 t 标准煤；减排 SO_2 192 t，CO 8 t，NO_x 54 t，经济效益、环境效益显著
31	气相催化法联产三氯乙烯、四氯乙烯	该技术应用于有机化工生产，适用于改造 5 000 t/a 以上三氯乙烯装置	将乙炔、三氯乙烯分别经氯化生成四氯乙烷或五氯乙烷，二者混合后（亦可用单一的四氯乙烷或五氯乙烷）经气化进入脱 HCI 反应器，生成三、四氯乙烯。反应产物在解吸塔除去 HCl 后，导入分离系统，经多塔分离，分出精三氯乙烯和精四氯乙烯，未反应的物料返回脱 HCI 反应器，循环使用。精三氯乙烯部分送氯化塔生成五氯乙烷，部分经后处理加入稳定剂作为产品。精四氯乙烯经后处理加入稳定剂，即为成品	以 1 万 t/a（三氯乙烯 5 000 t，四氯乙烯 5 000 t）计，总投资 3 000 万元，投资回收期 2～3 年。新工艺比皂化法工艺成本降低约 10%，新增利税每年约 800 万～1 000 万元。同时彻底消除了皂化工艺造成的污染，改善了环境
32	利用蒸氨废液生产氯化钙和氯化钠	纯碱生产	氨碱法生产纯碱后的蒸氨废液中含有大量的 $CaCl_2$ 和 NaCl，其溶解度随温度而变化，经多次蒸发将 $CaCl_2$ 和 NaCl 分离，制成立品	按照 NaCl、$CaCl_2$ 年产量分别为 13 000 t 和 28 000 t 计算，年经济效益为 1 551 万元和 3 477 万元，合计 5 028 万元
33	蒽醌法固定床钯触媒制过氧化氢	化肥、氯碱化工、石化等具有副产氢气的行业	该技术以 2-乙基蒽醌为载体，与重芳烃等混合溶剂一起配制成工作液。将工作液与氢气一起通入装有钯触媒的氢化塔内，进行氢化反应，得到相应的 2-乙基氢蒽醌。2-乙基氢蒽醌再被空气中的氧氧化恢复成原来的 2-乙基蒽醌，同时生成过氧化氢。利用过氧化氢在水和工作液中溶解度的不同以及工作液和水的密度差，用水萃取含有过氧化氢的工作液得到过氧化氢的水溶液。后者再经溶剂净化处理、浓缩等，得到不同浓度的过氧化氢产品	年产 10 000 t27.5%和 H_2O_2，总投资约 3 000 万元；投资回收期 3 年左右。该技术具有明显的经济效益，按上述生产规模计算，每年可获得税后利润 500 万元左右。由于该技术中采用以污治污技术，环境效益明显

表 13.3 《国家重点行业清洁生产技术导向目录》（第二批）摘录（2003-02-27）

编号	技术名称	适用范围	主要内容	投资及效益分析
石油行业				
47	炼油化工污水回用技术	炼油行业	采用絮凝、浮选和杀菌等工序处理，控制循环水补充水的油、化学需氧量（COD）、悬浮物、氨氮、电导率等水质指标，使指标达到回用要求	总投资 160 万元，经济效益可达 37 万元/a，投资回收期约 4.3 年

表 13.4 国家重点行业清洁生产技术导向目录（第三批）摘录（2006-11-27）

序号	技术名称	适用范围	主要内容	主要效果
1	利用焦化工艺处理废塑料技术	钢铁联合企业焦化厂	利用成熟的焦化工艺和设备，大规模处理废塑料，使废塑料在高温、全封闭和还原气氛下，转化为焦炭、焦油和煤气，使废塑料中有害元素氯以氯化铵可溶性盐方式进入炼焦氨水中，不产生剧毒物质二噁英（Dioxins）和腐蚀性气体，不产生二氧化硫、氮氧化物及粉尘等常规燃烧污染物，实现废塑料大规模无害化处理和资源化利用	对原料要求低，可以是任何种类的混合废塑料，只需进行简单破碎加工处理。在炼焦配煤中配加 2%的废塑料，可以增加焦炭反应后强度 3%～8%，并可增加焦炭产量
3	焦化废水 A/O 生物脱氮技术	焦化企业及其他需要处理高浓度 COD、氨氮废水的企业	焦化废水 A/O 生物脱氮是硝化与反硝化过程的应用。硝化反应是废水中的氨氮在好氧条件下，被氧化为亚硝酸盐和硝酸盐；反硝化是在缺氧条件下，脱氮菌利用硝化反应所产生的 NO_2^-和 NO_3^-来代替氧进行有机物的氧化分解。此项工艺对焦化废水中的有机物、氨氮等均有较强的去除能力，当总停留时间大于 30 h 后，COD、BOD、SCN^-的去除率分别为 67%、38%、59%，酚和有机物的去除率分别为 62%、36%，各项出水指标均可达到国家污水排放标准	工艺流程和操作管理相对简单，污水处理效率高，有较高的容积负荷和较强的耐负荷冲击能力，减少了化学药剂消耗，减轻了后续好氧池的负荷及动力消耗，节省运行费用
11	煤粉强化燃烧及劣质燃料燃烧技术	建材、冶金及化工行业回转窑煤粉燃烧	该技术采用了热回流技术和浓缩燃烧技术，有效地实现"节能和环保"。由于强化回流效应，使煤粉迅速燃烧，特别有利于烧劣质煤、无烟煤等低活性燃料，因此可采用当地劣质燃料，促进能源合理使用，提高资源利用效率。一次风量小，节能显著	对煤种的适应性强，可烧灰分 35%的劣质煤，降低一次风量的供应，一次风量占燃烧空气量小于 7%；NO_x 减少 30%以上
18	干法脱硫除尘一体化技术与装备	燃煤锅炉和生活垃圾焚烧炉的尾气处理	向含有粉尘和二氧化硫的烟气中喷射熟石灰干粉和反应助剂，使二氧化硫和熟石灰在反应助剂的辅助下充分发生化学反应，形成固态硫酸钙（$CaSO_4$），附着在粉尘上或凝聚成细微颗粒随粉尘一起被袋式除尘器收集下来。此工艺的突出特点是集脱硫、脱有害气体、除尘于一体，可满足严格的排放要求	能有效脱除烟气中粉尘、SO_2、NO_x、等有害气体，粉尘排放浓度 $<50\ mg/m^3$，SO_2 排放浓度 $<200\ mg/m^3$，NO_x 排放浓度 $<300\ mg/m^3$，HCl 及重金属含量满足国家排放标准

13.1.3.2 《环境保护综合名录》(2014 年版) 关于清洁生产的内容

本书第 4 章介绍了《环境保护综合名录》(2014 年版)。其中《高污染、高环境风险产品名录（2014 年版)》的附录对《高污染、高环境风险产品名录（2014 年版)》中部分产品的“除外工艺”即对环境危害小的工艺名称、污染物排放情况和认定特征作了说明，见表 13.5。

表 13.5 《高污染、高环境风险产品名录（2014 年版）》中部分产品的“除外工艺”[①]说明

序号	产品名称（对应序号[②]）	除外工艺		
		名称	污染物排放情况	认定特征
1	瓦斯天然气（1）	富瓦斯矿井瓦斯抽采工艺	减少瓦斯排放，有效的利用瓦斯资源。	有效利用且减排外排瓦斯
2	淀粉糖（5）	双酶法工艺	使用酶制剂液化糖化； 吨产品：产生废水 3～4 t，COD 2.5～3.5 g/L，BOD 1.2～1.5 g/L，氨氮 0.03～0.08 g/L，pH 6～6.5；产品收率高、纯度高，设备酸腐蚀小	不使用酸
3	小品种氨基酸（6-13）	发酵法工艺	使用不同微生物菌种发酵； 吨产品：产生废水 12～15 t，COD 5～8 g/L，氨氮 1～1.5 g/L，pH 4.5～6.0；产品纯度高，废物可综合利用，废水排放量少	使用微生物菌种，不使用毛发和酸
4	柠檬酸（枸橼酸）（14）	发酵法加色谱分离法	吨产品：耗水约 16 t，废气和固体废物产生量少	不使用石灰石、氧化钙等中和原料
5	味精（15）	浓缩等电工艺	吨产品：排放废水 8～10 t，COD 1～1.5 g/L，氨氮 0.35～0.5 g/L，易于治理	不使用离子交换工艺
6	成品皮革（38）	环保型固定皮革涂饰层工艺	使用水性皮革涂层固定剂，完全消除使用甲醛在生产和使用过程中可能造成的危害	不使用甲醛
		非致害性染料染色工艺	产品中不含致害性偶氮染料	不使用致害性芳香胺
7	纤维板（40）	无胶纤维板制造工艺	不添加任何胶黏剂，施加微量酸性催化剂，在热磨机的高温高湿蒸汽环境中形成胶合物质并胶合成纤维板。生产过程中不排放 VOCs，使用过程中无甲醛释放	不使用胶黏剂

① “除外工艺”是指《高污染、高环境风险产品名录（2014 年版）》中部分高污染、高环境风险产品的生产工艺中，对环境危害小的工艺。

② 对应序号是指，该产品在《高污染、高环境风险产品名录（2014 年版）》（见表 4-4）中的序号。

序号	产品名称（对应序号[②]）	除外工艺		
		名称	污染物排放情况	认定特征
8	沥青（45）	焦油蒸馏采用常压、减压或常减压连续蒸馏工艺	大大减少沥青烟及苯并芘排放量	焦油连续蒸馏
9	二硫化碳（65）	天然气加压非催化法	SO_2排放大幅度减少	不使用木炭
		焦炭流化床连续法	吨产品：SO_2 1.54 kg、H_2S 0.025 kg	使用流化床设备，连续生产
10	氢氧化钡（68）	硫化钡氧化法（锰钡结合工艺）	吨产品：SO_2排放降至 3.12 kg、烟尘降至 0.84 kg	用低品位软锰矿（MnO_2≤20%）处理所产生的 SO_2
11	氧化锌（69）	氨浸法直接法生产工艺	SO_2的排放量、含氨废水的浓度均大幅降低，并循环利用	不使用含锌矿物或冶金回收的富锌灰、硫酸
12	硫化钠（硫化碱）（74）	转炉焙烧—热化塔溶浸—列管或薄膜蒸发	吨产品：废水循环回用；碱渣 0.35 t，含硫化钠 1.5%；废气有组织排放，易治理	采用转炉、热化塔、列管（或薄膜）蒸发器等设备
13	硫酸钡（76）	沉淀硫酸钡资源化综合利用工艺	吨产品：SO_2排放浓度降至 0.6 g/m^{3}以下	用低品位软锰矿（MnO_2≤20%）处理所产生的 SO_2
14	硫酸锰（78）	新型立窑碳还原焙烧连续法	吨产品：产生废水 3 t、COD 0.4 kg、烟尘 3.8 kg、二氧化硫 1.6 kg、含锰废渣 0.8 t；排放烟尘 0.14 g/m^3、SO_2 0.8 kg	连续生产
15	高锰酸钾（93）	气动流化塔氧化法	吨产品：不产生含锰废渣，无锰尘、无烟尘、无碱雾污染	加压密闭式、连续式生产
16	氟化铝（125）	无水工艺	HF、SO_2气体回用，不外排	不使用液态氢氟酸
17	人造冰晶石（六氟铝酸钠）（129）	利用磷肥副产氟硅酸钠或电解铝电解质块生产高分子比冰晶石工艺	使用磷肥副产的氟硅酸钠或电解铝电解质块为原料；吨产品：排放 HF 0.5～0.8 g，不排放含氟废水、SO_2	使用氟硅酸钠或电解铝电解质块
18	氯化钡（130）	毒重石-盐酸法	吨产品：排放废水 0.8 t；排放废气 600 m^3；排放含钡废渣（HW47）0.4 t	使用毒晶石为原料，无焙烧还原工艺
19	硅酸钠（171）	纯碱法工艺	吨产品：排放废水 0.2 t；SO_2 4 kg	使用纯碱
20	硅胶（181）	强制循环水洗硅胶生产工艺	耗水量和酸性废水排放量降低 95%以上	耗水量小，基本不外排酸性污水
21	保险粉（连二亚硫酸钠）（182）	新甲酸钠法	吨产品：不产生氢氧化锌污泥，产生精馏残液 0.1～0.2 m^3，甲酸钠和冷凝水全部回用于生产	不使用锌粉，不使用二氧化硫甲醇溶液
22	环氧丙烷（209）	直接氧化法	吨产品：产生废水 2 t，不含有害物质；没有废气和废渣	不使用氯气、石灰乳

序号	产品名称（对应序号[②]）	除外工艺		
		名称	污染物排放情况	认定特征
23	环氧氯丙烷（210）	甘油法	吨产品：排放含盐废水 1 t，废水中盐含量 25%，回收氯化钠后仅排放 0.75 t 废水，易于治理和综合利用	生产使用甘油、氯化氢、烧碱等原料
24	氯化苯（237）	干法脱氯化氢法	原料使用高纯度的石油苯，产品中不含邻二甲苯等污染物。 不使用水洗碱洗，仅有系统干燥排出的废水，吨产品废水排放约 0.006 t，排出的废水经共沸回收，循环用于真空泵介质，基本不对外排放	生产过程中使用石油苯、氯气等原料
25	对二氯苯（238）	干法脱氯化氢法	原料使用高纯度的石油苯，产品中不含邻二甲苯等污染物。 不使用水洗碱洗，仅有系统干燥排出的废水，吨产品废水排放约 0.006 t，排出的废水经共沸回收，循环用于真空泵介质，基本不对外排放	
26	间二氯苯（239）	苯定向氯化-吸附分离法	吨产品：污染物数量比重污染工艺减少 95%以上，达标排放的治理费用降低 90%	不使用硝酸、硫酸
27	1,2,3-三氯苯（241）	干法脱氯化氢法	原料使用高纯度的石油苯，产品中不含邻二甲苯等污染物。 不使用水洗碱洗，仅有系统干燥排出的废水，吨产品废水排放约 0.006 t，排出的废水经共沸回收，循环用于真空泵介质，基本不对外排放	生产过程中使用石油苯、氯气等原料
28	1,2,4-三氯苯（242）			
29	甲醇（257）	天然气制甲醇工艺	吨产品：排放废水≤8 m^3、COD≤120 mg/L、氨氮≤50 mg/L	使用天然气作原料
		焦炉煤气制甲醇工艺	吨产品：排放废水≤8 m^3、COD≤120 mg/L、氨氮≤50 mg/L	使用焦炉煤气作原料
		联醇法	吨产品：排放废水≤10 m^3、COD≤70 mg/L、氨氮≤40 mg/L	与合成氨联产甲醇
30	甲基丙烯醇（259）	叔丁醇/异丁烯氧化加氢（氧化）法	原料：不使用有毒原料； 吨产品：副产物通过焚烧和生化处理均可转换为 CO_2 和水；废催化剂可回收利用，污染排放小	不使用氯气作原料
31	间苯二酚（264）	间苯二胺水解法	吨产品：产生废水 4.6 t；废气 100 m^3；废渣 1.8 t	使用硫酸、硝酸作为水解条件，污染小

序号	产品名称（对应序号②）	除外工艺		
		名称	污染物排放情况	认定特征
32	醋酸仲丁酯（268）	烯烃合成工艺	吨产品：不外排废水；估算达标治理成本 50～60 元	无碱洗、水洗过程
33	氯乙酸（269）	醋酐连续法	吨产品：基本不产生废母液（吨产品不超过 2%），产生醋酸 5 kg，氯乙酸 2～5 kg，不产生二氯乙酸和剧毒物乙酰氯。如全行业采用该工艺，每年可减少排氯乙酸 0.5 万 t、二氯乙酸 1.2 万 t、醋酸 0.6 万 t，氯乙酰 0.3 万 t	连续生产；产生废母液量极少（吨产品不超过 2%）
34	丙酸（271）	微生物发酵法	吨产品：排放废水 2 t，废水中 COD 浓度 0.1 g/L；不产生有害气体	生产过程中存在生物发酵
35	甲基丙烯酸甲酯（274）	异丁烯法工艺	不使用剧毒和强酸原料；三废排放量少，易治理	不使用氢氰酸和硫酸
36	甲基丙烯酸丁酯（275）	连续化酯交换工艺	吨产品：无废水、废气；高聚物废渣 0.05～0.1 kg	使用甲基丙烯酸甲酯、正丁醇；连续化生产
37	苯甲酸（277）	熔融结晶法	生产时不需要加入其他溶剂，采用直接熔融工艺，熔融热远小于精馏时的汽化热；连续式生产，污染物产生量少	生产时不需要加入其他溶剂，连续式生产
38	对氨基二苯胺（293）	硝基苯法	吨产品：排放废水 0.2 t，废气 60 m^3，废渣 0.2 t；排放三废的毒性明显下降	采用催化加氢还原技术
39	3,3′- 二氯联苯胺（296）	加氢还原法	吨产品：产生 14%废氢氧化钠碱液 300 kg，废盐酸和硫酸废水 1.8 t；不产生废活性炭渣等固体废弃物	不使用氧化锌、水合肼
40	3,3′- 二氯联苯胺盐酸盐（DCB）（297）	加氢还原法	吨产品：产生 14%废氢氧化钠碱液 300 kg，废盐酸和硫酸废水 1.8 t；不产生废活性炭渣等固体废弃物	
41	乙酰乙酰类芳胺（298）	以乙醇替代水做反应介质工艺	使用乙醇作为介质； 无废水排放；乙醇回收利用；产品收率 97%	使用乙醇
42	间苯二胺（306）	催化加氢还原工艺	吨产品：产生废水 0.5 t，不产生固体废物铁泥；产品收率 97%以上	不使用铁粉
43	对苯二胺（乌尔丝 D）（307）	对硝基苯胺催化加氢还原工艺	吨产品：产生废水 0.36 t，不产生废渣；产品收率可达到 97.5%以上	不使用硫化碱
44	2-氨基-4-乙酰氨基苯甲醚（308）	催化加氢还原工艺	吨产品：产生废水 2 t，不产生固体废物铁泥；产品收率提高到 98%以上	不使用铁粉
45	糠醛（318）	两步法工艺	吨产品：排放废水 12 t，COD 7 g/L，糠醛 0.2 g/L；排放废渣 8 t	分离玉米芯中的纤维素和半纤维素

序号	产品名称（对应序号②）	除外工艺		
		名称	污染物排放情况	认定特征
46	2,4-二氯苯乙酮（319）	苯定向氯化-吸附分离法	吨产品：污染物数量比重污染工艺减少90%以上，达标排放的治理费用降低87%	不使用硝酸、硫酸
47	顺酐（马来酸酐）（351）	正丁烷氧化法	仅排放少量正丁烷、乙酸和顺丁烯二酸等有机物	不使用苯
48	脂肪叔胺（352）	脂肪醇法工艺	吨产品：产生废水 0.09 t，废水中 COD 降至 1～2 g/L	以脂肪醇为原料，常压低温反应
49	聚氨基甲酸乙酯（354）	无汞催化剂生产工艺	产品中不含汞	不使用含汞催化剂，产品中不含汞
50	甘氨酸（355）	天然气羟基乙腈工艺	吨产品：排放少量废水，废水中 COD 浓度 2 g/L，废水中不含氯化铵和乌洛托品	使用天然气作主要原料
51	噻吩（359）	萃取精馏法	污染物产生量少，且较易处理，危害程度不高	采用萃取精馏等分离过程
52	三氯吡啶酚钠（三氯吡啶醇钠）（360）	吡啶双定向氯化合成法	无废液、固废排放，水循环利用	不使用三氯乙酰氯、丙烯腈
53	毒死蜱（376）	四氯吡啶法	吨产品：排放废水 3.2 t，易于处理	不使用三氯乙酰氯、丙烯腈
54	吗啉- 正丙醛工艺吡虫啉（391）		不使用丙烯醛、丙烯腈，反应条件温和，生产过程无高温高压，可实现连续化生产，主要副产物实现了综合利用；吨产品：废渣产生量为 0.30～0.40 t，达标排放治理费用低	不使用丙烯醛、丙烯腈
55	甲草胺（394）	甲叉法	能耗低，污水产生量小，无强碱废水产生，副产物为高浓度氯化铵，易回收利用；产品质量好	使用 2-甲基-6-乙基苯胺和氯乙酰氯为原料
56	乙草胺（395）	甲叉法	吨产品：产生废水 0.182 t，且来源于洗涤用水，易处理且成本低	不使用强酸强碱和三氯化磷
57	丁草胺（396）	甲叉法	能耗低，污水产生量小，无强碱废水产生，副产物为高浓度氯化铵，易回收利用；产品质量好	使用 2-甲基-6-乙基苯胺和氯乙酰氯为原料
58	油墨（449）	水性液体油墨	使用水作溶剂，大幅减少有机溶剂使用，外排含苯溶剂少	油墨中构成 VOCs（醇和醇醚类等）含量≤30%其余挥发性溶剂为水
59	钛白粉（450）	氯化法	吨产品：熔盐氯化工艺产生废气 1 500 m^3、废渣 0.49～0.67 t；沸腾氯化工艺产生废气 870 m^3、废渣 0.22～0.45 t	采用熔盐氯化或沸腾床氯化生产四氯化钛
		联产法硫酸法	七水硫酸亚铁、浓度为 20%左右的水解废酸零排放，钛石膏综合利用率＞50%，废水、废气全部达标排放	钛白粉与硫酸联产（附近有制造硫酸装置的除外），与七水硫酸亚铁、钛石膏的深加工产品联产

序号	产品名称（对应序号[②]）	除外工艺		
		名称	污染物排放情况	认定特征
60	C.I. 酸性黄 42 等偶氮型酸性染料（486-508）	原浆喷雾干燥工艺	直接干燥，不需盐析或经膜处理，不产生含盐废水	不使用氯化钠
61	C.I.酸性黄 220 等金属络合型酸性染料（509-544）	原浆喷雾干燥工艺	直接干燥，不需盐析或经膜处理，不产生含盐废水	不使用氯化钠
62	C.I.酸性蓝 324 等蒽醌型酸性染料（545-564）	原浆喷雾干燥工艺	直接干燥，不需盐析或经膜处理，不产生含盐废水	不使用氯化钠
63	C.I. 活性红 24 等 39 种活性染料（610-648）	原浆喷雾干燥工艺	直接干燥，不需盐析或经膜处理，不产生含盐废水	不使用氯化钠
64	还原靛蓝（653）	苯胺基乙腈法	主要原料系石化工业副产物的综合利用； 吨产品：产生含碱废水 50～70 t，经处理后套用；废气中 NH_3 回收利用；不产生固废铁泥	不使用氯乙酸、硫酸亚铁
65	ABS 树脂（659）	连续本体聚合法	吨产品：不产生废水，产生废气 130 m^3	反应体系密闭且连续，苯乙烯和丙烯腈循环利用， 基本不产生废水
66	四氟乙烯涂层不粘材料（661）	PFOA 替代助剂聚	无致癌性和致突变性，安全、稳定，较难被人体吸收，产物在水中自行分散，是全氟辛酸铵助剂（PFOA）良好的替代品	生产过程中不使用全氟辛酸铵
67	初级形状的环氧树脂（662、663）	一步法脱盐工艺、二步法添加工艺	配建脱盐提纯装置； 吨产品：使用有机溶剂低于 10 kg，排放废水小于 2 t，COD 小于 0.8 g/L，废水易于生化处理	有脱盐提纯装置，盐回收大于 260 kg/吨产品
68	聚碳酸酯（664）	非光气法	吨产品：产生废水 1.1 t，易处理	不使用光气、二氯甲烷，产生 CO_2 或乙二醇
		连续式、无静态光气留存的光气法工艺	含盐废水中的污染物（包括苯酚和二氯甲烷）能通过常规工艺技术（汽提和吸附）有效脱除，废水可循环利用从而实现氯循环	采用光气安全技术能做到光气风险可控，二氯甲烷 作为溶剂在封闭系统中循环使用
69	羧甲基纤维素（669）	基于溶媒法的微波辅助法	吨产品：排放废水 2 t、COD 5 g/L；副产氢氧化钠浓度 8 g/L，氯乙酸浓度 2 g/L	原料处理过程中使用微波辅助处理工艺，大幅减少 污染物产生

序号	产品名称（对应序号[②]）	除外工艺		
		名称	污染物排放情况	认定特征
70	聚乙烯醇（670）	石油乙烯法	原料：采用乙烯为原料； 吨产品：无电石废渣和废水排出，能源消耗小，污染物产生量少且较易处理，危害程度较低	使用乙烯作原料
71	β-苯乙醇（2-苯基乙醇）（689）	双氧水法	使用双氧水做氧化剂； 废水含硫酸钠10%，提取芒硝后循环使用，废水零排放	使用双氧水，无工艺废水外排
72	乳酸乙酯（2-羟基丙酸乙酯）（691）	乙醇脱水连续工艺	不使用苯； 吨产品：消耗乙醇0.45 t；废水中COD为0.16 g/L	不使用苯，酯化、浓缩和精馏过程均为连续生产
73	阿莫西林（693）	酶转化工艺	不使用二氯甲烷、三乙胺、特戊酰氯等有毒有害有机溶剂； 吨产品：三废排放量降低50%以上；不产生和排放二氯甲烷	不使用二氯甲烷、三乙胺、特戊酰氯等有机溶剂
74	6-氨基青霉烷酸（6-APA）（694）	酶裂解法	使用的有机物减少65%，COD、氨氮分别下降43%、9.1%，不排放含磷污染物	使用的有机物少，使用硼酸、高纯盐酸和离子膜液碱
76	盐酸小檗碱（盐酸黄连素）（702）	化学合成法	吨产品：三废产生量较少，易处理	不使用黄柏树皮
77	泛昔洛韦中间体酰化物（703）	无钠硼氢工艺	无高压高温反应工段，产品收率高； 吨产品：废水产生量小，其中无磷酸盐废水排放，少产生含氯化钠废水5.48 t，不产生含硼酸盐废水	生产过程中不使用钠硼氢，基本不产生难处理废水
78	氨基比林（704）	加氢还原工艺	吨产品：物耗减少38%；COD产生量降低50%以上、氨氮降低70%以上、总盐分降低40%；能耗降低38%以上	利用AA（氨基安替比林）结晶进行加氢还原
79	磺胺嘧啶（SD）（706）	乙烯基乙醚法	生产中产生电石渣、废活性炭、氯化氢气体，但数量不大、易综合利用	不使用乙炔酮、甲醛、二乙胺、二氧化锰
80	维生素B_1（707）	丙烯腈-甲酰氨甲基嘧啶工艺	原料：不使用硫酸二甲酯、发烟硫酸等剧毒或高污染原料； 吨产品：原料消耗降低30%，水污染物产生量降低约50%，污染治理成本减少约60%	不使用硫酸二甲酯、发烟硫酸等原料
81	黄姜皂素（711）	酒精浸取法	吨产品：用水量≤50 t，有机溶剂消耗＜1 t，不使用强碱；基本不产生废渣与废水	闭环式提取，残渣用于酒精生产和有机复合肥生产
82	叶酸（蝶酰谷氨酸）（712）	零排放法连续技术	无废水排放	母液均被处理利用

序号	产品名称（对应序号[2]）	除外工艺		
		名称	污染物排放情况	认定特征
83	中药橡胶膏剂（713-722）	热压法	不使用有机溶剂，涂胶后无烘干环节，工艺简便、节约能源	不使用有机溶剂
84	支护混凝土（730）	地下矿山湿式喷射混凝土工艺	产生的粉尘浓度低，对工人健康的危害小；生产率、回弹度高；水灰比易于控制，混凝土强度高	使用湿式喷射混凝土机
85	平板玻璃（732）	浮法	使用天然气等清洁燃料； 吨产品：排放 SO_2、NO_x、烟尘比重污染工艺减少 50%	使用天然气等清洁燃料；使用锡液槽和过渡辊台等设备
86	玻璃纤维（733）	池窑拉丝工艺	使用叶腊石、硼钙石等原料； 吨产品：废水不含不饱和聚酯树脂、石油醚、机械润滑油等，易治理	使用叶腊石、硼钙石，在池窑中熔融
87	锌（741）	富氧常压直接浸出炼锌工艺	SO_2 产生量少	冶炼厂无须建设焙烧车间和硫酸厂
88	氧化铝（744）	拜耳法工艺	使用烧碱溶液处理矿石； 吨产品：产生废水 0.5 t、COD 0.05 kg、总磷 9.6 kg、废气 2 200 m^3，工业粉尘 51 kg	使用烧碱溶液，使用反应釜设备
89	金（747）	重选法提金工艺	不使用任何药剂，无环境污染	不使用汞
90	彩钢板及其制品（749）	连续辊涂- 印刷工艺	金属板辊涂印刷后进入固化炉固化，产生废气，经二次燃烧，热能再利用，排放 VOC 浓度低；使用无铬钝化，不水洗	废气密闭回收后经焚烧，热能得到再次利用；采用无铬钝化；无钝化、磷化废水产生
91	管式铅蓄电池（762）	灌浆或挤膏工艺	铅尘排放大幅度减少	采用灌浆或挤膏设备，湿式作业
92	灌粉式管式极板（铅蓄电池零件）（765）			
93	镀铬相关产品（777）	三价铬镀铬工艺	吨产品：几乎不产生废气、废渣，废水中的主要污染物是三价铬，较易处理	使用以三价铬为主要成分的电镀液

13.1.3.3 铬盐、钛白粉、涂料、黄磷、碳酸钡等 5 个行业清洁生产技术推行方案

详见工业和信息化部《关于印发铬盐等 5 个行业（铬盐、钛白粉、涂料、黄磷、碳酸钡）清洁生产技术推行方案的通知》（工信部节〔2011〕381 号）。

13.1.4 工业领域清洁生产推行现状与面临的形势

13.1.4.1 现状

自 2003 年《中华人民共和国清洁生产促进法》实施以来，各级工业主管部门将实施清洁生产作为促进节能减排的重要措施，不断完善政策、加大支持、强化服务，工业领域清洁生产推行工作取得积极进展。

清洁生产基础工作得到加强。专家、咨询服务队伍不断壮大，已建立冶金、化工、轻工、有色、机械等行业清洁生产中心及 760 多家清洁生产审核咨询服务机构。审核培训取得积极进展，累计 6 万家工业企业负责人接受培训，2 万多家企业开展清洁生产审核，分别占规模以上工业企业总数的 23.4%和 9%。

清洁生产政策标准体系初步建立。中央与地方制定颁布了《关于加快推行清洁生产的意见》《清洁生产审核暂行办法》等一系列推进清洁生产的政策、法规和制度；发布《工业企业清洁生产审核技术导则》《工业清洁生产评价指标体系编制通则》以及 30 个行业清洁生产评价指标体系等清洁生产标准；中央财政设立了清洁生产专项资金，地方工业主管部门加大节能减排资金对清洁生产的支持力度，累计安排财政专项资金 16 亿元，带动社会投资 1 200 亿元，实施清洁生产技术改造项目 5 万多项。

科技对清洁生产支撑作用进一步加强。发布 3 批清洁生产技术导向目录、27 个重点行业清洁生产技术推行方案；重点领域清洁生产技术研发加快，轻工、石化、建材、有色、纺织等行业成功开发出一批先进的清洁生产技术；电解锰、铅锌冶炼、电石法聚氯乙烯、氮肥、发酵等行业重大关键共性清洁生产技术产业化示范应用取得进展，为全面推广应用奠定了技术基础。

清洁生产促进节能减排效果明显。钢铁、有色、化工、建材、轻工、纺织等重点工业行业的清洁生产审核有序推进，实施了一批清洁生产技术改造项目，企业资源能源利用效率有效提高，污染物产生量大幅削减。据统计，通过实施清洁生产，2003—2010 年累计削减二氧化硫产生量 93.9 万 t、化学需氧量 245.6 万 t、氨氮 5.6 万 t，节能约 5 614 万 t 标准煤，为节能减排做出了重要贡献。

尽管工业领域清洁生产工作取得了一些成绩，但总体仍处于起步阶段，还存在一些突出问题：一是企业普遍重末端治理，轻源头预防，清洁生产尚未全面展开，实施清洁

生产审核的企业数量比例偏低，特别是清洁生产技术改造方案实施率不高，仅为44.3%。二是清洁生产科技开发投入不够，重金属污染减量、有毒有害原料替代和主要污染物削减等领域缺乏先进有效的技术。同时，成熟适用技术推广应用不够，制约了清洁生产技术水平的提升。三是政策机制尚不健全，市场机制在推行清洁生产过程中的作用尚未得到充分发挥。

13.1.4.2 面临的形势

工业是资源消耗和污染物排放的重点领域。2010 年，工业领域能源消耗占全社会70%以上，二氧化硫、化学需氧量、氨氮排放分别占85.3%、35.1%和22.7%。降低工业领域资源能源消耗、减少污染物产生，既是实现国家节能减排任务的需要，也是促进工业转型升级的紧迫任务，是新型工业化道路的本质要求。为更好地统筹协调资源环境制约与工业化进程加快的矛盾，实现工业转型升级的战略任务，必须加快推行清洁生产，由高消耗、高排放的粗放方式向集约、高效、低排放的清洁生产方式转变，实现资源科学利用和污染源头预防。

从国际形势看，节能环保、绿色低碳已成为国际产业发展潮流和趋势，以清洁生产方式提供节能环保技术和产品已成为国际产业竞争的重要内容。同时，履行持久性有机污染物（POPs）国际公约，适应欧盟电子电气设备中限制使用某些有害物质指令等规则要求，应对汞污染控制谈判以及国际贸易中以节能环保低碳技术标准为特征的绿色贸易壁垒带来的挑战，客观要求我国工业必须加快推行清洁生产，在实现生产过程清洁化的同时，提供无毒无害或低毒低害的绿色技术和产品，提升产业竞争力。

13.1.5 全面推行清洁生产

（1）编制清洁生产推行规划，制（修）订清洁生产评价指标体系，发布重点行业清洁生产推行方案。重点围绕主要污染物减排和重金属污染治理，全面推进清洁生产示范，从源头和全过程控制污染物产生和排放，降低资源消耗。发布清洁生产审核方案，公布清洁生产强制审核企业名单，推广应用清洁生产技术。

（2）对钢铁、水泥、化工、石化、有色金属冶炼等重点行业进行清洁生产审核，针对节能减排关键领域和薄弱环节，采用先进适用的技术、工艺和装备，实施清洁生产技术改造；到2017年，重点行业排污强度比2012年下降30%以上。推进非有机溶剂型涂料和农药等产品创新，减少生产和使用过程中挥发性有机物排放。积极开发缓释肥料新品种，减少化肥施用过程中氨的排放。见《国务院关于印发大气污染防治行动计划的通知》（国发〔2013〕37号）。

（3）完善促进重点企业实施清洁生产的政策措施。环境保护部要求应将实施清洁生产审核并通过评估验收，作为《重点企业清洁生产行业分类管理名录》所列行业的重点企业申请有毒化学品进出口登记的前提条件，作为申请各级环保专项资金、节能减排专项资金和污染防治等各方面环保资金支持的重要依据，作为审批进口固体废物、经营危险废物许可证和新化学物质登记的重要参考条件。将实施清洁生产的减污绩效作为核算重点企业主要污染物总量减排数据的重要依据，未通过清洁生产审核评估验收的重点企业，由于实施清洁生产形成的总量减排成果不予认可。各地要加大资金支持力度，对经审核确定的重点企业清洁生产改造项目，各级环保专项资金和节能减排专项资金应予以支持。对通过实施清洁生产达到国内清洁生产先进水平的重点企业可给予适当经济奖励。（环境保护部关于深入推进重点企业清洁生产的通知，环发〔2010〕54号）

（4）做好国家发布的行业清洁生产方案实施工作（工业和信息化部《关于印发铬盐等5个行业清洁生产技术推行方案的通知》，工信部节〔2011〕381号）

①地方工业主管部门要将清洁生产技术推广工作作为推动节能减排的重要措施，加大力度，加快实施推行国家公布的行业清洁生产方案。一是加强调查研究，结合本地区清洁生产技术推行现状、推行潜力，制定有针对性的清洁生产技术推行计划。二是方案中载明的清洁生产技术是国家清洁生产专项资金优先支持领域，地方工业主管部门要将其列为节能减排、技术改造、清洁生产、循环经济等财政引导资金支持的重点。三是加大宣传培训力度，加强有关信息交流，引导企业应用清洁生产技术。

②行业协会要充分发挥企业和政府之间的桥梁和纽带作用，做好信息咨询、技术服务、交流研讨等工作，推动行业清洁生产技术升级，促进行业可持续发展。

③企业作为应用清洁生产技术的主体，要把应用先进适用的技术实施清洁生产技术改造，作为提升企业技术水平和核心竞争力，从源头预防和减少污染物产生，实现清洁发展的根本途径。中央企业集团要积极支持所属企业应用推广方案中的清洁生产技术，对相关示范推广项目要优先列入集团项目实施计划并提供资金支持。

（5）全面提升区域内工业企业清洁生产水平

全面提升一个区域内工业企业清洁生产水平是清洁生产发展的一个里程碑。

为贯彻落实国务院《大气污染防治行动计划》（以下简称《大气十条》），加快推进京津冀及周边地区大气污染综合防治工作，促进区域大气环境质量持续改善，根据《京津冀及周边地区落实大气污染防治行动计划实施细则》，工业和信息化部制定《京津冀及周边地区重点工业企业清洁生产水平提升计划》（工信部节〔2014〕4号），提出了刚性目标。其基本思路是：坚持源头减量、全过程控制原则，以削减二氧化硫、氮氧化物、烟（粉）尘和挥发性有机物产生量和控制排放量为目标，充分发挥企业主体作用，加强政策引导和支持，推广采用先进、成熟、适用的清洁生产技术和装备，加快推进重点行业和关键领域工业企业实施清洁生产技术改造，促进技术升级与产业结构调整相结合，全面提升京津冀及周边地区工业企业清洁生产水平，确保完成行业排污强度下降目标，促进区域环境大气质量持续改善。主要任务是：在钢铁、有色金属、水泥、焦化、石化、化工等重点工业行业，推广采用先进、成熟、适用的清洁生产技术和装备，实施工业企业清洁生产的技术改造，有效减少大气污染物的产生量和排放量。对石化和化工行业的要求是“采用泄漏检测与修复（LDAR）技术、油罐区、加油站密闭油气回收利用技术、吸附吸收技术、高温焚烧技术等，实施有机工艺尾气治理技术改造。”“采用高效密封存储技术、冷凝回收技术、吸附吸收技术、高温焚烧高效脱硫除尘技术等，实施化工含VOC废气净化技术改造。”实施全面提升计划的保障措施是：组织实施清洁生产水平提升计划，做好技术支持和信息咨询服务，加强政策引导支持力度。

13.1.6 清洁生产思考

实践表明，最先进的污水处理厂处理不了最落后企业排放的污水。减排重要，但污染物的减产更重要。根据国外经验，要真正实现减排目标，主要精力应当放在清洁生产上，特别是要放在对生产过程主流设备工艺的改造上。但从目前情况看，清洁生产在中国的实施出现了一些“偏差”。我国2007年、2008年通过审核的清洁生产方案超过10万个，实施9万余个，平均投入只有4万元左右，绝大多数是管理型方案。

发达国家的清洁生产有着完整的发展阶段，美国、欧洲国家污染治理首先是对企业主体生产工艺进行清洁生产技术改造，大幅度削减污染物的排放，然后才实施以加强管理为主的清洁生产。发达国家20世纪80年代经过达标排放阶段，工艺设备已经较为先进，方开始以管理为主的清洁生产。而20世纪90年代我国引入清洁生产理念时并没有将国情差异做分析比较，全盘接受了以管理为主的清洁生产模式，跳跃了以企业主体工艺提升为主要内容的阶段。完善管理最多可以减少10%～20%的排放。如果不改变设备工艺，还是非常落后的水平，再科学的管理也没有用。中国在清洁生产上的“本末倒置”，导致目前的实施呈现出数量多、质量差的局面。重管理、轻技术，给企业生产、减污实际帮助少，企业实施清洁生产源于外部压力的较多，主动实施的较少。所以，未来减排战略中，清洁生产对污染物产生量的削减更为重要。只有工艺装备的提升、实现现代化，生产过程的污染物削减下来，我们的减排目标才可能顺利实现。

13.2 循环经济

13.2.1 循环经济概述

13.2.1.1 循环经济定义

循环经济（cyclic economy）是对生产、流通和消费过程中进行的减量化、再利用、资源化活动的总称，是最大限度地节约资源和保护环境的经济发展模式，是实施可持续发展战略的重要内容。

循环经济主要是通过建立从“资源—产品—再生资源”和从“生产—消费—再循环”的模式有效地利用资源和保护环境。发展循环经济将促进以最小的资源消耗、最少的废物排放和最小的环境代价来换取最大的经济效益。这是转变经济增长模式的一个突破口，也是贯彻科学发展观，构建资源节约型、环境友好型社会的一个重要举措。

我国2008年8月颁布、2009年1月1日开始实施的《循环经济促进法》的定义是：“本法所称循环经济，是指在生产、流通和消费等过程中进行的减量化、再利用、资源化活动的总称。”

“本法所称减量化，是指在生产、流通和消费等过程中减少资源消耗和废物产生。”《循环经济促进法》明确了关于减量化的具体要求。对于生产过程，《循环经济促进法》规定了产品的生态设计制度，对工业企业的节水节油提出了基本要求，对矿业开采、建筑建材、农业生产等领域发展循环经济提出了具体要求。对于流通和消费过程，《循环经济促进法》对服务业提出了节能、节水、节材的要求；国家在保障产品安全和卫生的前提下，限制一次性消费品的生产和消费等。此外，还对政府机构提出了厉行节约、反对浪费的要求。

“本法所称再利用，是指将废物直接作为产品或者经修复、翻新、再制造后继续作为产品使用，或者将废物的全部或者部分作为其他产品的部件予以使用。”

“本法所称资源化，是指将废物直接作为原料进行利用或者对废物进行再生利用。”

与“资源化”密切相关的一个概念是“资源综合利用”，它主要是指在矿产资源开采过程中对共生、伴生矿进行综合开发与合理利用；对生产过程中产生的废渣、废水（液）、废气、余热余压等进行回收和合理利用；对社会生产和消费过程中产生的各种废物进行回收和再生利用。（国家发改委：《“十一五”资源综合利用指导意见》）

13.2.1.2 循环经济发展示意图（见图 13.4）

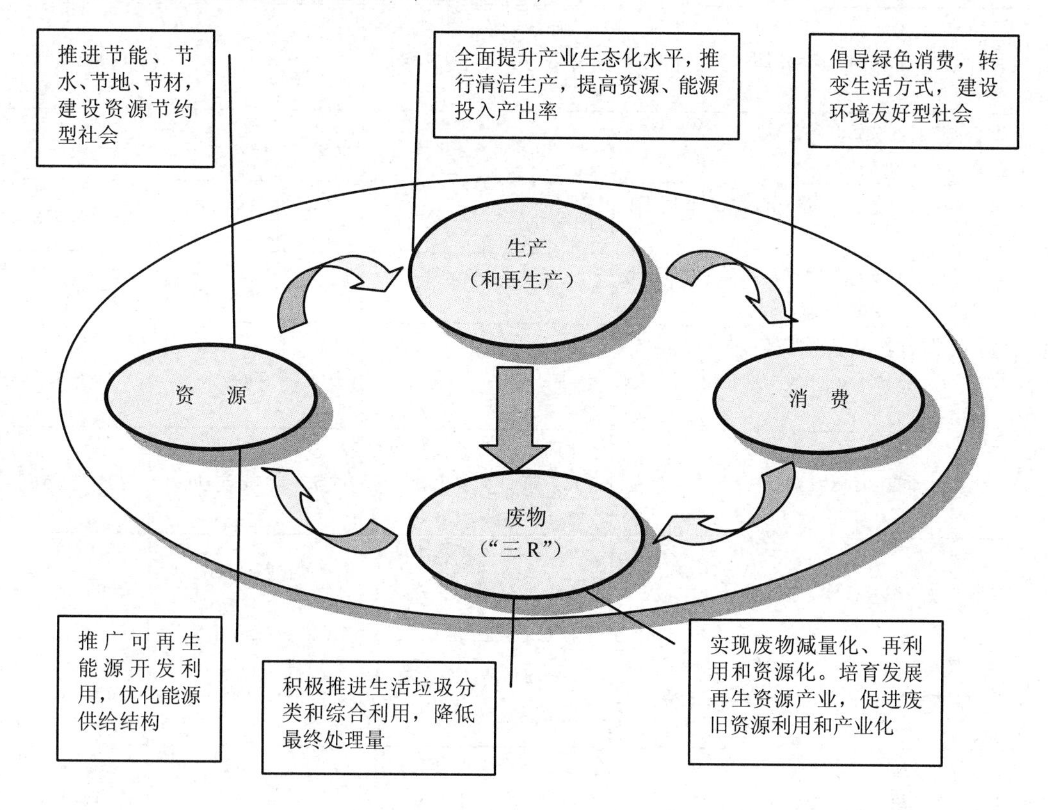

图 13.4 循环经济发展示意

13.2.2 循环经济法律和政策规范

13.2.2.1 循环经济法律和主要政策性文件（见表 13.6）

表 13.6 循环经济法律和主要政策性文件

文件名称	发文单位	文号	实施时间
·国务院批转国家经委（关于开展资源综合利用若干问题的暂行规定）的通知	国务院	国发〔1985〕117 号	1985-09-30
·关于企业所得税若干优惠政策的通知	财政部、国家税务总局	财税字〔1994〕001 号	1994-3-29
·关于印发固定资产投资方向调节税“资源综合利用、仓储设施”税目税率注释的通知	国家税务总局、国家计划委员会	国税发〔1994〕008 号	1994-01-08

文件名称	发文单位	文号	实施时间
·中华人民共和国固体废物污染环境防治法	第八届全国人民代表大会常务委员会第十六次会议通过	国家主席令1995年第58号公布	1996-04-01
·关于继续对部分资源综合利用产品等实行增值税优惠政策的通知	财政部 国家税务总局	财税字〔1996〕20号	1996-02-16
·关于印发《"九五"资源节约综合利用工作纲要》的通知	国家经济贸易委员会	国经贸资〔1996〕483号	1996-07-18
·关于继续对废旧物资回收经营企业等实行增值税优惠政策的通知	财政部	财税字〔1998〕33号	1998-04-08
·国务院批转国家经贸委等部（国家经贸委、财政部、国家税务总局）关于进一步开展资源综合利用意见的通知	国务院	国发〔1996〕36号	1996-08-31
·中华人民共和国节约能源法	第八届全国人民代表大会常务委员会第二十八次会议通过	国家主席令 第90号	1997-11-01
·中华人民共和国清洁生产促进法	第九届全国人民代表大会常务委员会第二十八次会议通过	国家主席令2002年第72号发布	2003-01-01
·国家发展和改革委员会 财政部 国家税务总局关于印发《资源综合利用目录(2003年修订)》的通知	国家发展和改革委员会 财政部 国家税务总局	发改环资〔2004〕73号	2004-01-12
·中华人民共和国固体废物污染环境防治法	第十届全国人民代表大会常务委员会第十三次会议修订	国家主席令2004年32号令	2005-04-01
·国务院关于加快发展循环经济的若干意见	国务院	国发〔2005〕22号	2005-07-02
·国家环境保护总局关于印发《国家环保总局关于推进循环经济发展的指导意见》的通知	国家环境保护总局	环发〔2005〕114号	2005-10-10
·关于公布《国家鼓励发展的资源节约综合利用和环境保护技术》260项技术的公告	国家发展改革委、科技部、国家环保总局	2005年第65号	2005-10-28
·"十一五"资源综合利用指导意见	国家发展和改革委员会	发改委发布	2006-12-24
中华人民共和国节约能源法	第十届全国人民代表大会常务委员会第三十次会议修订	国家主席令2007年第77号	2008-04-01
·关于公布资源综合利用企业所得税优惠目录（2008年版）的通知	财政部、国家税务总局、国家发展和改革委员会	财税〔2008〕117号	2008-08-20
· 中华人民共和国循环经济促进法	第十一届全国人民代表大会常务委员会第四次会议通过	国家主席令2008年第4号	2009-01-01

文件名称	发文单位	文号	实施时间
·工业和信息化部关于印发《机电产品再制造试点单位名单（第一批）》和《机电产品再制造试点工作要求》的通知	工业和信息化部	工信部节〔2009〕663号	2009-12-11
·关于支持循环经济发展的投融资政策措施意见的通知	国家发展和改革委员会、中国人民银行、中国银行业监督管理委员会、中国证券监督管理委员会	发改环资〔2010〕801号	2010-04-19
·国家发展改革委办公厅关于印发《循环经济发展规划编制指南》的通知	国家发展和改革委员会办公厅	发改办环资〔2010〕3311号	2011-01-28
·中华人民共和国国民经济和社会发展第十二个五年规划纲要	第十一届全国人民代表大会第四次会议批准		2011-03-14
·国家发展改革委办公厅、财政部办公厅关于率先在甘肃、青海省开展园区循环化改造示范试点有关事项的通知	国家发展改革委办公厅、财政部办公厅	发改办环资〔2011〕1239号	2011-05-24
·国家发展改革委关于印发"十二五"资源综合利用指导意见和大宗固体废物综合利用实施方案的通知	国家发展和改革委员会	发改环资〔2011〕2919号	2011-12-10
·关于推进园区循环化改造的意见	国家发展和改革委员会、财政部文件	发改环资〔2012〕765号	2012-03-21
·国家鼓励的循环经济技术、工艺和设备名录（第一批）	国家发展和改革委员会、环境保护部、科学技术部、工业和信息化部	4部委公告2012年第13号	2012-06-01
·中华人民共和国清洁生产促进法	第九届全国人民代表大会常务委员会第二十八次会议修改	国家主席令2012年第54号	2012-07-01
·国家发展改革委办公厅关于印发资源综合利用"双百工程"示范基地和骨干企业名单（第一批）及有关事项的通知[①]	国家发展改革委办公厅	发改办环资〔2012〕3309号	2012-11-26
·国务院关于印发循环经济发展战略及近期行动计划的通知	国务院	国发〔2013〕5号	2013-01-23
·国家发展改革委办公厅关于确定第二批再制造试点的通知 附件：第二批再制造试点单位名单	国家发展改革委办公厅	发改办环资〔2013〕506号	2013-02-27

① 附件：1. 资源综合利用"双百工程"示范基地名单（第一批），2. 资源综合利用"双百工程"骨干企业名单（第一批）。

文件名称	发文单位	文号	实施时间
·中华人民共和国固体废物污染环境防治法	第十届全国人民代表大会常务委员会第十三次会议修订	国家主席令 2013 年第 5 号修改	2013-06-29
·国务院关于印发大气污染防治行动计划的通知	国务院	国发〔2013〕37 号	2013-09-10
·国家发展改革委办公厅、财政部办公厅、工业和信息化部办公厅、商务部办公厅、质检总局办公厅关于印发再制造产品“以旧换再”试点实施有关文件的通知	国家发展改革委办公厅、财政部办公厅、工业和信息化部办公厅、商务部办公厅、质检总局办公厅	发改办环资〔2014〕2202 号①	2014-09-15

（施问超制表）

我国的循环经济是从资源综合利用的基础上发展而来的，在长期的实践中极大地丰富和发展资源综合利用的内涵。所以关于循环经济法律和规范性文件，始终包含资源综合利用的元素。清洁生产是循环经济在企业层次上体现，固体废物污染环境防治法对循环经济的内容较早作出规范，所以将该法收录在循环经济法律体系中。

13.2.2.2 循环经济环境保护标准

《综合类生态工业园区标准（试行）》（HJ 274—2009）修改方案　环境保护部公告 2012 年第 48 号　2012-08-06

HJ 466—2009　铝工业发展循环经济环境保护导则　2009-03-14

HJ 465—2009　钢铁工业发展循环经济环境保护导则　2009-03-14

HJ/T 275—2006　静脉产业类生态工业园区标准（试行）　2006-06-02

HJ/T 274—2006　综合类生态工业园区标准（试行）　2006-06-02

HJ/T 273—2006　行业类生态工业园区标准（试行）　2006-06-02

HJ/T 409—2007　生态工业园区建设规划编制指南　2007-12-20 等。

13.2.2.3 循环经济技术、工艺和设备名录

为贯彻落实《循环经济促进法》，推广先进技术、工艺和设备，提升循环经济发展技术支撑能力和装备水平，提高资源产出率，2012 年，国家发展和改革委员会、环境保护部、科学技术部和工业和信息化部发布第一批《国家鼓励的循环经济技术、工艺和设备名录》（国家发展和改革委员会、环境保护部、科学技术部和工业和信息化部公告 2012 年第 13 号），42 项重点循环经济技术、工艺和设备入选。它们是国家发改委历时 4 年，

① 附件：1. 再制造产品“以旧换再”推广试点企业评审、管理、核查工作办法，2. 再制造“以旧换再”产品编码规则。

组织近百位专家，从各地推荐的 600 多个技术和设备中经多次论证筛选出来的。《国家鼓励的循环经济技术、工艺和设备名录》（第一批）见表 13.7。

表 13.7 国家鼓励的循环经济技术、工艺和设备名录（第一批）

（2012-06-01）

序号	名称	主要内容	主要指标	适用行业及范围	所处阶段
一、减量化技术、工艺及设备					
1	替代氰化电镀的高密度铜电镀技术	针对传统电镀行业产生大量高毒性含氰电镀废水的问题，采用铜盐和对铜有协同络合作用的有机磷酸盐为多元络合物，加入对铁和锌合金基体有活化作用的活化剂，制备无氰高密度铜电镀液，提高镀液的阴极极化作用，使镀液分散能力和覆盖能力超过传统的氰化镀铜镀液，提高镀层质量，实现剧毒氰化物的源头替代	镀液覆盖能力 100%，分散能力≥63%，镀层质量达到相关国家行业优质产品标准，废弃物中无氰化物有毒物质	铜电镀行业	示范
2	丙尔金清洁镀金技术	针对传统镀金行业剧毒氰化物使用量大，废水污染重问题，采用合成的水溶性金盐“一水合柠檬酸一钾二（丙二腈合金（I））”，简称“丙尔金”镀金新材料，替代传统镀金采用的剧毒原料氰化亚金钾（氰化金钾）。实现有毒物质源头替代，大幅减少有毒污染物排放	丙尔金产品中游离氰化物＜0.02%；镀金废液中总氰含量降低至 0.01 mg/L；电镀产品质量优于相关标准要求	镀金行业	推广
3	亚熔盐铬盐清洁工艺与集成技术	针对铬盐工业存在的铬资源转化利用率低、铬渣污染严重等问题，采用亚熔盐高效提取分离技术和气升环流连续多相反应装置处理铬铁矿原料，采用卧螺高效离心分离技术、盐析结晶相分离技术高效分离铬酸钾，铬酸钾氢还原制备氧化铬，采用碳化深度脱铬技术在线无害化处理含铬废渣，处理后的富铁渣用于制备脱硫剂副产品，钙渣用作水泥生产填料。实现铬污染的源头削减和废渣资源化利用	铬铁矿中主元素铬的单程转化率＞ 98%，铬工业回收率＞96%；氧化铬产品生产综合能耗较传统工艺降低 15%以上；含铬废弃物中六价铬的含量≤.003%	铬盐行业、铬化合物生产行业	示范
4	熔盐法钛白生产技术	针对国产钛铁矿钙镁含量高，硫酸法生产过程废物排放量大等问题，以国产钛渣为原料，采用熔盐介质强化分解技术生成钛酸盐，经固相离子交换技术实现碱介质再生与钛的固相分离，再用稀硫酸低温溶解制得高浓度钛液，脱硅后水解制偏钛酸，进一步制得高品质锐钛型或金红石型钛白。实现钛白生产的源头减量与污染物减排	钛转化率＞ 98%；与传统硫酸法相比，酸耗降低 90%；无酸性废气排放；废酸、废水、废渣量削减 80%；吨产品成本降低 10%	钛白生产行业	示范

序号	名称	主要内容	主要指标	适用行业及范围	所处阶段
5	液态高铅渣直接还原技术	针对炼铅过程能耗较大、SO_2及铅尘排放污染等问题，采用短流程作业，省去铸渣机，淘汰鼓风炉，以天然气替代焦炭、以煤粒作还原剂，利用卧式还原炉将液态高铅渣直接还原炼铅，过程中采用烟尘气体密闭输送装置减少烟灰的逸出及扬尘。实现炼铅过程源头降低能耗，减少铅尘、SO_2等大气污染物排放	与“氧气底吹-鼓风炉炼铅工艺”相比，能耗降低25%，CO_2排放量减少80%；与传统鼓风炉工艺相比，能耗降低50%，SO_2排放量减少90%；烟尘回收率≥99%；终渣含铅量＜3%	铅冶炼行业	示范
6	矿山尾砂与废石快速充填采空区技术	针对金属矿床开采排放大量废料和破坏地表等问题，通过砂仓集中制浆系统将金属矿山浮选尾砂制成结构流态全尾砂充填料，采用高速搅拌设备将全尾砂与胶凝材料进行活化搅拌，制成结构流全尾砂胶结充填料，通过管道自流或柱塞泵加压输送到井下充填采空区，通过井下废石贮存、输送与充填系统，将采掘废石在井下直接充填采空区。实现源头减少矿山开采废物排放	选矿尾砂充填利用率≥90%；采掘废石充填利用率达100%	矿山开采	推广
7	低硫少灰保毛脱毛制革工艺技术	针对制革行业废水污染问题，在脱毛工序采用基于酶制剂的低硫少灰保毛脱毛技术源头降低废水中硫化物及固体废弃物含量，将浸灰废液循环再利用，铬鞣废液集中处理后制备铬鞣剂回用生产，处理后废水回用生产。实现废水、废物源头减排与循环利用	毛回收率＞70%；与传统毁毛脱毛浸灰工艺相比，硫化钠和石灰粉用量节约50%以上；浸灰废液和铬鞣废液回收率＞70%	制革行业	推广
8	节材型超薄陶瓷砖生产技术及设备	针对传统建筑陶瓷砖生产过程中原料消耗大、能耗大、污染重等问题，采用自主研发的陶瓷砖自动液压压砖机、墙地砖布料及模具系统、高效节能辊道窑和陶瓷超大超薄板材冷加工等整线装备生产超大超薄陶瓷砖。实现源头节材，降低能耗，减少三废排放	产品性能符合相关标准，产品合格率≥96%；瓷板规格900×1 800 mm，厚度3～6 mm可调；节约原材料用量50%以上；较传统瓷砖生产节能30%以上	陶瓷砖生产行业	推广
9	低水泥用量堆石混凝土技术	针对常规混凝土水泥用量大、施工能耗高等问题，采用高流动性、抗分离性能好的自密实混凝土浇筑粒径较大的块石堆积体表面，依靠自密实混凝土自重完全充填块石空隙形成完整、密实、低水化热的大体积混凝土，施工过程不需要采取振捣密实和温控措施，既提高浇筑速度也可保证浇筑质量。实现源头减少水泥用量与降低能耗	与传统混凝土工艺相比，每立方米混凝土水泥用量减少50%以上；单位体积混凝土比传统混凝土施工能耗降低35%以上	大中型建设工程领域混凝土浇筑	推广

序号	名称	主要内容	主要指标	适用行业及范围	所处阶段
二、再利用与再制造技术、工艺及设备					
10	废旧机械零部件自动化高速电弧喷涂再制造技术及设备	针对汽车发动机缸体、曲轴等机械零部件，利用铁基、铝基等金属丝材作为喷涂材料，将雾化后的喷涂材料高速喷射到工件表面形成致密涂层，采用基于先进机器人技术和高速电弧喷涂技术集成的自动化高速电弧喷涂设备，实现数字自动控制，提高再制造质量和效率	铁基涂层的结合强度≥30 MPa；锌铝基涂层强度≥20 MPa；再制造一台发动机缸体时间为手工喷涂的30%	发动机缸体、曲轴等关键零部件的再制造	示范
11	废旧机械零部件自动化纳米电刷镀再制造技术及设备	针对损伤尺寸量较小的机械零部件，采用自动化纳米电刷镀技术，在电刷镀镀液中加入纳米颗粒，镀液中金属离子被还原的同时与金属发生共沉积，形成具有特定优异性能的复合镀层，采用该技术及设备可实现多个零件同时刷镀和连续刷镀，与传统电刷镀技术相比，提高了镀层的硬度、耐磨性与组织结构的均匀性，同时提高工作效率	与快速镍镀层相比，镀层硬度提高20%～50%；耐磨性是纯镍镀层的1.5～2.5倍；成品率≥95%；生产效率比传统手工刷镀提高10倍	损伤尺寸量较小的机械零部件再制造	推广
12	废旧机械零部件柔性修复技术及设备	针对各种损伤的机械零部件，集成了逆变脉冲电刷镀技术、粘接技术和冷焊等技术对零部件进行再制造修复，采用逆变 脉冲电刷镀技术及设备在多种材质或不明材质零件上沉积金属镀层，采用纳米颗粒增强、高强度碳纤维增韧胶粘技术修 复连接零部件，采用冷焊技术及设备修复零部件缺陷。技术不受零部件损伤情况、材质等限制，可实现多种复合性损伤 零部件的再制造修复	零件修复后性能与质量达到新品标准；节能60%以上；节材量≥70%	多种机械零部件的再制造	推广
13	废旧轧辊感应电渣熔覆包覆层再制造技术及设备	针对废旧轧辊传统堆焊修复存在的修复周期长、成本高、效率低、修复质量差等问题，通过电磁感应加热废旧轧辊，然后将复合外层金属液快速浇入水冷结晶器中，金属液在穿过水冷结晶器内高温融化的熔融渣层过程中受电渣精练后与废旧轧辊芯棒表面熔合，冷却结晶形成复合材料轧辊	再制造轧辊产品中废旧轧辊占再制造后轧辊总重量的70%～80%以上；成本为新轧辊的 50%～60%；使用寿命比新轧辊提高30%以上	轧辊、支撑辊等各种辊类再制造	推广

序号	名称	主要内容	主要指标	适用行业及范围	所处阶段
14	打印耗材再制造技术及设备	针对打印耗材的再制造，对关键零部件进行特性检测、清洁清洗，对磁辊喷砂，感光鼓、充电辊采用重涂修复技术进行再制造，对鼓粉盒和墨盒芯片进行编程及重写，对废旧碳粉再生制造，对五金件进行清洁及机械修复，对废墨水等进行环保处理，提高打印耗材回收利用率及再制造率，延长打印耗材易耗件的使用寿命	再制造产品回收利用次数≥3；再制造产品符合RoHS要求；充电辊利用率≥75%；磁辊再生利用率≥85%；碳粉再生循环利用率≥90%；喷墨盒回收再生合格率≥90%	激光及喷墨打印耗材的再制造	推广
15	废金属破碎分选处理技术及大型化设备	针对废旧机械装备及废钢破碎加工过程中技术装备水平低的问题，采用磁阻开关控制的超宽履带输送设备、液压控制自适应预碾压设备、磁力分选设备，实现铁、有色金属及非金属物质的自动分离	主机功率：750～3 000 kW；每小时处理废金属35～120 t；送料宽度达1 500～2 600 mm；磁力分选率≥97%；有色金属涡流分选或有色光选分辨率≥98%	废金属、废钢的破碎分选	推广
16	氮肥生产废水超低排放集成技术	针对氮肥生产过程中污水处理和再生利用难问题，集成了造气/脱硫系统冷却、洗涤水的闭路循环技术，锅炉系统除尘水闭路循环技术，栲胶脱硫替代氨水液相催化脱硫技术，含氨废水逐级提浓回用技术，尿素工艺冷凝液深度水解技术，甲醇精馏残液用作造气夹套锅炉补水工艺，含油废水回用技术，“一套三”浅除盐或除盐工艺制脱盐水等技术，对氮肥生产污水综合回收利用，实现了含氨氮污水、含酚氰焦油污水、含硫污水、含煤焦灰渣污水等近零排放，提高冷却水循环率，大幅度减少水资源消耗量	吨氨排水量由 30 m^3/t 降低到 3～5 m^3/t；排水量与排水中污染物总量低于国家标准 50%甚至60%以上	氮肥生产行业	推广
三、废物资源化利用技术、工艺及设备					
17	氰化尾渣制铁精矿联产硫酸、提取金银技术	针对黄金冶炼过程产生的氰化尾渣污染严重的问题，采用氰化渣活化脱氰富集硫铁技术分离出高品位硫精矿，金银在硫精矿中一次富集，然后采用流态化焙烧制酸技术焙烧硫精矿制得硫酸和铁精粉，金银在铁精粉中二次富集，通过选择性分离提取金、银等金属，减少含重金属污染物排放。实现氰化尾渣的资源化、高值化利用	氰化渣中有价组分富集后硫精矿硫品位≥48%；硫回收率≥ 92%；铁精粉铁品位≥64.5%；金回收率≥90%；银回收率≥80%；外排总氰浓度达标	黄金行业氰化尾渣资源化利用	示范

序号	名称	主要内容	主要指标	适用行业及范围	所处阶段
18	铜尾矿沸腾焙烧制取硫酸技术及设备	针对铜尾矿的综合利用，通过大型沸腾焙烧装置生成 SO_2，同时回收沸腾焙烧高温余热用于发电，采用动力波洗涤净化、两转两吸工艺制取硫酸，焙烧后的铁焙砂用作炼铁优质原料。实现铜尾矿的资源化利用	硫烧出率 98.7%；烟气 SO_2 净化率≥98%；SO_2 总转化率≥99.8%；水循环率≥96.7%；S 回收率≥97%；铁焙砂（烧渣）中 Fe≥65%、S≤.3%	铜尾矿资源化用	推广
19	钢铁冶炼尘泥转底炉锌铁回收技术	针对含铁锌尘泥回收利用难、造成污染等问题，将含铁、锌尘泥制成含碳球团，在转底炉内还原为金属化球团，球团中的氧化锌还原成金属锌，金属锌挥发再氧化生成氧化锌，在氧化过程中，采用多节多点温度及气氛控制技术，控制氧化锌粉尘的形态及粒度同时回收氧化锌，剩余含铁球团作为高炉原料。实现钢铁尘泥的资源化利用	铁回收率≥99%；锌回收率≥85%；铁金属化率≥0%；能耗较传统工艺节省 40 kg 标准煤/t 产品	钢铁企业含铁锌尘泥综合利用	推广
20	粉煤灰制备高强度陶粒技术	针对粉煤灰资源化利用，通过自主研发的球核生成器，不添加任何黏结剂将粉煤灰制成球形颗粒，在高温作用下，粉煤灰中硅铝等氧化物在颗粒内处于熔融状态，冷却后形成性能稳定的陶粒轻骨料，提高粉煤灰的掺配率，产品优于国家标准。实现粉煤灰高掺配率资源化利用	产品中粉煤灰掺配率≥95%；成品合格率≥95%；产品粒型系数 1.2；筒压强度 2～10 MPa；吸水率＜20%	粉煤灰资源化利用	推广
21	煤矸石充填开采置换煤炭技术	针对煤矸石产生量大，堆存污染问题，利用废弃的煤矸石，通过干式、湿式（高水材料）、似膏体等充填方式，充填煤矿采空区或井下巷道，置换出“三下”（水体下、建筑物下、铁路下）压煤，提高煤炭资源回采率同时实现废弃资源的再利用	提高煤炭回采率，工作面原煤回收率≥80%；减少煤矸石排放占用土地以及运输环节能耗，降低能耗 15%以上	煤炭开采业	推广
22	氨碱厂白泥用于锅炉烟气湿法脱硫技术	针对氨碱法纯碱生产过程产生的白泥污染问题，采用二级过滤与一级洗涤组合的水洗工艺，将白泥中氯离子洗脱，制成低氯白泥脱硫剂，替代石灰石粉用于烟气中二氧化硫脱除，提高锅炉烟气脱硫效率，脱硫后的脱硫石膏用于水泥生产。实现白泥的资源化利用	氨碱厂白泥利用率达 100%；锅炉烟气脱硫效率≥95%；中间产品低氯白泥含氯离子＜1.5%；终端脱硫石膏符合《用于水泥中的工业副产石膏》（GB /T21371—2008）的要求	氨碱法制碱行业	推广

序号	名称	主要内容	主要指标	适用行业及范围	所处阶段
23	氮肥生产废气、废固处理及资源化利用技术	针对氮肥生产领域工业固废、废气排放量大等问题，采用大型全燃式吹风气余热集中回收技术、三废流化混燃余热回收技术，回收造气吹风气及造气炉渣等余热；采用造粒塔尾气洗涤回收技术，回收尿素造粒塔尾气中的尿素粉尘同时溶解回收气氨。实现氮肥生产过程废物的资源化利用，减少了污染物排放	造气炉渣燃烧后残碳降至1%；造气吹风气燃烧后CO含量＜0.3%；尿素造粒塔尾气粉尘＜30 mg/m^3；氨含量＜10 mg/m^3	合成氨及尿素生产行业	推广
24	黄磷尾气高值化利用制甲酸技术	针对黄磷生产过程中产生的尾气综合利用率低问题，采用水洗碱洗及变温、变压吸附气体分离技术提纯CO气体，CO气体通过低温低压羰基合成甲酸甲酯，采用甲酸甲酯水解精馏技术生产高品质甲酸产品。实现黄磷尾气高值化利用	尾气利用率≥90%；提纯后尾气中CO≥95%，O_2≤10 ×10^{-6}，总硫≤5×10^{-6}，磷、砷、氟化物杂质含量≤1×10^{-6}，H_2O≤10 ×10^{-6}，CO_2≤10×10^{-6}；甲酸产品纯度≥98%	磷化工行业黄磷尾气综合利用	示范
25	白酒酿造废弃酒糟资源化利用技术	针对白酒酿造行业排放大量废酒糟的利用问题，通过糖化与发酵分步进行的“二次发酵”固态酿酒技术，最大化利用丢弃酒糟剩余的淀粉生产复糟酒，酿造复糟酒再次产生的废弃酒糟作为锅炉燃料生产蒸汽并回用于酿酒生产，燃烧后的稻壳灰采用低压液相法生产白炭黑。实现酿酒废弃物的资源化利用	复糟酒产品理化指标符合优级酒标准；复糟酒生产后的废弃酒糟残淀利用率达42%；废弃酒糟有机质综合利用率≥95%；白炭黑提取率≥80%，纯度≥90%	白酒酒糟资源化利用	推广
26	钴镍废料循环制备超细高纯钴镍粉体材料技术	针对含钴镍废料及废锂电池资源回收利用问题，以废弃钴镍资源为原料，采用酸溶-氧化技术从废料中提取钴镍元素，采用连续液液萃取及反萃技术装备实现钴镍的分离纯化及萃取介质的循环使用，中间体经闪蒸等多套组合设备处理，低温氢气还原设备再造超细高纯钴镍粉体材料，并对粉体结构和形貌的选择性进行控制。实现含镍钴废弃物的资源化利用	钴、镍资源回收率≥99%；钴粉、镍粉纯度均≥99.9%；钴粉粒度≤1.2 μm；超细粒度可达0.7 μm以下；可制备球形、类球形钴粉及大FSSS镍粉	含钴镍废料、废锂电池的再生利用	示范

序号	名称	主要内容	主要指标	适用行业及范围	所处阶段
27	废杂铜制备空心异型铜合金材料技术	针对传统废杂铜利用能耗高、污染大的问题，采用熔体净化和精炼一体化技术和装备控制熔体中杂质，采用以等轴晶为主的凝固控制技术提高产品质量和性能；通过分流导液、均温缓冷的石墨结晶器实现薄壁及小孔径异型铜材生产。实现废杂铜的再生利用	废杂铜利用率≥95%；成品率≥99%；产品各项性能符合相关标准	黄杂铜资源化利用	示范
28	废冰箱整体拆解与多组分资源化利用一体化成套设备	针对传统处理废冰箱手工拆解高污染、资源浪费问题，利用冷媒抽取装置自动抽取废冰箱冷媒，将切除冷凝器及压缩机后的剩余箱体进行封闭式破碎分离，提高铁、铜、铝、塑料、聚氨酯泡沫等材料的回收率，过程中产生的废气、粉尘经活性炭纤维吸附和布袋除尘处理后达标排放。实现废冰箱各组分资源的回收利用	有色金属回收率和塑料回收率≥95%；制冷剂回收率≥90%；聚氨酯泡沫回收率≥90%；铁回收率≥98%；设备处理能力≥30 台/h；尾气达标排放	废冰箱资源化利用	推广
29	废印制电路板粉碎分离回收技术及成套设备	针对废印制电路板资源化利用难、污染重的问题，采用物理方法逐级粉碎，再利用高速运转的叶轮在特殊设计的金属腔体内形成高速涡流，将粉碎后的带有金属镀层的线路板粒料解离，经过风选分离将解离后的金属粉末与非金属粉末分离回收。实现废印制电路板各组分资源的回收利用	金属回收率≥95%；回收的铜粉中铜含量≥90%；非金属粉末中金属含量＜1%；设备处理能力≥500 kg/h	废印制电路板资源化利用、无害化处理	推广
30	废弃高硫石油焦连续石墨化生产优质石墨材料技术及设备	针对传统石墨增碳剂生产周期长、能耗高、污染大、效率低等问题，以废弃高硫石油焦为原料，利用核心设备高能效新型竖式连续石墨化炉设备，连续化制备石墨增碳剂及石墨负极材料。实现废弃高硫石油焦的利用及石墨增碳剂生产的源头降耗和废气减排	产品石墨增碳剂含碳量达 99.5%，含硫量＜0.03%；产品锂离子电池石墨负极材料含碳量达99.96%，含硫量＜40×10^{-6}；与传统工艺相比，吨产品能耗降低 70%以上，SO_2、CO_2 等排放减少 95%以上，节水量＞80%，生产效率提高 20%	碳素行业	推广
31	硫化橡胶粉常压连续脱硫成套设备	针对压力容器废橡胶传统脱硫法产生大量的废水、废气和不安全因素，开发了常压、变频调速、数显智能温控、连续联动化生产的硫化橡胶粉常压连续脱硫成套设备。硫化橡胶粉活化剂、软化剂等经搅拌输送到脱硫机中，采用在螺旋装置内密封输送状态下加热脱硫及夹套式螺旋冷却工艺完成脱硫。实现常压脱硫，降低能耗，生产过程无废水、废气排放	与传统动态脱硫法相比，节能 20%以上；无废水、废气排放；减少操作人员 2/3；设备减少钢材使用 3/4，减少占地面积 2/3	再生胶、硫化橡胶粉塑化行业	推广

序号	名称	主要内容	主要指标	适用行业及范围	所处阶段
32	垃圾塑料生产组合芯模技术	针对垃圾填埋场的垃圾塑料和造纸厂制浆后产生的垃圾塑料难处理、污染重等问题，通过添加多功能复合改性剂进行改性，并在此基础上添加一定比例的秸秆、谷壳、木屑粉等农林副产品废弃物作为填充剂，采用压制成型工艺制成埋地塑料组合芯模产品，该技术允许垃圾塑料中含有细小杂质，无需对垃圾塑料进行水洗。实现垃圾塑料无害化处理	垃圾塑料综合利用率（剔除水分、碎布、泥沙及金属等大型杂质后）≥98%；产品中废塑料比例≥75%；产品中新材料及改性剂的加入量＜1%；三废达标排放；产品质量合格	垃圾塑料资源化利用	推广
33	废弃纸铝塑复合包装物再生利用技术	针对废纸铝塑复合包装物分离难、利用难等问题，采用转鼓式高浓碎浆机等专用设备将纸铝塑复合包装物分解成纸浆和铝塑膜，纸浆经筛选净化和抄纸工艺制成高强度包装用纸，铝塑膜采用湿法分离与离心净化工艺实现铝塑分离，脱铝塑料破碎、造粒，铝屑经湿法研磨制成铝粉膏。实现废弃纸铝塑复合包装的再生利用和无害化处理	纸浆、塑料和铝的综合回收率≥95%；铝塑分离率达到100%；铝粉中活性铝成分≥85%	废纸铝塑包装资源化利用	示范
34	城市有机废弃物高效率厌氧消化技术及设备	针对市政污泥、餐厨废弃物等城市有机垃圾资源化利用问题，采用高浓度厌氧反应器、自动化搅拌系统实现物料完全混合，通过流程优化控制技术提高物料处理浓度以及系统效率，采用自动防浮渣结盖技术解决了传统大型厌氧消化装置中浮渣结盖问题。实现高浓度、低压厌氧消化，提高有机质降解率和产气率	厌氧消化处理物料浓度提高到8%～15%（干物质浓度）；有机质降解率达 70%～80%；产气量达 60～120 m^3；产气甲烷含量达60%～70%	市政污泥、餐厨废弃物等城市有机废物的厌氧消化	示范
35	城市垃圾填埋气变压吸附制天然气联产二氧化碳技术	针对城市垃圾填埋气中 CH_4 和 CO_2 分离难的问题，采用填埋气压缩、脱硫、冷冻干燥、吸附净化等预处理工艺将填埋气中的水分与有害杂质去除，然后利用压力变化下 CH_4 和 CO_2 在吸附剂上的吸附量变化将两种气体分离。实现垃圾填埋气中 CH_4 和 CO_2 高纯度同步高效回收	沼气中 CH_4 回收率≥90%；产品气中 CH_4 浓度≥95%，符合《车用压缩天然气》（GB 18047—2000）的要求；另一产品气 CO_2 回收率≥95%；CO_2 浓度≥95%	垃圾填埋气、大中型生物厌氧工程所产沼气提纯	推广
36	秸秆清洁制浆及废液资源化利用技术	针对传统秸秆制浆效率低、质量差、水耗能耗高，污染重等问题，采用新式备料和置换蒸煮技术，使蒸煮工段的热黑液循环利用，降低制浆蒸汽用量和黑液黏度，提高浆料滤水性；采用“高硬度制浆-机械疏解-氧脱木素”组合技术，提高麦草浆得率和强度，制浆废液通过蒸发浓缩、喷浆造粒技术生产木素有机肥。实现秸秆清洁制浆及废液资源化利用	生产的本色浆抗张指数61.5N·m/g；黑液提取率＞90%；黑液固形物浓度 13%～15%；有机肥有机质含量≥40%	秸秆清洁制浆造纸、有机肥制造	推广

序号	名称	主要内容	主要指标	适用行业及范围	所处阶段
37	芦笋废弃物提取皂苷及多糖技术	针对芦笋废弃物（老茎、笋皮等）堆积污染及资源浪费问题，采用乙醇-水超声循环提取皂苷等脂溶性成分，采用水超声循环提取多糖等水溶性成分，然后采用真空低温浓缩，中低温离心喷雾干燥及造粒技术生产芦笋皂苷和多糖产品，剩余残渣采用固态发酵生产生物药肥。实现芦笋废弃物资源化利用	芦笋皂苷和芦笋多糖提取率≥90%；脂溶性成分中芦笋皂苷含量≥15%；水溶性成分中芦笋多糖含量≥35%；生物肥中有机质含量≥35%	芦笋废弃物资源化利用	示范
38	沼液高效制生物有机肥技术	针对大中型沼气池冬季产气量低和沼液污染环境与低效利用问题，以沼气池产生的沼液和沼渣为原料，采用生物工程技术，添加有益微生物菌种，对生物质发酵制得液体高效生物有机肥料，可替代部分化肥和农药，提高农作物产量。实现沼液的资源化利用	液体高效生物有机肥的有效活菌数（乳酸杆菌、酵母菌、枯草芽孢杆菌等）达 0.26 亿个/ml；总养分（氮、五氧化二磷、氧化钾）达 0.6%	新建及已建的沼气工程的沼肥生产配套	示范
39	废石料高值化利用合成优质石材技术	针对石材开采、加工过程中产生的大量废石料问题，采用胶凝材料改进技术、人造大理石胚料改性技术、高档合成石喷色成纹加工技术、真空振压花纹技术、石板预制压片技术、全过程高档合成石养护技术等，利用大体积荒料整体高仿真设备、全过程高效废气生化处理系统和自动化排锯节能减震系统等，生产高档合成石材。实现废石料的规模化优质高效利用，替代天然石材	废石料掺入量≥80%；利用率（成材率）≥98%；生产的高档合成石产品主要性能指标为抗折强度≥20 MPa、压缩强度≥100 MPa、吸水率≤0.1%、耐磨度≤450 mm^3、莫氏硬度≥3、放射性符合《建筑材料放射性核素限量》（GD6566—2001）A 类要求	废石料资源化利用	推广
四、产业共生与链接技术、工艺及设备					
40	生活垃圾预处理及水泥窑协同处理技术	针对国内生活垃圾混合收集、水分高、热值低、难处理等问题，采用双轴机械破碎方式对生活垃圾进行破碎和生物干化，利用综合分选技术分离可燃部分、无机灰渣部分、金属部分，其中可燃部分制成可燃性垃圾固体燃料（RDF）；采用多点协同喂料工艺和技术，将 RDF 替代部分燃料用于干法水泥生产，无机灰渣用作水泥填料。实现工业与社会间产业链接	生活垃圾预处理后可燃部分低位热值≥2000 kcal/kg，无机灰渣中可燃物（塑料、纸张等）≤15%（干基）；水泥窑处置过程无废渣、废水外排，二噁英/呋喃≤0.1 ngTEQ/m^3；水泥熟料质量符合国家标准	城市垃圾水泥窑协同处理与资源化利用	推广

序号	名称	主要内容	主要指标	适用行业及范围	所处阶段
41	高铝粉煤灰多金属梯级提取与资源化利用技术	针对高铝粉煤灰综合利用水平低的问题，以高铝粉煤灰为原料，采用低碱选择性提取与管道化溶出技术提高粉煤灰的铝硅比，采用低温高效转化技术制备活性硅酸钙材料，脱硅后的粉煤灰进一步提取冶金级氧化铝或采用铝硅耦合技术制备莫来石等材料，其母液中含有的镓资源经树脂高效吸附与浓缩技术后再通过电解得到金属镓。实现能源、有色、建材等行业间的产业链接	氧化铝提取率≥85%；非晶态 SiO_2 提取率≥90%；残余硅钙渣中碱含量≤0.6%，满足水泥生产要求；镓提取率＞40%	高铝粉煤灰综合利用	示范
42	焦炉煤气制天然气技术	针对焦炉煤气中氢气、CO 和 CO_2 含量高，甲烷含量低，热值小的特点，对焦炉煤气进行净化预处理，在高效甲烷化催化剂作用下进行甲烷化合成甲烷，分离出 H_2，得到合成天然气。实现化工、钢铁、能源等行业间的产业链接	CH_4 选择性≥65%；CO/CO_2 一次转化率≥90%；焦炉气产品达到 SY/T0004—1998 要求	焦化行业煤气综合利用	示范

本名录涉及减量化、再利用和再制造、资源化、产业共生与链接四个方面、共 42 项重点循环经济技术、工艺和设备。涉及化工行业的有 9 项：“减量化技术、工艺及设备”中的亚熔盐铬盐清洁工艺与集成技术，熔盐法钛白生产技术；“再利用与再制造技术、工艺及设备”中的氮肥生产废水超低排放集成技术；“废物资源化利用技术、工艺及设备”中的氨碱厂白泥用于锅炉烟气湿法脱硫技术，氮肥生产废气、废固处理及资源化利用技术，黄磷尾气高值化利用制甲酸技术，废弃高硫石油焦连续石墨化生产优质石墨材料技术及设备，硫化橡胶粉常压连续脱硫成套设备；“产业共生与链接技术、工艺及设备”中的焦炉煤气制天然气技术。

在减量化技术、工艺及设备中，国家鼓励钛白生产行业目前处于示范阶段的熔盐法钛白粉生产技术，它能够实现钛白粉生产的源头减量与污染物减排。

在再利用与再制造技术、工艺及设备中，氮肥行业目前推广的氮肥生产废水超低排放集成技术入选。该技术通过对氮肥生产污水综合回收利用，实现了含氨氮污水、含酚氰焦油污水、含硫污水、含煤焦灰渣污水等近零排放，提高了冷却水循环率，大幅度减少水资源消耗量。

在“三废”资源化利用技术、工艺及设备中，氨碱法制碱行业目前推广的氨碱厂白泥用于锅炉烟气湿法脱硫技术，合成氨及尿素生产行业推广的氮肥生产废气、废固处理及资源化利用技术，磷化工行业黄磷尾气高值化利用制甲酸技术，再生胶、硫化橡胶粉塑化行业推广的硫化橡胶粉常压连续脱硫成套设备等入选。

13.2.2.4 减量化、再利用和资源化的法律规定

循环经济是指在生产、流通和消费等过程中进行的减量化、再利用、资源化活动的总称。《循环经济促进法》《清洁生产促进法》和《固体废物污染环境防治法》对减量化、再利用和资源化均有规定。其中与化工企业紧密相关的内容有：

（1）减量化

①国务院循环经济发展综合管理部门会同国务院环境保护等有关主管部门，定期发布鼓励、限制和淘汰的技术、工艺、设备、材料和产品名录。

禁止生产、进口、销售列入淘汰名录的设备、材料和产品，禁止使用列入淘汰名录的技术、工艺、设备和材料。

②从事工艺、设备、产品及包装物设计，应当按照减少资源消耗和废物产生的要求，优先选择采用易回收、易拆解、易降解、无毒无害或者低毒低害的材料和设计方案，并应当符合有关国家标准的强制性要求。

设计产品包装物应当执行产品包装标准，防止过度包装造成资源浪费和环境污染。

产品和包装物的设计、制造，应当遵守国家有关清洁生产的规定。国务院标准化行政主管部门应当根据国家经济和技术条件、固体废物污染环境防治状况以及产品的技术要求，组织制定有关标准，防止过度包装造成环境污染。

生产、销售、进口依法被列入强制回收目录的产品和包装物的企业，必须按照国家有关规定对该产品和包装物进行回收。

③企业事业单位应当合理选择和利用原材料、能源和其他资源，采用先进的生产工艺和设备，减少工业固体废物产生量，降低工业固体废物的危害性。

④工业企业应当采用先进或者适用的节水技术、工艺和设备，制定并实施节水计划，加强节水管理，对生产用水进行全过程控制。

工业企业应当加强用水计量管理，配备和使用合格的用水计量器具，建立水耗统计和用水状况分析制度。

新建、改建、扩建建设项目，应当配套建设节水设施。节水设施应当与主体工程同时设计、同时施工、同时投产使用。

国家鼓励和支持沿海地区进行海水淡化和海水直接利用，节约淡水资源。

⑤国家鼓励和支持企业使用高效节油产品。

电力、石油加工、化工、钢铁、有色金属和建材等企业，必须在国家规定的范围和

期限内，以洁净煤、石油焦、天然气等清洁能源替代燃料油，停止使用不符合国家规定的燃油发电机组和燃油锅炉。

内燃机和机动车制造企业应当按照国家规定的内燃机和机动车燃油经济性标准，采用节油技术，减少石油产品消耗量。

⑥开采矿产资源，应当统筹规划，制定合理的开发利用方案，采用合理的开采顺序、方法和选矿工艺。采矿许可证颁发机关应当对申请人提交的开发利用方案中的开采回采率、采矿贫化率、选矿回收率、矿山水循环利用率和土地复垦率等指标依法进行审查；审查不合格的，不予颁发采矿许可证。采矿许可证颁发机关应当依法加强对开采矿产资源的监督管理。

矿山企业在开采主要矿种的同时，应当对具有工业价值的共生和伴生矿实行综合开采、合理利用；对必须同时采出而暂时不能利用的矿产以及含有有用组分的尾矿，应当采取保护措施，防止资源损失和生态破坏。

矿山企业应当采取科学的开采方法和选矿工艺，减少尾矿、矸石、废石等矿业固体废物的产生量和贮存量。

尾矿、矸石、废石等矿业固体废物贮存设施停止使用后，矿山企业应当按照国家有关环境保护规定进行封场，防止造成环境污染和生态破坏。

（2）再利用和资源化

①县级以上人民政府应当统筹规划区域经济布局，合理调整产业结构，促进企业在资源综合利用等领域进行合作，实现资源的高效利用和循环使用。

各类产业园区应当组织区内企业进行资源综合利用，促进循环经济发展。

国家鼓励各类产业园区的企业进行废物交换利用、能量梯级利用、土地集约利用、水的分类利用和循环使用，共同使用基础设施和其他有关设施。

新建和改造各类产业园区应当依法进行环境影响评价，并采取生态保护和污染控制措施，确保本区域的环境质量达到规定的标准。

②企业应当按照国家规定，对生产过程中产生的粉煤灰、煤矸石、尾矿、废石、废料、废气等工业废物进行综合利用。

③企业应当发展串联用水系统和循环用水系统，提高水的重复利用率。

企业应当采用先进技术、工艺和设备，对生产过程中产生的废水进行再生利用。

④企业应当采用先进或者适用的回收技术、工艺和设备，对生产过程中产生的余热、余压等进行综合利用。

建设利用余热、余压、煤层气以及煤矸石、煤泥、垃圾等低热值燃料的并网发电项目，应当依照法律和国务院的规定取得行政许可或者报送备案。电网企业应当按照国家规定，与综合利用资源发电的企业签订并网协议，提供上网服务，并全额收购并网发电项目的上网电量。

⑤企业应当在经济技术可行的条件下对生产和服务过程中产生的废物、余热等自行回收利用或者转让给有条件的其他企业和个人利用。

⑥国家支持生产经营者建立产业废物交换信息系统，促进企业交流产业废物信息。

企业对生产过程中产生的废物不具备综合利用条件的，应当提供给具备条件的生产经营者进行综合利用。

⑦县级以上人民政府应当统筹规划建设城乡生活垃圾分类收集和资源化利用设施，建立和完善分类收集和资源化利用体系，提高生活垃圾资源化率。

县级以上人民政府应当支持企业建设污泥资源化利用和处置设施，提高污泥综合利用水平，防止产生再次污染。

13.2.3 工业领域循环经济发展现状与面临的形势

13.2.3.1 主要成效

循环经济理念逐步树立。国家把发展循环经济作为一项重大任务纳入国民经济和社会发展规划，要求按照减量化、再利用、资源化，减量化优先的原则，推进生产、流通、消费各环节循环经济发展。一些地方将发展循环经济作为实现转型发展的基本路径。

循环经济试点取得明显成效。经国务院批准，在重点行业、重点领域、产业园区和省市开展了两批国家循环经济试点，各地区结合实际开展了本地循环经济试点。通过试点，总结凝练出 60 个发展循环经济的模式案例，涌现出一大批循环经济先进典型，探索了符合我国国情的循环经济发展道路。

法规标准体系初步建立。循环经济促进法于 2009 年 1 月 1 日起施行，标志着我国循环经济进入法制化管理轨道。公布实施了《废弃电器电子产品回收处理管理条例》《再生资源回收管理办法》等法规规章，发布了 200 多项循环经济相关国家标准。一些地区制定了地方循环经济促进条例。

政策机制逐渐完善。深化资源性产品价格改革，实行了差别电价、惩罚性电价、阶梯水价和燃煤发电脱硫加价政策。实施成品油价格和税费改革，提高了成品油消费税单位税额，逐步理顺成品油价格。中央财政设立了专项资金支持实施循环经济重点项目和开展示范试点。开展资源税改革试点，制定了鼓励生产和购买使用节能节水专用设备、小排量汽车、资源综合利用产品和劳务等的税收优惠政策。完善了环保收费政策。出台了支持循环经济发展的投融资政策。

技术支撑不断增强。将循环经济技术列入国家中长期科技发展规划，支持了一批关键共性技术研发。实施了一批循环经济技术产业化示范项目，推广应用了一大批先进适用的循环经济技术。汽车零部件再制造技术已达到国际领先水平，废旧家电和报废汽车回收拆解、废电池资源化利用、共伴生矿和尾矿资源回收利用等一大批技术和装备取得突破。

产业体系日趋完善。产业废物综合利用已形成较大规模，产业循环链接不断深化，再生资源回收体系逐步完善，垃圾分类回收制度逐步建立，“城市矿产”资源利用水平得到提升，再制造产业化稳步推进，餐厨废弃物资源化利用开始起步。

“十一五”以来，通过发展循环经济，我国单位国内生产总值能耗、物耗、水耗大幅度降低，资源循环利用产业规模不断扩大，资源产出率有所提高，初步扭转了工业化、城镇化加快发展阶段资源消耗强度大幅上升的势头，促进了结构优化升级和发展方式转变，为保持经济平稳较快发展提供了有力支撑，为改变“大量生产、大量消费、大量废弃”的传统增长方式和消费模式探索出了可行路径。

13.2.3.2 绿色发展已成为国际潮流

资源约束强化。我国主要资源人均占有量远低于世界平均水平，加上增长方式仍较粗放，国内资源供给难以保障经济社会发展需要，能源、重要矿产、水、土地等资源短缺矛盾将进一步加剧，重要资源对外依存度将进一步攀升，可持续发展面临能源资源瓶颈约束的严峻挑战。

环境污染严重。我国环境状况总体恶化的趋势尚未得到根本遏制，重点流域水污染严重，一些地区大气污染问题突出，“垃圾围城”现象较为普遍，农业面源污染、重金属和土壤污染问题严重，重大环境事件时有发生，给人民群众身体健康带来危害。

应对气候变化压力加大。我国是最易受气候变化影响的国家之一，气候变化导致农业生产不稳定性增加，局部地区干旱高温危害严重，生物多样性减少，生态系统脆弱性增加。近年来，我国温室气体排放快速增长，人均排放量不断攀升，减排压力不断加大。

绿色发展成为国际潮流。近年来，为应对国际金融危机和全球气候变化的挑战，发达国家纷纷加快发展绿色产业，将其作为推进经济增长和转型的重要途径，一些国家利用技术优势，在国际贸易中制造绿色壁垒。在新一轮经济科技的竞争中，走绿色低碳循环的发展道路是必然的选择。

无论是从国内能源资源供给和生态环境承载能力看，还是从全球发展趋势和温室气体排放空间看，我国都无法继续靠粗放型的增长方式推进现代化进程。当前我国已进入全面建设小康社会的关键时期，也是发展循环经济的重要机遇期，必须积极创造有利条件，着力解决突出矛盾和问题，加快推进循环经济发展，从源头减少能源资源消耗和废弃物排放，实现资源高效利用和循环利用，改变“先污染、后治理”的传统模式，推动产业升级提升和发展方式转变，促进经济社会持续健康发展。

13.2.4　加快构建覆盖全社会的资源循环利用体系

《国民经济和社会发展第十二个五年规划纲要》要求大力发展循环经济，按照减量化、再利用、资源化的原则，减量化优先，以提高资源产出效率为目标，推进生产、流通、消费各环节循环经济发展，加快构建覆盖全社会的资源循环利用体系。

一是推行循环型生产方式。加快推行清洁生产，在农业、工业、建筑、商贸服务等重点领域推进清洁生产示范，从源头和全过程控制污染物产生和排放，降低资源消耗。加强共伴生矿产及尾矿综合利用，提高资源综合利用水平。推进大宗工业固体废物和建筑、道路废弃物以及农林废物资源化利用，工业固体废物综合利用率达到72%。按照循环经济要求规划、建设和改造各类产业园区，实现土地集约利用、废物交换利用、能量梯级利用、废水循环利用和污染物集中处理。推动产业循环式组合，构筑链接循环的产业体系。资源产出率提高15%。

二是健全资源循环利用回收体系。完善再生资源回收体系，加快建设城市社区和乡村回收站点、分拣中心、集散市场“三位一体”的回收网络，推进再生资源规模化利用。加快完善再制造旧件回收体系，推进再制造产业发展。建立健全垃圾分类回收制度，完善分类回收、密闭运输、集中处理体系，推进餐厨废弃物等垃圾资源化利用和无害化处理。

三是推广绿色消费模式。倡导文明、节约、绿色、低碳消费理念，推动形成与我国国情相适应的绿色生活方式和消费模式。鼓励消费者购买使用节能节水产品、节能环保型汽车和节能省地型住宅，减少使用一次性用品，限制过度包装，抑制不合理消费。推行政府绿色采购，逐步提高节能节水产品和再生利用产品比重。

四是强化政策和技术支撑。加强规划指导、财税金融等政策支持，完善法律法规和标准，实行生产者责任延伸制度，制订循环经济技术和产品名录，建立再生产品标识制度，建立完善循环经济统计评价制度。开发应用源头减量、循环利用、再制造、零排放和产业链接技术，推广循环经济典型模式。深入推进国家循环经济示范，组织实施循环经济“十百千示范”行动。推进甘肃省和青海柴达木循环经济示范区等循环经济示范试点、山西资源型经济转型综合配套改革试验区建设。

13.2.5 园区循环化改造

园区是我国经济发展的重要支撑，也是我国发展循环经济的重点领域。《循环经济促进法》规定："各类产业园区应当组织区内企业进行资源综合利用，促进循环经济发展"。国家"十二五"规划纲要求将园区循环化改造列为循环经济重点工程。为此，2012年3月21日，国家发展和改革委员会、财政部下发《关于推进园区循环化改造的意见》(发改环资〔2012〕765号)，旨在推进园区绿色低碳循环发展，提升产业园区综合竞争力和可持续发展能力。

13.2.5.1 基本要求

推进园区循环化改造，就是推进现有的各类园区（包括经济技术开发区、高新技术产业开发区、保税区、出口加工区以及各类专业园区等）按照循环经济减量化、再利用、资源化，减量化优先原则，优化空间布局，调整产业结构，突破循环经济关键链接技术，合理延伸产业链并循环链接，搭建基础设施和公共服务平台，创新组织形式和管理机制，实现园区资源高效、循环利用和废物"零排放"，实现园区内项目、企业、产业有效组合和循环链接，打造园区的"升级版"，不断增强园区可持续发展能力。

园区要从空间布局优化、产业结构调整、企业清洁生产、公共基础设施建设、环境保护、组织管理创新等方面，推进循环化改造，实现"七化"，即空间布局合理化、产业结构最优化、产业链接循环化、资源利用高效化、污染治理集中化、基础设施绿色化、运行管理规范化。

13.2.5.2 政策措施

一是中央财政将加大对园区循环化改造重点项目的支持力度。二是国家将组织开展园区循环化改造示范工程，选择一些基础条件好、改造潜力大的园区进行循环化改造示范试点。三是按照《关于支持循环经济发展的投融资政策措施意见的通知》(国家发展和改革委员会、中国人民银行、中国银行业监督管理委员会、中国证券监督管理委员会文件，发改环资〔2010〕801号）要求，国家将加大对循环经济发展的投融资支持力度。四是对循环化改造成效明显的园区，将优先确定为"国家循环经济示范园区"，并加强宣传推广。

13.2.5.3 实施示范工程

"十二五"期间，国家将培育100个循环化改造示范试点园区，申报对象为所有列入中国开发区审核公告目录的园区以及国家循环经济试点园区、再制造示范基地和国家循环经济教育示范基地。截至目前已有30家园区成功获批。示范试点已形成以西北（10

家）和华东（7 家）两地区为“集聚区”，沿东北（1 家）、华北（4 家）、华中（4 家）和华南（1 家）“一带”分布的格局。另外，西南地区的云南、贵州和四川也各有 1 家试点园区。

链接

“十一五”我国循环经济示范试点工程

“十一五”期间我国的循环经济示范试点工程如图 13.5 所示。其中曹妃甸循环经济产业示范区见图 13.6。

图 13.5 “十一五”期间循环经济示范试点工程（www.xhjj.net300x255）

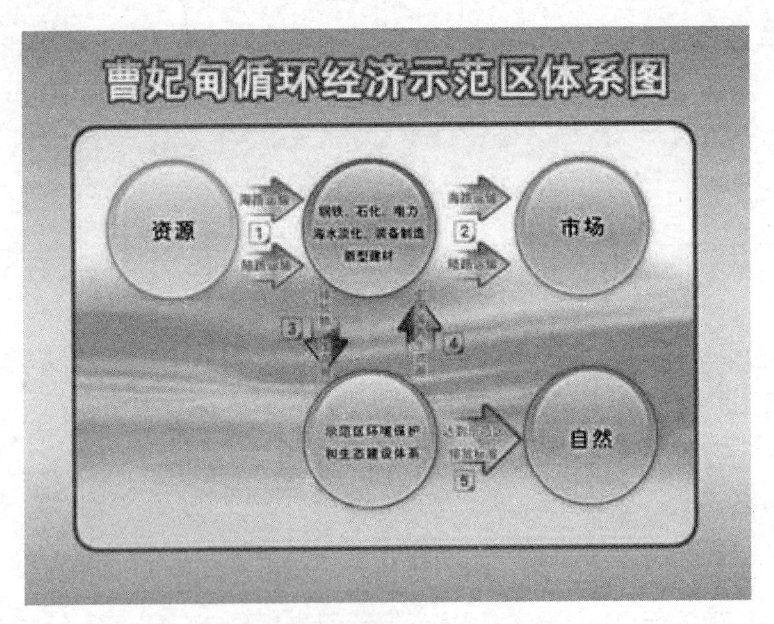

图 13.6 曹妃甸循环经济示范区体系图（cctvenchiridion.cctv.com500x381）

曹妃甸循环经济示范区位于河北省唐山市南部沿海，规划面积 1 943.72 平方千米，陆域海岸线约 80 千米，常住人口约 20 万人。2008 年 1 月 25 日，国务院正式批准了《曹妃甸循环经济示范区产业发展总体规划》，标志着曹妃甸的发展正式作为国家战略全面启动。随着首钢迁建工程全面投入建设，二十二冶装备制造基地等项目竣工，一批符合循环经济发展要求、具有产业链特征的项目陆续入区建设，完善配套的循环产业集群雏形基本形成。在以海洋化工为主的南堡开发区，已经形成了以南堡盐场和三友集团为主体，上游海盐生产，中游“两碱一化”，下游氯气利用的“三大板块”，构筑了海洋化工循环产业体系，初步建立了“盐—碱—氯气—四氯化钛—海绵钛”、“盐—烧碱—黏胶纤维”、“氢氧化钾—三氯氢硅—气相白炭黑”、“氯气—有机硅—有机硅下游产品”等 4 条主导产业链，海洋化工循环产业经济总量点总值的 80%以上，依托氯气资源，钛材料、硅材料等新兴产业链正在开成。

（循环经济——写在曹妃甸开发建设 10 周年之际（四）http: //www.huanbohainews.com.cn2013-06-22，来源：环渤海新闻网）

13.2.6 循环经济发展战略

13.2.6.1 基本原则

强化理念，减量优先。推动全社会树立减量化、再利用、资源化的循环经济理念，坚持减量化优先，从源头上减少生产、流通、消费各环节能源资源消耗和废弃物产生，大力推进再利用和资源化，促进资源永续利用。

完善机制，创新驱动。健全法规标准，完善经济政策，充分发挥市场配置资源的基础性作用，形成有效的激励和约束机制，增强发展循环经济的内生动力。加强制度创新、技术创新、管理创新，提升循环经济发展水平。

改造存量，优化增量。对现有各类产业园区、重点企业进行循环化改造，提高资源产出率。产业园区、企业和项目要从规划、设计、施工、运行、管理等各环节贯彻循环经济的要求。按照自然资源开发利用和产品生产制造产业即动脉产业的特点，统筹对废弃物资源化利用相关产业即静脉产业进行合理布局，推动动脉产业与静脉产业协同发展。

示范引领，全面推进。在农业、工业、服务业各产业，城市、园区、企业各层面，生产、流通、消费各环节培育一批循环经济示范典型，全面推广循环经济典型模式，推动循环经济形成较大规模。

因地制宜，突出特色。根据主体功能定位、区域经济特点、资源禀赋和环境承载力等状况，科学确定各地区循环经济发展重点，合理规划布局，发挥区域优势，突出地方特色，切实发挥循环经济促进经济转型升级的作用。

高效利用，安全循环。提高资源利用效率，推动资源由低值利用向高值利用转变，提高再生利用产品附加值，避免资源低水平利用和“只循环不经济”。强化监管，防止资源循环利用过程中产生二次污染，确保再生产品质量安全，实现经济效益与环境效益、社会效益相统一。

13.2.6.2 构建循环型工业体系

在工业领域全面推行循环型生产方式，实施清洁生产，促进源头减量；推进企业间、行业间、产业间共生耦合，形成循环链接的产业体系；鼓励产业集聚发展，实施园区循环化改造，实现能源梯级利用、水资源循环利用、废物交换利用、土地节约集约利用，促进企业循环式生产、园区循环式发展、产业循环式组合，构建循环型工业体系。

“十二五”期间构建循环型化学工业体系的主要内容有：

推动磷、硫、钾等矿产资源综合开发利用。加强对中低品位磷矿、硫铁矿、硼铁矿、钾矿等资源的开发利用。推进磷矿中氟、碘，硫铁矿和硼铁矿中铁，盐湖中锂、钾、钠、硼、镁等伴生资源的综合利用。

推进节能降耗。合成氨行业实施“上大压小”淘汰落后产能，重点推广先进煤气化、节能高效脱硫脱碳、低位能余热吸收制冷等技术。烧碱行业要逐步淘汰隔膜法烧碱工艺，提高离子膜法烧碱工艺比重。纯碱行业重点推动蒸汽多级利用、变换气制碱技术，积极推广应用新型盐析结晶器和循环泵等。电石行业要加快采用大型密闭式电石炉，重点推广电石炉炉气利用、空心电极等节能技术。煤化工行业鼓励再生水、矿井水利用及余热回收发电。

推动“三废”资源化利用。纯碱行业重点推动氨碱废渣用于锅炉烟气湿法脱硫和蒸氨废液综合利用。氯碱化工行业重点推动利用电石渣生产水泥或用于脱硫，加强电石渣上清液回收利用以及电石炉尾气中一氧化碳、氢气综合利用。磷化工行业重点推动磷石膏制建材、分解制酸并联产水泥，黄磷炉尾气回收生产碳一化学品及热能回收利用。硫化工行业重点推动利用硫酸生产废渣炼钢和生产水泥，加强余热回收利用。煤化工行业重点推进废渣用于生产水泥等建材产品，推广煤制烯烃水循环利用、碎粉加压气化含酚废水治理、中水回用、高浓盐水处理、低温余热利用、高温气体热利用等技术。

构建化学工业循环经济产业链。构建磷矿—磷肥—磷石膏—建材，磷石膏—制酸—废渣—水泥，磷矿—磷肥—尾气—磷酸，电石—聚氯乙烯—电石渣—水泥，合成氨—造气炉渣—建材，焦化—废渣—水泥等产业链。

到 2015 年，合成氨综合能耗低于 1 350 kg 标准煤/t，烧碱（离子膜）综合能耗降到 330 kg 标准煤/t，电石综合能耗降到 1 050 kg 标准煤/t，行业平均中水回用率达到 90%，固体废物综合利用率达到 75%。

13.2.6.3 保障措施

围绕提高资源产出率，遵循“减量化、再利用、资源化，减量化优先”的原则，坚持统筹规划、重点突破、全面推进相结合，因地制宜、示范引领、推广普及相结合，制度创新、技术创新、管理创新相结合，政府推动、企业实施、公众参与相结合，健全激励约束机制，积极构建循环型产业体系，推动资源再生利用产业化，推行绿色消费，形成覆盖全社会的资源循环利用体系，加快转变经济发展方式，推进资源节约型、环境友好型社会建设，提高生态文明水平。据此，我国循环经济的保障措施为：

一是完善循环经济政策，具体包括产业、投资、价格和收费、财政、税收、金融等方面的政策。

二是健全法规和标准，完善循环经济促进法相关配套法规规章，研究制定限制商品过度包装条例、循环经济发展专项资金管理办法、汽车零部件再制造管理办法等，建立健全循环经济相关标准和计量检测体系。

三是加强循环经济管理和监督，实行生产者责任延伸制度，加强循环经济管理，探索市场化管理机制，加强监督检查。

四是强化循环经济技术和服务支撑，加快共性关键技术开发，加大技术装备产业化示范，加快先进适用技术推广应用，健全循环经济服务体系。

五是建立循环经济统计评价制度，建立统计核算制度和数据发布制度，制定循环经济评价指标体系，把资源产出率作为评价循环经济发展成效的综合性指标，加强统计能力建设。

六是强化循环经济宣传教育和人才培养，普及循环经济知识，宣传典型案例，推广示范经验，在全国建设一批循环经济教育示范基地，把循环经济理念和知识纳入基础教育、职业教育、高等教育相关课程。

七是加强循环经济交流与合作，利用各种国际交流平台，创新合作方式，宣传循环经济理念和模式，建设中日韩循环经济示范基地，共同推动绿色发展。

八是加强循环经济组织领导，国务院建立健全发展循环经济组织协调机制，研究有关重大问题，部署重大任务，把握实施进度和效果，进行定期监督检查。

13.2.6.4　发展态势——实施大循环战略

在推动企业内部、园区内部、产业内部实行清洁生产和资源循环利用的基础上，遵循生态循环规律，实施大循环战略，推动产业之间、生产与生活系统之间、国内外之间的循环式布局、循环式组合、循环式流通，加快构建循环型社会，全面推进循环发展，实现资源利用可循环、环境容量可承载、经济发展可持续。

推进产业循环式组合。加强物质流分析和管理，科学规划，统筹产业带、产业园区和基地的空间布局，消除各种限制性障碍，打破地区封锁和部门利益，搭建循环经济技术、市场、产品等公共服务平台，鼓励企业间、产业间建立物质流、资金流、产品链紧密结合的循环经济联合体，促进工业、农业、服务业等产业间循环链接、共生耦合，实现资源跨企业、跨行业、跨产业、跨区域循环利用。中西部地区在承接产业转移时，要按照产业循环式组合的要求，推进产业集聚发展，合理布局建设项目，避免走先污染、后治理的老路。东部地区要通过推进产业循环式组合，促进产业结构优化升级。

促进生产与生活系统的循环链接。构建布局合理、资源节约、环保安全、循环共享的生产生活共生体系。推动生产系统的余能、余热等在社会生活系统中的循环利用，推动煤层气、沼气、高炉煤气和焦炉煤气等资源在城市居民供热、供气以及出租车等方面的应用，鼓励在有条件的地区发展煤层气公共汽车。推动中水在社会生活系统中的应用，提高城市生活污水在工业生产系统中的应用水平。完善再生水用于农业浇灌的标准，开展示范应用。推动矿井水用作生活、生态用水。推动沿海缺水地区利用海水淡化水作为企业生产和生活用水。推进钢铁、电力、水泥行业等生产过程协同资源化处理废弃物，将生活废弃物作为生产过程的原料、燃料。

推进资源循环利用国内外大循环。充分利用国内外两个市场、两种资源，不断增强经济社会发展的能源资源保障能力。加快转变对外经济发展方式，推进加工贸易转型升级，提升我国产业在全球产业分工中的价值。在实施“走出去”战略和对外援助时，把循环经济理念融入到规划、建设、施工、运行、管理等各环节，加强绿色循环低碳工程建设，树立我国负责任、注重可持续发展的大国形象。扩大再生资源进口种类和规模。严格再生资源进口监管，对沿海地区以进口再生资源加工利用为主的企业和项目实行圈区化管理，推进进口再生资源的清洁、安全和高效利用。详见《国务院关于印发循环经济发展战略及近期行动计划的通知》（国发〔2013〕5号）。

本章小结

本章介绍的清洁生产和循环经济，是绿色化工的重要元素。清洁生产包括生产过程的清洁、产品的清洁以及能源的清洁利用等。其中有效的措施包括开发替代原料、开发替代溶剂、开发新型催化剂、开发新工艺等。化工行业应该以清洁生产为目的，推进绿色化工生产战略，实现生态、人类、经济的可持续发展。循环经济是把清洁生产和废弃物的综合利用融为一体的经济，它不仅是一种防止污染的手段，还能让资源得到最大化利用。环境与经济是环境与发展的主要矛盾，经济是矛盾的主要方面，决定事物的性质。促进清洁生产和循环经济，是从经济方面抓环保的重大举措，是保护环境的正道。

思考题

1. 什么是清洁生产？清洁生产产品生命周期是什么？

2. 《环境保护法》（2014）关于清洁生产的规定是什么？

3. 什么是循环经济？

4. 循环经济与清洁生产是什么关系？为什么说促进清洁生产和循环经济是保护环境的正道？

5. 从消费角度举例说明循环经济就在你身边。

第14章　绿色化工

“绿色化学”、“绿色化工”是相融、相通的，只是强调的侧面不同而已。“绿色化学”侧重于化学，“绿色化工”侧重于化工。绿色化工是绿色化学的应用和实施。绿色化学的精髓是变革传统的生产方式。绿色化工的初衷是采用最少的资源和能源消耗，并产生最小废物排放的化学工艺过程。

14.1　绿色化工的兴起和发展

14.1.1　国际绿色化工发展过程

由于化学工业向大气、水和土壤等环境空间排放了大量有毒有害的物质，1992年，美国化学工业用于环保的费用为1 150亿美元，清理已污染地区花去7 000亿美元。1996年美国杜邦公司的化学品销售总额为180亿美元，环保费用为10亿美元。所以，无论是从环保角度还是从经济和社会的要求看，化学工业不能再承担使用和产生有毒有害物质的费用，需要大力研究与开发从源头上减少或消除污染的绿色化工技术。

绿色化工技术是指在绿色化学基础上开发的从源头上阻止环境污染的化工技术。

1984年美国环保局首先提出“废物最小化”，初步体现出绿色化学的思想。1989年美国环保局提出“污染预防”——绿色化学思想才初步形成，1990年美国联邦政府通过“防止污染行动”的法令，第一次出现“绿色化学”这个词汇，其定义为采用最少的资源和能源消耗，并产生最小废物排放的化学工艺过程。

1996年美国总统克林顿设立并颁发了“总统绿色化学挑战年度奖”，该奖分别授予4家化学公司与1位化学工程教授，同时还有67项绿色化工技术被列名。该奖设5种奖项：变更合成路线奖、改变溶剂/反应条件奖、设计更安全化学品奖、小企业奖、学术奖。此奖项每年度颁发一次。1996年美国绿色化学协会举办了第一届绿色化学和工程会议。

1997年，国际学术界久负盛名的美国Colden会议移师英国牛津，会议以绿色化学为主题，在欧洲掀起了绿色化学的浪潮。其他学术研讨会也纷纷举行。美国于1997年成立了绿色化学协会（GCI），主要目的是促进美国国内及国际的政府和企业与大学和国家实验室等学术、教育、研究机构的协作，其主要活动涉及与绿色化学相关的研究、教育、资源、会议、新闻、出版物、奖励、国际协作等诸多方面。

美国绿色化学协会还在加拿大成立了分支机构，建立了加拿大绿色化学网络（CGCN）。“加拿大绿色化学奖”由加拿大化学会组织，主要用于奖励每年在推进绿色化学发展方面作出杰出贡献的个人。

英国皇家化学协会（RSC）创办了绿色化学网络（GCN），其主要目的是在工业界、学术界和学校中促进和普及对绿色化学的了解、教育、训练与实践。在绿色化学化工方面设立了诸多奖项，其中，“绿色化工水晶奖”由 The Crystal Green Chemical Technology Faraday Partnership 设立，主要奖励在绿色化学化工方面作出杰出贡献的企业或组织；“英国绿色化学奖”由英国皇家化学协会、Salter 公司、Jerwood 慈善基金会、工商部、环境部联合赞助，旨在鼓励更多的人投身于绿色化学研究工作，推广工业界最新发展成果；“化学工程师学会（IChemE）环境奖”主要用于奖励在环境与安全方面做出杰出贡献的单位。

日本在环境技术的研究领域制定了新阳光计划。2000 年成立了绿色与可持续化学网（GSCN），主要的目的是促进环境友好、有利于人类健康和安全的绿色化学的研究与开发。其主要的活动涉及绿色与可持续发展化学的研究开发、教育、奖励、国际间的合作、信息交流等许多方面。2002 年，日本 GSCN 发起设立“绿色和可持续发展化学奖”，每年评选一次。2003 年在日本举行了“第一届绿色和可持续发展化学国际会议”，发表了“GSC 东京宣言”。

澳大利亚皇家化学研究所 RACI（The Royal Australian Chemical Institute）于 1999 年设立了“绿色化学挑战奖”。此奖项旨在推动绿色化学在澳洲的发展，奖励为防止环境污染而研制的各种易推广的化学革新及改进，表彰为绿色化学教育的推广做出重大贡献的单位和个人。

有关绿色化学著名出版物有：1998 年，P. T. Anastas 和 J. C. Warner 出版了《Green Chemistry：Theory and Practice》专著，这是绿色化学发展史上的里程碑。英国皇家化学协会主办的《Green Chemistry》，1999 年 1 月创刊，双月刊。该杂志 2001 年首次被 SCI 收录，其影响因子即达到了 2.111，2005 年达到了 3.255。直接相关的国际期刊还有《Journal of Cleaner Production》。

14.1.2 我国绿色化工发展过程

我国在绿色化工技术方面的活动也较早兴起。

1995年，中国科学院化学部确定了《绿色化学与技术》的院士咨询课题。

1996年，召开了“工业生产中绿色化学与技术”研讨会，并出版了《绿色化学与技术研讨会学术报告汇编》。

1997年5月，在以张存浩、闵恩泽和朱清时三位院士为会议执行主席的香山科学会议第72次学术讨论会上，以“可持续发展问题对科学的挑战——绿色化学”为主题拉开了中国绿色化学研究的序幕。

1998年在合肥召开了首届国际绿色化学高级研讨会，之后每年进行一次。目前，中国国际绿色化学高级研讨会已成为国际绿色化学顶级系列会议之一。中国化学会学术年会和化工年会均将绿色化学作为分会之一。

2011年7月10日，“中国绿色化工特别行动”启动仪式在内蒙古鄂尔多斯博源生态化工园隆重举行。

14.2 绿色化学的定义

绿色化学倡导人，原美国绿色化学研究所所长，现耶鲁大学教授P. T. Anastas 教授在1992年提出的“绿色化学”定义是：能够减少和消除危险物质的使用和产生的化工产品和化工工艺的设计（The design of chemical products and processes that reduce or eliminate the use and generation of hazardous substances.）。从这个定义上看，绿色化学的基础应该是化学，其应用和实施则是化工。

国家自然科学基金委员会化学科学部常务副主任梁文平对绿色化学化工作过这样精辟的诠释：“绿色化学又称环境无害化学、环境友好化学或者清洁化学”，“绿色化学是国际科学研究的热点和前沿，是我国基础科学发展的优先领域。它是经济和社会可持续发展的重要组成部分，是解决21世纪环境和资源问题的根本出路之一”，“应该看到，绿色化学是一个发展的概念，它是从源头减少污染开始逐渐趋于完全无污染的发展过程。”

绿色化学是当今国际化学科学研究的前沿，它吸收了当代化学、化工、环境、物理、生物、材料和信息等学科的最新理论和技术，是具有明确的社会需求和科学目标的新兴交叉学科。从科学的观点看，绿色化学是化学和化工科学基础内容的更新，是基于环境友好约束下化学和化工的融合和拓展；从环境观点看，它是从源头上消除污染；从经济观点看，它要求合理地利用资源和能源、降低生产成本，符合经济可持续发展的要求。正因为如此，“绿色化学”将是21世纪科学发展最重要的领域之一，是实现污染预防的最基本和重要科学手段。

实际上，“绿色化学”、“绿色化学化工”、“绿色化工”是同一类概念，只是强调的侧面不同而已。“绿色化学”侧重于化学，“绿色化工”侧重于化工。

14.3 绿色化学 12 项原则

14.3.1 1998 年提出的 12 项原则

1998 年由绿色化学的先行者——耶鲁大学绿色化学和绿色工程中心主管 P. T. Anastas 认为，绿色化工是一种前瞻性的方法，可为公司提供一种将环境和人类健康保护一体化地整合入产品和工艺开发是的方法。

绿色化学的核心是利用化学原理从化学原理从源头上减少和消除化学工业生产对环境的污染。按照绿色化学的原则，理想的化工生产方式应是反应物的原子最大化地（其极限值是全部）转化为期望的最终产品。这 12 项绿色化工的原则是；

（1）防止废物：设计化学合成方法，防止废物的产生，而不在它产生后再去处理或清理。即从源头制止污染，而不是在末端治理污染。

（2）设计更安全的化合物和产物：设计更有效、低毒或无毒的化合物。合成方法的设计应该是最大化地将工艺中使用的所有材料转变为最终产品。即合成方法应具备“原子经济性”原则，即尽量使参加反应过程的原子都进入最终产物。

（3）降低化学合成方法的危险性：降低或消除合成方法对人类及环境的毒性。只要有可能，合成方法的设计应该是使用和产生的物质毒性很小或没有毒性。

（4）使用可再生原料：使用可再生原料而非消耗型原料：可再生的原料一般来源于农产品或是其他过程产生的废物，消耗型原料一般来源于石油、天然气等。

（5）使用催化剂而非当量试剂：通过催化反应将废物量降低到最低。催化剂是指少量而可多次催化反应的试剂，而当量试剂一般过量且只能反应一次。只要有可能应尽量不使用溶剂等辅料，如果使用溶剂等应没有毒性。

（6）提高能源效率：可能的话，在常温常压下进行合成反应。

（7）使原子经济反应最大化：最大比例地利用起始反应物的原子。只要技术和经济上可行，原材料应该是可以再生的。即尽量采用可再生的原料，特别是用生物质代替石油和煤等矿物原料。

（8）尽量减少产生衍生物：衍生物的产生将使用额外的试剂，并产生废物。

（9）使用更安全的溶剂和反应条件：避免使用溶剂/混合物分离试剂和其他的辅助化合物。如果必须使用，应该选择无害的物质。如果需要使用溶剂，应尽量选择水。催化剂要优于化学计量试剂。

（10）设计可降解的产物：产物在使用后应可降解，而不要在环境中积累。化工产品的设计应该是在其功能终结后，它们可分解为无毒的可降解产品。并且能进入自然生态循环。

（11）实时分析并防止污染：在生产过程中进行实时监控，以减少或消除附产物的生成。进一步开发在形成危险物以前就可以实时监测和控制的分析方法。

（12）把事故可能性降到最低：设计化合物及其状态（固态、液态、气态），以降低爆炸、火灾、泄漏发生的可能性。用于化工工艺物质的选择应该能将潜在的化工事故减至最小。即选择参加化学过程的物质，尽量减少发生意外事故的风险。

14.3.2　2002 年提出的 12 条原则

2002 年，P. T. Anastas 教授等又提出了新的绿色化学 12 条原则：

（1）尽可能利用能量而避免使用物质实现转换；

（2）通过使用可见光有效地实现水的分解；

（3）采用的溶剂体系可有效地进行热量和质量传递，同时还可催化反应并有助于产物分离；

（4）开发具有原子经济性，又对人类健康和环境友好的合成方法“工具箱”；

（5）不使用添加剂，设计无毒无害、可降解的塑料与高分子产品；

（6）设计可回收并能反复使用的物质；

（7）开展“预防毒物学”研究，使得有关对生物与环境方面的影响机理的认识可不断地结合到化学产品的设计中；

（8）设计不需要消耗大量能源的有效光电单元；

（9）开发非燃烧、非消耗大量物质的能源；

（10）开发大量二氧化碳和其他温室效应气体的使用或固定化增值过程；

（11）实现不使用保护基团的方法进行含有敏感基团的化学反应；

（12）开发可长久使用、无需涂布和清洁的表面和物质。

在 2002 年提出的 12 条原则中，针对经济社会发展的需要，提出了一些迫切需要解决的问题，如能源、温室效应问题等。从总体上看，新的 12 条原则仍然是研究绿色化学的具体法则，只是对原来某些原则的细化和深化。

14.4 绿色化工技术的研究内容

绿色化学，变革传统的生产方式，如图 14.1 所示：

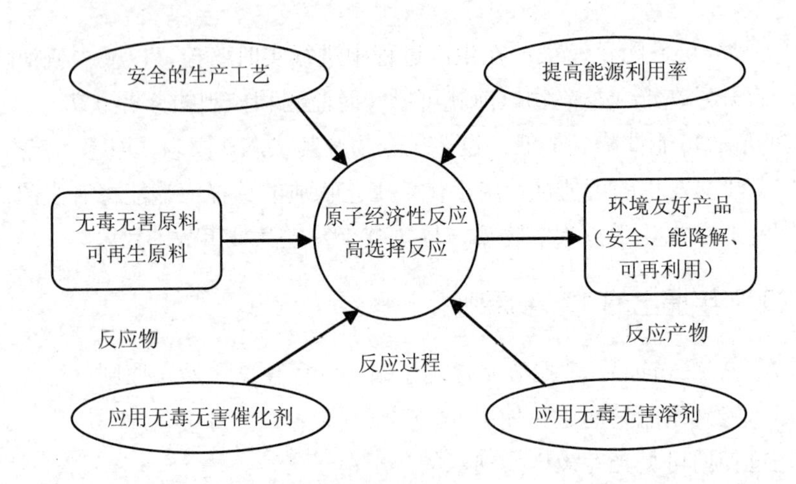

图 14.1 绿色化学：变革传统生产方式（www.maboshi.net）

14.4.1 开发“原子经济”反应

原子经济性的概念 1991 年由美国斯坦福大学著名有机化学家 Trost 提出，并因此获得 1998 年美国“总统绿色化学挑战奖” 中的学术奖。他以原子利用率（Atom Utilization，AU）衡量反应的原子经济性：

$$\text{原子经济性或原子利用率}=\frac{\text{预期产物的分子量}}{\text{反应物质总和分子量}}\times 100\%$$

原子利用率越高，反应产生的废弃物越少，对环境造成的污染也越少。绿色化学合成应考虑原料分子中的原子更多或全部地转化成最终希望的产品中的原子。如果一个产品的合成无法一步完成的话，那么减少反应步骤也是有意义的，因为步骤越多，可能造成的原子浪费越多，原子利用率越低。

14.4.2 无毒无害的原料和可再生资源

在现有化工生产中很多情况下仍使用有毒、甚至剧毒的化工原料。为了人类健康和安全，需要用无毒无害的原料代替它们来生产所需的化工产品。

利用可再生的资源合成化学品，如利用生物质（Biomass）代替当前广泛使用的石油，是保护环境的一个长远的发展方向。以植物为主的生物质资源是一个可再生的巨大资源宝库，用之不竭，利用可再生生物质资源来消除污染，实现可持续发展，开发生物催化技术是关键。美国对生物质原料的利用规划见表 14.1。

表 14.1　美国国家研究委员会（National Research Council）生物质原料制产品目标

产品种类	生物质原料产品所占比例/%		
	2000 年	2020 年	2090 年
液体燃料	1～2	10	50
有机化学品	10	25	90

13.4.3　无毒无害的溶剂

大量的与化学品制造相关的污染问题不仅来源于原料和产品，而是源自在其制造过程中使用的物质。最常见的是在反应介质、分离和配方中所用的溶剂。当前广泛使用的溶剂是挥发性有机化合物（VOC）。其在使用过程中有的会引起地面臭氧的形成，有的会引起水源污染，因此，需要限制这类溶剂的使用。采用无毒无害的溶剂代替挥发性有机化合物作溶剂已成为绿色化学的重要研究方向。常用的代替溶剂有：超临界二氧化碳、超临界水、常温离子液体、两相体系反应、无溶剂体系。

图 14.2 为基于氨基酸的新一代离子液体结构图。新一代离子液体除了用作环保的化学反应溶剂，离子液体也极有希望被用作润滑剂、电解液、火箭推进剂等。

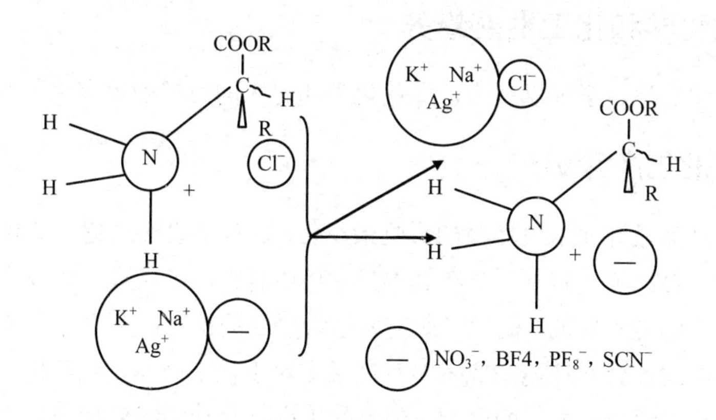

图 14.2　基于氨基酸的新一代离子液体结构

在技术限制的情况下，一般采用毒性较小的溶剂代替原有毒性较大的溶剂。采用无溶剂的固相反应也是避免使用挥发性溶剂的一个研究动向，如用微波来促进固相有机反应。

14.4.4 无毒无害的催化剂

例如，从分子筛、杂多酸、超强酸等新催化材料中大力开发固体酸烷基化催化剂。在固体酸烷基化的研究中，还应进一步提高催化剂的选择性，以降低产品中的杂质含量；提高催化剂的稳定性，以延长运转周期，以提高经济效益。

14.4.5 环境友好产品

绿色化学现在已有很多环境友好产品生产的实例。如在机动车燃料方面，新配方汽油可减少由汽车尾气中的一氧化碳以及烃类引发的臭氧和光化学烟雾等对空气的污染。这种新配方汽油的质量要求推动了汽油的有关炼油技术的发展。此外，保护大气臭氧层的氟氯烃代用品、防止“白色污染”的生物降解塑料已在使用。

14.4.6 回收利用

很多合成材料都可以通过回收利用达到循环再利用。如废聚苯乙烯泡沫塑料的回收与利用，聚烯烃、聚氯乙烯的回收与利用，橡胶的回收与利用，从聚酯废料回收其原料等。在化工生产中，要研究和发展循环经济技术，对“三废”进行资源化、减量化、再利用。

14.5 绿色化学和化工发展趋势

我国学者纪红兵，佘远斌认为，绿色化学和化工的发展趋势有以下 9 个方面：

14.5.1 绿色化工产品设计

绿色化工产品设计要求对环境的影响最小化，这包括设计过程中的生命周期分析和循环回收、回用设计等。如果一个产品本身对环境有害，仅仅降低其成本和改进其生产工艺对环境的影响是不够的，化学工业需要思考更多的是产品全生命周期中的成本和收益，特别是要考虑社会和环境的成本。发达国家对于化工产品“绿色化”的要求，以及发展中国家受到“绿色壁垒”的限制，使得化工产品设计的绿色化成为必然趋势。在绿色化工产品设计时，要遵循产品生命周期设计、再循环和再使用设计、降低原料和能量消耗设计以及利用计算机技术进行绿色化工产品的设计等原则。

由于化工产品全生命周期的想法尚不能深入化工界，化工产品设计的绿色化并没有成为企业发展的机遇，而更多的是企业被大环境所逼而致的。绿色化设计的标准和方法尚未建立也是其发展的重要障碍。有的新材料，如纳米材料的安全性等方面的问题尚待验证。

14.5.2　原料绿色化及新型原料平台

原料在化工产品的合成中极其重要，它影响了化工产品的制造、加工、生产和使用等过程。一种日益枯竭的原料不仅具有环境方面的问题，还有经济上的问题，因为不可再生原料不可避免地会引起制造费用和购买价格的升高。因此选择原料时，应尽量使用对人体和环境无害的原材料，采用易于提取、可循环利用的原材料，使用环境可降解的原材料。基于以上原则，一些新型的原料平台，如以石油化工中的低碳烷烃作为原料平台、以甲醇和合成气作为原料平台、以废旧塑料为原料平台和以生物质作为原料平台等在化工生产中越来越受到瞩目。

在传统化工生产中，经常要使用到有毒、有刺激并对生态不利的原料，这些原料的绿色化是提升化工工艺和技术绿色程度的重要手段。例如碳酸二甲酯，由于其分子中含有甲氧基、羰基和羰甲基，具有很好的反应活性，有望在许多重要化工产品的生产中替代光气、硫酸二甲酯、氯甲烷及氯甲酸甲酯等剧毒或致癌物。绿色氧化剂如氧气、双氧水因最终的氧化产物为水，已经在多类反应过程中替代传统的金属盐或金属氧化物氧化剂以及有机过氧化物，并且使反应条件更加温和，选择性更高。

14.5.3　新型反应技术

迄今为止，化学家研究了大量的化学反应，已有十几年没有新的人名反应出现，因此开发新的反应已经难上加难。从绿色角度来看，由于很多传统有机合成反应用到有毒试剂和溶剂，绿色替代物的开发给这些传统反应的重新研究提供了机遇。另外反应与生物技术、分离技术、纳米技术等的结合使得开发新型反应路径仍有空间。

14.5.4　催化剂制备的绿色化和新型催化技术

高效无害催化剂的设计和使用成为绿色化学研究的重要内容，选择性对于催化剂的评价和绿色程度的评价来说尤为重要，选择性的提高可开辟化学新领域，减少能量消耗和废物产生量。

目前有关绿色化学的研究中有相当的数量是应用新型催化剂对原有的化学反应过程进行绿色化改进，如均相催化剂的高效性、固相催化剂的易回收和反复使用等。但仅有很少研究者考虑了催化剂制备时的绿色化问题，如催化剂制备过程中废液的处理、催化剂焙烧过程中 NO_x 的排放，催化剂中活性成分的原子经济性、催化剂制备过程中的环境因子和环境熵等。

可以回收并反复使用的固体催化剂是环境友好的催化剂，但固体催化剂一直被普遍认为催化活性较均相催化剂低很多。通过在分子水平上构筑高活性、高选择性的固体催化剂，不仅可解决催化剂的循环回收、反复使用等问题，而且对资源的有效利用和环境保护起着积极的作用。另外，以手性金属配位化合物为催化剂的不对称催化反应一直是研究的核心，特别是适用范围广的手性助剂的设计和开发、手性功能和催化功能一体化的手性催化剂的设计和开发。研究过程中要注意提高手性活性，避免废弃物的生成，以及降低分离成本。手性助剂和手性催化剂由于合成价格昂贵，其循环回收、反复使用性能也非常重要。酶催化剂与仿生催化剂由于在温和条件下的高效性和高选择性往往是化学催化剂望尘莫及的，已引起了广泛的重视。

14.5.5 溶剂的绿色化及绿色溶剂

目前在反应介质、分离和配方中所广泛使用的溶剂是挥发性有机化合物（VOCs），因此需要限制这类溶剂的使用。采用无毒无害的溶剂，代替挥发性有机化合物作溶剂已成为绿色化学的重要研究方向。最好不用环境不友好的溶剂，或用环境友好的替代物替代之。

对溶剂实现闭路循环，是解决溶剂对人类和环境影响的最终解决方法。另外超临界流体和离子液体与生物催化的结合、水作为溶剂和无溶剂系统均是目前研究者关注的焦点。

14.5.6 新型反应器及过程强化与耦合技术

许多工艺的改进，如反应器的设计、单元过程的耦合强化，成为绿色化工技术得以实现的基础，可极大地提高原子效率并降低能耗。微波、超声波应用于有机反应，能加快反应速度、缩短反应时间、提高产率，以及反应选择性高、具有温和的反应条件等多种有利因素，近些年来更是作为一种绿色化学的有效手段广泛应用于有机合成中。作为光驱动的化学反应，紫外光和可见光由于其一定范围的波长，对于某些材料，如二氧化钛、半导体等，具有激发这些材料介电子的某些能带的作用，这些光源本身及受光源激发的材料具有良好的氧化性能，已广泛用于氧化反应、污染物处理等，具有极大的研究和开发价值。对一些条件非常苛刻的反应，包括温室气体的化学转化、空气中有害气体的净化等，等离子体技术的采用则非常容易解决这些问题。若等离子体与催化剂的协同作用，则可以降低等离子体击穿电压和反应温度，提高反应活性。

各种耦合技术对于化工技术开发的成功及工业化具有特别重要的作用。目前，单元操作通常是在各自的装置上完成，由于产物中混有溶剂和催化剂，在反应之后需进行分离。反应与分离的耦合，可克服上述诸多不足，使得反应与分离在同一区域完成。“二合一”或“多合一”可能是对反应与分离过程在容器的同一区域内完成的最简单描述。另外，从大多数反应分离实例来看，如反应物的不断动态移走，可使得反应平衡发生移动，而反应的顺利进行有利于分离效率的进一步提高。反应与分离的集成毫无疑问可以大大简化操作过程，缩短整个反应时间，减少中间产物与反应体系之间的分离和提纯，充分有效利用反应器，减少中间产物的损失。特别是对于不稳定的反应中间物，如原位生成中间物立即用于下个反应中，可充分提高中间物的利用效率；对于同时存在吸热和放热反应来说，放热反应的热量可以填补或部分填补吸热反应的需要。

14.5.7　新型分离技术

在美国，各种分离过程耗费了工业所消耗能源总量的 6%，它们占工厂花费的 70%，因此研究新型分离技术对于国民经济来说非常重要。分离追求的目标是节省能源、减少废物的产生、减少循环、避免或减少有机溶剂的使用等。目前超临界流体萃取、分子蒸馏、膜的使用、生物分子和大分子的分离是研究的焦点。超临界流体萃取和分子蒸馏涉及高压或高真空，设备一次性投资大，操作条件也较为苛刻，这是阻碍其大规模推广应用的主要因素。用于生物大分子的新型分离手段成本较高，需进一步开发新的技术，降低成本。

14.5.8　绿色化工过程系统集成

可持续发展给传统的过程系统工程提出了新的挑战，为此，必须研究绿色化工过程系统集成的理论及方法。作为过程工业中的重要组成——化学工业，绿色化工过程系统集成涉及的是一个“化学供应链”的问题，涵盖从分子→聚集体→颗粒→界面→单元→过程→工厂→工业园的全过程，主要研究与“化学供应链”相关的过程工程或产品工程的创造、模拟、优化、分析、合成/集成、设计和控制等问题，并将环境、健康和安全对过程或产品的影响作为约束条件或目标函数嵌入模型中，以多目标、多变量、非线性为重要特征，以全系统的经济、环境和资源的协调最优为最终目标。

14.5.9 计算化学与绿色化学化工结合

模拟化学的数值运算与计算机化学的逻辑运算结合起来进行“分子的理性设计”，将是21世纪化学的特色之一。将使化学成为绿色的、更高境界的化学。在进行绿色化工工艺和技术的过程中，借助于量子化学计算的结果，可以更为精确地选择底物分子、催化剂、溶剂以及反应途径，这样可使用尽可能少的实验达到预期目标，大大减少了实验次数，提高研究效率。模拟是绿色化工技术开发的重要工具，它是在计算机上快速建立试验模型，具有比实验室和工厂成本低和快速的特点。随着计算机的不断进步及其应用越来越广泛，研究原料、反应器设计、过程开发、经济和商业模型模拟等复杂问题的解决将成为可能。对绿色化工技术的成功应用，将需要开发更多的对原料、生产过程和商业过程集成的计算方法。

正如绿色化学的创始人阿纳斯塔斯（Paul Anastas）所说：“绿色化学的终极目标就是让这个名词消失，因为化学本身就一直在这样做。绿色是化学的本意，也是化学的默认价值”。（The ultimate goal for green chemistry is for the term to go away，because it is simply the way chemistry is always done. Green chemistry should just be second nature，the default value.）。目前的化工污染，在很大程度上是技术不够成熟所致，所以化工必须从生产工艺入手，研发污染防治技术，实现减量化、资源化、无害化。

我国是人口大国，资源和能源相对贫乏，环境问题十分严重。近年来，我国国民经济增长速度很快，但由于技术落后和长期粗放管理，这种快速增长在一定程度上是以资源过度消耗和严重环境污染为代价的。因此，发展绿色化学与技术对于我国经济社会可持续发展和人民生活水平及质量的提高具有特殊的意义。绿色化学不仅涉及对现有化学过程的改进，更涉及新概念、新理论、新反应途径的研究以及新过程和技术的开发。此外，绿色化学除涉及化学学科外，还涉及环境、生物、物理、材料和信息等诸多学科领域。我国应进一步加强对绿色化学的支持力度，对化工产品及原料的绿色化、化学反应技术，绿色化学工艺、绿色化工过程及系统集成、绿色化学评估准则等重要问题进行深入系统的研究，改进现有技术，开发和推广新的高效绿色技术。

本章小结

绿色化工是化工环境与发展“双赢”的一条根本出路。本章着力介绍绿色化工的发展过程，绿色化学的定义和绿色化工的12条原则、6个方面的研究内容及绿色化学和绿色化工 9 个方面的发展趋势。绿色化学的终极目标就是让这个名词消失，因为化学本身就一直在这样做。绿色是化学的本意，也是化学的默认价值。

思考题

1. 你如何理解绿色化学的定义？

2. 为什么说绿色化工不是天上掉下来的？

3. 绿色化学 12 条原则是什么？

4. 研读图 14.1，加深理解绿色化工技术的研究内容。

5. 简述绿色化学和化工的发展趋势。绿色化工过程系统集成与化学供应链之间的联系是什么？

参考文献

[1] 全国人大通过环保法修订草案　专家解读六大亮点. 中国网新闻中心，2014-04-24.

[2] 杨朝飞. 我国环境法律制度和环境保护若干问题[R]. 十一届全国人大常委会专题讲座第二十九讲讲稿. 中国人大网，http：//www. npc. gov. cn/npc/xinwen/2012-11/23/content_1743819. htm.

[3] 国家环保部，发改委，工信部，等.《"十二五"危险废物污染防治规划》(环发[2012]123 号). 2012. 10.

[4] 尚普咨询. 化工行业产能过剩需三大措施[OL]. 中金在线，2013-04-16，http：//hy. stock. cnfol. com/130416/124，2441，14874116，00. shtml.

[5] 危丽琼. 环保是一种重要的经营资源——访大金氟化工（中国）有限公司总经理助理一川冬青[N]. 中国化工报，2013-04-22.

[6] 徐小怙，邵艺，褚方樵. 化工不等于污染[N]. 中国环境报，2013-09-06（6）.

[7] 中国石油和化工工业协会. 石油和化工产业结构调整指导意见.　2009. 10

[8] 王勇. 环境保护限期治理制度比较研究——基于日、美类似制度的思考[J]. 行政与法，2012（10）：116-121.

[9] 化学工业部环境保护设计技术中心站. 化工环境保护设计手册[M]. 北京：化学工业出版社，1998. 6（2001. 6 重印）.

[10] 乔旭. 绿色化工发展的技术途径与实践[R]. 2011 江苏石油和化工产业转型升级论坛，2011. 11.

[11] 杨再鹏. 清洁生产与 ISO 14001 环境管理体系标准[J]. 化工环保，2009，29（5）：449-452.

[12] 地下水污染　谁之过[N]. 西安日报，2013-02-22（8）.

[13] 李春梅. 土壤重金属污染来源及治理方法[C]. 中国环境科学学会学术年会论文集，2012：2760-2763.

[14] 丁天舒. 南湖区建设绿色化工园区的几点思考——考察德国 PD 化工园区有感[J]. 中国资源综合利用，2011，29（6）：57-60.

[15] 周爱林. 化工园区发展"绿色化工"的思考[J]. 化学工业，2011，29（10）：43-47.

[16] 施问超，邵荣，韩香云. 环境保护通论[M]. 北京大学出版社，2011：113-115.

[17] 张秋蕾，刘晓星. 环境空气质量新标准发布　吴晓青出席国新办新闻发布会并答记者问，中国环境报，2012-03-05.

[18] 曲格平. 如何实现"美丽中国"愿景[N]. 中国环境报，2013-05-20.

[19] 江苏省财政厅，江苏省环保厅. 江苏省水环境区域补偿实施办法（试行）（2014-10-01 起实施）.
[20] 中国环境警示录："绿与黑"的抉择. 新华每日电讯，2013-06-21.
[21] 王玮. 自然资源资产产权制度十问？中国环境报，2013-11-29.
[22] 读懂习近平如何看待 GDP. 海外网，2014-08-14.
[23] 孙佑海. 推动循环经济 促进科学发展——《中华人民共和国循环经济促进法》解读[J]. 求是，2009-03-16.
[24] 李静云. 按日计罚怎么罚？中国环境报，2014-04-02.
[25] 吴晓青. 完善环保标准 推进环保工作，新华网，2008-04-30.
[26] 中共中央关于全面推进依法治国若干重大问题的决定. 新华社，2014-10-28.
[27] 俞海，张永亮，夏光，等. 建立完善最严格环境保护制度. 中国新闻网，2014-10-23.
[28] 环保行业迎黄金十年紧随政策挖掘机遇. 人民网，2014-10-31.
[29] 周生贤. 主动适应新常态 构建生态文明建设和环境保护的四梁八柱——在中国环境与发展国际合作委员会 2014 年年会上的讲话.
[30] 江苏电信助建环保云平台，人民邮电报，2013-05-13.
[31] 习近平谈改革：冲破思想观念障碍和利益固化藩篱. 中国经济网，2014-08-09.
[32] 李克强向生态文明贵阳国际论坛 2014 年年会致贺信. 中国新闻网，2014-07-11.
[33] 环境保护部启动污染场地监管试点工作. 中国环境报，2014-08-22.
[34] 国家新型城镇化规划（2014—2020 年）.
[35] 中共中央关于全面深化改革若干重大问题的决定（2013 年 11 月 12 日中国共产党第十八届中央委员会第三次全体会议通过）.
[36] 李莹. 如何用好查封扣押权力？中国环境报，2014-12-23.
[37] 增加高排放企业风险 新环保法四配套办法将发布. 中国环保在线编辑，2014-12-18.
[38] 杨朝飞. 继续做好环保综合名录工作 推动环境经济政策深入开展. 环境保护，2011（19）.
[39] 中共中央，国务院关于加快推进生态文明建设的意见，新华社，2015-05-05.
[40] 习近平在云南调研 要求像保护眼睛一样保护生态环境. 北京青年报，2015-01-22.
[41] 杨奕萍. 经济新常态下环保的挑战与机遇. 中国环境报，2014-11-18.
[42] 赵华林. 新常态下环保的新机遇和新挑战. 中国环境报，2015-02-17.
[43] 张劲松，施问超，杨思卫，等. 现代化工企业管理[M]. 北京：化学工业出版社，2015：413-472.